电气自动化新技术丛书

谐波抑制和无功功率补偿

第 3 版

王兆安　刘进军　王　跃　编著
杨　君　何英杰　雷万钧

U0377994

机械工业出版社

抑制谐波和提高功率因数是涉及电力电子技术、电气自动化技术和电力系统的一个重大课题。随着电力电子技术的不断进步，新型有源谐波抑制技术和无功功率补偿技术得到了迅速的发展。本书主要介绍有源电力滤波器、混合型电力滤波器、静止无功补偿装置、静止无功发生器等谐波抑制和无功补偿新技术。对有关谐波和无功功率的基础理论、电力电子装置的功率因数和谐波分析以及传统无功功率补偿和滤波方法也做了必要的介绍。本书叙述力求简洁，强调物理概念，注重理论联系实际。

第3版主要增加了基于时域变换的谐波和无功电流检测方法、并联注入式混合型电力滤波器以及基于多电平变流器的无功功率补偿和有源电力滤波装置等内容，也对其他主要章节进行了数据（实例）更新和文字修订。

本书可作为电力电子技术、电气自动化技术及电力系统领域的工程技术人员和研究人员的参考书，也可供上述专业范围的教师和研究生阅读。

图书在版编目（CIP）数据

谐波抑制和无功功率补偿/王兆安等编著. —3 版. —北京：机械工业出版社，2015.7（2024.4 重印）

（电气自动化新技术丛书）

ISBN 978-7-111-50651-5

Ⅰ.①谐⋯ Ⅱ.①王⋯ Ⅲ.①电力系统-谐波-研究②电力系统-无功功率-功率补偿-研究 Ⅳ.①TM714

中国版本图书馆 CIP 数据核字（2015）第 142086 号

机械工业出版社（北京市百万庄大街 22 号 邮政编码 100037）
策划编辑：罗 莉 责任编辑：罗 莉
责任校对：陈延翔 封面设计：陈 沛
责任印制：单爱军
北京虎彩文化传播有限公司印刷
2024 年 4 月第 3 版第 6 次印刷
169mm×239mm · 30.25 印张 · 607 千字
标准书号：ISBN 978-7-111-50651-5
定价：59.80 元

《电气自动化新技术丛书》

序　言

　　科学技术的发展，对于改变社会的生产面貌，推动人类文明向前发展，具有极其重要的意义。电气自动化技术是多种学科的交叉综合，特别在电力电子、微电子及计算机技术迅速发展的今天，电气自动化技术更是日新月异。毫无疑问，电气自动化技术必将在建设"四化"、提高国民经济水平中发挥重要的作用。

　　为了帮助在经济建设第一线工作的工程技术人员能够及时熟悉和掌握电气自动化领域中的新技术，中国自动化学会电气自动化专业委员会和中国电工技术学会电控系统与装置专业委员会联合成立了《电气自动化新技术丛书》编辑委员会，负责组织编辑《电气自动化新技术丛书》。丛书将由机械工业出版社出版。

　　本丛书有如下特色：

　　一、本丛书是专题论著，选题内容新颖，反映电气自动化新技术的成就和应用经验，适应我国经济建设急需。

　　二、理论联系实际，重点在于指导如何正确运用理论解决实际问题。

　　三、内容深入浅出，条理清晰，语言通俗，文笔流畅，便于自学。

　　本丛书以工程技术人员为主要读者，也可供科研人员及大专院校师生参考。

　　编写出版《电气自动化新技术丛书》，对于我们是一种尝试，难免存在不少问题和缺点，希望广大读者给予支持和帮助，并欢迎大家批评指正。

《电气自动化新技术丛书》
编辑委员会

第6届《电气自动化新技术丛书》

编辑委员会的话

自1992年本丛书问世以来，在中国自动化学会电气自动化专业委员会和中国电工技术学会电控系统与装置专业委员会学会领导和广大作者的支持下，在前5届编辑委员会的努力下，至今已发行丛书53种55多万册，受到广大读者的欢迎，对促进我国电气自动化新技术的发展和传播起到了巨大作用。

许多读者来信，表示这套丛书对他们的工作帮助很大，希望我们再接再厉，不断地推出介绍我国电气自动化新技术的丛书。本届编委员决定选择一些大家所关心的新选题，继续组织编写出版，欢迎从事电气自动化研究的学者就新选题积极投稿；同时对受读者欢迎的已经出版的丛书，我们将组织作者进行修订再版，以满足广大读者的需要。为了更加方便读者阅读，我们将对今后新出版的丛书进行改版，扩大了开本。

我们诚恳地希望广大读者来函，提出您的宝贵意见和建议，以使本丛书编写得更好。

在本丛书的出版过程中，得到了中国电工技术学会、天津电气传动设计研究所等单位提供的出版基金支持，在此我们对这些单位再次表示感谢。

第6届《电气自动化新
技术丛书》编辑委员会
2011年10月19日

第 3 版前言

《谐波抑制与无功功率补偿》这本书的第 1 版和第 2 版分别于 1998 年 9 月和 2006 年 1 月出版。该书面世以来，一直受到同行和读者的欢迎、好评和广泛引用。据 2014 年底中国期刊网的统计数据，该书在中文期刊论文中被同行的引用次数已超过了 5000 次。近年来该书已印刷了 2 版 12 次，累计印数达到 27600 册。作为一部专业性很强、适用面并不太宽的专著，这已经是很好的发行业绩，这反映了本书在同行和读者中有相当的需求，在学术上有重要的参考价值。

另一方面，本书第 2 版出版至今已近 10 年。这 10 年来，国内外相关领域的研究和技术应用发展迅速，采用先进的电力电子变流器进行谐波抑制和无功功率补偿的技术已逐渐步入成熟阶段，在工程实际中的应用越来越广，当然也带来了一些新的具有挑战性的问题。本书作者所在的研究团队——西安交通大学电力电子与新能源技术研究中心，在这 10 年中仍然继续坚持了以谐波抑制和无功功率补偿为主的电能质量控制技术的研究，先后又承担了国家自然科学基金、国家科技支撑计划、台达电力电子科教发展计划以及国内外企业相关研发计划等资助的多项科研课题，特别是承担了国家科技支撑计划"十一五"重点项目课题"电能质量复合控制技术及装置"的研究任务，近年来又取得了一批新的研究成果。

为了满足同行和读者的需求，集中反映近 10 年来国内外谐波抑制和无功功率补偿领域的最新研究成果和应用发展情况，特别是总结整理本书作者所在科研课题组近年来在相关领域的主要研究结果，有必要在本书第 2 版的基础上进行相应的更新与修订。这样，本书第 3 版才在机械工业出版社的鼓励和支持下得以面世。

第 3 版大体保留了前两版的整体结构和章节框架，但在内容上做了相当的增减，大部分章节也做了全面的数据（实例）更新和文字修订。全书仍为 9 章，由刘进军统稿。第 1 章和第 5 章由刘进军进行了修订，何英杰为其中的 5.4 节提供了重要参考资料和个人意见。第 6 章和第 8 章由王跃和雷万钧进行了修订。其中，第 2 版第 6 章原有的全部内容在新版中作为 6.1 节出现，并命名为"基于瞬时无功功率理论的谐波和无功电流检测方法"；新增加了近年发展起来的基于时域变换的谐波和无功电流检测方法，作为 6.2 节，由雷万钧撰写；第 2 版 7.3 节有关基于傅里叶分析的检测方法和采用人工神经网络的检测方法在新版中调整到第 6 章，作为 6.3 节；这样，新版的第 6 章命名为"谐波和无功电流的检测方法"就显得更为妥当。而第 8 章新增加了近年来获得了深入研究的并联注入式混合型电力滤波器的有关内容，作为 8.2.4 节，也由雷万钧撰写。第 2 版第 9 章是有关高功率因数变流器的内容。高功率因数变流技术在过去 20 年中取得了长足发展，其内容之丰富已远远不是 1998 年本书初次面世时可以只用一章的篇幅来简要概括其研究结果的状况。为了使重点更加突出而不致篇幅冗长，第 3 版删掉了有关高功率因数变流器的内容，而增加了基于多电平变流器的无功补偿和有源电力滤波装置的有关内容，作为新的第 9 章，由何英杰撰写。这是近年来迅速发展的技术，适用于高压大功率应用场合，特别在我国的研究和应用获得了很大的进步，在新版中加以介绍是非常必要的。

本书第 3 版增补和修订的内容大多是作者所在的研究团队近 10 年来在有关领域的文献总结工作和研究工作的结晶，作者谨向团队的教师、研究生和工作人员表示衷心的感谢。本书第 3 版的编写和出版也得到了机械工业出版社电工电子分社社长牛新国编审和孙流芳编审的悉心指导和大力支持，作者也在此向他们致以诚挚的谢意。

作者

第 2 版前言

1998 年 9 月《谐波抑制和无功功率补偿》一书问世以来，受到了同行读者的欢迎和好评。科技期刊论文对该书的引用次数已经超过 300 次。几年来，该书已印刷了 4 次，累积印数达到 1 万册。作为一部专业性很强、适用面并不太宽的专著，这个发行业绩还是很好的。

《谐波抑制和无功功率补偿》一书出版 6 年多来，对谐波抑制和无功补偿技术的研究逐渐形成了热潮，社会对这一技术需求的呼声也越来越高。以本书作者为主的课题组在该书出版后，持续地进行着谐波抑制和无功补偿技术的研究，除完成了国家自然科学基金重点项目"复杂供用电系统谐波基础理论及其综合防治研究"（编号为 59737140）外，还培养了数名博士和一批硕士，相继取得了一些新的研究成果。

近年来，人们对无源滤波技术的缺点认识越来越清楚，有源滤波技术虽然已被不少用户所认识并接受，但其发展速度不如预想的那样快。而由无源电力滤波器和有源电力滤波器组成的混合电力滤波器却因此而受到了人们的青睐并且得到了很大的发展。所以，有必要将这部分新的内容补充到书中。本书第 2 版增加了第 8 章"混合型电力滤波器"，在第 7 章添加了"有源电力滤波器的谐波电流检测方法"，"串并联型有源电力滤波器"两小节，对其他小节进行了补充和修改，并去掉了有关混合电力滤波器的内容，原第 8 章"高功率因数变流器"相应地变为第 9 章。此外，对原书的第 5 章也进行了必要的修改和补充，其他各章内容变化不大。本书新增的第 8 章由王跃博士撰写，其他各章作者未变。

西安交通大学卓放教授、肖国春副教授为本书部分内容提供了参考资料，在此表示谢意。

本书第 2 版的编写和出版，是在机械工业出版社电工电子分社社长牛新国编审和孙流芳编审的指导和支持下完成的。没有他们的鞭策和鼓励，本书第 2 版的编写任务是不可能完成的。在此，谨对他们致以深切的感谢。

本书的许多研究工作还得到了台达电力电子科教发展基金的资助，谨致衷心的谢意。

作者

第1版前言

近年来，随着全球工业化进程的不断加快，对地球环境的污染和破坏也空前加剧。为此，在全世界范围内掀起了环境保护的热潮。电力系统也是一种"环境"，也面临着污染，公用电网中的谐波电流和谐波电压就是对电网环境最严重的一种污染。

电力电子装置是公用电网中最主要的谐波源，随着电力电子装置的应用日益广泛，电网中的谐波污染也日趋严重。另外，大多数电力电子装置功率因数很低，也给电网带来额外负担，并影响供电质量。因此，抑制谐波和提高功率因数已成为电力电子技术、电气自动化技术及电力系统研究领域所面临的一个重大课题，正在受到越来越多的关注。

设置无功补偿电容器和 LC 滤波器是传统的补偿无功功率和谐波的主要手段，已获得了广泛的应用。有关这方面已有较多的著作进行了详细的论述。但这种无源补偿装置的补偿性能较差，难以对变化的无功功率和谐波进行有效的补偿。晶闸管获得广泛应用后，以晶闸管控制电抗器（TCR）为代表的静止无功补偿装置（SVC）有了长足的发展，可以对变化的无功功率进行动态补偿。近年来，随着以 GTO 晶闸管、BJT 和 IGBT 为代表的全控型器件向大容量化、高频化方向的不断发展，采用电力电子技术的各种有源补偿装置发展很快。主要用于补偿无功功率的静止无功发生器（SVG）比起 TCR 有更为优越的性能。主要用于补偿谐波的有源电力滤波器的研究十分活跃，这种滤波器比 LC 滤波器有更优越的补偿性能，技术上已经成熟，在国外已有许多工业应用实例。

另一种抑制谐波和提高功率因数的方法是开发新型高功率因数整流器。这种整流器除具有负载所要求的性能外，不产生谐波，且具有很高的功率因数。

有关 SVG、有源电力滤波器和高功率因数整流器等有源谐波和无功补偿装置，近年已有大量论文发表，与之相关的理论，如瞬时无功功率理论也取得了突破性的成就，但目前尚未见到有关专著问世。十余年来，作者在这一领域进行了许多研究工作，曾承担了多项国家自然科学基金项目（编号为 59077308、59477020、69072915）及国家攻关项目，1998 年又承担了国家自然科学基金重点项目"复杂供用电系统谐波基础理论及其综合防治研究"（编号为 59737140）。在参阅大量文献的基础上，作者结合多年的研究成果写成本书，以期对我国公用电网的谐波抑制和无功补偿做出贡献。同时，本书也是上述国家自然科学基金重点项目研究工作的一部分。

本书除上述内容外，还包括谐波和无功补偿的基础理论、电力电子装置的功率因数和谐波分析等内容。对无功补偿电容器和 LC 滤波器也进行了简要的论述。

本书由王兆安、杨君和刘进军合作撰写。王兆安拟订了本书的大纲并编写了第1、2和8章，杨君编写了第4、6和7章，刘进军编写了第3和5章。全书由王兆安统稿。西安交通大学葛文运教授对本书进行了仔细的审阅，提出了许多宝贵的修改意见，在此表示衷心的感谢。

本书在编写过程中得到了本丛书编委员副主任委员、天津电气传动设计研究所喻士林教授级高级工程师的鼎力支持和指导，东南大学戴先中教授审阅了本书大纲并提出中肯的修改建议，作者深表谢意。

博士研究生董晓鹏和杨旭为本书部分内容提供了参考资料，部分插图由硕士研究生吴东、高军、胡军飞和王建军绘制，刘晓娟工程师完成了本书的部分计算机录入工作，在此表示谢意。

另外，本书能顺利出版，有赖于电气自动化新技术丛书编委会和机械工业出版社的支持和帮助，在此致以深切的感谢。

本书的许多研究工作都是在国家自然科学基金委员会的资助下完成的，谨致衷心的谢意。

作者

于西安交通大学

目 录

第 1 章 绪 论

谐波抑制和无功功率补偿（以下简称无功补偿）是涉及电力电子技术、电力系统、电气自动化技术、理论电工等领域的重大课题。由于电力电子装置的应用日益广泛，使得谐波和无功问题引起人们越来越多的关注。同时，也由于电力电子技术的飞速进步，在谐波抑制和无功补偿方面也取得了一些突破性的进展。本章首先介绍谐波及无功问题的研究历史和现状，并扼要叙述谐波抑制和无功补偿的主要手段，然后介绍编写本书的基本指导思想和各章主要内容。

1.1 谐波问题及研究现状

"谐波"一词起源于声学。有关谐波的数学分析在 18 世纪和 19 世纪已经奠定了良好的基础。傅里叶等人提出的谐波分析方法至今仍被广泛应用。

电力系统的谐波问题早在 20 世纪 20 年代和 30 年代就引起了人们的注意。当时在德国，由于使用静止汞弧变流器而造成了电压、电流波形的畸变。1945 年 J. C. Read 发表的有关变流器谐波的论文是早期有关谐波研究的经典论文[1]。

到了 20 世纪 50 年代和 60 年代，由于高压直流输电技术的发展，发表了有关变流器引起电力系统谐波问题的大量论文。E. W. Kimbark 在其著作中对此进行了总结[2]。70 年代以来，由于电力电子技术的飞速发展，各种电力电子装置在电力系统、工业、交通及家庭中的应用日益广泛，谐波所造成的危害也日趋严重，因而世界各国都对谐波问题予以充分的关注。国际上召开了多次有关谐波问题的学术会议，不少国家和国际学术组织都制定了限制电力系统谐波和用电设备谐波的标准和规定。

我国对谐波问题的研究起步较晚。吴竞昌等人 1988 年出版的《电力系统谐波》一书是我国有关谐波问题较有影响的著作[3]。夏道止等 1994 年出版的《高压直流输电系统的谐波分析与滤波》是有关电力系统谐波分析的代表性著作[4]。此外，唐统一等人和容健纲等人分别独立翻译了 J. Arrillaga 等的《电力系统谐波》一书[5,6]，也在国内有较大的影响。

谐波研究具有重要的意义，首先是因为谐波的危害十分严重。谐波使电能的生产、传输和利用的效率降低，使电气设备过热、产生振动和噪声，并使绝缘老化，使用寿命缩短，甚至发生故障或烧毁。谐波可引起电力系统局部并联谐振或串联谐振，使谐波含量放大，造成电容器等设备烧毁。谐波还会引起继电保护和自动装置误动作，使电能计量出现混乱。对于电力系统外部，谐波对通信设备和电子设备会产生严重干扰。

谐波研究的意义，还在于其对电力电子技术自身发展的影响。电力电子技术是未来科学技术发展的重要支柱。有人预言，电力电子连同运动控制将和计算机技术一起成为21世纪最重要的两大技术[7]。然而，电力电子装置所产生的谐波污染是阻碍电力电子技术应用的主要障碍之一，它迫使电力电子领域的研究人员必须对谐波问题进行更为有效的研究。

谐波研究的意义，更可以上升到治理环境污染、维护绿色环境的层面来认识。对电力系统这个环境来说，无谐波就是"绿色"的主要标志之一[8,9]。在电力电子技术领域，要求实施"绿色电力电子"的呼声也日益高涨。目前，对地球环境的保护已成为全人类的共识。对电力系统谐波污染的治理也已成为电工科学技术界所必须解决的问题。

有关谐波问题的研究可以划分为以下四个方面：

1）与谐波有关的功率定义和功率理论的研究；

2）谐波分析以及谐波影响和危害的分析；

3）谐波的补偿和抑制；

4）与谐波有关的测量问题和限制谐波标准的研究。

当电压或电流中含有谐波时，如何定义各种功率是一个至今尚未得到圆满解决的问题。如何使定义科学严谨，又能满足各种工程和管理的需要，还有许多问题需要研究。本书将不在这一问题上展开讨论，但在2.2节中将对研究现状作简要介绍，在6.1.1节中将介绍对谐波补偿有很大实用价值的瞬时无功功率理论。

谐波分析包括谐波源分析和电力系统谐波分析。在电力电子装置普及以前，变压器是主要的谐波源。目前变压器谐波已退居次要的地位，各种电力电子装置成为最主要的谐波源。在电力电子装置的谐波分析中，对电容滤波整流电路等的研究还不充分。在本书第3章中，将对各种电力电子电路进行谐波分析。

电力系统的谐波分析是以电力系统为对象，当系统中有一个或多个谐波源时，就要计算和分析系统中各处的谐波电压和谐波电流的分布情况。高压直流输电工程的建立及静止无功补偿装置（Static Var Compensator, SVC）的应用有力地推动了这方面研究工作的进展，我国学者夏道止在这一领域的研究在国际上产生了广泛的影响[4,10-13]。其研究的主要特点是把交直流电力系统一直作为一个整体统一求解，使得分析结果更为准确。目前这一领域还有一些问题有待进一步研究解决[4,14,15]，例如，当系统的谐波源为时变或同时存在多个谐波源时，如何进行建模和分析；如何计算或估计负载及系统的等效谐波阻抗；如何对待背景谐波等。有关电力系统谐波分析的问题已超出了本书的讨论范围，有兴趣的读者可参阅参考文献［3，4］和有关论文。

在谐波危害及影响的分析方面有关文献已很多[3-5,16]，但随着谐波源种类和分布的变化，又有新的问题不断出现。本书在 2.4 节中将对这一问题进行简要的叙述。

谐波抑制是本书的核心内容之一，在 1.2 节中对其进行扼要介绍之后，将在第 4 章 4.2 节、第 6 章和第 7~9 章中进行详细的论述。

电力系统中谐波的实际测量结果是谐波问题研究的主要依据，也常常是研究分析问题的出发点。由于电子技术，特别是数字电子技术的进步，已有许多仪器能对谐波进行连续的测量，提供必需的信息。但如何合理地选择采样时间、测量间隔及测量位置，如何处理波形瞬态畸变和闪变等问题还需要深入研究。

在有谐波情况下的各种电学量的测量中，以功率和电能的测量最为重要。这项工作除与谐波标准有关外，更和存在谐波时功率的分类和定义直接相关。数字采样测量技术的发展正在突破以前存在的各种技术限制，但因为缺少统一的功率分解和定义，这一问题尚未得到合理的解决[17]。

制定限制谐波的标准是解决电力系统谐波危害和影响的重要措施。世界上许多国家都已制定了限制谐波的国家标准或全国性规定[18-21]。我国也先后于 1984 年和 1993 年分别制定了限制谐波的规定和国家标准[22,23]，近年来也启动了有关谐波标准的新一轮修订工作。在国际上，各个国际组织，如国际电气与电子工程师学会（IEEE）、国际电工委员会（IEC）和国际大电网会议（CIGRE）也纷纷推出了各自建议的谐波标准，其中较有影响的是 IEEE519—1992 和 IEC61000 系列[24,25]。本书在 2.1 节中将介绍我国的现行谐波标准。

近年来，国际上有关谐波的研究十分活跃，每年都有大量的论文发表。这一方面说明了这一研究的重要性，另一方面也预示着这一领域的研究将取得重大突破。

1.2 谐波抑制

解决电力电子装置和其他谐波源的谐波污染问题的基本思路有两条：一条是装设谐波补偿装置来补偿谐波，这对各种谐波源都是适用的；另一条是对谐波源本身进行改造，使其不产生谐波，且功率因数可控制为 1。

装设谐波补偿装置的传统方法就是采用 LC 调谐滤波器。这种方法既可补偿谐波，又可补偿无功功率，而且结构简单，一直被广泛使用。这种方法的主要缺点是补偿特性受电网阻抗和运行状态影响，易和系统发生并联谐振，导致谐波放大，使 LC 滤波器过载甚至烧毁。此外，它只能补偿固定频率的谐波，补偿效果也不甚理想。尽管如此，LC 滤波器当前仍是补偿谐波的主要手段之一。有关内容将在 4.2 节中介绍。

目前，谐波抑制的一个重要趋势是采用有源电力滤波器（Active Power Filter, APF）。有源电力滤波器也是一种电力电子装置。其基本原理是从补偿对象中检测出谐波电流，由补偿装置产生一个与该谐波电流大小相等而极性相反的补偿电流，从而使电网电流只含基波分量。这种滤波器能对频率和幅值都变化的谐波进行跟踪补偿，且补偿特性不受电网阻抗的影响，因而受到广泛的重视，并且逐渐在国内外获得广泛应用[9,26,27]。

有源电力滤波器的基本思想在20世纪60年代就已经形成[28,30]。80年代以来，由于大中功率全控型半导体器件的成熟、脉冲宽度调制（Pulse Width Modulation，PWM）控制技术的进步，以及基于瞬时无功功率理论的谐波电流瞬时检测方法的提出[31-33]，有源电力滤波器才得以迅速发展[9,26]。特别是有关瞬时无功功率理论的研究，带动了作为有源电力滤波器关键技术基础的谐波检测方法的研究。有关谐波检测方法的内容将在第6章中详细介绍。

有源电力滤波器的变流电路可分为电压型和电流型，目前实际应用的装置中，90%以上是电压型。从与补偿对象的连接方式来看，又可分为并联型和串联型，目前运行的装置大部分是并联型[26,27]。上述类型都可以单独使用，也可以同时协调使用，或者和LC无源滤波器混合使用。并联型和串联型的同时协调使用，有源滤波器和无源滤波器的混合使用，都能带来谐波补偿效果的进一步改善和更优异的性能。有关内容将在第7章和第8章中介绍。

在高压大容量有源电力滤波器中，几乎不可避免地要采用多电平变流器。其变流器主电路拓扑结构往往是串联H桥结构或者中点钳位多电平结构两大类，其控制方法与技术上也与其他有源电力滤波器有所不同，本书将在第9章中详细介绍。

对于作为主要谐波源的电力电子装置来说，除了采用补偿装置对其谐波进行补偿外，还有一条抑制谐波的途径，就是开发新型变流器，使其不产生谐波，且功率因数为1。这种变流器被称为单位功率因数变流器（Unity Power Factor Converter）。高功率因数变流器可近似看成为单位功率因数变流器[34-38]。

大容量变流器减少谐波的主要方法是采用多重化技术，即将多个方波叠加，以消除次数较低的谐波，从而得到接近正弦波的阶梯波。重数越多，波形越接近正弦波，当然电路结构也越复杂。因此这种方法一般只用于大容量场合。多重化技术如果能与PWM技术相配合，可取得更为理想的结果。

几千瓦到几百千瓦的高功率因数整流器主要采用PWM整流技术。迄今为止，对PWM逆变器的研究已经很充分，但对PWM整流器的研究则较少。对于电流型PWM整流器，可以直接对各开关器件进行正弦PWM控制，使得输入电流接近正弦波，且和电源电压同相位。这样，输入电流中就只含与开关频率有关的高次谐波，这些谐波频率很高，因而容易滤除。同时，也得到接近1的功率因数。对于电压型PWM整流器，需要通过电抗器与电源相连。其控制方法有直接电流控制和间接电流控制两种。直接电流控制就是设法得到与电源电压同相位、由负载电流大小决定其幅值的电流指令信号，并据此信号对PWM整流器进行电流跟踪控制。间接电流控制就是控制整流器的输入端电压，使其为接近正弦波的PWM波形，并和电源电压保持合适的相位，从而使流过电抗器的输入电流波形为与电源电压同相位的正弦波。

PWM 整流器配合 PWM 逆变器可构成理想的四象限交流调速用变流器，即双 PWM 变流器[7]。这种变流器，不但输出电压、电流均为正弦波，输入电流也为正弦波，且功率因数为 1，还可实现能量的双向传送，代表了这一技术领域的发展方向。

小功率整流器，为了实现低谐波和高功率因数，通常采用二极管加 PWM 斩波的方式。这种电路通常称为功率因数校正（Power Factor Corrector，PFC）电路，已在开关电源中获得了广泛的应用。因为办公和家用电器中使用的开关电源数量极其庞大，因此这种方式必将对谐波污染的治理做出巨大贡献。

除上述各种高功率因数变流器外，采用矩阵式变频器，也可以使输入电流为正弦波，且功率因数接近 1。

本书着重介绍采用谐波补偿思路的有关谐波抑制方法和技术，对高功率因数变流器不做详细介绍。

1.3 无功补偿

人们对有功功率的理解非常容易，而要深刻认识无功功率却并不是轻而易举的。在正弦电路中，无功功率的概念是清楚的，而在含有谐波时，至今尚无获得公认的无功功率定义。但是，对无功功率这一概念的重要性，以及无功补偿重要性的认识却是一致的。无功补偿应包含对基波无功功率的补偿和对谐波无功功率的补偿。后者实际上就是上一节中所述的谐波补偿，有关这一概念将在 2.2 节中阐述。因此，本节主要简述对基波无功功率的补偿。

无功功率对供电系统和负载的运行都是十分重要的。电力系统网络元件的阻抗主要是电感性的。因此，粗略地说，为了输送有功功率，就要求送电端和受电端的电压有一相位差，这在相当宽的范围内可以实现；而为了输送无功功率，则要求两端电压有一幅值差，这只能在很窄的范围内实现。不仅大多数网络元件消耗无功功率，大多数负载也需要消耗无功功率。网络元件和负载所需要的无功功率必须从网络中某个地方获得。显然，这些无功功率如果都要由发电机提供并经过长距离传送是不合理的，通常也是不可能的。合理的方法应是在需要消耗无功功率的地方产生无功功率，这就是本书所要讨论的无功补偿。

无功补偿的作用主要有以下几点：

1）提高供用电系统及负载的功率因数，降低设备容量，减少功率损耗。

2）稳定受电端及电网的电压，提高供电质量。在长距离输电线中合适的地点设置动态无功补偿装置还可以改善输电系统的稳定性，提高输电能力。

3）在电气化铁道等三相负载不平衡的场合，通过适当的无功补偿可以平衡三相的有功及无功负载[39]。

早期无功补偿装置的典型代表是同步调相机。同步调相机不仅能补偿固定的无功功率，对变化的无功功率也能进行动态补偿。至今在无功补偿领域中这种装置还在使用，而且随着控制技术的进步，其控制性能还有所改善。由于从总体上说，这种补偿手段已显陈旧，在有关著作中已有较详细论述，所以本书不再对其详细讨论。

并联电容器的成本较低。并联电容器和同步调相机比较，在调节效果相近的条件下，前者的费用要节省得多。因此，电容器的迅速发展几乎取代了输电系统中的同步调相机。但是，和同步调相机相比，电容器只能补偿固定的无功功率，在系统中有谐波时，还有可能发生并联谐振，使谐波放大，电容器因此而烧毁的事故也时有发生。

静止无功补偿装置（SVC）近年来获得了很大发展，已被广泛用于输电系统基波阻抗补偿及长距离输电的分段补偿，也大量用于负载无功补偿。其典型代表是晶闸管控制电抗器＋固定电容器（Thyristor Controlled Reactor + Fixed Capacitor，TCR＋FC）。晶闸管投切电容器（Thyristor Switched Capacitor，TSC）也获得了广泛的应用。静止无功补偿装置的重要特性是它能连续调节补偿装置的无功功率。这种连续调节是依靠调节 TCR 中晶闸管的触发延迟角得以实现的。TSC 只能分组投切，不能连续调节无功功率，它只有和 TCR 配合使用，才能实现补偿装置整体无功功率的连续调节。由于具有连续调节的性能且响应迅速，因此 SVC 可以对无功功率进行动态补偿，使补偿点的电压接近维持不变。因 TCR 装置采用相控原理，在调节基波无功功率的同时，也产生大量的谐波，所以固定电容器通常和电抗器串联构成谐波滤波器，以滤除 TCR 产生的谐波。

比 SVC 更为先进的现代补偿装置是静止无功发生器（Static Var Generator，SVG）。SVG 也是一种电力电子装置。其最基本的电路仍是三相桥式电压型或电流型变流电路，目前使用的主要是电压型。SVG 和 SVC 不同，SVC 需要大容量的电抗器、电容器等储能元件，而 SVG 只在其直流侧需要较小容量的电容器维持其电压即可。SVG 通过不同的控制，既可使其发出无功功率，呈电容性，也可使其吸收无功功率，呈电感性。采用 PWM 即可使其输入电流接近正弦波。

有关无功补偿电容器和静止无功补偿装置，将分别在 4.1 节和第 5 章中论述。此外，有关谐波的基础理论和检测方法往往与无功功率密切相关，而谐波补偿不论是采取无源补偿的方案，还是有源补偿的方案，从基本原理、实现方法到具体技术都与无功补偿是相通的，所以本书中还有一些涉及无功功率与无功补偿的内容是与谐波有关的内容融合在一起了，而没有单独形成章节，特别是第 6 章和第 9 章。

1.4 本书内容概述

谐波问题和无功功率问题对电力系统和电力用户都是十分重要的问题，也是近年来各方面关注的热点之一。谐波和无功功率问题涉及的面都较广。谐波问题包括畸变波形的分析方法、谐波源分析、谐波的影响及危害、电网谐波潮流计算、谐波测量及有谐波时各种电流量的测量方法及手段、谐波补偿和抑制、谐波限制标准等问题。无功功率问题包括无功功率理论及负载补偿理论、输电系统中稳态及动态无功功率控制理论、无功功率对供用电系统的影响、各种无功补偿装置、无功功率测量及收费、无功功率的调度和管理等。本书不可能包括上述全部内容，而是把重点放在谐波抑制和无功补偿方面。对于作为谐波源且功率因数低的电力电子装置，本书也专设一章进行较为详细的分析。对于谐波和无功功率的基本理论、非电力电子装置谐波源、无功功率的影响和谐波的危害等问题，本书只作扼要的叙述。对谐波抑制和无功补偿装置非常重要的谐波和无功电流的检测方法，则专设一章进行介绍。

谐波抑制和无功补偿是两个相对独立的问题，但两者之间又有非常紧密的联系。这是因为：

1）在没有谐波的情况下，无功功率有其固定的概念和定义。而在含有谐波的情况下，无功功率的定义和谐波有密切的关系，谐波除其本身的问题之外，也影响负载和电网的无功功率，影响功率因数。

2）产生谐波的装置同时也大都是消耗基波无功功率的装置，如各种电力电子装置、电弧炉和变压器等。

3）补偿谐波的装置通常也都是补偿基波无功功率的装置，如 *LC* 滤波器、有源电力滤波器中的许多类型都可补偿无功功率，高功率因数整流器既限制了谐波，也提高了功率因数。

正因为两者之间有如此密切的联系，才把谐波抑制和无功补偿结合起来写成本书。

谐波抑制和无功补偿都与电力电子技术有着密切的联系。这首先是因为各种电力电子装置目前已成为供用电系统中最为重要的谐波源，同时有的装置功率因数也很低，消耗大量的无功功率。其次，现代谐波抑制装置和无功补偿装置也几乎都是不同性质的电力电子装置。正因为如此，本书研究的内容可以看成是电力电子技术的一个重要分支。当然，本书也和电力系统、电工理论等有密切的关系。

第 2 章首先介绍谐波和谐波分析、无功功率和功率因数的基本概念，以及有关定义和计算。这些内容是全书的理论基础。然后，对消耗无功功率的负载及各种谐波源进行简单的介绍，最后论述无功功率的影响及谐波产生的各种危害。

第 3 章对各种电力电子装置的功率因数及所产生的谐波进行分析。这些电路包括带电阻电感负载（以下简称阻感负载）的整流电路、带电容滤波的整流电路、交流调压电路及周波交流电路。这些电路几乎包括了 PWM 控制以外的所有以交流电源为输入的电力电子电路。

第 4 章介绍无功补偿电容器及 *LC* 滤波器的电路设计、参数计算、使用中可能出现的问题及对策。这些传统的无功补偿和谐波抑制手段已不能算先进，但仍是最基本的和最主要的手段，至今仍然被普遍采用。

第 5 章介绍目前较为先进的 TCR、TSC 等静止无功补偿器，以及更为先进的静止无功发生器（SVG）。对于这些装置的工作原理、电路设计计算、控制方法及应用等进行较为详细的介绍。目前这些装置中应用最多的是 TCR，而 SVG 则代表着新的发展方向。

第 6 章介绍谐波和无功电流的检测方法，包括基于瞬时无功功率理论的谐波和无功电流检测方法、基于时域变换的谐波和无功电流检测方法，以及其他谐波和无功电流检测方法。这对于实现对无功功率和谐波的准确、快速跟踪补偿是非常重要的，也是后面第 7～9 章中论述的各种控制方法的基础。

第 7 章介绍有源电力滤波器的基本原理，以及有源电力滤波器的电路结构、特点、控制方法及应用。分别对并联型有源电力滤波器、串联型有源电力滤波器、串并联型有源电力滤波器进行了较为详细的介绍。

第 8 章介绍各种无源电力滤波器和有源电力滤波器组成的混合电力滤波器的电路结构、工作原理、控制方法和应用。这类滤波器主要是为克服有源滤波器单独使用时所存在的缺点而提出的。无源滤波器其优点在于结构简单、易实现、成本低，而有源电力滤波器的优点是补偿性能好。二者结合同时使用，可使整个系统获得最高的性价比。

第 9 章介绍适用于高压大容量场合的各种多电平无功补偿和有源滤波装置。目前可实现多电平的变流器拓扑结构主要有串联 H 桥型、中点钳位型和飞跨电容型这三大类。本书将着重介绍其中应用较多的串联 H 桥型，重点介绍其主电路设计、控制方法和控制系统的构建。对中点钳位型有源电力滤波器也将做简要介绍。

第 2 章　谐波和无功功率

本章首先介绍谐波的一些基本概念及谐波分析方法，并讨论在非正弦电路中的无功功率、功率因数等基本概念。这些概念及分析方法是以后各章的基础。本章对谐波和无功功率的产生及危害也作简要的介绍，这些内容可使读者对谐波抑制和无功补偿的必要性有更深刻的认识。

2.1　谐波和谐波分析

2.1.1　谐波的基本概念[23]

在供用电系统中，通常总是希望交流电压和交流电流呈正弦波形。正弦电压可表示为

$$u(t) = \sqrt{2}U\sin(\omega t + \alpha) \tag{2-1}$$

式中　U——电压有效值；

$\quad\quad\alpha$——初相位角；

$\quad\quad\omega$——角频率，$\omega = 2\pi f = 2\pi/T$；

$\quad\quad f$——频率；

$\quad\quad T$——周期。

正弦电压施加在线性无源元件电阻、电感和电容上，其电流和电压分别为比例、积分和微分关系，仍为同频率的正弦波。但当正弦电压施加在非线性电路上时，电流就变为非正弦波，非正弦电流在电网阻抗上产生压降，会使电压波形也变为非正弦波。当然，非正弦电压施加在线性电路上时，电流也是非正弦波。对于周期为 $T = 2\pi/\omega$ 的非正弦电压 $u(\omega t)$，一般满足狄里赫利条件，可分解为如下形式的傅里叶级数：

$$u(\omega t) = a_0 + \sum_{n=1}^{\infty}(a_n\cos n\omega t + b_n\sin n\omega t) \tag{2-2}$$

式中

$$a_0 = \frac{1}{2\pi}\int_0^{2\pi}u(\omega t)\mathrm{d}(\omega t)$$

$$a_n = \frac{1}{\pi}\int_0^{2\pi}u(\omega t)\cos n\omega t\mathrm{d}(\omega t)$$

$$b_n = \frac{1}{\pi}\int_0^{2\pi}u(\omega t)\sin n\omega t\mathrm{d}(\omega t) \quad (n = 1,2,3,\cdots)$$

或

$$u(\omega t) = a_0 + \sum_{n=1}^{\infty} c_n \sin(n\omega t + \varphi_n) \tag{2-3}$$

式中，c_n、φ_n 和 a_n、b_n 的关系为

$$c_n = \sqrt{a_n^2 + b_n^2}$$
$$\varphi_n = \arctan(a_n/b_n)$$
$$a_n = c_n \sin\varphi_n$$
$$b_n = c_n \cos\varphi_n$$

在式（2-2）或式（2-3）的傅里叶级数中，频率为 $1/T$ 的分量称为基波，频率为大于 1 整数倍基波频率的分量称为谐波，谐波次数为谐波频率和基波频率的整数比。以上公式及定义均以非正弦电压为例，对于非正弦电流的情况也完全适用，把式中 $u(\omega t)$ 转成 $i(\omega t)$ 即可。

n 次谐波电压含有率以 HRU_n（Harmonic Ratio U_n）表示。

$$HRU_n = \frac{U_n}{U_1} \times 100\% \tag{2-4}$$

式中　U_n——n 次谐波电压有效值（方均根值）；

　　　U_1——基波电压有效值。

n 次谐波电流含有率以 HRI_n 表示。

$$HRI_n = \frac{I_n}{I_1} \times 100\% \tag{2-5}$$

式中　I_n——n 次谐波电流有效值；

　　　I_1——基波电流有效值。

谐波电压含量 U_H 和谐波电流含量 I_H 分别定义为

$$U_H = \sqrt{\sum_{n=2}^{\infty} U_n^2} \tag{2-6}$$

$$I_H = \sqrt{\sum_{n=2}^{\infty} I_n^2} \tag{2-7}$$

电压总谐波畸变率 THD_u（Total Harmonic Distortion）和电流总谐波畸变率 THD_i 分别定义为

$$THD_u = \frac{U_H}{U_1} \times 100\% \tag{2-8}$$

$$THD_i = \frac{I_n}{I_1} \times 100\% \tag{2-9}$$

以上介绍了谐波及与谐波有关的基本概念。可以看出，谐波是一个周期电气量中频率为大于 1 整数倍基波频率的正弦波分量。由于谐波频率高于基波频率，有人

把谐波也称为高次谐波。实际上，"谐波"这一术语已经包含了频率高于基波频率的意思，因此再加上"高次"两字是多余的。在本书中，称谐波中频率较高者为高次谐波，频率较低者为低次谐波。

谐波次数 n 必须是大于 1 的正整数。n 为非整数时的正弦波分量不能称为谐波。当 n 为非整数的正弦波分量出现时，被分析的电气量已不是周期为 T 的电气量了。但在某些场合下，供用电系统中的确存在一些频率不是整数倍基波频率的分数次波。在有些关于谐波的著作中，把这些分数次波排除在论述范围之外。考虑到分数次波产生的原因、危害及抑制方法均和谐波很相似，因此这些分数次波也在本书的研究范围之内。

暂态现象和谐波是不同的。在进行傅里叶级数变换时，要求被变换的波形必须是不变的周期性波形。实际供用电系统的负载总是变化的，因此其电压、电流波形也是不断变化的。进行分析时，只要被分析波形能持续一段时间，就可以应用傅里叶级数变换。暂态现象在供用电系统中总是不断发生的，有时也会对供电系统和用户带来不利影响。在采用现代谐波抑制装置时，对这种暂态现象的不利影响可以起到一定的抑制作用，因此本书所涉及的内容并不把暂态现象完全排除在外。

对于非正弦波形，有时也用波形因数和振幅因数来描述其波形特征。波形因数是非正弦波形的有效值和整流后的平均值之比。振幅因数是非正弦波形的幅值和有效值之比。波形因数、振幅因数都只是描述了非正弦波形的某一个数字特征，两者之间没有一一对应的关系。它们和非正弦波形的谐波含量更没有一一对应的关系。在带有整流电路的磁电式交流电表中，表针旋转角度决定于线圈电流整流后的直流平均值，表盘刻度为交流有效值，这时可按正弦波的波形因数为 1.11 来确定刻度。在测量峰值的晶体管电压表中，表盘上的有效值根据正弦波的振幅因数为 $\sqrt{2}$ 来确定刻度。当被测波形含有谐波时，按上述两种方法得到的有效值都会产生误差，必须进行必要的修正。

2.1.2 谐波分析

式（2-2）和式（2-3）是用傅里叶级数进行谐波分析时最基本的一般公式。在进行谐波分析时，常常会遇到一些特殊波形，这些波形的谐波分析公式可以简化。

1) $u(\omega t)$ 为奇函数，其波形以坐标原点为对称，满足 $u(-\omega t) = -u(\omega t)$。这时，式（2-2）中只含正弦项，直流分量 a_0 和余弦项系数 a_n 均为零。b_n 的计算可简化为

$$b_n = \frac{2}{\pi}\int_0^\pi u(\omega t)\sin n\omega t \mathrm{d}(\omega t) \qquad (n = 1, 2, 3, \cdots) \qquad (2\text{-}10)$$

2) $u(\omega t)$ 为偶函数，其波形以纵坐标为对称，满足 $u(-\omega t) = u(\omega t)$。这时式（2-2）中只含直流分量和余弦项，正弦项系数 b_n 为零。a_0 和 a_n 的计算可简化为

$$\begin{cases} a_0 = \dfrac{1}{\pi}\displaystyle\int_0^\pi u(\omega t)\,\mathrm{d}(\omega t) \\ a_n = \dfrac{2}{\pi}\displaystyle\int_0^\pi u(\omega t)\cos n\omega t\,\mathrm{d}(\omega t) \\ (n = 1,\ 2,\ 3,\ \cdots) \end{cases} \tag{2-11}$$

在进行谐波分析时，通常纵坐标是可以人为选取的，只有选择合适的纵坐标，才有可能使波形所描述的函数成为奇函数或偶函数。

3）$u(\omega t + \pi) = -u(\omega t)$，即把波形的正半波向右平移半个周期后，和负半波是以横轴为对称的。常把具有这种波形的函数称为对称函数。这时式（2-2）和式（2-3）中只含基波分量和奇次谐波分量，a_n 和 b_n 的计算可简化为

$$\begin{cases} a_n = \dfrac{2}{\pi}\displaystyle\int_0^\pi u(\omega t)\cos n\omega t\,\mathrm{d}(\omega t) \\ b_n = \dfrac{2}{\pi}\displaystyle\int_0^\pi u(\omega t)\sin n\omega t\,\mathrm{d}(\omega t) \\ (n = 1,\ 3,\ 5,\ \cdots) \end{cases} \tag{2-12}$$

4）$u(\omega t + \pi) = -u(\omega t)$，且在正半周期内，前后 $\pi/2$ 的波形以 $\pi/2$ 轴线为对称。常把这种波形称为 1/4 周期对称波形。通过选择不同的起始点，这种波形所描述函数既可成为奇函数，也可成为偶函数。通常使它成为奇函数。因为这种函数同时也是对称函数，因此用式（2-2）进行谐波分析时，其中只含基波和奇次谐波中的正弦项，且 b_n 的计算可简化为

$$\begin{cases} b_n = \dfrac{4}{\pi}\displaystyle\int_0^{\frac{\pi}{2}} u(\omega t)\sin n\omega t\,\mathrm{d}(\omega t) \\ (n = 1,\ 3,\ 5,\ \cdots) \end{cases} \tag{2-13}$$

下面讨论三相电路中的谐波分析。一般来说，可以对各相的电压、电流分别进行上述谐波分析，但三相电路也有一些特殊的规律。在对称三相电路中，各相电压、电流依次相差基波的 $2\pi/3$。以相电压为例，三相电压可表示为

$$\begin{cases} u_a = u(\omega t) \\ u_b = u(\omega t - 2\pi/3) \\ u_c = u(\omega t + 2\pi/3) \end{cases} \tag{2-14}$$

设 a 相电压所含的 n 次谐波为

$$u_{an} = \sqrt{2}\,U_n \sin(n\omega t + \varphi_n)$$

则 b、c 相电压所含 n 次谐波就分别为

$$u_{bn} = \sqrt{2}\,U_n \sin[n(\omega t - 2\pi/3) + \varphi_n]$$
$$= \sqrt{2}\,U_n \sin(n\omega t - 2n\pi/3 + \varphi_n)$$
$$u_{cn} = \sqrt{2}\,U_n \sin[n(\omega t + 2\pi/3) + \varphi_n]$$

$$= \sqrt{2}U_n \sin(n\omega t + 2n\pi/3 + \varphi_n)$$

对上面各式进行分析,可得出以下结论:

1) $n = 3k$($k = 1$、2、3、…、下同),即 n 为3、6、9 等时,三相电压的谐波大小和相位均相同,为零序谐波。

2) $n = 3k + 1$,即 n 为4、7、10 等时,b 相电压比 a 相电压滞后 $2\pi/3$,c 相电压比 a 相电压超前 $2\pi/3$,这些次数的谐波均为正序谐波。对称三相电路的基波本身也是正序的。

3) $n = 3k - 1$,即 n 为2、5、8 等时,b 相电压比 a 相电压超前 $2\pi/3$,c 相电压比 a 相电压滞后 $2\pi/3$,这些次数的谐波均为负序谐波。

对三相电流进行谐波分析时,可以得出完全相同的结论。对于各相电压来说,无论是三相三线制电路还是三相四线制电路,相电压中都可以包含零序谐波,而线电压中都不含有零序谐波。对于各相电流来说,在三相三线制电路中,没有零序电流通道,因而电流中没有3、6、9 等次零序电流;而在三相四线制电路中,这些零序电流可以从中性线中流过。

以上的分析仅适用于对称三相电路,对称三相电路的谐波也是三相对称的。对于不对称三相电路来说,其谐波通常也是不对称的,无论是 $3k$ 次谐波、$3k + 1$ 次谐波,还是 $3k - 1$ 次谐波,其中都可能包含正序分量、负序分量和零序分量。在不对称三相三线制电路中,各相电流可能包含3、6、9 等次谐波,但不可能包含这些谐波电流的零序分量,也不可能包含其他次谐波电流的零序分量。不对称三相三线制或三相四线制电路中,各线电压中也可能包含3、6、9 等次谐波,但同样不可能包含这些谐波电压的零序分量,也不可能包含其他次谐波的零序分量。

采用傅里叶级数对非正弦连续时间周期函数进行分析是谐波分析的最基本方法。实际上,经常把连续时间信号的一个周期 T 等分成 N 个点,在等分点进行采样而得到一系列离散时间信号,然后采用离散傅里叶变换(DFT)或快速傅里叶变换(FFT)的方法进行谐波分析。有关这方面的内容可见参考文献 [3,4]。

2.1.3 公用电网谐波电压和谐波电流限值

由于公用电网中的谐波电压和谐波电流对用电设备和电网本身都会造成很大的危害,世界许多国家都发布了限制电网谐波的国家标准,或由权威机构制定限制谐波的规定。制定这些标准和规定的基本原则是限制谐波源注入电网的谐波电流,把电网谐波电压控制在允许范围内,使接在电网中的电气设备免受谐波干扰而能正常工作。

世界各国所制定的谐波标准大都比较接近。我国原水利电力部于 1984 年根据原国家经济委员会批转的《全国供用电规则》的规定,制定并发布了 SD126—1984《电力系统谐波管理暂行规定》[22]。原国家技术监督局于 1993 年又发布了中华人民共和国国家标准 GB/T 14549—1993《电能质量 公用电网谐波》[23],该标准从

1994年3月1日起开始实施。下面的内容均引自该标准。

对于不同电压等级的公用电网，允许电压总谐波畸变率也不相同。电压等级越高，谐波限制越严。另外，对偶次谐波的限制也要严于对奇次谐波的限制。表2-1给出了公用电网谐波电压限值。

表2-1　公用电网谐波电压（相电压）限值

电网标称电压 /kV	电压总谐波畸变率 （%）	各次谐波电压含有率（%）	
		奇　次	偶　次
0.38	5.0	4.0	2.0
6	4.0	3.2	1.6
10			
35	3.0	2.4	1.2
66			
110	2.0	1.6	0.8

公用电网公共连接点的全部用户向该点注入的谐波电流分量（方均根值）不应超过表2-2中规定的允许值。

表2-2　注入公共连接点的谐波电流允许值

标准电压 /kV	基准短路容量 /MVA	谐波次数及谐波电流允许值/A										
		2	3	4	5	6	7	8	9	10	11	12	13
0.38	10	78	62	39	62	26	44	19	21	16	28	13	24
6	100	43	34	21	34	14	24	11	11	8.5	16	7.1	13
10	100	26	20	13	20	8.5	15	6.4	6.8	5.1	9.3	4.3	7.9
35	250	15	12	7.7	12	5.1	8.8	3.8	4.1	3.1	5.6	2.6	4.7
66	500	16	13	8.1	13	5.4	9.3	4.1	4.3	3.3	5.9	2.7	5.0
110	750	12	9.6	6.0	9.6	4.0	6.8	3.0	3.0	2.4	4.3	2.0	3.7

标准电压 /kV	基准短路容量 /MVA	谐波次数及谐波电流允许值/A										
		14	15	16	17	18	19	20	21	22	23	24	25
0.38	10	11	12	9.7	18	8.6	16	7.8	8.9	7.1	14	6.5	12
6	100	6.1	6.8	5.3	10	4.7	9.0	4.3	4.9	3.9	7.4	3.6	6.8
10	100	3.7	4.1	3.2	6.0	2.8	5.4	2.6	2.9	2.3	4.5	2.1	4.1
35	250	2.2	2.5	1.9	3.6	1.7	3.2	1.5	1.8	1.4	2.7	1.3	2.5
66	500	2.3	2.6	2.0	3.8	1.8	3.4	1.6	1.9	1.5	2.8	1.4	2.6
110	750	1.7	1.9	1.5	2.8	1.3	2.5	1.2	1.4	1.1	2.1	1.0	1.9

当公共连接点处的最小短路容量不同于基准短路容量时，可按式（2-15）修正表2-2中的谐波电流允许值。

$$I_n = \frac{S_{k1}}{S_{k2}} I_{np}$$ (2-15)

式中 S_{k1}——公共连接点的最小短路容量（MVA）；

$\quad\quad S_{k2}$——基准短路容量（MVA）；

$\quad\quad I_{np}$——表 2-2 中 n 次谐波电流允许值（A）；

$\quad\quad I_n$——短路容量为 S_{k1} 时的 n 次谐波电流允许值（A）。

n 次谐波电压含有率 HRU_n 与 n 次谐波电流分量 I_n 的关系如下：

$$HRU_n = \frac{\sqrt{3} Z_n I_n}{10 U_N} \quad (\%)$$ (2-16)

式中 U_N——电网的标称电压（kV）；

$\quad\quad I_n$——n 次谐波电流（A）；

$\quad\quad Z_n$——系统的 n 次谐波阻抗（Ω）。

如谐波阻抗 Z_n 未知，HRU_n（%）和 I_n（A）的关系可按下式进行近似的工程估算：

$$HRU_n = \frac{\sqrt{3} n U_N I_n}{10 S_k}$$ (2-17)

或 $$I_n = \frac{10 S_k HRU_n}{\sqrt{3} n U_N}$$ (2-18)

式中 S_k——公共连接点的三相短路容量（MVA）。

两个谐波源的同次谐波电流在一条线路上的同一相上叠加，当相位角已知时，总谐波电流 I_n（A）可按下式计算：

$$I_n = \sqrt{I_{n1}^2 + I_{n2}^2 + 2 I_{n1} I_{n2} \cos\theta_n}$$ (2-19)

式中 I_{n1}——谐波源 1 的 n 次谐波电流（A）；

$\quad\quad I_{n2}$——谐波源 2 的 n 次谐波电流（A）；

$\quad\quad \theta_n$——谐波源 1 和 2 的 n 次谐波电流之间的相位角。

当两个谐波源的谐波电流间的相位角不确定时，总谐波电流可按下式计算：

$$I_n = \sqrt{I_{n1}^2 + I_{n2}^2 + K_n I_{n1} I_{n2}}$$ (2-20)

式中，系数 K_n 可按表 2-3 选取。

表 2-3 式（2-20）中系数 K_n 的值

n	3	5	7	11	13	9，>13，偶次
K_n	1.62	1.28	0.72	0.18	0.08	0

两个以上同次谐波电流叠加时，首先将两个谐波电流叠加，然后再与第三个谐波电流叠加，以此类推。

两个及两个以上谐波源在同一节点同一相上引起的同次谐波电压叠加的公式和式（2-19）或式（2-20）类似。

同一公共连接点有多个用户时，每个用户向电网注入的谐波电流允许值按此用户在该点的协议容量与其公共连接点的供电设备容量之比进行分配。第 i 个用户的 n 次谐波电流允许值 I_{ni}（A）按下式计算：

$$I_{ni} = I_n(S_i/S_t)^{1/\alpha} \qquad (2-21)$$

式中　I_n——按式（2-15）计算的 n 次谐波电流允许值（A）；

　　　S_i——第 i 个用户的用电协议容量（MVA）；

　　　S_t——公共连接点的供电设备容量（MVA）；

　　　α——相位叠加系数，按表 2-4 取值。

表 2-4　相位叠加系数取值

n	3	5	7	11	13	9，>13，偶次
α	1.1	1.2	1.4	1.8	1.9	2

2.2　无功功率和功率因数

2.2.1　正弦电路的无功功率和功率因数

在正弦电路中，负载是线性的，电路中的电压和电流都是正弦波。设电压和电流可分别表示为

$$u = \sqrt{2}U\sin\omega t$$

$$i = \sqrt{2}I\sin(\omega t - \varphi) = \sqrt{2}I\cos\varphi\sin\omega t - \sqrt{2}I\sin\varphi\cos\omega t = i_p + i_q \qquad (2-22)$$

式中　φ——电流滞后电压的相位角。

电流 i 被分解为和电压同相位的分量 i_p 和比电压滞后 90°的分量 i_q。i_p 和 i_q 分别为

$$\begin{cases} i_p = \sqrt{2}I\cos\varphi\sin\omega t \\ i_q = -\sqrt{2}I\sin\varphi\cos\omega t \end{cases} \qquad (2-23)$$

电路的有功功率 P 就是其平均功率，即

$$P = \frac{1}{2\pi}\int_0^{2\pi} ui\,\mathrm{d}(\omega t) = \frac{1}{2\pi}\int_0^{2\pi}(ui_p + ui_q)\,\mathrm{d}(\omega t)$$

$$= \frac{1}{2\pi}\int_0^{2\pi}(UI\cos\varphi - UI\cos\varphi\cos2\omega t)\,\mathrm{d}(\omega t) +$$

$$\frac{1}{2\pi}\int_0^{2\pi}(-UI\sin\varphi\sin2\omega t)\,\mathrm{d}(\omega t)$$

$$= UI\cos\varphi \qquad (2-24)$$

电路的无功功率定义为

$$Q = UI\sin\varphi \qquad\qquad (2\text{-}25)$$

可以看出，Q 就是式（2-24）中被积函数的第 2 项无功功率分量 ui_q 的变化幅度。ui_q 的平均值为零，表示了其有能量交换而并不消耗功率。Q 表示了这种能量交换的幅度。在单相电路中，这种能量交换通常是在电源和具有储能元件的负载之间进行的。从式（2-24）可看出，真正的功率消耗是由被积函数的第 1 项有功功率分量 ui_p 产生的。因此，把由式（2-23）所描述的 i_p 和 i_q 分别称为正弦电路的有功电流分量和无功电流分量。

对于发电机和变压器等电气设备来说，其额定电流值与导线的截面积及铜损耗有关，其额定电压和绕组电气绝缘有关，在工作频率一定的情况下，其额定电压还和铁心尺寸及铁心损耗有关。因此，工程上把电压、电流有效值的乘积作为电气设备功率设计极限值，这个值也就是电气设备最大可利用容量。因此，引入如下视在功率的概念：

$$S = UI \qquad\qquad (2\text{-}26)$$

从式（2-24）可知，有功功率 P 的最大值为视在功率 S，P 越接近 S，电气设备的容量越得到充分利用。为了反映 P 接近 S 的程度，定义有功功率和视在功率的比值为功率因数 λ。

$$\lambda = \frac{P}{S} \qquad\qquad (2\text{-}27)$$

从式（2-24）和式（2-26）可以看出，在正弦电路中，功率因数是由电压和电流之间的相位差决定的。在这种情况下，功率因数常用 $\cos\varphi$ 来表示。

从式（2-24）、式（2-25）和式（2-26）可知，S、P 和 Q 有如下关系：

$$S^2 = P^2 + Q^2 \qquad\qquad (2\text{-}28)$$

应该指出，视在功率只是电压和电流有效值的乘积，它并不能准确反映能量交换和消耗的强度。在一般电路中，视在功率并不遵守能量守恒定律。

2.2.2　非正弦电路的无功功率和功率因数

在含有谐波的非正弦电路中，有功功率、视在功率和功率因数的定义均和正弦电路相同。有功功率仍为瞬时功率在一个周期内的平均值。视在功率、功率因数仍分别由式（2-26）和式（2-27）来定义。这几个量的物理意义也没有变化。

非正弦周期函数可用傅里叶级数表示成式（2-3）的形式。式中的 $\sin(\omega t + \varphi_1)$、$\sin(2\omega t + \varphi_2)$、$\sin(3\omega t + \varphi_3)$……都是互相正交的。也就是说，上述函数集合中的两个不同函数的乘积在一个周期内的积分为零。所以其有功功率 P 为

$$P = \frac{1}{2\pi}\int_0^{2\pi} ui\,\mathrm{d}(\omega t) = \sum_{n=1}^{\infty} U_n I_n \cos\varphi_n \qquad (2\text{-}29)$$

电压和电流的有效值分别为

$$U = \sqrt{\sum_{n=1}^{\infty} U_n^2} \qquad (2\text{-}30)$$

$$I = \sqrt{\sum_{n=1}^{\infty} I_n^2} \qquad (2\text{-}31)$$

因此

$$S = UI = \sqrt{\sum_{n=1}^{\infty} U_n^2} \sqrt{\sum_{n=1}^{\infty} I_n^2} \qquad (2\text{-}32)$$

含有谐波的非正弦电路中的无功功率的情况比较复杂，至今没有被广泛接受的科学而权威性的定义。仿照式（2-28），可以定义无功功率为

$$Q = \sqrt{S^2 - P^2} \qquad (2\text{-}33)$$

这里，无功功率 Q 只是反映了能量的流动和交换，并不反映能量在负载中的消耗。在这一点上，它和正弦电路中无功功率最基本的物理意义是完全一致的。因此，这一定义被广泛接受。但是，这一定义对无功功率的描述是很粗糙的。它没有区别基波电压、电流之间产生的无功功率，同频率谐波电压、电流之间产生的无功功率，以及不同频率谐波电压、电流之间产生的无功功率。也就是说，这一定义，对于谐波源和无功功率的辨识，对于理解谐波和无功功率的流动，都缺乏明确的指导意义。这一定义也无助于对谐波和无功功率的监测、管理和收费。

仿照式（2-25）也可以定义无功功率。为了和式（2-33）区别，采用符号 Q_{f}[39]。

$$Q_{\mathrm{f}} = \sum_{n=1}^{\infty} U_n I_n \sin\varphi_n \qquad (2\text{-}34)$$

这里，Q_{f} 是由同频率电压、电流正弦波分量之间产生的。在正弦电路中，通常规定感性无功功率为正，容性无功功率为负。把这一规定引入非正弦电路，就可能出现一些很不合理的现象。同一个谐波源有可能某些次谐波的无功功率为感性无功功率，而另一些次谐波的无功功率为容性无功功率，从而出现两者相互抵消的情况。而实际上，不同频率的无功功率是无法互相补偿的，这种互相抵消是不合理的。在这里，Q_{f} 已没有度量电源和负载之间能量交换幅度的物理意义了。尽管如此，因为式（2-34）Q_{f} 的定义可看成正弦波情况下定义的自然延伸，它仍被广泛采用。

在非正弦的情况下，$S^2 \neq P^2 + Q_{\mathrm{f}}^2$，因此引入畸变功率 D，使得

$$S^2 = P^2 + Q_{\mathrm{f}}^2 + D^2 \qquad (2\text{-}35)$$

比较式（2-35）和式（2-33），可得

$$Q^2 = Q_{\mathrm{f}}^2 + D^2 \qquad (2\text{-}36)$$

和 Q_{f} 不同，D 是由不同频率的电压、电流正弦波分量之间产生的。

在公共电网中，通常电压的波形畸变都很小，而电流波形的畸变则可能很大。

因此，不考虑电压畸变，研究电压波形为正弦波、电流波形为非正弦波时的情况有很大的实际意义。设正弦电压有效值为 U，畸变电流有效值为 I，其基波电流有效值及与电压相角差分别为 I_1 和 φ_1，n 次谐波有效值为 I_n。考虑到不同频率的电压电流之间不产生有功功率，按照上述定义可以得到

$$P = UI_1\cos\varphi_1$$

$$Q_f = UI_1\sin\varphi_1$$

$$P^2 + Q_f^2 = U^2 I_1^2$$

$$S^2 = U^2 I^2 = U^2 I_1^2 + U^2 \sum_{n=2}^{\infty} I_n^2$$

$$D^2 = S^2 - P^2 - Q_f^2 = U^2 \sum_{n=2}^{\infty} I_n^2$$

在这种情况下，Q_f 和 D 都有明确的物理意义。Q_f 是基波电流所产生的无功功率，D 是谐波电流所产生的无功功率。这时功率因数为

$$\lambda = \frac{P}{S} = \frac{UI_1\cos\varphi_1}{UI} = \frac{I_1}{I}\cos\varphi_1 = \nu\cos\varphi_1 \tag{2-37}$$

式中，$\nu = I_1/I$，即基波电流有效值和总电流有效值之比，称为基波因数，而 $\cos\varphi_1$ 称为位移因数或基波功率因数。可以看出，功率因数是由基波电流相移和电流波形畸变两个因数决定的。总电流也可以看成由三个分量，即基波有功电流、基波无功电流和谐波电流组成。式（2-37）在工程上得到广泛应用。

2.2.3　无功功率的时域分析

上述定义和分析都是建立在傅里叶级数基础上的，属于频域分析。还有一种在时域对无功电流和无功功率进行定义的方法。这种方法是把电流按照电压波形分解成有功电流 $i_p(t)$ 和无功电流 $i_q(t)$ 两个分量，其中 $i_p(t)$ 的波形与电压 $u(t)$ 完全一致，即

$$i_p(t) = Gu(t) \tag{2-38}$$

式中　G——比例常数，其取值应使一周期 $i_p(t)$ 内所消耗的平均功率和 $i(t)$ 消耗的平均功率相等，即

$$P = \frac{1}{T}\int_0^T u(t)i(t)\,\mathrm{d}t = \frac{1}{T}\int_0^T u(t)i_p(t)\,\mathrm{d}t \tag{2-39}$$

把式（2-38）代入式（2-39）可得

$$P = \frac{G}{T}\int_0^T u^2(t)\,\mathrm{d}t = GU^2$$

由此可求得

$$G = \frac{P}{U^2} \tag{2-40}$$

即

$$i_p(t) = \frac{P}{U^2}u(t) \tag{2-41}$$

定义无功电流 $i_q(t)$ 为

$$i_q(t) = i(t) - i_p(t) \tag{2-42}$$

由式(2-39)、式(2-41)和式(2-42)可得

$$\frac{1}{T}\int_0^T i_p i_q \mathrm{d}t = 0 \tag{2-43}$$

即 i_p 和 i_q 正交。因此可求得 i、i_p 和 i_q 的有效值之间关系如下：

$$\begin{aligned}
I^2 &= \frac{1}{T}\int_0^T i^2 \mathrm{d}t \\
&= \frac{1}{T}\int_0^T i_p^2 \mathrm{d}t + \frac{1}{T}\int_0^T i_q^2 \mathrm{d}t + \frac{1}{T}\int_0^T 2i_p i_q \mathrm{d}t \\
&= I_p^2 + I_q^2
\end{aligned}$$

考虑到 $S = UI$，并定义 $P = UI_p$、$Q = UI_q$，给上式两边同乘以 U^2 可得

$$S^2 = P^2 + Q^2 \tag{2-44}$$

可以看出，式（2-44）和在频域分析法中得出的结论是完全一致的。时域分析的方法是 S. Fryze 在 1932 年就提出的[40]，随着电网谐波问题日益严重和现代技术的进步，近年这一定义才又重新引起人们的兴趣。

2.2.4 三相电路的功率因数

在三相对称电路中，各相电压、电流均为对称，功率因数也相同。三相电路总的功率因数就等于各相的功率因数。在三相电路中，影响功率因数的因素除电流和电压的相位差、波形畸变外，还有一个因素就是三相不对称。三相不对称电路的功率因数至今没有统一的定义。定义之一为

$$\lambda = \frac{\Sigma P}{\Sigma S} \tag{2-45}$$

式中，各相的 S 为其电流与各线到人为中点电压的乘积。可以看出，即使三相都是电阻负载，只要三相不对称，功率因数仍小于 1。该定义简单明了且易于计算，考虑了不对称的因素，但其依据不充分。

另一定义称为矢量功率因数[3]：

$$\lambda = \frac{\Sigma P}{|\Sigma S|} \tag{2-46}$$

式中，S 为矢量，各相 S 的相位角为该相电流滞后电压的角度。

2.2.5 无功功率的物理意义

前面已经说过，无功功率只是描述了能量交换的幅度，而并不消耗功率。图 2-1 的单相电路就是这方面的一个例子，其负载为阻感负载。电阻消耗有功功率，

而电感则在一周期内的一部分时间把从电源吸收的能量储存起来，另一部分时间再把储存的能量向电源和负载释放，并不消耗能量。无功功率的大小表示了电源和负载电感之间交换能量的幅度。电源向负载提供这种无功功率是阻感负载内在的需要，同时也对电源的输出带来一定的影响。

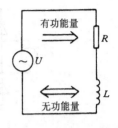

图2-1 单相阻感负载电路的能量流动

图 2-2 所示是带有阻感负载的三相电路，为了和图 2-1 相对照，假设 U、R、L 的参数均和图 2-1 相同，为对称三相电路。这时无功功率的大小当然也表示了电源和负载电感之间能量交换的幅度。无功能量在电源和负载之间来回流动。同时，可以证明，各相的无功功率分量（ui_q）的瞬时值之和在任一时刻都为零。因此，也可以认为无功能量是在三相之间流动的。这种流动是通过阻感负载进行的。

图 2-3 所示是一个静止无功发生器（SVG，参见 5.4 节）电路。通过对各开关器件的适当控制，其电源电流的相位可以比电压超前 90°，也可以比电压滞后 90°，使 SVG 发出无功功率或吸收无功功率。在进行 PWM 控制时，如果开关频率足够高，就可使电流非常接近正弦波，SVG 的直流侧电容 C 的电压几乎没有波动。也就是说，C 只是为 SVG 提供一个直流工作电压，它和 SVG 交流侧几乎没有能量交换。只要开关频率足够高，C 的容量就可以足够小。因此，C 可以不被看成是储能元件。同样，只要开关频率足够高，SVG 交流侧电感 L 也可足够小，L 也不是交换无功能量意义上的电感。因此，这种电路可以近似看成无储能元件的电路。这时，无功能量的交换就不能看成是在电源和负载储能元件之间进行的。因为各相无功分量的瞬时值之和在任一时刻都为零。因此，仍可以认为无功能量是在三相之间流动的。事实上，三相三线制电路无论对称还是不对称，无论不含谐波还是含有谐波，各相无功分量的瞬时值之和在任一时刻都为零。这一结论是普遍成立的，因此都可以认为无功能量是在三相之间流动的。

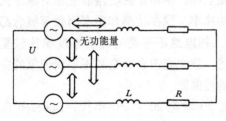

图2-2 三相阻感负载电路无功能量的流动

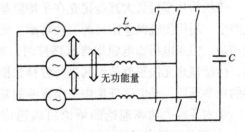

图2-3 SVG电路无功能量的流动

图 2-4a 所示是带有电阻负载的单相桥式可控整流电路，图 2-4b 所示是 $\alpha = 90°$ 时 u 和 i 的波形。这时电路的有功功率为

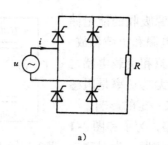 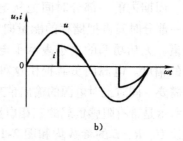

图 2-4 带有电阻负载的单相全控桥整流电路及波形

a) 电路原理图 b) 波形

$$P = \frac{1}{2\pi}\int_0^{2\pi} uid(\omega t) = \frac{U^2}{2R}$$

电流 i 的有效值为

$$I = \sqrt{\frac{1}{2\pi}\int_0^{2\pi} i^2 d(\omega t)} = \frac{\sqrt{2}}{2}\frac{U}{R}$$

功率因数为

$$\lambda = \frac{P}{S} = \frac{P}{UI} = \frac{\sqrt{2}}{2}$$

无功功率 Q 为

$$Q = \sqrt{S^2 - P^2} = \frac{\sqrt{2}}{2}S$$

其无功功率一部分是由基波电流相移产生的，另一部分是由谐波电流产生的。因为负载中没有储能元件，而且是单相电路，所以这里并没有上述意义上的无功能量的流动，其无功功率是由电路的非线性产生的。

2.2.6 无功功率理论的研究及进展

传统的功率定义大都是建立在平均值基础上的。单相正弦电路或三相对称正弦电路中，利用传统概念定义的有功功率、无功功率、视在功率和功率因数等概念都很清楚。但当电压或电流中含有谐波时，或三相电路不平衡时，功率现象比较复杂，传统概念无法正确地对其进行解释和描述。建立能包含畸变和不平衡现象的完善的功率理论，是电路理论中一个重要的基础性课题。

学术界有关功率理论的争论可以追溯到 20 世纪 20 和 30 年代，Budeanu 和 Fryze 最早分别提出了在频域定义和在时域定义的方法[39,40]，以后又有各种定义和理论不断出现[41-44]。20 世纪 80 年代以来，新的定义和理论更是不断推出[45-61]。自 1991 年以来，已多次举办了专门讨论非正弦情况下的功率定义和测量问题的国际会议[62,63]，但迄今为止，尚未找到彻底解决问题的理论和方法。新的理论往往是解决了前人未解决好的问题，同时却又存在另一些不足，或引出了新的待解决的问题。对新提出的功率定义和理论应有如下要求[64]：

1）物理意义明确，能清楚地解释各种功率现象，并能在某种程度上与传统功率理论保持一致；

2）有利于对谐波源和无功功率的辨识和分析，有利于对谐波和无功功率流动的理解；

3）有利于对谐波和无功功率的补偿和抑制，能为其提供理论指导；

4）能够被准确测量，有利于有关谐波和无功功率的监测、管理和收费。

根据上述要求，可将现有的功率理论分为图 2-5 所示的三大类。迄今为止的各种功率定义和理论只是较好地解决了上述一两个方面的问题，而未能满足所有要求。Czarnecki 和 Depenbrock 的工作对第一类功率理论问题的解决起了较大的促进作用[45-61]。H. Akagi（赤木泰文）等人提出的瞬时无功功率理论解决了谐波和无功功率的瞬时检测和不用储能元件实现谐波和无功补偿等问题，对谐波和无功补偿装置的研究和开发起到了很大的推动作用。本书将在第 6 章对这一理论进行专门介绍。但这一理论的物理意义较为模糊，与传统理论的关系不够明确，在解决第一类和第三类问题时遇到困难。对于第三类理论问题的研究虽然取得了一定成果[65-69]，但至今未取得较大突破。总之，如何建立更为完善的功率定义和理论，特别是能为供电企业和电力用户广泛接受，还需进行更多的努力。

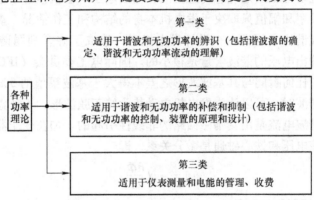

图 2-5　现有功率理论按其适用性分类

2.3　谐波和无功功率的产生

在工业和生活用电负载中，阻感负载占有很大的比例。异步电动机、变压器、荧光灯等都是典型的阻感负载。异步电动机和变压器所消耗的无功功率在电力系统所提供的无功功率中占有很高的比例。电力系统中的电抗器和架空线等也消耗一些无功功率。阻感负载必须吸收无功功率才能正常工作，这是由其本身的性质所决定的。

电力电子装置等非线性装置也要消耗无功功率,特别是各种相控装置。如相控整流器、相控交流功率调整电路和周波变流器,在工作时基波电流滞后于电网电压,要消耗大量的无功功率。另外,这些装置也会产生大量的谐波电流,从上一节的讨论可以看出,谐波源都是要消耗无功功率的。二极管整流电路的基波电流相位和电网电压相位大致相同,所以基本不消耗基波无功功率。但是它也产生大量的谐波电流,因此也消耗一定的无功功率。

工业用电弧炉在工作时电极处于短路状态,不但消耗大量的无功功率,且因电弧不稳定,其所消耗的无功功率波动也很大。同时,它也产生大量的谐波电流,其谐波频谱不规则,几乎是连续频谱。

公用电网中的谐波源主要是各种电力电子装置(含家用电器、计算机等的电源部分)、变压器、发电机、电弧炉和荧光灯等。在电力电子装置大量应用之前,最主要的谐波源是电力变压器的励磁电流,其次是发电机。在电力电子装置大量应用之后,它成为最主要谐波源。

发电机是公用电网的电源,当在发电机励磁绕组中通以直流电流,并在磁极下产生按正弦分布的磁场时,定子绕组中将感应出正弦电动势,发电机输出电压波形为正弦波。但这只是理想的情况。实际电机中,磁极磁场并非完全按照正弦规律分布,因此感应电动势就不是理想的正弦波,输出电压中也就包含一定的谐波。这种谐波电动势的频率和幅值只取决于发电机本身的结构和工作情况,基本与外接负载无关,可以看成谐波电压源。在设计发电机时,采取了许多削弱谐波电动势的措施,因此,其输出电压的谐波含量是很小的。国际电工委员会(IEC)规定发电机的端电压波形在任何瞬间与其基波波形之差不得大于基波幅值的5%。因此,在分析公用电网的谐波时,可以认为发电机电动势为纯正弦波形,不考虑其谐波分量。

变压器的谐波电流是由其励磁回路的非线性引起的。加在变压器上的电压通常是正弦电压,该电压和铁心磁通是微分关系,即

$$u = -N\frac{\mathrm{d}\Phi}{\mathrm{d}t} \tag{2-47}$$

式中　　N——变压器绕组匝数;

　　　　Φ——变压器铁心磁通。

因此铁心中磁通也是按正弦规律变化的,只是其相位比电压相位滞后 $\pi/2$。励磁电流和磁通的关系是由铁心的磁化曲线决定的。由于磁化曲线是非线性的,所以产生正弦磁通的励磁电流只能是非正弦的。图2-6给出了磁通为正弦波时励磁电流的波形,这里未考虑磁滞的影响。可以看出,图中的励磁电流已变成具有1/4周期对称特点的尖顶波了。对其波形进行傅里叶级数分析可知,其中含有全部的奇次谐波,以3次谐波分量为最大。

考虑磁滞影响时的磁通和励磁电流的波形如图 2-7 所示。和图 2-6 的波形相比，励磁电流波形发生扭曲，已不再是 1/4 周期对称波形，但仍是正负半周对称的波形，从 2.1 节的分析可知，其中仍只含有以 3 次谐波为主的奇次谐波。

对于三相变压器来说，其励磁电流和铁心结构、变压器联结方式都有关。若变压器有一侧采用 D（或 d）联结，则可以为 3 的倍数次谐波提供通路，使磁通和电动势都很接近正弦波。3 的倍数次谐波电流只在 D（或 d）联结回路中流通，而不流入公用电网，流入电网的只是 $6k \pm 1$（k 为正整数）次谐波。若变压器没有 D（或 d）联结，则励磁电流中就没有 3 的倍数次谐波电流，这时由于磁化曲线的非线性就会在磁通中产生 3 的倍数次谐波，使磁通变为平顶波。在三柱变压器中，磁动势里 3 的倍数次谐波是各相同相位的，因此，这些谐波磁通的路径必须是由空气、油和变压器外壳构成的回路。而这种路径的磁阻很大，使 3 的倍数次谐波的磁通仅为独立铁心时的 10% 左右。因此磁通和电动势仍接近正弦波。

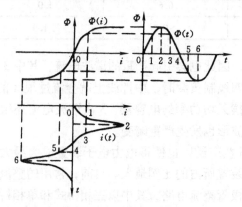 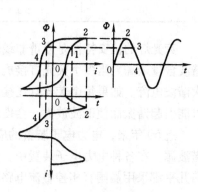

图 2-6　不考虑磁滞影响时的　　　　　图 2-7　考虑磁滞影响时的
磁通和励磁电流波形　　　　　　　　　磁通和励磁电流波形

变压器励磁电流的谐波含量和铁心饱和程度直接相关，即和其所加的电压有关。正常情况下，所加电压为额定电压，铁心基本工作在线性范围内，谐波电流含量不大。但在轻载时电压升高，铁心工作在饱和区，谐波电流含量就会大大增加。另外，在变压器投入运行过程、暂态扰动、负载剧烈变化及非正常状态运行时，都会产生大量的谐波。

电弧炉的谐波主要是由起弧的时延和电弧的严重非线性引起的。电弧长度的不稳定性和随机性，使得其电流谐波频谱十分复杂，其谐波频率分布范围主要在 0.1～30Hz。电弧炉工作在熔炼期间谐波电流很大，当工作在精炼期间时，由于电弧特性较稳定，谐波电流较小。

电弧炉谐波电流随时间的变化很大。表 2-5 给出了不同资料所给的由电弧炉引起的平均谐波电流。可以看出，2 次、3 次和 5 次谐波最为严重。

表 2-5　电弧炉引起的平均谐波电流

谐 波次 数	谐波电流（以基波百分数表示）		
	资料 1	资料 2	资料 3
2	3.2	4.1	4.5
3	4.0	4.5	4.7
4	1.1	1.8	2.8
5	3.2	2.1	4.5
6	0.6	无数据	1.7
7	1.3	1.0	1.6
8	0.4	1.0	1.1
9	0.5	0.6	1.0
10	>0.5	>0.5	>1.0

荧光灯的伏安特性是严重非线性的，因此也会引起严重的谐波电流，其中 3 次谐波含量最高。当多个荧光灯接成三相四线制负载时，中性线上就会流过很大的 3 次谐波电流。如果每个荧光灯还接有补偿无功功率的电容器，3 次谐波电流还很有可能引起谐振而使谐波放大，会使电压波形也发生严重畸变。

近 50 年来，电力电子装置的应用日益广泛，也使得电力电子装置成为最大的谐波源。在各种电力电子装置中，整流装置所占的比例最大。目前，常用的整流电路几乎都采用晶闸管相控整流电路或二极管整流电路，其中以三相桥式和单相桥式整流电路为最多。带阻感负载的整流电路所产生的谐波污染和功率因数滞后已为人们所熟悉。直流侧采用电容滤波的二极管整流电路也是严重的谐波污染源。这种电路输入电流的基波分量相位与电源电压相位大体相同，因而基波功率因数接近 1。但其输入电流的谐波分量却很大，给电网造成严重污染，也使得总的功率因数很低。另外，采用相控方式的交流电力调整电路及周波变流器等电力电子装置也会在输入侧产生大量的谐波电流。

除上述电力电子装置外，逆变器、直流斩波器和间接 DC-DC 变流器的应用也较多。但这些装置所需的直流电源主要来自整流电路，因而其谐波和无功功率问题也很严重。在这类装置中，各种开关电源、不间断电源和电压型变频器等的用量越来越大，其对电网的谐波污染问题也日益突出。特别是单台功率虽小，但数量极其庞大的彩色电视机、个人计算机和各种家用电器及办公设备，其内部大都含有开关电源，它们的日益普及所带来的谐波污染问题是非常严重的。

有关各种电力电子装置的功率因数和谐波分析将在第 3 章中详细论述。

1992 年日本电气学会发表了一项有关谐波源的调查报告[26]，其中对各电力用户的最大谐波源进行了调查。表 2-6 给出了其调查结果。在被调查的 186 家有代表性的电力用户中，无谐波源的仅占 6%，其最大谐波源为整流装置的用户占 66%，为办公及家用电器用户占 23%，为交流电力调整装置和电弧炉的用户分别占 1% 和 4%。办公及家用电器用户中的谐波实际上还是来自其中的整流装置。因此，最大谐波源来自整流装置的用户占 89%。连同交流电力调整装置所占的 1%，最大谐波源为电力电子装置的用户占 90%。若排除占 6% 的无谐波源用户，则在有谐波源的用户中，最大谐波源为电力电子装置的用户所占比例高达 96%。可见电力电子装置已成为最主要的谐波源。

表 2-6　谐波源分布情况

行　业	最大谐波源用户数						合计
	整流装置	交流电力调整装置	周波变流器	电弧炉	办公及家用电器	无谐波源用户	
造纸	16	—	—	—	1	2	19
化学	15	—	—	1	2	1	19
建筑材料	5	—	—	2	5	5	17
冶金	14	—	—	3	1	2	20
机械制造	9	—	—	2	8	1	20
其他制造业	8	—	—	—	7		15
铁路	19	—	—	—	1		20
公共事业	20	1	—	—	4	1	26
楼宇	14	—	—	—	13		27
通信	2	—	—	—	1		3
合计	122	1	0	8	43	12	186
比例（%）	66	1	0	4	23	6	100

图 2-8 所示是关于各行业产生谐波量分布情况的调查结果。从图中可以看出，来自楼宇（指建筑物，其谐波由办公、家电设备和照明电源等产生）的约占 40.6%，来自铁路和冶金行业的分别约占 17.2% 和 15.1%。这三个行业共占 72.9%。在这三个行业中，除部分照明电源（楼宇）、电弧炉（冶金）等以外，主要谐波源为电力电子装置，其他行业的谐波源也大多来自电力电子装置。

日本电气协同研究会还于 1983 年 10 月和 1988 年 4 月对电力系统中典型地点的电网电压畸变率进行了调查[70,71]。图 2-9 给出了从星期五到星期二共 5 天内，22 ~ 77kV 电网和 6kV 电网的电压总谐波畸变率以及电视收视率。可以看出，每天 19 ~ 22 时电网电压总谐波畸变率最高，这也是电视收视率最高的时候。白天电压

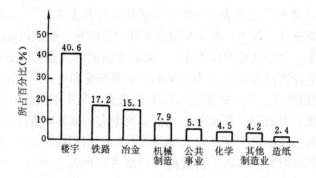

图 2-8 产生谐波量的行业分布

总谐波畸变率也较高，而深夜较低。电压总谐波畸变率和电视收视率之间的相关系数大都分布在 0.6 以上，为 0.8 以上的约占 40%。

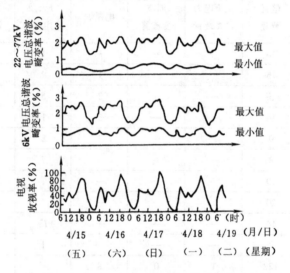

图 2-9 电网电压总谐波畸变率和电视收视率

由于日本和中国的生产力及国民经济处于不同的发展阶段，产业结构有很大的不同。因此，上述日本的调查结果会和我国有一定的差别，但这些数据仍有较大的参考价值。

较多文献都指出，上述各种谐波源是谐波电流源，其所产生的谐波电流取决于谐波源本身的特性，基本上与供电网的参数无关。如大量应用的直流侧为阻感负载的整流电路，其谐波电流是由直流电流和各半导体开关的切换方式所决定的，几乎和交流电压无关。但是，直流侧为电容滤波的二极管整流电路就不能看成谐波电流源。因其直流电压近似为恒值，直流电压通过各半导体开关的切换加到交流侧，因此应看成谐波电压源。在各种家用电器中大量使用的开关电源及变频器中，都广泛

28

采用这种电容滤波二极管整流电路，因此必须给予足够的重视。谐波电压源和谐波电流源的分析方法、谐波治理方法都有很大的不同，这也必须予以注意。

2.4 无功功率的影响和谐波的危害

2.4.1 无功功率的影响

本节主要讨论的是基波无功功率的影响。至于谐波引起的无功功率的影响将在2.4.2节以后讨论。无功功率对公用电网的影响主要有以下几个方面：

（1）增加设备容量　无功功率的增加，会导致电流增大和视在功率增加，从而使发电机、变压器及其他电气设备容量和导线容量增加。同时，电力用户的起动及控制设备、测量仪表的尺寸和规格也要加大。

（2）设备及线路损耗增加　无功功率的增加，使总电流增大，因而使设备及线路的损耗增加，这是显而易见的。设线路总电流为 $I = I_p + I_q$，线路电阻为 R，则线路损耗 ΔP 为

$$\Delta P = I^2 R = (I_p^2 + I_q^2)R = \frac{P^2 + Q^2}{U^2}R \tag{2-48}$$

式中，$(Q^2/U^2)R$ 这一部分损耗就是由无功功率引起的。

（3）线路及变压器的电压降增大　如果是冲击性无功功率负载，还会使电压产生剧烈波动，使供电质量严重降低。

图 2-10a 所示是一电源系统和负载的等效电路，图 2-10b 所示是其相量图。

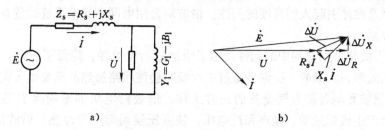

a)　　　　　　　　　　　　　b)

图 2-10　电源系统和负载的等效电路及相量图

a) 电源系统和负载等效电路　b) 相量图

从图中可看出，Z_s 引起的电压降 ΔU 为

$$\Delta \dot{U} = \dot{E} - \dot{U} = Z_s \dot{I} \tag{2-49}$$

另外，负载电流 I 可由下式求得

$$\dot{I} = U(G - jB) = \frac{U^2 G - jU^2 B}{U} = \frac{P - jQ}{U} \tag{2-50}$$

把式（2-50）代入式（2-49）可得

$$\Delta \dot{U} = (R_s + jX_s)\frac{P - jQ}{U} = \frac{R_sP + X_sQ}{U} + j\frac{X_sP - R_sQ}{U}$$

$$= \Delta U_R + j\Delta U_X \tag{2-51}$$

从图 2-10b 中可看出，$\dot{E}$ 和 $\dot{U}$ 之间的夹角很小，因此

$$\Delta U \approx \Delta U_R = \frac{R_sP + X_sQ}{U}$$

在一般公用电网中，R_s 比 X_s 小得多，因此可以得出这样的结论：有功功率的波动一般对电网电压的影响较小，电网电压的波动主要是由无功功率的波动引起的。电动机在起动期间功率因数很低，这种冲击性无功功率会使电网电压剧烈波动，甚至使接在同一电网上的用户无法正常工作。电弧炉、轧钢机等大型设备会产生频繁的无功功率冲击，严重影响电网供电质量。

2.4.2 谐波的危害

理想的公用电网所提供的电压应该是单一而固定的频率以及规定的电压幅值。谐波电流和谐波电压的出现，对公用电网是一种污染，它使用电设备所处的环境恶化，也对周围的通信系统和公用电网以外的设备带来危害。在电力电子装置广泛应用以前，人们对谐波及其危害就进行过一些研究，并有一定认识，但那时谐波污染还不严重，没有引起足够的重视。近四五十年来，各种电力电子装置的迅速普及使得公用电网的谐波污染日趋严重，由谐波引起的各种故障和事故也不断发生，谐波危害的严重性才引起人们高度的关注。谐波对公用电网和其他系统的危害大致有以下几个方面：

1）谐波使公用电网中的元件产生了附加的谐波损耗，降低了发电、输电及用电设备的效率，大量的 3 次谐波流过中性线时会使线路过热甚至发生火灾。

2）谐波影响各种电气设备的正常工作。谐波对电机的影响除引起附加损耗外，还会产生机械振动、噪声和过电压，使变压器局部严重过热。谐波使电容器、电缆等设备过热、绝缘老化、寿命缩短，以至损坏。

3）谐波会引起公用电网中局部的并联谐振和串联谐振，从而使谐波放大，这就使上述 1）和 2）的危害大大增加，甚至引起严重事故。

4）谐波会导致继电保护和自动装置的误动作，并会使电气测量仪表计量不准确。

5）谐波会对邻近的通信系统产生干扰，轻者产生噪声，降低通信质量；重者导致信息丢失，使通信系统无法正常工作。

下面对谐波的各种危害进行具体而简要的讨论。

2.4.3 谐波引起的谐振和谐波电流放大

为了补偿负载的无功功率、提高功率因数，常在负载处装有并联电容器。为了

提高系统的电压水平，常在变电所安装并联电容器。此外，为了滤除谐波，也会装设由电容器和电抗器组成的滤波器。在工频频率下，这些电容器的容抗比系统的感抗大得多，不会产生谐振。但对谐波频率而言，系统感抗大大增加而容抗大大减小，就可能产生并联谐振或串联谐振。这种谐振会使谐波电流放大几倍甚至数十倍，会对系统，特别对电容器和与之串联的电抗器形成很大的威胁，常常使电容器和电抗器烧毁。在由谐波引起的事故中，这类事故占有很高的比例。参考文献 [3] 指出，由于谐波而损坏的电气设备中，电容器约占 40%，其串联电抗器约占 30%。日本的一篇报告[26] 中指出，电容器和与之串联的电抗器的烧毁在谐波引起的事故中约占 75%。

1. 并联谐振

图 2-11a 所示为分析并联谐振的供用电网简化电路图，图 2-11b 所示为其等效电路。图中，谐波源 I_n 为恒流源，系统基波阻抗为 $Z_s = R_s + jX_s$，n 次谐波阻抗为 $Z_{sn} = R_{sn} + jnX_s$，通常 $R_{sn} \ll nX_s$，为简化分析，可忽略 R_{sn}。补偿电容器的基波电抗为 X_C，n 次谐波电抗为 X_C/n。

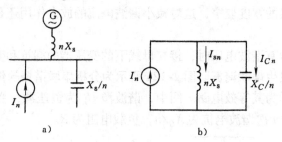

图 2-11　并联谐振示意图
a）供用电系统简化电路　b）等效电路

图 2-11b 所示的电路在满足

$$nX_s = X_C/n$$

时会发生并联谐振。设基波频率为 f，则谐振频率 f_p 为

$$f_p = f\sqrt{X_C/X_s} \tag{2-52}$$

在图 2-11 中，谐波源电流为 I_n 时，流入系统的谐波电流 I_{sn} 和流入电容器的谐波电流 I_{Cn} 分别为

$$I_{sn} = \frac{X_C/n}{nX_s - X_C/n}I_n \tag{2-53}$$

$$I_{Cn} = \frac{nX_s}{nX_s - X_C/n}I_n \tag{2-54}$$

设 n_p 为 f_p 对应的谐波次数，则当 $n = n_p$ 时，按式（2-53）和式（2-54）计算得到的 I_{sn} 和 I_{Cn} 均为无穷大。实际上，考虑到系统谐波电阻 R_{sn} 及电容支路等效电

阻的存在，I_{sn} 和 I_{Cn} 都只可能是有限值，但可以比 I_n 大许多倍。

实际电路中，为了限制电容支路中的谐波电流和防止电容器投入时的冲击电流，在电容支路中都串入一定容量的电抗器。设所串电抗器的基波电抗为 X_L，则对 n 次谐波的电抗为 nX_L，电路满足并联谐振的条件为

$$n_p X_s = X_C/n_p - n_p X_L$$

谐振频率为

$$f_p = f\sqrt{X_C/(X_s + X_L)} \tag{2-55}$$

设谐波源电流为 I_n 时，流入系统的谐波电流 I_{sn} 和流入电容器的谐波电流 I_{Cn} 分别为

$$I_{sn} = \frac{nX_L - X_C/n}{nX_s + (nX_L - X_C/n)}I_n \tag{2-56}$$

$$I_{Cn} = \frac{nX_s}{nX_s + (nX_L - X_C/n)}I_n \tag{2-57}$$

从分析上述电路的频率特性可知，在电容器支路中串入电抗器后，谐振频率下降，谐波放大频段的宽度变窄，这对减小谐波电流的放大作用还是很有效的。

2. 串联谐振

当电网母线含有谐波电压时，接在母线下的变压器的漏抗和变压器二次侧所接的电容器有可能发生串联谐振。图 2-12a 所示为分析串联谐振的供用电系统简化电路，图 2-12b 所示为其等效电路。图中，谐波源 U_n 为恒压源，变压器 n 次谐波漏抗为 nX_t，电容器 n 次谐波电抗为 X_C/n，负载电阻为 R。

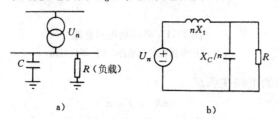

图 2-12　串联谐振示意图

a) 供用电系统简化电路　b) 等效电路

上述电容和电阻并联后再和电感串联的电路总阻抗为

$$Z = \frac{-j\dfrac{RX_C}{n}}{R - j\dfrac{X_C}{n}} + jnX_t = \frac{RX_C^2}{n^2R^2 + X_C^2} - j\frac{nR^2X_C}{n^2R^2 + X_C^2} + jnX_t$$

当 n 满足

$$nX_t = \frac{nR^2X_C}{n^2R^2 + X_C^2}$$

32

时，就会发生串联谐振，这时 Z 为极小值，且为纯电阻性，不太大的谐波电压 U_n 就会产生很大的谐振电流和谐振电压。串联谐振时的谐振频率 f_s 为

$$f_s = f \sqrt{\frac{X_C}{X_t} - \frac{X_C^2}{R^2}} \tag{2-58}$$

2.4.4 谐波对电网的影响

谐波电流在电网中的流动会在线路上产生有功功率损耗，它是电网线路损耗的一部分。一般来说，谐波电流与基波电流相比所占的比例不大，但谐波频率高，导线的趋肤效应使谐波电阻比基波电阻增加得多，因此谐波引起的附加线路损耗也增大。

谐波源在一些谐波频率上吸收有功功率，在另一些频率上向外发送有功功率。这些谐波有功功率通常都是由从电网吸收的基波有功功率转化来的。谐波源吸收的谐波有功功率常常对产生谐波的装置本身是有害无益的。谐波源发出的谐波有功功率也给接在电网上的其他用电设备带来危害，并增加功率损耗。

对于采用电缆的输电系统，谐波除了引起附加损耗外，还可能使电压波形出现尖峰，从而加速电缆绝缘的老化，引起浸渍绝缘的局部放电，也使介质损耗增加和温升增高，缩短了电缆的使用寿命。通常电缆的额定电压越高，谐波对电缆的危害也越大。电缆的分布电容对谐波电流有放大作用，会使上述危害更为严重。

对于架空线路来说，电晕的产生和电压峰值有关，虽然电压基波未超过规定值，但由于谐波的存在，其电压峰值可能超过允许值而产生电晕，引起电晕损耗。

流过电网中断路器的电流里含有较大的谐波时，在电流过零点处的 di/dt 可能要比正常时大得多，从而使断路器的开断能力降低。有的断路器的磁吹线圈在谐波电流严重的情况下，将不能正常工作，从而使断路器无法开断以至损坏。

在民用建筑中，常常大量使用荧光灯和其他产生大量 3 次谐波的灯具及各种电器。这些 3 次谐波都从中性线流过，甚至使其电流超过各相电流。因正常情况下，中性线电流比各相电流小得多，因而设计时中性线的导线较细。在大量 3 次谐波电流流过中性线时，就会使导线过载过热、绝缘损坏，进而发生短路，引起火灾。我国已发生多起由于这一原因而引起的重大火灾，造成惨痛损失，必须引起足够的重视。

谐波对电网的危害除造成线路损耗外，更重要的是使电网波形受到污染，供电质量下降，危及各种用电设备的正常运行。除前面已提到的使电容器、电抗器损坏外，其他危害将在下面各小节中叙述。

2.4.5 谐波对旋转电机和变压器的危害

谐波对旋转电机和变压器的影响主要是引起附加损耗和过热，其次是产生机械振动、噪声和谐波过电压。这些将缩短电机的寿命，情况严重时甚至会损坏电机。曾经有过这样的例子，某工厂的电动机运行一直正常，但一段时间以来却连续出现

损坏。经查，接于同一电网的邻近工厂新投入了大型整流装置，因未采取消除谐波的措施，其谐波电流流入该厂而造成电动机连续损坏。

对同步电机来说，定子绕组流过谐波电流后将产生与谐波频率相对应的旋转磁场，在转子绕组中感应出谐波电流。对隐极电机来说，谐波电流主要在转子的槽楔、齿和转子端部的套箍上流动；对凸极电机来说，谐波电流主要在极靴中流动。由于谐波频率高，趋肤效应显著，因此谐波电流只在上述转子各部件的表层流动，所以转子中的阻尼绕组、槽楔、齿和套箍最容易受到谐波电流的损害。谐波发热对隐极电机的影响要比对凸极电机的影响严重得多。

趋肤效应使得定子绕组中的谐波电流的分布也很不均匀。定子双层绕组中沿槽高度的上层线棒内的谐波损耗可能比下层线棒内高几倍。但对电机而言，谐波损耗主要还是在转子中。

国际电工委员会和我国都对同步电机允许的负序电流最大值有明确的规定。谐波电流引起的电机附加损耗和发热可以折算成等效的基波负序电流来考虑[72]。为了不降低同步电机的绝缘寿命，与承受负序电流的情况相似，在同步电机承受谐波电流时应提高设计裕度，或者在使用时要降低出力。

异步电动机中的绝大多数转子用硅钢片叠成，由笼型绕组承载感应电流。这种笼型异步电动机只有定子存在绝缘，因而成为对谐波损耗发热较为敏感的薄弱环节。异步电动机的谐波功率损耗主要是铜损耗。其损耗和谐波电压 U_n 的二次方成正比，和谐波电抗 X_n 的二次方成反比，和谐波电阻 R_n 成正比。谐波电压较高时，磁饱和将引起 R_n 和 X_n 的下降，使总的谐波损耗增大。因此，谐波所引起的异步电动机的附加损耗和发热要比只按谐波电压计算的大得多。

一般馈电母线上都接有许多电动机，因此按承受谐波电压的能力来考虑比按单台电动机承受谐波电流能力来考虑更合理。考虑谐波引起的电动机的发热效应时，通常也可以把谐波电压折算成负序电压来考虑。各国对电动机允许的基波电压负序值通常规定为额定电压的 2% 或 3%。

除谐波引起的损耗外，谐波引起的机械振动对电动机也有很大的危害。

同步电动机的定子绕组中流过正序谐波电流 I_{n+} 和负序谐波电流 I_{n-} 时，它们所产生的旋转磁场将相对于转子分别以 $(n-1)$ 倍同步转速正方向和 $(n+1)$ 倍同步转速反方向旋转，同时也产生谐波转矩，引起电动机以 $(n\pm1)$ 倍基波频率的机械振动。如果该频率接近电动机的固有振动频率，甚至会引起电动机的强烈振动。

异步电动机的定子绕组流入正序和负序谐波电流 I_n 时，形成正向或反向以 n 倍同步转速旋转的磁场。正序分量谐波电流将产生正向转矩，和基波正序分量转矩方向相同。负序分量谐波电流将产生相反方向的转矩。由于谐波分量一般并不大，因此产生的转矩也很小，而且正序和负序谐波电流产生的转矩相互抵消一部分，所以谐波电流产生的平均转矩可以忽略，但是它所产生的脉动转矩却会引起电机的机械振动和噪声。

变压器励磁电流中的谐波电流通常不大于额定电流的1%，且其作用是使磁通为正弦波，因此并不会引起变压器铁损耗增大。变压器在刚通电过程中谐波电流可能很大，但历时很短，一般也不会形成危害。但当发生谐振时，就有可能危及变压器的安全。当直流电流或低频电流流入变压器时，会使铁心严重饱和，励磁电流中的谐波电流就会大大增加，会使变压器受到危害。

谐波源的谐波电流流入变压器时，对其主要影响是增加了它的铜损耗和铁损耗。随着谐波频率的增高，趋肤效应更加严重，铁损耗也更大。因此高次谐波分量比低次谐波分量更易引起变压器的发热。谐波电流还会引起变压器外壳、外层硅钢片和某些紧固件的发热，并有可能引起变压器局部严重过热。谐波还会引起变压器的噪声增大。

2.4.6 谐波对继电保护和电力测量的影响

电力系统中的谐波会改变保护继电器的性能，引起误动作或拒绝动作。不同类型的继电器工作原理和设计性能不同，因此谐波对其影响也有较大的差别。谐波对大多数继电器的影响并不太大，但对部分晶体管型继电器可能会有很大的影响。

电磁型继电器的动作是由其电流有效值的二次方决定的，对频率的不同并不敏感。一般在谐波含量小于10%时，对电磁型继电器影响不大。对于铁心用软铁材料制成的电磁型继电器，谐波含量小于40%时，动作误差值不大于10%。但在动态情况下可能会有很大影响。如投入空载变压器时会产生谐波含量很高的励磁涌流，会造成继电器误动作而使开关跳闸。

感应型继电器对谐波也不敏感。这种继电器中的圆盘或圆筒在磁场的作用下都将产生感应电流，该电流和空间中另一磁场相互作用产生转矩，推动圆盘或圆筒转动。无谐波时转动很平稳，有谐波时会有抖动。因转动部分惯性较大，轻微的抖动并不会使其误动作。

整流型继电器的种类较多，原理各不相同，有的受谐波的影响较为严重。如反映瞬时值的电流继电器由全波整流后的脉动电压来控制继电器的动作，就容易受谐波的影响。增量继电器中有 LC 并联谐振电路和电阻组成的四臂电桥，电桥平衡是按50Hz电流考虑的，因此容易受到谐波的影响。应用积分比相原理构成的高频差相保护和差动保护装置也很容易受到谐波的影响。在设计这些继电器时，都要充分考虑到谐波的影响。

电力测量仪表通常是按工频正弦波形设计的，当有谐波时，将会产生测量误差。仪表的原理和结构不同，所产生的误差也不相同。

事实上，在有谐波的情况下，如何测量功率和电能等和收费直接有关的电气量，这既是一个非常实际的问题，也是一个基础理论问题。这个问题和谐波标准密切相关，更为关键的是，它与存在谐波时功率的分类和定义直接相关。国际性学术组织电气与电子工程师学会（IEEE）曾成立了有关非正弦情况下计量仪表所受影响和功率定义的专门工作组（IEEE Working Group on Nonsinusoidal Situations：Effects on Meter Performance and Definitions of Power）。正如该工作组在 1996 年发表的工作报告中所指出的那样[17]，数字采样测量技术的发展正在突破以前的各种技术限制，现在的关键问题是缺少功率分解和定义的统一。同一厂商制造的同一种仪表对同一电气量进行测量，按照不同的定义所得的结果有时竟相差 20% ~ 30%。这种情况反映了当前这一领域的主要矛盾。在有谐波时，如何建立科学的功率定义和理论，并适合于仪表测量和电能的管理及收费，且能为广大供电企业和电力用户普遍接受，还需要付出艰苦的努力。

交流电流表和电压表分别测量电压和电流的方均根值，功率表测量电压、电流瞬时值乘积在一个周期内的平均值。电压表的线圈电感量大，其产生的测量误差也比电流表大一些。无论是电磁系仪表还是电动系仪表，经过精心设计，采取合理的结构和必要的频率补偿措施，都可获得较好的频率特性，电压表、电流表和功率表均可用于 2000Hz 以下，甚至更高的频率范围。

整流式磁电系仪表实际测量的是平均值，再按正弦波的波形因数换算成有效值。当波形畸变时，当然会带来误差。

感应系电能表由电磁部分、转动部分和制动磁铁三部分组成。在测量非正弦电路的电能时，电路总功率一般由直流功率 P_{dc}、基波功率 P_1 和谐波功率 P_h 三部分构成。电能表可准确地测量基波功率 P_1，但是不能测量 P_{dc}。直流功率在电能表中不能产生正常的转矩，但当铝盘转动时，它将产生一定的制动转矩，造成误差。电能表不能准确测量出谐波功率 P_h，测量值多比实际值小，且所引起的误差还与谐波流动方向有关，可能为正或为负。测量直流功率引起的误差也和直流功率流向有关。

事实上，上述测量即使非常准确，也是存在问题的。在测量交流电流、电压值时，如果要观察电动机是否有足够的转矩和输出功率，观察电容器是否能提供所需基波无功功率，只要仪表指示出基波电压、电流即可，这时如指示出包含谐波在内的有效值，反而产生问题。在测量电能时，如果负载不是谐波源，而电网电压含有谐波，则会在负载上产生有害的谐波损耗，用户还要为此多付电费。如用户是谐波源，向电网输出有害的谐波有功功率，付出的电费比它所消耗的基波有功功率应付的电费还少。这些结果显然是非常不合理的。在有谐波的情况下，如何科学地定义各种功率，如何合理地管理收费，还有许多工作要做。当然，谐波在管理标准规定的范围之内时，上述测量不会有很大的误差。

2.4.7 谐波对通信系统的干扰

谐波对通信系统的干扰问题在国际上被十分重视，对此已进行了充分的研究并制定了相应的标准。谐波干扰会引起通信系统的噪声，降低通话的清晰度。干扰严重时会引起信号的丢失，在谐波和基波的共同作用下引起电话铃响，甚至还发生过危及设备和人身安全的事故。

电力系统传输的功率以兆瓦（MW）计，而通信系统的功率以毫瓦（mW）计，两者相差十分悬殊。因此，电力网中不大的不平衡音频谐波分量，如果耦合到通信线路上，就可能产生很大的噪声。

电力网中的平衡电流一般对通信系统影响不大，而不平衡电流，特别是不平衡谐波电流对通信系统可能产生严重的干扰。在有多个中性点接地的电网中，如有较大的零序分量谐波电流通过中性点而流入大地，就会严重干扰附近的通信系统。

电力网对通信系统干扰的大小是由以下三个因素综合决定的：

1）电力线路谐波电压和谐波电流的大小；

2）电力线路和通信线路之间的耦合强度；

3）通信线路对谐波干扰的敏感程度。

电力线路和通信线路之间的耦合有电磁感应、静电感应和传导耦合三个途径。下面对其分别进行简单的介绍。

1. 电磁感应耦合

电力线路中流过电流 I_R 时会产生交变磁场，该磁场会在附近的电话线路上感应出一个电动势 U_m，两者之间的耦合强度是和两个线路之间互阻抗 Z_M 的大小有关的。

对于以大地作为返回导线的单回路电话线路来说，电力线路电流 I_R 在电话回路上感应的电动势为

$$U_m = Z_M I_R \tag{2-59}$$

式中，互阻抗 Z_M 随不平衡残余电流环路面积的增加而增大，随两线路走向的公共长度增大而增大，随谐波频率的增高而增大，随大地电阻率的增大而增大，随两线路间的距离增大而减小。

对于双线电话回路，电力线路电流可通过电磁感应在双线围成的回路上产生电压 U_m。当架空线路有规则换位，或采用绞线电缆时，这种电磁感应是很小的。只有在电力线和电话线很靠近，或两者交叉跨越且角度较小时，这种电磁感应才会产生一定影响。

2. 静电感应耦合

电力线路和通信线路之间有耦合电容，通信线路和大地之间也有耦合电容，通常还接入一定阻抗，电力线路的对地电压经过这些电容的耦合会在电话线上产生感应电动势 U_s。这种耦合是通过静电感应产生的，因此称静电感应耦合。一般来说，静电感应电动势 U_s 比电磁感应电动势要小得多，而且可以用电缆屏蔽予以消除。只有在电话线距高压输电线很近，且两者平行距离很长时，才需考虑静电耦合的

影响。

3. 传导耦合

电力系统在不平衡状态下运行时，就会有残余电流经中点流入大地。如电话线也经附近大地形成回路，电力线路和电话线路之间就会通过公共的大地部分产生传导耦合。在电力系统正常运行时，传导耦合所产生的干扰一般很小，可以不予考虑。但在电力系统发生接地故障或严重不对称运行时，会使中性点接地附近引起电压异常升高，干扰通信系统，甚至危及通信设备和人身安全，必须予以注意。

电磁感应耦合的互阻抗和静电感应耦合的互导纳都是和谐波频率成正比的，因而谐波频率越高，耦合越强。人耳和电话机对不同的频率有不同的灵敏度。对于 50Hz 的电压和电流的灵敏度是很低的，对于 1000Hz 附近的电压和电流的灵敏度最高。一般语音频率范围为 300~3000Hz 之间，电力线路中的一部分谐波就在这一频率范围内，因而易对电话回路形成干扰。为了表征不同频率谐波所产生的干扰效应，目前有两种重要的灵敏度响应加权制。在欧洲普遍采用国际电报电话咨询委员会制定的 CCITT 制[73]，在北美洲则采用贝尔电话系统（BTS）和爱迪生电气协会（EEI）制定的 C 信息加权制[74]。

第 3 章　电力电子装置的功率因数和谐波分析

电力电子装置已成为电力系统中的主要谐波源，而且消耗大量的无功功率。因此，对电力电子装置的功率因数及所产生谐波的分析和计算是谐波和无功功率研究的一个重要方面。这对于评估某电力电子装置对电网产生的危害和负担、判断是否需要设置补偿装置，以及指导补偿装置的具体设计都是非常重要的。

从交流电网这一侧来看，电力电子装置的输入端可能是以下几种电路之一：整流电路，交流调压电路，或者周波变流电路（即交 – 交变频电路）。按照负载性质和运行特点的不同，整流电路又可分为阻感负载的整流电路和带滤波电容的整流电路。本章将分别介绍这几种电路交流电网侧的电流谐波分析和功率因数计算。至于电力电子装置直流侧或者负载的谐波分析以及功率因数计算等问题，则不在本书讨论范围之内。由于每种电路各自又有许多不同的电路类型，本章只能以某些典型电路为例进行介绍，对于其他类型的电路，读者可以借鉴类似的思路和方法进行分析。此外，随着电力电子技术的发展，一些理论上可以不产生谐波的电力电子装置开始出现，如 PWM 整流器、交流斩波器和矩阵式变频器等等。受器件开关频率的限制，它们仍然会产生少量的高频谐波。对这些新型装置进行谐波分析是较新的研究领域，谐波分析方法也与对传统装置的谐波分析方法有较大的不同，本章暂不涉及。

3.1　阻感负载整流电路的功率因数和谐波分析

由于长期以来阻感负载的整流电路曾一直是应用最广、数量最多的电力电子装置，所以对阻感负载整流电路交流侧谐波和功率因数的分析一度是电力电子装置谐波分析的主流工作，研究最充分，成果也很丰富。早期的分析大多忽略交流侧电抗引起的换相过程的影响，以及直流侧电感量不足引起的直流电源脉动的影响，即假定交流侧电抗为零，而直流侧电感为无穷大。这样，交流侧电流即为方波或阶梯波，波形简单，分析所得的结论清晰易记，直到现在仍被广泛采用。伴随着工程实际对更准确分析结果的需求，考虑各种非理想情况的分析方法相继被提出。最初是考虑换相过程的影响，后来是计及直流侧电流脉动的情况，一直到将换相过程和电流脉动一起考虑，以及考虑造成非特征谐波的各种因素的情况。准确度越来越高，然而计算方法和结果也越来越复杂，分析时所需要的电路参数和已知条件也越来越多。本节将对这些方法依次加以介绍，读者应用时应根据工程实际对准确度的要求，以及已知电路参数和条件的情况，选择合适的方法进行分析和计算。

3.1.1　忽略换相过程和直流侧电流脉动时的情况

3.1.1.1　单相桥式整流电路

忽略换相过程和电流脉动时，阻感负载的单相桥式整流电路如图 3-1a 所示。其中，交流侧电抗为零，而直流电感 L_d 为无穷大，并设

$$e = E_m \sin(\omega t + \alpha) = \sqrt{2}E\sin(\omega t + \alpha) \tag{3-1}$$

式中　E_m、E——电源电压的幅值和有效值；

　　　　α——触发延迟角。

交流侧电压和电流波形如图 3-1b 所示。电流为理想方波，其有效值等于直流电流，即

$$I = I_d \tag{3-2}$$

将电流波形分解为傅里叶级数，可得

$$i = \frac{4}{\pi}I_d\left(\sin\omega t + \frac{1}{3}\sin3\omega t + \frac{1}{5}\sin5\omega t + \cdots\right)$$

$$= \frac{4}{\pi}I_d \sum_{n=1,3,5,\cdots}^{\infty} \frac{1}{n}\sin n\omega t = \sum_{n=1,3,5,\cdots}^{\infty} \sqrt{2}I_n \sin n\omega t \tag{3-3}$$

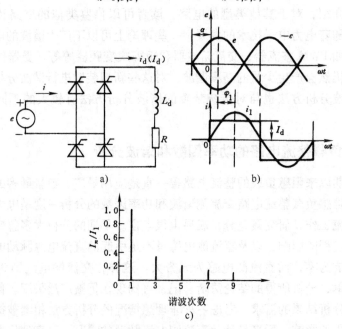

图 3-1　忽略换相过程和电流脉动时阻感负载单相
桥式整流电流及其波形和频谱
a) 电路　b) 波形　c) 交流侧电流的频谱

其中，基波和各次谐波有效值为

$$I_n = \frac{2\sqrt{2}I_d}{n\pi} \quad (n = 1,\ 3,\ 5,\ \cdots) \tag{3-4}$$

可见，电流中仅含奇次谐波，各次谐波有效值与谐波次数成反比，且与基波有效值的比值为谐波次数的倒数。这个结论简洁易记，其频谱如图 3-1c 所示。

功率因数的计算也很简单。由式（3-4）得基波电流有效值为

$$I_1 = \frac{2\sqrt{2}}{\pi}I_d \tag{3-5}$$

由式（3-5）和式（3-2）可得基波因数为

$$\nu = \frac{I_1}{I} = \frac{2\sqrt{2}}{\pi} \approx 0.9 \tag{3-6}$$

从图 3-1b 明显可以看出，电流基波与电压的相位差就等于触发延迟角 α，故位移因数（基波功率因数）为

$$\lambda_1 = \cos\varphi_1 = \cos\alpha \tag{3-7}$$

所以，功率因数为

$$\lambda = \nu\lambda_1 = \frac{I_1}{I}\cos\varphi_1 = \frac{2\sqrt{2}}{\pi}\cos\alpha \approx 0.9\cos\alpha \tag{3-8}$$

3.1.1.2　三相桥式整流电路

阻感负载的三相桥式整流电路忽略换相过程和电流脉动时如图 3-2a 所示。同样，交流侧电抗为零，直流电感 L_d 为无穷大。设电源为如下三相平衡电源：

$$\begin{cases} e_a = E_m \sin(\omega t + \alpha) = \sqrt{2}E\sin(\omega t + \alpha) \\ e_b = E_m \sin\left(\omega t + \alpha - \frac{2}{3}\pi\right) = \sqrt{2}E\sin\left(\omega t + \alpha - \frac{2}{3}\pi\right) \\ e_c = E_m \sin\left(\omega t + \alpha + \frac{2}{3}\pi\right) = \sqrt{2}E\sin\left(\omega t + \alpha + \frac{2}{3}\pi\right) \end{cases} \tag{3-9}$$

式中　E_m 和 E——电源电压的幅值和有效值；

　　　　α——触发延迟角。

交流侧电压和电流波形如图 3-2b 所示。电流为正负半周各 120° 的方波，三相电流波形相同，且依次相差 120°，其有效值与直流电流的关系为

$$I = \sqrt{\frac{2}{3}}I_d \tag{3-10}$$

同样可将电流波形分解为傅里叶级数。以 a 相电流为例，如图所示，将电流负、正两半波之间的中点作为时间零点，则有

$$i_a = \frac{2\sqrt{3}}{\pi}I_d\left[\sin\omega t - \frac{1}{5}\sin5\omega t - \frac{1}{7}\sin7\omega t + \frac{1}{11}\sin11\omega t + \right.$$

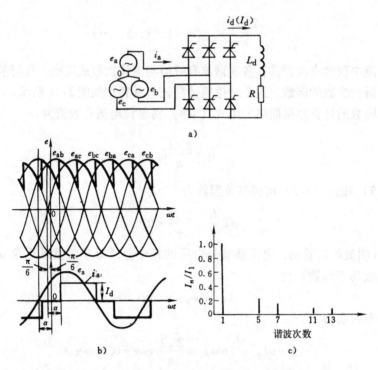

图3-2　忽略换相过程和电流脉动时阻感负载三相桥式整流电路及其波形和频谱

a) 电路　b) 波形　c) 交流侧电流的频谱

$$\frac{1}{13}\sin13\omega t - \frac{1}{17}\sin17\omega t - \frac{1}{19}\sin19\omega t + \cdots \Big]$$

$$= \frac{2\sqrt{3}}{\pi}I_d\sin\omega t + \frac{2\sqrt{3}}{\pi}I_d\sum_{\substack{n=6k\pm1 \\ k=1,2,3,\cdots}}^{\infty}(-1)^k\frac{1}{n}\sin n\omega t$$

$$= \sqrt{2}I_1\sin\omega t + \sum_{\substack{n=6k\pm1 \\ k=1,2,3,\cdots}}^{\infty}(-1)^k\sqrt{2}I_n\sin n\omega t \tag{3-11}$$

若以 a 相电压过零点为时间零点，则有

$$i_a = \frac{2\sqrt{3}}{\pi}I_d\Big[\sin(\omega t-\alpha) - \frac{1}{5}\sin5(\omega t-\alpha) - \frac{1}{7}\sin7(\omega t-\alpha) +$$

$$\frac{1}{11}\sin11(\omega t-\alpha) + \frac{1}{13}\sin13(\omega t-\alpha) - \frac{1}{17}\sin17(\omega t-\alpha) -$$

$$\frac{1}{19}\sin19(\omega t-\alpha) + \cdots \Big]$$

可见，不论时间原点的位置取在哪里，因为波形未变，所以基波和各次谐波的幅值也不会变，只是如果时间原点左移了 α 角，则基波初相位角减少了 α，各次谐波分

42

量的初相位角减少了 $n\alpha$。

由式（3-11）可得电流基波和各次谐波有效值分别为

$$\begin{cases} I_1 = \dfrac{\sqrt{6}}{\pi}I_d \\[2mm] I_n = \dfrac{\sqrt{6}}{n\pi}I_d \\[2mm] (n = 6k \pm 1, \quad k = 1, 2, 3, \cdots) \end{cases} \tag{3-12}$$

由此可得以下简洁的结论：电流中仅含 $6k \pm 1$（k 为正整数）次谐波，各次谐波有效值与谐波次数成反比，且与基波有效值的比值为谐波次数的倒数。其频谱如图 3-2c 所示。

由式（3-10）和式（3-12）可得基波因数为

$$\nu = \frac{I_1}{I} = \frac{3}{\pi} \approx 0.955 \tag{3-13}$$

同样从图 3-2b 可明显看出，电流基波与电压的相位差仍为 α，故位移因数仍为

$$\lambda_1 = \cos\varphi_1 = \cos\alpha \tag{3-14}$$

功率因数即为

$$\lambda = \nu\lambda_1 = \frac{I_1}{I}\cos\varphi_1 = \frac{3}{\pi}\cos\alpha \approx 0.955\cos\alpha \tag{3-15}$$

通常整流负载是经整流变压器接到电源上的。以上讨论的交流侧电流实际上是整流变压器二次侧，也就是阀侧的线电流。至于整流变压器一次侧的线电流，其波形随变压器的联结方式不同而有所不同。例如，若变压器为 Yy0 联结，则一、二次电压和电流的波形和相位都相同，仍如图 3-2b 所示。若变压器为 Yd11 联结，如图 3-3a 所示，则由于不同次数的谐波其相序不同，经变压器移相的角度也因此不同，从而引起一次线电流波形与二次侧有所不同。

在 Yd11 联结下，一次线电压比二次线电压滞后 30°。对线电流基波和正序谐波分量（这里就是 $6k + 1$ 次谐波分量），其相位差关系也是如此。而对线电流中的负序谐波分量（这里就是 $6k - 1$ 次谐波分量），其相移关系则是一次侧比二次侧超前 30°。假设二次线电压和线电流仍如图 3-2b 所示，即线电流仍用式（3-11）表示，则按照上述相位差关系，再考虑到二次线电流与相电流幅值的 $\sqrt{3}$ 关系，一次线电流即为

$$i_A = \frac{2}{\pi}I_d \left[\sin\left(\omega t - \frac{\pi}{6}\right) - \frac{1}{5}\sin\left(5\omega t + \frac{\pi}{6}\right) - \frac{1}{7}\sin\left(7\omega t - \frac{\pi}{6}\right) + \right.$$

$$\frac{1}{11}\sin\left(11\omega t + \frac{\pi}{6}\right) + \frac{1}{13}\sin\left(13\omega t - \frac{\pi}{6}\right) -$$

$$\left. \frac{1}{17}\sin\left(17\omega t + \frac{\pi}{6}\right) - \frac{1}{19}\sin\left(19\omega t - \frac{\pi}{6}\right) + \cdots \right] \tag{3-16}$$

其波形则如图 3-3b 所示，成了阶梯波。这个波形由三角形联结时线电流与相电流的关系也可以得到。虽然波形与二次侧不同，但是，由上式可以看出，前述有关谐波分析和功率因数计算的结论仍然成立。

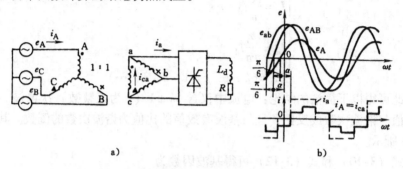

图 3-3　整流变压器为 Yd11 联结时的电压和电流波形

a）变压器联结　b）电压和电流波形

3.1.1.3　多相整流电路

利用上面所述变压器联结不同引起的变化，可以构成多相整流电路。图 3-4 所示的 I 和 II 两个三相桥式整流电路就是通过变压器的不同联结构成 12 相整流电路的。该电路一次侧只有一个绕组，为 Y 联结；二次侧有两个绕组，一个为 y 联结，另一个为 d 联结，分别为桥 I 和桥 II 供电，三个绕组匝数比依次为 $1:1:\sqrt{3}$，相当于桥 I 和桥 II 分别接在 Yy0 和 Yd11 联结的整流变压器上。

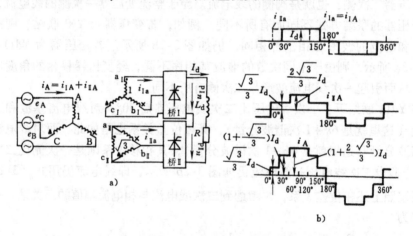

图 3-4　由两个三相桥式电路构成的 12 相整流电路及其波形

a）电路　b）电流波形

设电源电压仍如式（3-9）所示，则桥 I 的阀侧线电流与其感应的网侧线电流相同，且仍与式（3-11）相同，即

$$i_{\mathrm{I}A} = i_{\mathrm{I}a} = \frac{2\sqrt{3}}{\pi}I_{\mathrm{d}}\left(\sin\omega t - \frac{1}{5}\sin5\omega t - \frac{1}{7}\sin7\omega t + \right.$$

$$\left. \frac{1}{11}\sin11\omega t + \frac{1}{13}\sin13\omega t - \frac{1}{17}\sin17\omega t - \frac{1}{19}\sin19\omega t + \cdots\right) \tag{3-17}$$

桥 II 阀侧线电压比桥 I 的超前 30°,因而其阀侧线电流也比桥 I 的超前 30°,即

$$i_{\mathrm{II}a} = \frac{2\sqrt{3}}{\pi}I_{\mathrm{d}}\left[\sin\left(\omega t + \frac{\pi}{6}\right) - \frac{1}{5}\sin5\left(\omega t + \frac{\pi}{6}\right) - \frac{1}{7}\sin7\left(\omega t + \frac{\pi}{6}\right) + \right.$$

$$\frac{1}{11}\sin11\left(\omega t + \frac{\pi}{6}\right) + \frac{1}{13}\sin13\left(\omega t + \frac{\pi}{6}\right) - \frac{1}{17}\sin17\left(\omega t + \frac{\pi}{6}\right) -$$

$$\left. \frac{1}{19}\sin19\left(\omega t + \frac{\pi}{6}\right) + \cdots\right]$$

$$= \frac{2\sqrt{3}}{\pi}I_{\mathrm{d}}\left[\sin\left(\omega t + \frac{\pi}{6}\right) - \frac{1}{5}\sin\left(5\omega t + \frac{5\pi}{6}\right) - \frac{1}{7}\sin\left(7\omega t + \frac{7\pi}{6}\right) + \right.$$

$$\frac{1}{11}\sin\left(11\omega t + \frac{11\pi}{6}\right) + \frac{1}{13}\sin\left(13\omega t + \frac{\pi}{6}\right) -$$

$$\left. \frac{1}{17}\sin\left(17\omega t + \frac{5\pi}{6}\right) - \frac{1}{19}\sin\left(19\omega t + \frac{7\pi}{6}\right) + \cdots\right] \tag{3-18}$$

再利用式(3-16)和式(3-11)所示的 Yd11 联结变压器一次与二次线电流的关系,从上述桥 II 阀侧线电流表达式可得其感应的网侧线电流应为

$$i_{\mathrm{II}A} = \frac{2\sqrt{3}}{\pi}I_{\mathrm{d}}\left[\sin\omega t - \frac{1}{5}\sin(5\omega t + \pi) - \frac{1}{7}\sin(7\omega t + \pi) + \frac{1}{11}\sin(11\omega t + 2\pi) + \right.$$

$$\left. \frac{1}{13}\sin13\omega t - \frac{1}{17}\sin(17\omega t + \pi) - \frac{1}{19}\sin(19\omega t + \pi) + \cdots\right]$$

$$= \frac{2\sqrt{3}}{\pi}I_{\mathrm{d}}\left[\sin\omega t + \frac{1}{5}\sin5\omega t + \frac{1}{7}\sin7\omega t + \frac{1}{11}\sin11\omega t + \right.$$

$$\left. \frac{1}{13}\sin13\omega t + \frac{1}{17}\sin17\omega t + \frac{1}{19}\sin19\omega t + \cdots\right] \tag{3-19}$$

故合成的网侧线电流为

$$i_A = i_{\mathrm{I}A} + i_{\mathrm{II}A} = \frac{4\sqrt{3}I_{\mathrm{d}}}{\pi}\left[\sin\omega t + \frac{1}{11}\sin11\omega t + \frac{1}{13}\sin13\omega t + \cdots\right] \tag{3-20}$$

可见,两个整流桥产生的 5、7、17、19、…次谐波相互抵消,注入电网的只有 $12k \pm 1$ (k 为正整数)次谐波,且其有效值与谐波次数成反比,而与基波有效值的比值为谐波次数的倒数。

用与前述类似的方法可求得网侧电流基波因数约为

$$\nu = 0.9886 \tag{3-21}$$

而位移因数仍然是

$$\lambda_1 = \cos\varphi_1 = \cos\alpha \tag{3-22}$$

所以功率因数为

$$\lambda = \nu\lambda_1 = 0.9886\cos\alpha \tag{3-23}$$

既然通过两个相位差为 $30°$ 的变压器分别供电的两个三相整流桥可构成 12 相整流电路，其网侧电流仅含 $12k \pm 1$ 次谐波，类似地，通过依次相位差为 $20°$ 的 3 个变压器分别供电的 3 个三相整流桥就可构成 18 相整流电路，其网侧电流仅含 $18k \pm 1$ 次谐波；通过依次相位差为 $15°$ 的 4 个变压器分别供电的 4 个三相整流桥就可构成 24 相整流电路，其网侧电流仅含 $24k \pm 1$ 次谐波。

作为一般规律，则以 m 个相位差为 $\pi/3m$ 的变压器分别供电的 m 个三相桥式整流电路可以构成 $6m$ 相整流电路，其网侧电流仅含 $6m \pm 1$ 次谐波，而且各次谐波的有效值与其次数成反比，而与基波有效值的比值是谐波次数的倒数。另外，其位移因数均为 $\cos\alpha$，而基波因数随相数提高而提高。用与前述类似的方法可求得 18 相整流电路的基波因数为 0.9949，而 24 相整流电路的基波因数则达 0.9971。

3.1.1.4 半控桥式整流电路

半控整流电路是由可控整流器件和二极管组成的。图 3-5 所示为一种单相半控桥式整流电路及其波形。它实际上是将单相全控整流电路下面两个桥臂的可控器件换成了二极管。可以看出，其交流侧电流的波形显然只与触发延迟角 α 有关。因此，其基波因数和各次谐波含量也必然是由 α 决定的。

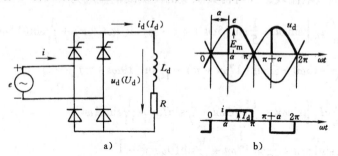

图 3-5 一种单相半控桥式整流电路

a) 电路 b) 波形

实际工程中，为了防止在 α 接近 180° 时换相失败，常采用图 3-6 所示的另外两种单相半控桥式整流电路。一种是在直流侧再加一个续流二极管，另一种是将桥一侧的上下两个桥臂换成二极管。但是，无论哪种接法，不同的只是各整流器件的导通角，这两者的外特性与图 3-5 所示的电路是完全一样的。

图 3-7 所示是一种三相半控桥式整流电路及其工作波形。同单相类似，实际工程中也采用图 3-8 所示的在直流侧再加一个续流二极管的三相半控桥式整流电路，以防止换相失败。其外特性与图 3-7 所示电路完全相同。显然，它们交流侧电流的波形、基波因数和各次谐波含量也是由触发延迟角 α 决定的。

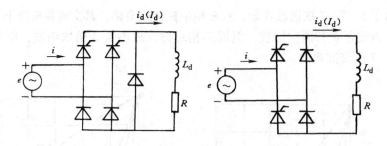

图 3-6　另外两种单相半控桥式整流电路

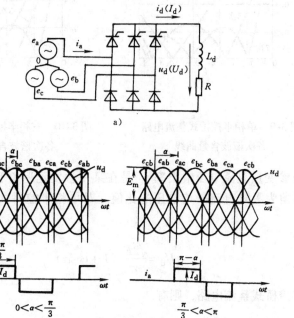

a)

b)

图 3-7　一种三相半控桥式整流电路

a) 电路　b) 波形

可以采用傅里叶级数的分析方法对半控桥式整流电路交流侧电流的谐波进行分解。但是推导过程和最后表达式都很繁琐，这里仅给出根据计算结果绘成的单相半控桥式电路和三相半控桥式电路各次谐波含量曲线，分别如图 3-9 和图 3-10 所示。对单相半控桥式电路，由于其交流侧电流仍为半波对称，故仅含奇次谐波，图

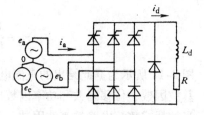

图 3-8　直流侧有续流二极管
的三相半控桥式整流电路

中仅绘出了 3、5、7 次谐波含量；对三相半控桥式电路，其交流侧电流不再是半波对称的，因此还含有偶次谐波，但因三相对称，故不含 3 倍次谐波，图中绘出了 2、4、5、7 次谐波含量。

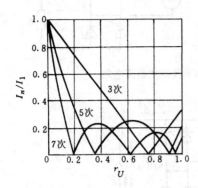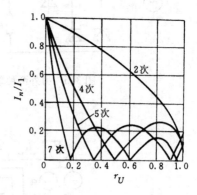

图 3-9 单相半控桥式整流电路 图 3-10 三相半控桥式整流电路
各次谐波含量曲线 各次谐波含量曲线

图中的参变量直流电压输出率 r_U 是在某一触发延迟角下输出的直流平均电压与触发延迟角为零时直流平均电压的比值。对单相半控桥式电路，其直流输出电压为

$$U_d = \frac{\sqrt{2}E}{\pi} \ (1 + \cos\alpha) \tag{3-24}$$

而对三相半控桥式整流电路，则有

$$U_d = \frac{3\sqrt{6}E}{2\pi} \ (1 + \cos\alpha) \tag{3-25}$$

可以看出，不论是单相半控桥式电路还是三相半控桥式电路，其直流电压输出率都为

$$r_U = \frac{U_d}{U_{d0}} = \frac{1 + \cos\alpha}{2} \tag{3-26}$$

图 3-11 所示为据此绘出的直流电压输出率与触发延迟角的关系曲线。

基波因数、位移因数和功率因数也可用与前述类似的方法推导。表 3-1 总结给出了半控桥式整流电路的基波因数、位移因数和功率因数计算公式。图 3-12 还给出了功率因数的曲线。可以看出，不论单相还是三相，位移因数和功率因数都是随着触发延迟角的增大而减小的。

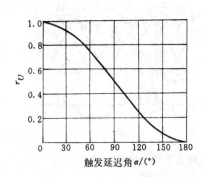

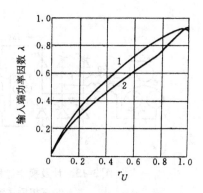

图 3-11　半控桥式整流电路
直流电压输出率与触发
延迟角的关系曲线

图 3-12　半控桥式整流电路
的功率因数曲线
1—单相半控桥式整流电路
2—三相半控桥式整流电路

表 3-1　半控桥式整流电路交流侧性能指标计算公式

电 路　　　性 能 指 标	单相半控桥式整流电路	三相半控桥式整流电路	
		$0 < \alpha < \pi/3$	$\pi/3 < \alpha < \pi$
基波因数 ν	$\dfrac{4}{\pi} \cdot \dfrac{\cos(\alpha/2)}{\sqrt{1 - \alpha/\pi}}$	$\dfrac{3\cos(\alpha/2)}{\pi}$	$\dfrac{\sqrt{6}}{\pi} \cdot \dfrac{\cos(\alpha/2)}{\sqrt{1 - \alpha/\pi}}$
位移因数 λ_1	$\cos(\alpha/2)$	$\cos(\alpha/2)$	$\cos(\alpha/2)$
功率因数 λ	$\dfrac{2}{\pi} \cdot \dfrac{1 + \cos\alpha}{\sqrt{1 - \alpha/\pi}}$	$\dfrac{3(1 + \cos\alpha)}{2\pi}$	$\sqrt{\dfrac{3}{2}} \cdot \dfrac{1 + \cos\alpha}{\pi \sqrt{1 - \alpha/\pi}}$

3.1.2　计及换相过程但忽略直流侧电流脉动时的情况

计及换相过程但忽略直流侧电流的脉动，就是考虑交流侧电抗不为零，但直流电感仍看作无穷大。这里以三相桥式整流电路为例进行介绍。

计及换相过程时三相桥式整流电路如图 3-13 所示，L_B 为各相交流侧电感。仍如 3.1.1.2 节考虑电源为三相平衡正弦电压，取 V_6 导通，从 V_5 向 V_1 换相的情况，如图 3-13b 所示。以触发延迟角 α 处为时间零点，则有

$$
\begin{cases}
e_a = E_m \sin\left(\omega t + \alpha + \dfrac{\pi}{6}\right) = \sqrt{2} E \sin\left(\omega + \alpha + \dfrac{\pi}{6}\right) \\
e_b = E_m \sin\left(\omega t + \alpha - \dfrac{\pi}{2}\right) = \sqrt{2} E \sin\left(\omega + \alpha - \dfrac{\pi}{2}\right) \\
e_c = E_m \sin\left(\omega t + \alpha + \dfrac{5}{6}\pi\right) = \sqrt{2} E \sin\left(\omega + \alpha + \dfrac{5}{6}\pi\right)
\end{cases}
\tag{3-27}
$$

换相过程应满足如下方程：

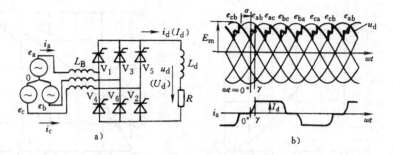

图 3-13 计及换相过程但忽略直流侧电流脉动时
的三相桥式整流电路及其波形

a) 电路 b) 波形

$$
\begin{cases}
L_B \dfrac{di_c}{dt} + e_{ac} = L_B \dfrac{di_a}{dt} \\[2mm]
e_{ac} = \sqrt{3}E_m \sin(\omega t + \alpha) = \sqrt{6}E \sin(\omega t + \alpha) \\[2mm]
i_a + i_c = I_d \\[2mm]
i_c(0+) = I_d
\end{cases}
\tag{3-28}
$$

求解这组方程并不困难,有关整流电路原理的书中一般都有详细论述。可以求得

$$
\begin{cases}
i_a = \dfrac{\sqrt{6}E}{2X_B}\left[\cos\alpha - \cos(\omega t + \alpha)\right] \\[3mm]
i_c = I_d - \dfrac{\sqrt{6}E}{2X_B}\left[\cos\alpha - \cos(\omega t + \alpha)\right]
\end{cases}
\tag{3-29}
$$

式中 X_B——交流侧电抗,$X_B = \omega L_B$。

另外,还可得到如下关系式:

$$
I_d = \frac{\sqrt{6}E}{2X_B}\left[\cos\alpha - \cos(\omega t + \gamma)\right]
\tag{3-30}
$$

式中 γ——换相重叠角。

考虑到三相桥式电路最大输出电压和交流侧电抗引起的直流侧压降分别为

$$
U_{d0} = \frac{3\sqrt{6}}{\pi}E
\tag{3-31}
$$

$$
\Delta U_{dx} = \frac{3X_B}{\pi}I_d
\tag{3-32}
$$

关系式 (3-30) 又可写为

$$
\cos\alpha - \cos(\alpha + \gamma) = \frac{2X_B I_d}{\sqrt{6}E} = \frac{2\Delta U_{dx}}{U_{d0}}
\tag{3-33}
$$

至此，交流侧电流各段时间的表达式已经可以写出，以 a 相电流的正半周为例，其表达式见表 3-2。

表 3-2 i_a 的表达式

ωt	i_a
$0 \leqslant \omega t < \gamma$	$\dfrac{\sqrt{6}E}{2X_B}[\cos\alpha - \cos(\omega t + \alpha)]$
$\gamma \leqslant \omega t < \dfrac{2\pi}{3}$	$\dfrac{\sqrt{6}E}{2X_B}[\cos\alpha - \cos(\gamma + \alpha)]$
$\dfrac{2\pi}{3} \leqslant \omega t < \dfrac{2\pi}{3} + \gamma$	$\dfrac{\sqrt{6}E}{2X_B}\left[\cos\left(\omega t + \alpha - \dfrac{2\pi}{3}\right) - \cos(\gamma + \alpha)\right]$
$\dfrac{2\pi}{3} + \gamma \leqslant \omega t < \pi$	0

已知交流侧电流的表达式，就可以对其波形进行傅里叶分解，得到基波和各次谐波的有效值表达式如下：

$$I_1 = \frac{3E}{2\pi X_B}\left[\sin^2\gamma - 2\gamma\sin\gamma\cos(2\alpha + \gamma) + \gamma^2\right]^{\frac{1}{2}}$$

$$= \frac{\sqrt{6}I_d\left[\sin^2\gamma - 2\gamma\sin\gamma\cos(2\alpha + \gamma) + \gamma^2\right]^{\frac{1}{2}}}{2\pi} \cdot \frac{1}{\cos\alpha - \cos(\alpha + \gamma)} \tag{3-34}$$

$$I_n = \frac{3E}{n\pi X_B}\left[\left(\frac{\sin\dfrac{n-1}{2}\gamma}{n-1}\right)^2 + \left(\frac{\sin\dfrac{n+1}{2}\gamma}{n+1}\right)^2 - \right.$$

$$\left. 2\left(\frac{\sin\dfrac{n-1}{2}\gamma}{n-1}\right)\left(\frac{\sin\dfrac{n+1}{2}\gamma}{n+1}\right)\cos(2\alpha + \gamma)\right]^{\frac{1}{2}} \tag{3-35}$$

$$(n = 6k \pm 1, k = 1, 2, 3, \cdots)$$

由傅里叶分解还可得到基波的初相位角，将其与相电压的初相位角相减，即得到基波相位差 φ_1。最终 φ_1 可由下式确定：

$$\begin{cases} \cos\varphi_1 = \dfrac{a}{\sqrt{a^2 + b^2}} \\ \sin\varphi_1 = \dfrac{b}{\sqrt{a^2 + b^2}} \\ a = \cos2\alpha - \cos2(\alpha + \gamma) \\ b = \sin2\alpha - \sin2(\alpha + \gamma) + 2\gamma \end{cases} \tag{3-36}$$

根据交流侧电流的表达式还可求出电流有效值的表达式如下：

$$I = \sqrt{\frac{1}{\pi}\int_0^\pi i_a^2 \mathrm{d}(\omega t)} = \frac{E}{X_B}[\cos\alpha - \cos(\alpha+\gamma)]\sqrt{1-3\psi(\alpha,\gamma)}$$

$$= \sqrt{\frac{2}{3}}I_d\sqrt{1-3\psi(\alpha,\gamma)} \tag{3-37}$$

式中

$$\psi(\alpha,\gamma) = \frac{\sin\gamma[2+\cos(2\alpha+\gamma)]-\gamma[1+2\cos\alpha\cos(\alpha+\gamma)]}{2\pi[\cos\alpha-\cos(\alpha+\gamma)]^2} \tag{3-38}$$

由式 (3-34) ~ 式 (3-38) 这几个表达式, 即可求出各次谐波含量或者进行功率因数计算。

由式 (3-34) 和式 (3-35) 可知, 电流中除基波外, 仍然只含 $6k\pm1$ (k 为正整数) 次谐波, 并可得各次谐波含量为

$$\frac{I_n}{I_1} = \frac{2}{n}\left[\left(\frac{\sin\frac{n-1}{2}\gamma}{n-1}\right)^2+\left(\frac{\sin\frac{n+1}{2}\gamma}{n+1}\right)^2-2\left(\frac{\sin\frac{n-1}{2}\gamma}{n-1}\right)\left(\frac{\sin\frac{n+1}{2}\gamma}{n+1}\right)\cos(2\alpha+\gamma)\right]^{\frac{1}{2}}\Bigg/$$

$$[\sin^2\gamma-2\gamma\sin\gamma\cos(2\alpha+\gamma)+\gamma^2]^{\frac{1}{2}} \tag{3-39}$$

对此式分母进行化简, 可得

$$\frac{I_n}{I_1} = \left[\left(\frac{\sin\frac{n-1}{2}\gamma}{n-1}\right)^2+\left(\frac{\sin\frac{n+1}{2}\gamma}{n+1}\right)^2-2\left(\frac{\sin\frac{n-1}{2}\gamma}{n-1}\right)\left(\frac{\sin\frac{n+1}{2}\gamma}{n+1}\right)\cos(2\alpha+\gamma)\right]^{\frac{1}{2}}\Bigg/$$

$$n[\cos\alpha-\cos(\alpha+\gamma)] \tag{3-40}$$

化简中注意到换相重叠角 γ 一般不大, 因而应用了

$$\gamma\approx\sin\gamma$$

$$\cos\gamma/2\approx1$$

这两个近似等式。为记忆方便, 还可设

$$G = \frac{\sin\frac{n-1}{2}\gamma}{n-1}$$

$$H = \frac{\sin\frac{n+1}{2}\gamma}{n+1}$$

则式 (3-40) 可记为

$$\frac{I_n}{I_1} = \frac{\sqrt{G^2+H^2-2GH\cos(2\alpha+\gamma)}}{n[\cos\alpha-\cos(\alpha+\gamma)]} \tag{3-41}$$

为了便于应用, 可将对各次谐波含量的计算结果绘成曲线。图3-14 ~ 图3-19 依次给出了 5、7、11、13、17、19 次谐波含量随 α 和 γ 变化的曲线。从图中可以看出:

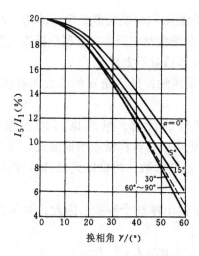

图 3-14　计及换相过程但忽略直流
侧电流脉动时三相桥式整流电路交
流侧电流的 5 次谐波含量曲线

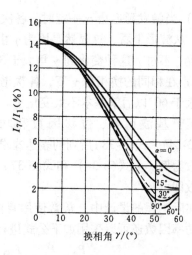

图 3-15　计及换相过程但忽略直流
侧电流脉动时三相桥式整流电路
交流侧电流的 7 次谐波含量曲线

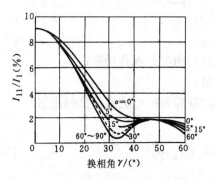

图 3-16　计及换相过程但忽略直流侧
电流脉动时三相桥式整流电路
交流侧电流的 11 次谐波含量曲线

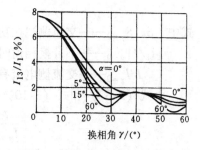

图 3-17　计及换相过程但忽略直流
侧电流脉动时三相桥式整流电路
交流侧电流的 13 次谐波含量曲线

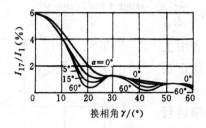

图 3-18　计及换相过程但忽略直流
侧电流脉动时三相桥式整流电路
交流侧电流的 17 次谐波含量曲线

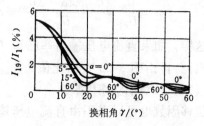

图 3-19　计及换相过程但忽略直流
侧电流脉动时三相桥式整流电路
交流侧电流的 19 次谐波含量曲线

1）当触发延迟角 α 一定时，各次谐波含量都随着换相重叠角 γ 的增大而迅速减小。从波形上看，这显然是因为 γ 由零逐渐增大时电流由方波逐渐接近正弦形状的缘故。不过，这种变化到 γ 角大于 $360°/n$ 以后就不太显著了。

2）在相同的换相角 γ 下，各次谐波含量随触发延迟角 α 的增大而有所减小，但 α 大于 $60°$ 以后就基本不太变化了。

至于基波因数、位移因数和功率因数的计算，显然也可以根据定义，由式(3-34)~式(3-38)所列的表达式求得，也可以将计算结果绘成曲线。以计算功率因数为例，由式(3-34)和式(3-37)算出基波因数，再乘以式(3-36)给出的位移因数即可。

实际工程的设计中，常常使用直流电压输出率这个参数。因此，为了应用方便，功率因数还可以采用如下公式进行计算：

$$\lambda = \frac{P_d}{S} = \frac{P_d}{P_{d0}} \cdot \frac{P_{d0}}{S_{\gamma=0}} \cdot \frac{S_{\gamma=0}}{S} = \frac{U_d}{U_{d0}} \left[\frac{I_1}{I} \right]_{\gamma=0} \frac{I_{\gamma=0}}{I}$$

$$= r_U \frac{3}{\pi} \cdot \frac{I_{\gamma=0}}{I} \approx 0.955 r_U / \frac{I}{I_{\gamma=0}} \tag{3-42}$$

$$P_d = U_d I_d \tag{3-43}$$

$$P_{d0} = U_{d0} I_d \tag{3-44}$$

式中 S、$S_{\gamma=0}$——交流侧视在功率和不计换相角时的视在功率；

$[I_1/I]_{\gamma=0}$——不计换相角时的基波因数；

$I/I_{\gamma=0}$——交流侧电流有效值与不计换相角时电流有效值的比值。

由式 (3-37) 和式 (3-10) 可得

$$\frac{I}{I_{\gamma=0}} = \sqrt{1 - 3\psi \ (\alpha, \ \gamma)} \tag{3-45}$$

此式虽与 α 和 γ 均有关，但经考察，受 α 影响很小，可以认为仅由 γ 决定[75]，绘成 $I/I_{\gamma=0}$ 与 γ 角的关系曲线如图 3-20 所示。而直流电压输出率 r_U 也是由 α 和 γ 决定的，借助于式 (3-33) 所示关系，即可推导得

$$r_U = \frac{U_d}{U_{d0}} = \frac{U_{d0}\cos\alpha - \Delta U_{dx}}{U_{d0}} = \cos\alpha - \frac{\Delta U_{dx}}{U_{d0}} = \frac{\cos\alpha + \cos \ (\alpha+\gamma)}{2} \tag{3-46}$$

这样，如果直流电压输出率已知（或者由上式求出），再由图 3-20 查出比值 $I/I_{\gamma=0}$，即可根据式 (3-42) 算出功率因数。

位移因数也可以采用由直流电压输出率进行计算的方法，读者可以见参考文献 [75]，这里不再详述。

应该指出的是，以上计及交流侧阻抗的讨论

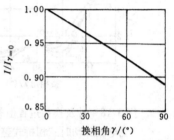

图 3-20 $I/I_{\gamma=0}$ 与 γ 角的关系曲线

都是仅考虑了交流侧的电抗，而没有涉及交流侧的电阻（包括电源和变压器内阻以及线路电阻等等）。事实上，有关的研究表明，交流侧电阻对交流侧电流中谐波含量的影响很小，可以忽略，然而其对位移因数的影响则需区别对待。当交流侧电阻与交流侧电抗的比值较小，或者直流负载较轻时，交流侧电阻对位移因数的影响也不大；当交流侧电阻与电抗比值较大，或者负载较重时，则其影响就不能忽略。详细情况读者可以见参考文献 [76 – 78]。

3.1.3 计及直流侧电流脉动时的情况

计及直流侧电流的脉动，即考虑直流侧电感量为有限值。这里又分为是否忽略换相过程这两种情况，以下将以三相桥式整流电路为例，分别介绍一种近似计算交流侧电流谐波的方法。

3.1.3.1 忽略换相过程——Dobinson 法[79]

如图 3-21 所示，Dobinson 法的基本思想就是用两个正弦波顶上各 60° 的波头部分，叠加在 120° 方波上面，来近似代表电流脉动的情况。另外，引入电流纹波比 r_d 这个参数来表示电流脉动的程度。参照图 3-21，电流纹波比的定义为

$$r_d = \frac{\Delta i}{I_d} \qquad (3-47)$$

即电流波头脉动的峰峰值与直流平均电流的比值。这样，交流侧电流波形可以由 I_d 和 r_d 这两个参数确定。仍以 a 相电流的正半周为例，其表达式见表 3-3。

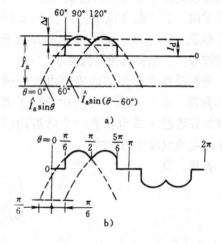

图 3-21　Dobinson 法采用的近似电流波形
a) 晶闸管电流　b) 交流侧电流

表 3-3　采用 Dobinson 法时电流表达式

ωt	i_a
$0 \leqslant \omega t < \dfrac{\pi}{6}$	0
$\dfrac{\pi}{6} \leqslant \omega t < \dfrac{\pi}{2}$	$I_d\left[7.46 r_d \sin\left(\omega t + \dfrac{\pi}{6} \right) - 7.13 r_d + 1 \right]$
$\dfrac{\pi}{2} \leqslant \omega t < \dfrac{5\pi}{6}$	$I_d\left[7.46 r_d \sin\left(\omega t - \dfrac{\pi}{6} \right) - 7.13 r_d + 1 \right]$
$\dfrac{5\pi}{6} \leqslant \omega t < \pi$	0

由傅里叶分解可得交流侧电流基波有效值为

$$I_1 = I_d(1.102 + 0.014r_d) \tag{3-48}$$

而各次谐波含量为

$$\frac{I_n}{I} = \begin{cases} \left(\dfrac{1}{n} + \dfrac{6.46r_d}{n-1} - \dfrac{7.13r_d}{n}\right)(-1)^k & (n = 6k-1) \\[4mm] \left(\dfrac{1}{n} + \dfrac{6.46r_d}{n+1} - \dfrac{7.13r_d}{n}\right)(-1)^k & (n = 6k+1) \end{cases}$$

$$(k \text{ 为正整数}) \tag{3-49}$$

若计算出结果为负值，则表示相位差180°，取其绝对值即可。将计算结果绘成曲线，如图 3-22 所示，r_d 的范围从零纹波直到电流由连续到将断续的极限情况（$r_d = 1.5$）。可以看出，交流侧电流中仍只含 $6k \pm 1$（k 为正整数）次谐波，而电流的脉动使得 5 次谐波增大，但使其他谐波减小。

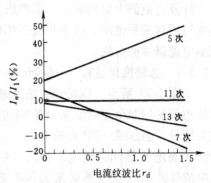

图 3-22　用 Dobinson 法所得各次谐波含量

分析过程中涉及如何确定电流纹波比 r_d 的问题。参考文献 [75] 中给出了通过计算加在电感上的电压在一个脉波内的积分来求电流纹波比的方法。

首先，设

$$\frac{U_d}{\sqrt{6}E} = \sin\beta \tag{3-50}$$

则

$$\beta = \arcsin\left(\frac{U_d}{\sqrt{6}E}\right) \tag{3-51}$$

于是，经推导可求出积分值如下：

$$\int e_L dt = \begin{cases} \dfrac{\sqrt{6}E}{\omega}\left[2\cos\beta - (\pi - 2\beta)\sin\beta\right] & \left(\alpha + \gamma \leqslant \beta - \dfrac{\pi}{3}\right) \\[4mm] \dfrac{\sqrt{6}E}{\omega}\left[\cos\left(\alpha + \gamma + \dfrac{\pi}{3}\right) + \cos\beta - \left(\dfrac{2\pi}{3} - \beta - \alpha - \gamma\right)\sin\beta\right] & \left(\alpha + \gamma \geqslant \beta - \dfrac{\pi}{3}\right) \end{cases}$$

$$\tag{3-52}$$

脉动电流的峰峰值即可由下式求出：

$$\Delta i = \frac{\int e_L dt}{L} \tag{3-53}$$

式中　L——电流路径上的所有电感量，包括直流电感和两相的交流电感，即

$$L = L_d + 2L_B \tag{3-54}$$

将式（3-53）代入式（3-47）即可求出电流纹波比 r_d。

应该说明的是，从图 3-21 所示的近似波形看，Dobinson 法是忽略换相过程的。但上述求电流纹波比的过程却涉及了换相重叠角 γ 和交流电抗 L_B。为了与 Dobinson 法原理保持一致，可在计算中令 γ 和 L_B 均为零。

此外，以上讨论的是交流侧的谐波问题。至于位移因数，则由图 3-21 波形明显可以看出，由于对换相过程的忽略以及电流波形的对称性，位移因数仍为 $\cos\alpha$。

3.1.3.2　计及换相过程——Graham-Schonholzer 法[80]

Graham-Schonholzer 法是在 Dobinson 法的基础上，再计及换相过程后提出来的。它对交流侧电流的近似处理，是将 Dobinson 法的用两个正弦波头叠加在 120°方波上，改进为叠加在 120° + γ 的梯形波上，如图 3-23 所示。梯形波的斜边就是对换相过程的较好近似。

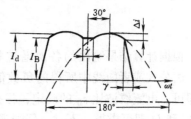

图 3-23　Graham-Schonholzer 法
采用的近似电流波形

为了表达方便，引入换相末电流 I_B 这个量。

$$I_B = I_d - \Delta i \, \frac{2\sin\left(\dfrac{\pi}{6} - \dfrac{\gamma}{2}\right) - \left(\dfrac{\pi}{3} - \gamma\right)\sin\left(\dfrac{\pi}{3} + \dfrac{\gamma}{2}\right)}{\dfrac{\pi}{3}\left[1 - \sin\left(\dfrac{\pi}{3} + \dfrac{\gamma}{2}\right)\right]} \tag{3-55}$$

I_B 就是换相结束的时刻流过导通晶闸管的电流值。Δi 与前述一样，是电流波头脉动的峰值。再引入以 I_B 为分母的电流纹波比 r_B，即

$$r_B = \frac{\Delta i}{I_B} \tag{3-56}$$

则图 3-23 所示的电流波形，即可用 I_B、r_B 和换相重叠角 γ 这三个变量来表示。

对电流波形进行傅里叶分解，可得基波和各次谐波有效值的统一表达式为

$$I_n = \frac{2\sqrt{2}}{\pi} I_B \left[\frac{\sin\dfrac{n\pi}{3}\sin\dfrac{n\gamma}{2}}{n^2\gamma/2} + \frac{r_B g_n \cos\dfrac{n\pi}{6}}{1 - \sin\left(\dfrac{\pi}{3} + \dfrac{\gamma}{2}\right)} \right] \tag{3-57}$$

式中

$$g_n = \frac{\sin\left[(n+1)\left(\dfrac{\pi}{6}-\dfrac{\gamma}{2}\right)\right]}{n+1} + \frac{\sin\left[(n-1)\left(\dfrac{\pi}{6}-\dfrac{\gamma}{2}\right)\right]}{n-1} -$$

$$\frac{2\sin\left[n\left(\dfrac{\pi}{6}-\dfrac{\gamma}{2}\right)\right]\sin\left(\dfrac{\pi}{3}+\dfrac{\gamma}{2}\right)}{n}$$

$$(n=1 \text{ 或 } n=6k\pm1, k \text{ 为正整数}) \tag{3-58}$$

应当注意，当代入 n 或 γ 的值出现分母为零的情况时，应利用如下极限公式进行计算：

$$\lim_{x\to 0}\frac{\sin x}{x}=1$$

根据计算结果绘出的各次谐波相对于基波的含量曲线如图 3-24 ~ 图 3-29 所示。由公式或者曲线中所得的负数值表示有 180° 相位差的情况，应用时取其绝对值即可。电流纹波比 r_B 的确定，根据其定义由式 (3-53) 和式 (3-55) 分别计算出 Δi 和 I_B 即可求得。不过，仔细观察式 (3-55) 就可以发现，将其等号两边分别除以 Δi，即可得到 r_B 与 r_d 这两种电流纹波的关系式。将此关系式绘成图 3-30 所示的曲线，应用起来非常方便。

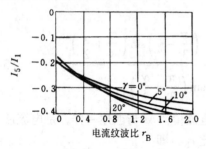

图 3-24　用 Graham-Schonholzer
法得到的 5 次谐波含量曲线

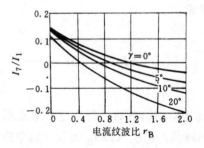

图 3-25　用 Graham-Schonholzer
法得到的 7 次谐波含量曲线

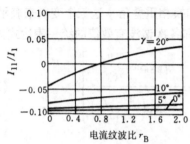

图 3-26　用 Graham-Schonholzer
法得到的 11 次谐波含量曲线

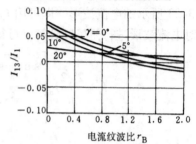

图 3-27　用 Graham-Schonholzer
法得到的 13 次谐波含量曲线

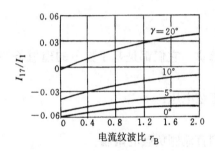

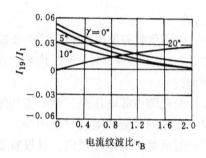

图 3-28　用 Graham-Schonholzer
法得到的 17 次谐波含量曲线

图 3-29　用 Graham-Schonholzer
法得到的 19 次谐波含量曲线

可以看出，由 Graham-Schonholzer 法可以得到与 Dobinson 法类似的定性结论，那就是，交流侧电流中仅含 $6k \pm 1$（k 为正整数）次谐波；在 r_B 由 $0 \sim 1.5$ 的范围内，电流脉动的增大将增加 5 次谐波的含量，但其他谐波将减小。

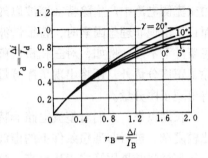

图 3-30　两个电流纹波比
r_B 与 r_d 的关系曲线

由于交流侧电流的每个半波都是左右对称的，因而在 Graham-Schonholzer 法中，位移因数的情况也不复杂。从其波形图可看出，电流正半波的中心线与电源电压正半波中心线的角度差为 $\alpha + \gamma/2$。这就是基波的相位差。因此，位移因数为

$$\lambda_1 = \cos\varphi_1 = \cos\left(\alpha + \frac{\gamma}{2}\right) \tag{3-59}$$

Dobinson 法和 Graham-Schonholzer 法虽然考虑了直流侧电流的脉动，或者同时计及了交流侧电抗引起的换相过程，但它们依据的都是这些情况下交流侧电流的近似波形，其结果存在一定的误差。利用计算机时域仿真对微分方程进行数值求解，或者采用参考文献［81，82］所述的数值方法，都可以得到交流电抗、直流电抗和电阻在某一确定值下的交流侧电流的确切波形，进而进行傅里叶分解，得到交流侧谐波电流的准确解。但是，这些方法得到的都是数值解，无法写出结果的解析表达式，因而无法反映交流侧电流谐波与各电路参数关系的规律。不过，参考文献［81，82］的研究结果表明，在直流侧电流的脉动为中等或严重的情况下，Dobinson 法和 Graham-Schonholzer 法的误差是比较小的，准确度已经较高，特别是 Graham-Schonholzer 法具有很高的准确度，已被列入最近发布的国际标准 IEEE519—1992 所建议的谐波分析方法中[24]。至于直流侧电流脉动较轻的情况，参考文献［81］认为此时忽略直流侧电流脉动而采用 3.1.2 节所述的方法，其结果是最接近

实际值的。

3.1.4 阻感负载整流电路的非特征谐波

回顾 3.1.1 节 ~3.1.3 节的内容，应该讲，它们都是基于如下的理想条件而进行分析的：

1）交流侧电源电压是三相平衡的纯正弦电压；

2）各相的交流侧阻抗完全相等；

3）直流侧平均电流恒定，且没有受到直流侧负载的调制；

4）三相的触发脉冲对称，间隔相等。

在这样的理想条件下，整流电路产生的谐波是其特征谐波，例如三相桥式整流电路交流侧产生的 $6k \pm 1$（k 为正整数）次谐波。

然而，在工程实际中，这些理想条件往往不能完全满足。其结果是使整流电路的交流侧电流中产生除特征谐波以外的其他次数的谐波分量，这就是非特征谐波。而且，出现非理想因素时，特征谐波的大小也将发生变化，其相序规律也往往与理想条件下不同。例如，对三相桥式整流电路，交流侧的基波和 $6k + 1$ 次谐波电流，除了正序分量外，还将出现负序分量，而 $6k - 1$ 次谐波电流，除了负序分量外，也将出现正序分量。

长期以来，人们对整流电路非特征谐波的研究做了不懈的努力。但是由于问题比较复杂，进行非理想条件下的谐波分析是比较困难的，往往无法像理想条件下的分析那样将结果用算式表达出来。这里，将主要做定性的介绍，并适当给出一些定量的分析结果，以期阐明在各种非理想情况下整流电路非特征谐波的一些规律。为了具有典型性，仍将针对阻感负载的三相桥式整流电路进行介绍。

3.1.4.1　三相电压不对称或含有谐波时的情况

图 3-31 给出了一个三相电压不对称造成的交流侧非特征谐波的例子。为了说明问题，图中绘出的三相电压是严重不对称的，实际当中很少有这样的情况。在这种情况下，直流侧电流将含有 2 次谐波，而交流侧电流含有相当大的 3 次谐波。

一般来说，三相电源电压不对称会产生不对称的触发，并且使直流侧电流被调制。控制系统采用等间隔触发技术时，可以消除其对触发脉冲对称性的影响，但其对直流电流的调制仍然存在。它将使各换相过程中换相电流的波形和换相角彼此有所差异，从而

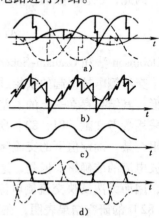

图 3-31　三相桥式整流电路中不对称
三相电压造成的非特征谐波
a）交流侧电压　b）直流侧电压
c）直流侧电流　d）交流侧电流

使三相电流的波形各不相同。结果是在三相交流电流中将出现 3 倍次的奇次非特征谐波，而且它们和基波及 $6k \pm 1$ 次特征谐波都将是不对称的，既含有正序分量，又含有负序分量。

如果三相电压除了不对称之外，还含有奇次谐波分量（包括正序和负序分量），则上述交流侧谐波的性质和规律仍然成立。但如果三相电压中存在偶次谐波时，则交流侧电流中将含有正整数次的各次谐波分量。

3.1.4.2 三相交流侧电抗不相等时的情况

假设三相的交流侧电抗不相等，则可用如下形式表示：

$$X_a = (1 + g_a) X_0$$
$$X_b = (1 + g_b) X_0$$
$$X_c = (1 + g_c) X_0$$

式中，X_0 为平均电抗；g_a、g_b 和 g_c 均可在 $\pm g_0$ 之间变化，则由此引起的三相桥式整流电路交流侧 n 次非特征谐波电流 I_n 的最大含量（a 相）发生在下列的情况下：

$$g_a = 0, \quad g_b = \pm g_0, \quad g_c = \mp g_0 \qquad （对于 n = 3、9、15 等）$$
$$g_a = \pm g_0, \quad g_b = \mp g_0, \quad g_c = 0 \qquad （对于 n = 5、7、11、13 等）$$

当忽略直流侧电流和交流侧电压的变化时，I_n 的最大值可由下式计算：

$$I_n = \frac{I_1 g_0}{n(n^2 - 1) I_d^* X_0^* \sqrt{3}} \{ n^4 [\cos(\alpha + \gamma) - \cos\alpha]^2 +$$
$$2n^3 \sin\alpha \sin n\gamma [\cos(\alpha + \gamma) - \cos\alpha] + n^2 [\sin^2\alpha + \sin^2(\alpha + \gamma) +$$
$$2\cos n\gamma (\cos^2\alpha - \cos\gamma) + 2\cos\alpha(\cos(\alpha + \gamma) - \cos\alpha)] +$$
$$2n\cos\alpha \sin n\gamma (\sin\alpha + \sin(\alpha + \gamma)) + 2\cos^2\alpha(1 - \cos n\gamma) \}^{\frac{1}{2}} \qquad (3-60)$$

式中 I_d^* ——直流平均电流的标幺值；

   X_0^* ——交流侧平均电抗的标幺值。

对 $n = 3$、9、15 等 3 倍的奇次谐波，按上式计算即可；对 $n = 5$、7、11、13 等 $6k \pm 1$ 次谐波，上式还应除以 2。

图 3-32 给出了在 $X_a = X_0$，而 $X_b = (1 + g_0) X_0$，$X_c = (1 - g_0) X_0$ 的三相交流电抗下，$\alpha = 15°$ 时，某典型情况下各相 3 次谐波电流含量与交流电抗偏差系数 g_0 的关系曲线[83]。由图可见，3 次谐波含量与交流电抗偏差系数 g_0 之间呈线性关系，且 a 相的 3 次谐波电流最大。

一般来说，三相交流电抗不相等时，交流侧电流

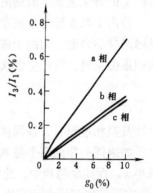

图 3-32 某典型情况下各相 3 次谐波电流含量与交流电抗偏差系数 g_0 的关系[83]

非特征谐波的性质和规律与上述三相电压不对称或含有奇次谐波电压时的情形是完全类似的。甚至当以上这几个非理想因素同时出现时，其非特征谐波的性质和规律仍然不变。不过，当三相电压中含偶次谐波时，则不论三相交流电抗是否相等，交流侧电流中均将含有各正整数次的谐波分量。

3.1.4.3 直流侧电流受到负载调制时的情况[84]

如果整流电路直流侧接的是逆变器等负载，则其直流侧电流可能会受到负载的调制，从而在交流侧电流中产生非特征谐波。如果在直流侧加入一个小的 k 次谐波分量 I_k，则在交流侧将产生同相序但不同阶次的谐波分量 I_n，表3-4给出了其最大含量。其中的 I_n 是用与 $I_1 I_k / I_d$ 的比值来表示的。此表与引起直流电流调制的初始原因无关，而且给的是近似值。

表3-4 直流侧调制电流与交流侧非特征谐波电流的关系

直流侧调制电流谐波阶次 k	交流侧谐波电流	
	阶次 n	I_n
1	0	0.707
	2	0.707
2	1	0.707
	3	0.707
3	2	0.707
4	3	0.707
	5	0.707

3.1.4.4 三相触发脉冲不对称时的情况

参考文献［2］曾研究了三相桥式整流电路触发延迟角比对称情况推迟或提早所产生的对交流侧电流谐波影响的两个例子。

若由于触发延迟角的影响使交流侧电流的正方波脉冲提前 ε 角，而负方波脉冲推迟同样的角度，则由于破坏了波形的半波对称，电流中将出现偶次谐波。当不计换相重叠角时，所产生偶次谐波的含量为

$$\frac{I_n}{I_1} = \frac{1}{n} \frac{2\sin n\varepsilon}{2\cos n\varepsilon} \approx \varepsilon \tag{3-61}$$

当计及换相过程时，各偶次谐波还将减小。

如果同一相的两个晶闸管触发均推迟 ε 角，则此相的线电流正、负脉冲宽度均减小 ε。而其余两相中，比其超前的相正、负脉冲均增大 ε，而比其滞后的相不变，3倍次谐波电流因此而产生（但不含偶次谐波）。不计换相重叠角时，交流侧电流中 $n = 3q$（q 为正整数）次谐波的含量为

$$\frac{I_n}{I_1} = \frac{\sin(q\pi \pm 1.5q\,\varepsilon)}{3q\sin\left(\dfrac{\pi}{3} \pm \dfrac{\varepsilon}{2}\right)} \tag{3-62}$$

当 ε 很小时，近似可用下式计算：

$$\frac{I_n}{I_1} = \frac{1.5q\,\varepsilon}{3q\,\sqrt{3}/2} = 0.577\varepsilon$$

式（3-61）和式（3-62）的详细推导过程请见参考文献［2，85］。

一般地讲，当触发脉冲不对称时，交流侧电流将包含直流分量、基波分量及全部奇次和偶次谐波分量。特别是，如果同一相两个晶闸管的触发延迟角不等，则该相线电流中将含有直流分量。直流分量的存在将会引起整流变压器的饱和，从而引起新的谐波。

至此，本节已就各个非理想因素对阻感负载整流电路交流侧谐波的影响做了定性的论述，有关的定量研究还有待进一步深入。应该说，计算机时域仿真技术的发展可以为非特征谐波的定量研究提供有力的手段，要取得系统的实用化研究成果还需进行大量细致的工作。

3.2　整流电路带滤波电容时的功率因数和谐波分析

阻感负载整流电路所产生的谐波污染和功率因数滞后是众所周知的。而实际上，直流侧含有滤波电容的整流电路也是污染严重的谐波源。由直流电压源供电的逆变或斩波装置，其直流电压源大多就是由二极管整流后再经电容滤波得到的。近年来，这类装置迅速普及，如电压型变频装置、开关电源和不间断电源等，其对电网的谐波污染问题越来越突出。特别是数量巨大的民用负载，如彩色电视机、个人计算机等精密家用电器和办公设备，都是内含开关电源的，它们的日益普及带来的谐波污染问题是非常严重的。对带滤波电容整流电路交流侧谐波的分析已经成为谐源源分析领域新的关注焦点之一。

目前，有关这方面的研究已有多篇文献发表，但大多将滤波电容视为无穷大，这与实际情况相差较远。也有文献考虑滤波电容为有限值[86~93]，有的采用时域仿真的方法，但因为电路参数较多，很难归纳出反映交流侧谐波特性与各电路参数关系的结论；有的采用频域分析方法，试图给出谐波特性的解析表达式，但其推导过程中的近似处理过多，也未能揭示出交流侧与谐波有关的性能指标和电路参数的关系。

本节将采用参考文献［91，92］的方法，先求出交流侧电流的时域表达式，再进行傅里叶分解，分别对电容滤波型桥式整流电路和感容滤波型桥式整流电路的交流侧谐波和功率因数进行讨论，求出与谐波有关的交流侧性能指标的解析表达式，绘出功率因数及各次谐波含量与电路参数的关系曲线，从而明确揭示其与电路参数的关系。

3.2.1 电容滤波型桥式整流电路的功率因数和谐波分析

由于输出电压可以由下一级的逆变或斩波电路调节，所以电容滤波型整流电路大多是由二极管组成的不可控整流电路。本节将以最常见的电容滤波型单相桥式整流电路和三相桥式整流电路为例进行介绍。分析中没有考虑电网阻抗，这在电网容量远远大于整流装置容量时不会影响分析的正确性，而且问题的简化有利于解析推导，也将为考虑电网阻抗时的分析提供指导。此外，因为作为直流电源负载的逆变或斩波电路稳态时所消耗的直流平均电流是一定的，所以分析中负载用的是电阻模型。

3.2.1.1 电容滤波型单相桥式整流电路的功率因数和谐波分析

图 3-33 所示的电容滤波型二极管单相桥式整流电路，在电路已进入稳态后，设二极管 VD_1 和 VD_4 每次在距电源电压过零点 θ 角处开始导通，若以某次导通的时刻为时间零点，则电源电压可表示为

$$e = E_m\sin(\omega t + \theta) \tag{3-63}$$

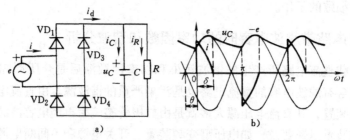

图 3-33 电容滤波型单相桥式整流电路及其波形

a) 电路 b) 电压和电流波形

$t = 0$ 的时刻，电源开始通过二极管 VD_1 和 VD_4 给电容 C 充电，此时电容电压 u_C 的初值为 $u_C(0)$。在 VD_1 和 VD_4 导通期间，有如下方程式成立：

$$\begin{cases} u_C(0) = E_m\sin\theta \\ u_C(0) + \dfrac{1}{C}\displaystyle\int_0^t i_C\mathrm{d}t = e \end{cases} \tag{3-64}$$

由式（3-63）所给条件，解此方程式，得

$$i_C = \omega C E_m\cos(\omega t + \theta) \tag{3-65}$$

而负载电流则为

$$i_R = \frac{e}{R}$$

将式（3-63）代入上式，得

$$i_R = \frac{E_m}{R}\sin(\omega t + \theta) \tag{3-66}$$

将式（3-65）和式（3-66）代入 $i_d = i_C + i_R$，可得

$$i_d = \omega C E_m \cos(\omega t + \theta) + \frac{E_m}{R}\sin(\omega t + \theta) \tag{3-67}$$

设二极管 VD_1 和 VD_4 的导通角为 δ，下面介绍如何由电路参数确定 δ 和 θ 的值、如何确定直流电流 i_d 和交流侧电流 i 的具体表达式。

电容被充电到 $\omega t = \delta$ 时，二极管 VD_1 和 VD_4 关断。将 $i_d(\delta) = 0$ 代入式（3-67），得

$$\tan(\theta + \delta) = -\omega RC \tag{3-68}$$

电容被充电到 $\omega t = \delta$ 时，$u_C = e = E_m\sin(\theta + \delta)$，二极管 VD_1 和 VD_4 关断，电容开始以时间常数 RC 按指数函数放电。当 $\omega t = \pi$，即放电经过 $\pi - \delta$ 的角度时，u_C 降至开始充电时的初值 $E_m\sin\theta$，另一对二极管 VD_2 和 VD_3 开始导通，故有

$$E_m\sin(\theta + \delta)e^{-\frac{\pi-\delta}{\omega RC}} = E_m\sin\theta \tag{3-69}$$

注意到 $\theta + \delta$ 为第二象限角，由式（3-68）和式（3-69）可得

$$\pi - \delta = \theta + \arctan(\omega RC) \tag{3-70}$$

$$\frac{\omega RC}{\sqrt{(\omega RC)^2 + 1}}e^{-\frac{\arctan(\omega RC)}{\omega RC}}e^{-\frac{\theta}{\omega RC}} = \sin\theta \tag{3-71}$$

在 ω、R 和 C 的乘积 ωRC 已知的情况下，即可由式（3-71）求出 θ 值，进而由式（3-70）求出 δ。显然，δ 和 θ 仅由乘积 ωRC 决定。图 3-34 给出了根据以上两式求得的 δ 和 θ 角随 ωRC 变化的曲线。

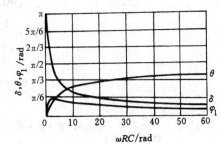

图 3-34　δ、θ 和 φ_1 角与 ωRC 的关系曲线

二极管 VD_1 和 VD_4 关断的时刻，即 ωt 达到 δ 的时刻，还可用另一种方法确定。显然，在电源电压 e 达到峰值之前，VD_1 和 VD_4 是不会关断的。e 过了峰值之后，e 和电容电压 u_C 都开始下降，而 VD_1 和 VD_4 的关断时刻，从物理意义上讲，就是两个电压下降速度相等的时刻，一个是电源电压的下降速度 $|de/d(\omega t)|$，另一个是假设二极管 VD_1 和 VD_4 关断而电容开始单独向电阻放电时电压 u_C 的下降速度 $|du_C/d(\omega t)_p|$（下标"p"表示假设）。前者等于该时刻电源电压导数的绝对值，而后者等于该时刻 u_C 与 R 的比值。据此即可确定 δ。

在 θ 和 δ 确定之后，电流 i_d 的表达式即可确定。由式（3-67）可得

$$
i_d = \begin{cases} \omega CE_m \left[\cos(\omega t + \theta) + \dfrac{1}{\omega RC}\sin(\omega t + \theta) \right] & (k-1)\pi \leqslant \omega t < (k-1)\pi + \delta \\ 0 & (k-1)\pi + \delta \leqslant \omega t < k\pi \end{cases}
$$

$$
(k = 1, 2, 3, \cdots) \tag{3-72}
$$

交流侧电流 i 的波形是镜像对称的，其正半周波形就是 i_d 的波形。由式（3-72）可见，交流侧电流 i 的波形形状仅由乘积 ωRC 决定，而其幅度与 ωCE_m 成正比。

由于 i 为镜像对称，故其中不含偶次谐波分量。对电流 i 进行傅里叶分解，可得

$$
i = \sum_{n=1,3,5,\cdots}^{\infty} (a_{in}\cos n\omega t + b_{in}\sin n\omega t) = \sum_{n=1,3,5,\cdots}^{\infty} \sqrt{2}I_n \sin(n\omega t + \theta_n)
$$

式中

$$
a_{i1} = \frac{\omega CE_m}{\pi}\left[\delta\left(\cos\theta + \frac{1}{\omega RC}\sin\theta \right) + \frac{1}{2}\sin(2\delta + \theta) - \frac{1}{2}\sin\theta - \right.
$$
$$
\left. \frac{1}{2\omega RC}\cos(2\delta + \theta) + \frac{1}{2\omega RC}\cos\theta \right]
$$

$$
b_{i1} = \frac{\omega CE_m}{\pi}\left[\delta\left(-\sin\theta + \frac{1}{\omega RC}\cos\theta \right) - \frac{1}{2}\cos(2\delta + \theta) + \frac{1}{2}\cos\theta - \right.
$$
$$
\left. \frac{1}{2\omega RC}\sin(2\delta + \theta) + \frac{1}{2\omega RC}\sin\theta \right]
$$

$$
I_1 = \frac{1}{\sqrt{2}}\sqrt{a_{i1}^2 + b_{i1}^2}
$$

$$
\theta_1 = \arctan\frac{a_{i1}}{b_{i1}}
$$

$$
a_{in} = \frac{\omega CE_m}{\pi}\left\{ \frac{1}{n+1}\left[\sin(n\delta + \delta + \theta) - \sin\theta \right] + \frac{1}{n-1}\left[\sin(n\delta - \delta - \theta) + \sin\theta \right] - \right.
$$
$$
\left. \frac{1}{\omega RC(n+1)}\left[\cos(n\delta + \delta + \theta) - \cos\theta \right] + \frac{1}{\omega RC(n-1)}\left[\cos(n\delta - \delta - \theta) - \cos\theta \right] \right\}
$$

$$
b_{in} = \frac{\omega CE_m}{\pi}\left\{ -\frac{1}{n+1}\left[\cos(n\delta + \delta + \theta) - \cos\theta \right] - \frac{1}{n-1}\left[\cos(n\delta - \delta - \theta) - \cos\theta \right] - \right.
$$
$$
\left. \frac{1}{\omega RC(n+1)}\left[\sin(n\delta + \delta + \theta) - \sin\theta \right] + \frac{1}{\omega RC(n-1)}\left[\sin(n\delta - \delta - \theta) + \sin\theta \right] \right\}
$$

$$
I_n = \frac{1}{\sqrt{2}}\sqrt{a_{in}^2 + b_{in}^2} \quad (n = 3, 5, 7, \cdots)
$$

电流 i 的有效值为

$$I = \sqrt{\frac{1}{2\pi} \int_0^{2\pi} i^2 \mathrm{d}(\omega t)} =$$

$$\frac{\omega C E_m}{\sqrt{\pi}} \sqrt{\frac{\delta}{2} + \frac{\delta}{2(\omega RC)^2} - \frac{1 - (\omega RC)^2}{4(\omega RC)^2}[\sin(2\delta + 2\theta) - \sin 2\theta] - \frac{1}{2\omega RC}[\cos(2\delta + 2\theta) - \cos 2\theta]}$$

把以上表达式代入位移因数、基波因数和功率因数等与谐波有关的性能指标定义式中，即可得到各性能指标表达式，还可得到各次谐波含量的表达式。

可以看出，虽然 I、I_1 和 I_n 这些量均是 ωC 和一个仅与 ωRC 有关的因子的乘积，但各项性能指标及各次谐波含量均只与 ωRC 有关，而与 ωC 无关。根据各表达式的计算结果，图 3-35a 给出了基波因数 ν、总谐波畸变率 THD、位移因数 λ_1 和功率因数 λ 等各项性能指标随 ωRC 变化的曲线，φ_1 曲线画在了图 3-34 中；图 3-35b 给出了各次谐波含量与 ωRC 的关系曲线。$\omega RC = 0$ 时（实际应用中只有 $C = 0$ 时满足这种情况），由于其出现在分母中，各指标和各次谐波含量表达式不再适用，但可推得，各曲线在 $\omega RC = 0$ 处是连续的。

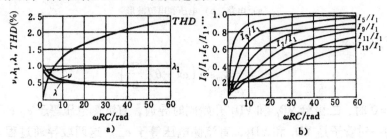

图 3-35　电容滤波型单相桥式整流电路交流侧谐波分析结果
a）各性能指标曲线　b）各次谐波含量曲线

由 φ_1 和 λ_1 曲线可知，电流基波相位角和位移因数是超前的，在 $\omega RC = 2.08$ 处，达到最大超前相位角为 32.1°，位移因数为 0.85。这说明通常认为电容滤波型整流电路的位移因数为 1 是有一定误差的。二极管导通时滤波电容就是电网的一个容性负载，因此具有超前的功率因数是可以理解的。虽然 RC 越大，直流电压脉动越小，但由电流畸变率曲线和基波因数曲线可以看出，ωRC 越大，则交流侧电流的谐波含量越大，而基波含量越小，电流畸变程度越来越剧烈。再加上小于 1 的位移因数的影响，总功率因数也随着 ωRC 的增大而减小。另外，交流侧电流只含奇次谐波，随着谐波次数的升高，谐波含量减小，而且各次谐波的含量随着 ωRC 的增大而普遍增大。

3.2.1.2　电容滤波型三相桥式整流电路的功率因数和谐波分析

图 3-36 所示的电容滤波型二极管三相桥式整流电路，当某一对二极管导通时，直流侧电压等于交流侧的某一线电压。为了利用单相电路的分析结果，这里我们设

每组二极管在距线电压过零点 θ 角处开始导通，并以二极管 VD_6 和 VD_1 开始同时导通的时刻为时间零点，则线电压为

$$e_{ab} = E_m \sin(\omega t + \theta)$$

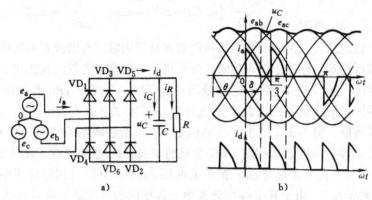

图 3-36 电容滤波型三相桥式整流电路和波形
a) 电路 b) 电压和电流波形

而相电压为

$$e_a = \frac{1}{\sqrt{3}} E_m \sin\left(\omega t + \theta - \frac{\pi}{6}\right)$$

在 $t=0$ 时，二极管 VD_6 和 VD_1 开始同时导通，直流侧电压等于 e_{ab}；下一次同时导通的一对管子是 VD_1 和 VD_2，直流侧电压等于 e_{ac}。这两段导通过程之间的交替有两种情况：一种是在 VD_1 和 VD_2 同时导通之前 VD_6 和 VD_1 是关断的，交流侧向直流侧的充电电流 i_d 是断续的，如图 3-36 所示；另一种是 VD_1 一直导通，交替时由 VD_6 导通换相至 VD_2 导通，i_d 是连续的。临界情况是，VD_6 和 VD_1 同时导通的阶段与 VD_1 和 VD_2 同时导通的阶段在 $\omega t + \theta = 2\pi/3$ 处恰好衔接了起来，i_d 恰好连续。由前面所述的"电压下降速度相等"的原则，可以确定临界条件。假设在 $\omega t + \theta = 2\pi/3$ 时刻"速度相等"恰好发生，则有

$$\left| \frac{d[E_m \sin(\omega t + \theta)]}{d(\omega t)} \right|_{\omega t + \theta = \frac{2\pi}{3}} = \left| \frac{d\left\{ E_m \sin\frac{2\pi}{3} e^{-\frac{1}{\omega RC}\left[\omega t - \left(\frac{2\pi}{3} - \theta\right)\right]} \right\}}{d(\omega t)} \right|_{\omega t + \theta = \frac{2\pi}{3}} \tag{3-73}$$

可得

$$\omega RC = \sqrt{3}$$

这就是临界条件。$\omega RC > \sqrt{3}$ 和 $\omega RC < \sqrt{3}$ 分别是电流 i_d 断续和连续的条件。图 3-37 给出了 ωRC 等于和小于 $\sqrt{3}$ 时的电流波形。对一个确定的装置来讲，通常只有 R 是可变的，它的大小反映了负载的轻重。因此可以说，在轻载时直流侧获得的充

电电流是断续的，重载时是连续的，分界点就是 $R = \sqrt{3}/\omega C$。

$\omega RC > \sqrt{3}$ 时，交流侧电流和电压波形如图3-36所示，其中 θ 和 δ 的求法同单相电路类似，只是 RC 单独向 R 放电的时间长度为 $(\pi/3 - \delta)/\omega$，故与单相类似，有式（3-68）成立，而式（3-69）变为

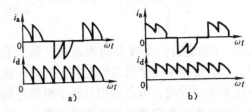

图3-37　电容滤波型三相桥式整流电路
ωRC 等于和小于 $\sqrt{3}$ 时的电流波形
a) $\omega RC = \sqrt{3}$　b) $\omega RC < \sqrt{3}$

$$E_m \sin(\theta + \delta) e^{-\frac{1}{\omega RC}\left(\frac{\pi}{3} - \delta\right)} = E_m \sin\theta \qquad (3\text{-}69')$$

同样可得式（3-70），而式（3-71）变为

$$\frac{\omega RC}{\sqrt{(\omega RC)^2 + 1}} e^{-\frac{1}{\omega RC}\left(\arctan \omega RC - \frac{2\pi}{3}\right)} e^{-\frac{\theta}{\omega RC}} = \sin\theta \qquad (3\text{-}71')$$

由此可求出 θ 和 δ。当 $\omega RC \leq \sqrt{3}$ 时，θ 和 δ 保持 $\pi/3$ 不变。不论哪种情况，θ 和 δ 都只与 ωRC 有关。同样可绘出 θ 和 δ 与 ωRC 的关系曲线，如图3-38a 所示。

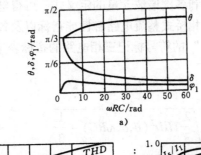

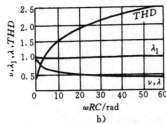

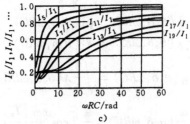

图3-38　电容滤波型三相桥式整流电路功率因数和谐波分析结果
a) 各角度与 ωRC 的关系曲线　b) 各性能指标曲线　c) 各次谐波含量曲线

θ 和 δ 确定后，交流侧线电流 i_a 的表达式即可确定，同单相时类似，它也是镜像对称的。i_a 可以看作由两个波形完全相同的波头移相叠加而成，即

$$i_a(\omega t) = i(\omega t) + i(\omega t - \pi/3) \qquad (3\text{-}74)$$

式中

$$i = \begin{cases} \omega C E_{\mathrm{m}} \left[\cos \ (\omega t + \theta) \ + \dfrac{1}{\omega RC} \sin \ (\omega t + \theta) \right] & (0 \leqslant \omega t < \delta) \\ 0 & (\delta \leqslant \omega t < \pi) \end{cases}$$

这里，i 就是前一个波头的表达式，显然它与单相中交流侧电流的表达式完全相同，所以用相同的字母来标记它。同时注意到线电压的表达式也与单相电路交流侧电压相同，因此，可以利用单相电路的分析结果，再找出 i_a 与 i 性能指标之间的关系，即可求出电容滤波型三相桥式整流电路与谐波有关的性能指标以及各次谐波含量的表达式。

由式（3-74），可很容易得到 i_a 与 i 的总有效值、基波有效值、基波相位角以及谐波有效值之间的关系如下：

$$I_{\mathrm{a}} = \sqrt{2} I$$

$$I_{\mathrm{a1}} = \sqrt{3} I_1$$

$$\theta_{\mathrm{a1}} = \theta_1 - \pi/6$$

$$I_{\mathrm{an}} = \left| 2\cos \frac{n\pi}{6} \right| I_n$$

将上述关系式代入各性能指标和各次谐波含量的定义式，可得电容滤波型二极管三相桥式整流电路与电容滤波单相桥式整流电路各性能指标以及各次谐波含量表达式之间的关系。若用有下标"Ⅲ"的符号标记三相电路的指标表达式，于是有

$$\nu_{\mathrm{Ⅲ}}(\theta, \delta, \omega RC) = \sqrt{\frac{3}{2}} \nu(\theta, \delta, \omega RC)$$

$$THD_{\mathrm{Ⅲ}}(\theta, \delta, \omega RC) = \sqrt{\frac{2}{3} THD^2(\theta, \delta, \omega RC) - \frac{1}{3}}$$

$$\varphi_{1\mathrm{Ⅲ}}(\theta, \delta, \omega RC) = \varphi_1(\theta, \delta, \omega RC)$$

$$\lambda_{1\mathrm{Ⅲ}}(\theta, \delta, \omega RC) = \lambda_1(\theta, \delta, \omega RC)$$

$$\lambda_{\mathrm{Ⅲ}}(\theta, \delta, \omega RC) = \sqrt{\frac{3}{2}} \lambda(\theta, \delta, \omega RC)$$

$$\frac{I_{\mathrm{an}}}{I_{\mathrm{a1}\mathrm{Ⅲ}}}(\theta, \delta, \omega RC) = \frac{2}{\sqrt{3}} \left| \cos \frac{n\pi}{6} \right| \frac{I_n}{I_1}(\theta, \delta, \omega RC)$$

显然，所得各式均只与 ωRC 有关。注意，以上各等式仅表示左右两边表达式形式相同，在相同的 ωRC 下，单相电路和三相电路的 θ 和 δ 并不相同，所以以上等式两边的值并不相等。据此计算所得的三相电路各项性能指标和各次谐波含量与 ωRC 的关系曲线如图 3-38b 和 c 所示，φ_1 曲线如图 3-38a 所示。同样，各曲线在 $\omega RC = 0$ 处是连续的。

分析各曲线，可得与单相时类似的结论，只不过在 $\omega RC = 4.4$ 时有最大超前角

(13°)，位移因数为 0.97，而且仅含 $6k \pm 1$ 次谐波（k 为正整数）。这时的位移因数几乎为 1，ν 和 λ 曲线几乎完全重合。另外，从 ν、THD 和 λ 这几项性能指标来看，除了在 $\omega RC = 0$ 附近这一段三相电路的指标比单相电路时稍差之外，ωRC 取其他值时，两者的指标非常接近。这是因为，虽然三相电路交流侧电流波形比单相电路时多出一个波头，但是在相同的 ωRC 下，其每个波头的宽度比单相电路时要小得多。

以上的分析都未计及电网侧的阻抗，另外，在滤波电容之前串入小的滤波电感来抑制冲击电流，也是很常见的单相整流电路的滤波形式，这两种情况将包含在下面的分析中。

3.2.2 感容滤波型桥式整流电路的功率因数和谐波分析

对感容滤波型桥式整流电路的分析同 3.2.1 节一样，仍以最常见的二极管桥式整流电路为例。图 3-39 所示是分析所采用的感容滤波型单相桥式整流电路模型及电压和电流的典型波形，C 是滤波电容，L 是抑制电流冲击的电感，仍用电阻模型来代表整流电路的负载。以下所述也将表明，下面的分析完全适用于考虑电网内部电感的情况，也适用于直流侧仅设电容滤波而考虑电网电感或设置交流侧电感的情况。

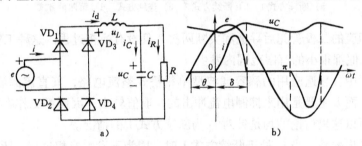

图 3-39　感容滤波型单相桥式整流电路及其典型波形

a）电路　b）典型电压和电流波形

参考文献 [94] 曾指出，感容滤波型单相桥式整流电路有三种工作方式，即断续方式 1、断续方式 2 和连续方式。在图 3-39 中，对一般化的情况，若 L 的取值由小变大（以至无穷大），而 C 的取值由大变小，则整流电路的整个负载由容性逐渐变为感性，直流侧充电电流 i_d 也将由断续方式 1，经断续方式 2，而变成连续方式，如图 3-40a、b 和 c 所示。因为是二极管整流，所以不论是哪种方式，二极管 VD_1 和 VD_4 只能在电压正半周期间导通，而 VD_2 和 VD_3 只能在电压负半周期间导通。在断续方式 1 中，i_d 在电源电压过零之前即降为零，VD_1、VD_4 和 VD_2、VD_3 之间不发生换相过程；在断续方式 2 中，电源电压过零时 i_d 还未降为零，两组二极管之间发生换相过程，交流侧电流在电压过零时反向，但电感的储能不足以使 i_d 连续；在连续方式中，电源电压过零时，两组二极管换相，且 i_d 连续。

参考文献 [92] 补充了第四种工作方式，如图 3-40d 所示。这是一种断续方式，但与断续方式 1 和 2 都不同。此方式中，在电压的每半周期内，i_d 有两个独立

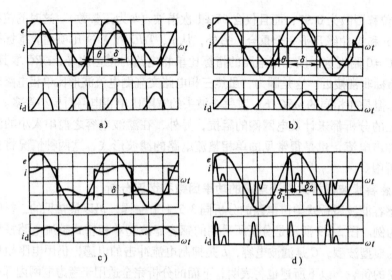

图 3-40 感容滤波型单相桥式整流电路的工作方式

a) 断续方式 1　b) 断续方式 2　c) 连续方式　d) 第四种方式

的波头，相应的二极管先后导通和关断两次，且没有换相过程。这种工作方式仅在 L 和 C 的取值都很小的有限范围内发生。

在实际中，普遍应用的感容滤波型单相桥式整流电路，其直流滤波电容 C 的取值较大，而 L 主要是用来抑制电流冲击的，取值较小，因而都工作在断续方式 1 的状态，所以这里讨论的均是针对 i_d 为断续方式 1 的情况。

应当指出的是，当 i_d 处于断续方式 1 时，因为不发生换相过程，所以将电感 L 的一部分或全部移至交流侧，其交流侧电流是完全一样的。因此，这里所述的交流侧谐波分析完全适用于考虑交流电网内部电感的情况，也适用于直流侧为电容滤波而考虑电网电抗或设置交流侧电感的情况。

在图 3-39 中，设

$$e = E_m \sin(\omega t + \theta) \tag{3-75}$$

稳态时，设 $t = 0$ 时二极管 VD_1 和 VD_4 开始导通，则可列出如下方程：

$$
\begin{cases}
u_L = L \dfrac{di_d}{dt} \\[2mm]
e = u_L + u_C \\[2mm]
i_d = i_C + i_R = C \dfrac{du_C}{dt} + \dfrac{u_C}{R} \\[2mm]
u_C(0) = E_m \sin\theta \\[2mm]
i_d(0) = 0
\end{cases}
\tag{3-76}
$$

将式（3-75）代入式（3-76），并整理可得

$$\frac{\mathrm{d}^2 u_C}{\mathrm{d}t^2} + \frac{1}{RC}\frac{\mathrm{d}u_C}{\mathrm{d}t} + \frac{1}{LC}u_C = \frac{E_\mathrm{m}}{LC}\sin(\omega t + \theta) \tag{3-77}$$

此方程为一种典型的常微分方程。考虑到实际 R、L 和 C 的取值范围，并注意到 i_d 为断续方式 1 这个条件，即可求解得到[47]

$$u_C(\omega t) = E_\mathrm{m}\left[A_1\sin(\omega_\mathrm{d}\omega t + \psi_1)\mathrm{e}^{-\frac{\omega t}{\tau}} + A_2\sin(\omega t - \psi_2 + \theta) \right] \tag{3-78}$$

进而由式（3-76）可得

$$i_\mathrm{d}(\omega t) = \omega C E_\mathrm{m}\left[B_1\sin(\omega_\mathrm{d}\omega t + \zeta_1)\mathrm{e}^{-\frac{\omega t}{\tau}} + B_2\sin(\omega t + \zeta_2) \right] \tag{3-79}$$

式中

$$\omega_\mathrm{d} = \sqrt{\frac{1}{(\omega\sqrt{LC})^2} - \frac{1}{(2\omega RC)^2}}$$

$$\tau = 2\omega RC$$

$$A_2 = \left[(\omega\sqrt{LC})^2 \sqrt{\left(\frac{1}{(\omega\sqrt{LC})^2} - 1 \right)^2 + \frac{1}{(\omega RC)^2}} \right]^{-1}$$

$$\psi_2 = \arctan\left(\frac{\omega RC}{(\omega\sqrt{LC})^2} - \omega RC \right)^{-1}$$

$$B_2 = A_2\sqrt{1 + \frac{1}{(\omega RC)^2}}$$

$$A_1 = \sqrt{C_1^2 + C_2^2}$$

$$\psi_1 = \arctan\frac{C_1}{C_2}$$

$$\zeta_1 = \psi_1 + \arctan(2\omega RC\omega_\mathrm{d})$$

$$\zeta_2 = \theta - \psi_2 + \arctan(\omega RC)$$

$$B_1 = \frac{A_1}{\omega\sqrt{LC}}$$

$$C_1 = \sin\theta - A_2\sin(\theta - \psi_2)$$

$$C_2 = \frac{1}{\omega_\mathrm{d}}\left[\frac{C_1}{2\omega RC} - A_2\cos(\theta - \psi_2) - \frac{\sin\theta}{\omega RC} \right]$$

可以看出，式（3-78）和式（3-79）中，ω_d、τ、A_2、ψ_2 和 B_2 是仅与乘积 ωRC 和 $\omega\sqrt{LC}$ 有关的量，而 A_1、ψ_1、ζ_1、ζ_2 和 B_1 是与 ωRC、$\omega\sqrt{LC}$ 及 θ 有关的量。

设二极管 VD_1 和 VD_4 的导通角为 δ，则 $\omega t = \delta$ 时 VD_1 和 VD_4 导电结束，C 开始单独向 R 放电，直至 $\omega t = \pi$ 时，电容电压降至 $E_\mathrm{m}\sin\theta$，VD_2 和 VD_3 开始导通，

交流侧再次向直流侧充电。由 i_d (δ) $= 0$ 和 u_C (π) $= E_m\sin\theta$ 以及式（3-78）和式（3-79），可得如下方程式：

$$\begin{cases} B_1\sin(\omega_d\delta + \zeta_1)\mathrm{e}^{-\frac{\delta}{\tau}} + B_2\sin(\delta + \zeta_2) = 0 \\ [A_1\sin(\omega_d\delta + \psi_1)\mathrm{e}^{-\frac{\delta}{\tau}} + A_2\sin(\delta - \psi_2 + \theta)]\mathrm{e}^{-\frac{\pi-\delta}{\omega RC}} = \sin\theta \end{cases} \quad (3\text{-}80)$$

这就是确定 θ 和 δ 的约束条件。考察此式可知，在 ωRC 和 $\omega\sqrt{LC}$ 确定的情况下，即可求出 θ 和 δ 值，即 θ 和 δ 仅由 ωRC 和 $\omega\sqrt{LC}$ 决定。图 3-41a 和 b 分别给出了根据式（3-80）求得的 θ 和 δ 随 ωRC 及 $\omega\sqrt{LC}$ 变化的曲线（图中，点画线为 i_d 断续方式 1 与断续方式 2 的边界）。

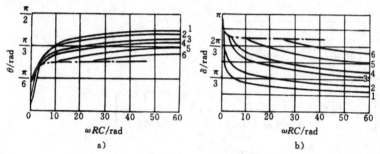

图 3-41　感容滤波型单相桥式整流电路

θ 和 δ 角与 ωRC 及 $\omega\sqrt{LC}$ 的关系

a）θ 角与 ωRC 及 $\omega\sqrt{LC}$ 的关系　b）δ 角与 ωRC 及 $\omega\sqrt{LC}$ 的关系

1—$\omega\sqrt{LC} = 0.25\text{rad}$　2—$\omega\sqrt{LC} = 0.4\text{rad}$　3—$\omega\sqrt{LC} = 0.7\text{rad}$

4—$\omega\sqrt{LC} = 0.9\text{rad}$　5—$\omega\sqrt{LC} = 1.4\text{rad}$　6—$\omega\sqrt{LC} = 2.0\text{rad}$

确定 θ 和 δ 后，i_d 的表达式即可确定。交流侧电流 i 的正半周与 i_d 相同，而负半周与正半周镜像对称。考察式（3-79）可知，i 的波形形状仅由 ωRC 和 $\omega\sqrt{LC}$ 决定，而幅值与 ωCE_m 成正比。

交流侧电流 i 的表达式确定后，即可对其进行傅里叶分解，求得基波的有效值和初相位角、各次谐波的有效值和电流总有效值的表达式。进而代入交流侧功率因数等性能指标与谐波含量的定义式，即可得各项性能指标及各次谐波含量的表达式。这些表达式比较复杂，这里不再列出，读者可查阅参考文献［92，93］。表达式虽然复杂，但仔细考察各表达式，可以得到一个非常重要的结论，那就是电流基波和各次谐波的有效值以及电流总有效值均与 ωCE_m 成正比，而交流侧性能指标和各次谐波含量均只与 ωRC 和 $\omega\sqrt{LC}$ 有关。

根据各表达式计算结果以及上述规律，可绘出各性能指标和各次谐波含量与 ωRC 及 $\omega\sqrt{LC}$ 的关系曲线，如图 3-42 所示（ωRC 和 $\omega\sqrt{LC}$ 的变化范围见参考文

献 [95，96] 提供的电压型变频器参数设计范围）。限于篇幅，谐波含量曲线中仅给出了 3 次和 5 次谐波的含量。

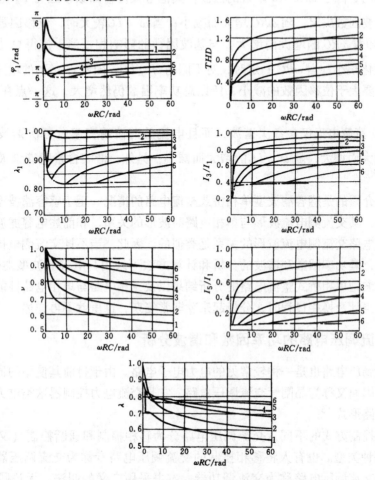

图 3-42　感容滤波型单相桥式整流电路交流侧性能指标

和各次谐波含量与 ωRC 及 $\omega \sqrt{LC}$ 关系

1—$\omega \sqrt{LC} = 0.25\text{rad}$　2—$\omega \sqrt{LC} = 0.4\text{rad}$　3—$\omega \sqrt{LC} = 0.7\text{rad}$

4—$\omega \sqrt{LC} = 0.9\text{rad}$　5—$\omega \sqrt{LC} = 1.4\text{rad}$　6—$\omega \sqrt{LC} = 2.0\text{rad}$

分析各表达式及关系曲线，可以得到如下结论：

1）除在 $\omega \sqrt{LC}$ 很小时，交流侧电流基波可能超前于电网电压以外，交流侧电流一般滞后于电网电压，滞后的角度随 ωRC 增大而减小，随 $\omega \sqrt{LC}$ 增大而增大。

2）基波因数随 ωRC 增大而减小，随 $\omega \sqrt{LC}$ 的增大而增大，这也可看出，设置电感 L 在一定程度上确实起到了抑制电流冲击引起的畸变的作用。

3）总功率因数是位移因数与基波因数的乘积，因此其曲线稍复杂一些。当 $\omega \sqrt{LC}$ 较小时，除了 $\omega RC = 0$ 附近的区段，其他区段位移因数接近为1，总功率因数主要由基波因数决定，随 ωRC 增大而减小；当 $\omega \sqrt{LC}$ 较大时，位移因数不能再视为1，它随着 ωRC 的增大而增大，与基波因数的影响相抵消，使得总功率因数随 ωRC 的变化很小；当 ωRC 一定时，对不同的 $\omega \sqrt{LC}$，随着 $\omega \sqrt{LC}$ 的增大，基波因数的增大要大于位移因数的减小，所以总功率因数仍然增大，这一点在 ωRC 越大时越明显。

4）交流侧电流仅含奇次谐波，而且电流总谐波畸变率及各次谐波含量均随 ωRC 的增大而增大，随 $\omega \sqrt{LC}$ 的增大而减小；另外，谐波含量随着谐波次数的升高而减小。

以上介绍的是感容滤波型单相桥式整流电路的情况，至于感容滤波型三相桥式整流电路，其交流侧电流波形与单相电路时波形的关系，和前述电容滤波型三相电路与单相电路交流侧电流波形的关系是类似的。因此，当不计交流侧电抗引起的换相过程时，其功率因数和谐波的分析和计算方法可采用与电容滤波型类似的方法，由感容滤波型单相桥式整流电路的分析结果以及三相电路与单相电路性能指标的关系得到。当计及换相过程时，分析起来就非常复杂，这里就不再详述。

3.3 交流调压电路的功率因数和谐波分析

交流调压电路也是一种较常见的电力电子电路。由于目前其使用的器件一般为晶闸管，因而又称为晶闸管交流调压电路。它是交流电力控制器这类电力电子装置的主要电路形式[95]。

按照控制方式的不同，交流调压电路分为移相控制和通断控制（又称整周波控制）两种类型。也有人将移相控制的交流调压电路专称为交流调压器，而将通断控制的交流调压电路称为交流调功器。本书采用广义的叫法，无论哪种控制方式，均称为交流调压器。

交流调压电路虽不像整流电路那样应用广泛，但也大量应用于电炉温控、灯光调节、异步电动机的起动和调速等场合，本书第5章将介绍的晶闸管控制电抗器实际上也是采用交流调压电路。因此，交流调压电路产生的谐波和功率因数等问题也很受关注。

本节将分别介绍上述两种控制方式的交流调压电路。由于移相控制的交流调压电路应用较多，因此书中将以这种交流调压电路为主，依次分析单相交流调压电路和三相交流调压电路的功率因数和谐波问题。介绍单相电路时，分为电阻负载和阻感负载两种情况，电感负载则作为阻感负载的特例加以说明；介绍三相电路时，则围绕两种主要形式的电路作对比，并注重与单相电路的联系。对于通断控制的交流调压电路，将在本节的最后做简要的介绍。

需要说明的是，这里所说的相位控制都是指由两个反并联的晶闸管（或一个双向晶闸管）实施的正负半波的对称控制；正负半波触发延迟角不相等的非对称相位控制电路，或者由晶闸管和一个反并联的二极管（或者由一个逆导晶闸管）控制的单方向控制电路，在本书中均不涉及。

此外，还应该指出的是，交流电力电子开关电路（例如第 5 章将介绍的晶闸管投切电容器）虽然具有与交流调压电路相同的电路形式，而且也属于交流电力控制器的一种类型，但是其电力电子器件的开关仅仅是用来控制电路的开通和关断，而不是用来连续调节负载承受的电压或功率，因而原则上不存在由电力电子器件引起的谐波和功率因数问题，应该与交流调压电路区别开来。

3.3.1 移相控制单相交流调压电路的功率因数和谐波分析

3.3.1.1 电阻负载时的情况

电阻负载的单相交流调压电路及其在移相控制方式下的波形如图 3-43 所示。其中，α 为触发延迟角，且仍设电源电压如下式所示。

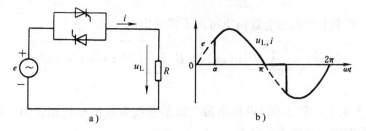

图 3-43 电阻负载的单相交流调压电路
a) 电路 b) 波形

$$e = E_m \sin\omega t = \sqrt{2}E\sin\omega t \tag{3-81}$$

显然，负载电压 u_L 为电源电压波形的一部分，而电源电流 i（也就是负载电流 i_L）与负载电压波形相同。因此，为了方便起见，先对负载电压波形进行傅里叶分解。

考虑到波形是半波对称，而且没有直流分量，可将负载电压表示为如下形式：

$$u_L = \sum_{n=1,3,5,\cdots}^{\infty} (a_n\cos n\omega t + b_n\sin n\omega t) \tag{3-82}$$

则由傅里叶分解可得傅里叶系数为

$$a_1 = \frac{\sqrt{2}E}{2\pi}(\cos 2\alpha - 1) \tag{3-83}$$

$$b_1 = \frac{\sqrt{2}E}{2\pi}[\sin 2\alpha + 2(\pi - \alpha)] \tag{3-84}$$

$$a_n = \frac{\sqrt{2}E}{\pi}\left\{\frac{1}{n+1}\left[\cos(n+1)\alpha - 1\right] - \frac{1}{n-1}\left[\cos(n-1)\alpha - 1\right]\right\}$$

$$(n = 3,5,7,\cdots) \tag{3-85}$$

$$b_n = \frac{\sqrt{2}E}{\pi}\left[\frac{1}{n+1}\sin(n+1)\alpha - \frac{1}{n-1}\sin(n-1)\alpha\right]$$

$$(n = 3,5,7,\cdots) \tag{3-86}$$

进一步可得负载电压基波的有效值和初相位角分别为

$$U_{L1} = \frac{1}{\sqrt{2}}\sqrt{a_1^2 + b_1^2} = \frac{E}{2\pi}\sqrt{(\cos2\alpha - 1)^2 + [\sin2\alpha + 2(\pi - \alpha)]^2} \tag{3-87}$$

$$\theta_{u1} = \arctan\left[\frac{\cos2\alpha - 1}{\sin2\alpha + 2(\pi - \alpha)}\right] \tag{3-88}$$

而其各次谐波的有效值可由式（3-84）和式（3-85）按下式求出：

$$U_{Ln} = \frac{1}{\sqrt{2}}\sqrt{a_n^2 + b_n^2} \quad (n = 3,5,7,\cdots) \tag{3-89}$$

此外，负载电压的总有效值也可由下式求出：

$$U_L = \sqrt{\frac{1}{2\pi}\int_0^{2\pi} U_L^2 \mathrm{d}(\omega t)} = E\sqrt{\frac{1}{2\pi}[2(\pi - \alpha) + \sin2\alpha]}$$

$$\tag{3-90}$$

由式(3-87)~式(3-90)可得电源电流的基波有效值和初相位角、各次谐波有效值和电源电流总有效值分别为

$$I_1 = \frac{E}{2\pi R}\sqrt{(\cos2\alpha - 1)^2 + [\sin2\alpha + 2(\pi - \alpha)]^2} \tag{3-91}$$

$$\theta_1 = \arctan\left[\frac{\cos2\alpha - 1}{\sin2\alpha + 2(\pi - \alpha)}\right] \tag{3-92}$$

$$I_n = \frac{1}{\sqrt{2}R}\sqrt{a_n^2 + b_n^2} \quad (n = 3,5,7,\cdots) \tag{3-93}$$

$$I = \frac{E}{R}\sqrt{\frac{1}{2\pi}[2(\pi - \alpha) + \sin2\alpha]} \tag{3-94}$$

根据式（3-91）和式（3-93）的计算结果，绘出电流基波和各次谐波标幺值随 α 变化的曲线，如图3-44所示，其中基准电流为 $\alpha = 0°$ 时的基波电流有效值。

$$I^* = I_1\big|_{\alpha=0} = \frac{E}{R} \tag{3-95}$$

分析各表达式和图3-44，可得如下结论：

1）电源电流中仅含基波和奇次谐波；

2）谐波的含量随谐波次数的增高而降低；

3）当电源电压和负载一定时，在 α 为 90° 或 90°附近，各次谐波的有效值达到其最大。

根据定义，由式(3-91)~式(3-94)还可计算出基波因数、位移因数和功率因数，如图 3-45 所示。由此图可以看出，这三项指标均随 α 角的增大而减小。

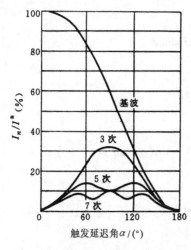

图 3-44　电阻负载的单相交流调压
电路电流基波和谐波的含量

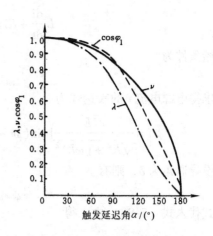

图 3-45　电阻负载的单相交流
调压电路各项性能指标

3.3.1.2 阻感负载时的情况

阻感负载的单相交流调压电路及其在移相控制方式下的波形如图 3-46 所示。同样，α 为触发延迟角，而电源电压仍如式（3-81）所示。

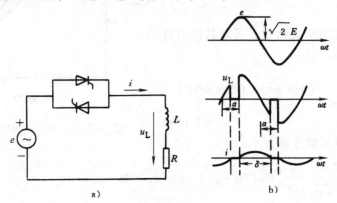

图 3-46　阻感负载的单相交流调压电路
a）电路　b）波形

由参考文献［97］的分析可知，电路的工作情况由触发延迟角 α 与负载的功率因数角 φ_L 的关系决定。其中

$$\varphi_L = \arctan \frac{\omega L}{R} \tag{3-96}$$

在这种情况下，α 角的移相范围为 $\varphi_L \sim 180°$。

根据电路图，可列出如下电路方程：

$$L\frac{\mathrm{d}i}{\mathrm{d}t} + Ri = \sqrt{2}E\sin\omega t \tag{3-97}$$

设初始条件为

$$i|_{\omega t = \alpha} = 0$$

即可求得电源电流 i 的表达式为

$$i = \frac{\sqrt{2}E}{\sqrt{R^2 + (\omega L)^2}}\left[\sin(\omega t - \varphi_L) - \sin(\alpha - \varphi_L)\mathrm{e}^{-\frac{(\omega t - \alpha)}{\tan\varphi_L}}\right] \tag{3-98}$$

设导通角为 δ，则有

$$i|_{\omega t = \alpha + \delta} = 0$$

将上式代入式（3-98）中，得

$$\sin(\alpha + \delta - \varphi_L) = \sin(\alpha - \varphi_L)\mathrm{e}^{-\frac{\delta}{\tan\varphi_L}} \tag{3-99}$$

此式给出了 α、φ_L 和 δ 这三个角度之间的关系。当 α 和 φ_L 已知时，即可由此式确定 δ 角，从而确定式（3-98）所示的电源电流表达式成立的时间区域。为便于查阅，现将 α、φ_L 和 δ 之间的关系绘成曲线，如图 3-47 所示。

根据电源电流表达式，可对其波形进行傅里叶分解，即

$$i = \sum_{n=1,3,5,\cdots}^{\infty}(a_{in}\cos n\omega t + b_{in}\sin n\omega t) \tag{3-100}$$

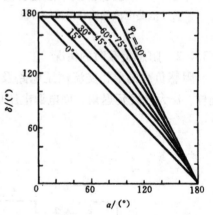

图 3-47　α、φ_L 和 δ 的关系曲线

式中的傅里叶系数分别为

$$\alpha_{i1} = \frac{\sqrt{2}E}{2\pi\sqrt{R^2 + (\omega L)^2}}\Big\{\cos(2\alpha - \varphi_L) - \cos(2\alpha + 2\delta - \varphi_L) -$$

$$2\delta\sin\varphi_L + 4\sin\varphi_L\sin(\alpha - \varphi_L)\left[\mathrm{e}^{-\frac{\delta}{\tan\varphi_L}}\cos(\alpha + \delta + \varphi_L) - \cos(\alpha + \varphi_L)\right]\Big\} \tag{3-101}$$

$$b_{i1} = \frac{\sqrt{2}E}{2\pi\sqrt{R^2+(\omega L)^2}}\left\{ \sin(2\alpha-\varphi_L) - \sin(2\alpha+2\delta-\varphi_L) + \right.$$

$$2\delta\cos\varphi_L + 4\sin\varphi_L\sin(\alpha-\varphi_L)\left[e^{-\frac{\delta}{\tan\varphi_L}}\sin(\alpha+\delta+\varphi_L) - \right.$$

$$\left. \left. \sin(\alpha+\varphi_L) \right] \right\} \tag{3-102}$$

$$a_{in} = \frac{\sqrt{2}E}{2\pi\sqrt{R^2+(\omega L)^2}}\left\{ \frac{2}{n+1}\left[\cos((n+1)\alpha-\varphi_L) - \cos((n+1)(\alpha+\delta)-\varphi_L) \right] - \right.$$

$$\frac{2}{n-1}\left[\cos((n-1)\alpha-\varphi_L) - \cos((n-1)(\alpha+\delta)-\varphi_L) \right] +$$

$$\frac{4\sin(\alpha-\varphi_L)}{n^2+\cot^2\varphi_L}\left[e^{-\frac{\delta}{\tan\varphi_L}}(\cot\varphi_L\cos n(\alpha+\delta) - n\sin n(\alpha+\delta)) - \right.$$

$$\left. \left. (\cot\varphi_L\cos n\alpha - n\sin n\alpha) \right] \right\} \qquad (n=3,5,7,\cdots) \tag{3-103}$$

$$b_{in} = \frac{\sqrt{2}E}{2\pi\sqrt{R^2+(\omega L)^2}}\left\{ \frac{2}{n+1}\left[\sin((n+1)\alpha-\varphi_L) - \sin((n+1)(\alpha+\delta)-\varphi_L) \right] - \right.$$

$$\frac{2}{n-1}\left[\sin((n-1)\alpha-\varphi_L) - \sin((n-1)(\alpha+\delta)-\varphi_L) \right] +$$

$$\frac{4\sin(\alpha-\varphi_L)}{n^2+\cot^2\varphi_L}\left[e^{-\frac{\delta}{\tan\varphi_L}}(\cot\varphi_L\sin n(\alpha+\delta) + n\cos n(\alpha+\delta)) - \right.$$

$$\left. \left. (\cot\varphi_L\sin n\alpha + n\cos n\alpha) \right] \right\} \qquad (n=3,5,7,\cdots) \tag{3-104}$$

于是按下式可得电流基波的有效值和初相角为

$$I_1 = \frac{1}{\sqrt{2}}\sqrt{a_{i1}^2 + b_{i1}^2} \tag{3-105}$$

$$\theta_1 = \arctan\frac{a_{i1}}{b_{i1}} \tag{3-106}$$

而各次谐波电流有效值可按下式求得

$$I_n = \frac{1}{\sqrt{2}}\sqrt{a_{in}^2 + b_{in}^2} \qquad (n=3,5,7,\cdots) \tag{3-107}$$

另外，电源电流的总有效值也可按下式求出：

$$I = \sqrt{\frac{1}{\pi}\int_{\alpha}^{\alpha+\delta} i^2 \mathrm{d}(\omega t)} = \frac{E}{\sqrt{R^2+(\omega L)^2}}\sqrt{\frac{\delta}{\pi} - \frac{\sin\delta\cos(2\alpha+\varphi_L+\delta)}{\pi}\cdot\frac{1}{\cos\varphi_L}} \tag{3-108}$$

同电阻负载时一样，可以按以上各式的计算结果绘出电源电流基波和各次谐波的有效值，以及总有效值的曲线。限于篇幅，这里仅给出了电流基波有效值和总有效值的计算结果曲线，分别如图 3-48 和 3-49 所示。另外，图 3-50 还给出了根据实验结果绘出的电流中 3 次谐波含量曲线[98]，以便与计算结果进行对照。各曲线的电流基准值均取为

$$I^* = \frac{E}{\sqrt{R^2 + (\omega L)^2}} \tag{3-109}$$

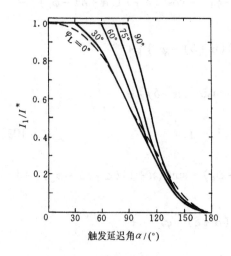

图 3-48　阻感负载的单相交流调压电路
电流中的基波含量

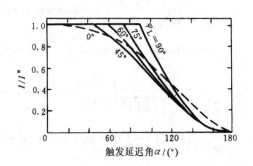

图 3-49　阻感负载的单相交流调压电路
电流的总有效值

同样，求出 I_1、θ_1、I_n 以及 I 以后，还可以由定义计算出电路的基波因数、位移因数和功率因数，这里不再详述。

电感负载的情况多见于用作静止无功补偿装置的晶闸管控制电抗器，作为阻感负载的一个特例，其电流基波和各次谐波有效值以及总有效值可在式（3-101）~ 式（3-104）中令 $\varphi_L = \pi/2$，且 $\delta = 2(\pi - \alpha)$，再由式（3-105）~ 式（3-108）求得。电感负载的单相调压电路移相调压范围是 90° ~ 180°。

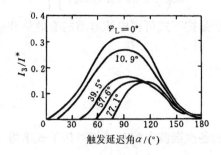

图 3-50　阻感负载的单相交流调压
电路电流中的 3 次谐波含量[98]

可求得电感负载时电流基波和谐波有效值，以及总有效值表达式为

$$I_1 = \frac{E}{\omega L} \frac{\sin 2\alpha - 2\alpha + 2\pi}{\pi} \tag{3-110}$$

$$I_n = \frac{E}{\omega L} \frac{2}{\pi} \left[\frac{\sin(n+1)(\alpha - \pi/2)}{n+1} - \frac{\sin(n-1)(\alpha - \pi/2)}{n-1} - \right.$$

$$\left. \frac{2\sin(\alpha - \pi/2)\cos n(\alpha - \pi/2)}{n} \right] \qquad (n = 3, 5, 7, \cdots) \qquad (3\text{-}111)$$

$$I = \frac{E}{\omega L} \sqrt{\frac{\sin 2\alpha - 2\alpha + 2\pi}{\pi}} \qquad (3\text{-}112)$$

图 3-51 给出了根据以上几个公式计算的结果。请注意，其中基波的读数应将标出的刻度值乘以 10，而电流的基准值在这里取为

$$I^* = \frac{E}{\omega L} \qquad (3\text{-}113)$$

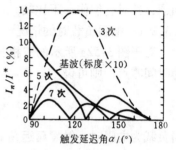

图 3-51　电感负载的单相交流调压电路产生的谐波电流

3.3.2　移相控制三相交流调压电路的功率因数和谐波分析

移相控制三相交流调压电路，根据其三相联结形式的不同、晶闸管所处位置的不同，以及是否采用反并联的成对晶闸管进行双向对称控制等，具有多种电路形式。采用双向对称控制较为常见，其主要电路形式如图 3-52 所示。其中，图 a 为星形联结电路，按照是否有零线又分为三相三线和三

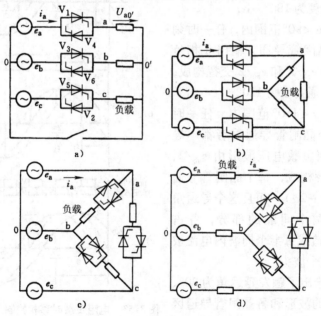

图 3-52　三相交流调压电路

a）星形联结　b）线路控制三角形联结　c）支路控制三角形联结　d）中点控制三角形联结

相四线两种情况；图 b 为线路控制三角形联结调压电路；图 c 为支路控制三角形联结调压电路；图 d 为中点控制三角形联结调压电路。其中，图 a 和图 c 这两种电路是最常见的，而且可以证明图 b 和图 d 这两种电路的外特性与图 a 的是完全一样的[98]。因此，下面着重介绍图 a 和图 c 这两种电路的功率因数和输入电流谐波的问题，并对它们作一下比较。

3.3.2.1 电阻负载时的情况

对于图 3-52a 所示的三相三线星形联结调压电路，以 a 相电源电压的过零点作为时间零点，则可设

$$e_{\mathrm{a}} = E_{\mathrm{m}}\sin\omega t = \sqrt{2}E\sin\omega t \qquad (3\text{-}114)$$

当负载为电阻时，触发延迟角 α 的移相范围为 $0° \sim 150°$。根据任一时刻电路中晶闸管的通断状态以及每半个周波内电流连续与否，可将这 150° 的移相范围分为如下三段：

1）$0° \leqslant \alpha < 60°$ 范围内，电路交替处于三个晶闸管与两个晶闸管导通的状态，因而输出的 a 相负载电压波形由 e_{a}、$e_{\mathrm{ab}}/2$ 和 $e_{\mathrm{ac}}/2$ 交替构成，每个晶闸管导通角度为 $180° - \alpha$；

2）$60° \leqslant \alpha < 90°$ 范围内，任一时刻电路有两个晶闸管导通，输出 a 相负载电压波形由 $e_{\mathrm{ab}}/2$ 和 $e_{\mathrm{ac}}/2$ 交替构成，每个晶闸管导通角度为 120°；

3）$90° \leqslant \alpha < 150°$ 范围内，任一时刻电路有两个晶闸管导通或者都不导通，输出 a 相负载电压波形由 $e_{\mathrm{ab}}/2$、$e_{\mathrm{ac}}/2$ 和 0 交替构成，每个晶闸管导通角度为（$300° - 2\alpha$），而且这个导通角度被分割为两个间隔的部分，各占（$150° - \alpha$），造成每半个周波内电流被分为断续的两个波头。

图 3-53 给出了触发延迟角为 30°、60° 和 120° 时的波形和各晶闸管导通区间的示意，分别作为这三段移相范围的典型示例，由于是电阻性负载，负载相电流波形（也即电源电流波形）

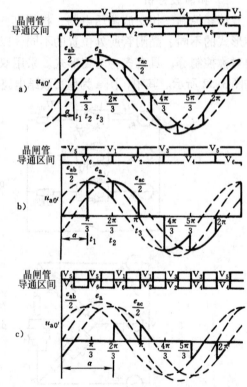

图 3-53　电阻负载时移相控制三相三线星形联结调压电路的波形和各晶闸管导通区间的示意
a) $\alpha = 30°$　b) $\alpha = 60°$　c) $\alpha = 120°$

与负载相电压波形相同。表3-5列出了触发延迟角在各段时 a 相负载电压半周波中各区间波形的起止时刻和电压值。

表3-5 电阻负载时移相控制三相三线星形联结调压电路
a 相负载电压半周波中各区间波形的起止时刻和电压值

α	ωt	u_{a0}'
$0 \leqslant \alpha < \pi/3$	$\alpha \sim \pi/3$	e_a
	$\pi/3 \sim \alpha + \pi/3$	$e_{ab}/2$
	$\alpha + \pi/3 \sim 2\pi/3$	e_a
	$2\pi/3 \sim \alpha + 2\pi/3$	$e_{ac}/2$
	$\alpha + 2\pi/3 \sim \pi$	e_a
$\pi/3 \leqslant \alpha < \pi/2$	$\alpha \sim \alpha + \pi/3$	$e_{ab}/2$
	$\alpha + \pi/3 \sim \alpha + 2\pi/3$	$e_{ac}/2$
$\pi/2 \leqslant \alpha < 5\pi/6$	$\alpha \sim 5\pi/6$	$e_{ab}/2$
	$\alpha + \pi/3 \sim 7\pi/6$	$e_{ac}/2$

同单相电路一样,既然已知了负载相电压的表达式,就可以对其进行傅里叶分解,并写为傅里叶级数的形式。如 a 相负载电压即可写为

$$u_{a0}' = \sum_{n=1,5,7,11,13,\cdots}^{\infty} (a_n \cos n\omega t + b_n \sin n\omega t)$$

从而可得到电流的傅里叶级数形式如下:

$$i_a = \frac{1}{R} \sum_{n=1,5,7,11,13,\cdots}^{\infty} (a_n \cos n\omega t + b_n \sin n\omega t) = \sum_{n=1,5,7,11,13,\cdots}^{\infty} (a_{in} \cos n\omega t + b_{in} \sin n\omega t) \tag{3-115}$$

式中,R 为各相负载电阻,而上式各项的系数随触发延迟角 α 所处控制段的不同而具有不同的表达式。

1) $0 \leqslant \alpha < \pi/3$ 时

$$\alpha_{i1} = -\frac{3\sqrt{2}E}{2\pi R}\sin^2\alpha \tag{3-116}$$

$$b_{i1} = \frac{\sqrt{2}E}{2\pi R}\left[2\pi - 3\alpha + \frac{3\sin 2\alpha}{2}\right] \tag{3-117}$$

$$a_{in} = \frac{\sqrt{6}E\cos(n\pi/6)}{\pi R}\left[\frac{\cos(n+1)\frac{\pi}{2} - \cos(n+1)\left(\alpha+\frac{\pi}{2}\right)}{n+1} - \frac{\cos(n-1)\frac{\pi}{2} - \cos(n-1)\left(\alpha+\frac{\pi}{2}\right)}{n-1}\right] +$$

$$\frac{\sqrt{2}E}{\pi R}\left[\frac{\cos(n+1)\alpha + \cos(n+1)\left(\alpha+\frac{\pi}{3}\right) + \cos(n+1)\left(\alpha+\frac{2\pi}{3}\right) - \cos(n+1)\frac{\pi}{3} - \cos(n+1)\frac{2\pi}{3} - 1}{n+1}\right. -$$

$$\left.\frac{\cos(n-1)\alpha+\cos(n-1)\left(\alpha+\dfrac{\pi}{3}\right)+\cos(n-1)\left(\alpha+\dfrac{2\pi}{3}\right)-\cos(n-1)\dfrac{\pi}{3}-\cos(n-1)\dfrac{2\pi}{3}-1}{n-1}\right]$$

$$\tag{3-118}$$

$$b_{in}=\frac{\sqrt{6}E\cos(n\pi/6)}{\pi R}\left[\frac{\sin(n-1)(\alpha+\pi/2)}{n-1}-\frac{\sin(n+1)(\alpha+\pi/2)}{n+1}\right]-$$

$$\frac{\sqrt{2}E}{\pi R}\left[\frac{\sin(n-1)\alpha+\sin(n-1)(\alpha+\pi/3)+\sin(n-1)(\alpha+2\pi/3)}{n-1}-\right.$$

$$\left.\frac{\sin(n+1)\alpha+\sin(n+1)(\alpha+\pi/3)+\sin(n+1)(\alpha+2\pi/3)}{n+1}\right] \tag{3-119}$$

2) $\pi/3 \leqslant \alpha < \pi/2$ 时

$$a_{i1}=\frac{3\sqrt{6}E}{4\pi R}\cos(2\alpha+\pi/6) \tag{3-120}$$

$$b_{i1}=\frac{3\sqrt{2}E}{2\pi R}\left[\pi/3+\frac{\sqrt{3}\sin(2\alpha+\pi/6)}{2}\right] \tag{3-121}$$

$$a_{in}=\frac{\sqrt{6}E\cos(n\pi/6)}{\pi R}\left[\frac{\cos(n+1)(\alpha+\pi/6)-\cos(n+1)(\alpha+\pi/2)}{n+1}-\right.$$

$$\left.\frac{\cos(n-1)(\alpha+\pi/6)-\cos(n-1)(\alpha+\pi/2)}{n-1}\right] \tag{3-122}$$

$$b_{in}=\frac{\sqrt{6}E\cos(n\pi/6)}{\pi R}\left[\frac{\sin(n-1)(\alpha+\pi/2)-\sin(n-1)(\alpha+\pi/6)}{n-1}-\right.$$

$$\left.\frac{\sin(n+1)(\alpha+\pi/2)-\sin(n+1)(\alpha+\pi/6)}{n+1}\right] \tag{3-123}$$

3) $\pi/2 \leqslant \alpha < 5\pi/6$ 时

$$a_{i1}=\frac{3\sqrt{2}E}{4\pi R}[\cos(2\alpha+\pi/3)-1] \tag{3-124}$$

$$b_{i1}=\frac{3\sqrt{2}E}{2\pi R}\left[5\pi/6-\alpha+\frac{\sin(2\alpha+\pi/3)}{2}\right] \tag{3-125}$$

$$a_{in}=\frac{\sqrt{6}E\cos(n\pi/6)}{\pi R}\left[\frac{\cos(n+1)(\alpha+\pi/6)-1}{n+1}-\frac{\cos(n-1)(\alpha+\pi/6)-1}{n-1}\right]$$

$$\tag{3-126}$$

$$b_{in}=\frac{\sqrt{6}E\cos(n\pi/6)}{\pi R}\left[\frac{\sin(n+1)(\alpha+\pi/6)}{n+1}-\frac{\sin(n-1)(\alpha+\pi/6)}{n-1}\right] \tag{3-127}$$

在式(3-118)、式(3-119)、式(3-122)、式(3-123)、式(3-126)和式(3-127)中

$$n = 6k \pm 1 \qquad (k \text{ 为正整数})$$

这是因为三相三线的对称电路中不能流通 3 倍次谐波电流，另外由于电流波形是半波对称的，所以也不含偶次谐波。

根据以上系数表达式，代入式（3-105）～式（3-107）中即可求出电流基波的有效值、初相位角和各次谐波有效值的表达式，只是要注意这里 $n = 6k \pm 1$（k 为正整数）。此外，输入电流的有效值可通过其定义进行计算，其表达式见表 3-6。

表 3-6　电阻负载三相三线星形联结调压电路输入电流的总有效值

α	I
$0 \le \alpha < \pi/3$	$\dfrac{E}{R}\sqrt{1 - \dfrac{3\alpha}{2\pi} + \dfrac{3}{4\pi}\sin 2\alpha}$
$\pi/3 \le \alpha < \pi/2$	$\dfrac{E}{R}\sqrt{\dfrac{1}{2} + \dfrac{3}{4\pi}\left[\sin 2\alpha + \sin\left(2\alpha + \dfrac{\pi}{3}\right)\right]}$
$\pi/2 \le \alpha < 5\pi/6$	$\dfrac{E}{R}\sqrt{\dfrac{5}{4} - \dfrac{3\alpha}{2\pi} + \dfrac{3}{4\pi}\sin\left(2\alpha + \dfrac{\pi}{3}\right)}$

于是各次谐波含量以及基波因数、位移因数和功率因数等指标根据定义就可以求出。根据这些分析结果，可作出基波和各次谐波电流有效值的标幺值与 α 的关系曲线以及基波因数 ν、位移因数 λ_1（即 $\cos\varphi_1$）和功率因数 λ 的曲线，分别如图 3-54a 和 3-55a 所示。为图线清楚起见，谐波电流曲线仅给出了 5 次和 7 次。电流的基准值这里取为

$$I^* = \frac{E}{R} \tag{3-128}$$

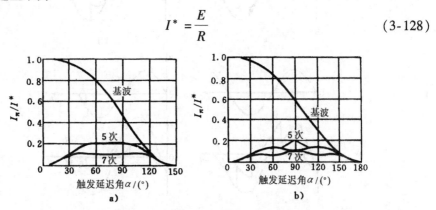

图 3-54　电阻负载时两种移相控制三相调压电路
输入电流基波和各次谐波的含量
a）三相三线星形联结电路　b）支路控制三角形联结电路

对于图 3-52c 所示的支路控制三角形联结的三相调压电路，电阻负载时，其触发延迟角 α 的移相范围为 0° ~ 180°，与星形联结电路不同的是，这里的触发延迟

角是相对于电源线电压而言的。该电路可看做三个单相调压电路的组合，每相负载的电压波形及相电流波形与移相控制的单相调压电路相同，而输入线电流（即电源电流）是与该线相连的两个负载相电流之和。图 3-56 给出 α 角分别为 30°、60°、90°和 150°时负载相电压和输入线电流的波形。

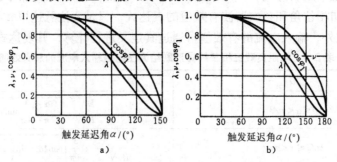

图 3-55　电阻负载时两种移相控制三相调压电路的位移因数、基波因数及功率因数

a）三相三线星形联结电路　b）支路控制三角形联结电路

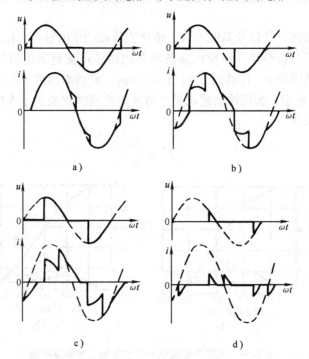

图 3-56　电阻负载时支路控制三角形联结调压电路的负载

相电压波形（上边的波形）和输入线电流波形（下边的波形）

a）$\alpha=30°$　b）$\alpha=60°$　c）$\alpha=90°$　d）$\alpha=150°$

这种调压电路可看作由三个单相移相控制调压电路组成，再注意到负载相电流中的 3 倍次谐波在输入线电流中将相互抵消，而基波和其他谐波将同频率相互叠加

使输入线电流中相应成分增至$\sqrt{3}$倍，因此，这种电路输入电流中基波和谐波分量的计算公式可引用前述移相控制单相调压电路式（3-91）和式（3-93），不过，式中的电源相电压有效值应换为线电压有效值，然后再乘以$\sqrt{3}$。显然，输入电流中的谐波次数也是$6k \pm 1$（k为正整数）。输入电流总有效值的计算仍需根据定义进行运算得到，限于篇幅，这里不再给出表达式。

由此可以绘出支路控制三角形联结三相调压电路输入电流中基波和各次谐波有效值的标幺值与α角的关系曲线，以及基波因数、位移因数和功率因数曲线，为便于与三相三线星形联结调压电路进行对比，分别如图3-54b和3-55b所示。电流的基准值这里取为

$$I^* = \frac{\sqrt{3}E_1}{R} \tag{3-129}$$

式中　E_1——电源线电压有效值。

可以看出，图3-54b与单相电路的相应曲线图3-44是完全一样的，只是没有3倍次谐波电流。

事实上，图3-52a和c这两种电路的移相范围不同，为了更好地比较两种电路的谐波含量及功率因数，又考虑到纯电阻负载时调压电路的控制目标为输出功率，因此，图3-57和图3-58分别给出了两种电路谐波及功率因数与输出功率的关系曲线。其中，图3-57a和b电流基准值分别取式（3-128）和式（3-129）。从图中可以看出，在相同输出功率时，星形联结电路所产生的5次谐波大于三角形联结电路，7次谐波除在输出功率为50%左右略小外，其余均大于三角形联结电路。另外，星形联结电路的功率因数均低于三角形联结电路。

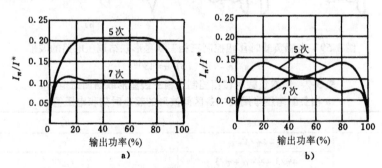

图3-57　电阻负载时两种移相控制三相调压电路
电流谐波含量与输出功率的关系
a）三相三线星形联结电路　b）支路控制三角形联结电路

3.3.2.2　电感负载时的情况

当负载为电感时，对于图3-52a所示的三相三线制星形联结调压电路，仍以a

相电源电压的过零点为时间零点，其电压仍如式（3-114）所示。这时 α 角的移相范围为 $90° \sim 150°$。根据任一时刻电路中晶闸管的通断状态以及每半个周波内电流连续与否，可将此移相范围分为如下两段：

1）$90° \leqslant \alpha < 120°$ 范围内，电路交替处于三个晶闸管导通与两个晶闸管导通的状态，因而输出 a 相负载电压波形由 e_a、$e_{ab}/2$ 和 $e_{ac}/2$ 交替构成，每个晶闸管导通角度为 $360° - 2\alpha$；

2）$120° \leqslant \alpha < 150°$ 范围内，任一时刻电路有两个晶闸管导通或者都不导通，输出 a 相负载电压波形由 $e_{ab}/2$、$e_{ac}/2$ 和 0 交替构

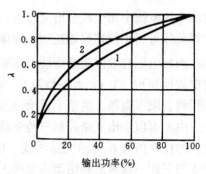

图 3-58　电阻负载时两种移相控制三相调压电路功率因数与输出功率的关系
1—三相三线星形联结电路
2—支路控制三相三角形联结电路

成，每个晶闸管导通角度为 $600° - 4\alpha$，而且这个导通角度被分割为两个间隔的部分，各占 $300° - 2\alpha$，造成每半个周波内电流被分为断续的两个波头。

图 3-59 给出了 α 角为 $110°$ 和 $130°$ 时的负载电压和电流波形，分别作为这两段移相范围的典型示例。表 3-7 列出了控制角在各段时 a 相负载电压半周波中各区间波形的起止时刻及电压值。

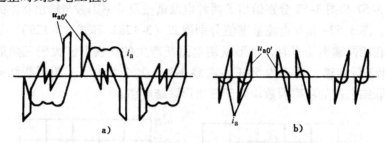

图 3-59　电感负载时移相控制三相三线星形联结调压电路的波形
a）$\alpha = 110°$　b）$\alpha = 130°$

表 3-7　电感负载时移相控制三相三线星形联结调压电路
a 相负载电压半周波中各区间波形的起止时刻和电压值

α	ωt	$u_{a0'}$
$\pi/2 \leqslant \alpha < 2\pi/3$	$\alpha \sim 4\pi/3 - \alpha$	e_a
	$4\pi/3 - \alpha \sim \alpha + \pi/3$	$e_{ab}/2$
	$\alpha + \pi/3 \sim 5\pi/3 - \alpha$	e_a
	$5\pi/3 - \alpha \sim \alpha + 2\pi/3$	$e_{ac}/2$
	$\alpha + 2\pi/3 \sim 2\pi - \alpha$	e_a
$2\pi/3 \leqslant \alpha < 5\pi/6$	$\alpha \sim 5\pi/3 - \alpha$	$e_{ab}/2$
	$\alpha + \pi/3 \sim 2\pi - \alpha$	$e_{ac}/2$

同样，可对负载相电压进行傅里叶分解，并写为傅里叶级数的形式。以 a 相负载电压为例，由于其波形关于原点对称，故不含余弦项，即

$$u_{a0'} = \sum_{n=1,5,7,11,13,\cdots}^{\infty} b_n \sin n\omega t \qquad (3\text{-}130)$$

从而可得负载电流（即电源电流）的傅里叶级数形式如下：

$$i_a = \sum_{n=1,5,7,11,13,\cdots}^{\infty} \frac{b_n}{n\omega L}\sin n\omega t = \sum_{n=1,5,7,11,13,\cdots}^{\infty} \sqrt{2}I_n \sin n\omega t \qquad (3\text{-}131)$$

式中，L 为各相负载电感，而各频率分量的有效值随 α 角所处控制段的不同而具有不同的表达式。

1）$\pi/2 \leqslant \alpha < 2\pi/3$ 时

$$I_1 = \frac{E}{n\pi\omega L}[5\pi/2 - 3\alpha + (3/2)\sin 2\alpha] \qquad (3\text{-}132)$$

$$
I_n = \frac{2\sqrt{3}E\cos(n\pi/6)}{n\pi\omega L}\left[\frac{\sin(n-1)(\alpha+\pi/2)}{n-1} - \frac{\sin(n+1)(\alpha+\pi/2)}{n+1}\right] -
$$
$$
\frac{2E}{n\pi\omega L}\left[\frac{\sin(n-1)\alpha + \sin(n-1)(\alpha+\pi/3) + \sin(n-1)(\alpha+2\pi/3)}{n-1} - \right.
$$
$$
\left. \frac{\sin(n+1)\alpha + \sin(n+1)(\alpha+\pi/3) + \sin(n+1)(\alpha+2\pi/3)}{n+1}\right] \qquad (3\text{-}133)
$$

2）$2\pi/3 \leqslant \alpha < 5\pi/6$ 时

$$I_1 = \frac{3E}{2n\pi\omega L}[5\pi/3 - 2\alpha + \sin(2\alpha + \pi/3)] \qquad (3\text{-}134)$$

$$
I_n = \frac{\sqrt{3}E\cos(n\pi/6)}{n\pi\omega L}\left[\frac{\sin(n-1)(11\pi/6-\alpha) - \sin(n-1)(\alpha+\pi/6)}{n-1} - \right.
$$
$$
\left. \frac{\sin(n+1)(11\pi/6-\alpha) - \sin(n+1)(\alpha+\pi/6)}{n+1}\right] \qquad (3\text{-}135)
$$

在式（3-133）～式（3-135）中

$$n = 6k \pm 1 \qquad (k\ \text{为正整数})$$

根据这些分析结果，可作出基波和各次谐波电流有效值的标幺值与 α 角的关系曲线，如图 3-60a 所示，图中谐波电流曲线仅给出了 5 次和 7 次。电流的基准值这里取为

$$I^* = \frac{E}{\omega L} \qquad (3\text{-}136)$$

对于图 3-52c 所示的支路控制三角形联结三相调压电路，电感负载时，其 α 角的移相范围为 90°～180°。图 3-61 所示为 α 角分别为 120°、135°和 160°时负载相

电流和输入线电流的波形。

采用同电阻负载时一样的方法，输入电流中基波和谐波分量的计算公式可引用前述移相控制单相调压电路的结果，如式（3-110）和式（3-111）所示，不过式中的电源相电压有效值 E 应换为线电压有效值 E_1，然后再乘以 $\sqrt{3}$。输入电流中的谐波次数也是 $6k \pm 1$（k 为正整数）。由此可以绘出支路控制三角形联结三相调压电路在电感负载时，其输入电流中基波和各次谐波有效值的标幺值与 α 角的关系曲线。为便于与三相三线星形联结调压电路进行对比，该曲线如图 3-60b 所示。电流的基准值这里取为

$$I^* = \frac{\sqrt{3}E_1}{\omega L} \tag{3-137}$$

图 3-60b 与单相电路的相应曲线图 3-51 是完全一样的，只是没有 3 倍次谐波电流。可以看出，在电感负载时，支路控制三角形联结三相调压电路输入电流中各次谐波的含量也小于三相三线星形联结调压电路输入电流中各次谐波的含量。

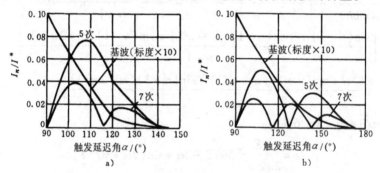

图 3-60　电感负载时两种移相控制三相调压电路
输入电流基波和各次谐波的含量
a）三相三线星形联结　b）支路控制三角形联结

以上 3.3.2.1 节和 3.3.2.2 节分别介绍了电阻负载和电感负载的移相控制三相调压电路的情况。对于阻感负载，支路控制三角形联结调压电路仍可利用单相阻感负载时的结果；而三相三线星形联结调压电路虽不能利用单相电路的结果，但其分析思路与阻感负载的移相控制单相调压电路是一样的，这里均不再详述。定性的结论是，阻感负载时各次谐波的谐波电流含量均比电阻负载时要小，基波因数要高。

3.3.3　通断控制交流调压电路的功率因数和谐波分析

通断控制交流调压电路的电路结构与移相控制交流调压电路的完全一样，只是控制方式不同。通断控制的触发脉冲始终位于电源电压的过零处。它是将晶闸管作为开关，将负载与交流电源接通几个整周波，然后再断开几个整周波，通过改变接通周波数与断开周波数的相对比值来达到调节负载所获得的平均电压或平均功率的

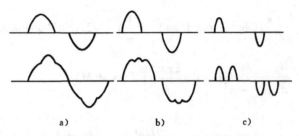

图 3-61　电感负载时支路控制三角形联结调压电路的负载相电流波形
（上边的波形）和输入线电流波形（下边的波形）
a) $\alpha = 120°$　b) $\alpha = 135°$　c) $\alpha = 160°$

目的。图 3-62 所示是负载为电阻时的典型波形。由于采用这种特殊的控制方式，使得其电流谐波的情况与本章前面已分析过的其他电路情况有很大的不同。最明显的地方，就是在通断控制交流调压电路中将出现分数次的特征谐波。下面将以单相电阻负载的情况为例作简要介绍。

在图 3-62 中，设电源电压角频率为 ω_0，有

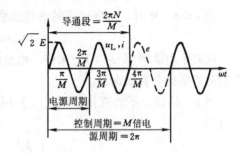

图 3-62　通断控制交流调压电路
的典型波形（$M = 3$，$N = 2$）

$$e = E_m \sin\omega_0 t = \sqrt{2}E\sin\omega_0 t \quad (3\text{-}138)$$

以 M 个电源电压周波为一个控制周期，其中前 N 个周波为导通段，后 $M - N$ 个周波为关断段。这样，从图中可看出，负载电压和负载电流（也即电源电流）的重复周期应为电源周期的 M 倍，因而其重复角频率为电源角频率的 $1/M$。设其重复角频率为 ω，则

$$\omega = \frac{\omega_0}{M} \quad (3\text{-}139)$$

所以，在导通期间内，电源电流可以表示为

$$i = \sqrt{2}I_0 \sin\omega_0 t = \sqrt{2}I_0 \sin M\omega t \quad (3\text{-}140)$$

因为波形的重复频率为 ω，故进行傅里叶分解时也必须以 ω 为基准频率。可得傅里叶系数为

$$a_{in} = \frac{1}{\pi}\int_0^{\frac{2\pi N}{M}} i(\omega t)\cos n\omega t \mathrm{d}(\omega t) = \frac{1}{\pi}\int_0^{\frac{2\pi N}{M}} \sqrt{2}I_0 \sin M\omega t\cos n\omega t \mathrm{d}(\omega t)$$

$$= \frac{\sqrt{2}I_0}{\pi}\frac{M}{M^2 - n^2}\left(1 - \cos\frac{2\pi n N}{M}\right) \quad (n \neq M) \quad (3\text{-}141)$$

$$b_{in} = \frac{1}{\pi} \int_0^{\frac{2\pi N}{M}} i(\omega t) \sin n\omega t\, d(\omega t) = \frac{1}{\pi} \int_0^{\frac{2\pi N}{M}} \sqrt{2} I_0 \sin M\omega t \sin n\omega t\, d(\omega t)$$

$$= \frac{\sqrt{2} I_0}{\pi} \frac{M}{M^2 - n^2} \left(-\sin \frac{2\pi n N}{M} \right) \quad (n \neq M) \tag{3-142}$$

故得

$$I_n = \frac{1}{\sqrt{2}} \sqrt{a_n^2 + b_n^2} = \frac{2 I_0 M}{\pi (M^2 - n^2)} \sin \frac{N n \pi}{M} \quad (n \neq M) \tag{3-143}$$

注意，当用式(3-143)计算出负值时应取其绝对值。图3-63给出了根据此式绘出的 $M=3$、$N=2$ 时电源电流频谱图。

当 $1 \leqslant n < M$ 时，电源电流的谐波频率为

$$\omega \leqslant n\omega < M\omega$$

这对于电源频率 $\omega_0 = M_\omega$ 来讲，就是所谓的次谐波（Subharmonics），也就是小于电源频率的分数次谐波。

当 $n = M$ 时，不能直接应用式（3-143）的结果，由傅里叶系数计算的基本公式可得

$$a_{in} = a_{iM} = \frac{1}{\pi} \int_0^{\frac{2\pi N}{M}} i(\omega t) \cos M\omega t\, d(\omega t) = 0 \tag{3-144}$$

$$b_{in} = b_{iM} = \frac{1}{\pi} \int_0^{\frac{2\pi N}{M}} i(\omega t) \sin M\omega t\, d(\omega t) = \sqrt{2} I_0 \frac{N}{M} \tag{3-145}$$

故

$$I_M = \frac{1}{\sqrt{2}} \sqrt{a_{iM}^2 + b_{iM}^2} = I_0 \frac{N}{M} \tag{3-146}$$

也就是说，电源电流中与电源频率相同的分量与电源电压同相（即位移因数为1），且有效值为晶闸管不关断而全通时有效值的 N/M 倍。

当 $n > M$ 时，就是频率高于电源频率的谐波，其中仅含非整数倍电源频率的谐波。因为从式（3-143）中可以看出，只要满足

$$n = \frac{M}{N} k \quad (k = 1,2,3,\cdots 且 \ k \neq N) \tag{3-147}$$

则该次谐波分量为零。显然，具有整数倍电源频率的谐波和其他满足式（3-147）的分数倍电源频率谐波为零。例如，在图 3-63 中，$M=3$、$N=2$，因此 $n=6$、9、12 等次谐波为零，它们相对于电源频率分别为 2 次、3 次和 4 次谐波；而对于 $M=4$、$N=2$ 的情况，可知 $n=2$、6、8、10 等次谐波为零，而对电源频率来讲，它们的次数分别为 1/2、3/2、2 和 5/2 次等。

此外还可以证明，在 M 和 N 的某些特定取值下，会出现次谐波电流含量大于电源频率电流含量的情况；而高于电源频率的谐波，其含量总是不会大于电源频率电流的[98]。

为了更深刻地了解通断控制交流调压电路谐波的情况，还可以与移相控制交流调压电路作一对比。图 3-64 给出了在相同输出功率下，这两种电路频谱图的对比，可以看到，移相控制电路电流的电源频率成分要大于通断控制时，而其高次谐波成分也远大于通断控制时；通断控制虽然高次谐波少，但在电源频率的附近集中了许多含量很高的分数次谐波。

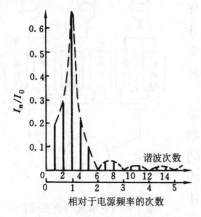

图 3-63　通断控制交流调压电路
的电流频谱图（$M=3$，$N=2$）

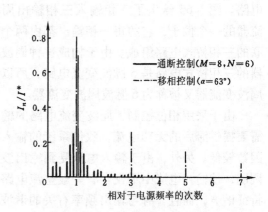

图 3-64　交流调压电路通断控制方式和
移相控制方式电流频谱比较

以上是通断控制交流调压电路的电流谐波的情况。至于功率因数，前面已指出其位移因数为 1。另外，还可求出电源电流总有效值为

$$I = \sqrt{\frac{1}{2\pi}\int_0^{\frac{2\pi N}{M}} i^2 \mathrm{d}(\omega t)} = I_0\sqrt{\frac{N}{M}} \tag{3-148}$$

所以，结合式（3-146），可得基波因数为

$$\nu = \frac{I_1}{I} = I_0\frac{N}{M} \bigg/ I_0\sqrt{\frac{N}{M}} = \sqrt{\frac{N}{M}} \tag{3-149}$$

故功率因数为

$$\lambda = \nu\cos\varphi_1 = \sqrt{\frac{N}{M}} \tag{3-150}$$

3.4　周波变流电路的功率因数和谐波分析

周波变流电路又称为交-交变频电路，是将交流电能从一种频率变换为另一种

频率的电力电子装置，被广泛地应用于低速、大容量的交流调速场合。目前，常用的周波变流装置一般均采用普通晶闸管构成的三相桥式电路或 12 相电路，利用电网电压进行换相，通过相位控制的方法来得到所需要的正弦电压输出波形。因此，一个三相输入单相输出的周波变流电路可以看作是由两个三相整流电路反并联构成的，一个提供正向输出电流，另一个提供反向输出电流，只不过其触发延迟角受到调制，因而其输出不是恒定的直流电压，而是接近正弦电压。三组这样的电路按一定方式连接，给三相负载供电，就构成了三相输出的周波变流电路。图 3-65 给出了三相输入三相输出周波变流器的一个例子，它的每一相输出都由两个反并联的三相桥式电路组成。由于构成这种周波变流器的三相桥式电路是 6 脉波变流电路，所以这种周波变流器又被称为 6 脉波周波变流器。

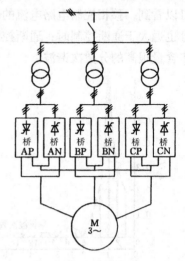

图 3-65　6 脉波周波变流器给交流电动机供电的基本电路

由于采用相位控制，周波变流电路的输入端需要提供滞后的无功电流，致使系统的输入功率因数较低。另外，由于输入电流受到输出波形的调制，使输入电流中不仅含有一般整流电路中的特征谐波，而且含有与输出频率有关的谐波，使得整个输入电流的频谱非常复杂。更何况周波变流装置的容量一般都很大，因此其谐波和无功功率对电网的影响不容忽视。

本节对周波变流电路的功率因数和输入端电流谐波进行分析。首先将对谐波分析中采用的开关函数法加以简介，然后分别论述周波变流电路谐波和功率因数的情况。在论述中，涉及理论分析的部分一般都基于以下两个理想条件：

1）输出电流波形为纯正弦波；

2）忽略输入端的进线阻抗及变压器绕组的电阻和漏抗。

另外，分析中相位控制方法以最常见的"余弦交点法"[97]为例进行讨论，均只考虑无环流工作方式，并忽略死区的影响。

3.4.1　用开关函数法对输入电流进行谐波分析

由于周波变流电路电流输入波形的频谱与主回路的输入和输出频率都有关，用常用的傅里叶分析方法对周波变流电路谐波含量进行推导是非常困难的。而开关函数法被证明是分析周波变流电路谐波的有效手段。

开关函数法的基本思想，就是将被分析的波形表示成一系列已知波形与开关函数的乘积和的形式，再将其中的已知波形和开关函数写成三角级数的形式，通过整理化简，最后将被分析波形也化成三角级数的形式，从而讨论其中谐波的次数与含量。

为了方便起见，这里以最简单的两个反并联 3 脉波变流器构成的单相输出 3 脉波周波变流电路为例说明问题。电路如图 3-66 所示。其输入电流波形的推导过程则如图 3-67 所示。

设输出电流为

$$i_o = I_{om} \sin (\omega_o t + \varphi_o) \qquad (3\text{-}151)$$

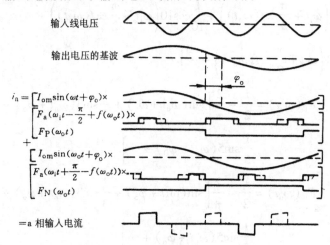

图 3-66 单相输出3脉波周波变流电路

式中 ω_o——输出波形角频率；

φ_o——输出电流相对于输出电压零点的初相位角。

图 3-67 周波变流电路输入电流波形的推导

注：F_a 的虚线波形表示触发延迟角未受调制时的波形；

i_a 的虚线波形是负载为三相时的输入电流波形。

若输入端电源频率为 ω_i，则输入端 a 相的电流可以表示为

$$i_a = I_{om} \sin (\omega_o t + \varphi_o) F_a \left(\omega_i t - \frac{\pi}{2} + f(\omega_o t) \right) F_p (\omega_o t) + I_{om} \sin (\omega_o t + \varphi_o) F_a$$

$$\left(\omega_i t + \frac{\pi}{2} - f(\omega_o t) \right) F_N (\omega_o t) \qquad (3\text{-}152)$$

这里采用了两种开关函数。一种是反映晶闸管受控情况的，就是 F_a，函数值为 1 表示导通，0 表示关断。$F_a(\omega_i t - \pi/2 + f(\omega_o t))$ 和 $F_a(\omega_i t + \pi/2 - f(\omega_o t))$ 就分别反映了图 3-66 中晶闸管 V_1 和 V_1' 的受控情况，其中 $f(\omega_o t)$ 为触发延迟角受输出调制的函数，未受调制时开关函数 $F_a(\omega_i t - \pi/2)$ 和 $F_a(\omega_i t + \pi/2)$ 如图 3-67 中虚线波形所示，受调制后则如实线波形所示。另一种开关函数反映的是正、反向两个变流器到底谁真正导通，正向组变流器工作时 F_P 等于 1，反向组变流器工作时 F_N 等

于 1。

F_a、F_P 和 F_N 可分别用下列级数表示:

$$F_a\left(\omega_i t \mp \frac{\pi}{2} \pm f(\omega_o t)\right) = \frac{1}{3} + \frac{\sqrt{3}}{\pi}\left[\sin\left(\omega_i t \mp \frac{\pi}{2} \pm f(\omega_o t)\right) - \right.$$

$$\frac{1}{2}\cos2\left(\omega_i t \mp \frac{\pi}{2} \pm f(\omega_o t)\right) - \frac{1}{4}\cos4\left(\omega_i t \mp \frac{\pi}{2} \pm f(\omega_o t)\right) -$$

$$\frac{1}{5}\sin5\left(\omega_i t \mp \frac{\pi}{2} \pm f(\omega_o t)\right) - \frac{1}{7}\sin7\left(\omega_i t \mp \frac{\pi}{2} \pm f(\omega_o t)\right) +$$

$$\frac{1}{8}\cos8\left(\omega_i t \mp \frac{\pi}{2} \pm f(\omega_o t)\right) + \frac{1}{10}\cos10\left(\omega_i t \mp \frac{\pi}{2} \pm f(\omega_o t)\right) +$$

$$\left. \frac{1}{11}\sin11\left(\omega_i t \mp \frac{\pi}{2} \pm f(\omega_o t)\right) + \cdots\right] \tag{3-153}$$

$$F_P(\omega_o t) = \frac{1}{2} + \frac{2}{\pi}\left[\sin(\omega_o t + \omega_o) + \frac{1}{3}\sin3(\omega_o t + \varphi_o) + \right.$$

$$\left. \frac{1}{5}\sin5(\omega_o t + \varphi_0) + \cdots\right] \tag{3-154}$$

$$F_N(\omega_o t) = \frac{1}{2} - \frac{2}{\pi}\left[\sin(\omega_o t + \varphi_o) + \frac{1}{3}\sin3(\omega_o t + \varphi_o) + \right.$$

$$\left. \frac{1}{5}\sin5(\omega_o t + \varphi_o) + \cdots\right] \tag{3-155}$$

将式(3-153)~式(3-155)代入式(3-152)并化简,可得

$$i_a = I_{om}\sin(\omega_o t + \varphi_o)\left\{\frac{1}{3} + \frac{\sqrt{3}}{\pi}[\sin\omega_i t \sin f(\omega_o t) + \right.$$

$$\frac{1}{2}\cos2\omega_i t\cos2f(\omega_o t) - \frac{1}{4}\cos4\omega_i t\cos4f(\omega_o t) -$$

$$\frac{1}{5}\sin5\omega_i t\sin5f(\omega_o t) + \frac{1}{7}\sin7\omega_i t\sin7f(\omega_o t) + \cdots\bigg] +$$

$$\frac{4\sqrt{3}}{\pi^2}\bigg[-\cos\omega_i t\cos f(\omega_o t) - \frac{1}{2}\sin2\omega_i t\sin2f(\omega_o t) +$$

$$\frac{1}{4}\sin4\omega_i t\sin4f(\omega_o t) + \frac{1}{5}\cos5\omega_i t\cos5f(\omega_o t) -$$

$$\frac{1}{7}\cos7\omega_i t\cos7f(\omega_o t) - \cdots\bigg] \times [\sin(\omega_o t + \varphi_o) +$$

$$\frac{1}{3}\sin3(\omega_\text{o}t+\varphi_\text{o})+\frac{1}{5}\sin5(\omega_\text{o}t+\varphi_\text{o})+$$

$$\left.\left.\frac{1}{7}\sin7(\omega_\text{o}t+\varphi_\text{o})+\cdots\right]\right\}\tag{3-156}$$

当采用"余弦交点法"来调制触发延迟角时,有[97]

$$f(\omega_\text{o}t)=\arcsin(r\sin\omega_\text{o}t)\tag{3-157}$$

式中　r——输出电压比,即当前输出的正弦电压幅值与可输出电压的最大幅值
之比。

将式(3-157)代入式(3-156)进一步化简,从而得到由各次谐波和的形式
表示的输入电流表达式。由于式子非常复杂,这里仅给出当 $r=1$ 而 $\varphi_\text{o}=-\pi/2$ 的
特殊情况下 i_a 的表达式

$$i_\text{a}=-\frac{\sqrt{3}I_\text{om}}{2\pi}\cos\omega_\text{i}t-\frac{1}{3}I_\text{om}\cos\omega_\text{o}t+\frac{\sqrt{3}I_\text{om}}{2\pi}\left\{-\cos(\omega_\text{i}t-2\omega_\text{o}t)-\right.$$

$$\frac{1}{2}\left[\cos(2\omega_\text{i}t-\omega_\text{o}t)+\cos(2\omega_\text{i}t-3\omega_\text{o}t)\right]+\frac{1}{4}\left[\cos(4\omega_\text{i}t-3\omega_\text{o}t)+\right.$$

$$\cos(4\omega_\text{i}t-5\omega_\text{o}t)\right]+\frac{1}{5}\left[\cos(5\omega_\text{i}t-4\omega_\text{o}t)+\cos(5\omega_\text{i}t-6\omega_\text{o}t)\right]-$$

$$\left.\frac{1}{7}\left[\cos(7\omega_\text{i}t-6\omega_\text{o}t)+\cos(7\omega_\text{i}t-8\omega_\text{o}t)\right]+\cdots\right\}\tag{3-158}$$

这清楚地表明了输入电流中谐波的频率和含量。至于一般情况下的 i_a 表达式,
读者可查阅参考文献[99]。

以上讨论的是三相输入单相输出的情况,通常情况下,输出也是三相的,此时
输入电流波形是由三个单相输出波形移相相加得到的(当三相平衡时),如图3-67
所示。其输入电流表达式同样可以用以上方法得到。

此外,所有用于大容量场合的实际周波变流器结构,均可看成由基本的 3 脉波
变流器组组合而成,因此,多脉波周波变流电路的谐波频率和谐波含量也都能由上
述所得的 3 脉波周波变流器的情况推导出来。

3.4.2　输入电流中的谐波频率和谐波含量

采用以上所述的方法,可以分析出各种形式的周波变流电路输入电流中的谐波
频率和谐波含量。图 3-68 给出了单相输出的周波变流电路输入电流中的主要谐波
频率与输出频率对输入频率之比间的关系,图 3-69 给出的是三相输出周波变流电
路的情况。

可以看出,周波变流电路输入电流中的谐波成分非常复杂,其谐波频率不仅与
输入电源频率及变流器结构有关,而且与输出频率有关,谐波频率往往不是输入频

率的整数倍。这是周波变流电路谐波不同于整流电路和移相控制交流调压电路的
地方。

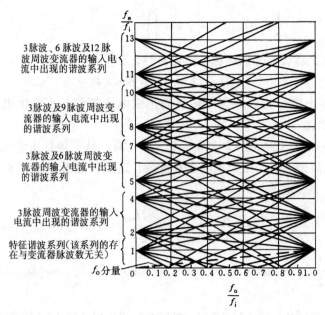

图 3-68　单相输出周波变流电路输入电流中的谐波分量

注：图中虚线表示的 f_o 分量仅出现在 3 脉波周波变流电路的情况下

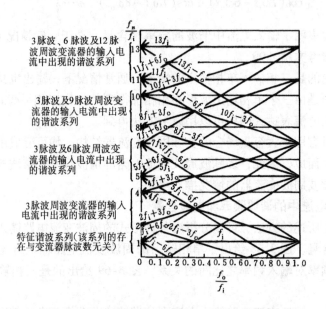

图 3-69　三相输出周波变流电路输入电流中的谐波成分

进一步的研究表明，周波变流电路输入电流中的谐波可以分为两部分：一部分仅与输入频率、输出频率及相数有关，与变流器的结构无关，有人称之为"周波变流电路特征谐波"[99]；另一部分则不仅与输入频率、输出频率及相数有关，而且与变流器结构有关，这一部分实际上包括相同结构整流器的特征谐波以及其触发延迟角受到调制所产生的旁频分量。表 3-8 列出了 3、6 和 12 脉波周波变流电路这两部分谐波频率的公式

表 3-8　周波变流电路输入电流谐波频率公式

（p 为正整数，k 为 0 和正整数）

周波变流器结构	与变流器结构有关的谐波频率		与变流器结构无关的谐波频率	
	单相输出	三相输出	单相输出	三相输出
3 脉波	f_o $\lvert[3(2p-1)\pm1]f_i\pm(2k+1)f_o\rvert$ $\lvert(6p\pm1)f_i\pm2kf_o\rvert$	$\lvert[3(2p-1)]\pm1]f_i\pm3(2k+1)f_o\rvert$ $\lvert(6p\pm1)f_i\pm6kf_o\rvert$	$f_i\pm2pf_o$	$f_i\pm6pf_o$
6 脉波	$\lvert(6p\pm1)f_i\pm2kf_o\rvert$	$\lvert(6p\pm1)f_i\pm6kf_o\rvert$		
12 脉波	$\lvert(12p\pm1)f_i\pm2kf_o\rvert$	$\lvert(12p\pm1)f_i\pm6kf_o\rvert$		

根据 3.4.1 节的分析，还可得到各频率谐波的含量，由于谐波成分复杂，无法以曲线的形式给出。参考文献［99］以表格的形式给出了各频率谐波的含量，同样其内容非常繁多，这里限于篇幅也无法给出，读者可自行查阅有关文献。有一点可以明确地指出的是，每一谐波分量的含量与其具体频率值无关，而是输出电压比和负载功率因数的函数。确切地讲，就是说当输出电压比和负载功率因数一定时，图 3-68 和图 3-69 中一条线代表的一个谐波分量具有固定的幅值，而不论输出对输入频率比 f_o/f_i 有何变化。

以上讨论的都是假定输出为纯正弦电流而且忽略输入端阻抗时的理想情况。当计及输出电流的纹波和输入端的阻抗时，谐波的频率与理想情况时一样，但各谐波分量的含量稍有变化。表 3-9 给出了图 3-65 所示的为给某一功率因数为 1 的 5400kW 同步电动机供电的、由三相桥式电路构成的 6 脉波周波变流电路输入端电流的谐波分析结果[100]。表中给出了计及输出电流纹波和输入端电抗时的计算机仿真结果与不计这些因素的理想情况下理论分析结果的对比。在这个例子中，计及非理想因素后，频率较高的谐波含量减少，而 5 次谐波的含量增大。这多少与阻感负

载整流电路计及非理想因素时的情况有些类似。

表 3-9　某 6 脉波周波变流电路输入电流中谐波含量(I_{in}/I_{i1})[100]

频率	$f_i - 6f_o$	$f_i + 6f_o$	$5f_i - 6f_o$	$5f_i$	$5f_i + 6f_o$	$7f_i - 6f_o$	$7f_i$
理论分析	0.03	0.03	0.041	0.099	0.041	0.051	0.055
仿真结果	0.032	0.034	0.036	0.137	0.03	0.03	0.059
频率	$7f_i + 6f_o$	$11f_i - 6f_o$	$11f_i$	$11f_i + 6f_o$	$13f_i - 6f_o$	$13f_i$	$13f_i + 6f_o$
理论分析	0.051	0.04	0.025	0.04	0.025	0.02	0.025
仿真结果	0.028	0.034	0.035	0.029	0.026	0.025	0.022

3.4.3　输入电流中的基波分量和输入端功率因数

由 3.4.1 节的分析方法，还可得到周波变流电路输入端基波电流及其有功分量和无功分量的表达式。其中，基波有功分量有效值表达式为

$$I_{1p} = qs\frac{r\sqrt{3}}{2\pi}I_o\cos\varphi_o \tag{3-159}$$

式中　q——输出端负载的相数；

s——构成周波变流器的一个整流电路所含 3 脉波整流器的串联组数，例如，若采用三相半波整流电路（即 3 脉波周波变流电路），则 s 为 1；若采用三相桥式电路（即由 3 脉波整流电路串联而成的 6 脉波周波变流电路），则 s 为 2；若采用带平衡电抗器的双反星形整流电路（即由 3 脉波整流电路并联而成的 6 脉波周波变流电路），则 s 仍为 1；

r——输出电压比，即当前输出的正弦电压幅值与可输出电压的最大幅值之比；

I_o——负载相电流有效值；

φ_o——前述负载基波电流相对于电压过零点的初相位角，也就是基波电流比基波电压超前的相位角（若滞后则为负值）。

基波无功分量的有效值以及基波有效值的表达式都比较复杂，读者可查阅参考文献［99］。这里仅给出根据这些公式的计算结果绘出的基波有功分量有效值、基波无功分量有效值以及基波有效值的曲线，分别如图 3-70 ~ 图 3-72 所示。图中给出的数值均为 $q = 1$ 且 $s = 1$ 时的情况，且以 I_o 为基准值，当电路结构和负载相数不同时应乘以系数 q 和 s。

根据以上分析结果，还可以进一步绘出周波变流电路输入端的位移因数曲线，如图 3-73 所示。该曲线适用于任何周波变流电路，不论其电路结构和负载相数如何（主电路结构为三相不对称的特殊周波变流电路例外）。从图中也可看出，周波变流电路的输入端位移因数仅与负载功率因数和输出电压比有关。

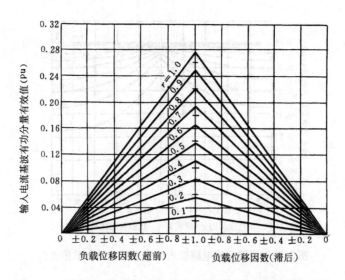

图 3-70 周波变流电路输入电流中的基波有功分量有效值曲线

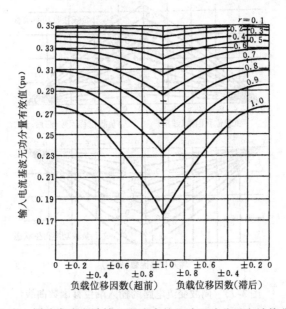

图 3-71 周波变流电路输入电流中的基波无功分量有效值曲线

此外，还可绘出输入电流的总有效值曲线。限于篇幅，这里仅绘出了由三相桥式电路构成的三相周波变流电路的输入电流总有效值，如图 3-74 所示，仍以 I_0 为基准值。同结构的单相周波变流电路输入电流总有效值的标幺值则恒为 0.817。对于由带平衡电抗器的双反星形整流电路构成的三相输出周波变流电路，应将图3-74 的数值除以 2，同结构的单相输出周波变流电路输入电流总有效值的标幺值则恒为 0.4085。

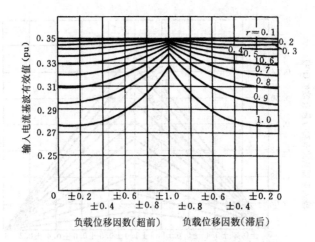

图 3-72　周波变流电路输入电流中的基波有效值曲线

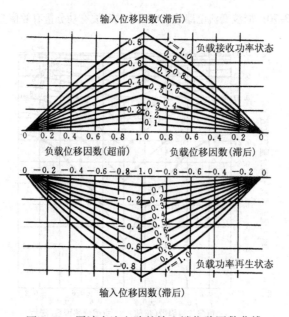

图 3-73　周波变流电路的输入端位移因数曲线

　　根据图 3-74，再结合图 3-72，即可求出输入电流的基波因数。经计算发现，由三相桥式电路构成的三相输出周波变流电路基波因数在 0.95 ~ 0.99 之间变化，由 12 相整流电路构成的三相周波变流电路基波因数还要高一些。实际应用中的周波变流器大都由三相桥式电路或 12 相整流电路构成，给三相负载供电，因此基波因数均接近 1，功率因数可用位移因数来估算。

　　另外，应该指出的是，采用"余弦交点法"，虽然是使输出电压畸变最小的相位调制方式，但是采用其他相位调制方式（如梯形波输出控制方式）或者采用有

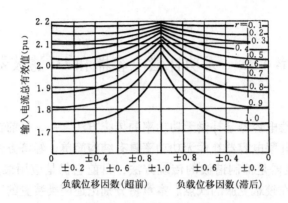

图 3-74 由三相桥式电路构成的三相周波变流
电路输入电流的总有效值曲线

环流控制方式，则可以改善输入端的位移因数，进而提高功率因数，读者可见参考
文献［101］。

至此，本章已对由交流电源供电的各种电力电子装置的交流侧谐波分析和功率
因数计算问题做了较详细的介绍。受篇幅的限制，国内外有关这一领域的许多最新
研究成果难以得到完全的反映，读者可进一步查阅本书提供的参考文献。

应该说明的是，随着计算机时域仿真技术的发展，近年来有关电力电子电路计
算机辅助分析和设计的实用软件不断涌现，借助计算机来计算电力电子电路或装置
在具体电路参数和工作条件下的谐波和无功功率已越来越方便。但是，正如本章中
多次提到的，人们往往不满足于具体参数下的计算结果，而是希望得到能反映电路
参数和工作条件与计算结果之间关系的系统化规律。当电路参数比较多、工作条件
比较复杂时，仅仅凭借计算机时域仿真是难以总结出这样的规律的。因此，对电路
进行理论分析，以求得谐波和功率因数与电路参数和工作条件之间的解析关系，进
而得到系统地反映这些关系的曲线或曲线族，以满足工程实际的需要，仍然是这一
领域研究的主要手段和方向之一。另外，探索更简便、更准确、无须借助计算机的
近似分析方法，以对电力电子装置的谐波和无功功率进行快速的简单估算，是工程
实际所提出的另一要求[82]，于是形成了当前这一领域的另一个研究方向。本章
3.1.3 节所介绍的 Dobinson 法和 Graham-Schonholzer 法就是满足这类要求的研究成
果。有关这一研究方向的工作仍在继续[88,89,102]。

第 4 章　无功补偿电容器和 LC 滤波器

设置无功补偿电容器是补偿无功功率的传统方法之一，目前在国内外均得到广泛的应用。设置并联电容器补偿无功功率具有结构简单、经济方便等优点。与此相似，设置 LC 滤波器是抑制谐波的传统方法，目前它仍是应用最多的方法。但是，这两类装置均存在较难克服的缺点。本章将分别论述两类装置的工作原理、设计方法、实际应用中可能出现的主要问题及对策等。

4.1　无功补偿电容器

在电力系统中，电压和频率是衡量电能质量的两个最基本、最重要的指标。为确保电力系统的正常运行，供电电压和频率必须稳定在一定的范围内。频率的控制与有功功率的控制密切相关，而电压控制的重要方法之一是对电力系统的无功功率进行控制。

控制无功功率的方法很多[103,104,105]，可采用：

（1）同步发电机　调整励磁电流，使其在超前功率因数下运行，输出有功功率的同时输出无功功率。

（2）同步电动机　与前者的区别主要在于同步发电机位于各发电厂，而同步电动机位于大用户处。

（3）同步调相机　当同步电动机不带负载而空载运行，专门向电网输送无功功率时，称为同步调相机。它主要装设于枢纽变电所。

（4）并联电容器　可提供超前的无功功率，多装设于降压变电所内，亦可就地补偿。

（5）静止无功补偿装置　具有调相机的功能，使用日益广泛，但投资较大。

上述方法中，由于并联电容器简单经济、方便灵活，已逐渐取代了同步调相机，故并联电容器将在本节中讨论。静止无功补偿器作为一种新型的无功补偿装置，近年来不断发展，应用日益广泛，将在第 5 章中讨论。

4.1.1　并联电容器补偿无功功率的原理[103,106]

在实际电力系统中，大部分负载为异步电动机。包括异步电动机在内的绝大部分电气设备的等效电路可看作电阻 R 与电感 L 串联的电路，其功率因数为

$$\cos\varphi = \frac{R}{\sqrt{R^2 + X_L^2}} \tag{4-1}$$

式中　$X_L = \omega L$。

给 R、L 电路并联接入 C 之后，电路如图 4-1a 所示。该电路的电流方程式为

$$\dot{I} = \dot{I}_C + \dot{I}_{RL} \tag{4-2}$$

由图 4-1b 所示的相量图可知，并联电容后，电压 $\dot{U}$ 与 $\dot{I}$ 的相位差变小了，即供电回路的功率因数提高了。此时供电电流 $\dot{I}$ 的相位滞后于电压 $\dot{U}$，这种情况称为欠补偿。

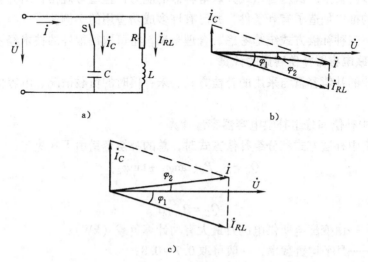

图 4-1　并联电容补偿无功功率的电路和相量图

a）电路　b）相量图（欠补偿）　c）相量图（过补偿）

若电容 C 的容量过大，使得供电电流 $\dot{I}$ 的相位超前于电压 $\dot{U}$，这种情况称为过补偿，其相量图如图 4-1c 所示。通常不希望出现过补偿的情况，因为这会引起变压器二次电压的升高，而且容性无功功率在电力线路上传输同样会增加电能损耗。如果供电线路电压因此而升高，还会增大电容器本身的功率损耗，使温升增大，影响电容器的寿命。

4.1.2　并联电容器补偿无功功率的方式

按电容器安装的位置不同，通常有三种方式。

1. 集中补偿

电容器组集中装设在企业或地方总降压变电所的 6～10kV 母线上，用来提高整个变电所的功率因数，使该变电所的供电范围内无功功率基本平衡，可减少高压线路的无功损耗，而且能够提高本变电所的供电电压质量。

2. 分组补偿

将电容器组分别装设在功率因数较低的车间或村镇终端变配电所高压或低压母线上，也称为分散补偿。这种方式具有与集中补偿相同的优点，仅无功补偿容量和

范围相对小些。但是分组补偿的效果比较明显，采用得也较普遍。

3. 就地补偿

将电容器或电容器组装设在异步电动机或电感性用电设备附近，就地进行无功补偿，也称为单独补偿或个别补偿方式。这种方式既能提高为用电设备供电回路的功率因数，又能改善用电设备的电压质量，对中、小型设备十分适用。近年来，随着我国逐步具备生产低压自愈式并联电容器的能力，且型号规格日渐齐全，为就地补偿方式的推广创造了有利条件，并已有许多成功应用的实例。

若能将三种补偿方式统筹考虑、合理布局，将可取得很好的技术经济效益。

4.1.3　并联电容器补偿容量的计算

电容器的补偿容量与采用的补偿方式、未补偿时的负载情况、电容器联结方式等有关。

1. 集中补偿和分组补偿电容器容量计算

采用集中补偿方式和分组补偿方式时，总的补偿容量由下式决定：

$$Q_C = \beta_{av} P_c (\tan\varphi_1 - \tan\varphi_2) \tag{4-3}$$

或

$$Q_C = \beta_{av} q_c P_c \tag{4-4}$$

式中　P_c——由变配电所供电的月最大有功计算负载（kW）；

　　　β_{av}——月平均负载率，一般可取 0.7～0.8；

　　　φ_1——补偿前的功率因数角，$\cos\varphi_1$ 可取最大负载时的值；

　　　φ_2——补偿后的功率因数角，参照电力部门的要求确定，一般可取 0.9～0.95；

　　　q_c——电容器补偿率（kvar/kW），即每千瓦有功负载需要补偿的无功功率，$q_c = \tan\varphi_1 - \tan\varphi_2$。

电容器联结方式不同时，每相电容器所需容量也是不一样的。

（1）电容器组为星形联结时

$$Q_C = \sqrt{3}UI_C \times 10^{-3} = \sqrt{3}U \frac{U/\sqrt{3}}{1/\omega C_\phi} \times 10^{-3} = \omega C_\phi U^2 \times 10^{-3} \tag{4-5}$$

式中　U——装设地点电网线电压（V）；

　　　I_C——电容器组的线电流（A）；

　　　C_ϕ——每相电容器组的电容量（F）。

考虑到电网线电压的单位常用 kV，Q_C 的单位为 kvar，则星形联结时每相电容器组的电容量为

$$C_Y = C_\phi = \frac{Q_C}{\omega U^2} \times 10^3 \tag{4-6}$$

式中，C_Y 的单位为 μF。

（2）电容器组为三角形联结时

$$Q_C = \sqrt{3}UI_C \times 10^{-3} = 3U\frac{U}{1/\omega C_\phi} \times 10^{-3} = 3\omega C_\phi U^2 \times 10^{-3} \tag{4-7}$$

若线电压 U 的单位为 kV，则每相电容器的电容量（单位为 μF）为

$$C_\Delta = \frac{Q_C}{3\omega U^2} \times 10^3 \tag{4-8}$$

2. 就地补偿电容器容量计算

单台异步电动机装有就地补偿电容器时，若电动机突然与电源断开，电容器将对电动机放电而产生自励磁现象。如果补偿电容器容量过大，可能因电动机惯性转动而产生过电压，导致电动机损坏。为防止这种情况，不宜使电容器补偿容量过大，应以电容器（组）在此时的放电电流不大于电动机空载电流 I_0 为限，即

$$Q_C = \sqrt{3}U_N I_0 \times 10^{-3} \tag{4-9}$$

式中　U_N——供电系统额定线电压（V）；

I_0——电动机额定空载电流（A）。

若电动机空载电流 I_0 在产品样本中查不到，可用下式估算：

$$I_0 = 2I_{N \cdot M}(1 - \cos\varphi_N) \tag{4-10}$$

或

$$I_0 = I_{N \cdot M}\left(\sin\varphi_N - \frac{\cos\varphi_N}{2n_T}\right) \tag{4-11}$$

式中　$I_{N \cdot M}$——电动机额定电流（A）；

φ_N——电动机未经补偿时的功率因数角；

n_T——电动机最大转矩倍数，一般取 1.8～2.2，可查手册。

需要注意，若实际运行电压与电容器额定电压不一致，则电容器的实际补偿容量为 Q_{C1}：

$$Q_{C1} = \left(\frac{U_w}{U_{N \cdot c}}\right)^2 Q_{N \cdot c} \tag{4-12}$$

式中　$U_{N \cdot c}$——电容器的额定电压；

$Q_{N \cdot c}$——电容器的额定补偿容量；

U_w——电容器实际工作电压。

4.1.4　并联电容器的放电回路和自动投切

1. 并联电容器的放电回路

当电容器（组）与电源断开时，电容器两极极间电压等于断开时电网电压的瞬时值，然后通过本身的绝缘电阻自放电。在自放电过程中，电容器的端电压按指数规律衰减，即

$$u_c(t) = U_0 e^{-t/(RC)} \tag{4-13}$$

式中　U_0——电源开关断开时电网电压瞬时值（V）；

　　　C——并联电容器的电容量（F）；

　　　R——电容器的绝缘电阻（Ω）；

　　　t——电源开关断开后的时间（s）。

为保证运行和检修人员的安全，应使电容器尽快放电，其方法是装设放电电阻。要求在电源开关断开30s后，电容器端电压低于65V；正常运行时该电阻消耗功率很小，每千乏并联电容器消耗功率不大于1W。由此得出放电电阻的计算公式为

$$R = \frac{12.3 U_\phi^2}{Q_C \lg \dfrac{1.41U}{65}} \tag{4-14}$$

式中　R——放电电阻（Ω）；

　U_ϕ、U——电源的相电压、线电压（V）；

　　　Q_C——每相并联电容器的补偿容量（kvar）。

若电压以kV为单位，放电电阻（单位为Ω）也可用下式计算：

$$R = 15 \times 10^6 \frac{U_\phi^2}{Q_C} \tag{4-15}$$

对集中补偿和分组补偿方式的低压电容器组，可采用白炽灯接成星形作为放电回路；对就地补偿异步电动机的方式而言，电容器（组）可通过定子绕组放电，无须专设放电电阻；对1kV以上的高压电容器组，可利用母线上的电压互感器高压绕组作为放电装置。

2. 并联电容器的自动投切

并联电容器的容量是按正常供电情况设计的，为了留有发展余地，还有适当裕量。这样，当变电所处于低谷负载时，电容器的补偿容量势必过大，出现过补偿的情况，母线电压升高，而由式（4-12）可知，电容器的补偿容量与实际供电电压二次方成正比，电压升高会使补偿容量进一步增大，反过来又会使电压再升高。电压升高会导致变压器、电动机、电容器等设备损耗增大，影响使用寿命。若变电所处于高峰负载，电压水平低于额定供电电压，则电容器提供的补偿容量下降，并使电压进一步下降，严重时会导致局部电压崩溃。为此，集中补偿和分组补偿方式中，电容器一般分为几组使用，根据运行情况的需要自动投切，适时地调节无功补偿容量。

如何自动投切电容器，目前并无统一的准则。根据实践经验，可有下述五种方法：按母线电压的高低投切、按无功功率的方向投切、按功率因数大小进行投切、按负载电流的大小进行投切、按昼夜时间划分进行投切等。各种投切方法可有很多具体方案，这里不再详述。

4.1.5 并联电容器和谐波的相互影响[3,103,107]

补偿容量与供电电压二次方成正比，是并联电容器的缺点之一。而其更为严重的缺点是与谐波之间的相互影响[3]，包括：

1. 谐波对并联电容器的直接影响

谐波电流叠加在电容器的基波电流上，使电容器电流有效值增大，温升增大，甚至引起过热而降低电容器的使用寿命或使电容器损坏。

谐波电压叠加在电容器基波电压上，不仅使电容器电压有效值增大，并可能使电压峰值大大增加，使电容器运行中发生的局部放电不能熄灭。这往往是使电容器损坏的一个主要原因。

2. 并联电容器对谐波的放大

电容器将谐波电流放大，不仅危害电容器本身，而且会危及电网中的电气设备，严重时会造成损坏，甚至破坏电网的正常运行。

据统计，由于谐波而损坏的电气设备中，电容器约占 40% ，其串联电抗器约占 30% ，其他因谐波而损坏的电气设备也与电容器有很大关系。

在这一节中，将讨论并联电容器对谐波电流的放大及对策。

1. 并联电容器对谐波电流放大的原理

在没有电容设备且不考虑输电线路的电容时，电力系统的谐波阻抗 Z_{sn} 可由下式近似表示：

$$Z_{sn} = R_{sn} + jX_{sn} = R_{sn} + jnX_s \tag{4-16}$$

式中　R_{sn}——系统的 n 次谐波电阻；

　　　X_{sn}—— n 次谐波电抗， $X_{sn} = nX_s$ ；

　　　X_s——工频短路电抗。

设并联电容器的基波电抗为 X_C ， n 次谐波电抗为 X_{Cn} ，则

$$X_{Cn} = \frac{1}{n}X_C \tag{4-17}$$

并联了电容器后，系统的谐波等效电路如图 4-2 所示。系统的 n 次谐波阻抗变为 Z'_{sn} 。

$$Z'_{sn} = \frac{-jX_{Cn}Z_{sn}}{R_{sn} + j(X_{sn} - X_{Cn})} \tag{4-18}$$

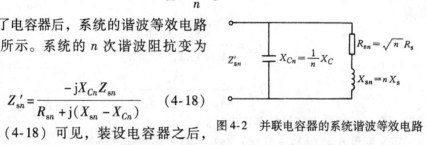

图 4-2　并联电容器的系统谐波等效电路

由式（4-18）可见，装设电容器之后，系统谐波阻抗发生变化，既可为感性，也可为容性，并且对特定频率的谐波，并联电容器可能与系统发生并联谐振，使等效谐波阻抗达到最大值。

电力系统中主要谐波源为电流源，其主要特征是外阻抗变化时电流不变。图 4-3a 所示为电力系统的简化电路，图 4-3b 所示为其谐波等效电路。图中， $\dot{I}_n$ 为谐波源的 n

次谐波电流；$\dot{I}_{sn}$为进入电网的谐波电流；$\dot{I}_{Cn}$为进入电容器的谐波电流。

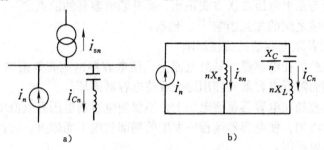

图 4-3 电力系统简化电路及谐波等效电路

a) 电路 b) 谐波等效电路

在这种情况下，$\dot{I}_{sn}$ 和 $\dot{I}_{Cn}$ 分别为

$$\dot{I}_{sn} = \frac{-jX_{Cn}}{R_{sn} + j(X_{sn} - X_{Cn})} \dot{I}_n \tag{4-19}$$

$$\dot{I}_{Cn} = \frac{R_{sn} + jX_{sn}}{R_{sn} + j(X_{sn} - X_{Cn})} \dot{I}_n \tag{4-20}$$

由上述两式看到，当 $X_{sn} = X_{Cn}$ 时，并联电容器与系统阻抗发生并联谐振，I_{sn}、I_{Cn} 均远大于 I_n，谐波电流被放大。因 $X_{sn} = nX_s$，而 $X_{Cn} = X_C/n$，故谐振点谐波次数为 $n_0 = \sqrt{X_C/X_s}$，即当谐波源中含有次数为 $\sqrt{X_C/X_s}$ 的谐波时，将引起谐振。若谐波源中含有次数接近 $\sqrt{X_C/X_s}$ 的谐波，虽不谐振，但也会导致该次谐波被放大。

2. 抑制谐波放大的方法

通常给并联电容器串接一定电抗器，改变并联电容器与系统阻抗的谐振点，以避免谐振。由于通常 $R_{sn} \ll X_{sn}$，故可忽略 R_{sn}。这样串接电抗器之后，I_{sn} 和 I_{Cn} 变为

$$I_{sn} = \frac{nX_L - X_C/n}{nX_s + (nX_L - X_C/n)} I_n \tag{4-21}$$

$$I_{Cn} = \frac{nX_s}{nX_s + (nX_L - X_C/n)} I_n \tag{4-22}$$

式中　X_L——串联电抗器的基波电抗。

定义变量 $\beta = (nX_L - X_c/n)/nX_s$，将上述两式改写为

$$\frac{I_{sn}}{I_n} = \frac{\beta}{1 + \beta} \tag{4-23}$$

$$\frac{I_{Cn}}{I_n} = \frac{1}{1 + \beta} \tag{4-24}$$

由此得出 I_{Cn}/I_n 和 I_{sn}/I_n 随 β 变化的曲线，如图 4-4 所示。

电容器与系统的并联谐振发生在 $1+\beta=0$ 即 $\beta=-1$ 处，谐振点谐波次数为 $n=n_0'=\sqrt{X_C/(X_L+X_s)}$。该谐振点谐波次数低于未串入电抗器时，且串入的电抗器电感量越大，谐波次数 n_0' 越低。因此，可通过串入电抗器的电感量大小控制并联谐振点位置，尽量避开谐波源中所包含的各次谐波。

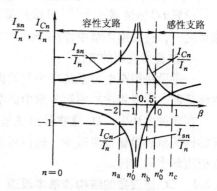

图 4-4 I_{Cn}/I_n 和 I_{sn}/I_n 随 β 变化的曲线

除谐振点处谐波被极度放大以外，随谐波次数不同，电容器支路和系统分流的情况也不同。

当 $\beta=-2$ 时，$n=n_a=\sqrt{X_C/(X_L+2X_s)}$ 时，$|I_{sn}/I_n|=2$，$|I_{Cn}/I_n|=1$；当 $\beta=-0.5$，$n=n_b=\sqrt{2X_C/(2X_L+X_s)}$ 时，$|I_{Cn}/I_n|=2$，$|I_{sn}/I_n|=1$。当 $n_a\leqslant n\leqslant n_b$ 时，同时有 $|I_{sn}|\geqslant|I_n|$ 和 $|I_{Cn}|\geqslant|I_n|$，这种情况称为谐波电流被严重放大。因此，应避免有谐波源的谐波次数处于该区域。n_a、n_b 为谐波严重放大区的临界点，串联电抗器的感抗 X_L 值越大，n_a 和 n_b 越接近，则严重放大区越小。而未串电抗器时，谐波被严重放大的区域为 $\sqrt{X_C/(2X_s)}\leqslant n\leqslant\sqrt{2X_C/X_s}$，可见串入电抗器后谐波严重放大区也缩小了，串联电抗器的电感量越大，谐波严重放大区缩小越多。

当 $n<n_a$ 时，电容器支路呈容性，流入系统的谐波电流虽比谐波源电流大，但却放大不多。

当 $\beta=0$ 即 $n=n_0''=\sqrt{X_C/(X_L+X_s)}$ 时，电容器与串联电抗器发生串联谐振，n_0'' 为谐振的谐波次数，此时谐波电流完全流入电容器支路，即电容器支路处于对 n_0'' 次谐波完全滤波的状态。

$n_b<n<n_0''$ 时，电容器支路仍呈容性，谐波源的谐波电流仅有部分流入系统，大部分流入电容器支路，故电容器支路仍起到滤波的作用。

$\beta=1$，即 $n=n_c=\sqrt{X_C/(X_L-X_s)}$ 时，$I_{Cn}=I_{sn}=I_n/2$。在 $n_0''<n<n_c$ 的范围内，电容器支路呈感性，起分流作用。当 $n>n_c$ 时，电容器支路仍呈感性，但随着 n 增大，其分流作用逐渐减弱，n 较大时，基本不起分流作用。

4.2 LC 滤波器

LC 滤波器是传统的谐波补偿装置。就目前情况而言，抑制谐波的方法可分为两大类：

1. 补偿的方法

设置 LC 滤波器[3-6,107]即属此类。有源电力滤波器也属于此类方法，是本书重点之一，将在第 7 章中详细介绍。

2. 改造谐波源的方法

一是设法提高电力系统中主要的谐波源即整流装置的相数；二是采用高功率因数整流器，后者将在本书第 8 章中详细介绍。

在各种方法中，LC 滤波器出现最早，且存在一些较难克服的缺点，但因其具有结构简单、设备投资较少、运行可靠性较高、运行费用较低等优点，因此至今仍是应用最多的方法。

4.2.1 LC 滤波器的结构和基本原理

LC 滤波器也称为无源滤波器，是由滤波电容器、电抗器和电阻器适当组合而成的滤波装置，与谐波源并联，除起滤波作用外，还兼顾无功补偿的需要。LC 滤波器又分为单调谐滤波器、高通滤波器及双调谐滤波器等几种，实际应用中常用几组单调谐滤波器和一组高通滤波器组成滤波装置。

1. 单调谐滤波器

图 4-5a 所示为单调谐滤波器的电路原理图。滤波器对 n 次谐波（$\omega_n = n\omega_s$）的阻抗为

$$Z_{\mathrm{f}n} = R_{\mathrm{f}n} + \mathrm{j}\left(n\omega_s L - \frac{1}{n\omega_s C}\right) \tag{4-25}$$

式中，下标 fn 表示 n 次单调谐滤波器。

由上式画出滤波器阻抗随频率变化的关系曲线，如图 4-5b 所示。

单调谐滤波器是利用串联 L、C 谐振原理构成的，谐振次数 n 为

$$n = \frac{1}{\omega_s \sqrt{LC}} \tag{4-26}$$

在谐振点处，$Z_{\mathrm{f}n} = R_{\mathrm{f}n}$，因 $R_{\mathrm{f}n}$ 很小，n 次谐波电流主要由 $R_{\mathrm{f}n}$ 分流，很少流入电网中。而对于其他次数的谐波，$Z_{\mathrm{f}n} \gg R_{\mathrm{f}n}$，滤波器分流很少。因此，简单地说，

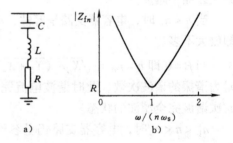

图 4-5 单调谐滤波器原理及阻抗频率特性
a）电路原理图 b）阻抗频率特性

只要将滤波器的谐振次数设定为与需要滤除的谐波次数一样，则该次谐波将大部分流入滤波器，从而起到滤除该次谐波的目的。

2. 高通滤波器

高通滤波器也称为减幅滤波器，图 4-6 给出四种形式的高通滤波器，即一阶、二阶、三阶和 C 型四种。

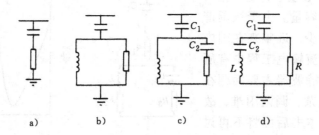

图 4-6　高通滤波器

a）一阶　b）二阶　c）三阶　d）C 型

一阶高通滤波器需要的电容量太大，基波损耗也太大，因此一般不采用。

二阶高通滤波器的滤波性能最好，但与三阶的相比，其基波损耗较高。

三阶高通滤波器比二阶的多一个电容 C_2，C_2 容量与 C_1 相比很小，它提高了滤波器对基波频率的阻抗，从而大大减少基波损耗，这是三阶高通滤波器的主要优点。

C 型高通滤波器的性能介于二阶的和三阶的之间。C_2 与 L 调谐在基波频率上，故可大大减少基波损耗。其缺点是对基波频率失谐和元件参数漂移比较敏感。

以上四种高通滤波器中，最常用的还是二阶高通滤波器，C 型高通滤波器也有较好的推广应用价值。本书中后面讨论的是二阶高通滤波器。

二阶高通滤波器的阻抗为

$$Z_n = \frac{1}{jn\omega_s C} + \left(\frac{1}{R} + \frac{1}{jn\omega_s L} \right)^{-1} \qquad (4\text{-}27)$$

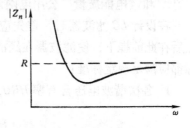

图 4-7　二阶高通滤波器的
阻抗频率特性

| Z_n | 随频率变化的曲线如图 4-7 所示，该曲线在某一很宽的频带范围内呈现为低阻抗，形成对次数较高谐波的低阻抗通路，使得这些谐波电流大部分流入高通滤波器。

3. 双调谐滤波器

除上述单调谐滤波器和高通滤波器外，在一些工程中还用到双调谐滤波器。双调谐滤波器电路如图 4-8a 所示。它有两个谐振频率，同时吸收这两个频率的谐波，其作用等效于两个并联的单调谐滤波器。图 4-8b 所示为双调谐滤波器的阻抗频率特性。

双调谐滤波器与两个单调谐滤波器相比，其基波损耗较小，且只有一个电感 L_1 承受全部冲击电压。正常运行时，串联电路的基波阻抗远大于并联电路的基波阻抗，所以并联电路所承受的工频电压比串联电路的低得多。另外，并联电路中的

电容 C_2 容量一般较小，基本上只通过谐波无功容量。由于双调谐滤波器投资较少，近年来在国内外一些高压直流输电工程中有所应用。双调谐滤波器主要问题在于结构比较复杂、调谐困难，故应用还较少。本书后面将不再讨论，有兴趣的读者可见参考文献[4]。

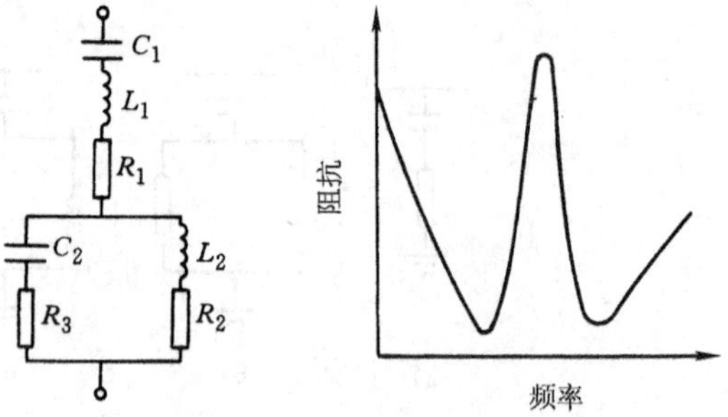

在本节后面的内容中，讨论由单调谐滤波器和二阶高通滤波器组成的滤波装置。

图 4-8　双调谐滤波器电路及阻抗频率特性

a) 电路原理图　b) 阻抗频率特性

4.2.2　LC 滤波器的设计准则[3,4]

设置 LC 滤波器的主要目的是为了抑制电网中的谐波。为保证电能质量，许多国家制定和颁发了谐波管理的标准，对谐波源向系统注入点处的谐波电压、电流限制值做出了具体的规定。我国也相继制订和颁发了《电力系统谐波管理暂行规定》[22] 和《电能质量　公用电网谐波》（国家标准）[23]。

在设计 LC 滤波器时，首先应该满足各种负载水平下对谐波限制的技术要求，然后在此前提下，使滤波器在经济上最为合理。根据国家标准，滤波性能的下列指标都应满足规定标准：

1. 各次谐波电压含有率 HRU_n

$$HRU_n = \frac{U_n}{U_1} \times 100\% \tag{4-28}$$

式中　U_n——n 次谐波电压有效值；

　　　　U_1——基波电压有效值。

2. 电压总谐波畸变率 THD_u

$$THD_u = \frac{\sqrt{\sum_{n=2}^{\infty} (U_n)^2}}{U_1} \times 100\% \tag{4-29}$$

3. 注入电网的各次谐波电流大小

如需考虑谐波对通信系统的干扰，则滤波性能还应满足电话谐波波形系数 $THFF$ 或电话干扰系数 TIF 指标的规定要求。

由于滤波装置是由各种不同形式的滤波器组合而成的，结构并非唯一，在满足前述技术要求的前提下，可有多种不同的滤波装置方案。在工程上，往往选择最经济的方案，为此需要对不同的方案作经济分析。目前我国广泛使用的经济分析方法如下。

设 m 为施工年数；n 为工程的经济使用年限；r_0 为经有关领导部门规定的电力工业投资回收率，或称电力工业投资利润率；Z_t 为第 t 年的投资。折算到第 m 年的总投资 Z 及折算年年运行费用 u 分别为

$$Z = \sum_{t=1}^{m} Z_t (1 + r_0)^{m-t} \tag{4-30}$$

$$u = \frac{r_0(1 + r_0)^n}{(1 + r_0)^n - 1} \Big[\sum_{t=t'}^{m} u_t (1 + r_0)^{m-t} + \sum_{t=m+1}^{m+n} u_t \frac{1}{(1 + r_0)^{t-m}} \Big] \tag{4-31}$$

式中 t'——工程部分投产的年份。

令 N_F 为从 $m+1$ 年到 $m+n$ 年期间的平均年费用，则 N_F 为

$$N_F = Z \Big[\frac{r_0(1 + r_0)^n}{(1 + r_0)^n - 1} \Big] + u \tag{4-32}$$

经济计算中所用符号的意义如图 4-9 所示。

年费用的计算是在技术方案确立后才进行的。首先求得滤波装置各元件参数，按它们的经济价格求出第 t 年的投资 Z_t 及总投资 Z，同时由潮流计算得出各元件的损耗。然后按年电能损耗及设备维护折旧率得出年运行费 u_t，最后应用式(4-30) ~ 式(4-32)求得年费用 N_F，作为方案的经济指标。

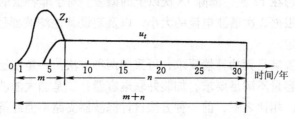

图 4-9　经济计算中投资及年运行费分布示意图

除以上技术要求和经济分析外，设计滤波装置还应考虑：

1）单调谐滤波器的谐振频率会因电容、电感参数的偏差或变化而改变，电网频率会有一定波动，这将导致滤波器失谐。设计时应保证在正常失谐的情况下滤波装置仍能满足各项技术要求；

2）电网阻抗变化会对滤波装置尤其是其中的单调谐滤波器的滤波效果有较大影响，而更为严重的是，电网阻抗与滤波装置有发生并联谐振的可能，设计时必须予以充分考虑。

根据以上准则，提出设计滤波装置设计的一般步骤如下：

1. 准备设计的原始数据

1）设计前必须对电力系统的运行进行谐波分析，求出系统中谐波源向电力系统注入的各次谐波电流；

2）对电力系统做谐波阻抗分析，求出谐波阻抗圆和最大阻抗角；

3）确定电力系统频率的最大正负偏差量；

4）按国家标准的规定，确定各次谐波电流、各次谐波电压含量及电压总谐波畸变率的极限值；

5）确定滤波装置应提供的无功补偿容量大小；

6）确定电力系统中的背景谐波。滤波装置往往是为特定谐波源设置的，但系统中可能存在其他谐波源，它们产生的谐波电流也会流入谐波装置，从而增加滤波装置的负担，若不考虑这些谐波，则滤波装置较易发生过载。如缺乏准确的资料，也应做粗略的估计。例如，在某些工程中，将流经各滤波器的谐波电流增大 10%来考虑背景谐波的影响。

2. 确定滤波装置的构成

滤波装置的构成主要是指由几组单调谐滤波器构成的、是否装设高通滤波器、其截止频率如何选取，以及采用何种方式满足无功补偿的要求。

单调谐滤波器主要用于滤除谐滤源中的主要特征谐波。若谐波源为整流装置，一般只需设置滤除奇次谐波的滤波器。例如，谐波源为六相整流装置时，可设 5 次、7 次、11 次等单调谐滤波器。若还需滤除更高频率的谐波，可设一组高通滤波器，将截止频率选在 12 次，滤除 13 次以上的谐波。对于非特征的 3 次谐波，是否装设滤波器，应根据 3 次谐波电流的大小，以及装设其他滤波器后是否可能发生 3 次谐波谐振来决定。

要使滤波装置满足无功补偿要求，可采用两种方法：一是按滤波要求设计滤波装置，如其无功容量不满足要求，加装并联电容器；二是加大滤波器容量，使其满足无功补偿要求。相比之下，前一种方法设计滤波器支路不但经济合理，而且调节补偿电容器的无功功率时，对滤波效果的影响较小。

3. 滤波装置中各滤波器的初步设计

初步确定各单调谐滤波器、高通滤波器中各元器件参数、容量等。具体设计方法稍后介绍。

4. 滤波装置的最后确定

单独设计好各个滤波器之后，应对以下几方面进行进一步的计算和校核。

1）计算滤波器之间的相互影响。滤波器之间的相互影响甚至会超过系统谐波阻抗对滤波器的影响。在滤波装置初步确定之后，可对每个滤波器重新设计，设计每个滤波器时将系统谐波阻抗与其他滤波器的阻抗作为设计时总的系统谐波阻抗。

由各滤波器的基波无功容量和系统运行所需的无功补偿要求，确定并联补偿电容器的容量。

考虑并联电容器的影响，进一步修正滤波器参数。以上过程一般经过 3 ~ 4 个循环即可达到工程设计要求。

2）校核滤波装置是否满足谐波抑制的要求及对通信系统干扰的要求。若不满足要求，应修正相应滤波器参数，直至满足要求，便可确定滤波装置最终参数。

3）滤波装置参数确定后，应对系统进行谐波潮流计算，若出现在低次非特征谐波情况下有谐振现象，则应考虑装设 3 次滤波器。

4）对不同方案进行经济分析，按年费用最小作最佳选择，最终确定滤波方案。

在以下两节中，介绍单调谐滤波器和高通滤波器的具体设计方法。

4.2.3 单调谐滤波器的设计

1. 单调谐滤波器的失谐

在 4.2.1 节中，已简述单调谐滤波器的基本原理，在设计时，首先需考虑滤波器失谐问题。

电力系统在实际运行时的频率 f_s 与其额定值 f_{sN} 总有一定偏差，这将使各次谐波频率发生相应的偏移。这样，当取滤波器的谐振频率与系统额定频率下的某次谐波频率相等时，在系统频率发生偏移时两者不再相等。这时，滤波器阻抗偏离其极小值，使滤波效果变差，这种情况称为滤波器的失谐。另外，电容器和电感线圈的参数，在运行过程中会因周围温度的变化、自身发热和电容器绝缘老化等影响而发生变化，在安装和调试过程中也会存在误差，从而使实际参数和相应的谐振频率偏离设计值，导致滤波器失谐。设计时常将由参数偏差 ΔL 和 ΔC 所引起的谐振频率相对变化量，应用谐振频率与 $\sqrt{LC}$ 成反比的关系，等效地近似处理为系统频率的偏差，从而得出总的等效频率偏差或总失谐度

$$\delta_{eq} = \frac{\Delta f}{f_n} + \frac{1}{2}\left(\frac{\Delta L}{L} + \frac{\Delta C}{C}\right) \tag{4-33}$$

式中，$\Delta f = f - f_n$。

设计时，必须考虑可能的最大正频率偏差值 $+\delta_m$ 和最大负频率偏差值 $-\delta_m$。式（4-33）中的 Δf、ΔL、ΔC 均可能有正有负，确定最大频率偏差时，应考虑最严重的组合。

考虑失谐因素时，滤波器的性能不是简单地仅由谐振频率下的阻抗来决定的，还取决于谐振频率附近的阻抗特性。

令电网角频率偏差为 $\Delta\omega = \omega_s - \omega_{sN}$（$\omega_{sN}$ 为额定电网角频率），相对角频率偏差 δ 为

$$\delta = \frac{\omega_s - \omega_{sN}}{\omega_{sN}} \tag{4-34}$$

于是

$$Z_{fn} = R_{fn} + j \left[n(1+\delta)\omega_{sN}L - \frac{1}{n(1+\delta)\omega_{sN}C} \right] \qquad (4\text{-}35)$$

定义滤波器的调谐锐度为谐振频率 ω_r 下 L 或 C 的电抗 X_0 与 R_{fn} 的比值：

$$Q = \frac{X_0}{R_{fn}} = \frac{\omega_r L}{R_{fn}} = \frac{1}{\omega_r C R_{fn}} \qquad (4\text{-}36)$$

考虑到通常 $\delta \ll 1$，$\delta^2 \approx 0$，由式（4-34）和式（4-35）可推导得出

$$Z_{fn} \approx R_{fn}(1 + j2\delta Q) = X_0\left(\frac{1}{Q} + j2\delta\right) \qquad (4\text{-}37)$$

$$|Z_{fn}| \approx R_{fn}\sqrt{1 + 4\delta^2 Q^2} = X_0\sqrt{Q^{-2} + 4\delta^2} \qquad (4\text{-}38)$$

进一步考虑由电容器和电感线圈引起的失谐，上两式中 δ 应由 δ_{eq} 替换，于是有

$$Z_{fn} \approx R_{fn}(1 + j2\delta_{eq}Q) = X_0\left(\frac{1}{Q} + j2\delta_{eq}\right) \qquad (4\text{-}39)$$

$$|Z_{fn}| \approx R_{fn}\sqrt{1 + 4\delta_{eq}^2 Q^2} = X_0\sqrt{Q^{-2} + 4\delta_{eq}^2} \qquad (4\text{-}40)$$

如果不考虑滤波器连接处系统阻抗的影响，则谐波电压仅由 Z_{fn} 确定。显然，Q 值越大，$|Z_{fn}|$ 越小，滤波效果越好。$Q = \infty$ 时，$R_{fn} = 0$，$|Z_{fn}| = 2\delta_{eq}X_0$，在给定的 X_0 和 δ_{eq} 下，谐波电压最小。但实际上电感线圈总有一定的电阻，Q 必为有限值。如果某一 Q 值下谐波电压达不到滤波要求，应减小 X_0，降低 Q 值，使滤波器阻抗平坦些，以满足失谐情况下的滤波要求。图 4-10 所示为不同参数时滤波器的阻抗频率特性，具体参数见表 4-1。

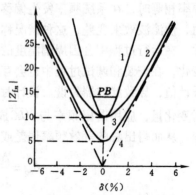

图 4-10 单调谐滤波器阻抗与总失谐度的关系

表 4-1 图 4-10 中四条曲线对应的参数

曲线	R_{fn}/Ω	$X_0 = \omega_r L/\Omega$	q	δ_m（%）
1	10	500	50	±1
2	10	250	25	±2
3	5	250	50	±1
4	0	250	—	—

事实上，滤波器总是与系统相连的，系统阻抗对滤波效果的影响必须考虑，这

种情况下，滤波的效果由滤波器与系统的综合阻抗确定，为获得最优的滤波效果，需要选择最佳 Q 值。此外，从经济性角度考虑，应使电容器的安装容量为最小。以下就分别介绍最佳 Q 值的选择和最小电容器安装容量的确定。

2. 最佳调谐锐度值 Q_{opt} 的确定

图 4-10 所示为单调谐滤波器的阻抗轨迹。由式（4-36）知，当 $X_0 = \omega_r L = 1/(\omega_r C) = \sqrt{L/C}$ 为给定值时，滤波器的电抗 $X_{fn} = 2\delta_m X_0$ 将为定值，而电阻 $R_{fn} = X_0/Q$ 则随着 Q 值的不同而改变。在此情况下，Z_{fn} 在阻抗平面上的轨迹将是一条水平线，如图 4-11 所示。

将阻抗轨迹映射到导纳平面上为一半圆，如图 4-12 所示。半圆的直径为 $1/(2\delta_m X_0)$，并与 G 轴相切于原点。导纳平面上的各点均可在阻抗平面上找到相应的点。例如 Z 平面上的 S 点，$Q = 1/(2\delta_m)$（Z_{fn} 用虚线示出），$\varphi_{fn} = 45°$，相应地在 Y 平面上作 $\varphi_{fn} = -45°$ 的导纳相量 $\overline{OS}$（虚线所示），其 Q 值亦为 $1/(2\delta_m)$。

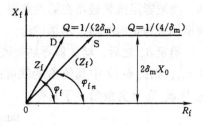

图 4-11　单调谐滤波器的阻抗轨迹

图 4-12 中的阴影部分为系统的谐波导纳平面，它由系统谐波阻抗映射得来。在缺乏系统详细参数时，可用系统最大阻抗角描述系统谐波阻抗，认为全部谐波阻抗都在最大阻抗角的范围内。根据经验，最大阻抗角一般在 $\pm 80° \sim \pm 85°$ 范围内。鉴于系统谐波阻抗难以准确计算，这样的处理方法较为实用。

单调谐滤波器是与系统并联的，因此从谐波源一侧向系统看，综合谐波导纳为 $Y_{sf} = Y_{fn} + Y_s$（Y_s 为系统导纳）。Y_{fn} 的端点轨迹在图 4-12 中半圆的圆周上。设 Y_{fn} 对应于图 4-12 中的 $\overline{OD}$，从 D 点可做出

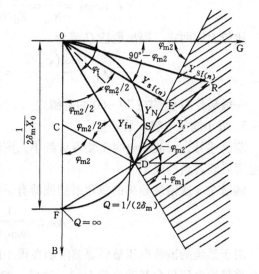

图 4-12　单调谐滤波器导纳轨迹及系统导纳平面

系统导纳 Y_s 的变化范围，如图中阴影部分所示。若 Y_s 对应于图中的 $\overline{DR}$，则由 Y_{fn} 与 Y_s 相加所得的综合谐波导纳 Y_{sf} 为图中的 $\overline{OR}$。交流母线上的谐波电压 $U(n) = I(n)/Y_{sf}$，与综合谐波导纳成反比。因此，考虑系统谐波导纳最不利的情况，应

使 Y_{sf} 为最小值，即 Y_{sf} （$\overline{OE}$） 应垂直于系统谐波导纳阴影的边界线 （$\overline{DE}$）。这样，在设计时，为了获得最佳的滤波效果，即使交流母线上的谐波电压最小，选取最佳 Q 值时应使该 Q 值下按上述方法决定的 Y_{sf} 的最小值达到极大。而这相当于要求系统谐波导纳的阴影部分在其顶点 D 处与滤波器导纳圆相切。这样得出的 Y_{fn} 及相应的 Q_{opt}，能使系统在最不利情况下获得最佳的滤波效果。

此外，由图 4-12 可见，若频偏 δ_{eq} 减小，滤波器导纳轨迹半圆的半径将增大，从而增大 Y_{sf}，使得 $U(n)$ 减小。因此设计时，δ_{eq} 取最大值 δ_m 才能保证在不同情况下 $U(n)$ 均不超过极限值。对于频率偏差为负 （$-\delta_m$） 的情况，由式 （4-39） 知，滤波器阻抗轨迹将在第四象限，相应的导纳轨迹则在第一象限中，具体分析与频率偏差为正时类似，不再讨论。

给定 δ_m 之后，滤波器导纳轨迹半圆的直径随之确定。如已知系统的最大阻抗角 φ_m，则图 4-12 中其他角度就可由图形中的几何关系得出，其中滤波器阻抗角 φ_{fn} 与 $\varphi_m/2$ 互为余角，于是有

$$\tan\varphi_{fn} = \cot(\varphi_m/2) \tag{4-41}$$

另由式 （4-39） 可得

$$\tan\varphi_{fn} = \frac{X_{fn}}{R_{fn}} = \frac{2\delta_m X_0}{X_0/Q} = 2\delta_m Q \tag{4-42}$$

比较上述两式，得出最佳 Q 值为

$$Q_{opt} = \frac{\cot(\varphi_m/2)}{2\delta_m} = \frac{\cos\varphi_m + 1}{2\delta_m \sin\varphi_m} \tag{4-43}$$

一般最佳 Q 值约在 30 ~ 60 的范围内。

3. 最小滤波电容安装容量

前已述及，滤波器电容安装容量最小，则滤波器投资最少。下面就分析最小滤波电容安装容量的确定。

调谐在 n 次谐波频率的单调谐滤波器有下列关系：

$$n\omega_s L = \frac{1}{n\omega_s C} \tag{4-44}$$

由于系统的谐波电压最终要被限制在很小的数值内，可予以忽略，即可认为系统交流母线电压只含基波分量 $U_{(1)}$。这样，滤波支路除流过 n 次谐波电流 $I_{f(n)}$ 外，还流过由 $U_{(1)}$ 引起的基波电流 $I_{f(1)}$。

$$I_{f(1)} = \frac{U_{(1)}}{\dfrac{1}{\omega_s C} - \omega_s L} = \omega_s C \frac{n^2}{n^2 - 1} U_{(1)} \tag{4-45}$$

由于滤波电容器中既有基波电流 $I_{f(1)}$ 流过，又有谐波电流 $I_{f(n)}$ 流过，故其安装

容量 $S_{(n)}$ 应为基波无功容量 $Q_{(1)}$ 与谐波无功容量 $Q_{(n)}$ 之和，即

$$S_{(n)} = Q_{(1)} + Q_{(n)} = \frac{1}{\omega_s C} I_{f(1)}^2 + \frac{1}{n\omega_s C} I_{f(n)}^2 \tag{4-46}$$

滤波支路输出的基波无功容量为

$$Q_1 = U_{(1)} I_{f(1)} = \omega_s C \frac{n^2}{n^2 - 1} U_{(1)}^2 \tag{4-47}$$

利用式（4-47）及式（4-45），将式（4-46）改写为

$$S_{(n)} = \frac{n^2}{n^2 - 1} \left[Q_1 + \frac{U_{(1)}^2 I_{f(n)}^2}{nQ_1} \right] \tag{4-48}$$

取基准容量为 $S_B = U_{(1)} I_{f(n)}$，上式可写成标幺值形式：

$$S_{(n)}^* = \frac{n^2}{n^2 - 1} \left(Q_1^* + \frac{1}{nQ_1^*} \right) \tag{4-49}$$

式中　$S_n^* = \dfrac{S_n}{S_B}$；

$\qquad Q_1^* = \dfrac{Q_1}{S_B}$。

由上式可求得当 $Q_1^* = 1/\sqrt{n}$ 时，S_n^* 为最小，且为

$$S_{(n)\min}^* = \frac{2}{\sqrt{n}} \frac{n^2}{n^2 - 1} \tag{4-50}$$

相应地输出基波无功容量为

$$Q_{L\min} = \frac{1}{\sqrt{n}} U_{(1)} I_{f(n)} = \omega_s C_{\min} \frac{n^2}{n^2 - 1} U_{(1)}^2 \tag{4-51}$$

因此，得出最小滤波电容安装容量所对应的电容量为

$$C_{\min} = \frac{I_{f(n)}}{U_{(1)} \omega_s} \cdot \frac{n^2 - 1}{\sqrt{n} n^2} \tag{4-52}$$

取交流系统的统一基准值，将上式写作标幺值的形式，得

$$C_{\min}^* = \frac{I_{f(n)}^*}{U_{(1)}^*} \cdot \frac{n^2 - 1}{\sqrt{n} n^2} \approx I_{f(n)}^* \cdot \frac{n^2 - 1}{\sqrt{n} n^2} \tag{4-53}$$

4. 电感和电阻参数

电感器的电感值 L 为

$$L = \frac{X_0}{n\omega_s} = \frac{1}{n\omega_s C_{\min}} \cdot \frac{1}{n\omega_s} = \frac{1}{n^2 \omega_s^2 C_{\min}} \tag{4-54}$$

滤波支路电阻为

$$R_{fn} = \frac{X_0}{Q_{opt}} = \frac{n\omega_s L}{Q_{opt}} \tag{4-55}$$

若电感器内部所含电阻 r 不够，则需外加电阻器。电感器本身的品质因数用 Q_L 表示。外加电阻器的阻值为

$$R = R_{fn} - r = \frac{n\omega_s L}{Q_{opt}} - \frac{\omega_s L}{Q_L} = \left(\frac{n}{Q_{opt}} - \frac{1}{Q_L} \right) \omega_s L \tag{4-56}$$

4.2.4 高通滤波器的设计

图 4-6b 所示的二阶高通滤波器的阻抗如式（4-27）所示，可化为

$$Z_n = \frac{R + (n\omega_s L)^2}{R^2 + (n\omega_s L)^2} + k \left[\frac{nR^2 \omega_s L}{R^2 + (n\omega_s L)^2} - \frac{1}{n\omega_s C} \right] \tag{4-57}$$

从二阶高通滤波器的结构和以上的阻抗表达式均可看出，当 $R \to \infty$ 时，高通滤波器将转化成单调谐滤波器，其谐振角频率为 $\omega_r = 1/\sqrt{LC}$；当 $\omega \to \infty$ 时，$Z_n = R$，滤波器的阻抗为 R 所限制。实际上，在谐波角频率高于一定角频率之后，滤波器在很宽的频带范围内具有低阻抗特性（$|Z_n| \leqslant R$），实现了高通滤波。

对于高通滤波器，定义 Q 值为

$$Q = \frac{R}{X_0} \tag{4-58}$$

在高通滤波器中，定义的 Q 值和在单调谐滤波器中定义的 Q 值不同，但在用 Q 值来反映滤波器的调谐锐度方面是一致的。在单调谐滤波器中，串联电阻越小，其调谐曲线越尖锐。而在高通滤波器中，电阻是与电感并联连接的，因此电阻值越大，调谐曲线越尖锐。所以，这样定义的高通滤波器的 Q 值，也是用来表示滤波器的调谐锐度。

在设计高通滤波器时，首先要确定所抑制的谐波次数。根据已经采用的单调谐滤波器的配置情况，并考虑到滤波对象的谐波情况，确定高通滤波器所要抑制的谐波次数。

高通滤波器的特性可以由以下两个参数来描述：

$$f_0 = \frac{1}{2\pi RC} \tag{4-59}$$

$$m = \frac{L}{R^2 C} \tag{4-60}$$

式（4-59）中，f_0 称为截止频率，高通滤波器的截止频率一般选为略高于所装设的单调谐滤波器的最高特征谐波频率。在频率 $f = f_0 \sim \infty$ 的频率范围内，滤波器的阻抗是小于其电阻 R 的一个低阻抗。式（4-60）中的 m 是一个与 Q 直接有关的参数，直接影响着滤波器调谐曲线的形状。一般 Q 值取为 $0.7 \sim 1.4$，相应的 m 值在

$2 \sim 0.5$ 之间。由于高通滤波器的运行特性对频率失谐度不敏感，而且在相当宽的频带范围内，其阻抗大致相等，所以不存在选择最佳 Q 值的问题。

在高通滤波器 R、L、C 三个参数中，按照滤波电容的最小安装容量要求，可确定电容量为

$$C^* = C^*_{\min} \approx \sqrt{\sum_{i=k}^{n} \frac{I^*_{f(n_i)}}{n_i}} \tag{4-61}$$

式中 n_i（$i = k, \cdots, n$）——由高通滤波器滤除的谐波的次数。

C 值确定之后，可确定滤波器的 R、L 值。令

$$n_k = \frac{f_0}{f_{(1)}} = \frac{1}{2\pi f_{(1)} RC} = \frac{1}{\omega_{(1)} RC}$$

则

$$R = \frac{1}{n_k \omega_{(1)} C} \tag{4-62}$$

再由式（4-59）和式（4-60）可得

$$L = mR^2 C = \frac{m}{\omega^2_{(k)} C} \tag{4-63}$$

由参考文献 [3] 中的分析可知，m 值越小（或者 Q 值越大），则滤波器的损耗越小，因此上式中一般取 $m = 0.5$。

本章介绍了传统的无功补偿方法——采用并联电容器补偿无功，这是目前应用最多的无功补偿方法。使用时可选择不同的补偿方式，以达到最佳的补偿效果。并联电容器补偿无功简单、易实现，但它会与电网中的谐波产生相互影响，本章介绍了其原理和解决方法，使用中需特别注意。

本章还介绍了传统的谐波抑制方法——LC 无源滤波器。LC 无源滤波器通常由几组单调谐滤波器和高通滤波器构成。本章分别介绍了单调谐滤波器和高通滤波器的基本原理、设计方法以及 LC 滤波器的设计准则。

第5章　静止无功补偿装置

第4章中介绍的无功补偿电容器是传统的无功补偿装置，其阻抗是固定的，不能跟踪负载无功需求的变化，也就是不能实现对无功功率的动态补偿。而随着电力系统的发展，对无功功率进行快速动态补偿的需求越来越大。

传统的无功功率动态补偿装置是同步调相机（Synchronous Condenser，SC）。它是专门用来产生无功功率的同步电机，在过励磁或欠励磁的不同情况下，可以分别发出不同大小的容性或感性无功功率。自20世纪20年代以来的几十年中，同步调相机在电力系统无功功率控制中一度发挥着主要作用。然而，由于它是旋转电机，因此损耗和噪声都较大，运行维护复杂，而且响应速度慢，在很多情况下已无法适应快速无功功率控制的要求。所以20世纪70年代以来，同步调相机开始逐渐被静止无功补偿装置（SVC）所取代，目前有些国家甚至已不再使用同步调相机。

早期的静止无功补偿装置是饱和电抗器（Saturated Reactor，SR）型的。1967年，英国GEC公司制成了世界上第一批饱和电抗器型静止无功补偿装置。此后，各国厂商纷纷推出各自的产品。饱和电抗器与同步调相机相比，具有静止型的优点，响应速度快；但是由于其铁心需磁化到饱和状态，因而损耗和噪声都很大，而且存在非线性电路的一些特殊问题，又不能分相调节以补偿负载的不平衡，所以未能占据静止无功补偿装置的主流。

电力电子技术的发展及其在电力系统中的应用，将使用晶闸管的静止无功补偿装置推上了电力系统无功功率控制的舞台。1977年美国GE公司首次在实际电力系统中演示运行了其使用晶闸管的静止无功补偿装置。1978年，在美国电力研究院（Electric Power Research Institute，EPRI）的支持下，西屋电气公司（Westinghouse Electric Corp）制造的使用晶闸管的静止无功补偿装置投入实际运行。随后，世界各大电气公司都竞相推出了各具特点的系列产品。我国西安电力机械制造公司和电力科学研究院等企业也已先后具备了自行设计制造这类装置的能力，自20世纪80年代末以来，已先后承接了多个此类工程，并向国外出口。

由于使用晶闸管的静止无功补偿装置具有优良的性能，所以，近20多年来，在世界范围内其市场一直在迅速而稳定地增长，已占据了静止无功补偿装置的主导地位。因此静止无功补偿装置（SVC）这个词往往是专指使用晶闸管的静止无功补偿装置，包括晶闸管控制电抗器（TCR）和晶闸管投切电容器（TSC），以及这两者的混合装置（TCR + TSC），或者晶闸管控制电抗器与固定电容器（FC）或机械投切电容器（Mechanically Switched Capacitor，MSC）混合使用的装置（如 TCR +

MSC 等)。本章在对动态无功补偿的原理做简要分析之后，将分别对晶闸管控制电抗器和晶闸管投切电容器这两种主要的静止无功补偿装置作详细介绍。

随着电力电子技术的进一步发展，20 世纪 80 年代以来，一种更为先进的静止无功补偿装置出现了，这就是采用自换相变流电路的静止无功补偿装置，本书称之为静止无功发生器（Static Var Generator，SVG），也有人称之为高级静止无功补偿器（Advanced Static Var Compensator，ASVC）、静止调相器（Static Condenser，STATCON），或者静止补偿器（Static Compensator，STATCOM）。本章将在 5.4 节对这种新型静止无功补偿装置作细致介绍。

最后，在本章结尾，作者将对各种无功补偿装置作简单对比，并就有关的发展趋势作一讨论。

5.1 无功功率动态补偿的原理

对电力系统中无功功率进行快速的动态补偿，可以实现如下的功能[103,108]：

1) 对动态无功负载的功率因数校正。
2) 改善电压调整率。
3) 提高电力系统的静态和动态稳定性，阻尼功率振荡。
4) 降低过电压。
5) 减少电压闪烁。
6) 阻尼次同步振荡。
7) 减少电压和电流的不平衡。

应当指出，以上这些功能虽然是相互关联的，但实际的静止无功补偿装置往往只能以其中某一条或某几条为直接控制目标，其控制策略也因此而不同。此外，这些功能有的属于对一个或几个在一起的负载的补偿效果（负载补偿），有的则是以整个输电或配电系统性能的改善和传输能力的提高为目标（系统补偿），而改善电压调整率、提高电压的稳定度，则可以看作是两者的共同目标。在不同的应用场合，对无功补偿装置容量的要求也不一样。以电弧炉、电解、轧机等大容量工业冲击负载为直接补偿对象的无功补偿装置，要求的容量较小，而以电力系统性能为直接控制目标的系统用无功补偿装置，则要求具有较大的容量，往往达到几十或几百兆乏。

补偿功率因数的功能及原理是大家熟知的，下面仅以改善电压调整的基本功能为例，对无功功率动态补偿的原理作一简要介绍。

图 5-1a 所示为系统、负载和补偿器的单相等效电路，其中补偿器可由前述任一种无功补偿装置实现。图中，U 为系统线电压；R 和 X 分别为系统电阻和电抗。设负载变化很小，故有 $\Delta U \ll U$，则假定 $R \ll X$ 时，反映系统电压与无功功率关系的特性曲线如图 5-1b 中实线所示，由于系统电压变化不大，其横坐标也可换为无

功电流。可以看出，该特性曲线是向下倾斜的，即随着系统供给的无功功率 Q 的增加，供电电压下降。实际上，由电力系统中的分析可知[103]，系统的特性曲线可近似用下式表示：

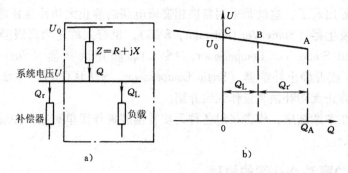

图 5-1　无功功率动态补偿的原理

a) 单相电路　b) 动态补偿原理

$$U = U_0\left(1 - \frac{Q}{S_{sc}}\right) \tag{5-1}$$

或者写为

$$\frac{\Delta U}{U_0} = -\frac{\Delta Q}{S_{sc}} \tag{5-2}$$

式中　U_0 ——无功功率为零时的系统电压；

　　　　S_{sc} ——系统短路容量。

可见，无功功率的变化将引起系统电压成比例地变化。

投入补偿器之后，系统供给的无功功率为负载和补偿器无功功率之和，即

$$Q = Q_L + Q_r \tag{5-3}$$

因此，当负载无功功率 Q_L 变化时，如果补偿器的无功功率 Q_r 总能够弥补 Q_L 的变化，从而使 Q 维持不变，即 $\Delta Q = 0$，则 ΔU 也将为 0，供电电压保持恒定。这就是对无功功率进行动态补偿的原理。图 5-1b 所示为进行动态的无功补偿，并使系统工作点保持在

$$Q = Q_A = 常数$$

的示意图。当使系统工作点保持在 $Q = 0$ 处，即图中的 C 点时，就实现了功率因数的完全补偿。可见补偿功率因数的功能可以看作是改善电压调整的功能的特例。

在工程实际中，为了分析方便，常常把负载也包括在系统之内考虑，总体等效为一个串联一定内阻的电压源，即将图 5-1a 中点画线框内的部分等效为图 5-2a 中点画线框内的部分，并忽略内部阻抗中的电阻，而电抗记为 X_s。等效后系统电源电压为等效前

连接点处未接补偿器时的电压。另外，由于补偿器具有维持连接点电压恒定的作用，故可以将其视为恒定电压源，电压值取为系统未接补偿器（即补偿器吸收的无功电流为零）时连接点处的正常工作电压，也就是图5-1中补偿器未接且负载无功不变时的供电电压，记为U_{ref}。其电压-电流特性如图5-2b所示，为一水平直线，由于电流为无功电流，电压又维持一定，因此也可以看作电压-无功功率特性曲线。这样，整个等效电路即如图5-2a所示。

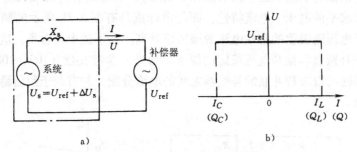

图5-2　理想补偿器的等效电路及特性

a）等效电路　b）电压-电流（无功功率）特性

当图5-1a中未接补偿器而由于某种原因（例如负载无功的变化）使连接点处电压变化ΔU_{s}时，也就是在图5-2a中系统电源电压变化ΔU_{s}时，接入补偿器后，连接点电压即可以回到正常值。由图5-2a可得，此时补偿器所吸收的无功功率应为

$$Q_{\text{r}} = \frac{\Delta U_{\text{s}} U_{\text{ref}}}{X_{\text{s}}} \tag{5-4}$$

换句话说，一台可吸收无功功率为Q_{r}的补偿器，可以补偿的系统电压变化为

$$\Delta U_{\text{s}} = \frac{X_{\text{s}} Q_{\text{r}}}{U_{\text{ref}}} \tag{5-5}$$

注意，按照电力系统中的常规做法，这里采用的是标幺制，各量均为标幺值，故三相电路与单相电路的公式是一样的，且与三相的联结方式无关[109]。

例如，一台 +50Mvar、-20Mvar 的补偿器（即可输出 +50Mvar ~ -20Mvar）的无功功率，或者说最大可吸收容性无功功率 50Mvar，感性无功功率 20Mvar，接在短路容量为 1000MVA 的系统母线上，容量基准值取 100MVA，电压基准值取U_{ref}，则

$$X_{\text{s}} = \frac{U_{\text{ref}}^2}{S_{\text{sc}}} = \frac{1}{10} = 0.1(\text{pu})$$

故该补偿器可以补偿的电压升高为

$$\Delta U_{\text{s}} = \frac{X_{\text{s}} Q_{\text{L}}}{U_{\text{ref}}} = \frac{0.1 \times 0.2}{1} = 0.02(\text{pu})$$

可以补偿的电压下降为

$$\Delta U_s = \frac{X_s Q_C}{U_{ref}} = \frac{0.1 \times 0.5}{1} = 0.05 (pu)$$

以上所讨论的补偿器具有水平的电压－电流特性曲线，能维持连接点电压恒定不变，被称为完全补偿器或理想补偿器（这是广义的称呼，严格地讲，理想补偿器还应该包括没有响应时延、没有损耗等要求）。实际的静止无功补偿装置一般不设计成具有水平的电压－电流特性，而是设计成具有图 5-3b 所示的倾斜特性，倾斜的方向是电压随吸收的感性电流的增加而升高。在下述中将看到，这种倾斜的特性可以兼顾补偿器容量和电压稳定的要求。另外，参考文献 [103，108] 还指出，这种倾斜特性可以改善并联的补偿器之间的电流分配，并有利于预留稳定要求的无功功率备用。

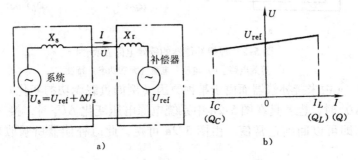

图 5-3　实际补偿器的等效电路及特性

a) 等效电路　b) 电压－电流（无功功率）特性

电压－电流特性的斜率表明，补偿器电压随无功电流的变化而有一定的变化，因此其等效电路可以看作在恒定电压源的基础上还串联了一个等效电抗 X_r，如图 5-3a 所示。由该等效电路可得，当未接补偿器时，由于负载无功的变化所引起连接点电压的变化为 ΔU_s 时，也即等效电路中若系统电源电压变化为 ΔU_s 时，则投入补偿器后补偿器吸收的无功功率为

$$Q_r = \frac{\Delta U_s U_{ref}}{X_s + X_r} \tag{5-6}$$

可见，与理想补偿器相比，所需吸收的无功功率减小了。而连接点电压并不像理想补偿时那样保持原正常值不变，而是变化了

$$\Delta U = \Delta U_s \frac{X_r}{X_s + X_r} \tag{5-7}$$

这样，在前面所举的那个例子中，如果采用具有倾斜特性的补偿器，例如吸收 50Mvar 容性无功功率时斜率为 5%，即吸收 50Mvar 容性无功功率时补偿器电压下降 0.05pu，则有

$$0.05 = IX_r = \frac{Q_C}{U_{ref}}X_r$$

可得

$$X_r = 0.05\frac{U_{ref}}{Q_C} = 0.05\frac{1}{0.5} = 0.1(pu)$$

因此，由式（5-6）可得，当系统电源电压下降5%时补偿器所需吸收的容性无功功率为

$$Q_C = \frac{0.05 \times 1}{0.1 + 0.1} = 0.25(pu)$$ （有名值即为25Mvar）

而补偿系统电源电压升高2%时所需吸收的感性无功功率为

$$Q_L = \frac{0.02 \times 1}{0.1 + 0.1} = 0.1(pu)$$ （有名值即为10Mvar）

可见，所需容量分别比理想补偿器所需容量减小了一半。但是连接点电压不能像理想补偿那样保持恒定。由式（5-7）可得，当系统电压下降5%时，连接点电压下降2.5%；而当系统电压上升2%时，连接点电压上升1%。也就是说，能维持连接点电压变化为系统电源电压变化一半的补偿器，所需容量为理想补偿器的一半。这就是所谓的补偿器容量与电压调整之间的折中问题。补偿器特性的斜率取决于其控制系统的参数，实际工程中，一般调整到0%～10%之间，最常用的是2%～5%[108]。

从图5-2a和5-3a可以看出，系统和补偿器之间是串联而构成回路的关系，所以工程实际中还常常应用求系统的负载特性与补偿器电压-电流特性交点的方法来分析静止无功补偿器的工作点。

对图5-2a或图5-3a中的系统这一侧来讲，都是将无功负载包含在内的。当不包含无功负载时，系统的负载特性曲线和表达式分别如图5-1b和式（5-1）所示。当将无功负载包含在内后，系统的负载特性曲线的形状是类似的，即随着其输出的感性无功电流的增加其输出电压下降，只不过在纵轴上的截距由 U_0 变为 U_{ref}，即带无功负载而未接补偿器时连接点的正常工作电压，而由于无功负载容量一般远小于系统短路容量，可以认为特性曲线的斜率基本上与不包含无功负载时一样。当无功负载变化时，特性曲线在纵轴上的截距改变，而斜率基本不变。

图5-4中的斜线 l_1 和 l_2 就分别是系统中无功负载正常和无功负载增大时的负载特性，而 l_3 和 l_4 分别是理想补偿器和有一定斜率的实际补偿器的电压-电流特性。系统无功负载正常时的特性与补偿器特性都交于纵轴上电压为 U_{ref} 的 A 点。这就是系统无功负载正常时的工作点，无须补偿器提供无功功率。假设没有补偿器而无功负载增大至特性 l_2，则系统工作点变为纵轴与 l_2 的交点 B；如果采用理想补偿

器或实际补偿器，则工作点将分别变为这两者的特性 l_3 和 l_4 与 l_2 的交点 C 和 D。从 C 和 D 这两个工作点的对比，以及它们与 A、B 两点的关系也可以看出，理想补偿器与有一定斜率特性的实际补偿器在对补偿器容量的要求以及改善电压调整的程度这两方面的不同。

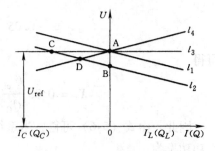

图 5-4 用系统负载特性与补偿器电压 – 电流特性的交点确定系统和补偿器工作点

5.2 晶闸管控制电抗器（TCR）

5.2.1 基本原理

TCR 的基本原理如图 5-5 所示。其单相基本结构就是两个反并联的晶闸管与一个电抗器相串联，而三相多采用三角形联结。这样的电路并联到电网上，就相当于电感负载的交流调压电路的结构。其具体工作原理和在不同触发延迟角下的波形在本书第 3 章中已有详细的介绍，这里不再赘述。

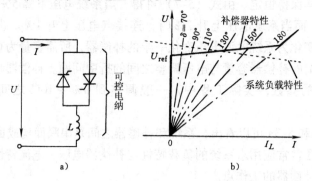

图 5-5 TCR 的基本原理
a) 单相电路结构简图   b) 电压 – 电流特性

由分析可知，触发延迟角 α 的有效移相范围为 90° ~ 180°。其位移因数始终为 0，也就是说，基波电流都是无功电流。α = 90° 时，晶闸管完全导通，导通角 δ = 180°，与晶闸管串联的电抗相当于直接接到电网上，这时其吸收的基波电流和无功功率最大。当触发延迟角在 90° ~ 180° 之间时，晶闸管为部分区间导通，导通角 δ < 180°。增大触发延迟角的效果就是减少电流中的基波分量，相当于增大补偿器的等效感抗，或者说减小其等效电纳，因而减少了其吸收的无功功率。

在控制系统的控制下，就得到了图 5-5b 所示的 TCR 电压 – 电流特性曲线。可以看出，TCR 的电压 – 电流特性实际上是一种稳态特性，特性上的每一点都是 TCR 在导通角 δ 为某一角度时的等效感抗的伏安特性上的一点。TCR 之所以能从其电压 – 电流特性上的某一稳态工作点转移到另一稳态工作点，都是控制系统不断

调节触发延迟角 α，从而不断调节导通角 δ 的结果。显然，其特性的斜率和在电压轴上的截距（也就是无补偿时的正常工作电压），都是由控制系统参数来决定的。

5.2.2　主要联结方式和配置类型

如图 5-6 所示，TCR 的三相联结方式大都采用三角形联结，也就是第 3 章中介绍的所谓支路控制三角形联结三相交流调压电路的形式，因为这种联结方式比其他联结方式线电流中谐波含量要小（详见第 3 章中谐波分析）。另外，实际工程中还常常将每一相的电抗分成图 5-6 所示的两部分，分别接在晶闸管对的两端。这样可以使晶闸管在电抗器损坏时能得到额外的保护。

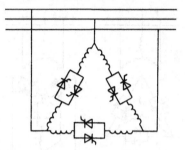

图 5-6　TCR 的三相联结方式

以上介绍的每相只有一个晶闸管对的联结方式被称为 6 脉波 TCR，其线电流中所含谐波为 $6k \pm 1$ 次（k 为正整数）。同第 3 章中介绍的多相整流原理完全一样，由供电电压相差 30° 相位角的两个 6 脉波 TCR 可以构成 12 脉波 TCR，以减小线电流中的谐波。如图 5-7 所示，TCR 通过降压变压器连接到系统母线上，降压变压器二次侧设有两个绕组，一个为 y 联结；另一个为 d 联结，就形成了 30° 的相差，分别连接一个 6脉波 TCR，即可构成 12 脉波 TCR。其一次侧线电流中将仅含 $12k \pm 1$ 次谐波（k 为正整数）。当然，当组成它的一个 6 脉波 TCR 出现故障时，另一个仍可正常工作，这也是 12脉波 TCR 的一个优点。

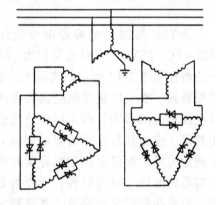

图 5-7　12 脉波 TCR 的联结方式

在需使用降压变压器的场合，实际工程中有时将降压变压器设计成具有很大的漏抗。这样可以省去原来串联的电抗器，降压变压器二次绕组实际上通过晶闸管短接了起来。其 d 和 y 两种联结分别如图 5-8a 和 b 所示。这其实是 TCR 的一种变形，又被称作晶闸管控制变压器（Thyristor Controlled Transformer，TCT）。其优点是可以降低成本，而且当二次侧发生短路故障时，高的漏抗可使变压器免受短路应力的影响；另外，由于高漏抗变压器不易饱和，线性度好，并且比之单独的电抗器有更大的热容量，因此可以吸收感性无功功率范围内更大的过负载。缺点是如果需要与并联电容器配合使用，则电容器只能接在一次侧的高压母线上，这显然又增加了成本。

单独的 TCR 由于只能吸收感性的无功功率，因此往往与并联电容器配合使用，如图 5-9 所示。并联上电容器后，使得总的无功功率为 TCR 与并联电容器无功功率抵消后的净无功功率，因而可以将补偿器的总体无功电流偏置到可吸收容性无功功率的范围内。另外，并联电容器串联上小的调谐电抗器还可兼作滤波器，以吸收 TCR 产生的谐波电流。

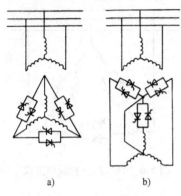

图 5-8 晶闸管控制变压器（TCT）
a）d 联结 b）y 联结

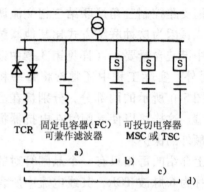

图 5-9 与并联电容器配合使用的 TCR（S 可以是机械断路器，也可以是晶闸管开关）
a）TCR + 一组电容器 b）TCR + 两组电容器
c）TCR + 三组电容器 d）TCR + 四组电容器

当 TCR 与固定电容器配合使用时，被称为 TCR + FC 型 SVC，有时也简称为 TCR，其电压 - 电流特性如图 5-10 所示。实际上，在下面叙述中将可看到，改变控制系统的参考电压可以改变特性在纵轴上的截距，因而可以使特性的水平段上下移动。作为其特性左边界的斜线，就是晶闸管导通角为零，而仅有固定电容器并联在母线上时电容器的电压 - 电流特性；而作为右边界的斜线段，就是晶闸管完全导通，其串联电抗器直接接

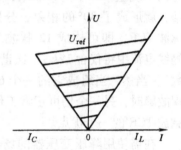

图 5-10 TCR + FC 型 SVC 的
电压 - 电流特性

在母线上，并与并联电容器并联产生的总等效阻抗的电压 - 电流特性，而它所对应的无功功率是电容器与电抗器无功功率对消后的净无功功率。因此，当要求这种补偿器的补偿范围能延伸到容性和感性无功功率两个领域时，电抗器的容量必须大于电容器的容量。比如，当希望补偿器吸收无功功率的能力为一倍的容性无功到一倍的感性无功功率，则电抗器的容量必须为电容器的两倍。此外，当补偿器工作在吸收很小的容性或感性无功功率的状态时，其电抗器和电容器中实际上都已吸收了很大的无功功率，都有很大的电流流过，只是相互对消而已。这些都是这种类型补偿器的缺陷。

对以上配置加以改进，将并联电容器的一部分或全部改为可以分组投切，如图

5-9 所示。这样电压－电流特性中电容造成的偏置度就可以分级调节，就可以使用容量相对较小的 TCR。这样的补偿器被称为晶闸管控制电抗器＋可投切电容器型静止无功补偿器，或者称为混合型静止无功补偿器。图 5-9 给出的即为部分并联电容器可以分组投切的混合型静止无功补偿器，它包括一组固定电容器和三组可投切电容器。当电容器的投切开关为机械断路器时，又被称为 TCR＋MSC 型静止无功补偿器；当电容器的投切开关为晶闸管时，又被称为 TCR＋TSC 型静止无功补偿器。

混合型静止无功补偿器的电压－电流特性如图 5-11 所示。事实上，图中的特性 0-（1）-（1′）、0-（2）-（2′）、0-（3）-（3′）和 0-（4）-（4′）分别是图 5-9 中的 TCR 并联一组、两组、三组和四组电容器时的电压－电流特性，而所组成的混合型静止无功补偿器是在电容器组切换时与 TCR 的控制适当配合，形成总的电压－电流特性 0-（4）-（1′）。为了在切换时保持电压－电流特性连续而不出现跳跃，在 TCR 的控制器中应有代表当前并联电容器组数的信号，当一组并联电容器投入或切除时，该信号使

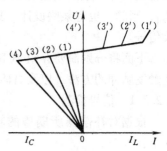

图 5-11　混合型 SVC 的电压
－电流特性

TCR 的导通角立即调整，以使所增减的容性无功功率刚好被 TCR 的感性无功功率变化所平衡。

从电压－电流特性可以看出，混合型静止无功补偿器中 TCR 的容量只需在对消那组固定电容的容性无功功率后能满足对感性无功功率的要求即可，而不必像 TCR＋FC 型补偿器那样要能在对消全部并联电容器的容性无功功率后满足对感性无功功率的要求。另外，混合型静止无功补偿器 TCR 的容量还应略大于每次电容切换时容性无功功率的变化，否则也会造成电压－电流特性在切换处断续。混合型静止无功补偿器的主要问题是在控制中应避免过于频繁地投入或切除电容器组，对于使用机械断路器投切电容的混合型静止无功补偿器更是如此。

5.2.3　控制系统

TCR 的控制系统应能检测系统的有关变量，并根据检测量的大小以及给定（参考）输入量的大小，产生相应的晶闸管触发延迟角，以调节补偿器吸收的无功功率。因此，其控制系统一般应包括以下三部分电路：

（1）检测电路　检测控制所需的系统变量和补偿器变量。

（2）控制电路　为获得所需的稳态和动态特性对检测信号和给定（参考）输入量进行处理。

（3）触发电路　根据控制电路输出的控制信号产生相应触发延迟角的晶闸管触发脉冲。

应该讲，检测电路取哪些量作为被测对象，以及采取什么样的控制策略和控制电路，这些都取决于用户对补偿器功能（如本章 5.1 节中所列）的要求。但总体来说，其控制策略可以分为开环控制和闭环控制两大类。开环控制的优点是响应迅速，它适用于负载补偿的场合，尤其在减少电压闪烁方面有成功的应用；而闭环控制的优点是准确，对于输电或配电系统补偿，特别是那些离负载和电源都较远的输电线的中间点，则更适用闭环控制。不论是开环控制还是闭环控制，控制电路输出的控制信号一般是期望补偿器所具有的等效电纳，也就是补偿器等效电纳参考值 B_{ref}，当然，也有某些设计，其控制算法直接得到触发脉冲而未出现代表 B_{ref} 的显式信号。

下面将分别简要介绍 TCR 的控制系统中常见的信号检测方法、由控制信号产生触发脉冲的方法，以及具体的控制方法。

5.2.3.1　信号检测

根据对补偿器所期望的功能，被检测的信号应包含下列物理量中的一个或几个：

1）系统电压；

2）流过传输线或补偿器本身的无功功率；

3）传输线输送的有功功率或其变化率；

4）电压相位角偏差；

5）系统频率及其导数等。

应当注意的是，控制中需要的信号是反映以上这些量有效值或幅度大小的直流信号，因此往往需要对传感器所得的信号作进一步的处理。

例如，对系统电压，实际需要的是能反映系统电压有效值大小的直流信号。所以，对从电压互感器检测出来的三相电压信号常采用的进一步处理方法有：整流、取平均值、取方均根值、取正序分量、滤波等。图 5-12 所示为用于 60Hz 系统电压检测的典型电路原理框图[110]。其中的 90Hz 带阻滤波器是为了滤去可能产生系统谐振的谐波，而 60、120、360Hz 带阻滤波器则是用来滤去整流的特征谐波以及由于可能的三相不平衡引起的谐波。

最近，根据瞬时无功功率理论进行信号检测的方法也已应用于 SVC 的控制系统中，本书第 6 章中将对此有详细论述。

5.2.3.2　触发脉冲的产生

如果采用锯齿波作为触发电路的同步信号，或者采用数字控制电路，则触发电路的控制信号与触发延迟角 α 以及晶闸管导通角 δ 都是线性关系，但是触发延迟角（或晶闸管导通角）与补偿器实际的等效电纳之间却并不是线性关系。从第 3 章 3.3 节的分析可知，TCR 电流的基波分量与晶闸管导通角之间的关系为

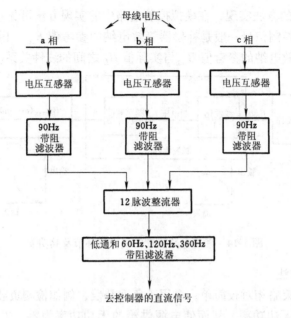

图5-12　用于60Hz系统电压检测的典型电路原理框图[110]

$$I_1 = \frac{\delta - \sin\delta}{\pi X_L} U \tag{5-8}$$

式中　U——系统电压；

　　　X_L——与晶闸管串联电抗的感抗值。

因此TCR的等效电纳即为

$$B_L = \frac{\delta - \sin\delta}{\pi X_L} = B_{L\max} \frac{\delta - \sin\delta}{\pi} \tag{5-9}$$

式中，等效电纳最大值为 $B_{L\max} = 1/X_L$。可见，导通角 δ 与 TCR 等效电纳之间是非线性的关系。将其绘成曲线，如图5-13所示。

为了克服这种非线性的影响，通常在触发电路的输入端与触发脉冲形成环节之间插入一个非线性环节，以补偿导通角与实际等效电纳之间的非线性，如图5-14所示。这个插入的非线性环节被称为线性化环节。其具体实现方法非常灵活，在数字控制电路中可以根据式

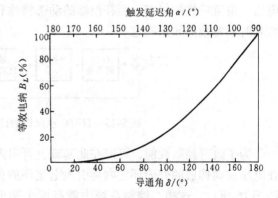

图5-13　导通角 δ 与 TCR 等效电纳 B_L 之间的非线性关系

(5-9) 采用查表的方法实现，在模拟控制电路中的实现方法可见参考文献 ［103］。控制电路输出的控制信号一般是补偿器等效电纳的参考值 B_{ref}，因此，线性化环节的插入实现了等效电纳的参考值 B_{ref} 与实际值 B_L 之间的线性关系。

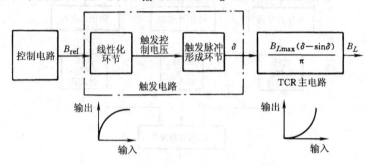

图 5-14 触发电路前端的线性化环节及其功能

5.2.3.3 控制方法

开环控制的策略相对较简单，多用于负载补偿，例如检测负载无功功率来控制 TCR 产生相等的无功功率，从而使电源供给的无功功率为零，以达到功率因数校正或改善电压调整的目的。

闭环控制的策略较为复杂，下面就以闭环控制为主，以改善电压调整的功能为例，介绍具体的控制方法。

根据控制理论的基本原理，要得到稳定的电压，必须引入电压的负反馈控制。图 5-15 所示为电压闭环的控制方法示意图。它通过检测到的系统电压 U 与系统电压参考值 U_{ref} 的比较，由其偏差来控制系统的运行。其调节器一般为比例调节器。显然，TCR 电压-电流特性在电压轴上的截距由电压参考值 U_{ref} 决定，而该特性的斜率由闭环系统的开环放大倍数决定，因而改变比例调节器的放大倍数就可以改变电压-电流特性的斜率。而补偿器的动态特性和稳定性则由闭环系统的开环放大倍数和时间常数共同来决定。

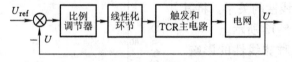

图 5-15 只有电压反馈的控制方法示意图

为了改善控制性能，可以在此基础上再引入补偿电流 I_{SVC} 的反馈。一种方法是在电压反馈构成的外闭环之内再引入电流环的负反馈控制，以提高控制准确度，如图 5-16 所示。这样，控制系统中就有两个调节器——电压调节器和电流调节器。如果电流调节器的放大倍数足够高，或者采用有积分作用的调节器，则电流偏差就可以忽略，甚至基本为零。因此补偿电流将完全由电压调节器的输出信号决定，而与其他因素无关。补偿器电压－电流特性的斜率则仍由电压调节器的放大倍数决定。

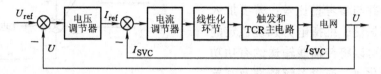

图 5-16　带电流内环的电压反馈控制方法示意图

图 5-17 所示为另一种引入补偿器电流反馈的方法。在这种情况下，调节器一般设计成具有积分作用，因而稳态时电压偏差为零，可实现对电压的准确控制。而引入的补偿器电流反馈实际上相当于根据补偿器无功电流的大小对电压参考值的修正。因此实际上，电流反馈通道的增益是用来决定补偿器电压－电流特性斜率的。而整个补偿器的动态性能是由调节器的积分增益以及系统的时间常数决定的。图 5-18 所示为采用这种电流反馈形式的一个 TCR 控制系统原理框图例。

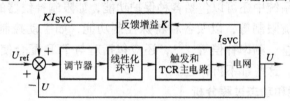

图 5-17　具有附加电流反馈的电压反馈控制示意图

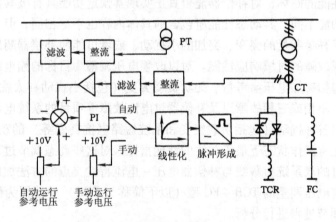

图 5-18　TCR 控制系统原理框图例

以上的介绍都是以电压调整功能为例，实际上将这些控制方法稍加修改或补充，就可以使静止无功补偿器的功能扩展到无功功率动态补偿所能实现的其他一些功能范围。像图 5-19 所示的那样，这些功能可以有自己的调节器，它们通过对有关物理量的检测有效地修正电压控制环的参考电压，成为附属于电压控制的功能。

例如，要增加对输电线传输的无功功率的控制功能，则要检测传输的无功功率大小并与参考量比较；若要加入阻尼功率振荡，维持电力系统稳定的功能，则可以将传输线输送的有功功率及其变化量，或者系统频率及其导数作为检测量。

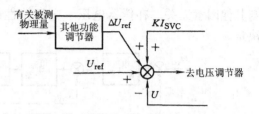

图 5-19　补偿器多种控制功能的实现

在有些场合，某种特殊功能可能取代电压控制功能而成为主要功能，或者要求采用特有的检测和控制方法，因而控制系统可能并不包含电压闭环。例如，以功率因数校正为主要目标的负载无功功率补偿，可以采用如前面所述的开环控制，也可以与闭环控制相结合，加一个响应速度较慢的总无功功率或功率因数反馈控制闭环即可；而若要补偿三相电流的不平衡，则需分别检测出三相电流中的非正序分量，采用三相分相单独触发的控制方法来产生不平衡的三相补偿电流。

此外，控制系统中还可以包括各种保护功能，如限制补偿器的运行范围、过电流保护、谐波电流限制等，以及各种特殊控制功能，如手动控制与自动控制的切换、自动增益调整、频率补偿等[108]，还应包括对与 TCR 配合使用的 MSC 或 TSC 的相应控制功能，这些都不再详述。

5.2.4　动态性能和动态过程分析

根据期望补偿器所具有功能的不同，对补偿器的动态性能有不同程度的要求。补偿器动态性能的好坏，对补偿器能否真正实现其预定功能具有极其重要的意义。

补偿器功能不同，其动态性能所包含的具体内容也不尽相同，但不外乎都是指补偿器针对某种参考量的突变、突加的小扰动，或者可能使补偿器超出正常运行范围的大扰动或故障的时域响应性能。对以改善电压调整为目标的输电系统的补偿来讲，就具体包括突加电压参考量、无功负载突变（包括小扰动和大扰动）、系统短路电抗突变、单相或三相故障以及补偿器过电流故障等项目的系统电压时域响应性能。其中，对各种扰动（包括负载突变和系统短路电抗突变等）的动态响应性能，是补偿器在正常工作状态下最受关注的性能指标。对这些动态调节过程，常常可以用前面介绍过的求系统负载线与补偿器电压 - 电流特性交点的方法加以分析。下面就以用于改善电压调整的 TCR + FC 型（以下简称为 TCR）补偿器为例，对其受扰动时的动态调节过程进行分析。

如图 5-20 所示，TCR 补偿器的电压 - 电流特性为图中 0- A- B- D 段，而扰动前系统负载特性为 l_1，两者交于 a（也就是扰动前系统的工作点）。补偿器特性上 a 点对应的晶闸管导通角为 δ_a，因此 a 点也可以看成是导通角为 δ_a 时补偿器等效感抗的伏安特性 OF 与系统负载线的交点。假设在某一时刻，电力系统突然受到扰动，如无功负载突然减小，造成系统负载线突然从 l_1 上升至 l_2，则在这一时刻，由于补偿器还未来得及调整，其晶闸管导通角仍为 δ_a，因此系统的工作点将从 a 点移至 b 点，也就是导通角为 δ_a 时补偿器等效感抗的电压-电流特性与系统负载线 l_2 的交点。随后，由于补偿器控制系统的检测与调节作用，使晶闸管导通角增大至 δ_c，最终将使系统稳定运行在 c 点，即补偿器特性与 l_2 的交点，或者说导通角为 δ_c 时补偿器等效感抗的电压-电流特性 OG 与 l_2 的交点。

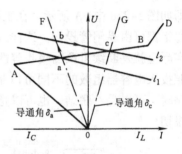

图 5-20　TCR 补偿器对扰动的
动态调节过程

　　在这一动态调节过程中，系统电压的最高值出现在 b 点，也就是突加扰动后的时刻，随后随着补偿器的调节使系统电压恢复到稳定值。如果补偿器控制系统参数设计得适当的话，这个动态调节过程可以在 1~2 个周波内完成。动态性能较好的补偿装置甚至可能不会到达 b 点就很快移至 c 点。图 5-21 所示为某一 TCR 装置在一模拟电力系统中对负载阶跃变化的动态响应实验结果[111]。图中给出了系统电压、电压检测电路的输出、负载电流以及控制电路中电压调节器的输出波形。在图中所示的某一时刻负载电流突然减小，可以看出，由于检测电路的迅速响应，以及控制电路的及时调节，使得系统电压约在 1.5 个周波内即恢复了正常。

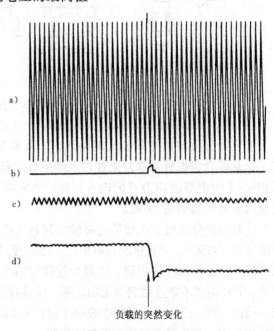

图 5-21　TCR 补偿器对负载阶跃变化的动态响应[111]
a）系统电压　b）电压检测电路的输出
c）负载电流　d）电压调节器输出

5.3　晶闸管投切电容器（TSC）

5.3.1　基本原理

　　TSC 的基本原理如图 5-22 所示。图 5-22a 所示是其单相电路，其中的两个反并联晶闸管只是起将电容器并入电网或从电网断开的作用，而串联的小电感只是用来抑制电容器投入电网时可能造成的冲击电流的，在很多情况下，这个电感往往不画出来。因此，当电容器投入时，TSC 的电压-电流特性就是该电容的伏安特性，即如图 5-22c 中 0A 所示。在工程实际中，一般将电容器分成几组（见图 5-22b），每组都可由晶闸管投切。这样，可根据电网的无功功率需求投切这些电容器，TSC 实际上就是断续可调的吸收容性无功功率的动态无功补偿器，其电压 – 电流特性按照投入电容器组数的不同可以是图 5-22c 中的 0A、0B 或 0C。当 TSC 用于三相电路时，可以是 △ 联结，也可以是 Y 联结，每一相都设计成图 5-22b 所示的那样分组投切。

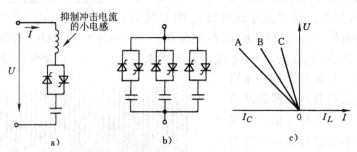

图 5-22　TSC 的基本原理
a) 单相结构简图　b) 分组投切的 TSC 单相简图　c) 电压 – 电流特性

电容器分组的具体方法比较灵活，一般希望能组合产生的电容值级数越多越好，但是综合考虑到系统复杂性以及经济性问题，可以采用所谓二进制的方案，即采用 $k-1$ 个电容值均为 C 的电容，和一个电容值为 $C/2$ 的电容，这样的分组法可使组合成的电容值有 $2k$ 级。

电容器的分组投切在较早的时候大都是用机械断路器来实现的，这就是机械投切电容器（MSC）。和机械断路器相比，晶闸管的操作寿命几乎是无限的，而且晶闸管的投切时刻可以准确控制，以减少投切时的冲击电流和操作困难。另外，与 TCR 相比，TSC 虽然不能连续调节无功功率，但具有运行时不产生谐波而且损耗较小的优点。因此，TSC 已在电力系统中获得了较广泛的应用，而且有许多是与 TCR 配合使用构成 TCR + TSC 混合型静止无功补偿器。

5.3.2　投入时刻的选取

选取投入时刻总的原则是，TSC 投入电容的时刻，也就是晶闸管开通的时刻，必须是电源电压与电容器预先充电电压相等的时刻。因为根据电容器的特性，当加在电容上的电压有阶跃变化（若电容器投入的时刻电源电压与电容器充电电压不相等就会发生这样的情况）时，将产生一冲击电流，很可能破坏晶闸管或给电源带来高频振荡等不利影响。

一般来讲，希望电容器预先充电电压为电源电压峰值，而且将晶闸管的触发相位也固定在电源电压的峰值点。因为根据电容器的特性方程式

$$i_C = C \frac{\mathrm{d}u_C}{\mathrm{d}t}$$

如果在导通前电容器充电电压也等于电源电压峰值，则在电源峰值点投入电容时，由于在这一点电源电压的变化率（时间导数）为零，因此电流 i_C 即为零，随后电源电压（也即电容电压）的变化率才按正弦规律上升，电流 i_C 即按正弦规律上升。这样，整个投入过程不但不会产生冲击电流，而且电流也没有阶跃变化。这就是所谓的理想投入时刻。图 5-23 以简单的电路原理图和投切时的波形对此做了说明。

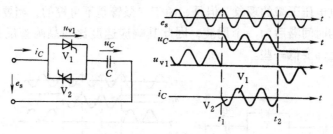

图 5-23　TSC 理想投切时刻原理说明

如图 5-23 所示，设电源电压为 e_s，在本次导通开始之前，电容器的端电压 U_C 已通过上次导通时段最后导通的晶闸管 V_1 充电至电源电压 e_s 的峰值，且极性为正。本次导通开始时刻取为 e_s 和 U_C 相等的时刻 t_1，给 V_2 以触发脉冲而使之开通，电容电流 i_C 开始流通。以后每半个周波发出触发脉冲轮流给 V_1 和 V_2。直到需要切除这条电容支路时，如在 t_2 时刻，停止发脉冲，i_C 为零，则 V_2 关断，V_1 因未获触发而不导通，电容器电压保持为 V_2 导通结束时的电源电压负峰值，为下次投入电容器做了准备。

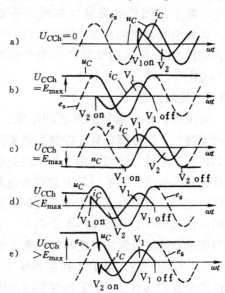

图 5-24　各种情况下使暂态现象最小的导通时刻

实际上，在投入电网之前，电容电压有时不能被充电到电源电压峰值。这就需要找出在电容充电电压为各种情况下的最佳投入时刻。图 5-24 给出了各种情况下使暂态现象最小的投入时刻[112]。其中图 b 和图 c 就是前述的理想工作状态；图 a 是电容充电电压 U_{CCh} 为零时的情况（TSC 装置起动时为此情况），这时，投入时刻应取电压零点，给正向晶闸管 V_1 发出最初的触发脉冲；图 d 为电容充电电压 U_{CCh} 比电源 e_s 的峰值电压 E_{max} 低的情况，这时应在 e_s 与 U_{CCh} 相等的时刻投入，给正向晶闸管 V_1 最初触发脉冲；图 e 为 U_{CCh} 比 E_{max} 高的情况，这时

应在 e_s 达到峰值的时刻投入，给反向晶闸管 V_2 最初触发脉冲，这种情况下会有冲击电流产生，但可受到串联小电感的抑制。

采用晶闸管和二极管反并联的方式代替两个反并联的晶闸管，可以使导通前电容充电电压维持在电源电压的峰值。如图 5-25 所示，一旦电容电压比电源电压峰值有所降低，二极管都会将其充电至峰值电压，因此不会发生两晶闸管反并联方式中电容器充电电压下降的现象。但是，由于二极管是不可控的，当要切除此电容支路时，最大的时间滞后为一个周波，因此其响应速度比两晶闸管反并联的方式稍慢，但成本上却要低一些。

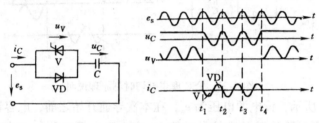

图 5-25　晶闸管和二极管反并联方式的 TSC

应该注意的是，在以上讨论的最佳投入时刻中，两个晶闸管触发脉冲的顺序不能搞反了，或者说应避免触发脉冲相位错开 180°，否则将如图 5-26 所示的那样产生很大的冲击电流和过电压。

5.3.3　控制系统

有关静止补偿器控制系统的功能、结构、控制策略、工作原理和具体控制方法实际上已在 5.2.3 节中做了详细介绍。TSC 控制系统的思路也是类似的，只不过其中的控制电路部分是以决定哪组电容投入或切除的逻辑功能为中心的。作为例子，图 5-27 给出了一个 TSC 用于对波动负载进行无功补偿时的控制系统示意图。

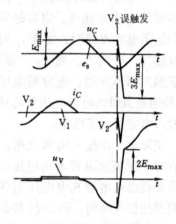

图 5-26　TSC 晶闸管误触发时的情况

应当注意的是，在 TSC 控制系统中引入一定的滞环非线性环节是必要的，这可以避免在切换点处电容器组在短时间内来回地投入与切除。例如，当补偿器以稳定电压为目标时，在控制系统中引入滞环非线性环节可使得 TSC 的电容器在系统电压低于某一较低阈值时接入系统，而在系统电压高于某一较高阈值时切除，而不是在相等的阈值下投入和切除，以防止在切换电压附近振荡不定。

此外，当 TSC 与 TCR 配合使用构成混合型静止无功补偿器时，其控制系统应

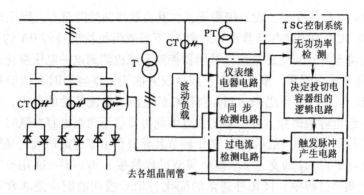

图 5-27　TSC 用于负载补偿时控制系统的示意图

该能使 TSC 电容器组的切换与 TCR 触发延迟角的调节相互配合，以使补偿器的电压－电流特性保持连续。

5.3.4　动态过程分析

同样可以通过判断系统负载特性与补偿器电压－电流特性交点的方法来分析 TSC 的动态调节过程。

图 5-28 所示是以改善电压调整为目标的 TSC 受扰动后的动态调节过程。在系统受到扰动前，其负载线为 l_1，TSC 有一组电容投入运行，其伏安特性为 0A，因此系统稳定工作在 l_1 与 0A 的交点 a。若系统受到干扰，负载线突然由 l_1 降低至 l_2，则工作点会突然降至 l_2 与 0A 的交点 b，系统电压因此降到 b 点电压，这个电压下降被 TSC 控制系统检测到后，由其逻辑电路决定投入第二组电容，补偿器电压－电流特性因此变为 0B，系统工作点移至 0B 与 l_2 的交点 c，从而将电压恢复到能接受的范围内。

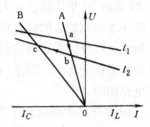

图 5-28　TSC 对扰动的动态调节过程

图 5-29 所示为 TSC 与 TCR 配合使用的混合型静止无功补偿器作为改善电压调整使用时，对扰动的动态调节过程。图中，0-(1)-(1′) 是 TCR 与一组固定电容器并联后的电压－电流特性，而 0-(2)-(2′) 是再由 TSC 投入一组电容器后的电压－电流特性。受扰动前系统负载线为 l_1，系统工作点为 l_1 与 0-(1)-(1′) 的交点 a。a 点对应 TCR 的导通角为 δ_a。因此 a 点也就是 TCR 加上固定电容，在导通角为 δ_a 时总等效阻抗的电压－

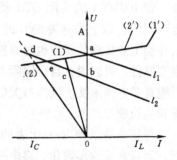

图 5-29　TCR + TSC 型补偿器的动态调节过程

电流特性 OA 与 l_1 的交点。设系统受干扰，其负载线突然降至 l_2，则工作点将一下子移到 l_2 与 TCR 加固定电容器在导通角 δ_a 下等效阻抗伏安特性 OA 的交点 b，系统电压因此降至 b 点对应的电压。补偿器控制系统检测到这一电压变化，将随之调节 TCR 导通角减小至零，系统工作点到达仅并联固定电容器时其伏安特性 0-（1）与 l_2 的交点 c。由于 c 点仍未达到补偿器总的电压－电流特性的要求，因此向 TSC 发出投入一组电容的命令，补偿器工作点因此由 c 移至两组电容并联时等效伏安特性 0-（2）与 l_2 的交点 d。然后再由 TCR 调节其导通角由零逐渐增大，最终使工作点到达 0-（2）-（2'）与 l_2 的交点 e。整个调节过程是按 a-d-c-d-e 这几步完成的。可以看出，在调节过程中，TCR 导通角的变化与 TSC 投切的配合是非常重要的。如果这两者的配合适当，定时准确的话，整个过程很可能简化为 a-b-e 这三步，调节时间大为缩短，补偿器动态性能将得到较大提高。

5.4　采用全控型器件的静止无功发生器（SVG）

所谓静止无功发生器（SVG），在本书中就是专指由自换相的电力半导体桥式变流器来进行动态无功补偿的装置。采用电力半导体变流器实现无功补偿的思想早在 20 世纪 70 年代就已有人提出，1972 年日本就发表了用强迫换相的晶闸管桥式电路作为调相装置的研究论文[113]；1976 年，美国学者 L. Gyugyi 在其论文中提出了用电力半导体变流器进行无功补偿的各种方案[114]，其中使用自换相桥式变流电路的方案最受青睐。限于当时的器件水平，采用强迫换相的晶闸管是实现自换相桥式电路的唯一手段。

1980 年日本研制出了 20MVA 采用强迫换相晶闸管桥式电路的 SVG，并成功地投入了电网运行[115]。随着电力电子器件的发展，GTO 晶闸管等全控型器件开始达到了可用于 SVG 中的电压和电流等级，并逐渐成为 SVG 的自换相桥式电路中的主力。1987 年美国西屋公司研制成 1MVA 采用 GTO 晶闸管的 SVG 实验装置，并成功地进行了现场试验[116]。1991 年和 1994 年日本和美国分别研制成功了一套 80MVA 和一套 100MVA 的采用 GTO 晶闸管的 SVG 装置，并且最终成功地投入了商业运行[117,118]。以上是有关 SVG 的实际装置用于改善电网性能的报道。另外，用 SVG 来补偿工业负载的研究也时有报道，使用的大都也是 GTO 晶闸管和 IGBT 这样的全控型器件。可以说，目前国际上有关 SVG 的研究和将其应用于电网或工业实际的兴趣真是方兴未艾。国内有关的研究也已见诸报道，并且也已有投入工程实际的装置和建设项目。

与传统的以 TCR 为代表的 SVC 装置相比，SVG 的调节速度更快，运行范围宽，而且在采取多重化、多电平或 PWM 技术等措施后可大大减少补偿电流中谐波的含量。更重要的是，SVG 使用的电抗器和电容元件远比 SVC 中使用的电抗器和电容元件要小，这将大大缩小装置的体积和成本。SVG 具有如此优越的性能，显示了动态无功补偿装置的发展方向。

5.4.1 基本原理

简单地说，SVG 的基本原理就是将自换相桥式电路通过电抗器或者直接并联在电网上，适当地调节桥式电路交流侧输出电压的相位和幅值，或者直接控制其交流侧电流，就可以使该电路吸收或者发出满足要求的无功电流，实现动态无功补偿的目的。

众所周知，在单相电路中，与基波无功功率有关的能量是在电源和负载之间来回往返的。但是在平衡的三相电路中，不论负载的功率因数如何，三相瞬时功率的和是一定的，在任何时刻都是等于三相总的有功功率。因此总的来看，在三相电路的电源和负载之间没有无功能量的来回往返，各相的无功能量是在三相之间来回往返的。所以，如果能用某种方法将三相各部分无功能量总的统一起来处理，则因为总的来看三相电路电源和负载间没有无功能量的传递，在总的负载侧就无须设置无功储能元件。三相桥式变流电路实际上就具有这种将三相各部分无功能量总的统一处理的特点。因此，理论上讲，SVG 的桥式变流电路的直流侧可以不设储能元件。实际上，考虑到变流电路吸收的电流并不只含基波，其谐波的存在也多少会造成总体来看有少许无功能量在电源和 SVG 之间往返。所以，为了维持桥式变流电路的正常工作，其直流侧仍需要一定大小的电感或电容作为储能元件，但所需储能元件的容量远比 SVG 所能提供的无功容量要小。而对传统的 SVC，其所需储能元件的容量至少要等于其所提供无功功率的容量。因此，SVG 中储能元件的体积和成本比同容量的 SVC 中大大减小。

严格地讲，SVG 应该分为采用电压型桥式电路和电流型桥式电路两种类型。其电路基本结构分别如图 5-30a 和 b 所示，直流侧分别采用的是电容和电感这两种不同的储能元件。对电压型桥式电路，还需再串联上连接电抗器才能并入电网；对电流型桥式电路，还需在交流侧并联上吸收换相产生的过电压的电容器。实际上，由于运行效率的原因，迄今投入使用的 SVG 大都采用电压型桥式电路，因此 SVG 往往专指采用自换相的电压型桥式电路作动态无功补偿的装置。因此，在以下的内容中，将以采用自换相电压型桥式电路的 SVG 为对象做详细介绍，并且就简称之为 SVG。

由于 SVG 正常工作时就是通过电力半导体开关的通断将直流侧电压转换成交流侧与电网同频率的输出电压，就像一个电压型逆变器，只不过其交流侧输出接的不是无源负载，而是电网。因此，当仅考虑基波频率时，SVG 可以等效地被视为幅值和相位均可以控制的一个与电网同频率的交流电压源。它通过交流电抗器连接到电网上。所以，SVG 的工作原理就可以用图 5-31a 所示的单相等效电路来说明。设电网电压和 SVG 输出的交流电压分别用相量 $\dot{U}_s$ 和 $\dot{U}_I$ 表示，则连接电抗 X 上的

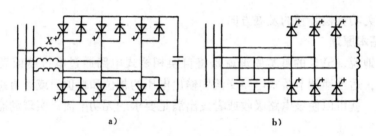

图 5-30 SVG 的电路基本结构

a) 采用电压型桥式电路 b) 采用电流型桥式电路

电压 $\dot{U}_L$ 即为 $\dot{U}_s$ 和 $\dot{U}_I$ 的相量差，而连接电抗的电流是可以由其电压来控制的。这个电流就是 SVG 从电网吸收的电流 $\dot{I}$。因此，改变 SVG 交流侧输出电压 $\dot{U}_s$ 的幅值及其相对于 $\dot{U}_s$ 的相位，就可以改变连接电抗上的电压，从而控制 SVG 从电网吸收电流的相位和幅值，也就控制了 SVG 吸收无功功率的性质和大小。

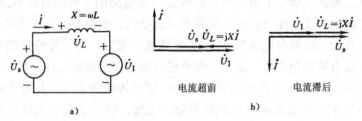

图 5-31 SVG 等效电路及工作原理（不考虑损耗）

a) 单相等效电路 b) 相量图

在图 5-31a 的等效电路中，将连接电抗器视为纯电感，没有考虑其损耗以及变流器的损耗，因此不必从电网吸收有功能量。在这种情况下，只需使 $\dot{U}_I$ 与 $\dot{U}_s$ 同相，仅改变 $\dot{U}_I$ 的幅值大小即可以控制 SVG 从电网吸收的电流 $\dot{I}$ 是超前还是滞后 90°，并且能控制该电流的大小。图 5-31b 所示，当 U_I 大于 U_s 时，电流超前电压 90°，SVG 吸收容性的无功功率；当 U_I 小于 U_s 时，电流滞后电压 90°，SVG 吸收感性的无功功率。

考虑到连接电抗器的损耗和变流器本身的损耗（如管压降、线路电阻等），并将总的损耗集中作为连接电抗器的电阻考虑，则 SVG 的实际等效电路如图 5-32a 所示，其电流超前和滞后工作的相量图如图 5-32b 所示。在这种情况下，变流器电压 $\dot{U}_I$ 与电流 $\dot{I}$ 仍相差 90°，因为变流器无须有功能量。而电网电压 $\dot{U}_s$ 与电流 $\dot{I}$ 的相差则不再是 90°，而是比 90° 小了 δ 角，因此电网提供了有功功率来补充电路中的损耗，也就是说相对于电网电压来讲，电流 $\dot{I}$ 中有一定量的有功分量。这个 δ 角也就是变流器电压 $\dot{U}_I$ 与电网电压 $\dot{U}_s$ 的相位差。改变这个相位差，并且改变 $\dot{U}_I$ 的幅值，则产生的电流 $\dot{I}$ 的相位和大小也就随之改变，SVG 从电网吸收的无功功率也就因此得到调节。

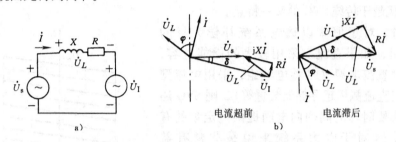

图 5-32 SVG 等效电路及工作原理（计及损耗）

a）单相等效电路 b）相量图

在图 5-32 中，将变流器本身的损耗也归算到了交流侧，并归入连接电抗器电阻中统一考虑。实际上，这部分损耗发生在变流器内部，应该由变流器从交流侧吸收一定有功能量来补充。因此，实际上变流器交流侧电压 $\dot{U}_I$ 与电流 $\dot{I}$ 的相位差并不是严格的 90°，而是比 90°略小。

另外，工程实际中还有一种由直流侧提供损耗能量的方案。与以上所述由交流电网侧提供有功能量的方案不同，在这种方案中，直流侧有并联的直流电压源（如蓄电池等）。其工作相量图也与图 5-32b 不一样，其电流与交流电网电压的相位差是 90°，而与变流器交流侧电压的相位差为 90° + δ，如图 5-33 所示。在本书中，如未特别指明，均讨论损耗能量由交流电网侧提供的情况。

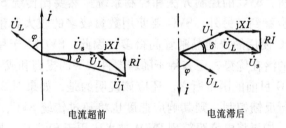

图 5-33 损耗能量由直流侧电源提供时 SVG 的工作相量图

根据以上对工作原理的分析，可得 SVG 的电压 - 电流特性如图 5-34 所示。同 TCR 等传统 SVC 一样，改变控制系统的参数（电网电压的参考值 U_{ref}）可以使得到的电压 - 电流特性上下移动。但是可以看出，与图 5-10 所示的传统 SVC 电压 - 电流特性不同的是，当电网电压下降，补偿器的电压 - 电流特性向下调整时，SVG

可以调整其变流器交流侧电压的幅值和相位，以使其所能提供的最大无功电流 I_{Lmax} 和 I_{Cmax} 维持不变，仅受其电力半导体器件的电流容量限制。而对传统的 SVC，由其所能提供的最大电流分别受其并联电抗器和并联电容器的阻抗特性限制，因而随着电压的降低而减小。因此 SVG 的运行范围比传统 SVC 大，SVC 的运行范围是向下收缩的三角形区域，而 SVG 的运行范围是上下等宽的近似矩形的区域。这是 SVG 优越于传统 SVC 的又一特点。

此外，对于那些以输电系统补偿为目的 SVG 来讲，如果直流侧采用较大的储能电容，或者其他直流电源（如蓄电池组，采用电流型变流器时直流侧用超导储能装置等），则 SVG 还可以在必要时短时间内向电网提供一定量的有功功率。这对于电力系统来说是非常有益的[119]，而又是传统的 SVC 所望尘莫及的。

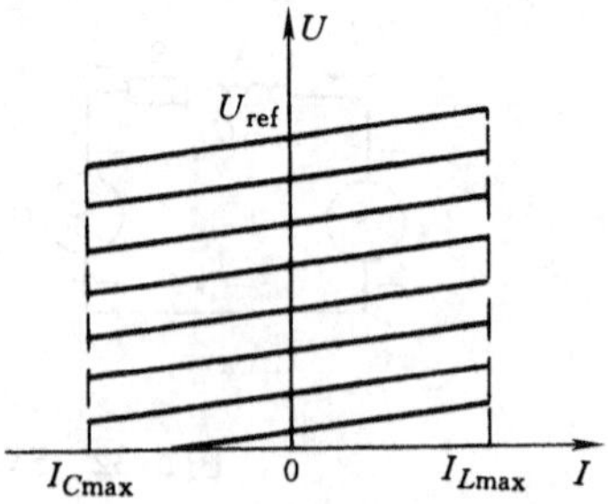

至于在传统 SVC 中令人头痛的谐波问题，在 SVG 中则完全可以采用桥式变流电路的多重

图 5-34　SVG 的电压 – 电流特性

化技术、多电平技术或 PWM 技术来进行处理，以消除次数较低的谐波，并使较高次数的谐波电流减小到可以接受的程度。

应该指出的是，SVG 接入电网的连接电抗，其作用是滤除电流中可能存在的较高次谐波，另外起到将变流器和电网这两个交流电压源连接起来的作用，因此所需的电感值也并不大，也远小于补偿容量相同的 TCR 等 SVC 所需的电感量。如果使用降压变压器将 SVG 连入电网，则还可以利用降压变压器的漏抗，所需的连接电抗器将进一步减小。

至此，有关 SVG 基本工作原理的内容已经结合其相对于传统 SVC 的优点进行了详细介绍。当然，SVG 的控制方法和控制系统显然要比传统 SVC 复杂，这在下面叙述中将进一步看到。另外，SVG 要使用数量较多的较大容量全控型器件，其价格目前仍比 SVC 使用的普通晶闸管高得多，因此，SVG 由于用小的储能元件而具有的总体成本的潜在优势，还有待于随着器件水平的提高和成本的降低来得以发挥。这些都是 SVG 目前的困难所在。还应该说明的是，如果对 SVG 补偿的无功电流或无功功率进行反馈控制，则其响应速度也将超过传统 SVC，显示了 SVG 的又一优势，特别是，如果将电流跟踪型 PWM 技术应用于 SVG 中，则可以实现对 SVG 电流的瞬时控制，其动态性能将更加优越，这时 SVG 的工作原理用受控的无功电流源来描述可能比用交流电压源来描述更为确切。其具体控制方法在下面将做详细论述。

5. 4. 2　控制方法

作为动态无功补偿装置的类型之一，SVG 的控制不论是从大的控制策略的选择来讲，还是从其外闭环反馈控制量和调节器的选取来说，其原则都与传统的SVC是完全一样的。如控制策略的选择应根据补偿器要实现的功能和应用的场合，以决定采用开环控制、闭环控制或者两者相结合的控制策略。而外闭环反馈控制量和调节器的选取也应根据补偿器要实现的功能，例如要实现改善电压调整的功能，控制系统即需采用系统电压的外闭环反馈控制，设置电压调节器，如果还要附加其他补偿功能，则可以采用图5-19所示的附加闭环和调节器来修正系统电压参考值的方法。这些，都可以参考5.2.3节的内容。

在控制上，SVG与SVC的区别在于，在SVC中，由外闭环调节器输出的控制信号用作SVC等效电纳的参考值 B_{ref}，以此信号来控制SVC调节到所需的等效电纳，而在SVG中，外闭环调节器输出的控制信号则被视为补偿器应产生的无功电流（或无功功率）的参考值。正是在如何由无功电流（或无功功率）参考值调节SVG真正产生所需的无功电流（或无功功率）这个环节上，形成了SVG多种多样的具体控制方法。而这与传统SVC所采用的触发角移相控制原理是完全不同的。

由无功电流（或无功功率）参考值调节SVG产生所需无功电流（或无功功率）的具体控制方法，可以分为间接控制和直接控制两大类。下面将分别加以介绍。因为在系统电压值基本维持恒定时，对无功电流的控制也就是对无功功率的控制，因此以下均以无功电流的控制来说明。实际上，SVG的电流控制任务中还应该包括对有功电流的控制，以补偿电路中的有功损耗。因此，更准确地讲，间接控制和直接控制这两类具体控制方法应该是针对SVG的总电流的。

5.4.2.1 电流的间接控制

所谓间接控制，就是按照上面所述SVG的工作原理，将SVG当作交流电压源来看待，通过对SVG变流器所产生交流电压基波的相位和幅值的控制，来间接控制SVG的交流侧电流。

分析图5-32所示的SVG工作相量图，以吸收滞后电流为例，由图中电网电压 $\dot{U}_s$、变流器交流侧基波电压 $\dot{U}_1$ 和连接电抗压降 $\dot{U}_L$ 构成的三角形关系，可得如下等式：

$$\frac{U_L}{\sin\delta} = \frac{U_s}{\sin(90°+\varphi)} = \frac{U_1}{\sin(90°-\varphi-\delta)} \tag{5-10}$$

式中　δ——$\dot{U}_1$ 与 $\dot{U}_s$ 的相位差，以 $\dot{U}_1$ 超前 $\dot{U}_s$ 时为正；

　　　φ——连接电抗器的阻抗角。

由此得

$$U_L = \frac{U_s\sin\delta}{\cos\varphi} \tag{5-11}$$

据此可推导出稳态时SVG从电网吸收的无功电流和有功电流有效值分别为

$$I_Q = \frac{U_L}{\sqrt{X^2 + R^2}}\sin(90° - \delta) = \frac{U_s}{2R}\sin2\delta \tag{5-12}$$

$$I_P = \frac{U_L}{\sqrt{X^2 + R^2}}\cos(90° - \delta) = \frac{U_s}{2R}(1 - \cos2\delta) \tag{5-13}$$

可以证明，如果无功电流的符号以吸收滞后无功电流为正，吸收超前无功电流为

负，则当 $\dot{U}_I$ 滞后于 $\dot{U}_s$，SVG 从电网吸收超前无功电流时，其稳态仍然满足式（5-12）和式（5-13），只不过此时其中的 δ 和 I_Q 均为负。稳态下将 I_Q 和 I_P 与 δ 角的关系绘成曲线如图 5-35 所示。可见在 δ 角绝对值不致太大的范围内，δ 与 I_Q 接近为线性的正比关系。因此可以通过控制 $\dot{U}_I$ 相对 $\dot{U}_s$ 的超前角 δ 来控制 SVG 吸收的无功电流。

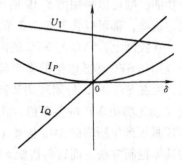

图 5-35　I_Q、I_P 和 U_I 与 δ 角的关系

　　另外，由式（5-10）还可得

$$U_I = \frac{U_s\cos(\delta + \varphi)}{\cos\varphi} \tag{5-14}$$

也就是说，稳态下 δ 角与变流器交流侧基波电压的大小也是一一对应的，如图 5-35 中 U_I 与 δ 的关系曲线所示。

　　这样，就可以得到图 5-36 所示最简单的控制方法。无功电流的参考值 I_{Qref} 乘以一个比例系数后即作为 δ 角的指令，或者令比例系数为 1，直接将 I_{Qref} 作为 δ 角的指令，从而控制 SVG 变流器，使 SVG 实际吸收的无功电流 I_Q 按照式（5-12）或图 5-35 所示关系变化。为说明波形原理图，图 5-36b 所示为交流侧输出为方波的变流器的情况，图中 u_s 与 u_I 均为线电压，而 i_1 为电流中的基波分量。由于稳态时 δ 和变流器交流侧电压基波有效值 U_I 满足式（5-14）所示的一一对应关系，所以改变 δ 角时，不用改变方波的脉宽 θ，U_I 就会自动跟着变化。实际上，U_I 随着 δ 的变化而自动地变化是通过变流器直流侧电压的变化实现的。在改变 δ 角后的暂态调节过程中，变流器将吸收一定的有功电流，因而直流侧电容被充电或放电，引起直流电压 U_d 的变化，从而使得交流侧输出方波的幅值变化，也就改变了其基波的有效值。暂态调节过程结束后，系统进入新的稳态，直流电压稳定在某一新值，这个值对应交流侧输出方波的基波分量有效值 U_I 必然满足式（5-14）。

　　如果在这种控制方法基础上对 SVG 吸收的无功电流（或无功功率）进行反馈控制（见图 5-37），则对无功电流的控制准确度和响应速度都将得到显著提高[120]。在这里，对无功电流大小的检测也有多种方法，其中以 dqo 坐标变换法（也称 Park 变换，或旋转矢量坐标变换[121,122]）和基于瞬时无功功率理论（下一

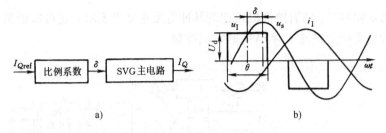

图 5-36　最简单的间接控制法

a）控制方法示意图　b）电压和电流波形

章对此有详细介绍）的检测方法速度最快。

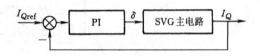

图 5-37　对无功电流进行闭环控制的间接控制法

提高 SVG 对无功电流控制的响应速度的另一个办法是，根据稳态时 δ 角与变流器交流侧电压基波有效值 U_{I} 应有的——对应关系，在控制变流器交流侧方波脉冲超前角 δ（也即变流器等效交流电压源的相位）的同时，配合进行方波脉冲宽度角 θ（也即等效交流电压源幅值或者说 U_{I}）的控制，这样就不必通过直流侧电容充放电改变直流电压这样的较慢过程来自动调节 U_{I} 的值进入下一稳态，而是直接通过改变变流器交流侧输出方波脉冲的宽度来使 U_{I} 调节到与当前 δ 角对应所需的稳态值。由于没有了直流电容充放电的动态调节过程，SVG 无功电流的响应速度便会提高，而且直流电压也可以维持不变，这对装置也是有利的。不过，控制电路所发出的 δ 角和 θ 角的控制信号必须密切配合，而且由式（5-14）可知，这种配合关系是由主电路参数决定的，因此主电路参数必须已知，而且控制效果将受到主电路参数漂移的影响。另外，要确实维持直流侧电压恒定，往往还需要引入直流电压的反馈控制。同样，为了提高控制准确度也可以引入电流的反馈控制。

图 5-38 给出了一种采用 δ 角和 θ 角配合控制的控制方法示意图[123]，其中 ωL 即为 SVG 连接电抗的参数。该控制方法引入了 SVG 吸收的无功和有功电流的反馈控制，并采用 dq0 坐标变换法检测 SVG 吸收的无功和有功电流。由于坐标变换时取 d 轴与三相电源电压旋转空间矢量同方向，所以图中 SVG 电流的 d 轴分量 I_{d} 就反映了 SVG 从电网吸收的有功电流的大小；考虑到 q 轴比 d 轴超前 90°，若以吸收滞后无功电流为正的话，则可以用 $-I_{\mathrm{q}}$ 表示 SVG 从电网吸收的无功电流。该方法还采用了直流电压的反馈控制，且直流电压调节器的输出作为有功电流的参考值。此外，图中 dq 至 δ 和 θ 的变换，是将 SVG 变流器的交流侧电压的参考值 $\dot{U}_{\mathrm{Iref}}$ 由用与 $\dot{U}_{\mathrm{s}}$ 同相和超前 90° 相位的分量有效值 U_{Idref} 和 U_{Iqref} 表示，变换为用 $\dot{U}_{\mathrm{I}}$ 超前 $\dot{U}_{\mathrm{s}}$

的相位角 δ 和与 $\dot{U}_\mathrm{I}$ 的有效值成正比的脉冲宽度角 θ 来表示。还可以证明，图 5-38 所示的方法实际上实现了对 SVG 的解耦控制。

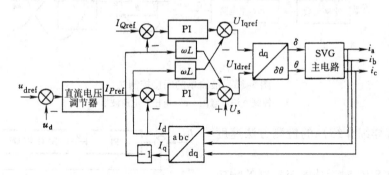

图 5-38　δ 角和 θ 角配合控制方法之一

　　图 5-39 给出了 δ 角和 θ 角配合控制的另一种方法[124]。它将无功电流参考值作为脉冲宽度 θ 角的控制信号。当无功电流参考值变化时，首先调节 θ 角，这时 δ 角暂时维持原值不变，因此会引起 SVG 吸收多余的有功电流，引起直流侧电压变化。但是，由于引入了直流电压的反馈控制，一旦直流侧电压有变化，这个反馈调节就会控制 δ 角变化至所需值，与 θ 角相配合，而维持直流侧电

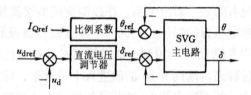

图 5-39　δ 角和 θ 角配合控制方法之二

压最后回到原来的恒定值。这种 δ 角和 θ 角配合控制的方法不需在控制电路中引入主电路参数，但是由于仍然需要通过直流电压的动态调节来最终实现 δ 角和 θ 角的配合，所以其响应速度比起仅控制 δ 角的控制方法改善不多。

　　以上对电流间接控制方法的介绍都是以变流器交流侧输出电压为方波作为例子的，实际上，为了减小谐波，可以采用多个变流器多重化联结、多电平技术或者采用 PWM 控制技术，然而对 δ 角和 θ 角的控制原理是一样的。只不过方波变流器中对方波脉冲宽度 θ 角的控制，在多重化变流器中变成了对每个变流器输出方波脉冲都要进行同样的控制，而在 PWM 变流器中变成了对一个周波中的每个 PWM 脉冲进行成比例的脉冲宽度控制。

　　电流的间接控制方法多应用于较大容量 SVG（如输电系统补偿用 SVG）的场合，因为容量较大时，受电力电子器件开关频率的限制，一般无法像直接控制法那样对电流波形进行跟踪控制。此外，由于同样的原因，在大容量场合，SVG 减少谐波也只能用多重化联结的方法，或者结合多电平技术，即使采用 PWM 技术，也是一个周波仅含几个 PWM 脉冲，而且一般与多重化联结方法相结合使用。

5.4.2.2 电流的直接控制

所谓电流的直接控制，就是采用跟踪型 PWM 技术对电流波形的瞬时值进行反馈控制。其中的跟踪型 PWM 技术，可以采用滞环比较方式，也可以采用三角波比较方式，其简单原理分别如图 5-40a 和 b 所示。

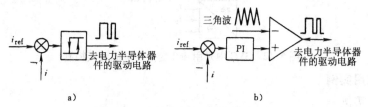

图 5-40 电流的跟踪型 PWM 控制
a）滞环比较方式 b）三角波比较方式

图 5-41 给出了对 SVG 电流进行直接控制的一种方法[125]。这里采用了三角波比较方式的跟踪型 PWM 技术。其瞬时电流的参考值 i_{ref}，可以由瞬时电流无功分量的参考值与瞬时电流有功分量的参考值相加而得；也可以像图中所示那样，以瞬时电流无功分量的参考值 i_{Qref} 为主，而根据 SVG 对有功能量的需求，对 i_{Qref} 的相位进行修正来得到总的瞬时电流参考值 i_{ref}。其中，瞬时电流无功分量的参考值可以由滞后电源电压 90° 的正弦波与无功电流参考值 I_{Qref} 相乘得到，而 SVG 对有功能量的需求，可以由直流侧电压的反馈控制来体现。

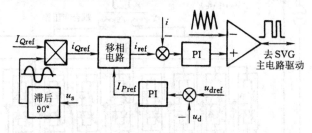

图 5-41 SVG 电流直接控制的一种方法（一相示意图）

在 SVG 电流直接控制方法中，也可以引入 dq0 变换或应用瞬时无功功率理论。图 5-42 即给出了引入 dq0 坐标变换的电流直接控制方法。这种控制方法，由于其参考值 I_{Qref}、I_{Pref} 和反馈值 I_Q（即 $-I_q$）、I_P（即 I_d）在稳态时均为直流信号，因此通过 PI 调节器可以实现无稳态误差的电流跟踪控制。而在图 5-41 中，其参考值 i_{ref} 和反馈值 i 都是正弦信号，因此最终电流的控制是有稳态误差的[126]。

SVG 采用电流直接控制方法后，其响应速度和控制准确度将比间接控制法又有很大的提高。在这种控制方法下，SVG 实际上已经相当于一个受控的电流源，若仍用等效交流电压源的概念来分析 SVG 的工作原理就不那么确切了。但是直接控制法由于是对电流瞬时值的跟踪控制，因而要求主电路电力半导体器件有较高的开关频率，这对于较大容量的 SVG 目前是难以做到的。

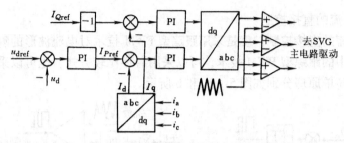

图 5-42　SVG 中采用 dq0 变换的电流直接控制

5.4.3　应用实例

5.4.3.1　实例一

下面对美国西屋电气公司与美国电力研究院联合为美国田纳西峡谷电力公司（Tennessee Valley Authority）研制的 ±100Mvar SVG 作一简要介绍[118]。图 5-43 给出了该 SVG 的原理框图。其变流器主电路由 8 个 12.5MVA 的三相桥式变流器构成，形成 48 脉波的多重化结构，通过平衡电抗器及变压器连接到 161kV 母线上，变压器的漏抗被用作连接电抗。变压器二次额定电压为 5.1kV，而直流侧额定电压为 6.6kV。主电路总共使用了 240 个 4.5kV/4kA 的水冷 GTO 晶闸管，每个桥臂由 5 个 GTO 晶闸管串联而成。

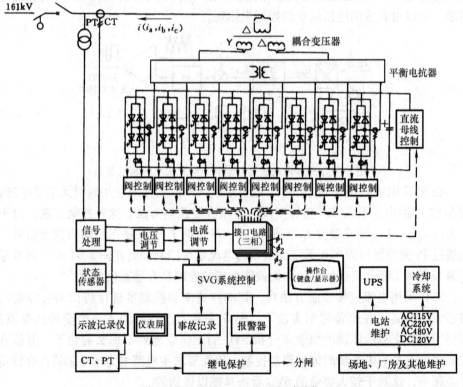

图 5-43　±100Mvar SVG 原理框图

该 SVG 主要用于改善连接点的电压调整，故控制系统采用了系统电压的闭环控制，由电压调节器形成无功电流的参考值，具体则对无功电流采用了仅调节变流器电压超前角 δ 的间接控制的方法。其无功电流具体控制方法如图 5-44 所示[123]。为提高响应速度和控制准确度，也采用了无功电流的反馈控制，由 dq0 坐标变换法检测无功电流。因为如图 5-43 所示，这里取电流流入系统时为正方向，所以实际上经 dq0 变换检测出的 I_q 正是 SVG 从电网吸收无功功率的大小，并且吸收滞后无功电流为正，因此不必像图 5-38 那样再将 I_q 乘以 -1。而图中点划线框内的部分是为提高稳定裕量而引入的非线性状态变量反馈控制。

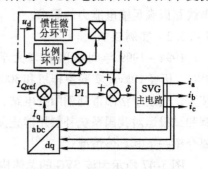

图 5-44　±100Mvar SVG 的
无功电流控制方法

图 5-45 和 5-46 给出了该 SVG 在 60Hz 模拟电力系统中动态响应性能的试验结果。其中图 5-45 为对无功电流动态响应的试验，可以看出，系统实际吸收的无功电流大约仅需 1/4 个周波就可以跟上无功电流参考值的阶跃变化。而图5-46为当系统电压有数个周波的短时跌落时的试验波形，可以看出，由于 SVG 的快速响应与调节，SVG 与系统连接点处的电压几乎没有受到影响，是一直维持恒定的。

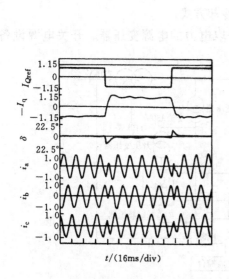

图 5-45　±100Mvar SVG 无功电流动态
响应性能试验结果

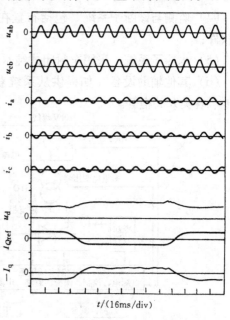

图 5-46　系统电压有短时跌落时
±100Mvar SVG 动态性能试验结果

该 SVG 已于 1995 年正式投入电网实际运行，以改善所在电网连接点处的电压调整。如果没有这个 SVG 的话，田纳西峡谷电力公司可能不得不建造一条新的输电线路以满足输电能力的需求。

5.4.3.2 实例二

1994～1999 年间我国清华大学与河南省电力公司合作开发 20Mvar 工业化 SVG。历经 10kvar 实验室样机和 300kvar 工业样机后，于 1999 年完成最终的工业化装置，安装于洛阳市郊朝阳变电站，并曾于同年 3 月并网投入试运行。该装置的研制和试投运对我国系统补偿用静止无功发生器的研究和发展具有重要影响，下面简要介绍一下其具体情况[127-130]。

图 5-47 所示为该 SVG 的总体构成。20Mvar 的 SVG 接入朝阳变电站的 10kV 母线，进而向 220kV 主干电网提供快速可调的无功功率，其目的是改善河南电网北、中和西部向东南部送电的暂态稳定性和动态阻尼特性。整个 SVG 包括以下组成部分。

（1）主电力电子电路　这是 SVG 的核心和主体部分，由直流电容器组、基于 GTO 晶闸管的多脉波逆变器、多重化变压器组以及接入断路器等构成；

（2）起动电路　主要由起动用升压变压器和起动整流器构成；

（3）保护与控制子系统　包括控制器、脉冲发生器及脉冲分配与保护器三个部分；

（4）监测与诊断子系统　包括布置在本地、集控室和远程三处的监测与诊断硬软件；

（5）水冷子系统　采用全封闭式纯水冷却方式；

（6）其他辅助设备　如提供从系统获取电力的电源变压器、开关电源设备、电池、各类开关柜等。

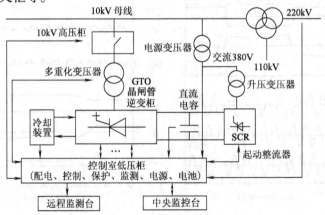

图 5-47　朝阳变电站 SVG 的总体构成

SVG 主电路的主体是多脉波逆变电路及其耦合变压器构成的四重化电压型逆变器。各组逆变器分别连接一个三相铁心柱式变压器，变压器系统侧绕组采用四重化 Yd 联结。四重化逆变器组包括 4 个脉冲相位依次差 15°的三相逆变器，即 4 个逆变器的触发脉冲相对于同步脉冲的相位差分别为 0°、－15°、－30°和－45°。每组逆变器由三个单相桥式逆变电路组成。直流侧接到公共的直流电容器组上（最大工作直流电压设计为 1.9kV），交流侧与对应的耦合变压器低压侧绕组相连。每个单相逆变桥包含 4 个开关阀体。而每个开关阀体由一只 GTO 晶闸管、一只反并联二极管及相应的缓冲、驱动电路等组成。单只 GTO 晶闸管容量为 4.5kV/4kA。

SVG 的本地控制系统主要包括数据采集、主控制器、脉冲发生器和人机界面等几个部分。从功能上分为脉冲控制、装置级控制和系统级控制三个层次。脉冲控制的基本功能是按照主控制器给定的参数产生和分配能有效触发（开通和关断）电力电子器件的脉冲信号。由于它能否正常可靠工作关系到 SVG 的性能，故属于 SVG 设计和实现中的关键技术。装置级控制的目标是，根据系统级控制提出的无功功率需求（即参考值），产生对应的脉冲相位控制角，使 SVG 的无功输出能快速跟踪参考值变化。系统级控制就是从电力系统潮流与稳定控制的要求出发，设计一定的规律，为装置级控制提供无功功率的参考值，并最终达到提高电网运行性能的目标。

正如本章 5.1 节所述，SVG 实现系统补偿的控制目标可以是多方面的。但在实际应用中，设计 SVG 控制系统使其具有某一两项系统补偿功能比较容易，要兼具所有功能则非常难，因为某些控制目标在一定条件下是相互矛盾的。因此，实际应用中应根据实际系统的问题和 SVG 的具体安装位置，设计合适的控制器，使其能解决系统的主要矛盾，同时尽量达到多目标优化控制效果。朝阳变电站 SVG 控制系统的原理结构如图 5-48 所示。其控制系统将装置级控制与系统级控制结合起来。静态的无功功率控制和电压控制可以根据用户需要进行选择；而动态过程中，由模糊控制器根据系统所处状态和主要控制目标来决定控制系统中的几个增益系数，最终反映到对脉冲相位控制角 δ 的校正中。因此，整个系统可以综合实现无功功率控制、电压控制和阻尼振荡等控制目标。

5.4.3.3 实例三

2011 年 7 月 22 日，由荣信电气公司、清华大学和南方电网公司共同研制的 ±200Mvar 链式 SVG 在广东 500kV 东莞变电站启动并网成功[160,161]。链式变流器也叫串联 H 桥型（或级联 H 桥型）多电平变流器，实际上是由多个 H 桥电路在交流侧串联起来承担更高的交流总电压，并产生更多台阶电压波形的一种多电平变流器，将其应用于无功补偿和有源滤波装置的内容将在本书第 9 章中详细叙述。这里仅简要介绍一下链式 SVG 在东莞变电站的示范工程。考虑到功率器件的容量和现场运行维护的便利性，示范工程 ±200Mvar 链式 SVG 采用两个独立的 ±100Mvar 链

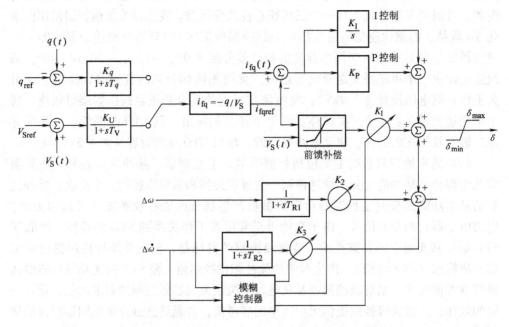

图 5-48　朝阳变电站 SVG 的多目标控制系统

式 SVG 并联而成，其系统结构如图 5-49 所示。一套 ±100Mvar 链式 SVG 由三个相单元组成。每个相单元由 26 个功率模块组成，能够输出 53 电平。较高的电平数确保了功率器件的开关频率低于 250Hz，使得谐波含量很低，且损耗较小。为了缩短建设工期，减小占地面积，东莞变电站 SVG 主要设备采用集装箱式建设模式。SVG 每个相单元及其水冷系统安装在一个集装箱内，控制系统及电源柜安装在另一个集装箱内，整个 SVG 共有 7 个集装箱。SVG 的每套阀组均采用由多个阀组单元串联而成，在极端情况下，当每套中的一个或几个阀组单元发生故障时，采用阀组旁路设计能快速地隔离故障阀组单元，使其他阀组单元还能够正常工作。旁路单元采用晶闸管加接触器的旁路方案，当阀组单元正常工作时，系统电流全部流过阀组单元，当阀组单元发生故障时，阀组单元被旁路，系统电流全部流过旁路单元。SVG 的保护动作主要分为脉冲闭锁保护和跳闸保护两级。脉冲信号闭锁保护是将所有开关器件全部关断，以保护开关器件不受损坏，或者故障不再扩大。脉冲闭锁保护是一种快速的保护动作，从检测到故障发生到保护动作生效的延时在几十微秒以内。跳闸保护是通过断开进线开关，使链式 SVG 彻底脱离开电网，SVG 将彻底退出运行。跳闸保护是通过机械开关的断开实现的，保护速度较慢（几百毫秒级），主要目的是在严重不可恢复故障发生的情况下将装置彻底退出运行，并使故障不扩大到电网中。

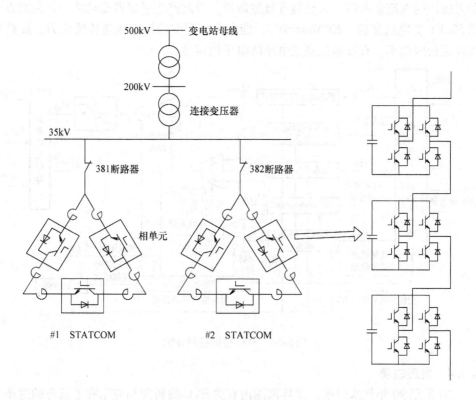

图 5-49 系统结构

　　根据电力系统的要求，稳态条件下，SVG 的配置必须配合正常运行调压的要求，也就是说，SVG 在系统稳态运行下，应留有尽可能多的容性无功功率备用，以加强电网的动态无功功率支撑，达到提高电网稳定性的目的。SVG 在极限方式下需要保持最大动态无功功率备用，在其他运行方式下，可部分或完全参与正常运行调压。所以 SVG 的控制功能为维持节点电压稳定，提供充足的无功功率储备以及为保证设备长期稳定运行而增加的一些辅助控制。将 SVG 的控制方式分为五种模式：暂态电压控制模式、远方控制模式、稳态调压模式、恒无功功率输出模式、阻尼附加控制模式。其中，远方控制模式、稳压调压模式、恒无功功率输出模式为稳态控制模式，远方控制模式和阻尼附加控制模式根据应用需要选取，SVG 系统级总体控制方案如图 5-50 所示。五种控制模式之间的协调和切换由一个统一的控制模式选择模块管理。控制模式所需的电网系统信息由电压电流测量 – 预处理 – 故障判断模块提供。控制模式的选取逻辑可以通过人机界面调整。此外，通过人机界面还可以设定各种控制模式中的控制参数。根据系统运行情况和控制模式选取得到的无功参考值输入到参考电流计算模块中，结合接入点电压信息，计算出三相逆变器需输出的电流参考值，送至装置级控制器，据此产生逆变器驱动脉冲。在南方电网 500kV 变电站加装 ±200Mvar SVG，能大大加强交流输送通道传输能力，提高系统稳定极限功率，有效地提高变电站的电压稳定性。

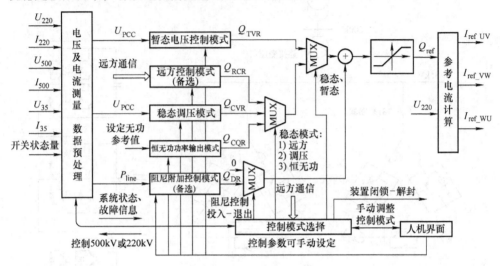

图 5-50　SVG 整体控制方案

5.4.4　发展趋势

20 世纪 90 年代末以来，世界范围内有关 SVG 的研究和应用有了长足的进步和发展，在几家具有重要国际影响的电气制造公司的推动下，具体的建设项目和投运装置也迅速增多。综观今年来建设的这些项目和投运装置，具有如下的发展趋势：

1）SVG 的主电路由早期的以通过变压器多重化的方波变流器为主要形式，已发展为以 PWM 变流器为主要形式。目前变压器多重化技术仍被采用，但其变压器价格昂贵、占地面积大、损耗大以及直流偏磁、饱和易导致控制困难，这些都限制了它在输电系统中的推广应用；而链式结构的 SVG 具有可以分相控制、有利于解决系统的时间不平衡、无须多重化变压器、易实现模块化等显著优点，已经成为大容量 SVG 发展的方向之一[162]。而且，随着电力电子器件价格的下降以及铜铁价格的上涨，链式 SVG 的成本逐渐得到下降，其应用将越来越广泛。

2）SVG 的变流器中所采用的电力电子器件已由早期的以 GTO 晶闸管为主，发展为采用 IGBT 和 IGCT（集成门极换相晶闸管，有的文献也称为 GCT）。IGBT 近年来发展最快，不但具有较好的抗短路能力，并且在导通压降、栅极电荷、开关速度和开关损耗、抑制"二次击穿"现象和电流擎住现象等各个方面取得了巨大进步，极大地提高了 IGBT 的性能。虽然 IGBT 也存在着器件串联等技术难题，但良好的性能已成为 IGBT 应用的显著优势。目前 IGBT 是 SVG 应用的主流器件[163]。

3）SVG 的补偿目标已由早期的以对输电系统的补偿为主，扩展到了对配电系统的补偿，甚至负载补偿的各个层次。在配电系统补偿和负载补偿这两个层次，再加上采用基于 IGBT 这种性能更好的器件的 PWM 变流器，这是近年来几家主要的电气制造公司在 SVG 领域大力推广的热点。有的公司还专门注册了品牌，名为 SVG Light，意为轻型的 SVG。有的公司则称之为 D – STAT COM，意为配电系统的静止无功补偿器。

4）装置向可移动化方向发展。SVG 如做成移动式，可以向系统紧急需要无功功率的地点快速转移、安装和投入运行，满足系统重新布置无功补偿装置的要求。英国国家电网公司已计划全面推广可移动式无功补偿设备。这也成为 SVG 技术的发展趋势之一。2011 年，我国研制的基于 IGBT 的 35kV 移动式百兆瓦阀级 SVG 工业样机通过了全部型式试验考核，为国家骨干电网应用可灵活配置的大容量动态无功补偿装置提供了一种新的技术选择。目前，仅法国 ALSTOM 公司建成投运有移动式 SVG 工程[162]。

5）SVG 技术向标准化方向发展。为利于技术的推广应用，SVG 技术的标准化是 SVG 应用普及的必然需求。为促进我国 SVG 产品的标准化，电力行业电能质量及柔性输电标准化技术委员会联合中国电力科学研究院、上海市电力公司、清华大学等单位，先期启动了链式静止同步补偿器系列标准的起草工作。参考 IEC61954、IEC61000、IEEE1031 等标准和规范，规划的标准包括功能设计导则、换相链的试验、控制保护监测系统、现场试验、运行检修导则等 5 个部分，预计近年内可完成相关标准的制定[164]。

此外，近年来太阳能、风能等清洁可再生能源组成的新能源发电系统越来越受到世界各国的关注，并得到了大力的发展。但新能源发电系统接入电网，由于其输出功率具有的随机性和间歇性，其发电装置的运行和故障状态往往会引起无功功率的波动，进而使联网节点处的无功功率支撑能力不足，电网并网点电压故障又反过来影响新能源发电系统。如果采用 SVG，利用其快速、灵活的电压控制能力，可以支持大量的风电、光伏发电等再生能源的接入。在风电系统正常工作时，SVG 提供风力发电机励磁所需要的无功功率，风电系统与电网之间只发生有功功率的传输，有利于电网电压稳定，也提高了风电系统的可靠性；当电网出现电压跌落故障时，SVG 向电力系统提供无功功率，支撑电网电压，避免风力发电机从电网上解列，满足风力发电系统低电压穿越的要求。光伏电站采用 SVG 也是同样的道理。目前，SVG 已在风电场和光伏电站得到了广泛应用。这是 SVG 近年来实际应用的一大热点。

表 5-1 列出了作者收集到的 20 年来世界各地 SVG 建设和投运项目的简要情况以及相关的文献出处，供读者参考。需要指出的是，鉴于作者所能查阅的资料是有限的，此表难免有疏漏和谬误之处，特别是近年来容量为 10MVA 以下的 SVG 已并不鲜见，未必见诸相关的报导，很可能未能收入此表中。另外，表中未给出参考文献出处的装置和项目，大都可以在其相关制造企业的网站上找到有关情况的介绍。

表 5-1 世界各地 SVG 建设和投运项目简要情况

序号	研制单位	容量/MVA	投运时间	投运地点	电压/kV	开关器件	主电路结构	冷却方式
1	三菱，关西电力[115]	20	1980 年	日本	77	晶闸管	六重化变压器耦合 直流电压 917V	水冷 +风冷
2	西屋电气，EPRI[116]	1	1986 年	美国，纽约州，Spring Valley	13.2	GTO	两重化变压器耦合 直流电压 800V	水冷
3	三菱，关西电力[117,131,132]	80	1991 年	日本，Inuyama 开关站	154	4.5kV/3kA GTO	八重化变压器耦合 逆变器额定电压 3kV 直流电压 4150V	水冷
4	东芝，日立，东京电力[116,133]	50×2	1993 年	日本，Shin-Shinano 变电站	66	6kV/2.5kA GTO	四重化电压逆变器 直流电压 16.8kV	水冷
5	东芝[116]	10×2	1993 年	日本，Teine 变电站	66	4.5kV/3kA GTO	四重化电压逆变器 直流电压 2.25kV	水冷
6	西屋电气，EPRI，田纳西峡谷电力（TVA）[118,134]	100	1995 年	美国，TVA Sullivan 变电站	161	4.5kV/4kA GTO 5 个 GTO 串联	八重化变压器耦合 直流电压 6.6kV	水冷
7	西门子[135]	8	1997 年	德国，Rejsby Hede 变电站	60	GTO	三电平两重化变压器 耦合；直流电压 16.8kV	风冷
8	西屋电气，EPRI，美国电力（AEP）[136~139]	160	1997 年	美国，Inez 变电站 （统一潮流控制器并联部分）	138	4.5kV/4kA GTO	三电平八重化变压器 耦合；直流电压 24kV	水冷 +风冷
9	ABB[140]	22	1999 年	瑞典，Hagfors Uddeholm	10.5	IGBT 串联	三电平变流器直接挂网	水冷
10	清华大学，河南电力[127~130]	20	1999 年	中国，河南，朝阳变电站	10	4.5kV/4kA GTO	四重化变压器耦合； 直流电压：1870V	水冷
11	阿尔斯通，英国国家电网（NG）[141~143]	75	1999 年	英国，East Claydon 变电站	400 /275	4.5kV/3kA GTO	H 桥级联型四重化变 压器耦合；直流 电压 16.8kV	水冷 +风冷

序号	研制单位	容量/MVA	投运时间	投运地点	电压/kV	开关器件	主电路结构	冷却方式
12	西门子、Hyosung	1	1999年	韩国，Haman 电站	22.9	IGBT 串联	三电平变流器直接挂网	
13	ABB[144]	19	2000年	德国，Trier, Moselstahlwerk 钢厂	20	IGBT		
14	ABB[145,146]	36×2	2000年	美国，得克萨斯州，Eagle Pass 电站	138	IGBT		水冷
15	三菱[147]	2	2000年	美国，华盛顿州，西雅图	4.16	IGBT	5个变流器并联	风冷
16	三菱	1	2000年	日本，东京电力 Sai-ko 电站	6.6	IGBT		风冷
17	ABB[148]	82	2001年	芬兰，Avesta Polarit 不锈钢厂	33	IGBT	三电平变流器	水冷
18	EPRI，纽约电力（NYPA）[149,150]	200	2001年	美国，纽约州，Marcy 变电站	345	4.5kV/4kA GTO	多重化变压器耦合 直流电压21.4kV	水冷
19	三菱[151-153]	43×2	2001年	美国，佛蒙特州，Essex 变电站	115	6kV/6kV GTO	三重化变压器耦合 直流电压 6kV	水冷
20	西门子、Hyosung，韩国电力研究院（KEPRI）[154-156]	80	2002年	韩国，Kangjin 电站（统一潮流控制器并联部分）	154	GTO		水冷
21	三菱	20	2003年	日本，Chubu Steel 钢厂	22	6kV/6kA GTO		水冷
22	三菱	0.5×6	2003年	日本，Mutsu Wind Farm 风电厂		1.2kV/0.6kA IGBT		水冷
23	三菱	4	2003年	加拿大，Manitoba Hydro 电力公司 Bloodvein 电站	66	IGBT		风冷
24	三菱，美国圣迭戈电气电力（SDG&E）[157]	100	2003年	美国，加利福尼亚州，Talega 变电站	138	6kV/6kA GCT	8个变流器并联 直流电压 6kV	水冷

序号	研制单位	容量/MVA	投运时间	投运地点	电压/kV	开关器件	主电路结构	冷却方式
25	阿尔斯通[158,159]	150	2003年	美国，康涅狄格州，Glembrook变电站	115	4.5kV/3kA GTO	H桥级联型+四重化变压器耦合	乙二醇+水冷
26	ABB	16	2004年	法国，Evron变电站	90	IGBT		水冷
27	ABB	100	2004年	美国，得克萨斯州，Pedernales变电站	138	IGBT		水冷
28	上海电力公司、清华大学、许继集团公司	50	2006	上海黄渡分区西郊变电站	220	IGCT	链式	水冷
29		20	2009	日本东海道新干线清水市变电站	60	GCT	三电平多重化	
30		17.5	2009	日本东海道新干线菊川市变电站	60	GCT	三电平多重化	
31		25/35	2009	日本东海道新干线枇杷岛变电站	60	GCT	三电平多重化	
32		25	2009	日本东海道新干线栗东市变电站	60	GCT	三电平多重化	
33	国网浙江省电力公司和清华大学	8	2010	浙江220kV变电站	35	IGBT	链式	风冷
34	荣信电气公司、清华大学和南方电网公司	200	2011	东莞变电站	500	IECT	链式	水冷
35	日本中部电力动力公司	450	2012	日本信浓变电站	275	GCT	三电平多重化	
36	东日本铁路旅客公司	±75	2013	日本武藏野市交流变电站	154/66	GCT	三电平多重化	

至此，本章已将各种静止无功补偿装置做了详细介绍，表5-2列出了对各种无功功率动态补偿装置的简要对比。

表5-2 各种无功功率动态补偿装置的简要对比

项目 \\ 装置	同步调相机（SC）	饱和电抗器（SR）	晶闸管控制电抗器（TCR或TCR+FC）	晶闸管投切电容器（TSC）	混合型静止补偿器（TCR+TSC或TCR+MSC）	静止无功发生器（SVG）
响应速度	慢	较快	较快	较快	较快	快
吸收无功	连续	连续	连续	分级	连续	连续
控制	简单	不控	较简单	较简单	较简单	复杂
谐波电流	无	大	大	无	大	小
分相调节	有限	不可	可以	有限	可以	可以
损耗	大	较大	中	小	小	小
噪声	大	大	小	小	小	小

目前，有关SVG的研究多集中于对其应用于系统补偿的各种场合时控制策略和方法的进一步探讨，而对SVG的研究除了控制方法以外，还有与后面将要介绍的有源电力滤波器相结合的趋势。从主电路来讲，人们还在研究用于动态无功补偿的其他各种形式的静止变流器，包括电流型自换相桥式电路［如超导贮能系统（Superconducitve Magnetic Energy Storage System，SMES）[165]］、交 – 交变频电路[166]，以及交流斩波电路等[167]，20世纪90年代，美国电力研究院还提出了统一潮流控制器（Unified Power Flow Controller，UPFC）[168]。事实上，SVC、SVG和UPFC都是"柔性交流输电系统"（Flexible AC Transmission System，FACTS）和"定制电力"（Custom Power）系统中的部件[119,169]。所谓柔性交流输电和定制电力，是20世纪80年代以来由美国电力研究院提出的崭新概念，其本质就是将高压大功率的电力电子技术应用于电力系统中，以增强对电力系统的控制能力，提高原有电力系统的输电或配电性能。2003年8月14日北美大停电事故之后，电力电子技术在电力系统中的应用越来越引起人们的关注。

第6章 谐波和无功电流的检测方法

无功和谐波信号的检测与分离是电能质量控制技术的基础。本章首先对基于瞬时无功功率理论的检测方法进行了分析。这类方法的出现使得无功补偿与谐波抑制设备得到迅速发展。然后，本章详细介绍了一种基于时域正交变化的无功与谐波检测方法。这种方法可以灵活地选择检测目标，且适于数字电路实现。最后，本章对基于傅里叶分析和人工神经网络的检测方法进行了简要的介绍。

6.1 基于瞬时无功功率理论的谐波和无功电流检测方法

三相电路瞬时无功功率理论自 20 世纪 80 年代提出以来，在许多方面得到了成功的应用。该理论突破了传统的以平均值为基础的功率定义，系统地定义了瞬时无功功率、瞬时有功功率等瞬时功率量。以该理论为基础，可以得出用于有源电力滤波器的谐波和无功电流实时检测方法。本节将首先论述瞬时无功功率理论，然后介绍基于该理论的谐波和无功电流实时检测方法，最后介绍瞬时无功功率理论在其他方面的应用。

6.1.1 三相电路瞬时无功功率理论[170-172]

三相电路瞬时无功功率理论首先于 1983 年由赤木泰文[31,32]提出，此后该理论经不断研究逐渐完善。赤木最初提出的理论亦称 pq 理论，是以瞬时实功率 p 和瞬时虚功率 q 的定义为基础，其主要的一点不足是未对有关的电流量进行定义。下面将要介绍的是以瞬时有功电流 i_p 和瞬时无功电流 i_q 为基础的理论体系，以及它与传统功率定义之间的关系。

设三相电路各相电压和电流的瞬时值分别为 e_a、e_b、e_c 和 i_a、i_b、i_c。为分析问题方便，把它们变换到 $\alpha\beta$ 两相正交的坐标系上研究。由下面的变换可以得到 α、β 两相瞬时电压 e_α、e_β 和 α、β 两相瞬时电流 i_α、i_β。

$$\begin{bmatrix} e_\alpha \\ e_\beta \end{bmatrix} = C_{32} \begin{bmatrix} e_a \\ e_b \\ e_c \end{bmatrix} \tag{6-1}$$

$$\begin{bmatrix} i_\alpha \\ i_\beta \end{bmatrix} = C_{32} \begin{bmatrix} i_a \\ i_b \\ i_c \end{bmatrix} \tag{6-2}$$

式中　$C_{32} = \sqrt{2/3}\begin{bmatrix} 1 & -1/2 & -1/2 \\ 0 & \sqrt{3}/2 & -\sqrt{3}/2 \end{bmatrix}$。

在图 6-1 所示的 α-β 平面上，矢量 $e_α$、$e_β$ 和 $i_α$、$i_β$ 分别可以合成为（旋转）电压矢量 e 和电流矢量 i

$$e = e_α + e_β = e∠φ_e \quad (6-3)$$

$$i = i_α + i_β = i∠φ_i \quad (6-4)$$

式中　e、i——矢量 e、i 的模；

　　　$φ_e$、$φ_i$——矢量 e、i 的辐角。

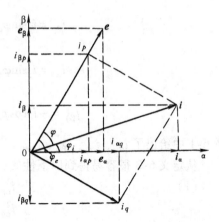

图 6-1　αβ 坐标系中的电压、电流矢量

【定义 6-1】　三相电路瞬时有功电流 i_p 和瞬时无功电流 i_q 分别为矢量 i 在矢量 e 及其法线上的投影，即

$$i_p = i\cosφ \quad (6-5)$$

$$i_q = i\sinφ \quad (6-6)$$

式中　$φ = φ_e - φ_i$。

α-β 平面中的 i_p 和 i_q，如图 6-1 所示。

【定义 6-2】　三相电路瞬时无功功率 q（瞬时有功功率 p）为电压矢量 e 的模和三相电路瞬时无功电流 i_q（三相电路瞬时有功电流 i_p）的乘积，即

$$p = ei_p \quad (6-7)$$

$$q = ei_q \quad (6-8)$$

将式（6-5）、式（6-6）及 $φ = φ_e - φ_i$ 代入式（6-7）、式（6-8）中，并写成矩阵形式得出

$$\begin{bmatrix} p \\ q \end{bmatrix} = \begin{bmatrix} e_α & e_β \\ e_β & -e_α \end{bmatrix} \begin{bmatrix} i_α \\ i_β \end{bmatrix} = C_{pq} \begin{bmatrix} i_α \\ i_β \end{bmatrix} \quad (6-9)$$

式中　$C_{pq} = \begin{bmatrix} e_α & e_β \\ e_β & -e_α \end{bmatrix}$。

将式（6-1）、式（6-2）代入式（6-9），可得出 p、q 对于三相电压、电流的表述式为

$$p = e_a i_a + e_b i_b + e_c i_c \quad (6-10)$$

$$q = \frac{1}{\sqrt{3}}[(e_b - e_c)i_a + (e_c - e_a)i_b + (e_a - e_b)i_c] \quad (6-11)$$

从式（6-10）可以看出，三相电路瞬时有功功率就是三相电路的瞬时功率。

【定义 6-3】　α、β 相的瞬时无功电流 $i_{αq}$、$i_{βq}$（瞬时有功电流 $i_{αp}$、$i_{βp}$）分别为三相电路瞬时无功电流 i_q（瞬时有功电流 i_p）在 α、β 轴上的投影，即

$$i_{αp} = i_p\cosφ_e = \frac{e_α}{e}i_p = \frac{e_α}{e_α^2 + e_β^2}p \quad (6-12a)$$

$$i_{\beta p} = i_p \sin\varphi_e = \frac{e_\beta}{e} i_p = \frac{e_\beta}{e_\alpha^2 + e_\beta^2} p \tag{6-12b}$$

$$i_{\alpha q} = i_q \sin\varphi_e = \frac{e_\beta}{e} i_q = \frac{e_\beta}{e_\alpha^2 + e_\beta^2} q \tag{6-12c}$$

$$i_{\beta q} = -i_q \cos\varphi_e = \frac{-e_\alpha}{e} i_q = \frac{-e_\alpha}{e_\alpha^2 + e_\beta^2} q \tag{6-12d}$$

图 6-1 中给出了 $i_{\alpha p}$、$i_{\alpha q}$、$i_{\beta p}$、$i_{\beta q}$。

从定义 6-3 很容易得到以下性质：

(1)
$$i_{\alpha p}^2 + i_{\beta p}^2 = i_p^2 \tag{6-13a}$$

$$i_{\alpha q}^2 + i_{\beta q}^2 = i_q^2 \tag{6-13b}$$

(2)
$$i_{\alpha p} + i_{\alpha q} = i_\alpha \tag{6-14a}$$

$$i_{\beta p} + i_{\beta q} = i_\beta \tag{6-14b}$$

上述性质（1）是由 α 轴和 β 轴正交而产生的。

某一相的瞬时有功电流和瞬时无功电流也可分别称为该相瞬时电流的有功分量和无功分量。

【定义 6-4】　α、β 相的瞬时无功功率 q_α、q_β（瞬时有功功率 p_α、p_β）分别为该相瞬时电压和瞬时无功电流（瞬时有功电流）的乘积，即

$$p_\alpha = e_\alpha i_{\alpha p} = \frac{e_\alpha^2}{e_\alpha^2 + e_\beta^2} p \tag{6-15a}$$

$$p_\beta = e_\beta i_{\beta p} = \frac{e_\beta^2}{e_\alpha^2 + e_\beta^2} p \tag{6-15b}$$

$$q_\alpha = e_\alpha i_{\alpha q} = \frac{e_\alpha e_\beta}{e_\alpha^2 + e_\beta^2} q \tag{6-15c}$$

$$q_\beta = e_\beta i_{\beta q} = \frac{-e_\alpha e_\beta}{e_\alpha^2 + e_\beta^2} q \tag{6-15d}$$

从定义 6-4 可得到如下性质：

(1)
$$p_\alpha + p_\beta = p \tag{6-16}$$

(2)
$$q_\alpha + q_\beta = 0 \tag{6-17}$$

【定义 6-5】　三相电路各相的瞬时无功电流 i_{aq}、i_{bq}、i_{cq}（瞬时有功电流 i_{ap}、i_{bp}、i_{cp}）是 α、β 两相瞬时无功电流 $i_{\alpha q}$、$i_{\beta q}$（瞬时有功电流 $i_{\alpha p}$、$i_{\beta p}$）通过两相到三相变换所得到的结果，即

$$\begin{bmatrix} i_{ap} \\ i_{bp} \\ i_{cp} \end{bmatrix} = \mathbf{C}_{23} \begin{bmatrix} i_{\alpha p} \\ i_{\beta p} \end{bmatrix} \tag{6-18}$$

$$\begin{bmatrix} i_{aq} \\ i_{bq} \\ i_{cq} \end{bmatrix} = C_{23} \begin{bmatrix} i_{\alpha q} \\ i_{\beta q} \end{bmatrix} \tag{6-19}$$

式中　$C_{23} = C_{32}^{T}$。

将式（6-12）代入式（6-18）、式（6-19），得

$$i_{ap} = 3e_a \frac{p}{A} \tag{6-20a}$$

$$i_{bp} = 3e_b \frac{p}{A} \tag{6-20b}$$

$$i_{cp} = 3e_c \frac{p}{A} \tag{6-20c}$$

$$i_{aq} = (e_b - e_c) \frac{q}{A} \tag{6-21a}$$

$$i_{bq} = (e_c - e_a) \frac{q}{A} \tag{6-21b}$$

$$i_{cq} = (e_a - e_b) \frac{q}{A} \tag{6-21c}$$

式中　$A = (e_a - e_b)^2 + (e_b - e_c)^2 + (e_c - e_a)^2$
$$= 2(e_a^2 + e_b^2 + e_c^2 - e_a e_b - e_b e_c - e_c e_a)$$

从以上各式可得到如下性质：

（1）
$$i_{ap} + i_{bp} + i_{cp} = 0 \tag{6-22a}$$
$$i_{aq} + i_{bq} + i_{cq} = 0 \tag{6-22b}$$

（2）
$$i_{ap} + i_{aq} = i_a \tag{6-23a}$$
$$i_{bp} + i_{bq} = i_b \tag{6-23b}$$
$$i_{cp} + i_{cq} = i_c \tag{6-23c}$$

上述两个性质分别和定义 6-3 的性质（1）、（2）相对应。定义 6-3 的性质（1）反映了 α 相和 β 相的正交性，而这里的性质（1）则反映了 a、b、c 三相的对称性。

【定义 6-6】　a、b、c 各相的瞬时无功功率 q_a、q_b、q_c（瞬时有功功率 p_a、p_b、p_c）分别为该相瞬时电压和瞬时无功电流（瞬时有功电流）的乘积，即

$$p_a = e_a i_{ap} = 3e_a^2 \frac{p}{A} \tag{6-24a}$$

$$p_b = e_b i_{bp} = 3e_b^2 \frac{p}{A} \tag{6-24b}$$

$$p_c = e_c i_{cp} = 3e_c^2 \frac{p}{A} \tag{6-24c}$$

$$q_a = e_a i_{aq} = e_a (e_b - e_c) \frac{q}{A} \tag{6-25a}$$

$$q_b = e_b i_{bq} = e_b (e_c - e_a) \frac{q}{A} \tag{6-25b}$$

$$q_c = e_c i_{cq} = e_c (e_a - e_b) \frac{q}{A} \tag{6-25c}$$

定义 6-6 也有和定义 6-4 类似的性质:

(1) $$p_a + p_b + p_c = p \tag{6-26}$$

(2) $$q_a + q_b + q_c = 0 \tag{6-27}$$

传统理论中的有功功率、无功功率等都是在平均值基础或相量的意义上定义的, 它们只适用于电压、电流均为正弦波时的情况。而瞬时无功功率理论中的概念, 都是在瞬时值的基础上定义的, 它不仅适用于正弦波, 也适用于非正弦波和任何过渡过程的情况。从以上各定义可以看出, 瞬时无功功率理论中的概念, 在形式上和传统理论非常相似, 可以看成是传统理论的推广和延伸。

下面分析三相电压和电流均为正弦波时的情况。设三相电压、电流分别为

$$e_a = E_m \sin\omega t \tag{6-28a}$$
$$e_b = E_m \sin(\omega t - 2\pi/3) \tag{6-28b}$$
$$e_c = E_m \sin(\omega t + 2\pi/3) \tag{6-28c}$$
$$i_a = I_m \sin(\omega t - \varphi) \tag{6-29a}$$
$$i_b = I_m \sin(\omega t - \varphi - 2\pi/3) \tag{6-29b}$$
$$i_c = I_m \sin(\omega t - \varphi + 2\pi/3) \tag{6-29c}$$

利用式 (6-1)、式 (6-2) 对以上两式进行变换, 可得

$$\begin{bmatrix} e_\alpha \\ e_\beta \end{bmatrix} = E_{m2} \begin{bmatrix} \sin\omega t \\ -\cos\omega t \end{bmatrix} \tag{6-30}$$

$$\begin{bmatrix} i_\alpha \\ i_\beta \end{bmatrix} = I_{m2} \begin{bmatrix} \sin(\omega t - \varphi) \\ -\cos(\omega t - \varphi) \end{bmatrix} \tag{6-31}$$

式中 $E_{m2} = \sqrt{3/2} E_m$;

$I_{m2} = \sqrt{3/2} I_m$。

将式 (6-30) 和式 (6-31) 代入式 (6-9), 可得

$$p = \frac{3}{2} E_m I_m \cos\varphi \tag{6-32a}$$

$$q = \frac{3}{2} E_m I_m \sin\varphi \tag{6-32b}$$

令 $E = E_m/\sqrt{2}$、$I = I_m/\sqrt{2}$ 分别为相电压和相电流的有效值, 得

$$p = 3EI\cos\varphi \tag{6-33a}$$

$$q = 3EI\sin\varphi \tag{6-33b}$$

从上面的式子可以看出，在三相电压和电流均为正弦波时，p、q均为常数，且其值和按传统理论算出的有功功率 P 和无功功率 Q 完全相同。

将式（6-30）、式（6-31）代入式（6-12），可得 α 相的瞬时有功电流和瞬时无功电流为

$$i_{\alpha p} = I_{m2}\cos\varphi\sin\omega t \tag{6-34a}$$

$$i_{\alpha q} = I_{m2}\sin\varphi\sin(\omega t - \pi/2) \tag{6-34b}$$

比较上式和式（6-31）可以看出，α 相的瞬时有功电流和瞬时无功电流的表达式与传统功率理论中 α 相电流的有功分量和无功分量的瞬时值表达式完全相同。对于 β 相及三相中的 a、b、c 各相也能得出同样的结论。

由上面的分析不难看出，瞬时无功功率理论包容了传统的无功功率理论，比传统理论有更大的适用范围。

6.1.2　基于瞬时无功功率理论的谐波和无功电流的实时检测

三相电路瞬时无功功率理论，首先在谐波和无功电流的实时检测方面得到了成功的应用。目前有源电力滤波器中，基于瞬时无功功率理论的谐波和无功电流检测方法应用最多。

最早的谐波电流检测方法是采用模拟滤波器来实现的，即采用陷波器将基波电流分量滤除，得到谐波分量，或采用带通滤波器得出基波分量，再与被检测电流相减得到谐波分量。这种方法存在许多缺点，如难设计、误差大、对电网频率波动和电路元件参数十分敏感等，因而已极少采用。

随着计算机和微电子技术的发展，开始采用傅里叶分析的方法来检测谐波和无功电流[168]。这种方法根据采集到的一个电源周期的电流值进行计算，最终得出所需的谐波和无功电流。其缺点是需要一定时间的电流值，且需进行两次变换，计算量大，需花费较多的计算时间，从而使得检测方法具有较长时间的延迟，检测的结果实际上是较长时间前的谐波和无功电流，实时性不好。

也可根据 Fryze 的传统功率定义[40]来构造检测方法。但这种方法积分一个周期才能得出检测结果。20 世纪 80 年代以来，Czarnecki 等人对非正弦情况下的电流进行了新的分解[50-64]。这些电流的定义虽然十分严格，但据此构造的检测方法，仍然需要积分一个周期才能得出检测结果，同样存在实时性不好的缺点。

基于瞬时无功功率理论的方法，在只检测无功电流时，可以完全无延时地得出检测结果[33]。检测谐波电流时，因被检测对象电流中谐波的构成和采用滤波器的不同，会有不同的延时，但延时最多不超过一个电源周期。对于电网中最典型的谐波源——三相桥式整流器，其检测的延时约为 1/6 周期。可见，该方法具有很好的实时性。

6.1.2.1 三相电路谐波和无功电流实时检测[172、174]

以三相电路瞬时无功功率理论为基础，计算 p、q 或 i_p、i_q 为出发点即可得出三相电路谐波和无功电流检测的两种方法，分别称之为 p、q 运算方式和 i_p、i_q 运算方式。

1. p、q 运算方式[26,33]

该检测方法的框图如图 6-2 所示。图中上标 -1 表示矩阵的逆。

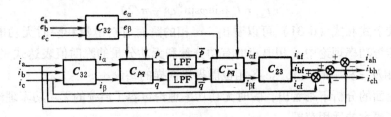

图 6-2 p、q 运算方式的原理框图

该方法根据定义算出 p、q，经低通滤波器（LPF）得 p、q 的直流分量 $\bar{p}$、$\bar{q}$。电网电压波形无畸变时，$\bar{p}$ 为基波有功电流与电压作用所产生，$\bar{q}$ 为基波无功电流与电压作用所产生。于是，由 $\bar{p}$、$\bar{q}$ 即可计算出被检测电流 i_a、i_b、i_c 的基波分量 i_{af}、i_{bf}、i_{cf}。

$$\begin{bmatrix} i_{af} \\ i_{bf} \\ i_{cf} \end{bmatrix} = C_{23} C_{pq}^{-1} \begin{bmatrix} \bar{p} \\ \bar{q} \end{bmatrix} = \frac{1}{e^2} C_{23} C_{pq} \begin{bmatrix} \bar{p} \\ \bar{q} \end{bmatrix} \tag{6-35}$$

将 i_{af}、i_{bf}、i_{cf} 与 i_a、i_b、i_c 相减，即可得出 i_a、i_b、i_c 的谐波分量 i_{ah}、i_{bh}、i_{ch}。

当有源电力滤波器同时用于补偿谐波和无功功率时，就需要同时检测出补偿对象中的谐波和无功电流。在这种情况下，只需断开图 6-2 中计算 q 的通道即可。这时，由 $\bar{p}$ 即可计算出被检测电流 i_a、i_b、i_c 的基波有功分量 i_{apf}、i_{bpf}、i_{cpf} 为

$$\begin{bmatrix} i_{apf} \\ i_{bpf} \\ i_{cpf} \end{bmatrix} = C_{23} C_{pq}^{-1} \begin{bmatrix} \bar{p} \\ 0 \end{bmatrix} \tag{6-36}$$

将 i_{apf}、i_{bpf}、i_{cpf} 与 i_a、i_b、i_c 相减，即可得出 i_a、i_b、i_c 的谐波分量和基波无功分量之和 i_{ad}、i_{bd}、i_{cd}。下标中的 d 表示由检测电路得出的检测结果。

由于采用了低通滤波器（LPF）求取 $\bar{p}$、$\bar{q}$，故当被检测电流发生变化时，需经一定延迟时间才能得到准确的 $\bar{p}$、$\bar{q}$，从而使检测结果有一定延时。但当只检测无功电流时，则不需低通滤波器，而只需直接将 q 反变换即可得出无功电流，这样就不存在延时了，得到的无功电流如下式所示：

$$\begin{bmatrix} i_{aq} \\ i_{bq} \\ i_{cq} \end{bmatrix} = \frac{1}{e^2} \boldsymbol{C}_{23} \boldsymbol{C}_{pq} \begin{bmatrix} 0 \\ q \end{bmatrix} \tag{6-37}$$

2. i_p、i_q 运算方式[175]

该方法的原理框图如图 6-3 所示。图中

$$\boldsymbol{C} = \begin{bmatrix} \sin\omega t & -\cos\omega t \\ -\cos\omega t & -\sin\omega t \end{bmatrix}$$

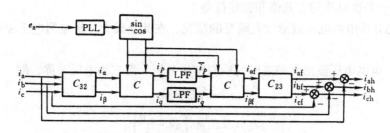

图 6-3　i_p、i_q 运算方式的原理框图

该方法中，需用到与 a 相电网电压 e_a 同相位的正弦信号 $\sin\omega t$ 和对应的余弦信号 $-\cos\omega t$，它们由一个锁相环（PLL）和一个正、余弦信号发生电路得到。根据定义可以计算出 i_p、i_q，经 LPF 滤波得出 i_p、i_q 的直流分量 $\bar{i}_p$、$\bar{i}_q$。这里，$\bar{i}_p$、$\bar{i}_q$ 是由 i_{af}、i_{bf}、i_{cf} 产生的，因此由 $\bar{i}_p$、$\bar{i}_q$ 即可计算出 i_{af}、i_{bf}、i_{cf}，进而计算出 i_{ah}、i_{bh}、i_{ch}。

与 p、q 运算方式相似，当要检测谐波和无功电流之和时，只需断开图 6-3 中计算 i_q 的通道即可。而如果只需检测无功电流，则只要对 i_q 进行反变换即可。

上述两种方法既可用模拟电路实现，也可用数字电路实现。当用模拟电路实现时，p、q 运算方式需要 10 个乘法器和 2 个除法器。i_p、i_q 运算方式只需要 8 个乘法器。为保证检测的准确度，最好选用高性能的四象限模拟乘法器芯片。

3. 电网电压波形畸变的影响[177,178]

理想的电网电压波形应为正弦波，但是实际的电网电压波形由于不同的原因会有一定畸变，而且这种畸变在一定限度以内允许存在[22,23]。根据参考文献［175，176］的测量结果，电网电压的总谐波畸变率平均已达到 2% ~ 3%，在波形畸变严重的时间段，其值更高。因此研究电网电压波形畸变对检测方法的影响是很有意义的。

上一节所述的两种方法均适用于三相三线制电路，在此为分析明了，假设三相对称，被检测电流为

$$i_{a} = \sum_{n=1}^{\infty} \sqrt{2} I_n \sin(n\omega t + \varphi_n) \tag{6-38a}$$

$$i_{b} = \sum_{n=1}^{\infty} \sqrt{2} I_n \sin\left[n\left(\omega t - \frac{2\pi}{3} \right) + \varphi_n \right] \tag{6-38b}$$

$$i_{c} = \sum_{n=1}^{\infty} \sqrt{2} I_n \sin\left[n\left(\omega t + \frac{2\pi}{3} \right) + \varphi_n \right] \tag{6-38c}$$

式中　$n = 3k \pm 1$，其中 k 为整数（$k = 0$ 时，只取 + 号，即只取 $n = 1$）。

ω——电源角频率；

I_n、φ_n——各次电流的有效值和初相位角。

首先分析电网电压波形没有畸变的情况，在此基础上分析电网电压波形畸变的影响。

（1）电网电压波形无畸变时的检测结果分析　设三相电压对称，即

$$e_{a} = \sqrt{2} E_1 \sin\omega t \tag{6-39a}$$

$$e_{b} = \sqrt{2} E_1 \sin\left(\omega t - \frac{2\pi}{3} \right) \tag{6-39b}$$

$$e_{c} = \sqrt{2} E_1 \sin\left(\omega t + \frac{2\pi}{3} \right) \tag{6-39c}$$

式中　E_1——电网电压基波，亦即电网电压的有效值。

将上式代入式（6-1），算出

$$\begin{bmatrix} e_{\alpha} \\ e_{\beta} \end{bmatrix} = \sqrt{3} E_1 \begin{bmatrix} \sin\omega t \\ -\cos\omega t \end{bmatrix} \tag{6-40}$$

将式（6-38）代入式（6-2），得

$$\begin{bmatrix} i_{\alpha} \\ i_{\beta} \end{bmatrix} = \sqrt{3} \begin{bmatrix} \sum\limits_{n=1}^{\infty} I_n \sin(n\omega t + \varphi_n) \\ \sum\limits_{n=1}^{\infty} \mp I_n \cos(n\omega t + \varphi_n) \end{bmatrix} \tag{6-41}$$

式中，$n = 3k + 1$ 时取 " – " 号，$n = 3k - 1$ 时取 " + " 号。

按 p、q 运算方式，将式（6-40）、式（6-41）代入式（6-9），得

$$\begin{bmatrix} p \\ q \end{bmatrix} = \sqrt{3} E_1 \begin{bmatrix} \sin\omega t & -\cos\omega t \\ -\cos\omega t & -\sin\omega t \end{bmatrix} \begin{bmatrix} i_{\alpha} \\ i_{\beta} \end{bmatrix}$$

$$= 3 E_1 \begin{bmatrix} \sum\limits_{n=1}^{\infty} I_n \cos\left[(1 \mp n)\omega t \mp \varphi_n \right] \\ \sum\limits_{n=1}^{\infty} \pm I_n \sin\left[(1 - n)\omega t - \varphi_n \right] \end{bmatrix} \tag{6-42}$$

p、q 经 LPF 滤波得

$$\begin{bmatrix} \bar{p} \\ \bar{q} \end{bmatrix} = 3\begin{bmatrix} E_1 I_1 \cos(-\varphi_1) \\ E_1 I_1 \sin(-\varphi_1) \end{bmatrix} \tag{6-43}$$

此时，$e^2 = 3E_1^2$，与式（6-43）一起代入式（6-35），得

$$\begin{bmatrix} i_{af} \\ i_{bf} \\ i_{cf} \end{bmatrix} = \frac{1}{3E_1^2}\boldsymbol{C}_{23}\boldsymbol{C}_{pq}\begin{bmatrix} \bar{p} \\ \bar{q} \end{bmatrix} = \boldsymbol{C}_{23}\begin{bmatrix} \sqrt{3}I_1\sin(\omega t + \varphi_1) \\ -\sqrt{3}I_1\cos(\omega t + \varphi_1) \end{bmatrix}$$

$$= \begin{bmatrix} \sqrt{2}I_1\sin(\omega t + \varphi_1) \\ \sqrt{2}I_1\sin\left(\omega t - \dfrac{2\pi}{3} + \varphi_1\right) \\ \sqrt{2}I_1\sin\left(\omega t + \dfrac{2\pi}{3} + \varphi_1\right) \end{bmatrix} \tag{6-44}$$

可见，准确地得出了 i_{af}、i_{bf}、i_{cf}，由此计算出的谐波分量 i_{ah}、i_{bh}、i_{ch} 也是准确的。

按 i_p、i_q 运算方式，由图 6-3 有

$$\begin{bmatrix} i_p \\ i_q \end{bmatrix} = \boldsymbol{C}\boldsymbol{C}_{32}\begin{bmatrix} i_a \\ i_b \\ i_c \end{bmatrix} = \begin{bmatrix} \sin\omega t & -\cos\omega t \\ -\cos\omega t & -\sin\omega t \end{bmatrix}\boldsymbol{C}_{32}\begin{bmatrix} i_a \\ i_b \\ i_c \end{bmatrix}$$

$$= \begin{bmatrix} \sin\omega t & -\cos\omega t \\ -\cos\omega t & -\sin\omega t \end{bmatrix}\begin{bmatrix} i_\alpha \\ i_\beta \end{bmatrix} \tag{6-45}$$

与式（6-42）相比较可知，i_p、i_q 与 p、q 只差系数 $\sqrt{3}E_1$（即 e），这与式（6-7）、式（6-8）中 p、q 的定义相符。由此有

$$\begin{bmatrix} i_p \\ i_q \end{bmatrix} = \sqrt{3}\begin{bmatrix} \displaystyle\sum_{n=1}^{\infty} I_n\cos[(1 \mp n)\omega t \mp \varphi_n] \\ \displaystyle\sum_{n=1}^{\infty} \pm I_n\sin[(1-n)\omega t - \varphi_n] \end{bmatrix} \tag{6-46}$$

i_p、i_q 经 LPF 滤波得

$$\begin{bmatrix} \bar{i}_p \\ \bar{i}_q \end{bmatrix} = \sqrt{3}\begin{bmatrix} I_1\cos(-\varphi_1) \\ I_1\sin(-\varphi_1) \end{bmatrix} \tag{6-47}$$

再由图 6-3 求得

$$\begin{bmatrix} i_{af} \\ i_{bf} \\ i_{cf} \end{bmatrix} = \boldsymbol{C}_{23}\boldsymbol{C}\begin{bmatrix} \bar{i}_p \\ \bar{i}_q \end{bmatrix} = \boldsymbol{C}_{23}\begin{bmatrix} \sin\omega t & -\cos\omega t \\ -\cos\omega t & -\sin\omega t \end{bmatrix}\begin{bmatrix} \bar{i}_p \\ \bar{i}_q \end{bmatrix}$$

$$
= \begin{bmatrix} \sqrt{2}I_1 \sin(\omega t + \varphi_1) \\ \sqrt{2}I_1 \sin\left(\omega t - \dfrac{2\pi}{3} + \varphi_1\right) \\ \sqrt{2}I_1 \sin\left(\omega t + \dfrac{2\pi}{3} + \varphi_1\right) \end{bmatrix} \tag{6-48}
$$

可见，i_p、i_q 运算方式同样准确地算出了 i_{af}、i_{bf}、i_{cf}，从而准确地算出 i_{ah}、i_{bh}、i_{ch}。

（2）电网电压波形畸变时的情况　当电网电压波形有畸变时，它们可能是对称的，也可能是不对称的。在此，假设畸变的电网电压对称，即

$$
e_a = \sum_{n=1}^{\infty} \sqrt{2}E_n \sin(n\omega t + \theta_n) \tag{6-49a}
$$

$$
e_b = \sum_{n=1}^{\infty} \sqrt{2}E_n \sin\left[n\left(\omega t - \frac{2\pi}{3}\right) + \theta_n\right] \tag{6-49b}
$$

$$
e_c = \sum_{n=1}^{\infty} \sqrt{2}E_n \sin\left[n\left(\omega t + \frac{2\pi}{3}\right) + \theta_n\right] \tag{6-49c}
$$

式中　E_n、θ_n——各次电压有效值和初相位角，且 $\theta_1 = 0$。

将上式代入式（6-1），得

$$
\begin{bmatrix} e_\alpha \\ e_\beta \end{bmatrix} = \sqrt{3} \begin{bmatrix} \displaystyle\sum_{n=1}^{\infty} E_n \sin(n\omega t + \theta_n) \\ \displaystyle\sum_{n=1}^{\infty} \mp E_n \cos(n\omega t + \theta_n) \end{bmatrix} \tag{6-50}
$$

按 p、q 运算方式，将式（6-50）、式（6-41）代入式（6-9），得

$$
\begin{bmatrix} p \\ q \end{bmatrix} = 3 \begin{bmatrix} \displaystyle\sum_{n=1}^{\infty} E_n I_n \cos(\theta_n - \varphi_n) + \sum_{n=1}^{\infty} \sum_{m(m \neq n)=1}^{\infty} \\ E_n I_m \cos[(n \mp m)\omega t + (\theta_n \mp \varphi_n)] \\ \displaystyle\sum_{n=1}^{\infty} \pm E_n I_n \sin(\theta_n - \varphi_n) + \sum_{n=1}^{\infty} \sum_{m(m \neq n)=1}^{\infty} \mp \\ E_n I_m \sin[(n-m)\omega t + (\theta_n - \varphi_n)] \end{bmatrix} \tag{6-51}
$$

式中，为区分不同次数谐波的电压和电流，引入了 m，其取值方法与 n 相同。

p、q 的直流分量为

$$
\begin{bmatrix} \bar{p} \\ \bar{q} \end{bmatrix} = 3 \begin{bmatrix} \displaystyle\sum_{n=1}^{\infty} E_n I_n \cos(\theta_n - \varphi_n) \\ \displaystyle\sum_{n=1}^{\infty} \pm E_n I_n \sin(\theta_n - \varphi_n) \end{bmatrix} \tag{6-52}
$$

由 e_α、e_β 算出 $e^2 = 3 \sum_{n=1}^{\infty} E_n^2$，与式（6-52）一起代入式（6-35），得

$$
\begin{bmatrix} i_{af} \\ i_{bf} \\ i_{cf} \end{bmatrix} = \frac{1}{3 \sum_{n=1}^{\infty} E_n^2} \boldsymbol{C}_{23} \begin{bmatrix} e_\alpha & e_\beta \\ e_\beta & -e_\alpha \end{bmatrix} \begin{bmatrix} \bar{p} \\ \bar{q} \end{bmatrix} \tag{6-53}
$$

与式（6-44）相比，可得 i_{af}、i_{bf}、i_{cf} 的误差为

$$
\begin{bmatrix} \Delta i_{af} \\ \Delta i_{bf} \\ \Delta i_{cf} \end{bmatrix} = \boldsymbol{C}_{23} \begin{bmatrix} e_{\alpha h} \dfrac{\bar{p}}{e^2} + e_{\beta h} \dfrac{\bar{q}}{e^2} \\[2mm] e_{\beta h} \dfrac{\bar{p}}{e^2} - e_{\alpha h} \dfrac{\bar{q}}{e^2} \end{bmatrix} +
$$

$$
\boldsymbol{C}_{23} \begin{bmatrix} e_{\alpha f} \left(\dfrac{\bar{p}}{e^2} - \dfrac{I_1 \cos\varphi_1}{E_1} \right) + e_{\beta f} \left[\dfrac{\bar{q}}{e^2} - \dfrac{I_1 \sin\left(-\varphi_1\right)}{E_1} \right] \\[3mm] e_{\beta f} \left(\dfrac{\bar{p}}{e^2} - \dfrac{I_1 \cos\varphi_1}{E_1} \right) + e_{\alpha f} \left[\dfrac{\bar{q}}{e^2} - \dfrac{I_1 \sin\left(-\varphi_1\right)}{E_1} \right] \end{bmatrix} \tag{6-54}
$$

式中　　　　Δ——误差；

f、h（下标）——基波分量和谐波分量。

对比式（6-53）和式（6-44），可知产生误差的原因有：

1）式（6-53）中的 e_α、e_β 含有谐波，使计算出的 i_{af}、i_{bf}、i_{cf} 中也含有谐波。

2）式（6-44）中的 $\bar{p}$、$\bar{q}$ 只有基波电压、电流相作用的分量，而式（6-53）中的 $\bar{p}$、$\bar{q}$ 多了由各次谐波电压、电流相作用的分量。

3）式（6-53）中的 e^2（$= 3 \sum_{n=1}^{\infty} E_n^2$）比式（6-44）中的 e^2（$= 3E_1^2$）大。

由上述分析结果推广可知，对于三相三线制电路，只要电网电压波形发生畸变，而不论三相电压、电流是否对称，p、q 运算方式的检测结果都有误差，只是误差的情况将有所不同，这里不再进行详细的分析；而按 i_p、i_q 运算方式检测时，由于只取 $\sin\omega t$、$-\cos\omega t$ 参与运算，畸变电压的谐波分量在运算过程中不出现，因而检测结果不受电压波形畸变的影响，检测结果是准确的。

4. 检测示例

（1）电网电压波形无畸变时　假设被检测对象为三相全控桥式整流电路的交流侧电流，并假设整流电路的直流侧接大电感负载。这种情况下，整流桥的交流侧电流可近似为 120°方波。当整流电路的触发延迟角为 30°时，a 相电网电压 e_a 和被检测电流 i_{La} 波形如图 6-4a 所示，其他两相的电压和电流波形相同，但相位分别滞后 120°和 240°。

采用图 6-3 所示的 i_p、i_q 运算方式和图 6-2 所示的 p、q 运算方式检测到的基

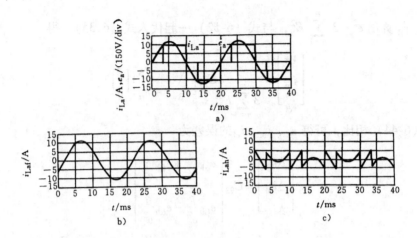

图6-4 三相对称且电网电压为正弦时检测方法的仿真波形

a）a相电网电压 e_a 和被检测电流 i_{La} 的波形

b）基波分量 i_{Laf} 的波形 c）谐波分量 i_{Lah} 的波形

波分量 i_{Laf} 的波形相同，如图6-4b所示。

采用 i_p、i_q 运算方式和 p、q 运算方式检测到的谐波分量 i_{Lah} 的波形也相同，如图6-4c所示。对图6-4的3个波形进行频谱分析的结果见表6-1。

表6-1 三相对称且电网电压为正弦时检测方法
仿真结果的频谱分析 （单位：A）

谐波次数	1	5	7	11	13	17	19	23	25
i_L	11.00	2.233	1.550	1.031	0.824	0.679	0.557	0.511	0.419
i_{Lf}	11.03	0.000	0.000	0.000	0.000	0.000	0.000	0.000	0.000
i_{Lh}	0.010	2.233	1.550	1.031	0.824	0.679	0.557	0.511	0.419

图6-5所示为采用 i_p、i_q 运算方式和 p、q 运算方式检测到的基波有功电流分量 i_{Lap} 的波形、基波无功电流分量与谐波电流分量之和 i_{Lad} 的波形。

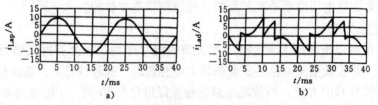

图6-5 同时检测谐波和无功电流时的仿真波形

a）基波有功电流分量 i_{Lap} 的波形

b）基波无功电流分量与谐波电流分量之和 i_{Lad} 的波形

以上仿真结果表明，当三相对称且电网电压为正弦波时，采用 i_p、i_q 运算方式和 p、q 运算方式两种方法得到了相同的检测结果，即两种方法均能准确地检测出所需的谐波和无功电流分量。

（2）电网电压波形有畸变时　当电网电压波形畸变时，两种检测方法将得到不同的检测结果。假设畸变的电网电压中分别含有 5 次和 7 次谐波，两者的有效值分别为基波有效值的 4% 和 3%，并假设被检测的电流与前面分析的一样。图 6-6a所示为畸变的电网电压和被检测电流的波形。

采用 i_p、i_q 运算方式和 p、q 运算方式所得到的基波分量 i_{Laf} 的波形分别如图 6-6b和图 6-6c 所示。采用 i_p、i_q 运算方式和 p、q 运算方式所得到的谐波电流分量 i_{Lah} 的波形分别如图 6-6d 和图 6-6e 所示。

表 6-2 给出了对上述各波形进行频谱分析的结果。

由仿真的波形及频谱分析的结果均可看出，采用 p、q 运算方式所得到的基波分量 i_{Lf} 中含有 5、7 次等谐波分量，是不准确的。这样，采用 p、q 运算方式所得到的谐波电流分量 i_{Lh} 也不准确。这是 p、q 运算方式所固有的缺点。

反之，采用 i_p、i_q 运算方式所得到的基波电流分量 i_{Lf} 和谐波电流分量 i_{Lh} 和电网电压波形无畸变时的结果相同，都是准确的。以上的理论分析和仿真均表明，电网电压波形畸变时，i_p、i_q 运算方式的检测结果准确，而 p、q 运算方式的有误差。

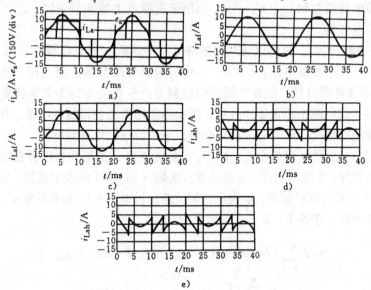

图 6-6　三相对称且电网电压波形畸变时检测方法的仿真波形

a) a 相电网电压 e_a 和被检测电流 i_{La} 的波形　b) 采用 i_p、i_q 运算方式得到的 i_{Laf} 波形

c) 采用 p、q 运算方式得到的 i_{Laf} 波形　d) 采用 i_p、i_q 运算方式得到的 i_{Lah} 波形

e) 采用 p、q 运算方式得到的 i_{Lah} 波形

表 6-2　三相对称但电网电压波形畸变时检测方法

仿真结果的频谱分析　　　　　　　　（单位：A）

谐波次数		1	5	7	11	13	17	19	23	25
i_{La}		11.00	2.233	1.550	1.031	0.824	0.679	0.557	0.511	0.419
i_{Laf}	i_p、i_q 方式	11.03	0.000	0.000	0.000	0.000	0.000	0.000	0.000	0.000
	p、q 方式	11.16	0.334	0.445	0.010	0.018	0.000	0.001	0.000	0.001
i_{Lah}	i_p、i_q 方式	0.010	2.233	1.550	1.031	0.824	0.679	0.557	0.511	0.419
	p、q 方式	0.181	1.858	1.143	0.997	0.842	0.678	0.556	0.511	0.419

5. 不对称三相电路谐波等电流的检测[174]

前述两种方法还可用于检测不对称三相三线制电路的谐波和基波负序电流，但是不能用于三相四线制电路。考虑到两种方法在电网电压波形无畸变时，检测结果一样，而电网电压波形畸变时，i_p、i_q 运算方式准确，故本节针对 i_p、i_q 运算方式进行详细分析。分析及结论在电网电压波形无畸变时可推广至 p、q 运算方式，若电网电压波形有畸变，由上一节的分析可知，p、q 运算方式将有误差。

当电网电压对称且为正弦波时，i_p、i_q 的直流分量 $\bar{i}_p$、$\bar{i}_q$ 对应于 i_a、i_b、i_c 中的基波正序分量，这一点将在后面的分析中说明。将 $\bar{i}_p$、$\bar{i}_q$ 反变换即得出基波正序电流分量 i_{alf}、i_{blf}、i_{clf}，它们与 i_a、i_b、i_c 相减得出除基波正序分量外的、谐波和基波负序等电流的总和 i_{ad}、i_{bd}、i_{cd}，当用于有源电力滤波器中时，i_{ad}、i_{bd}、i_{cd} 正是要抑制的电流量。

（1）三相三线制、电网电压对称的情况　不对称三相电流瞬时值用 i_a、i_b、i_c 表示。对于三相四线制电路，i_a、i_b、i_c 中将包含零序分量。而三相三线制电路中 i_a、i_b、i_c 不含零序分量。图 6-3 所示的检测方法中所使用的 3/2 变换要求三相电流之和为零，即电流中不含零序分量，因此不能用于三相四线制电路。在此，先分析三相三线制的情况。同时，为简化分析，先假设三相电压对称。

利用对称分量法，可以把 i_a、i_b、i_c 分解为正序分量组和负序分量组。用下标中的 1 表示正序，2 表示负序。n 表示谐波次数（当 $n=1$ 时表示基波，亦可用 f 表示基波），I 表示电流有效值，φ 表示初相位角。设电网电压角频率为 ω，且 a 相电压初相位角为零，于是 i_a、i_b、i_c 可表示为

$$i_a = \sqrt{2} \sum_{n=1}^{\infty} \left[I_{1n}\sin(n\omega t + \varphi_{1n}) + I_{2n}\sin(n\omega t + \varphi_{2n}) \right] \qquad (6\text{-}55a)$$

$$i_b = \sqrt{2} \sum_{n=1}^{\infty} \left[I_{1n}\sin(n\omega t + \varphi_{1n} - 120°) + I_{2n}\sin(n\omega t + \varphi_{2n} + 120°) \right] \qquad (6\text{-}55b)$$

$$i_c = \sqrt{2} \sum_{n=1}^{\infty} \left[I_{1n}\sin(n\omega t + \varphi_{1n} + 120°) + \right.$$

$$I_{2n}\sin(n\omega t + \varphi_{2n} - 120°)]\tag{6-55c}$$

将它们变换至 α、β 两相，得

$$\begin{bmatrix} i_\alpha \\ i_\beta \end{bmatrix} = \begin{bmatrix} \sqrt{3}\sum\limits_{n=1}^{\infty}[I_{1n}\sin(n\omega t + \varphi_{1n}) + I_{2n}\sin(n\omega t + \varphi_{2n})] \\ \sqrt{3}\sum\limits_{n=1}^{\infty}[-I_{1n}\cos(n\omega t + \varphi_{1n}) + I_{2n}\cos(n\omega t + \varphi_{2n})] \end{bmatrix}\tag{6-56}$$

据此可求出 i_p、i_q 为

$$\begin{bmatrix} i_p \\ i_q \end{bmatrix} = \begin{bmatrix} \sqrt{3}\sum\limits_{n=1}^{\infty}I_{1n}\cos[(n-1)\omega t + \varphi_{1n}] - \\ \sqrt{3}\sum\limits_{n=1}^{\infty}I_{2n}\cos[(n+1)\omega t + \varphi_{2n}] \\ -\sqrt{3}\sum\limits_{n=1}^{\infty}I_{1n}\sin[(n-1)\omega t + \varphi_{1n}] - \\ \sqrt{3}\sum\limits_{n=1}^{\infty}I_{2n}\sin[(n+1)\omega t + \varphi_{2n}] \end{bmatrix}\tag{6-57}$$

它们的直流分量为

$$\begin{bmatrix} \bar{i}_p \\ \bar{i}_q \end{bmatrix} = \begin{bmatrix} \sqrt{3}I_{11}\cos\varphi_{11} \\ -\sqrt{3}I_{11}\sin\varphi_{11} \end{bmatrix}\tag{6-58}$$

可见，$\bar{i}_p$、$\bar{i}_q$ 是由 i_a、i_b、i_c 的基波正序分量产生的。将它们反变换即可得出

$$\begin{bmatrix} i_{\mathrm{alf}} \\ i_{\mathrm{blf}} \\ i_{\mathrm{clf}} \end{bmatrix} = \begin{bmatrix} \sqrt{2}I_{1\mathrm{f}}\sin(\omega t + \varphi_{1\mathrm{f}}) \\ \sqrt{2}I_{1\mathrm{f}}\sin(\omega t + \varphi_{1\mathrm{f}} - 120°) \\ \sqrt{2}I_{1\mathrm{f}}\sin(\omega t + \varphi_{1\mathrm{f}} + 120°) \end{bmatrix}\tag{6-59}$$

这表明，正确地检测出了基波正序电流分量，进而可正确地检测出谐波和基波负序电流之和 i_{ad}、i_{bd}、i_{cd}。

（2）三相四线制、电网电压对称的情况　图 6-3 所示的 i_p、i_q 运算方式只适用于三相三线制电路。为解决三相四线制电路的检测问题，参考文献［32］中介绍的方法是在 3/2 变换得到 α、β 相的基础上，再增加一个对应于零序的相。利用这种方法将使检测方法的复杂程度大大增加。这里，提出一种简单的方法，这种方法几乎不增加检测方法的复杂性。

三相四线制电路中，i_a、i_b、i_c 包含零序分量，它们所含零序分量相等，且为

$$i_0 = (i_a + i_b + i_c)/3\tag{6-60}$$

将此零序电流分量从各电流中剔除，即令

$$i_a' = i_a - i_0\tag{6-61a}$$

$$i_b' = i_b - i_0 \tag{6-61b}$$

$$i_c' = i_c - i_0 \tag{6-61c}$$

则 i_a'、i_b'、i_c' 中只含正序分量和负序分量，可以用式（6-55）表示。这样，对 i_a'、i_b'、i_c' 检测得到的基波正序分量仍如式（6-59）所示。将此基波正序电流分量与 i_a、i_b、i_c 相减，就可以得出包含谐波、基波负序、零序电流分量在内的最终检测结果 i_{ad}、i_{bd}、i_{cd}。这样，对于三相四线制电路，根据式（6-60）、式（6-61）对图 6-3 加以改进，用模拟电路实现时，只需增加一个加法器和三个减法器。

（3）电网电压不对称的情况　三相电网电压不对称时，电压中将包含负序分量和零序分量。由 PLL 及正余弦发生电路得到的正余弦信号的相位是由 e_a 确定的。其中，正弦信号与 e_a 同相，即与 e_a 的正序分量、负序分量及零序分量之和同相。而期望的正弦信号 $\sin\omega t$ 应与 e_a 的正序分量同相。这样，实际的正弦信号与期望的正弦信号之间就有相位差。设此相位差为 θ，实际的正余弦信号分别为 $\sin(\omega t + \theta)$ 和 $-\cos(\omega t + \theta)$。下面讨论这一相位差对检测结果的影响。

在此情况下，i_p、i_q 为

$$\begin{bmatrix} i_p \\ i_q \end{bmatrix} = \begin{bmatrix} \sin(\omega t + \theta) & -\cos(\omega t + \theta) \\ -\cos(\omega t + \theta) & -\sin(\omega t + \theta) \end{bmatrix} \begin{bmatrix} i_\alpha \\ i_\beta \end{bmatrix}$$

$$= \begin{bmatrix} \sqrt{3}\sum_{n=1}^{\infty} I_{1n}\cos[(n-1)\omega t + \varphi_{1n} - \theta] - \\ \sqrt{3}\sum_{n=1}^{\infty} I_{2n}\cos[(n+1)\omega t + \varphi_{2n} + \theta] \\ -\sqrt{3}\sum_{n=1}^{\infty} I_{1n}\sin[(n-1)\omega t + \varphi_{1n} - \theta] - \\ \sqrt{3}\sum_{n=1}^{\infty} I_{2n}\sin[(n+1)\omega t + \varphi_{2n} + \theta] \end{bmatrix} \tag{6-62}$$

它们的直流分量为

$$\begin{bmatrix} \bar{i}_p \\ \bar{i}_q \end{bmatrix} = \begin{bmatrix} \sqrt{3}I_{11}\cos(\varphi_{11} - \theta) \\ -\sqrt{3}I_{11}\sin(\varphi_{11} - \theta) \end{bmatrix} \tag{6-63}$$

由此算出

$$\begin{bmatrix} i_{\alpha 1f} \\ i_{\beta 1f} \end{bmatrix} = \begin{bmatrix} \sin(\omega t + \theta) & -\cos(\omega t + \theta) \\ -\cos(\omega t + \theta) & -\sin(\omega t + \theta) \end{bmatrix} \begin{bmatrix} \bar{i}_p \\ \bar{i}_q \end{bmatrix}$$

$$= \begin{bmatrix} \sqrt{3}I_{11}\sin(\omega t + \varphi_{11}) \\ -\sqrt{3}I_{11}\cos(\omega t + \varphi_{11}) \end{bmatrix} \tag{6-64}$$

由此算出的 i_{a1f}、i_{b1f}、i_{c1f} 仍如式（6-59）所示，这里不再重复写出。可见，因电压不对称引起的正余弦信号相位偏差不影响最终检测结果的准确性。

（4）单独检测基波负序电流的方法　如需单独检测基波负序电流分量，只要将 C_{32} 中的第 2 列与第 3 列对调，得到新的矩阵 C_{32}'，即可得出单独检测基波负序电流的原理框图如图 6-7 所示。这种检测方法可以简单地理解为把检测对象电流中的负序分量当作正序分量来检测，这样图 6-3 中检测到的 i_{af}、i_{bf}、i_{cf} 在图 6-7 中就变成了基波负序电流分量 i_{a2f}、i_{b2f}、i_{c2f}。

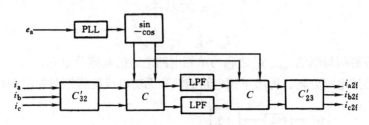

图 6-7　单独检测基波负序电流的原理框图

6.1.2.2　单相电路谐波和无功电流实时检测[180]

三相电路瞬时无功功率理论提出之后，在三相电路中得到了广泛的应用。但在很长时间内，未能应用于单相电路，直到 1996 年才提出了以瞬时无功功率理论为基础的单相电路谐波和无功电流检测方法。

1. 单相电路电流的分解

在对称的三相三线制电路中，各相的电压波形相同的，相位各相差 120°。同样，各相的电流波形也是相同的，相位各相差 120°。若能根据单相电路的电压、电流构造一个类似的三相系统（或直接构造一个等效的两相系统），即可使用三相电路瞬时无功功率理论。从这一基本构想出发，对单相电路的电流进行分解。

设 e_s、i_s 分别为单相电路的电压和电流瞬时值，由 e_s、i_s 构造三相系统，并设 e_a、e_b、e_c 和 i_a、i_b、i_c 分别为所构造的系统的三相电压、电流的瞬时值。具体的构造方法将在稍后分析。

根据式（6-1）和式（6-2）可将此三相电压、电流变换至 αβ 坐标系，求出 α、β 两相瞬时电压 e_α、e_β 和 α、β 两相瞬时电流 i_α、i_β。

由三相电路瞬时无功功率理论可知，该三相系统的瞬时有功功率和瞬时无功功率分别为 p、q，如下式所示：

$$p = e_\alpha i_\alpha + e_\beta i_\beta \tag{6-65a}$$

$$p = e_\beta i_\alpha - e_\alpha i_\beta \tag{6-65b}$$

p、q 可分别分解为直流分量 $\bar{p}$、$\bar{q}$ 和交流分量 $\tilde{p}$、$\tilde{q}$，即

$$p = \bar{p} + \tilde{p} \tag{6-66a}$$

$$q = \overline{q} + \tilde{q} \tag{6-66b}$$

据此可将单相电路电流 i_s 分解为单相电路瞬时有功电流 i_{sp}、单相电路瞬时无功电流 i_{sq} 及谐波电流 i_{sh}。

$$i_{sp} = \sqrt{2/3}\,\frac{e_\alpha}{e^2}\overline{p} \tag{6-67a}$$

$$i_{sq} = \sqrt{2/3}\,\frac{e_\beta}{e^2}\overline{q} \tag{6-67b}$$

$$i_{sh} = i_s - i_{sp} - i_{sq} \tag{6-67c}$$

上述分解所得到的 i_{sp}、i_{sq} 之和为单相电路电流的基波分量 i_{sf}。

根据上述电流分解，得出单相电路谐波和无功电流检测框图如图 6-8 所示。

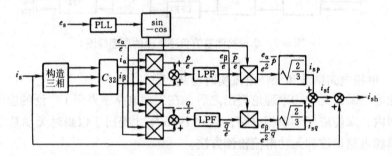

图 6-8   单相电路谐波和无功电流检测框图

图 6-8 中，LPF 为低通滤波器，PLL 为锁相环，其后为正弦、余弦信号发生电路，它的输出是与 e_s 同相的正弦信号 $\sin\omega t$ 和滞后 90° 的余弦信号 $-\cos\omega t$。这部分电路的作用之一是消除电源电压波形畸变对检测结果的影响。从后面的分析可以看出，当电源电压为正弦波时，$\sin\omega t$ 和 $-\cos\omega t$ 分别就是 e_α/e 和 e_β/e。

2. 单相电路谐波和无功电流检测方法分析

图 6-8 所示的检测方法中，决定检测方法实时性的是构造三相（或两相）的方法。可以采用的构造方法是多种多样的，如何确定采用何种方法是这里分析的重点。

首先，设 e_s、i_s 分别为

$$e_s = \sqrt{2}E\sin\omega t \tag{6-68a}$$

$$i_s = \sqrt{2}\sum_{n=1}^{\infty}I_n\sin(n\omega t - \varphi_n) \tag{6-68b}$$

考虑一般性的情况，故假设 i_s 中包含任意次谐波。

（1）方法一   令 $e_a = e_s$、$i_a = i_s$，将 e_a 延时 120° 得 e_b，延时 240° 得 e_c，则 e_a、e_b、e_c 分别为

$$e_a = \sqrt{2}E\sin\omega t \tag{6-69a}$$

$$e_b = \sqrt{2}E\sin(\omega t - 120°) \tag{6-69b}$$

$$e_c = \sqrt{2}E\sin(\omega t - 240°) \tag{6-69c}$$

同样，将 i_a 延时 $120°$ 得 i_b，延时 $240°$ 得 i_c，则 i_a、i_b、i_c 分别为

$$i_a = \sqrt{2}\sum_{n=1}^{\infty} I_n\sin(n\omega t - \varphi_n) \tag{6-70a}$$

$$i_b = \sqrt{2}\sum_{n=1}^{\infty} I_n\sin[n(\omega t - 120°) - \varphi_n] \tag{6-70b}$$

$$i_c = \sqrt{2}\sum_{n=1}^{\infty} I_n\sin[n(\omega t - 240°) - \varphi_n] \tag{6-70c}$$

这样构造得到的 i_a、i_b、i_c 中所含 3 的倍数次谐波的幅值和相位都一样，为零序分量

$$i_0 = (i_a + i_b + i_c)/3 \tag{6-71}$$

从 i_a、i_b、i_c 中将此零序分量减去，得到不含零序分量的三相电流 i_a'、i_b'、i_c'，它们满足下式：

$$i_a' + i_b' + i_c' = 0 \tag{6-72}$$

将 e_a、e_b、e_c 代入式(6-1) 得到

$$e_\alpha = \sqrt{3}E\sin\omega t \tag{6-73a}$$

$$e_\beta = -\sqrt{3}E\cos\omega t \tag{6-73b}$$

由此得出 $e^2 = 3E^2$，即 $e = \sqrt{3}E$，可见

$$\frac{e_\alpha}{e} = \sin\omega t \tag{6-74a}$$

$$\frac{e_\beta}{e} = -\cos\omega t \tag{6-74b}$$

检测方法中直接利用这一关系，可简化检测方法。

由 i_a'、i_b'、i_c' 可得出 i_α、i_β，进而由式（6-65）得出

$$p = 3E\sum_{n=3k\pm1}^{\infty} I_n\cos[(1\mp n)\omega t + \varphi_n] \tag{6-75a}$$

$$q = 3E\sum_{n=3k\pm1}^{\infty} I_n\sin[(-n\pm1)\omega t + \varphi_n] \tag{6-75b}$$

它们的直流分量分别为

$$\bar{p} = 3EI_1\cos\varphi_1 \tag{6-76a}$$

$$\bar{q} = 3EI_1\sin\varphi_1 \tag{6-76b}$$

式中　$\bar{p}$——三相系统的平均功率，即有功功率；

　　　$\bar{q}$——无功功率。

$\bar{p}$、$\bar{q}$ 分别是单相电路有功功率 P 和无功功率 Q 的 3 倍。

由式（6-67）可得

$$i_{sp} = \sqrt{2}I_1\cos\varphi_1\sin\omega t \qquad (6\text{-}77\text{a})$$

$$i_{sq} = -\sqrt{2}I_1\sin\varphi_1\cos\omega t \qquad (6\text{-}77\text{b})$$

$$i_{sh} = \sqrt{2}\sum_{n=2}^{\infty}I_n\sin(n\omega t - \varphi_n) \qquad (6\text{-}77\text{c})$$

这一结果与常用的定义[13,67]相符，且其中的 i_{sp} 与 Fryze、Czarnecki 等定义的有功电流 i_a[69,70]相符。这说明以上所述的电流分解方法是正确的，以此为基础提出的检测方法是可行的。

这种构造方法的缺点在于，从单相构造三相时，有 240°的延时。这一延时影响了检测方法的实时性。为减小这一延时，考虑下面所述的构造方法。

（2）方法二　在上一种方法中，构造的三相电流需变换至两相。为简便起见，可直接从单相电流构造 α、β 两相电流，即令 $i_\alpha = \sqrt{3/2}i_s$、i_α 延时 90°为 i_β。

对这种构造方法进行分析可知，利用这一方法也可准确地检测出 i_{sp}、i_{sq}、i_{sh}、i_{sf} 等电流量。与方法一相比，该方法构造两相的延时缩短至 90°。

（3）方法三　在三相三线制电路中，只有两个电流是独立的，另一个电流可由独立的两个电流算出。受此启发，可考虑仍令 $i_a = i_s$，而由 i_s 延时 60°所得的电流与延时 240°所得的电流正好反相，即为 $-i_c$，而 $i_b = -i_a - i_c$。这样，构造三相的延时就进一步缩短至 60°。可以证明，方法三同样可以准确地检测出 i_{sp}、i_{sq}、i_{sh}、i_{sf} 等电流量。

但是，由图 6-8 所示的检测框图我们知道，影响检测方法实时性的因素还有另外一个，即用于滤除 p、q 中交流分量的低通滤波器（LPF）。而决定 LPF 动态性能的，则是 p、q 中谐波的构成。上述三种方法在构造三相（或两相）时采用的方法不同，导致了 p、q 中谐波的构成也不同。

在对方法一进行分析的过程中，得出了 p、q 的表达式为式（6-75），由该式可得出 p、q 中谐波与 i_s 中谐波的对应关系，见表 6-3。可见，方法一 p、q 中所含的最低次谐波为 3 次，其他均为 3 的倍数次谐波。若采用在一个最低次谐波周期内求平均值的数字滤波方法，可在 1/3 个电源周期后得到稳定准确的直流输出。这表明，低通滤波器（LPF）的延时为 120°。

表 6-3　方法一　p、q 中谐波的构成

i_s 中谐波的次数	1	2	3	4	5	6	7	8	9	10	11
p、q 中谐波的次数	0	3	—	3	6	—	6	9	—	9	12

对方法二进行同样的分析，得出其 p、q 中谐波的构成，见表 6-4。其中，频

率最低的为基波，LPF 将延时360°。

表6-4　方法二　p、q 中谐波的构成

i_s 中谐波的次数	1	2	3	4	5	6	7	8	9	10	11
p、q 中谐波的次数	0	1, 3	4	3, 5	4	5, 7	8	7, 9	8	9, 11	11, 13

方法三的 p、q 中，谐波的构成见表6-5。其中，频率最低的也是基波，故 LPF 延时也为360°。

表6-5　方法三　p、q 中谐波的构成

i_s 中谐波的次数	1	2	3	4	5	6	7	8	9	10	11
p、q 中谐波的次数	0	1, 3	2, 4	3, 5	6	5, 7	6	7, 9	8, 10	9, 11	12

综合构造产生的延时和滤波产生的延时，则在 i_s 中包含任意次谐波的情况下，三种方法总的延时分别为360°、450°和420°。这种情况下，应采用方法一。

由表6-3～表6-5还可知，p、q 中所含谐波次数与 i_s 中所含谐波次数存在对应关系，当 i_s 不含某些次数的谐波时，p、q 中将相应地不含某些谐波分量。

在电网的单相谐源中，最典型的是电力机车。目前我国使用的电力机车均为直流机车，它是将交流电整流为直流电，供给直流电动机，所采用的整流电路为多段桥式整流电路。这种整流电路的特点之一是其交流侧电流的波形为镜像对称，并接近180°方波。这样，其交流侧电流中就不含偶次谐波分量。在这种情况下，上面讨论的三种方法的 p、q 中最低谐波次数、延时等见表6-6。

表6-6　i_s 为镜像对称时三种方法的比较

比较项目	方法一	方法二	方法三
p、q 中最低谐波次数	6	4	2
对应 i_s 中的谐波次数	5, 7	3, 5	3
方法总延时	300°	180°	240°

在这种情况下，方法二的延时最短，为180°，此时应采用方法二。

除以上三种构造方法外，还有其他的构造方法，如 i_a 延时120°得 i_b，由 i_a、i_b 算出 i_c 等。但是经分析可知，其他构造方法在电流为镜像对称时的延时均大于方法二。当 i_s 的谐波构成与此不同时，可采用类似的方法进行分析，以确定应选用何种方法。

有必要指出，这里所说的检测方法延时，是指当检测对象变化（如幅值、相位变化）时检测方法得出正确的检测结果所需的时间。这一延时从后面仿真分析得出的波形可以清楚地看出。

3. 单相电路谐波和无功电流检测方法的仿真

以电力机车整流电路交流侧电流为检测的对象，被检测电流 i_s 可近似为180°的方波。它与电源电压 e_s 的相位差即为整流电路的触发延迟角 α，设 $\alpha = 30°$。为便于观察检测方法的动态性能，假设在 20 ~ 30ms 之间，i_s 的幅值由 8A 线性上升至 15A。此时 e_s 和 i_s 的波形如图 6-9 所示。

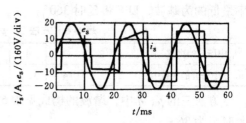

图 6-9 单相电路被检测对象的电压和电流波形

用前面讨论的方法一进行检测所得到的结果如图 6-10 所示。其中，图 6-10a 所示为 $\bar{p}/e$ 和 $\bar{q}/e$ 的波形，由这两个波形能够清楚地看出检测结果随 i_s 改变而变化的情况，从而清楚地看出检测方法的延时。图 6-10b 所示是检测到的基波电流分量 i_{sf} 的波形，图 6-10c 所示是检测到的谐波电流分量 i_{sh} 的波形，图 6-10d 所示是检测到的有功电流分量 i_{sp} 和无功电流分量 i_{sq} 的波形。从这一组及后面的仿真波形可知，在经过一个延时时间之后，即得到了准确的检测结果。

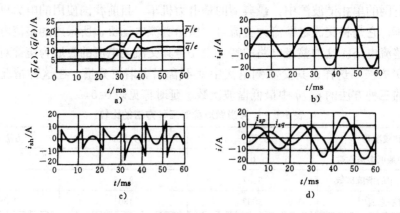

图 6-10 采用方法一时的仿真结果

a）$\bar{p}/e$ 和 $\bar{q}/e$ 的波形　b）基波电流分量 i_{sf} 的波形

c）谐波电流分量 i_{sh} 的波形　d）有功电流分量 i_{sp} 和无功电流分量 i_{sq} 的波形

用方法二检测得到的结果如图 6-11 所示。其中，图 6-11a 所示为 $\bar{p}/e$ 和 $\bar{q}/e$ 的波形，图 6-11b 所示是基波电流分量 i_{sf} 的波形，图 6-11c 是谐波电流分量 i_{sh} 的波形，图 6-11d 是有功电流分量 i_{sp} 和无功电流分量 i_{sq} 的波形。

用方法三检测得到的结果如图 6-12 所示。其中，图 6-12a 所示为 $\bar{p}/e$ 和 $\bar{q}/e$ 的波形，图 6-12b 所示为基波电流 i_{sf} 的波形，图 6-12c 为谐波电流分量 i_{sh} 的波形，图 6-12d 为有功电流分量 i_{sp} 和无功电流分量 i_{sq} 的波形。

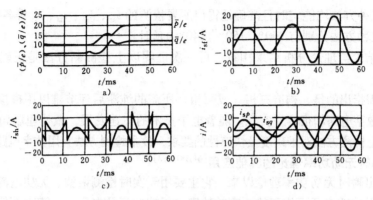

图 6-11 采用方法二时的仿真结果

a) $\bar{p}/e$ 和 $\bar{q}/e$ 的波形 b) 基波电流分量 i_{sf} 的波形

c) 谐波电流分量 i_{sh} 的波形 d) 有功电流分量 i_{sp} 和无功电流分量 i_{sq} 的波形

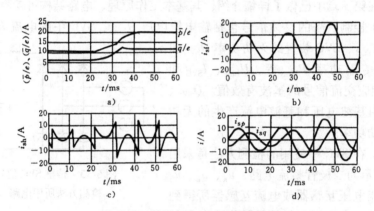

图 6-12 采用方法三时的仿真结果

a) $\bar{p}/e$ 和 $\bar{q}/e$ 的波形 b) 基波电流分量 i_{sf} 的波形

c) 谐波电流分量 i_{sh} 的波形 d) 有功电流分量 i_{sp} 和无功电流分量 i_{sq} 的波形

对 i_s 及上述三种方法检测得到的稳定后的谐波电流分量 i_{sh} （这里选择对应于时间轴 0～20ms 之间的一个周期）进行频谱分析的结果见表 6-7。

表 6-7 单相电路谐波检测方法仿真结果的频谱分析 （单位：A）

谐波次数		1	3	5	7	9	11	13	15	17	19
i_s		10.19	3.396	2.038	1.456	1.133	0.928	0.786	0.682	0.602	0.540
i_{sh}	方法一	0.000	3.396	2.038	1.456	1.133	0.928	0.786	0.682	0.602	0.540
	方法二	0.000	3.396	2.038	1.456	1.133	0.928	0.786	0.682	0.602	0.540
	方法三	0.000	3.396	2.038	1.456	1.133	0.928	0.786	0.682	0.602	0.540

由图 6-10～图 6-12 所示的波形及表 6-7 的频谱分析结果可知：

1）三种方法均能实时且准确地得出所要检测的 i_{sp}、i_{sq}、i_{sf}、i_{sh} 等各电流量。

2）三种方法分别有 300°、180°、240° 的延时。

以上结论与理论分析结果相符，再一次证明以上检测新方法是正确和切实可行的。

在此需指出的是，构造三相（或两相）所需的纯滞后环节难以用模拟电路来实现，而用数字电路却很容易实现。随着电子技术的飞速发展，微处理器如 DSP 等足以满足以上检测方法对准确度及快速性的要求，故本检测方法宜用数字电路实现。

6.1.3 瞬时无功功率理论的其他应用[64,181,182]

自提出瞬时无功功率理论以来，它主要用于实时检测谐波、无功电流等。实际上，瞬时无功功率还可用于检测有功功率，无功功率及电压、电流有效值等。本节将结合瞬时无功功率理论用于 SVC 信号检测的实例，介绍它在这方面应用的情况。

6.1.3.1 SVC 控制所需的信号与传统检测方法

SVC 在第 5 章中已做了详细介绍，其基本工作原理、电路结构可参看第 5 章。

SVC 中控制所需的反馈信号包括输电线电压 U_{Line}、SVC 中的电流 I_{SVC}、TCR 阀的电流 I_{TCR}、SVC 装置的无功功率 Q_{SVC} 和输电线的传输功率 P_{Line} 等。U_{Line}、I_{SVC} 和 I_{TCR} 代表相应交流信号的基波有效值。Q_{SVC}、P_{Line} 代表由基波电压和基波电流产生的无功功率和有功功率。

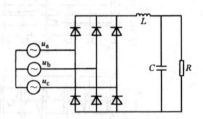

图 6-13　传统 SVC 信号检测方法所用电路

以往，在 SVC 中使用的检测方法是采用图 6-13 所示的二极管整流电路，u_a、u_b、u_c 是经过三相电压互感器或电流互感器所得到的交流信号。直流侧所得信号的直流分量与交流侧信号的有效值成正比。但若直流侧接电阻负载，则直流侧信号中纹波的峰值约可达直流分量的 10%，所以必须对直流侧信号进行滤波，图中，电感 L 和电容 C 就是滤波元件。但滤波会给检测电路引入时延，使得检测的快速响应性受到影响，所以在设计滤波器时，滤波效果和动态响应总是互相矛盾的，因此不得不兼顾输出信号的平稳性和快速响应性。图 6-14 给出了在滤波电路将纹波峰值抑制到直流分量的 1% 的情况下，当交流侧信号有效值阶跃下降 10% 时，交流信号和所得直流信号的变化曲线。可以看出，约

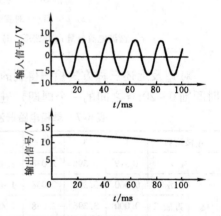

图 6-14　传统 SVC 信号检测电路的瞬态响应

30ms 之后测得信号才跟上了交流信号的变化。

以上是在输入的交流信号没有任何畸变的情况下讨论的。如果交流信号有谐波分量，由图 6-13 所示的电路得出的输出结果将不仅包含由输入信号的基波转换而来的谐波，而且也将含有由输入信号的谐波转换而来的谐波，设计滤波器时也应予以考虑。另外，若交流信号中含有谐波，所得直流侧信号的直流分量的大小将不仅取决于交流信号的基波分量，而且也和其谐波分量有关，这样就破坏了交流信号有效值与所得信号直流分量成正比的关系，引入了检测误差。图6-15 给出了当交流信号中含有 5 次谐波时，转换电路在滤波前的波形和频谱，虚线为交流信号中无谐波时的频谱。这里，畸变系数定义为谐波与基波有效值的比值。从图中可看出，交流信号中含有 5 次谐波时，检测所得信号的直流分量发生了变化。

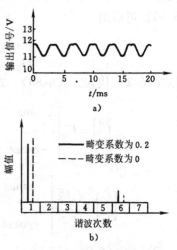

图 6-15　输入信号畸变时传统方法的检测结果

a）波形　b）频谱

6.1.3.2　基于瞬时无功功率理论的 SVC 信号检测方法

1. 计算公式

在 SVC 装置中，考虑瞬时值，设传输线的三相电压分别为 u_a、u_b、u_c，电流为 i_a、i_b、i_c，SVC 的三相电流为 i_{sa}、i_{sb}、i_{sc}，TCR 阀（三角形联结）的电流分别为 i_{Tab}、i_{Tbc}、i_{Tca}。

设用于计算的三相电压为正弦波，且分别为

$$e_a = E_m \sin\omega t \tag{6-78a}$$

$$e_b = E_m \sin(\omega t - 2\pi/3) \tag{6-78b}$$

$$e_c = E_m \sin(\omega t + 2\pi/3) \tag{6-78c}$$

式中　E_m——电压的幅值。

将式（6-78）代入式（6-1）得

$$\begin{bmatrix} e_\alpha \\ e_\beta \end{bmatrix} = \sqrt{\frac{3}{2}} E_m \begin{bmatrix} \sin\omega t \\ -\cos\omega t \end{bmatrix} \tag{6-79}$$

若三相电流为 i_a、i_b、i_c，则根据三相电路瞬时无功功率理论，由式（6-9）得出

$$\begin{bmatrix} p \\ q \end{bmatrix} = \sqrt{\frac{3}{2}} E_m \begin{bmatrix} \sin\omega t & -\cos\omega t \\ -\cos\omega t & -\sin\omega t \end{bmatrix} \begin{bmatrix} i_\alpha \\ i_\beta \end{bmatrix} \tag{6-80}$$

由式（6-3）及式（6-78）知，$e = \sqrt{3/2}\,E_m$，则由式（6-7）、式（6-8）及式（6-80）可得出

$$\begin{bmatrix} i_p \\ i_q \end{bmatrix} = \begin{bmatrix} \sin\omega t & -\cos\omega t \\ -\cos\omega t & -\sin\omega t \end{bmatrix} \begin{bmatrix} i_\alpha \\ i_\beta \end{bmatrix} \tag{6-81}$$

将式（6-2）代入式（6-80）、式（6-81），得

$$\begin{bmatrix} p \\ q \end{bmatrix} = E_m \begin{bmatrix} \sin\omega t & \sin\left(\omega t - \dfrac{2\pi}{3}\right) & \sin\left(\omega t + \dfrac{2\pi}{3}\right) \\ -\cos\omega t & -\cos\left(\omega t - \dfrac{2\pi}{3}\right) & -\cos\left(\omega t + \dfrac{2\pi}{3}\right) \end{bmatrix} \begin{bmatrix} i_a \\ i_b \\ i_c \end{bmatrix} \tag{6-82}$$

$$\begin{bmatrix} i_p \\ i_q \end{bmatrix} = \sqrt{\dfrac{2}{3}} \begin{bmatrix} \sin\omega t & \sin\left(\omega t - \dfrac{2\pi}{3}\right) & \sin\left(\omega t + \dfrac{2\pi}{3}\right) \\ -\cos\omega t & -\cos\left(\omega t - \dfrac{2\pi}{3}\right) & -\cos\left(\omega t + \dfrac{2\pi}{3}\right) \end{bmatrix} \begin{bmatrix} i_a \\ i_b \\ i_c \end{bmatrix} \tag{6-83}$$

通过式（6-2），将 i_{sa}、i_{sb}、i_{sc} 转换为电流旋转矢量，可分解成式（6-5）、式（6-6）定义的瞬时有功电流 i_{sp} 和瞬时无功电流 i_{sq}。由于流入 SVC 的有功电流很小，即 $i_{sp} \ll i_{sq}$，故 $i_s = \sqrt{i_{sp}^2 + i_{sq}^2} \approx i_{sq}$。考虑到 i_s 是流入 SVC 电流的 $\sqrt{3}$ 倍，由式（6-83）可得

$$I_{\mathrm{SVC}} = -\frac{\sqrt{2}}{3}\left[i_{sa}\cos\omega t + i_{sb}\cos\left(\omega t - \frac{2\pi}{3}\right) + i_{sc}\cos\left(\omega t + \frac{2\pi}{3}\right) \right] \tag{6-84}$$

采用同样的方法，并考虑到 TCR 为三角形联结，可得

$$I_{\mathrm{TCR}} = -\frac{\sqrt{6}}{9}\left[i_{\mathrm{Tab}}\cos\omega t + i_{\mathrm{Tbc}}\cos\left(\omega t - \frac{2\pi}{3}\right) + i_{\mathrm{Tca}}\cos\left(\omega t + \frac{2\pi}{3}\right) \right] \tag{6-85}$$

进一步仔细考察式（6-83），将上述这种忽略相对小的量的思想进行引申，可以发现，如果 i_a、i_b、i_c 与式（6-78）所示的 e_a、e_b、e_c 有相同的相位角，则 i_q 将为零，而 i_p 将准确地反映三相电流的有效值。再做进一步推广，如果用 u_a、u_b、u_c 代换式（6-83）中的 i_a、i_b、i_c，则计算结果中的 i_p 必将反映三相电压的有效值。从以上思想出发，并注意到 u_a 等是相电压，而所需的 U_{Line} 为线电压，可以得到

$$U_{\mathrm{Line}} = \sqrt{\frac{2}{3}}\left[u_a\sin\omega t + u_b\sin\left(\omega t - \frac{2\pi}{3}\right) + u_c\sin\left(\omega t + \frac{2\pi}{3}\right) \right] \tag{6-86}$$

在式（6-78）条件下，$\sqrt{2/3}\,U_{\mathrm{Line}} = E_m$，所以由式（6-82）可得

$$Q_{\mathrm{SVC}} = -\frac{\sqrt{2}}{3}U_{\mathrm{Line}}\left[i_{sa}\cos\omega t + i_{sb}\cos\left(\omega t - \frac{2\pi}{3}\right) + i_{sc}\cos\left(\omega t + \frac{2\pi}{3}\right) \right] \tag{6-87}$$

类似地，可得计算 P_{Line} 的公式为

$$P_{\mathrm{Line}} = \sqrt{\frac{2}{3}}U_{\mathrm{Line}}\left[i_a\sin\omega t + i_b\sin\left(\omega t - \frac{2\pi}{3}\right) + i_c\sin\left(\omega t + \frac{2\pi}{3}\right) \right] \tag{6-88}$$

应当指出，不论三相电压中是否含有谐波，均使用式（6-78），因为检测中关心的是基波分量，实际上是提取式（6-84）~式（6-88）中的直流分量，因此不希望它被三相电压的波形畸变所影响。但应注意，式（6-78）中三相电压的相位角应与实际电压一致。

2. 方法的特点

如果 u_a、u_b、u_c 和 i_a、i_b、i_c 为正弦波，则由式（6-84）~式（6-88）所得到的 I_{SVC}、I_{TCR} 和 U_{Line} 为不含任何谐波的直流信号。也就是说，在这种情况下，不需要滤波，使得输出信号没有任何时延而能立即跟随输入交流信号的变化。如果输入的交流信号中含有谐波分量，则计算所得的 I_{SVC}、I_{TCR} 和 U_{Line} 等也将含有谐波分量，如 5 次和 7 次谐波计算后将变换成 6 次谐波，滤掉这些谐波即得所需信号。然而，在同样的条件下，此时所得信号的谐波分量比用以往的检测方法要少，所以滤波器设计也要容易，动态响应也会好一些。更重要的是，不论交流输入信号中是否含谐波分量，用此方法计算所得的 I_{SVC}、I_{TCR} 和 U_{Line} 等信号的直流分量都将准确地反映 SVC 控制所需的相应交流信号的基波有效

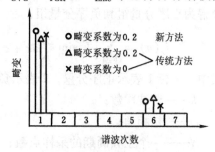

图 6-16　基于瞬时无功功率理论的检测方法所得信号的频谱

值。图 6-16 给出了在与图 6-15 同样条件下，采用此方法所得信号的频谱图。

该检测方法不但在动态响应上有良好的特性，而且各计算公式形式接近，用查表和计算相结合的方法在计算机上很容易实现，所以在使用计算机控制时，该方法非常有效。

瞬时无功功率理论的提出，是促使有源电力滤波器在 20 世纪 80 年代迅速发展的主要因素之一。该理论的核心在于，突破了传统功率理论中用平均值定义功率量的局限，实质上，它是对传统功率理论的拓展。

检测谐波、无功电流是瞬时无功功率理论到目前为止应用最为广泛的一个场合，而本章讨论的检测方法又主要应用于有源电力滤波器中。根据有源电力滤波器补偿的要求，利用本章介绍的检测方法，可以实时检测出三相电路的谐波电流、无功电流、基波负序电流等分量，单相电路谐波电流、无功电流等分量。

瞬时无功功率理论在其他方面也正在逐渐得到应用，如在 SVC 装置中用于检测电压、电流有效值及有功功率、无功功率等，其性能优于传统方法，所介绍的方法也适用于 SVG。

相信，随着对瞬时无功功率理论的认识不断深入和广泛，其应用范围将会不断扩展，而该理论的不断完善，还有望为电路理论的发展做出贡献。

6.2 基于时域变换的谐波与无功电流检测方法[183]

基于三角函数的正交性质，本节介绍一种通过基于时域的变换算法（Time - domain based Transform Algorithm，TTA）的电流检测算法，该算法利用了三角函数的正交性。理论分析和验证实验表明，该电流检测算法具有物理意义明确、检测目的灵活、便于数字处理器实现等优点，并可以同时适用于三相三线制、三相四线制和单相系统的检测需要。

6.2.1 基于时域变换的电流检测算法的基本原理

按照对称分量法，在三相三线制系统中，瞬时负载电流 i_a、i_b、i_c 采样后可以分解为正序分量组和负序分量组：

$$i_x(n) = \sum_{k=1}^{\infty} \left[I_{1k}\sin\left(\frac{2\pi}{N}nk + \varphi_{1k} - \frac{2l\pi}{3}\right) + I_{2k}\sin\left(\frac{2\pi}{N}nk + \varphi_{2k} + \frac{2l\pi}{3}\right) \right] \quad (6\text{-}89)$$

式中　下标 1 表示正序分量，2 表示负序分量；

　　　k——谐波次数；

　　　φ——初相角；

　　　N——一个工频周期的采样点数；

　　　n——采样点的计数值（$n = 0, 1, \cdots, N-1$）；

$$l = \begin{cases} 0 & x = a \\ 1 & x = b \\ 2 & x = c \end{cases}$$

通常，对于某次谐波来说，要么进行补偿，要么不进行补偿，不会选择对其中正序分量、负序分量进行单独补偿；而对于基波来说，往往需要选择对其中的正序、负序、有功、无功分量进行单独补偿，因此对于基波需要做进一步的分解，而对于谐波则不需要进一步分解。

瞬时负载电流 i_a、i_b、i_c 的基波成分可以进一步分解成

$$i_{x1}(n) = I_{11}\sin\left(\frac{2\pi}{N}n + \varphi_{11} - \frac{2l\pi}{3}\right) + I_{21}\sin\left(\frac{2\pi}{N}n + \varphi_{21} + \frac{2l\pi}{3}\right)$$

$$= I_{11}\sin\left(\frac{2\pi}{N}n - \frac{2l\pi}{3}\right)\cos\varphi_{11} + I_{11}\cos\left(\frac{2\pi}{N}n - \frac{2l\pi}{3}\right)\sin\varphi_{11} +$$

$$I_{21}\sin\left(\frac{2\pi}{N}n - \frac{2l\pi}{3}\right)\cos\left(\varphi_{21} + \frac{4l\pi}{3}\right) + I_{21}\cos\left(\frac{2\pi}{N}n - \frac{2l\pi}{3}\right)\sin\left(\varphi_{21} + \frac{4l\pi}{3}\right) \quad (6\text{-}90)$$

式中，第一项 $I_{11}\sin(2n\pi/N - 2l\pi/3)\cos\varphi_{11}$ 代表基波正序有功电流 i_{px11}，三相幅值相等，相位依次相差 $2\pi/3$；第二项 $I_{11}\cos(2n\pi/N - 2l\pi/3)\sin\varphi_{11}$ 代表基波正序无功电流 i_{qx11}，同样是三相幅值相等，相位依次相差 $2\pi/3$；第三项 $I_{21}\sin(2n\pi/N - 2l\pi/3)\cos(\varphi_{21} + 4l\pi/3)$ 代表基波负序有功电流 i_{px21}（与基波电压同向），

196

虽然三相的相位仍然依次相差 $2\pi/3$，但幅值不再相等；第四项 $I_{21}\cos(2n\pi/N - 2l\pi/3)\sin(\varphi_{21} + 4l\pi/3)$ 代表基波负序无功电流 i_{qx21}（与基波电压正交），与第三项一样虽然三相的相位仍然依次相差 $2\pi/3$，但幅值不再相等。具体如图 6-17 所示。

在式（6-89）、式（6-90）中对电流进行了分解，将其分解成了基波正序有功分量、基波正序无功分量、基波负序有功分量、基波负序无功分量、谐波负序分量和谐波正序分量，为了能够分别得出其中的各个分量，以满足不同的补偿目的，本章所介绍的基于时域的电流检测算法结构如图 6-18 所示。

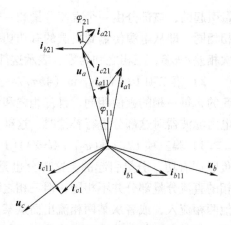

图 6-17 基波电流分量用对称分量法分解后的示意图

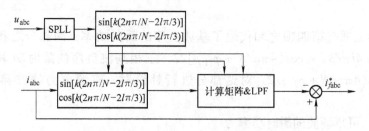

图 6-18 基于时域的电流检测算法 TTA 的结构

图 6-18 中，当 $k = 1$ 时，则 $\sin(2n\pi/N - 2l\pi/3)$ 是与相电压基波正序分量同步的同步信号，是通过软锁相得到的。

三相电压可以写为 $U\sin(2n\pi/N - 2l\pi/3)$，则基波瞬时功率可以表示为

$$i_{x1}(n) * U\sin\left(\frac{2\pi}{N}n - \frac{2l\pi}{3}\right)$$

$$= \frac{1}{2}U\left\{I_{11}\cos\varphi_{11}\left[1 - \cos\left(\frac{4\pi}{N}n - \frac{4l\pi}{3}\right)\right] + I_{11}\sin\varphi_{11}\sin\left(\frac{4\pi}{N}n - \frac{4l\pi}{3}\right) + \right.$$

$$\left. I_{21}\cos\left(\varphi_{21} + \frac{4l\pi}{3}\right)\left[1 - \cos\left(\frac{4\pi}{N}n - \frac{4l\pi}{3}\right)\right] + I_{21}\sin\left(\varphi_{21} + \frac{4l\pi}{3}\right)\sin\left(\frac{4\pi}{N}n - \frac{4l\pi}{3}\right)\right\}$$

$$(6\text{-}91)$$

由式（6-91）可以看出：

1) 第一项 $UI_{11}\cos\varphi_{11}[1 - \cos(4n\pi/N - 4l\pi/3)]/2$ 是由基波电流的正序有功分

量引起的，该部分由一个直流分量和一个 2 次谐波分量组成。其中直流分量部分三相相同，即从电源传输到负载的有功功率。三相的 2 次谐波分量幅值相同，相位依次相差 $4\pi/3$，三相之和为零，表示这部分能量在三相之间流动。

2）第二项 $UI_{11}\sin\varphi_{11}\sin(4n\pi/N - 4l\pi/3)/2$ 是由基波电流的正序无功分量引起的，每一相的幅值相同，且三相之和为零，表示能量是在三相之间流动的，有源电力滤波器对这部分进行补偿时，这部分能量不会流过直流侧储能元件。

3）第三项 $UI_{21}\cos(\varphi_{21} + 4l\pi/3)[1 - \cos(4\pi n/N - 4l\pi/3)]/2$ 是由基波电流的负序"有功"分量引起的，这部分也是由一个直流分量和一个交流分量组成。三相的直流分量部分并不相同，但三相之和为零，表明这部分能量从某相流出而从其他两相流入，或者从某两相流出而从某一相流入。交流分量在一个周期内的积分为零，表示电源与负载之间有能量交换但不反映负载消耗的能量，该交流分量幅值不同，三相之和也不为零，对这部分进行补偿时，有源电力滤波器需要储能元件。

4）第四项 $UI_{21}\sin(\varphi_{21} + 4l\pi/3)\sin(4\pi n/N - 4l\pi/3)/2$ 是由基波电流的负序"无功"分量引起的，在一个周期内积分为零，说明这部分对负载消耗的有功也没有贡献。

5）第三项与第四项之和代表了基波负序的瞬时功率，两部分之和等于 UI_{21} $[\cos(\varphi_{21} + 4l\pi/3) - \cos(4\pi n/N + \varphi_{21})]/2$，三相基波负序的瞬时功率之和等于 $-3UI_{21}\cos(4\pi n/N + \varphi_{21})/2$，对这部分进行补偿时，有源电力滤波器需要储能元件。

同理，可得谐波的瞬时功率为

$$i_{xk}(n) * U\sin\left(\frac{2\pi}{N}n - \frac{2l\pi}{3}\right)$$

$$= \frac{1}{2} + U\left\{I_{1k}\left[\cos\left(\frac{2n\pi}{N}(k-1) + \varphi_{1k}\right) - \cos\left(\frac{2n\pi}{N}(k+1) + \varphi_{1k} - \frac{4l\pi}{3}\right)\right] + \right.$$

$$\left. I_{2k}\left[\cos\left(\frac{2n\pi}{N}(k-1) + \varphi_{2k} + \frac{4l\pi}{3}\right) - \cos\left(\frac{2n\pi}{N}(k+1) + \varphi_{2k}\right)\right]\right\} \qquad (6\text{-}92)$$

由式（6-92）可以看出，不论是谐波的负序分量的瞬时功率，还是正序分量的瞬时功率都是交流的，且三相之和都不为零，对这部分进行补偿时，有源电力滤波器需要储能元件。

式（6-89）乘以 $\sin(2n\pi/N - 2l\pi/3)$ 可以得到

$$i_x(n)\sin\left(\frac{2\pi}{N}n - \frac{2l\pi}{3}\right)$$

$$= \frac{1}{2}\left\{I_{11}\cos\varphi_{11}\left[1 - \cos\left(\frac{4\pi}{N}n - \frac{4l\pi}{3}\right)\right] + I_{11}\sin\varphi_{11}\sin\left(\frac{4\pi}{N}n - \frac{4l\pi}{3}\right) + \right.$$

$$I_{21}\cos\left(\varphi_{21}+\frac{4l\pi}{3}\right)\left[1-\cos\left(\frac{4\pi}{N}n-\frac{4l\pi}{3}\right)\right]+I_{21}\sin\left(\varphi_{21}+\frac{4l\pi}{3}\right)\sin\left(\frac{4\pi}{N}n-\frac{4l\pi}{3}\right)\right\}+i_{h}$$

$$(6\text{-}93)$$

对于三相三线制整流电路而言，其特征次谐波为 5、7、11、13 等 $6k\pm1$ 次谐波。式（6-93）中，所有项均为频率不小于 2 倍基波频率的交流分量，采用截止频率小于 2 倍基波频率的低通滤波器对其进行滤波，即可得到其中的直流分量，再将所得到的直流分量放大 2 倍，可得

$$B_{x1}=I_{11}\cos\varphi_{11}+I_{21}\cos\left(\varphi_{21}+\frac{4l\pi}{3}\right) \tag{6-94}$$

将式(6-89)两边乘以 $\cos(2n\pi/N-2l\pi/3)$ 可得

$$i_{x}(n)\cos\left(\frac{2\pi}{N}n-\frac{2l\pi}{3}\right)=\frac{1}{2}\left\{I_{11}\left[\sin\varphi_{11}+\sin\left(\frac{4\pi}{N}n+\varphi_{11}-\frac{4l\pi}{3}\right)\right]+\right.$$

$$\left.I_{21}\left[\sin\left(\frac{4\pi}{N}n+\varphi_{21}\right)+\sin\left(\varphi_{21}+\frac{4l\pi}{3}\right)\right]\right\}+i'_{h} \tag{6-95}$$

同样，采用截止频率小于 2 倍基波频率的低通滤波器对其进行滤波，再将所得直流分量放大 2 倍，可得

$$A_{x1}=I_{11}\sin\varphi_{11}+I_{21}\sin\left(\varphi_{21}-\frac{2l\pi}{3}\right) \tag{6-96}$$

定义：

$$\begin{pmatrix}A_{11} & B_{11}\\ A_{21} & B_{21}\end{pmatrix}=\frac{1}{3}\begin{pmatrix}A_{a1}+A_{b1}+A_{c1} & B_{a1}+B_{b1}+B_{c1}\\ 2A_{a1}-A_{b1}-A_{c1} & 2B_{a1}-B_{b1}-B_{c1}\end{pmatrix}=\begin{pmatrix}I_{11}\sin\varphi_{11} & I_{11}\cos\varphi_{11}\\ I_{21}\sin\varphi_{21} & I_{21}\cos\varphi_{21}\end{pmatrix}$$

$$(6\text{-}97)$$

式中　A_{11}、B_{11}——基波正序无功分量和基波正序有功分量；

　　　A_{21}、B_{21}——a 相基波负序无功分量和基波负序有功分量。

同理，将式（6-89）两边分别乘以 $2\sin[k(2n\pi/N-2l\pi/3)]$ 和 $2\cos[k(2n\pi/N-2l\pi/3)]$，经过低通滤波后，可得 A_{xk} 和 B_{xk} 如下：

$$A_{xk}=I_{1k}\sin\left[\frac{2(k-1)l\pi}{3}+\varphi_{1k}\right]+I_{2k}\sin\left[\frac{2(k+1)l\pi}{3}+\varphi_{2k}\right] \tag{6-98}$$

$$B_{xk}=I_{1k}\cos\left[\frac{2(k-1)l\pi}{3}+\varphi_{1k}\right]+I_{2k}\cos\left[\frac{2(k+1)l\pi}{3}+\varphi_{2k}\right] \tag{6-99}$$

定义：

$$i_{x11}=A_{11}\cos\left(\frac{2\pi}{N}n-\frac{2l\pi}{3}\right)+B_{11}\sin\left(\frac{2\pi}{N}n-\frac{2l\pi}{3}\right) \tag{6-100}$$

$$i_{x21}=A_{21}\cos\left(\frac{2\pi}{N}n+\frac{2l\pi}{3}\right)+B_{21}\sin\left(\frac{2\pi}{N}n+\frac{2l\pi}{3}\right) \tag{6-101}$$

$$i_{x1} = A_{x1} \cos\left(\frac{2\pi}{N}n - \frac{2l\pi}{3}\right) + B_{x1} \sin\left(\frac{2\pi}{N}n - \frac{2l\pi}{3}\right) \tag{6-102}$$

$$i_{xk} = A_{xk} \cos\left[k\left(\frac{2\pi}{3}n - \frac{2l\pi}{3}\right)\right] + B_{xk} \sin\left[k\left(\frac{2\pi}{3}n - \frac{2l\pi}{3}\right)\right] \tag{6-103}$$

式（6-97）、式（6-100）~式（6-103）共同组成图 6-18 中的计算矩阵。利用式(6-100)~式(6-103)即可以得到不同的电流参考信号：

1）如果有源电力滤波器只用来补偿谐波和基波负序，而不补偿无功，则只需利用式（6-100）进行计算得到基波正序电流信号 i_{x11}，再用负载电流信号减去 i_{x11} 即可得到指令信号 $i_{Cx}^*(n) = i_x(n) - i_{x11}(n)$。

2）如果有源电力滤波器只用来补偿基波负序，则只需利用式（6-101）计算得到基波负序电流信号 i_{x21} 即可。如果要求补偿后网侧电流为三相对称的基波电流，且功率因数为 1，可以在式（6-100）中令 $A_{11} = 0$，即可以得到基波正序中的有功分量 i_{px11}，用负载电流信号减去 i_{px11} 就可以得到指令信号 $i_{Cx}^*(n) = i_x(n) - i_{px11}(n)$。同理，令 $B_{11} = 0$，可得基波正序中的无功分量。

3）如果有源电力滤波器只是用来补偿谐波，而不是用来补偿无功和负序，则可以利用式（6-102）计算得到基波电流信号 i_{x1}，再用负载电流信号减去 i_{x1} 就可以得到指令信号。

4）如果有源电力滤波器用来补偿指定次谐波，可以利用式（6-103）计算得到谐波电流信号 i_{xk}，即可得到指定次谐波电流信号。实际上，对于谐波来说，并不需要区分有功和无功，因此可以用 $\sin(2nk\pi/N)$、$\cos(2nk\pi/N)$ 替换 $\sin k(2n\pi/N - 2l\pi/3)$、$\cos k(2n\pi/N - 2l\pi/3)$，从而使程序大大简化。

基于以上检测结果，通过不同的组合，就可以满足不同电流成分的检测与分离目的。

6.2.2 在三相四线制系统中的电流检测方法

上面的分析都是基于三相三线制系统的，对于三相四线制系统，因为存在零序分量，会有所不同。

在三相四线制系统中，电流 $i_x(n)$ 可以分解为

$$i_x(n) = \sum_{k=1}^{\infty}\left[I_{1k}\sin\left(\frac{2\pi}{N}nk + \varphi_{1k} - \frac{2l\pi}{3}\right) + I_{2k}\sin\left(\frac{2\pi}{N}nk + \varphi_{2k} + \frac{2l\pi}{3}\right) + \right.$$

$$\left. I_{0k}\sin\left(\frac{2\pi}{N}nk + \varphi_{0k}\right)\right] \tag{6-104}$$

与式（6-89）相比，多了下标为 0 的零序分量。

同理，零序分量的瞬时功率为

$$p_{0x} = I_{0k}\sin\left(\frac{2\pi}{N}nk + \varphi_{0k}\right)\sin\left(\frac{2\pi}{N}nk - \frac{2l\pi}{3}\right) \tag{6-105}$$

可见，零序分量的瞬时功率三相之和为零，和基波正序无功功率一样，是在三相之间流动，对这部分进行补偿时，有源电力滤波器直流侧不需要储能元件。

采用同样的方法可以得到

$$B_{x1} = I_{11}\cos\varphi_{11} + I_{21}\cos\left(\varphi_{21} + \frac{4l\pi}{3}\right) + I_{01}\cos\left(\varphi_{01} + \frac{2l\pi}{3}\right) \tag{6-106}$$

$$A_{x1} = I_{11}\sin\varphi_{11} + I_{21}\sin\left(\varphi_{21} + \frac{4l\pi}{3}\right) + I_{01}\sin\left(\varphi_{01} + \frac{2l\pi}{3}\right) \tag{6-107}$$

$$A_{xk} = I_{1k}\sin\left(\varphi_{1k} - \frac{2l\pi}{3}\right) + I_{2k}\sin\left(\varphi_{2k} + \frac{2l\pi}{3}\right) + I_{0k}\sin(\varphi_{0k}) \tag{6-108}$$

$$B_{xk} = I_{1k}\cos\left(\varphi_{1k} - \frac{2l\pi}{3}\right) + I_{2k}\cos\left(\varphi_{2k} + \frac{2l\pi}{3}\right) + I_{0k}\cos(\varphi_{0k}) \tag{6-109}$$

令式（6-108）和式（6-109）中的 $k=1$，得到

$$A'_{x1} = I_{11}\sin\left(\varphi_{11} - \frac{2l\pi}{3}\right) + I_{21}\sin\left(\varphi_{21} + \frac{2l\pi}{3}\right) + I_{01}\sin(\varphi_{01}) \tag{6-110}$$

$$B'_{x1} = I_{11}\cos\left(\varphi_{11} - \frac{2l\pi}{3}\right) + I_{21}\cos\left(\varphi_{21} + \frac{2l\pi}{3}\right) + I_{01}\cos(\varphi_{01}) \tag{6-111}$$

令：

$$
\begin{pmatrix} A_{11} & B_{11} \\ A_{01} & B_{01} \\ A_{21} & B_{21} \end{pmatrix} = \frac{1}{3}\begin{pmatrix} A_{a1} + A_{b1} + A_{c1} & B_{a1} + B_{b1} + B_{c1} \\ A'_{a1} + A'_{b1} + A'_{c1} & B'_{a1} + B'_{b1} + B'_{c1} \\ 2A_{a1} - A_{b1} - A_{c1} - 3A_{01} & 2B_{a1} - B_{b1} - B_{c1} - 3B_{01} \end{pmatrix}
$$
$$
= \begin{pmatrix} I_{11}\sin\varphi_{11} & I_{11}\cos\varphi_{11} \\ I_{01}\sin\varphi_{01} & I_{01}\cos\varphi_{01} \\ I_{21}\sin\varphi_{21} & I_{21}\cos\varphi_{21} \end{pmatrix} \tag{6-112}
$$

定义：

$$i_{x01} = A_{01}\cos\left(\frac{2\pi}{N}n\right) + B_{01}\sin\left(\frac{2\pi}{N}n\right) \tag{6-113}$$

利用式（6-100）~式（6-103）及式（6-113），即可以得到不同的电流参考信号。

由上面的分析可以看出，不论是三相三线制系统，还是三相四线制系统，在求解基波正序有功电流、基波正序无功电流、基波正序电流、基波电流和谐波电流时，具有统一的表达式。仅在需要区分基波负序和零序时，存在不同，因为在三相三线制系统中，不存在零序分量，分别采用式（6-112）与式（6-97）求解得到的基波负序分量是相同的，因此三相三线制系统可以看成是三相四线制系统的一种特例，两种情况都可以用统一的数学方程式表示。

6.2.3 在单相系统中的电流检测方法

在单相电力系统中，电流 $i_x(n)$ 可以分解为

$$i_x(n) = \sum_{k=1}^{\infty} I_k \sin\left(\frac{2\pi}{N}nk + \varphi_k\right) \tag{6-114}$$

与三相三线制相比，可以认为电流中只存在正序分量，而不存在负序分量。如式（6-91）及式（6-92）所示，基波瞬时有功功率由一个直流分量和一个 2 次谐波分量组成，基波瞬时无功功率是一个 2 次谐波，谐波瞬时功率也是一个交流分量，都不为零，因此对基波无功及谐波电流进行补偿时，有源补偿装置（如 SVG 或有源滤波器）的直流侧需要设置储能元件进行能量缓冲。特别需要指出的是，因为基波瞬时有功功率本身就含有一个 2 次谐波分量，在设计有源补充装置的直流侧储能元件时，需要考虑这部分的影响。

同理，将式（6-114）两边分别乘以 $\sin[k(2n\pi/N - 2l\pi/3)]$ 和 $\cos[k(2n\pi/N - 2l\pi/3)]$，且令 $l = 0$，即相当于三相三线制系统中的 a 相电压为

$$i_x(n)\sin\left(\frac{2\pi}{N}nk\right) = \frac{1}{2}\sum_{k=1}^{\infty} I_k\left[\cos\varphi_k - \cos\left(\frac{4\pi}{N}nk + \varphi_k\right)\right] \tag{6-115}$$

$$i_x(n)\cos\left(\frac{2\pi}{N}nk\right) = \frac{1}{2}\sum_{k=1}^{\infty} I_k\left[\sin\varphi_k + \sin\left(\frac{4\pi}{N}nk + \varphi_k\right)\right] \tag{6-116}$$

在单相整流电路中，特征次谐波是 $2k \pm 1$ 次，式（6-115）和式（6-116）中最低频率分量是 2 次，因此同三相三线制系统中一样，可以通过一个截止频率低于 2 次谐波的低通滤波器并乘以 2 得到 A_{xk} 和 B_{xk}：

$$A_{xk} = I_k\sin\varphi_k \tag{6-117}$$

$$B_{xk} = I_k\cos\varphi_k \tag{6-118}$$

利用式（6-102）、式（6-103）即可得到不同的补偿电流参考信号。

6.2.4　电流检测中低通滤波器的设计

由前面的分析可以看出，电流检测中，需要用低通滤波器将直流分量检出，低通滤波器的设计决定了电流检测的动态响应速度及检测准确度。低通滤波器的设计原则是阻带的衰减特性好、时延小、响应速度快。常用的数字低通滤波器主要有无限冲击响应（IIR）滤波器及有限冲击响应（FIR）滤波器。

常用 IIR 滤波器按其设计方法有巴特沃思（Butterworth）、古比雪夫（Chebyshev）Ⅰ、Chebyshev Ⅱ和椭圆函数（Elliptic Function）滤波器。IIR 滤波器利用了输出反馈对输入进行运算，运算过程对数据的舍入处理，将导致计算结果产生误差积累，并且随着阶数增加，滤波器的幅频特性接近理想低通滤波器，检测算法的时延和误差也将增大。考虑动态响应灵敏度和计算准确度等因素时，Butterworth 滤波器的效果最好，Chebyshev Ⅰ滤波器次之，其次是 Elliptic Function 和 Chebyshev Ⅱ滤波器；在同一类型的 IIR 滤波器中，不同阶数的幅频特性差异明显，在电流检测中的应用效果也不相同。考虑检测准确度以及动态响应速度，一般选取 2 阶 Butterworth 滤波器。

FIR 滤波器具有线性相位的滤波特性，通带内的信号通过滤波器后，除了由相频特性的斜率决定的延迟外，可以不失真地保留通带内的全部信号，但在电流检测中，只需检测出其中的直流分量，因此其线性相位延迟的特点与 IIR 滤波器相比，并没有优势。常用的 FIR 滤波器设计方法有傅里叶（Fourier）级数展开方法、窗函数法、频域设计法和 Chebyshev 逼近法。在 FIR 滤波器中，不同类型的幅频特性差异不大。FIR 滤波器要有足够高的采样频率，才能保证计算的准确度，且卷积运算过程中的计算量大。

用积分运算的方法可以大大提高检测直流分量的计算准确度，但又会降低动态性能，于是提出了滑动窗式数字低通滤波器。滑动窗式数字低通滤波原理如图6-19所示。采样宽度为 T 的滑动时窗，其对应的采样点数为 N。设置存放 N 个数据的缓冲区，按计数值 $n(n=0,1,\cdots,N-1)$ 依次更新并存放

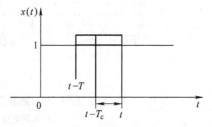

图 6-19　滑动窗式数字低通滤波原理

当前采样数据 $x(n)$。将当前计数值 n 对应的单元记为 $l=N-1$，与此对应的前第 N 个单元记为 $l=0$，得到滑动窗式数字低通滤波算式为

$$\overline{X}(l) = \frac{1}{N}\left[N\overline{X}(l-1) - x(l-N) + x(l) \right] \tag{6-119}$$

IIR 或 FIR 低通滤波方法都是用逼近函数实现的，以抑制滤波过程产生的吉布斯纹波。与所用的函数逼近类型、采样频率和截止频率等的选择都有关系，对计算准确度也产生不同的影响。而滑窗式低通滤波方法只需要确定采样频率和滑动窗宽度，不受截止频率选择的限制，具有比 IIR 滤波器更快的响应速度和计算稳定性，比 FIR 滤波器更少的运算量，且易于在 DSP 上编程实现。

由前面的分析可以看出，在三相平衡时，滑动窗宽度可以选为 1/6 工频周期，而在三相不平衡时，滑动窗宽度设为 1/2 工频周期，可以在完全保证电流检测准确度的前提下，获得最大的动态响应速度。本章以下的仿真和实验研究中，TTA 的电流检测算法及基于瞬时无功功率理论的电流检测算法中，均采用 1/2 工频周期的滑动窗低通滤波器。

6.2.5　仿真及实验研究

为了验证本节所介绍的 TTA 的电流检测算法，在用 MATLAB 动态仿真软件 Simulink 建立的仿真模型上进行了仿真研究，同时在 100kVA 有源电力滤波器实验平台上进行了验证研究。

6.2.5.1　稳态负载仿真和实验研究

仿真中，以三相二极管整流桥带电阻性负载（电阻为 4Ω）来模拟非线性电路产生的电能质量问题，在 b 相支路交流侧加了一个 1.8mH 的电感，用以产生负序

及无功电流。图 6-20 所示为电网电压及负载电流波形，电网电压三相对称。

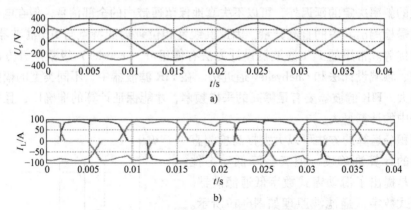

图 6-20   稳态负载时电网电压及负载电流
a) 电网电压波形   b) 负载电流波形

图 6-21 所示为采用 TTA 的电流检测算法得到的检测结果。图 6-21a 所示为检测得到的基波电流波形，其中包括基波正序和基波负序；图 6-21b 所示为检测得到的基波正序电流，其中包括有功分量和无功分量；图 6-21c 所示为检测得到的基波正序有功电流；图 6-21d 所示为检测得到的基波负序电流；图 6-21e 所示为检测得到的 5 次谐波电流。由仿真结果可以看出，TTA 算法可以准确地得到各种补偿电流信号。

实验中，同样以三相二极管整流桥带电阻性负载来模拟非线性负载，在"b"相支路中，加了一个 1.8mH 的电感，用以产生负序电流。

图 6-22 所示为稳态负载时的电网电压和负载电流波形以及对负载电流的谐波分析，电流 $THD = 14.6\%$，由于在 b 相支路中加了一个电感，引起了三相不平衡及无功。图 6-23 ~ 图 6-26 为有源电力滤波器按照不同的补偿目的进行补偿后的实验结果。图 6-23 中，有源电力滤波器只对谐波进行补偿，可以看出，补偿后三相电流均接近正弦波，但仍存在不平衡和无功分量。图 6-24 中，有源电力滤波器对谐波和负序同时进行补偿，可以看出，补偿后三相电流均接近正弦波且三相平衡，但仍存在无功分量。图 6-25 中，有源电力滤波器对负载电流中的谐波、无功及负序分量同时进行补偿，补偿后电网电流的 THD 可以达到 1.31%，功率因数可以达到 0.993，效果非常理想。

6.2.5.2   动态负载仿真和实验研究

为了比较新型采用 TTA 的电流检测算法、基于 DFT 的电流检测算法和基于瞬时无功功率理论的电流检测算法的动态响应速度，在动态负载情况下进行了仿真。仍然以三相二极管整流桥带电阻性负载来模拟非线性电路产生的电能质量问题，直流侧电阻在 20 ~ 10Ω 之间变化。

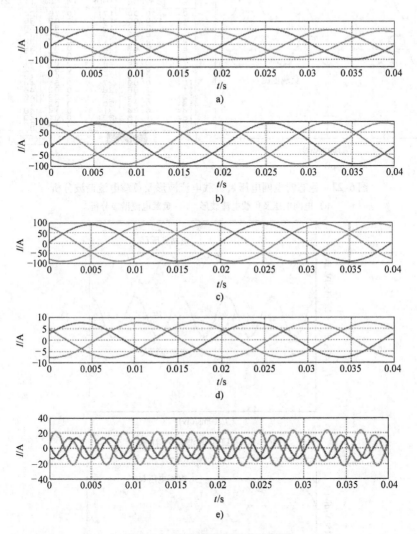

图 6-21   稳态负载时的仿真结果

a) 检测所得基波电流波形   b) 检测所得基波电流正序分量   c) 检测所得基波电流正序有功分量
d) 检测所得基波电流负序分量   e) 检测所得 5 次谐波电流分量

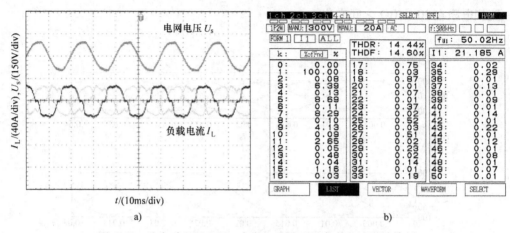

图 6-22　稳态时电网电压、负载电流波形及负载电流谐波分析

a）电网电压及负载电流波形　b）负载电流谐波分析

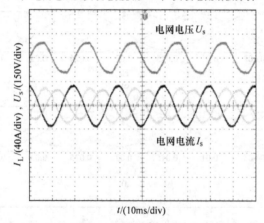

图 6-23　只对谐波进行补偿

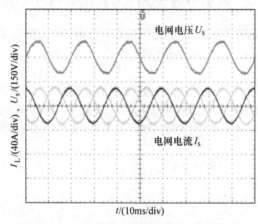

图 6-24　对谐波和负序分量同时进行补偿

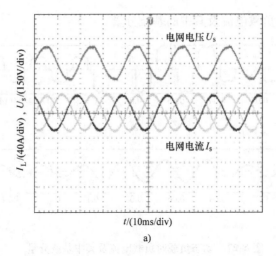

t/(10ms/div)

a)

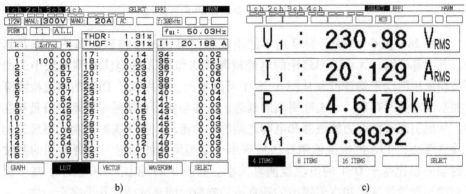

b)　　　　　　　　　　　　　　c)

图 6-25　对谐波、负序以及无功进行补偿的实验结果

a）电网电压及电网电流波形　b）电流谐波分析　c）功率因数

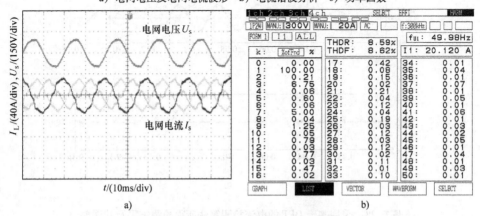

a)　　　　　　　　　　　　　　b)

图 6-26　补偿 5 次谐波的实验结果

a）电网电压及电网电流波形　b）电网电流谐波分析

图 6-27 所示为负载电流及其中的基波分量。

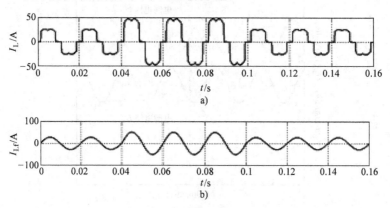

图 6-27 动态负载时负载电流及其中基波分量

a）负载电流 b）负载电流中的基波分量

图 6-28～图 6-30 所示为采用不同电流检测算法时所得到的基波电流及其误差。其中基于瞬时无功功率理论的电流检测算法和 TTA 的电流检测算法中的滤波环节均采用滑动平均滤波。从图 6-28 中可以看出，采用基于 DFT 的电流检测算法检测基波电流时存在一个工频周期的延迟，这样会使指令信号中的基波分量存在误差，从而引起有源电力滤波器和电网之间的有功流动。基于瞬时无功功率理论的电流检测算法和 TTA 的电流检测算法只有半个工频周期的延迟，检测得到的基波电流的误差也比基于 DFT 的电流检测算法小。如图 6-29 和图 6-30 所示，基于瞬时无功功率理论的算法和本节提出的新算法的响应时间和准确度几乎完全一样。

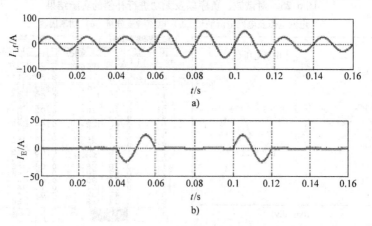

图 6-28 采用基于 DFT 的电流检测算法所得检测结果及其误差

a）检测结果 b）误差

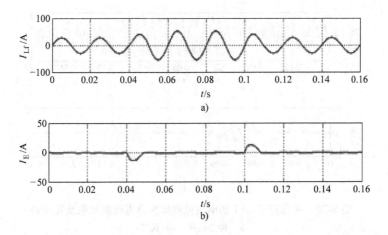

图 6-29　采用基于瞬时无功理论的电流检测算法所得检测结果及其误差

a）检测结果　b）误差

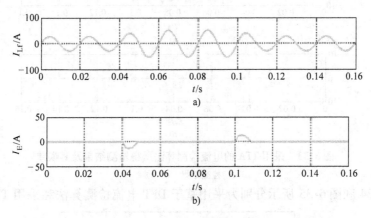

图 6-30　采用 TTA 的电流检测算法所得检测结果及其误差

a）检测结果　b）误差

图 6-31 所示为负载电流中的 5 次谐波电流。图 6-32 和图 6-33 所示分别为采用基于 DFT 的电流检测算法和 TTA 的电流检测算法得到的 5 次谐波电流，可以看出，虽然两者在稳态时的检测准确度相同，但是 TTA 的电流检测算法的动态性能要明显好于基于 DFT 的电流检测算法。

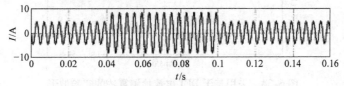

图 6-31　动态负载时负载电流中的 5 次谐波

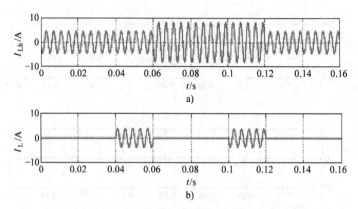

图 6-32 采用基于 DFT 的电流检测算法所得检测结果及其误差

a）检测结果 b）误差

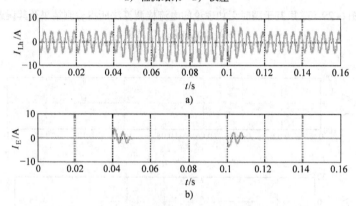

图 6-33 采用 TTA 的电流检测算法所得检测结果及其误差

a）检测结果 b）误差

图 6-34 和图 6-35 所示分别为采用基于 DFT 电流检测算法和采用 TTA 的电流

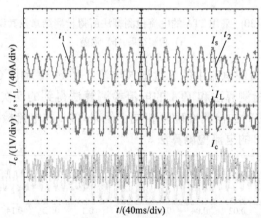

图 6-34 采用基于 DFT 电流检测算法的实验波形

检测算法时的动态实验结果，实验过程中，有源电力滤波器仅用来补偿 25 次以下的谐波分量，而不补偿无功及负序分量。其中，I_S 为补偿后的电网侧电流，I_L 为负载电流，I_c 为补偿指令信号。为了控制直流侧电压，指令电流中含有一定的基波分量。负载在 t_1 时刻前为 20Ω，$t_1 \sim t_2$ 时刻之间为 10Ω，t_2 之后又恢复到 20Ω。

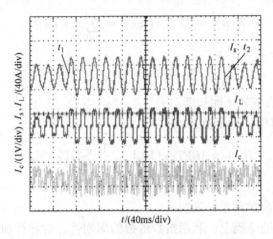

图 6-35　采用 TTA 的电流检测算法的实验波形

从图 6-34 可以看出，采用基于 DFT 的电流检测算法的有源电力滤波器有一个工频周期的延迟，用功率分析仪测量发现，在负载电流变化的动态过程中，补偿后网侧电流的谐波含量会超过 10%。但采用 TTA 的电流检测算法的有源电力滤波器有很好的动态响应，如图 6-35 所示。在负载电流变化的动态过程中，用功率分析仪测得的补偿后网侧电流谐波含量小于 4%。

由以上分析可以看出，本节介绍的基于时域变换的电流检测算法可用于三相三线制系统、三相四线制系统及单相系统，且具有统一的数学描述。用于三相三线制和三相四线制系统时，可以方便、快速地检测出电流中的基波、各次谐波、无功、零序及负序分量，同时为有源补偿装置直流侧储能元件的选择提供了参考。

6.3　其他谐波和无功电流检测方法

20 世纪 90 年代以后，随着计算机技术、数字控制技术的发展，尤其是数字信号处理器（DSP）的迅速发展，无法利用模拟电路实现的一些检测方法得到了成功的应用，其中代表性的是基于傅里叶分析的检测方法，目前在有源滤波器中得到了很好的应用。另外，基于神经网络、小波分析等的检测方法也成为研究的热点。本节将对基于傅里叶分析和人工神经网络的检测方法进行简要介绍。

6.3.1　基于傅里叶分析的电流检测方法

傅里叶分析的基本方法已在 2.1 节中进行了介绍，基本计算公式如式（2-2）

所示。由式（2-2）可见，基本的傅里叶分析需要进行积分，在需要快速运算的有源电力滤波器谐波检测中难以实现。目前，在有源电力滤波器中得到较多应用的是采用离散傅里叶变换（DFT）的方法[184]。

设 $x(n)$ 是一个长度为 N 的有限长序列，则定义 $x(n)$ 的 N 点离散傅里叶变换为

$$X(k) = \text{DFT}[x(n)] = \sum_{n=0}^{N-1} x(n) W_N^{kn} \tag{6-120}$$

式中　$k = 0, 1, \cdots, N-1$；

　　$W_N = \text{e}^{-\text{j}\frac{2\pi}{N}}$；

　　N——DFT 的变换区间长度。

$X(k)$ 的离散傅里叶逆变换为

$$X(x) = \text{IDFT}[x(k)] = \frac{1}{N}\sum_{n=0}^{N-1} x(k) W_N^{-kn} \tag{6-121}$$

式中　$n = 0, 1, \cdots, N-1$；

　　IDFT——逆离散傅里叶变换。

在傅里叶变换的基础上，利用指数函数的周期性、对称性和正交性，提出一种将离散傅里叶变换的计算量显著减少的计算技术，这就是快速傅里叶变换（FFT）。

由式（6-120）可知，DFT 是对每一个 k 值进行运算，可以计算每一个指定的谐波分量。而 FFT 则是利用因子 W_N^{kn} 的对称性和周期性，将 DFT 中的对称项和同类项合并，达到简化运算的目的。因此，FFT 运算必须将展开的各项全部算完，才能达到简化运算的目的。另一方面，为了达到对称项和同类项合并的目的，必须用大量的指令来组织，必然花费很多时间。

在有源滤波器中，往往要求对特定的谐波进行补偿。典型的是补偿全部谐波，或补偿少数几次低频率的谐波。当需要补偿全部谐波时，实际计算时只需计算出基波，然后从被检测电流中减去该基波分量即得到全部的谐波分量。当需要补偿少数几次低频率谐波时，只需分别计算出所需的几次谐波即可。因此，在有源电力滤波器的应用中，DFT 比 FFT 更具有优越性。

式（6-120）可用另一种形式表示为

$$X(k) = \sum_{n=0}^{N-1} x(n)\cos[(2\pi N)nk] -$$
$$\text{j}\sum_{n=0}^{N-1} x(n)\sin[(2\pi N)nk] \tag{6-122}$$

式（6-122）中每个分量由两项组成，k 为频率系数，如 $k=0$ 对应直流分量变换项，$k=3$ 对应 3 次谐波变换项。由此可以根据用户对特定次谐波进行补偿的要求，只作相应次数的傅里叶变换，从而简化计算。

此外，根据正余弦项初始相位的不同，还可得到基波无功电流分量和基波有功

212

电流分量。例如，当采样与输入正弦信号同步时，则基波余弦的傅里叶反变换项就对应于无功补偿电流。若要对谐波进行全补偿，可用电流信号减去基波电流分量得到谐波电流补偿指令；若要补偿谐波和无功电流，可用负载电流信号减去基波有功电流分量得到补偿电流指令。

6.3.2 采用人工神经网络的电流检测方法

目前已有多种采用人工神经网络的谐波电流检测方法提出，这里介绍的是一种能够用模拟电路实现的方法[192]。

人工神经元网络（ANN）具有许多优点，对它的研究日益广泛和深入。但目前对 ANN 的研究大多通过计算机用软件编程的方式来仿真。相对于 ANN 的软件仿真研究来说，用 ANN 硬件实现的研究还是一个比较薄弱的环节，从而限制了 ANN 的应用范围，没有充分体现 ANN 的特点和实用价值。大量的研究成果表明，实际生物神经系统并非离散式的工作方式，与数字逻辑电路的工作状态有很大区别。因此，用连续工作的模拟（硬件）电路来实现 ANN，则与生物神经系统更为接近，且模拟电路结构简单，响应速度快。

神经元自适应谐波电流检测方法的原理如图 6-36 所示。

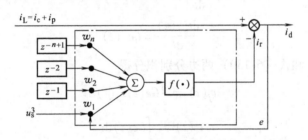

图 6-36　神经元自适应谐波检测电路

图中，作为原始输入的 i_L 是非线性负载电流。它可以分解成两部分：一部分是与电源电压同频同相的有功电流 i_p；另一部分是由与 u_s 相位正交的无功电流和谐波电流组成的谐波电流 i_c。u_s^3 是与 u_s 同频同相的参考输入。i_r 为神经元的输出；通过神经元权值 w_j 的自适应调整，它最终将逼近 i_p，从而使检测电路的输出 i_d 逼近 i_c，得到 APF 要补偿的谐波电流。i_d 同时用作调节 w_j 的误差信号 e。当神经元的激活函数 $f(\cdot)$ 选为线性函数时，其输出为

$$i_r(k) = \sum_{j=1}^{n} w_j(k) x_j(k) + t_s(k) \qquad (6\text{-}123)$$

式中　　t_s——神经元的阈值；

　　　　x_j——神经元的输入，它由参考输入和其当前时刻以前的值组成；

　　　　k——迭代次数。

检测电路的输出为

$$i_d(k) = i_L(k) - i_r(k) \tag{6-124}$$

w_j 和 t_s 的调节采用 Delta 算法来进行。调节公式为

$$w_j(k+1) = w_j(k) + G^3 e(k) x_j(k) \tag{6-125}$$

$$t_s(k+1) = t_s(k) + G^3 e(k) \tag{6-126}$$

式中 G^3——学习率。

式（6-125）和式（6-126）两端同除以输入信号的采样周期 T，可得

$$\frac{w_j(k+1) - w_j(k)}{T} = \frac{G^3 e(k) x_j(k)}{T} \tag{6-127}$$

$$\frac{t_s(k+1)}{T} = \frac{t_s(k) + G^3 e(k)}{T} \tag{6-128}$$

把 G^3 和 T 合为一项，记为 G。如果 T 取得足够小，就能把离散变量看成连续变量，离散变量 k 用连续时间变量 t 取代，则式（6-127）、式（6-128）可以分别变换为

$$\frac{\mathrm{d}w_j(t)}{\mathrm{d}t} = G e(t) x_j(t) \tag{6-129}$$

$$\frac{\mathrm{d}t_s(t)}{\mathrm{d}t} = G e(t) \tag{6-130}$$

对式（6-129）和式（6-130）两边分别积分得

$$w_j(t) = \int G e(t) x_j(t) \mathrm{d}t \tag{6-131}$$

$$t_s(t) = \int G e(t) \mathrm{d}t \tag{6-132}$$

可见，神经元的权值或阈值的调节，能通过对误差和神经元输入相乘后再积分或对误差积分来实现。

结合式（6-123）、式（6-124）以及式（6-131）、式（6-132），就能形成相应的神经元自适应谐波电流检测系统的模拟电路。当神经元的输入只有一个，即为参考输入 $u_s^3(t)$，而没有 $u_s^3(t)$ 的一系列时延值时，可以得到一种基于神经元的自适应谐波电流检测方法的模拟电路，其组成原理框图如图6-37所示。

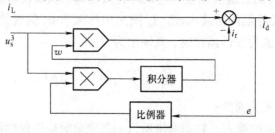

图 6-37　神经元自适应谐波电流检测模拟电路原理图

该方法中，学习率 G^3 的取值为

$$0 < G^3 < 1 \qquad (6\text{-}133)$$

于是 G 的取值如下：

$$0 < G < \frac{1}{T} \qquad (6\text{-}134)$$

理论上，$T \to 0$，$G \to \infty$。实际上，图 6-37 中，G 是通过一个比例放大器来实现的，不可能取得太大。根据式（6-129）和式（6-130）可知，G 太大会因调整步距过大而造成系统不稳定；G 太小又会因权值和阈值得不到有效调整而影响系统收敛速度。所以，在保证系统稳定的前提下，G 应尽可能取大一些。参考文献 [185] 中对 G 的取值进行了讨论，并给出了仿真和实验的结果。有兴趣的读者可进一步参考该参考文献。

本节所介绍的两种谐波电流检测方法中，基于傅里叶分析的电流检测方法，由于具有确定的分析延时，在有源电力滤波器、无功补偿器等装置的在线谐波分析中得到广泛使用，而采用人工神经网络的电流检测方法在离线分析的场合中得到更多使用。

第7章 有源电力滤波器

有源电力滤波器是一种用于动态抑制谐波、补偿无功功率的新型电力电子装置，它能对大小和频率都变化的谐波以及变化的无功功率进行补偿，其应用可克服 *LC* 滤波器等传统的谐波抑制和无功补偿方法的缺点。本章首先介绍有源电力滤波器的基本工作原理和特点，然后介绍各种类型有源电力滤波器的结构、原理、特点及应用。

7.1 有源电力滤波器的基本原理

图 7-1 所示为最基本的有源电力滤波器系统构成的原理图。图中，e_s 表示交流电源，负载为谐波源，它产生谐波并消耗无功功率。有源电力滤波器系统由两大部分组成，即指令电流运算电路和补偿电流发生电路（由电流跟踪控制电路、驱动电路和主电路三个部分构成）。其中，指令电流运算电路的核心是检测出补偿对象电流中的谐波和无功等电流分量，因此有时也称之为谐波和无功电流检测电路。补偿电流发生电路的作用是根据指令电流运算电路得出的补偿电流的指令信号，产生实际的补偿电流。主电路目前均采用 PWM 变流器。

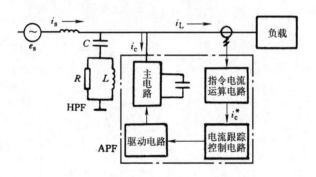

图 7-1　并联型有源电力滤波器系统构成

作为主电路的 PWM 变流器，在产生补偿电流时，主要作为逆变器工作，因此有的文献中将其称为逆变器。但它并不仅仅是作为逆变器而工作的，如在电网向有源电力滤波器直流侧储能元件充电时，它就作为整流器工作。也就是说，它既工作于逆变状态，也工作于整流状态，且两种工作状态无法严格区分。因此，本书中称之为变流器，而不称之为逆变器。

图 7-1 所示有源电力滤波器的基本工作原理是，检测补偿对象的电压和电流，经指令电流运算电路计算得出补偿电流的指令信号，该信号经补偿电流发生电路放大，得出补偿电流，补偿电流与负载电流中要补偿的谐波及无功等电流抵消，最终得到期望的电源电流。

例如，当需要补偿负载所产生的谐波电流时，有源电力滤波器检测出补偿对象负载电流 i_L 的谐波分量 i_{Lh}，将其反极性后作为补偿电流的指令信号 i_c^*，由补偿电流发生电路产生的补偿电流 i_c 即与负载电流中的谐波分量 i_{Lh} 大小相等、方向相反，因而两者互相抵消，使得电源电流 i_s 中只含基波，不含谐波。这样就达到了抑制电源电流中谐波的目的。上述原理可用如下的一组公式描述：

$$i_s = i_L + i_c \tag{7-1a}$$

$$i_L = i_{Lf} + i_{Lh} \tag{7-1b}$$

$$i_c = -i_{Lh} \tag{7-1c}$$

$$i_s = i_L + i_c = i_{Lf} \tag{7-1d}$$

式中　i_{Lf}——负载电流的基波分量。

如果要求有源电力滤波器在补偿谐波的同时，补偿负载的无功功率，则只要在补偿电流的指令信号中增加与负载电流的基波无功分量反极性的分量即可。这样，补偿电流与负载电流中的谐波及无功分量相抵消，电源电流等于负载电流的基波有功分量。

根据同样的原理，有源电力滤波器还可对不对称三相电路的负序电流等进行补偿。

在进一步详细介绍有源电力滤波器之前，先将它的一些特点总结如下，读者在以后的介绍中可逐渐对这些特点加深认识。

1）实现了动态补偿，可对频率和大小都变化的谐波以及变化的无功功率进行补偿，对补偿对象的变化有极快的响应；

2）可同时对谐波和无功功率进行补偿，且补偿无功功率的大小可做到连续调节；

3）补偿无功功率时不需贮能元件；补偿谐波时所需贮能元件容量也不大；

4）即使补偿对象电流过大，有源电力滤波器也不会发生过载，并能正常发挥补偿作用；

5）受电网阻抗的影响不大，不容易和电网阻抗发生谐振；

6）能跟踪电网频率的变化，故补偿性能不受电网频率变化的影响；

7）既可对一个谐波和无功源单独补偿，也可对多个谐波和无功源集中补偿。

7.2　有源电力滤波器的系统构成和主电路形式

上一节介绍有源电力滤波器基本原理时，介绍的只是有源电力滤波器中最早的也是最基本的一种，即并联型有源电力滤波器。有源电力滤波器发展至今，已派生出了多种类型，它们在原理上也大多发生了一些变化。下面，在介绍各种类型有源电力滤波器之前，先简要回顾一下有源电力滤波器的发展历史。

有源电力滤波器的发展最早可以追溯到 20 世纪 60 年代末。1969 年 B. M. Bird 和 J. F. Marsh 发表的论文[28]中，描述了通过向交流电网注入 3 次谐波电流来减少电源电流中的谐波分量，从而改善电源电流波形的新方法。在该论文中虽未出现有源电力滤波器一词，但其描述的方法是有源电力滤波器基本思想的萌芽。

1971 年，H. Sasaki 和 T. Machida 发表的论文[29]中，首次完整地描述了有源电力滤波器的基本原理。但由于当时是采用线性放大的方法产生补偿电流，其损耗大、成本高，因而仅在实验室中研究，未能在工业中使用。

1976 年，L. Gyugyi 等人提出了采用由 PWM 变流器构成的有源电力滤波器[30]，确立了有源电力滤波器（APF）的概念，确立了有源电力滤波器主电路的基本拓扑结构和控制方法。从原理上看，PWM 变流器是一种理想的补偿电流发生电路，但是由于当时电力电子技术的发展水平还不高，全控型器件功率小、频率低，因而有源电力滤波器仍局限于实验研究。

进入 20 世纪 80 年代，随着电力电子技术以及 PWM 控制技术的发展，对有源电力滤波器的研究逐渐活跃起来，是电力电子技术领域的研究热点之一。这一时期的一个重大突破是，1983 年赤木泰文等人提出了"三相电路瞬时无功功率理论"[32]，以该理论为基础的谐波和无功电流检测方法在有源电力滤波器中得到了成功的应用，极大地促进了有源电力滤波器的发展。目前，三相电路瞬时无功功率理论被认为是有源电力滤波器的主要理论基础之一。

最早的有源电力滤波器为单独使用的并联型有源电力滤波器，经多年的发展，为尽量发挥有源电力滤波器的特长、提高其性能，并尽量减小其容量，提出了串联混合型电力滤波器、并联混合型电力滤波器等，为适应不同的补偿对象，提出了串联型有源电力滤波器等。并联和串联是按有源电力滤波器接入电网的方式来分类的。具体分类如图 7-2 所示。

下面就单独使用的并联型和串联型有源电力滤波器做一简要介绍，对串联混合型电力滤波器和并联混合型电力滤波器，将在第 8 章中详细介绍。

7.2.1　单独使用的有源电力滤波器的系统构成[26,172]

7.2.1.1　单独使用的并联型有源电力滤波器

单独使用的并联型有源电力滤波器系统构成的原理如图 7-3 所示[30,33,26,186]。图中，负载为产生谐波的谐波源，变流器和与其相连的电感、直流侧贮能元件（图中为电容）共同组成有源电力滤波器的主电路。与有源电力滤波器并联的小容量一阶高通滤波器（或采用二阶高通滤波器），用于滤除有源电力滤波器所产生的补偿电流中开关频率附近的谐波。该图和本节后面介绍的原理图均以单线图画出，

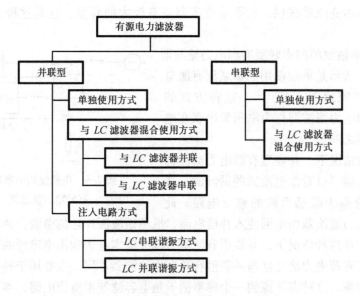

图 7-2 有源电力滤波器的系统构成分类

它们均可用于单相或三相系统。此外，图中未画出控制电路。具体的联结方式、控制电路等将在本章后两节详细讨论某一类型有源电力滤波器时给出。

由于有源电力滤波器的主电路与负载并联接入电网，故称为并联型。又由于其补偿电流基本上由有源电力滤波器提供，为与其他方式相区别，称之为单独使用的方式。这是有源电力滤波器中最基本的形式，也是目前应用最多的一种。

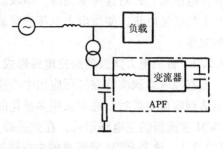

图 7-3 单独使用的并联型有源电力滤波器

这种方式可用于：

1）只补偿谐波；

2）只补偿无功功率，补偿的多少可以根据需要连续调节；

3）补偿三相不对称电流；

4）补偿供电点电压波动；

5）以上任意项的组合。

在这种方式中，只要采用适当的控制方法就可以达到多种补偿的目的，它可以实现的功能最为丰富灵活。

但是，由于交流电源的基波电压直接（或经变压器）施加到变流器上，且补偿电流基本由变流器提供，故要求变流器具有较大的容量。这是这种方式的主要缺点。

7.2.1.2 单独使用的串联型有源电力滤波器

图7-4所示是单独使用的串联型有源电力滤波器的原理图[26,186,192]。这种方式的特点是有源电力滤波器作为电压源串联在电源和谐波源之间。

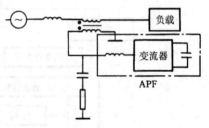

图7-4 单独使用的串联型有源电力滤波器

在多数情况下，并联型有源电力滤波器主要用于补偿可以看作电流源的谐波源，典型的如直流侧为阻感负载的整流电路。此时，有源电力滤波器向电网注入补偿电流，抵消谐波源产生的谐波，使电源电流成为正弦波。在这种情况下，并联型有源电力滤波器本身表现出电流源的特性。

串联型有源电力滤波器与并联型有源电力滤波器不同，主要用于补偿可看作电压源的谐波源。这种谐波源的一个典型例子是电容滤波型整流电路，本书3.2节中对这种整流电路进行了较为详细的谐波分析，分析说明这种整流电路从交流侧可被看作电压源。针对这种谐波源，串联型有源电力滤波器输出补偿电压，抵消由负载产生的谐波电压，使供电点电压波形成为正弦波。串联型与并联型可以看作是对偶的关系。

7.2.2 有源电力滤波器的主电路形式

有源电力滤波器在实际应用中往往要求容量较大，如采用单个PWM变流器不能达到容量要求时，通常采用多重化的主电路形式。下面先介绍基本的、采用单个PWM变流器的主电路形式，在此基础上介绍多重化的主电路形式。

7.2.2.1 单个PWM变流器的主电路形式

采用单个PWM变流器的有源电力滤波器的主电路，根据其直流侧贮能元件的不同，可分为电压型和电流型两种[26,194,195]。图7-5和图7-6所示分别为可应用于三相三线制系统的电压型和电流型两种主电路，图中a、b、c接至三相电源，V_1、

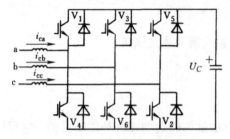

图7-5 三相电压型PWM变流器

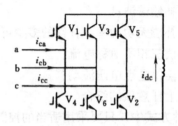

图7-6 三相电流型PWM变流器

V_3、V_5 和 V_4、V_6、V_2 为各组开关器件的代号。图中所画的电力电子开关器件为 IGBT，实用中可在 GTO 晶闸管、BJT、IGBT、电力 MOSFET 等器件中选择。就其结构而言，两种电路与变频器、SVG 等的主电路基本相同，只是因应用场合不同、要求不同，控制方法也不同。

图 7-7 和图 7-8 所示分别为应用于单相系统的电压型和电流型两种主电路形式。图 7-9 所示为用于三相四线制系统的电压型 PWM 变流器。

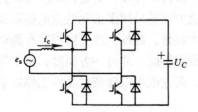

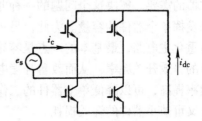

图 7-7　单相电压型 PWM 变流器　　　　图 7-8　单相电流型 PWM 变流器

下面简要概括电压型和电流型两种主电路的一些基本特点。

1）电压型 PWM 变流器的直流侧接有大电容，在正常工作时，其电压基本保持不变，可看作电压源；电流型 PWM 变流器的直流侧接有大电感，在正常工作时，其电流基本保持不变，可看作电流源；

2）对于电压型 PWM 变流器，为保持直流侧电压不变，需要对直流侧电压进行控制；对于电流型 PWM 变流器，为保持直流侧电流不变，需要对直流侧电流进行控制；

3）电压型 PWM 变流器的交流侧输出电压为 PWM 波，电流型 PWM 变流器的交流侧输出电流为 PWM 波。

与电压型 PWM 变流器相比，电流型 PWM 变流器的一个优点是，不会由于主电路开关器件的直通而发生短路故障。但是，电流型 PWM

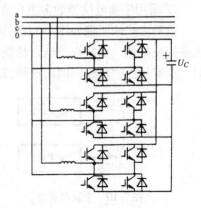

图 7-9　用于三相四线制系统的
电压型 PWM 变流器

变流器直流侧大电感上始终有电流流过，该电流将在大电感的内阻上产生较大的损耗，因此目前较少使用。不过，随着对超导贮能磁体研究的进展，一旦超导贮能磁体实用化，必可取代大电感器，促使电流型 PWM 变流器的应用增多。

除电压型和电流型外，有的学者提出采用直流侧混合型贮能方式[196]，直流侧采用一个电感和一个电容作为贮能元件，并用一个单相桥对其进行控制，贮能作用主要由电容承担，但却实现了电流型 PWM 变流器功能。这种方式可克服目前采用电感作为贮能元件的电流型 PWM 变流器的缺点，不失为一种比较巧妙的思路。

7.2.2.2 多重化的主电路形式[197,26,198]

由于电力系统中主要的谐波源如各种大型整流装置的容量很大，而对于办公及民用建筑所产生的谐波又只能采取集中补偿的方法，容量也很大，这就相应地要求有源电力滤波器的容量要大。目前电力半导体器件尤其是全控型器件的容量有限，而且容量越大的器件工作频率越低，因而单个器件的容量不易满足大容量有源电力滤波器的需要。解决这个问题的一种办法是将器件串并联，但是其难度大，且无法充分发挥单个器件的容量。为此，另一种解决方法是采用多重化的主电路形式。采用多重化主电路，最基本的一点是容易实现大容量，此外，还可以提高有源电力滤波器的等效开关频率，从而改善补偿电流的跟随性能。从另一方面看，由于等效开关频率提高，可以降低单个器件的工作频率，而这既可以降低对器件工作频率的要求，又可减小器件的开关损耗。

以下就对有源电力滤波器中采用的几种多重化主电路形式做简要介绍。

1. 串联电抗器多重化方式

这种方式的原理如图 7-10 所示。这种方式中，直接将各个有源电力滤波器通过其交流侧的电感并联起来，它是最容易实现的一种联结方式。

2. 采用平衡电抗器的多重化方式

这种方式的原理如图 7-11 所示。这种方式中，在各个有源电力滤波器之间加入平衡电抗器，抑制有源电力滤波器之间的环流。当有源电力滤波器的开关频率低时，会有较大的环流，因而这种方式适用于开关频率低的情况。

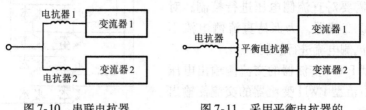

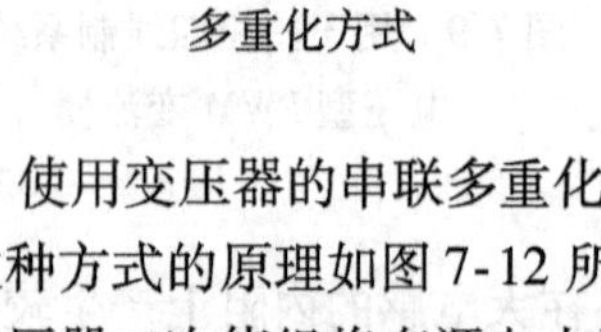

图 7-10 串联电抗器
多重化方式

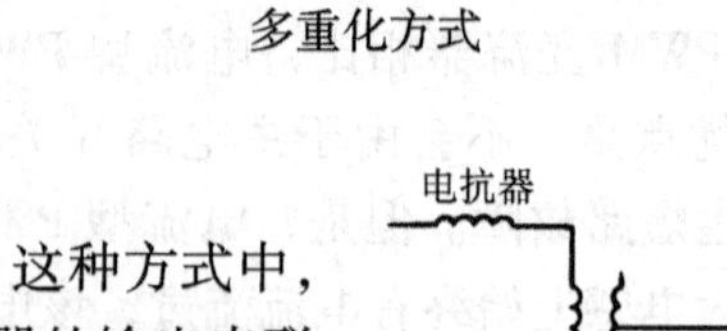

图 7-11 采用平衡电抗器的
多重化方式

3. 使用变压器的串联多重化方式

这种方式的原理如图 7-12 所示。这种方式中，通过变压器二次绕组将有源电力滤波器的输出串联起来。变压器必须采用二次为多绕组的特殊形式。由于有源电力滤波器输出的 PWM 波直接经过变压器叠加，使得变压器会有较大的铁损耗。

以上只是对多重化主电路形式做了简单介绍，

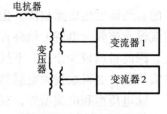

图 7-12 采用变压器的
多重化方式

由于全书篇幅的限制，以后不再进一步讨论。实际上，多重化技术是电力电子技术研究中的一个共性问题，它所涉及的内容十分有用，而且并不简单。日本电气学会曾组织专门的调查组对多重化技术进行调研，并写出了报告，有兴趣的读者可参阅有关报告。

7.3　并联型有源电力滤波器

在各种有源电力滤波器中，单独使用的并联型有源电力滤波器是最基本的一种，也是工业实际中应用最多的一种，它集中地体现了有源电力滤波器的特点，因此本节将详细进行介绍。有源电力滤波器中的一些共性问题也在这部分给出详细介绍。

并联型有源电力滤波器在实际应用中用于三相的占多数，故在此主要讨论适用于三相三线制系统的情况。对于单相或三相四线制的系统，只需在三相三线制情况的基础上适当变化，主要是对主电路、指令电流运算电路做适当的改变即可，在此不再详细介绍。

图 7-13 所示为本节讨论的并联型有源电力滤波器系统的原理图。图中，负载为谐波源，这里采用了电力系统中的一种典型谐波源——三相桥式全控整流器，整流器的直流侧为阻感负载。T_1 为整流变压器。变压器 T_2 的设置主要是为调节（通常为降低）有源电力滤波器交流侧电压之用。该系统的基本工作原理已在 7.1 节中做过介绍，本节将分别就系统的各个部分及一些特殊问题进行讨论。

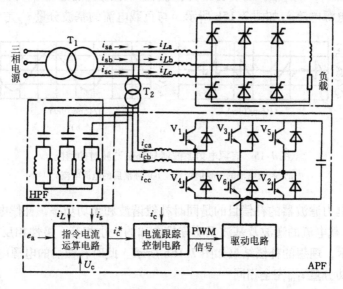

图 7-13　单独使用的并联型有源电力滤波器系统

7.3.1 指令电流运算电路

指令电流运算电路的作用是根据有源电力滤波器的补偿目的得出补偿电流的指令信号，即期望由有源电力滤波器产生的补偿电流信号。指令电流运算电路的核心是 6.1.2 节中介绍的谐波和无功电流实时检测方法。在 6.1.2 节中已详细介绍了检测方法，这里主要介绍如何将检测方法运用到有源电力滤波器中，同时给出一些典型的波形。

既然指令电流运算电路的出发点是为了有源电力滤波器的补偿目的，那么首先必须确定补偿目的。要确定补偿目的，又必须明确补偿对象即负载的工作情况。假设此时作为负载的三相桥式全控整流器的触发延迟角 $\alpha = 30°$，则此时负载电流波形如图 7-14 所示，图中同时给出电源电压的波形，以便观察负载电流与交流电源电压之间的相位关系。由波形可以看出，此时负载电流中含有谐波，同时负载还消耗无功功率。图中仅给出一相的波形，因三相对称，其他两相的波形一样，相位依次差 120°。

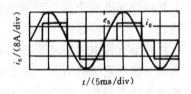

图 7-14　补偿对象电压和电流波形

若有源电力滤波器的补偿目的只是补偿谐波，则利用 6.1.2 节中介绍的 i_p、i_q 方式，可检测出负载电流 i_L 中的谐波分量 i_{Lh}，补偿电流的指令信号 i_c^* 应与 i_{Lh} 极性相反，如图 7-15a 所示。若有源电力滤波器产生的补偿电流 i_c 与 i_c^* 完全一致，则补偿后的电源电流 i_s 如图 7-15b 所示，与负载电流的基波分量 i_{Lf} 完全相同。

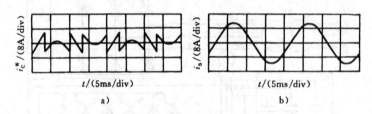

图 7-15　有源电力滤波器只补偿谐波时的情况
a）补偿电流的指令信号 i_c^*　b）补偿后的电源电流 i_s

当有源电力滤波器的补偿目的是同时补偿谐波和无功功率，补偿电流的指令信号 i_c^* 应与负载电流的谐波及基波无功分量之和的大小相等、极性相反，i_c^* 波形如图 7-16a 所示，理想的补偿结果如图 7-16b 所示。此时补偿后的电源电流与负载电流的基波有功分量 i_{Lpf} 完全相同。

当有源电力滤波器只补偿无功功率时，补偿电流的指令信号 i_c^* 应与负载电流的瞬时无功分量大小相等、极性相反，波形如图 7-17a 所示，理想的补偿结果如图

7-17b 所示。应当注意的是，补偿后的电源电流中仍包含一定的谐波分量。

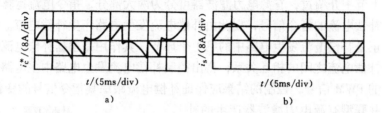

图 7-16　有源电力滤波器同时补偿谐波和无功功率时的情况

a）补偿电流的指令信号 i_c^*　　b）补偿后的电源电流 i_s

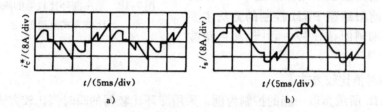

图 7-17　有源电力滤波器只补偿无功功率时的情况

a）补偿电流的指令信号 i_c^*　　b）补偿后的电源电流 i_s

在以瞬时无功功率理论为基础的检测方法中，补偿电流的指令信号 i_c^* 与三相系统的瞬时有功电流 i_p、瞬时无功电流 i_q 存在着清晰的对应关系。在以上三种情况下，i_c^* 与 i_p、i_q 的对应关系见表 7-1。表中括号表示若采用 p、q 运算方式时，i_c^* 与 p、q 的对应关系。

根据日本电气学会对有源电力滤波器在日本应用情况的调查，在工业应用中，有源电力滤波器主要用于补偿谐波，只补偿谐波的情况占 71.7%；在补偿谐波的同时，还补偿无功功率的占 20.7%，还补偿供电点电压波动的占 5.4%；同时补偿谐波、无功功率和负序电流的占 1.1%；同时补偿谐波、无功功率及不平衡电流的占 1.1%。

表 7-1　i_c^* 与 i_p、i_q（p、q）的对应关系

补偿目的	i_c^*	对应的 i_p、i_q（p、q）
只补偿谐波	$-i_{Lh}$	$\tilde{i}_p$、$\tilde{i}_q$（$\tilde{p}$、$\tilde{q}$）
只补偿无功功率	$-i_{Lq}$	$\bar{i}_q$、$\tilde{i}_q$（$\bar{q}$、$\tilde{q}$）
同时补偿 谐波和无功功率	$-(i_{Lh}+i_{Lq})$	$\tilde{i}_p$、$\bar{i}_q$、$\tilde{i}_q$ （$\tilde{p}$、$\bar{q}$、$\tilde{q}$）

7.3.2　电流跟踪控制电路

在 7.1 节中介绍过，有源电力滤波器可分为两大部分，指令电流运算电路的作用是得出补偿电流的指令信号，据此由补偿电流发生电路产生补偿电流。电流跟踪控制电路正是补偿电流发生电路中的第 1 个环节，其作用是根据补偿电流的指令信号和实际补偿电流之间的相互关系，得出控制补偿电流发生电路中主电路各个开关器件通断的 PWM 信号，控制的结果应保证补偿电流跟踪其指令信号的变化。

由于并联型有源电力滤波器产生的补偿电流应实时跟随其指令电流信号的变化，要求补偿电流发生器有很好的实时性，因此电流控制采用跟踪型 PWM 控制方式。目前跟踪型 PWM 控制的方法主要有两种，即瞬时值比较方式[26]和三角波比较方式[23,26]。

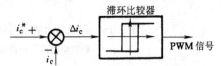

图 7-18　采用滞环比较器的瞬时值
比较方式原理图

1. 瞬时值比较方式

图 7-18 所示为以一相的控制为例，采用滞环比较器的瞬时值比较方式原理图。

在该方式中，把补偿电流的指令信号 i_c^* 与实际的补偿电流信号 i_c 进行比较，两者的偏差 Δi_c 作为滞环比较器的输入，通过滞环比较器产生控制主电路中开关器件通断的 PWM 信号，该 PWM 信号经驱动电路来控制开关器件的通断，从而控制补偿电流 i_c 的变化。

下面以 a 相为例进一步讨论。设 i_c 的方向如图 7-13 所示，则当 V_1（IGBT 或二极管）导通时，i_c 将减小；而当 V_4 导通时，i_c 将增大。用 H 表示滞环比较器的环宽，当 $|\Delta i_c| < H$ 时，滞环比较器的输出保持不变；而当 $|\Delta i_c| \geqslant H$ 时，滞环比较器的输出将翻转，假设后面的驱动电路和主电路无延时，则补偿电流 i_c 的变化方向随之改变。这样，Δi_c 就在 $-H$ 到 H 之间变化，即 i_c 就在 $i_c^* - H$ 和 $i_c^* + H$ 之间的范围内，呈锯齿波状地跟随 i_c^* 变化。图 7-19 所示的波形为仿真得到的 i_c 跟随 i_c^* 变化的一个例子。

这种控制方式中，滞环的宽度 H 对补偿电流的跟随性能有较大的影响。当 H 较大时，开关器件通断的频率即电力半导体器件的开关频率较低，故对电力半导体器件的要求不高，但是跟随误差较大，补偿电流中高次谐波较大。反之，当 H 较小时，虽然跟随误差小，但是开关频率较高。

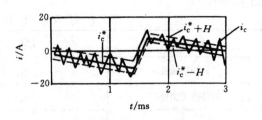

图 7-19　采用滞环比较器的瞬时值比较
方式，i_c 跟随 i_c^* 变化的波形一例

根据上述原理及分析，将这种控制方式的特点归结如下：

1）硬件电路十分简单；

2）属于实时控制方式，电流响应很快；

3）不需要载波，输出电压中不含特定频率的谐波分量；

4）属于闭环控制方式，这是跟踪型 PWM 控制方式的共同特点；

5）若滞环的宽度固定，则电流跟随误差范围是固定的，但是电力半导体器件的开关频率是变化的。

在采用滞环比较器的瞬时值比较方式中，滞环的宽度通常是固定的，由此导致主电路中开关器件的开关频率是变化的。尤其是当 i_c 变化的范围较大时，一方面，在 i_c 值小时，固定的环宽可能使补偿电流的相对跟随误差过大；另一方面，在 i_c 值大时，固定的环宽又可能使开关器件的开关频率过高，甚至可能超出开关器件允许的最高工作频率而导致开关器件损坏。

针对采用滞环比较器的瞬时值比较方式在环宽固定时的这一缺点，一种解决的方法是将滞环比较器的宽度 H 设计成可随 i_c 的大小而自动调节的；另一种方法是采用定时控制的瞬时值比较方式，其原理如图 7-20 所示。

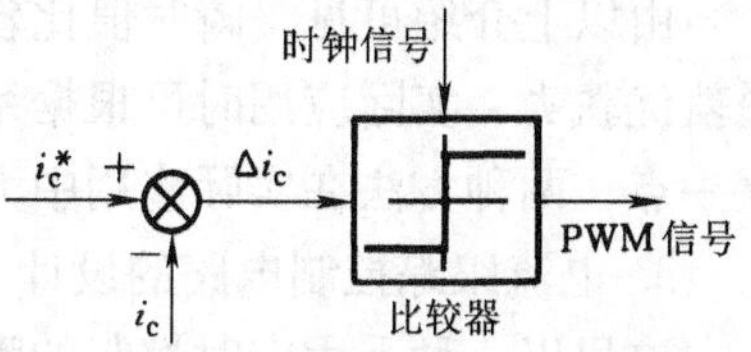

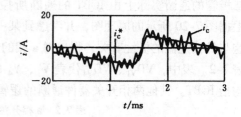

图 7-20　定时控制的瞬时值比较方式原理图

该方式中，用一个由时钟定时控制的比较器代替滞环比较器。每个时钟周期对 Δi_c 判断一次，使得 PWM 信号需要至少一个时钟周期才会变化一次，开关器件的开关频率最高不会超过时钟频率的一半。这样时钟信号的频率就限定了开关器件的最高工作频率，从而可以避免器件开关频率过高的情况发生。该方式的不足是，补偿电流的跟随误差是不固定的，从波形上看，就是毛刺忽大忽小。图 7-21 所示的仿真波形为采用该方式时 i_c 跟随 i_c^* 变化的一个例子。

图 7-21　采用定时控制的瞬时值比较方式，i_c 跟随 i_c^* 变化的波形一例

2. 三角波比较方式

图 7-22 所示为三角波比较方式的原理图。

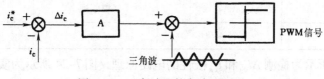

图 7-22　三角波比较方式原理图

这种方式与其他用三角波作为载波的 PWM 控制方式不同，它不直接将指令信号 i_c^* 与三角波比较，而是将 i_c^* 与 i_c 的偏差 Δi_c 经放大器 A 之后再与三角波比较。放大器 A 往往采用比例放大器或比例积分放大器。这样组成的一个控制系统是基于把 Δi_c 控制为最小来进行设计的。与瞬时值比较方式相比，该方式具有如下特点：

1）硬件较为复杂；

2）跟随误差较大；

3）输出电压中所含谐波较少，但是含有与三角载波相同频率的谐波；

4）放大器的增益有限；

5）开关器件的开关频率固定，且等于三角载波的频率；

6）电流响应比瞬时值比较方式的慢。

由以上介绍可见，瞬时值比较方式和三角波比较方式各有优缺点，不能孤立地说孰优孰劣，实际应用时可根据系统要求选择。日本电气学会的调查结果也表明了这一点，两种方法在实际应用中大体上各占一半，基本相当。

3. 电流跟踪控制电路的设计

这里以一种采用定时控制的瞬时值比较方式电流跟踪控制电路设计为例，简单介绍电流跟踪控制电路的设计。

本节介绍的并联型有源电力滤波器采用了电压型主电路，其特点之一是每一桥臂均由一个 IGBT 和一个二极管反并联而成，而其中仅 IGBT 是可由 PWM 信号控制的，所以电流跟踪控制电路得出的 PWM 信号是用于控制 IGBT 的。但也应注意到，二极管的通断实际上由 IGBT 的通断所控制，所以控制 IGBT 也就控制了二极管。根据图 7-20 所示的原理图，并考虑到某一桥臂中究竟是 IGBT 通还是二极管导通，这与补偿电流的极性有关，得出对 a 相的开关器件 V_1、V_4 通断进行控制的逻辑见表 7-2。表中，VD_{V1}、VD_{V4} 代表 V_1、V_4 的二极管，除特别标明 VD_{V1}、VD_{V4} 的外，均指 IGBT。其他两相开关器件通断的逻辑与此相同。

表 7-2　a 相开关器件通断逻辑表

Δi_{ca}	i_{ca}^*	V_1	V_4
+	+	断	通
+	−	断	VD_{V4} 通
−	+	VD_{V1} 通	断
−	−	通	断

图 7-23 所示为检测 Δi_{ca} 和 i_{ca}^* 极性的电路原理，图 7-24 所示为实现上述逻辑的电路原理图。图 7-24 中利用检测到的 Δi_{ca} 和 i_{ca}^* 的极性，经逻辑电路、延时电路

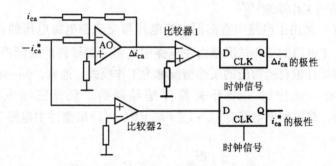

图 7-23　检测 Δi_{ca} 和 i_{ca}^{*} 极性的电路原理图

后，实现表 7-2 所示的逻辑。为防止同一相上下两个桥臂的开关器件直通，设置了互锁延时保护电路。

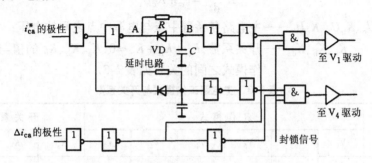

图 7-24　电流跟踪控制电路逻辑部分原理图

7.3.3　主电路设计

在设计主电路时，首先应确定主电路的形式。目前有源电力滤波器的主电路绝大多数采用电压型，采用电流型的极少，日本电气学会的调查结果表明，两者在实际应用中所占的比例分别是 93.5% 和 6.5%。在电压型的主电路形式中，采用单个变流器方式和多重化方式的分别占 42.4% 和 51.1%，基本相当。这里选择电压型、单个变流器的方式，是具有代表性的。

确定主电路的形式之后，主电路设计需要解决的问题包括：

1）对补偿电流的跟随性能起决定作用的几个参数：L、U_c、t_c（电流控制的周期）的设计；

2）开关器件的选择及其额定参数的确定；

3）主电路容量的计算；

4）按所选开关器件的要求设计驱动电路，并设计整个装置的各种保护电路。

在进一步讨论主电路设计之前，先分析主电路的工作原理。

1. 主电路的工作原理[199]

补偿电流 i_c 是由主电路中直流侧电容电压与交流侧电源电压的差值作用于电感上产生的。主电路的工作情况是由主电路中 6 组开关器件的通断组合所决定的。将特定的开关器件组合所对应的工作情况称为工作模式。通常，同一相的上下两组开关器件总有一组中的一个开关器件是导通的。假设三相电源电压之和 $e_a + e_b + e_c = 0$，并根据该电路有 $i_{ca} + i_{cb} + i_{cc} = 0$，可得出描述主电路工作情况的微分方程如下：

$$L \frac{di_{ca}}{dt} = e_a + K_a U_c \qquad (7\text{-}2a)$$

$$L \frac{di_{cb}}{dt} = e_b + K_b U_c \qquad (7\text{-}2b)$$

$$L \frac{di_{cc}}{dt} = e_c + K_c U_c \qquad (7\text{-}2c)$$

式中 $K_a U_c$、$K_b U_c$、$K_c U_c$——主电路各桥臂中点与电源中点之间的电压；

K_a、K_b、K_c——开关系数，$K_a + K_b + K_c = 0$，K_a、K_b、K_c 的值与主电路工作模式之间的关系见表 7-3。

表 7-3 主电路工作模式与开关系数

工作模式序号	工作模式						开关系数		
	V_1	V_3	V_5	V_4	V_6	V_2	K_a	K_b	K_c
1	通				通	通	$-2/3$	$1/3$	$1/3$
2		通		通		通	$1/3$	$-2/3$	$1/3$
3	通	通				通	$-1/3$	$-1/3$	$2/3$
4		通	通	通			$1/3$	$1/3$	$-2/3$
5	通		通		通		$-1/3$	$2/3$	$-1/3$
6		通		通	通		$2/3$	$-1/3$	$-1/3$

还需说明的是，在式（7-2a）~ 式（7-2c）中假设变压器 T_2 的电压比为1:1，或者相当于不考虑该变压器。若考虑该变压器，需对后面的分析和结果做两点修正：一是修正加在有源电力滤波器上的交流电压值；二是设计电感 L 时应考虑变压器漏抗的影响。

有源电力滤波器主电路中开关器件的通断，是由采样时刻处 Δi_c 和 i_c^* 的极性，并根据表 7-2 所决定的。仍以 a 相为例，当 $\Delta i_{ca} > 0$ 时，应该使 $K_a > 0$，而 $\Delta i_{ca} < 0$ 时，应该使 $K_a < 0$，从而使得 $|\Delta i_c|$ 减小，达到补偿电流 i_{ca} 跟随指令信号 i_{ca}^* 变化的目的。因为 $\Delta i_{ca} + \Delta i_{cb} + \Delta i_{cc} = 0$，所以 Δi_{ca}、Δi_{cb}、Δi_{cc} 中绝对值最大的一个总

是与其他两个方向相反。前者所对应的开关系数不是 2/3 就是 −2/3，相应地，后者所对应的开关系数不是 −1/3 就是 1/3。这说明跟随偏差最大的一相所受的控制作用最强，这样各相之间偏差的不平衡始终呈现出减弱的趋势。

2. 主电路参数设计[172,199]

以下是作者提出的一种主电路参数设计方法，以 a 相为例进行简要介绍，其他两相的情况与此相同。

由图 7-26 所示的补偿电流跟随指令信号变化的波形可知，补偿电流 i_{ca} 在指令信号 i_{ca}^* 两侧呈锯齿波状地跟随其变化。若 t_c 过大，则补偿电流 i_{ca} 中的纹波分量将过大。反之，若 t_c 过小，将使开关器件的开关频率过高，开关过程中的损耗也随之增大。因此，主电路的参数设计应当保证，在采样点 kt_c 右侧的时刻，微分 $di_{ca}/dt \mid_{t=kt_c+}$ 能够取适当的值，以使 $\mid\Delta i_c\mid$ 减小。为此定义变量 η_a 为

$$\eta_a = \begin{cases} \left| \dfrac{di_{ca}}{dt} \right|_{t=kt_c+} & \left(K_a \dfrac{di_{ca}}{dt} \bigg|_{t=kt_c+} \geq 0 \right) \\[3mm] -\left| \dfrac{di_{ca}}{dt} \right|_{t=kt_c+} & \left(K_a \dfrac{di_{ca}}{dt} \bigg|_{t=kt_c+} < 0 \right) \end{cases} \tag{7-3}$$

式 (7-3) 中，当 K_a 和 $di_{ca}/dt \mid_{t=kt_c+}$ 的极性一致时，采样点处的 $\mid\Delta i_{ca}\mid$ 的值将变小，此时 η_a 为正值。这样，η_a 就反映了补偿电流跟随性能的好坏。于是，主电路的设计就可以将 η_a 作为一个指标。若能将 η_a 控制为一个适当的值，就可以保证补偿电流的跟随性能。这是主电路参数设计的基本出发点。

由式 (7-2a) 可得

$$\frac{di_{ca}}{dt}\bigg|_{t=kt_c+} = \frac{1}{L}(e_a + K_a U_c) \tag{7-4}$$

为对式 (7-3) 进行简化，考虑 $i_{ca} < i_{ca}^*$ 的情况。由表 7-2 和表 7-3 可知，在这种情况下，K_a 始终为正。又由式 (7-3)，当 $di_{ca}/dt \mid_{t=kt_c+} > 0$ 时，$\eta_a = di_{ca}/dt \mid_{t=kt_c+}$，而当 $di_{ca}/dt \mid_{t=kt_c+} < 0$ 时，$\eta_a = -\mid di_{ca}/dt \mid_{t=kt_c+}$。因此式 (7-3) 可简化为

$$\eta_a = \frac{di_{ca}}{dt}\bigg|_{t=kt_c+} = \frac{1}{L}(e_a + K_a U_c) \qquad (i_{ca} < i_{ca}^*) \tag{7-5}$$

如果有源电力滤波器工作的时间足够长，式 (7-5) 中交流电压 e_a 的平均作用将为 0。而 K_a 取值为 2/3 的概率是 1/3，K_a 取值为 1/3 的概率是 2/3，因此 K_a 的平均值为 4/9。由此即可得出 η_a 的平均值 $\bar{\eta}$ 为

$$\bar{\eta} = \frac{4U_c}{9L} \tag{7-6}$$

$\bar{\eta}$ 的取值可用下式确定：

$$\bar{\eta} = \lambda \frac{i_{cmax}^*}{t_c} \tag{7-7}$$

式中　i_{cmax}^{*}——补偿电流指令信号的最大值。

系数 λ 可通过仿真的方法获得。当 λ 取不同值时，补偿后的电源电流 i_{s} 的总谐波畸变率不同。仿真结果表明，λ 取 $0.3 \sim 0.4$ 时，补偿效果最佳。

再由式（7-2a）可知，当 K_{a} 为 1/3 时，若不能满足 $U_{\mathrm{c}} \geqslant 3E_{\mathrm{m}}$（$E_{\mathrm{m}}$ 为相电压的峰值），则 $di_{\mathrm{ca}}/dt = e_{\mathrm{a}} + K_{\mathrm{a}}U_{\mathrm{c}} \geqslant 0$ 就不会成立，η_{a} 就可能为负，而这是不希望出现的。但是，若 U_{c} 取值过大，将使装置容量增加，且开关器件和电容的耐压都要相应地增加。综上所述，主电路的参数设计可由以下两个公式决定：

$$U_{\mathrm{c}} \geqslant 3E_{\mathrm{m}} \tag{7-8}$$

$$L = \frac{4U_{\mathrm{c}}}{9\overline{\eta}} \tag{7-9}$$

但是，η_{a} 并非是一个固定的值，而是在 $\overline{\eta}$ 附近波动，若 U_{c} 按式（7-8）取下限，即取 $U_{\mathrm{c}} = 3E_{\mathrm{m}}$，则 η_{a} 值有可能为零或很小，使得电流跟随性能变差。经过进一步的仿真分析发现，取 $U_{\mathrm{c}} = 1.5 \times 3E_{\mathrm{m}}$ 时，η_{a} 的值较为理想，有源电力滤波器的补偿特性较好。

主电路的设计还有其他一些方法。虽然各种设计方法看起来区别较大，但有几个基本概念是一致的。

1）U_{c} 最小应大于交流电源相电压峰值的 3 倍，否则可能发生 $|\Delta i_{\mathrm{c}}|$ 不按要求减小的情况。在此基础上，U_{c} 越大，i_{c} 变化越快，但是对开关器件耐压要求越高；

2）电感 L 值越小，i_{c} 变化越快，电感 L 值越大，i_{c} 变化越慢；

3）t_{c} 越长，i_{c} 纹波越大；t_{c} 越短，i_{c} 纹波越小。t_{c} 的长短还决定了有源电力滤波器能补偿的谐波最高次数及对开关器件工作频率的要求。

3. 主电路中开关器件的选择

目前适用于并联型有源电力滤波器的全控型器件主要有 BJT（即 GTR）、IGBT、GTO 晶闸管等。器件的选择，首先应当满足工作频率和器件容量的要求，当单个器件的容量难以满足要求时，可考虑采用器件串并联或主电路多重化等方法。在满足工作频率和容量要求的情况下，还应考虑器件的价格。

器件种类确定后，确定其额定参数。其中，额定电压由直流侧电压 U_{c} 决定，并适当考虑安全裕量。额定电流由补偿电流 i_{c} 决定。

4. 主电路的容量

有源电力滤波器的容量 S_{A} 由下式确定：

$$S_{\mathrm{A}} = 3EI_{\mathrm{c}} \tag{7-10}$$

上式中有两个问题需要注意：第一，有源电力滤波器的容量与补偿电流的大小有关，因而与补偿对象的容量及补偿的目的有关；第二，主电路中器件的耐压由直流侧电压 U_{c} 决定，而 U_{c} 与 E 的关系由设计决定，没有唯一的对应关系。

当有源电力滤波器只补偿谐波时，有 $I_c = I_{Lh}$。注意到补偿对象为三相桥式全控整流器，其 $I_{Lh} \approx 25\% I_L$，故此时有源电力滤波器的容量 S_A 约为补偿对象容量的 25%。

若有源电力滤波器在补偿谐波的同时还补偿无功功率，则有

$$I_c = \sqrt{I_{Lh}^2 + I_{Lfq}^2} \tag{7-11}$$

有源电力滤波器的容量 S_A 与补偿对象负载的容量 S_L 的比值为

$$\frac{S_A}{S_L} = \frac{I_c}{I_L} = \frac{\sqrt{I_{Lh}^2 + I_{Lfq}^2}}{I_L} = \sqrt{\left(\frac{I_{Lh}}{I_L}\right)^2 + \left(1 - \frac{I_{Lfp}}{I_L}\right)^2}$$

$$= \sqrt{0.25^2 + (1 - \cos\alpha_{max})^2} \tag{7-12}$$

可见，当有源电力滤波器同时补偿谐波和无功时，要求的容量比只补偿谐波时大，并且与三相桥整流器的最大触发延迟角 α_{max} 有关。

7.3.4　直流侧电压的控制[33,200]

根据前面的分析可以知道，补偿电流发生电路是并联型有源电力滤波器中的一大组成部分。补偿电流发生电路由电压型 PWM 变流器及其相应的驱动电路、电流跟踪控制电路组成，为保证其有良好的补偿电流跟随性能，必须将变流器直流侧电容的电压控制为一个适当的值。

对直流侧电压进行控制的传统方法是，为直流侧的电容再提供一个单独的直流电源，一般是通过一个二极管整流电路来实现的。这种方法虽然能够达到控制直流侧电容电压的目的，但需要另设一套电路，增加了整个系统的复杂程度，从而增加了系统的成本、损耗等。况且，直流侧电容电压的控制只需通过对主电路进行适当的控制即可实现，在这种情况下，传统方法更没有存在的必要。事实上，现在已经不采用这一方法。

对直流侧电压 U_c 的控制是由图 7-25 指令电流运算电路中点画线框内的部分结合补偿电流发生电路实现的。图中，U_{cr} 是 U_c 的给定值，U_{cf} 是 U_c 的反馈值，两者之差经 PI 调节器后得到调节信号 Δi_p，它叠加到瞬时有功电流的直流分量 $\bar{i}_p$ 上，经运算在指令信号 i_c^* 中包含一定的基波有功电流，补偿电流发生电路根据 i_c^* 产生补偿电流 i_c 注入电网，使得有源电力滤波器的补偿电流中包含一定的基波有功电流分量，从而使有源电力滤波器的直流侧与交流侧交换能量，将 U_c 调节至给定值。

理解这一调节过程的关键是要弄清有源电力滤波器直流侧和交流侧之间究竟是如何交换能量的。

由 6.1.1 节的三相电路瞬时无功功率理论可知，三相电路瞬时有功电流 i_p 和瞬时无功电流 i_q 的定义如式（6-5）和式（6-6）所示。三相电路瞬时有功功率 p 和瞬时无功功率 q 的定义如式（6-7）和式（6-8）所示。p 与 i_p、q 与 i_q 之间相差

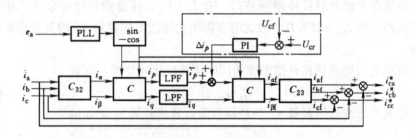

图 7-25　包括直流侧电压控制环节的指令电流运算电路

系数 e。当三相电压为正弦对称时，$e = \sqrt{3}E$，为常量。这表明 i_p 与 p、i_q 与 q 成正比。为便于理解，下面的分析中采用功率量。

由式（6-24）可知，a、b、c 三相的瞬时有功功率分别为

$$p_a = 3e_a^2 p/A \tag{7-13a}$$

$$p_b = 3e_b^2 p/A \tag{7-13b}$$

$$p_c = 3e_c^2 p/A \tag{7-13c}$$

由式（6-25）可知，a、b、c 三相的瞬时无功功率分别为

$$q_a = e_a(e_b - e_c)q/A \tag{7-14a}$$

$$q_b = e_b(e_c - e_a)q/A \tag{7-14b}$$

$$q_c = e_c(e_a - e_b)q/A \tag{7-14c}$$

由式(7-13a)～式(7-13c)和式(7-14a)～式(7-14c)分别得出

$$p_a + p_b + p_c = p \tag{7-15}$$

$$q_a + q_b + q_c = 0 \tag{7-16}$$

由式（7-16）可知，各相的瞬时无功功率之和为零。式(7-14a)～式(7-14c)和式(7-16)说明，虽然单独观察某一相时，其瞬时无功功率不为零，但三相的总和为零，这表明各相的瞬时无功功率只是在三相之间交换，其交换的程度由 q 表征。因此，对于有源电力滤波器而言，瞬时无功功率不会导致其交流侧和直流侧之间的能量交换。又由式（7-15）可知，各相瞬时有功功率之和等于三相电路瞬时有功功率 p。也就是说，对于有源电力滤波器，如果不考虑各部分的损耗，则其交流侧的瞬时有功功率将全部传递到直流侧，即交流侧与直流侧的能量交换取决于瞬时有功功率 p。

对图 7-13 所示的有源电力滤波器系统，分别用 p_s、q_s 表示电源侧瞬时有功功率和瞬时无功功率，p_A、q_A 表示有源电力滤波器交流侧的瞬时有功功率和瞬时无功功率，p_L、q_L 表示负载的瞬时有功功率和瞬时无功功率。由于负载电流中有谐波，使得 p_L、q_L 中含有交流分量，即 p_L、q_L 分别由直流分量 $\bar{p}_L$、$\bar{q}_L$ 和交流分量 $\tilde{p}_L$、$\tilde{q}_L$ 构成。

当有源电力滤波器用于补偿谐波时，应满足

$$p_A = -\tilde{p}_L \tag{7-17a}$$

$$q_A = -\tilde{q}_L \tag{7-17b}$$

此时

$$p_s = p_L + p_A = \bar{p}_L \tag{7-18a}$$

$$q_s = q_L + q_A = \bar{q}_L \tag{7-18b}$$

在这种情况下，电源只需提供负载所需瞬时有功功率和瞬时无功功率的直流分量，它们所对应的电源电流等于负载电流的基波分量。而有源电力滤波器的瞬时有功功率 p_A 的平均值为零，使得直流侧电压保持不变。但因 p_A 中有交流分量，所以 U_c 会随 p_A 波动而波动。

当有源电力滤波器仅用于补偿无功功率时，应满足

$$p_A = 0 \tag{7-19a}$$

$$q_A = -q_L \tag{7-19b}$$

在这种情况下，有源电力滤波器的瞬时有功功率 p_A 始终为零，因此此有源电力滤波器直流侧与交流侧之间任意时刻无能量交换，从而使 U_c 保持恒定。因此从原理上讲，当仅用于补偿无功功率时，有源电力滤波器直流侧不需贮能元件。此时电容只需很小的电容量用于保证电力半导体器件的正常工作即可。

若希望 U_c 上升（例如有源电力滤波器投入运行时建立 U_c 的过程），只需令 $p_A = \Delta p > 0$ 即可（$\Delta p = e \Delta i_p$）。此时有源电力滤波器从电源得到能量，持续向其直流侧传递，使 U_c 上升。从原理上讲，只要 $p_A > 0$，U_c 就上升，可以达到任意值，这一点可以由电路中交流侧电感的贮能作用和对电力半导体器件通断的控制来保证。但在实际电路中，器件的耐压是有限的，这就限制了 U_c 的允许值，不可能使其无限上升。

反之，若 $p_A < 0$，例如电路中有损耗，或有源电力滤波器向外传递能量等，直流侧电容上能量将减少，使得 U_c 值下降。

U_c 变化的幅度除了和能量传递的多少有关以外，还和电容量有关。换言之，若已确定有源电力滤波器的补偿目的（即确定了 p_A 的变化范围）和允许的 U_c 波动范围，即可确定电容器的电容量。这正是确定有源电力滤波器直流侧电容量的基本思想。

利用仿真分析所得到的波形，可以将上述理论分析直观地表现出来。

仍以三相桥式全控整流电路作为补偿的对象，当触发延迟角 $\alpha = 30°$ 时，仿真得出瞬时有功电流 i_{pA} 的波形如图 7-26a 所示。该波形反映了补偿对象有功电流波动的情况。

图 7-26b 所示为有源电力滤波器只补偿谐波时直流侧电容电压 U_c 的波形。由波形可看出，U_c 平均值保持不变，但随 i_{pA} 的变化而波动。为了能清楚地看出 U_c

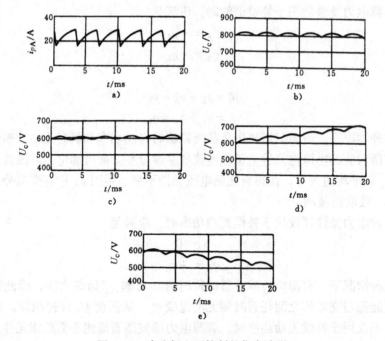

图 7-26　直流侧电压控制的仿真波形

a) 瞬时有功电流 i_{pA} 的波形　b) 补偿谐波时 U_c 的波形

c) 只补偿无功功率时 U_c 的波形　d) $\Delta i_p > 0$，使 U_c 上升的波形

e) $\Delta i_p < 0$，使 U_c 下降的波形

的变化情况，仿真时的电容量小于实际装置中的电容量。

图 7-26c 所示为有源电力滤波器只补偿无功功率时直流侧电容电压 U_c 的波形。由波形可看出，U_c 值基本保持不变。

图 7-26d 所示为有源电力滤波器补偿谐波的同时，令 $\Delta i_{pA} > 0$，从而使 U_c 上升的波形。因有源电力滤波器同时还补偿谐波，使得 U_c 随 i_{pA} 的波动而波动，又因 $\Delta i_p > 0$，使得 U_c 值持续上升。

图 7-26e 所示为有源电力滤波器补偿谐波的同时，令 $\Delta i_p < 0$，从而使 U_c 下降的波形。因 $\Delta i_p < 0$，使得 U_c 值持续下降。

7.3.5　并联型有源电力滤波器的控制方式[201]

为了使有源电力滤波器得到理想的补偿效果，有必要对其进行适当的控制。以下对并联型有源电力滤波器的三种控制方式进行分析和实验。

1. 检测负载电流控制方式

在 7.1 节中介绍有源电力滤波器的基本原理时所讨论的就是这种控制方式。其指令电流运算电路的输入信号来自负载电流，这是最基本的一种控制方式。在这种方式中，补偿电流能较好地跟踪指令电流。但是，在主电路电力半导体器件高频通断的过程中，会产生其工作频率附近一些次数很高的谐波。实验波形可以直观地展示这种情形。

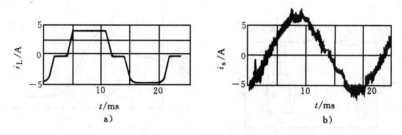

图 7-27　未接入高通滤波器时检测负载电流控制方式的补偿结果
a) 负载电流波形　b) 补偿后的电源电流波形

图 7-27 所示为负载电流波形和补偿后的电源电流波形。由波形图可以看出，补偿后的电流中含有较高频率的谐波分量。

为滤除这些频率较高的谐波，在有源电力滤波器系统中设置由电感、电阻、电容组成的高通滤波器（HPF）。

因为要滤除的谐波频率很高，所以只要很小容量的滤波器就可以了。若把负载电流和有源电力滤波器电流之和 i_{cL} 看作电流源，则反映 HPF 与电源内感和内阻 L_s、R_s 关系的单相等效电路如图 7-28 所示。以 i_{cL} 为输入、以 i_s 为输出时的传递函数 $G_Z(s)$ 为

$$G_Z(s) = \frac{b_2 s^2 + b_1 s + b_0}{s^3 + a_2 s^2 + a_1 s + a_0} \tag{7-20}$$

式中　$a_0 = b_0$；

$$a_1 = \frac{1}{L_s C} + \frac{R_s R}{L_s L}；$$

$$a_2 = \frac{R}{L_s} + \frac{R}{L} + \frac{R_s}{L_s}；$$

$$b_0 = \frac{R}{L_s L C}；$$

$$b_1 = \frac{1}{L_s C}；$$

$$b_2 = \frac{R}{L_s}。$$

由图 7-29 所示的 $G_Z(s)$ 幅频特性可以看出，频率很高的谐波可以很好地被滤除，但是在角频率 ω_0 处却发生了谐振，这将使得负载电流中频率在 ω_0 附近的

谐波被放大后流入电网，从而使电源电流中包含这些谐波分量，有源电力滤波器补偿特性变差。这是该控制方式的主要缺点。

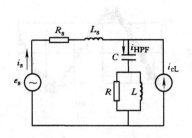

图 7-28　并联型电力有源滤
波器的单相等效电路

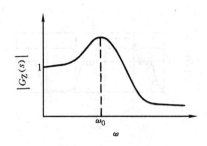

图 7-29　单相等效电路
传递函数的幅频特性

经测量得出用于实验装置的所接电源内感和内阻为 $L_s \approx 3\text{mH}$，$R_s \approx 0.6\Omega$。据此设计出高通滤波器参数为 $L = 0.06\text{mH}$，$C = 100\mu\text{F}$，$R = 0.33\Omega$。谐振角频率 ω_0 大约是基波角频率的 6 倍。

图 7-30 是这种控制方式的数学模型，以结构图的形式给出。图中，$G_I(s)$ 是指令电流运算电路的传递函数。由 7.3 节的分析可知，当有源电力滤波器只补偿谐波时，它将输入电流中的基波分量完全除去，而对于输入电流中的谐波分量，其放大倍数为 -1。$G_A(s)$ 是补偿电流发生器的传递函数，它可以看作一个时间常数很小的一阶惯性环节。由该结构图可知，这种控制方式下的系统是一个开环系统。

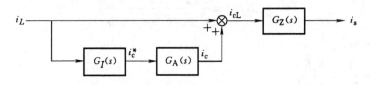

图 7-30　检测负载电流控制方式的结构图

加入高通滤波器后，得到的实验结果如图 7-31 所示。由该波形图可知，加入高通滤波器后，较高频率的谐波分量被滤除，但是由于发生了谐振，使得电源电流的波形发生了畸变。

2. 检测电源电流控制方式

有源电力滤波器的作用主要是补偿谐波，最终使电源电流成为正弦波。基于此，

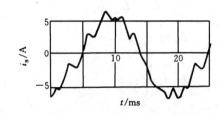

图 7-31　接入高通滤波器后检测负载
电流控制方式的补偿结果

可考虑检测电源电流 i_s，而不检测负载电流 i_L，用指令电流运算电路求出 i_s 中的谐波，反极性后作为指令电流对补偿电流发生器进行控制。

这种控制方式的原理如图 7-32 所示。由于检测的是电源电流，从而构成了闭环控制系统。

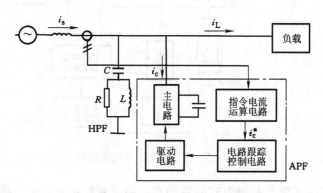

图 7-32 检测电源电流控制方式的原理图

这种控制方式的结构图如图 7-33 所示。图中，$G_I(s)$、$G_A(s)$、$G_Z(s)$ 的含义与图 7-30 中相同。$G(s)$ 是为改善补偿特性而加入的校正环节。

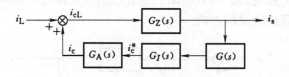

图 7-33 检测电源电流控制方式的结构图

与上一种控制方式不同，这种控制方式因电源电流的反馈而构成闭环控制系统。它把产生谐振的传递函数 $G_Z(s)$ 包括在闭环内，选择适当的校正环节 $G(s)$，就可抑制谐振。为了获得良好的补偿特性，$G(s)$ 应有较大的放大倍数，以增大系统的开环增益。但是放大倍数过大会使闭环系统不稳定。这里 $G(s)$ 采用的是一阶惯性-微分环节，其传递函数为

$$G(s) = KTs / (1 + Ts) \qquad (7-21)$$

采用检测电源电流控制方式时，得到的实验波形如图 7-34 所示。由波形图可清楚地看出，这种方式的补偿结果好于检测负载电流控制方式的结果。

3. 复合控制方式

把上述两种控制方式结合起来，就得到

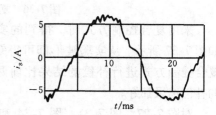

图 7-34 检测电源电流控制方式
补偿谐波的结果

了复合控制方式，其原理如图 7-35 所示。这种控制方式中，同时检测负载电流和电源电流。

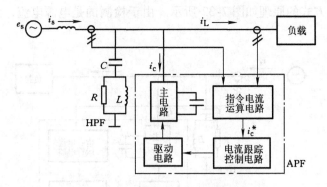

图 7-35　复合控制方式的原理图

图 7-36 所示是复合控制方式的结构图。在这种控制方式中，指令电流信号主要来自负载电流，在其作用下，可对负载中的谐波电流进行较好的补偿。而电源电流及校正环节 $G(s)$ 的作用主要是抑制 HPF 和电网阻抗之间的谐振。因电源电流闭环并不承担补偿谐波电流的主要任务，所以 $G(s)$ 的放大倍数不必很大，这样可以使系统有较好的稳定性。可以看出，复合控制方式综合了前两种控制方式的优点，是一种较为理想的控制方式。

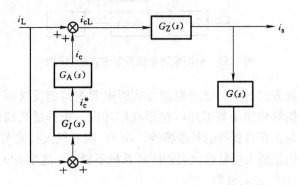

图 7-36　复合控制方式的结构图

采用复合控制方式时，得到的实验波形如图 7-37 所示。从实验波形即可得知，采用复合控制方式进行补偿的结果比前两种方式的补偿结果都好。

对图 7-27、图 7-31、图 7-34 和图 7-37 的实验结果进行频谱分析，结果见表 7-4。频

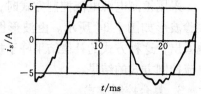

图 7-37　复合控制方式补偿谐波时的结果

谱分析结果进一步表明，复合控制方式的补偿效果最好，检测电源电流控制方式其次，检测负载电流控制方式的效果不好。

表 7-4　对各种控制方式所得实验波形的频谱分析结果

控　制　方　式		电源电流总谐波畸变率（%）
未补偿时		22.4
检测负载电流控制方式	未接入高通滤波器时	8.19
	接入高通滤波器后	9.41
检测电源电流控制方式		7.73
复合控制方式		3.74

7.3.6　并联型有源电力滤波器的稳定性分析[202]

前面提到采用检测电源电流控制方式和复合控制方式时，由于引入了电源电流反馈而形成闭环控制，整个系统有发生不稳定的可能。考虑到复合控制方式补偿效果最好，因此这里对采用复合控制方式时并联型有源电力滤波器的系统稳定性进行分析。

由图 7-36 可以得到系统的闭环传递函数，如式（7-22）所示。

$$G_{close} = \frac{G_Z - G_A G_Z}{1 + G_Z G_A G}$$

$$= \frac{\dfrac{b_2 s^2 + b_1 s + b_0}{s^3 + a_2 s^2 + a_1 s + a_0} - \dfrac{K_{AF}}{T_{AF}s + 1} \dfrac{b_2 s^2 + b_1 s + b_0}{s^3 + a_2 s^2 + a_1 s + a_0}}{1 + \dfrac{b_2 s^2 + b_1 s + b_0}{s^3 + a_2 s^2 + a_1 s + a_0} \dfrac{K_{AF}}{T_{AF}s + 1} \dfrac{KTs}{Ts + 1}} \tag{7-22}$$

从式（7-22）的系统闭环传递函数可得系统的特征方程式为

$$d_5 s^5 + d_4 s^4 + d_3 s^3 + d_2 s^2 + d_1 s^1 + d_0 = 0 \tag{7-23}$$

式中　$d_5 = T_{AF}T$；

$d_4 = T + T_{AF} + a_2 T T_{AF}$；

$d_3 = a_1 T_{AF}T + K_{AF}KT b_2 + a_2 (T_{AF} + T) + 1$；

$d_2 = a_0 T_{AF}T + K_{AF}KT b_1 + a_2 + a_1 (T_{AF} + T)$；

$d_1 = a_1 + K_{AF}KT b_0 + a_0 (T_{AF} + T)$；

$d_0 = a_0$。

经过简化的有源电力滤波器系统为线性定常系统，因此可采用 Routh 判据分析系统的稳定性。其 Routh 表见表 7-5。

表 7-5 有源电力滤波器特征方程的 Routh 表

s^5	d_5	d_3	d_1
s^4	d_4	d_2	d_0
s^3	e_1	e_2	
s^2	f_1	f_2	
s^1	g_1		
s^0	h_1		

表中，$e_1 = (d_3 d_4 - d_5 d_2)/d_4$　$e_2 = (d_1 d_4 - d_5 d_0)/d_4$

$f_1 = (d_2 e_1 - d_4 e_2)/e_1$　$f_2 = d_0$

$g_1 = (e_2 f_1 - e_1 f_2)/f_1$　$h_1 = f_2$

根据 Routh 判据，系统稳定的充分必要条件是，特征方程式的所有系数 d_5、d_4、d_3、d_2、d_1、d_0 均大于零，并且 Routh 表中第一列的所有元素 e_1、f_1、g_1、h_1 也均为正。特征方程式的所有系数 d_5、d_4、d_3、d_2、d_1、d_0 均大于零，所以只要 e_1、f_1、g_1、h_1 大于零即可。由此可得下式：

$$\begin{cases} d_4 d_3 - d_5 d_2 > 0 \\ d_2 e_2 - d_4 e_1 > 0 \end{cases} \tag{7-24}$$

求解式（7-24）可得其近似解为

$$0 < (K-4)T < 2.5 \times 10^{-3} \tag{7-25}$$

其稳定区域如图 7-38 所示。图中，稳定区域按稳定裕量的大小可以分为 A、B 两部分，其中区域 B 系统稳定裕量过大，时间常数 T 也较大，系统响应速度慢，补偿效果较差，一般情况下不选用此区域内的参数。因此确定校正环节参数时，可以先在 $0.1\text{ms} < T < 0.7\text{ms}$ 的范围内选取适当的 T，然后在稳定区域 A 中选用不同的 K 值，以便获得较好的谐波补偿效果。

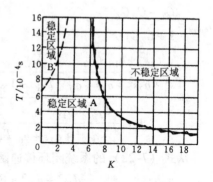

图 7-38　$G(s)$ 参数 K、T 的取值与稳定性之间的关系

选取一组参数后，还可以用图 7-39 所示的系统开环频率特性验证其稳定性。图 7-39a 所示为 $K = 6.97$、$T = 0.33\text{ms}$ 时的系统开环频率特性，从开环频率特性可得此时开环相位裕度为 $20.57°$，系统稳定。图 7-39b 所示为 $K = 12$、$T = 0.33\text{ms}$ 时的系统开环频率特性，其开环相位裕度为 $-12.5°$，系统不稳定。

对并联型有源电力滤波器的稳定性进行实验的结果如图 7-40 和图 7-41 所示，两个图分别给出了典型的稳定和不稳定的实验波形。

图 7-40 所示是系统稳定时负载电流和电源电流的波形。这时 $K = 6.97$、$T =$

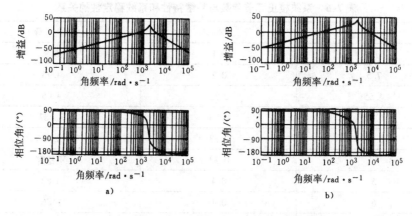

图 7-39 K、T 取不同值时的系统开环频率特性

a) $K = 6.97$, $T = 0.33\text{ms}$ b) $K = 12$, $T = 0.33\text{ms}$

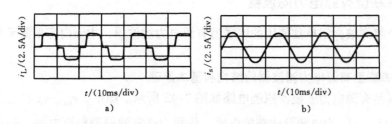

图 7-40 $K = 6.97$、$T = 0.33\text{ms}$ 时的实验波形

a) 负载电流   b) 经过补偿后的电源电流

0.33ms，从电源电流波形分析可得电源电流总谐波畸变率为 2.45%，系统的谐波补偿效果很好。而图 7-41 所示为系统不稳定时的电源电流波形（$K = 12$，$T = 0.33\text{ms}$），在这种情况下，电源电流发生振荡，这与理论分析结果相一致。

表 7-6 是实验所得到的系统校正环节参数 K、T 与补偿特性（电源电流总谐波畸变率）和系统稳定性的关系。从该表可见，系统开环放大倍数 K 越大，电源电流总谐波畸变率越小，也就是说，系统的补偿特性也越好。但 K 值越大，系统的稳定性也越差。这就需要在这两者之间进行折中，使得在保证系统稳定的前提下，有较好的谐波补偿特性。

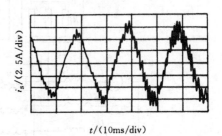

图 7-41 $K = 12$、$T = 0.33\text{ms}$ 时的电源电流

表 7-6　系统校正环节参数与补偿特性和系统稳定性的关系

K	T/ms	THD_i（%）
18	0.1	5.9
7.5	0.2	4.75
4.55	0.33	4.05
6.06	0.33	3.587
6.97	0.33	2.45
12	0.33	不稳定
5	0.4	3.82
6	0.4	2.86
10.625	0.4	不稳定

7.4　串联型有源电力滤波器

本节将详细介绍单独使用的串联型有源电力滤波器，主要内容来源于参考文献 [203]。

7.4.1　串联型有源电力滤波器的结构和基本原理

串联型有源电力滤波器原理电路如图 7-42 所示。图中，e_{sa}、e_{sb}、e_{sc} 为三相电源，L_{sa}、L_{sb}、L_{sc} 为电源及线路的电感；负载为电容滤波型整流电路，是具有电压源特性的谐波源；高通滤波器用于滤除有源滤波器中开关器件通断所产生的毛刺；有源滤波器的主电路采用电压型 PWM 变流器，u_c 为有源电力滤波器产生的补偿电压。图中未画出有源滤波器的控制部分，实际上有源滤波器中还包括谐波检测电

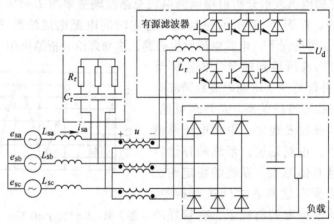

图 7-42　单独使用的串联型有源电力滤波器原理电路

路、PWM 控制与驱动电路等。

针对系统中的谐波源具有电压源的性质这一特点，串联型有源电力滤波器的一个主要特点就是作为受控电压源工作。为分析方便，利用系统的单相等效电路来进行分析，该等效电路如图 7-43 所示。图中，$\dot{U}_c$ 表示有源滤波器为受控电压源；$\dot{U}_L$ 为负载电压；$\dot{U}_i$ 为端口电压。

令有源电力滤波器产生的补偿电压为

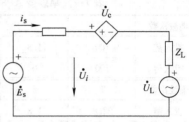

图 7-43　串联型有源电力滤波器的
单相等效电路

$$\dot{U}_c = KG\dot{I}_s \tag{7-26}$$

式中，G 描述了谐波检测电路的特性，对于被检测信号的基波，$G\big|_f = 0\Omega$，对于被检测信号中的谐波，$G\big|_h = 1\Omega$。这种对串联型有源电力滤波器进行控制的方式称为检测电源谐波电流控制方式。可以求出此时电源电流为

$$\dot{I}_s = \frac{\dot{E}_s - \dot{U}_L}{Z_s + Z_L + KG} \tag{7-27}$$

若满足下述条件

$$K \gg 1\text{pu} \tag{7-28}$$

则有

$$\dot{I}_{sh} \approx 0 \tag{7-29}$$

$$\dot{U}_c \approx \dot{U}_{sh} - \dot{U}_{Lh} \tag{7-30}$$

图 7-44、图 7-45 所示给出了一组补偿实验的结果。补偿前的电源电流波形如图 7-44 所示，含有大量谐波。采用检测电源谐波电流控制方式（$K = 29$）补偿后的电源电流波形如图 7-45 所示，补偿后电流波形得到极大改善，基本接近正弦波。串联型有源电力滤波器投入前后电源电流中的主要谐波含量见表 7-7。经分析计算

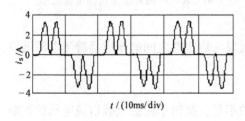

图 7-44　补偿前电源电流波形

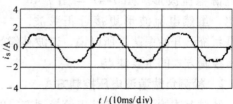

图 7-45　补偿后电源电流波形

得出补偿前电源电流的总谐波畸变率为70%，总功率因数是0.82。补偿后 *THD* 降为7.2%，总功率因数提高到0.997。实验结果表明，采用检测电源谐波电流控制方式的串联型有源电力滤波器有明显的谐波补偿效果。

表7-7　串联型 APF 投入前后电源电流中的主要谐波含量　　　　（%）

谐波次数	1	2	3	4	5	6
投入前	100	1.8	3.7	1.5	63.2	1.3
投入后	100	0	0	0	0	0
谐波次数	7	8	11	13	17	19
投入前	28.8	1.8	4.2	5.7	2.0	2.2
投入后	4.5	0	1.6	0	0	0

　　检测电源谐波电流控制方式虽然能抑制负载谐波电压引起的谐波电流，但是其谐波补偿效果与 K 值的大小有关。从式（7-27）~式（7-30）的分析可知，如果 K 不够大，将难以获得良好的谐波补偿效果。但 K 也不能取得太大，因为 K 太大会引起系统振荡，影响谐波补偿效果。图7-46给出了 $K=10$ 时，采用检测电源谐波电流控制方式的串联型有源电力滤波器进行谐波补偿后的电源电流波形。对于图7-45和图7-46所示的补偿结果，除了 K 值不同外，其他实验条件均相同，比较它们可以看出，K 值小时补偿效果较差。保持其他实验条件不变，图7-47还给出了 $K=34$ 时补偿后电源电流波形。图7-47与图7-46相比，虽然电流波形更接近正弦波，

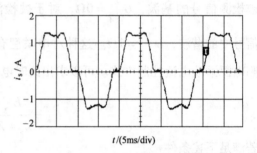

图7-46　$K=10$ 时补偿后电源电流波形

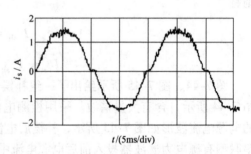

图7-47　$K=34$ 时补偿后电源电流波形

但是系统已开始振荡。所以说，谐波补偿效果与稳定性之间的矛盾是检测电源谐波电流控制方式的主要缺点。

7.4.2　检测负载谐波电压控制方式

　　针对上述检测电源谐波电流控制方式的不足，提出了检测负载谐波电压的控制方法。

7.4.2.1 工作原理

采用检测负载谐波电压控制方式时，仍可沿用图 7-43 所示的等效电路。只是，对有源电力滤波器的控制改为下式所示：

$$u_c = -u_{Lh} \tag{7-31}$$

则

$$u_i = u_{Lf} \tag{7-32}$$

于是，电源电流中 n 次谐波分量为

$$\dot{I}_{sn} = \frac{\dot{U}_{sn}}{\dot{Z}_{sn}} \tag{7-33}$$

那么，当电源电压没有畸变时，

$$\dot{I}_{sn} = 0 \tag{7-34}$$

即电源电流 i_s 中不含有谐波分量，从而达到谐波补偿的目的。

采用检测负载谐波电压控制方式时，串联型有源电力滤波器存在一个启动过程。补偿前，电容滤波的三相整流桥每个桥臂导通的角度较小，上下桥臂各有一个桥臂导通。因为电源阻抗的存在，使负载交流侧电压发生畸变。串联型有源电力滤波器投入工作时，首先检测负载谐波电压，然后产生一个与之大小相等、方向相反的谐波电压进行补偿。补偿后，电源电流发生变化，使得整流桥桥臂的导通角增加，使其交流侧电压波形也随之发生变化，导致负载谐波电压增大。与此同时，有源电力滤波器产生的补偿电压跟踪负载谐波电压的变化，也随之增大，从而又使整流桥桥臂的导通角继续增大，负载谐波电压继续增加。最终形成每个桥臂每个周期均导通 180° 的情况，每一时刻有三个桥臂导通，电源电流连续，其交流侧电压波形不再发生变化，这也就是补偿前后负载端电压波形不一样的原因。此时，负载谐波电压保持不变，串联型有源电力滤波器进入补偿的稳定状态，只要串联型有源电力滤波器能实时产生与负载谐波电压大小相等、方向相反的补偿电压，就能获得理想的补偿效果，使电源电流接近正弦波。

7.4.2.2 谐波电压指令的形成电路

如式 (7-31) 所示，采用检测负载谐波电压控制方式时，串联型有源电力滤波器输出电压的指令应与负载侧电压中的谐波相等。

设三相负载电压瞬时值为 u_{La}、u_{Lb}、u_{Lc}，串联型有源电力滤波器三相谐波电压指令为 u_{ca}^*、u_{cb}^*、u_{cc}^*，参照谐波电流的实时检测方法可得

$$\begin{bmatrix} u_p \\ u_q \end{bmatrix} = \mathbf{CC}_{32} \begin{bmatrix} u_{La} \\ u_{Lb} \\ u_{Lc} \end{bmatrix} \tag{7-35}$$

当 u_{La}、u_{Lb}、u_{Lc} 含有谐波时，u_p 和 u_q 中的直流分量 $\bar{u}_p$ 和 $\bar{u}_q$ 分别与三相负载电压中的基波正序分量相对应，而它们的交流分量分别与三相负载电压的谐波分量相对应。用低通滤波器滤去 u_p 和 u_q 中的交流分量，便可得 $\bar{u}_p$ 和 $\bar{u}_q$。

由 $\bar{u}_p$ 和 $\bar{u}_q$ 可得出 u_{La}、u_{Lb}、u_{Lc} 的基波分量为 u_{Laf}、u_{Lbf}、u_{Lcf}。

$$\begin{bmatrix} u_{Laf} \\ u_{Lbf} \\ u_{Lcf} \end{bmatrix} = \boldsymbol{C}_{23}\boldsymbol{C}^{-1}\begin{bmatrix} \bar{u}_p \\ \bar{u}_q \end{bmatrix} \tag{7-36}$$

于是，负载电压谐波分量为

$$\begin{cases} u_{Lah} = u_{La} - u_{Laf} \\ u_{Lbh} = u_{Lb} - u_{Lbf} \\ u_{Lch} = u_{Lc} - u_{Lcf} \end{cases} \tag{7-37}$$

从而可得谐波电压指令为

$$\begin{cases} u_{caf}^{*} = -u_{Lah} \\ u_{cbf}^{*} = -u_{Lbh} \\ u_{ccf}^{*} = -u_{Lch} \end{cases} \tag{7-38}$$

通过上面的分析，可得检测负载谐波电压控制方式的谐波电压指令形成电路如图 7-48 所示。其中，LPF 为低通滤波器，PLL 为锁相环电路。

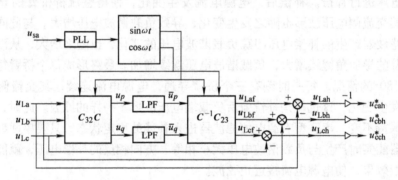

图 7-48   检测负载谐波电压控制方式电压指令形成电路框图

7.4.2.3   直流侧电压的控制

当串联型有源电力滤波器工作时，其主电路开关器件有能量损耗，从而引起 PWM 变流器直流侧电容电压 U_d 降低。为了保证 PWM 变流器能正常工作，必须保持其直流侧电压恒定。

PWM 变流器直流侧电压的变化由它与电网之间的能量流动所决定。由于 PWM 变流器除了开关器件和线路损耗外，没有其他负载消耗能量，直流侧只有一个储能电容，因此当 PWM 变流器吸收有功功率大于线路和开关器件的损耗时，其直流侧电压升高，反之则直流侧电压下降。只有当 PWM 变流器吸收的有功功率等于线路和开关器件的损耗功率时，其直流侧电压才保持不变。另外，当 PWM 变流器发出有功功率时，其直流侧电压降低。

因为串联型有源电力滤波器通过隔离变压器与负载串联，因此，流入 PWM 变流器的电流为主电路电流的 n 分之一（设隔离变压器的电压比为 $1:n$）。当串联型有源电力滤波器工作时，主电路电流基本接近正弦波，即为主电路基波电流。由于 PWM 变流器不能控制其电流的大小和相位，因此要控制它与电网之间的能量流动，只能通过控制其交流侧电压中基波分量的大小和相位来实现。

PWM 变流器是吸收有功功率还是发出有功功率，由其交流侧电压的基波分量与基波电流之间的相位决定。当基波电压与基波电流同相时，PWM 变流器吸收有功功率；当基波电压与基波电流反相时，PWM 变流器发出有功功率。根据串联型有源电力滤波器工作原理可知，PWM 变流器交流侧输出电压为谐波电压，它与负载谐波电压大小相等、方向相反，其中不含基波电压，因此 PWM 变流器不能与电源进行有功交换，其直流侧电压也就无法保持恒定。只有在式（7-31）所示的谐波电压指令中加入一定量的基波分量，才能控制 PWM 变流器的能量流动，从而达到控制其直流侧电压大小的目的。

图 7-49 给出了引入 PWM 变流器直流侧电压控制后的电压指令形成电路框图，即在图 7-48 基础上，增加了直流电压反馈控制环节。在图 7-49 中，U_d 的给定值与反馈值比较之后的偏差，经 PI 调节器，与检测电路中算出的 $\bar{u}_p$ 相加，这样，得到的基波电压 u_{Laf}、u_{Lbf}、u_{Lcf} 中加入了额外的基波电压分量 Δu_{af}、Δu_{bf} 和 Δu_{cf}，它们与负载电压相减后，使电压指令 u_c^* 中也含有额外的基波分量。此时的电压指令为

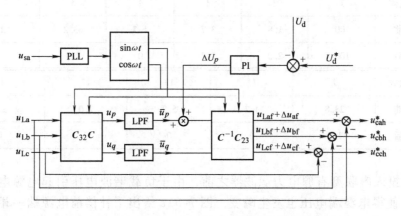

图 7-49　引入直流侧电压控制后检测负载谐波电压控制
方式电压指令形成电路框图

$$\begin{cases} u_{cah}^* = \Delta u_{af} - u_{Laf} \\ u_{cbh}^* = \Delta u_{bf} - u_{Lbf} \\ u_{cch}^* = \Delta u_{cf} - u_{Lcf} \end{cases} \tag{7-39}$$

由于电压指令中含有基波分量,从而使 PWM 变流器在生成所需要的谐波电压的同时,提供一定的基波电压。这个基波电压与电源的基波电流相作用,控制 PWM 变流器的能量流动,以维持直流侧电容电压 U_d 的恒定。在图 7-42 所示的参考方向下,当 PWM 变流器直流侧电压 U_d 小于给定电压时,PI 调节器输出为正,电压指令中基波分量与电源的基波分量同相,PWM 变流器吸收有功功率,使直流侧电容电压升高;反之,PI 调节器输出为负,PWM 变流器产生的基波电压与基波电流反相,此时 PWM 变流器发出有功功率,使其直流侧电压降低。

7.4.2.4 补偿结果

补偿前电源电流波形仍然如图 7-44 所示。补偿后电源电流波形如图 7-50 所示。从图中可以看出,补偿后电源电流波形基本接近正弦波,谐波大大减少。补偿前后电源电流中的主要谐波含量见表 7-8。经分析得出补偿后电源电流的 *THD* 降为 3.9%,功率因数提高到 0.998。由此可见,串联型有源电力滤波器采用负载电压检测控制方式时具有较好的补偿效果。

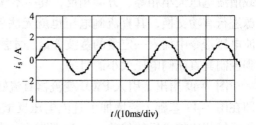

图 7-50 补偿后电源电流波形

表 7-8 采用检测负载谐波电压方式补偿前后电源电流中的主要谐波含量 (%)

谐波次数	1	2	3	4	5	6
投入前	100	1.8	3.7	1.5	63.2	1.3
投入后	100	2.0	1.2	0	2.8	0

谐波次数	7	11	13	17	19
投入前	28.8	4.2	5.7	2.0	2.2
投入后	1.5	0	0	0	0

未投入串联型有源电力滤波器之前,由于负载谐波电压引起电源电流严重畸变,使得电源端电压也发生畸变。图 7-51a 给出了补偿前电源端一相相电压波形,从图中可以看出,该相电压已发生较为严重的畸变。由于串联型有源电力滤波器补偿了负载谐波电压,流入电源的电流接近正弦波,从而消除了电源端电压的畸变,使之也接近正弦波。图 7-51b 给出了串联型有源电力滤波器投

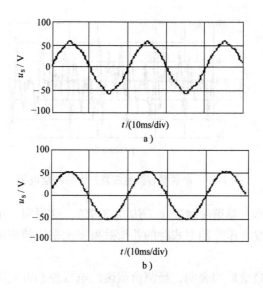

图 7-51　补偿前后电源端电压波形

a) 补偿前　b) 补偿后

入后电源端一相相电压波形。比较图 7-51a 和 b，补偿后的端电压基本没有畸变。

补偿前，负载交流侧相电压波形与电源端相电压相同，如图 7-51a 所示。补偿后，因为电源电流连续，整流桥中的二极管导通状态发生了变化，因此负载交流侧电压波形也跟随着发生变化，与补偿前电压波形不同。图 7-52 给出了补偿后负载交流侧一相相电压波形。串联型有源电力滤波器工作时，它需要补偿的谐波电压即为图 7-52 所示电压中的谐波分量。串联型有源电力滤波器产生的谐波电压如图 7-53 所示。

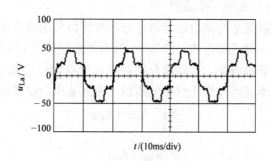

图 7-52　补偿后负载交流侧相电压

比较图 7-45 和图 7-50，前者为采用检测电源谐波电流控制方式时补偿后电源电流波形，总谐波畸变率 THD 为 7.2%，后者为采用检测负载谐波电压控制方式时

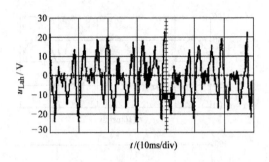

图 7-53　串联型有源滤波器产生的补偿电压

补偿后电源电流波形，总谐波畸变率 *THD* 为 3.9%，这说明，串联型有源电力滤波器采用检测负载谐波电压控制方式时的补偿效果要比采用检测电源谐波电流控制方式时好。

理论分析和实验结果均表明，检测负载谐波电压控制方式不仅是可行的，而且具有较好谐波补偿效果。

7.4.3　复合控制方式

在检测电源谐波电流和负载谐波电压控制方式的基础上，本节进一步提出了一种新的复合控制方式。该控制方式的谐波电压指令信号是通过同时检测电源谐波电流和负载谐波电压得到的。它既具有上述两种控制方式的优点，又能克服它们各自的不足。本节首先分析了复合控制方式的工作原理，然后详细讨论了复合控制方式谐波电压指令的计算。另外，本节还对三种控制方式进行了对比研究。在此基础上，成功地将复合控制方式应用于串联型有源电力滤波器，并进行了相应的实验研究。研究结果表明，复合控制方式不仅是可行的，而且补偿效果是三种控制方式中最好的。

7.4.3.1　复合控制方式的工作原理

复合控制方式就是把检测电源谐波电流和检测负载谐波电压这两种控制方式结合在一起所得到的一种控制方式。图 7-54 给出了采用复合控制方式的串联型有源电力滤波器的单相等效电路。与前面介绍的串联型有源电力滤波器工作原理一样，工作时，有源电力滤波器相当于受控电压源，使其输出的谐波电压 u_{ch} 为

$$u_{\mathrm{ch}} = u_{\mathrm{ch1}} + u_{\mathrm{ch2}} \tag{7-40}$$

式中

$$u_{\mathrm{ch1}} = Ki_{\mathrm{sh}} \tag{7-41}$$

$$u_{\mathrm{ch2}} = -u_{\mathrm{Lh}} \tag{7-42}$$

根据图 7-54，可求得电源电流中 n 次谐波电流分量为

$$\dot{I}_{shn} = \frac{\dot{U}_{shn} - \dot{U}_{ch} - \dot{U}_{Lhn}}{Z_s} \tag{7-43}$$

将式（7-40）代入式（7-43）得

$$\dot{I}_{shn} = \frac{\dot{U}_{shn} - \dot{U}_{ch1} - \dot{U}_{ch2} - \dot{U}_{Lhn}}{Z_s}$$

即有

$$\dot{I}_{shn} = \frac{\dot{U}_{shn}}{K + Z_s} \tag{7-44}$$

可见，在 u_{ch} 的作用下，并且当 K 足够大时，$\dot{I}_{shn} \approx 0$。于是，电源电流中不含谐波分量，从而达到谐波补偿的目的。

采用复合控制方式时，在 u_{ch1} 和 u_{ch2} 的共同作用下，i_s 中所含的谐波分量比采用检测电源谐波电流控制方式和检测负载谐波电压控制方式时更小[197]。

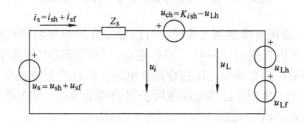

图 7-54　复合控制方式串联型有源滤波器等效电路

在复合控制方式中，实际上主要由补偿电压 u_{ch} 中的 u_{ch2} 分量来补偿负载谐波电压，剩余未能补偿的部分（如果还存在）与电源电压的畸变部分 u_{sh} 一起，由 u_{ch} 中的 u_{ch1} 分量来补偿。由于将 i_{sh} 引入闭环控制，因此复合控制方式既有检测电源谐波电流控制方式的优点，又克服了检测负载谐波电压控制方式的不足。此外，复合控制方式在谐波补偿过程中是以 u_{ch2} 为主，而以 u_{ch1} 为辅，因此该控制方式在保持检测负载谐波电压控制方式优点的同时，能将 K 值取得较小一些，避免使系统进入不稳定区域，从而克服了检测电源谐波电流控制方式的缺点。

7.4.3.2　电压指令的计算

根据上面的分析，采用复合控制方式的串联型有源电力滤波器输出电压指令应为

$$u_c^* = Ki_{sh} - u_{Lh} \tag{7-45}$$

从上式可以看出，要获得谐波电压指令，必须同时检测电源谐波电流 i_{sh} 和负

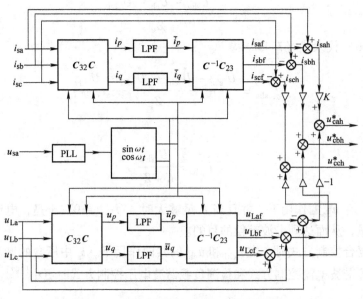

图 7-55　复合控制方式电压指令形成电路框图

载谐波电压 u_{Lh}。采用复合控制方式时，可以首先分别单独检测负载谐波电压和电源谐波电流，然后再根据式（7-45）进行叠加，形成谐波电压指令，如图 7-55 所示。按此方法必须有两套谐波电压指令运算电路，因此控制电路复杂，成本高。下面介绍一种只需要一套指令运算电路便可获得谐波电压指令的方法。

令复合信号 u_a、u_b、u_c 为

$$\begin{cases} u_a = Ki_{sa} - u_{La} \\ u_b = Ki_{sb} - u_{Lb} \\ u_c = Ki_{sc} - u_{Lc} \end{cases} \tag{7-46}$$

只要求出以上复合信号的谐波分量，即可得复合控制方式的谐波电压指令。参考图 7-55 所示的谐波电压检测方法，定义

$$\begin{bmatrix} u_p' \\ u_q' \end{bmatrix} = CC_{32} \begin{bmatrix} u_a \\ u_b \\ u_c \end{bmatrix} \tag{7-47}$$

式中，C、C_{32} 与前面各章取值相同。将式（7-46）代入式（7-47）得

$$\begin{bmatrix} u_p' \\ u_q' \end{bmatrix} = CC_{32} \begin{bmatrix} Ki_{sa} - u_{La} \\ Ki_{sb} - u_{Lb} \\ Ki_{sc} - u_{Lc} \end{bmatrix} \tag{7-48}$$

即有

$$\begin{bmatrix} u_p' \\ u_q' \end{bmatrix} = CC_{32} \begin{bmatrix} Ki_{sa} \\ Ki_{sb} \\ Ki_{sc} \end{bmatrix} - CC_{32} \begin{bmatrix} u_{La} \\ u_{Lb} \\ u_{Lc} \end{bmatrix} \tag{7-49}$$

由图 7-55 可知

$$\begin{bmatrix} i_p \\ i_q \end{bmatrix} = CC_{32} \begin{bmatrix} i_{sa} \\ i_{sb} \\ i_{sc} \end{bmatrix}$$

$$\begin{bmatrix} u_p \\ u_q \end{bmatrix} = CC_{32} \begin{bmatrix} u_{La} \\ u_{Lb} \\ u_{Lc} \end{bmatrix}$$

再将 i_p、i_q 和 u_p、u_q 代入式 (7-49)，得

$$\begin{bmatrix} u_p' \\ u_q' \end{bmatrix} = \begin{bmatrix} Ki_p \\ Ki_q \end{bmatrix} - \begin{bmatrix} u_p \\ u_q \end{bmatrix} = \begin{bmatrix} Ki_p - u_p \\ Ki_q + u_q \end{bmatrix} \tag{7-50}$$

同样，u_p'、u_q' 中既有直流分量，也含有交流分量。通过低通滤波器可得其直流分量为

$$\begin{bmatrix} \bar{u}_p' \\ \bar{u}_q' \end{bmatrix} = \begin{bmatrix} K\bar{i}_p - \bar{u}_p \\ K\bar{i}_q + \bar{u}_q \end{bmatrix} \tag{7-51}$$

参照谐波电流和谐波电压实时检测方法，对式 (7-51) 所示直流分量进行逆变换，有

$$\begin{bmatrix} u_{af} \\ u_{bf} \\ u_{cf} \end{bmatrix} = C_{23} C^{-1} \begin{bmatrix} \bar{u}_p' \\ \bar{u}_q' \end{bmatrix} \tag{7-52}$$

即有

$$\begin{bmatrix} u_{af} \\ u_{bf} \\ u_{cf} \end{bmatrix} = C_{23} C^{-1} \begin{bmatrix} K\bar{i}_p \\ K\bar{i}_q \end{bmatrix} - C_{23} C^{-1} \begin{bmatrix} \bar{u}_p \\ \bar{u}_q \end{bmatrix} \tag{7-53}$$

因为 i_p、i_q 的直流分量与电源电流的基波分量相对应，而 u_p、u_q 的直流分量与负载电压的基波分量相对应，因此可得电源电流和负载电压的基波分量为

$$\begin{bmatrix} i_{saf} \\ i_{sbf} \\ i_{scf} \end{bmatrix} = C_{23} C^{-1} \begin{bmatrix} \bar{i}_p \\ \bar{i}_q \end{bmatrix} \tag{7-54}$$

$$\begin{bmatrix} u_{Laf} \\ u_{Lbf} \\ u_{Lcf} \end{bmatrix} = C_{23} C^{-1} \begin{bmatrix} \bar{u}_p \\ \bar{u}_q \end{bmatrix} \tag{7-55}$$

将式（7-54）、式（7-55）代入式（7-53），有

$$
\begin{bmatrix} u_{\mathrm{af}} \\ u_{\mathrm{bf}} \\ u_{\mathrm{cf}} \end{bmatrix} = K \begin{bmatrix} i_{\mathrm{saf}} \\ i_{\mathrm{sbf}} \\ i_{\mathrm{scf}} \end{bmatrix} - \begin{bmatrix} u_{\mathrm{Laf}} \\ u_{\mathrm{Lbf}} \\ u_{\mathrm{Lcf}} \end{bmatrix} \tag{7-56}
$$

从式（7-56）可以看出，u_{af}、u_{bf}、u_{cf}即为复合信号 u_{a}、u_{b}、u_{c} 的基波分量。将式（7-46）与式（7-56）相减可得复合信号的谐波分量为

$$
\begin{bmatrix} u_{\mathrm{ah}} \\ u_{\mathrm{bh}} \\ u_{\mathrm{ch}} \end{bmatrix} = \begin{bmatrix} u_{\mathrm{a}} \\ u_{\mathrm{b}} \\ u_{\mathrm{c}} \end{bmatrix} - \begin{bmatrix} u_{\mathrm{af}} \\ u_{\mathrm{bf}} \\ u_{\mathrm{cf}} \end{bmatrix}
$$

即

$$
\begin{bmatrix} u_{\mathrm{ah}} \\ u_{\mathrm{bh}} \\ u_{\mathrm{ch}} \end{bmatrix} = K \begin{bmatrix} i_{\mathrm{sah}} \\ i_{\mathrm{sbh}} \\ i_{\mathrm{sch}} \end{bmatrix} - \begin{bmatrix} u_{\mathrm{Lah}} \\ u_{\mathrm{Lbh}} \\ u_{\mathrm{Lch}} \end{bmatrix} \tag{7-57}
$$

比较式（7-45）与式（7-57）可以看出，式（7-57）即为所要求的复合控制方式谐波电压指令信号。

根据前面的分析，可构造出只需要一套指令运算电路的复合控制方式谐波电压指令形成电路如图 7-56 所示。图中，u_{cah}^{*}、u_{cbh}^{*}、u_{cch}^{*} 为

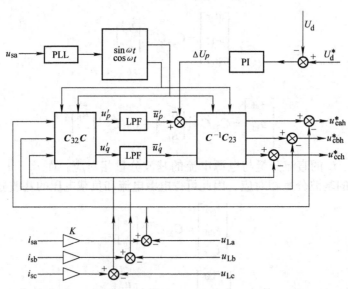

图 7-56　改进后复合控制方式电压指令形成电路框图

$$\begin{bmatrix} u^*_{\mathrm{cah}} \\ u^*_{\mathrm{cbh}} \\ u^*_{\mathrm{cch}} \end{bmatrix} = K \begin{bmatrix} i_{\mathrm{sah}} \\ i_{\mathrm{sbh}} \\ i_{\mathrm{sch}} \end{bmatrix} - \begin{bmatrix} u_{\mathrm{Lah}} \\ u_{\mathrm{Lbh}} \\ u_{\mathrm{Lch}} \end{bmatrix} + \begin{bmatrix} \Delta u_{\mathrm{af}} \\ \Delta u_{\mathrm{bf}} \\ \Delta u_{\mathrm{cf}} \end{bmatrix} \qquad (7\text{-}58)$$

式中，Δu_{af}、Δu_{bf}、Δu_{cf} 为额外的基波分量，它与电源的基波电流相作用，控制 PWM 变流器的能量流动，以维持其直流侧电压 U_{d} 的恒定。

7.4.3.3　补偿结果

补偿前的电源电流波形如图 7-57 所示。采用复合控制方式（$K=8$）进行补偿后的电源电流波形如图 7-58 所示。补偿前后电源电流中的主要谐波含量见表 7-9。补偿前电源电流总谐波畸变率 *THD* 为 49.4%，功率因数为 0.896。谐波补偿后 *THD* 变为 3.4%，功率因数为 0.999。

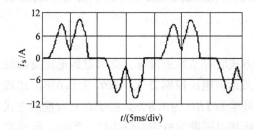

图 7-57　补偿前的电源电流波形　　　　图 7-58　补偿后的电源电流波形

表 7-9　采用复合控制方式补偿前后电源电流中的主要谐波含量（%）

谐波次数	1	2	3	4	5	6	7
投入前	100	0.6	8.9	0.7	44.7	0.6	17.8
投入后	100	0	0	0	2.2	0	2.2

谐波次数	8	9	11	13	15	17
投入前	0.6	2.5	5.6	1.6	1.1	2.8
投入后	0	1.4	0	0	0	0

实验结果表明，采用复合控制方式后，串联型有源电力滤波器对电压型谐波源具有良好的谐波补偿效果，说明复合控制方式正确有效。

7.4.3.4　三种控制方式补偿结果的比较

综合以上介绍的三种控制方式：检测电源谐波电流控制方式、检测负载谐波电压控制方式和复合控制方式，它们的补偿结果见表 7-10。

表7-10 不同控制方式时电源电流谐波含量（%）、总谐波畸变率（%）及功率因数

谐波次数	1	2	3	5	7	9
补偿前	100	0.6	7.9	63.2	16.8	2.4
(1)	100	1.4	0	6.0	3.7	0
(2)	100	4.2	1.7	2.8	1.4	0.7
(3)	100	0.9	1.1	2.1	2.2	0
谐波次数	11	13	15	17	*THD*	PF
补偿前	5.6	1.5	1.1	3.0	66.5	0.834
(1)	2.1	1.9	0	0.9	7.8	0.997
(2)	0.4	0.5	0	0	5.6	0.998
(3)	0	0	0	0	3.4	0.999

注：(1) 代表检测电源谐波电流控制方式。
　　(2) 代表检测负载谐波电压控制方式。
　　(3) 代表复合控制方式。

从表7-10可以看出，采用复合控制方式时补偿效果最好，此时电源电流总谐波畸变率 *THD* 为3.4%。其次是采用检测负载谐波电压控制方式，*THD* 为5.6%。比较差的是采用检测电源谐波电流控制方式，补偿后 *THD* 为7.8%。由于在复合控制方式中，以检测负载谐波电压补偿为主，而以检测电源谐波电流补偿为辅，因此，虽然复合控制方式的 *K* 值比检测电源谐波电流控制的 *K* 值小得多，但前者的补偿效果要比后者好得多。

另外，从表7-10还可以看出，补偿前电源电流中含有少量的3次谐波，为基波的7.9%。采用检测电源谐波电流控制方式补偿后，电源电流中基本不含3次谐波，而采用其他两种控制方式补偿后，电源电流中仍含有少量3次谐波，并且采用检测负载谐波电压控制方式时含有的3次谐波最多。这说明补偿前电源电流中含有3次谐波是由负载和电源电压畸变共同产生的。因为采用检测负载谐波电压控制方式时，有源电力滤波器不能补偿电源电压畸变引起的谐波电流，所以补偿后，3次谐波的含量最大。虽然采用检测电源谐波电流控制方式和复合控制方式均能补偿电源电压畸变产生的谐波电流，但是因为在本实验中，复合控制方式的 *K* 值小，而检测电源谐波电流控制方式 *K* 值大，所以采用复合控制方式补偿后仍含有少量的3次谐波。

实验结果表明，在三种控制方式中，采用复合控制方式时，串联型有源电力滤波器的补偿效果最好。由于电网电压一般畸变小，虽然采用检测负载谐波电压控制方式时不能补偿电源畸变引起的谐波电流，但是它总的补偿效果要比采用检测电源谐波电流控制方式时好。

7.4.4　串联型和并联型有源电力滤波器的简要对比

从电路的构成看，单独使用的串联型有源电力滤波器与单独使用的并联型有源

电力滤波器是对偶的关系。它们的一些特点正好也是互相对应的。两者的对比见表7-11。

表 7-11 串联型有源电力滤波器和并联型有源电力滤波器的比较

	并联型有源电力滤波器	串联型有源电力滤波器
系统构成	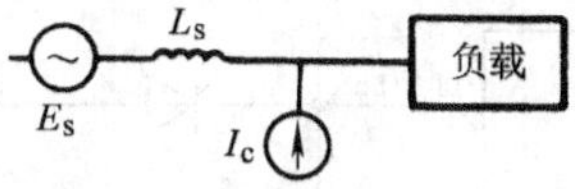 E_s　L_s　I_c　负载	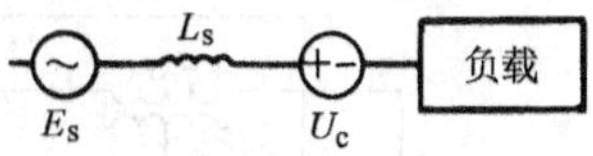 E_s　L_s　U_c　负载
基本原理	作为电流源工作	作为电压源工作
适用场合	适用于具有电流源性质的谐波源，如带阻感负载的整流电路	适用于具有电压源性质的谐波源，如电容滤波型整流电路
工作条件	Z_L 大，且 $\lvert 1-G \rvert_h \ll 1 \ll \lvert Z_L/Z_s \rvert$	Z_L 小，且 $\lvert 1-G \rvert_h \ll 1 \ll K$
补偿特性	对于电流源性质的谐波源，补偿特性不受 Z_s 的影响；在 Z_L 小的场合，补偿特性受 Z_s 影响	对于电压源性质的谐波源，补偿特性不受 Z_s 的影响；对于电流源性质的谐波源，补偿特性受 Z_L 影响

7.5 串并联型有源电力滤波器

如前所述，并联型有源电力滤波器具有多方面的功能，但主要侧重于对负载侧电流所引起的谐波、无功电流和负序电流等的补偿，而串联型有源电力滤波器则更偏重于对电压谐波的补偿，两种有源电力滤波器都具有一定的局限性。

针对这种情况，出现了串并联型有源电力滤波器。它是将并联型有源电力滤波器与串联型有源电力滤波器结合起来，既能够补偿负载侧的谐波，也能补偿电网侧引起的谐波问题，既能补偿电流谐波，也能补偿电压谐波以及各种电压质量问题。由于其功能丰富，因此也称为通用电能质量控制器（Unified Power Quality Controller，UPQC）。本节介绍的主要内容来源于参考文献［204 – 206］。

在配电系统中的公共连接点装设 UPQC，在提高供电系统的电压质量和可靠性的同时，既能控制负载引起的各种电能质量问题向电网扩散，也能保证负载获得高质量的电能供应，全面地提高和改善电力系统中的电能质量指标。同时可避免因在不同地点装设多套不同补偿装置而造成的资源浪费和设备维护困难。

7.5.1 UPQC 的结构和基本工作原理

UPQC 的结构如图 7-59 所示，它由一个串联于电源和负载之间的串联变流器和一个与负载并联的并联变流器组成，两者共用直流环节。靠近电源侧的串联变流器可以等效为一个受控电压源，补偿来自电网侧的电压谐波和抑制电压波动，从而提高供电电压质量；并联变流器则靠近负载侧，可以等效为一个受控电流源，向电

259

网注入与负载谐波和无功电流大小相等而方向相反的电流，抑制各种非线性、冲击性负载引起的谐波与无功电流。UPQC直流侧电容电压通过并联变流器从电源侧吸收或释放有功功率来维持恒定。

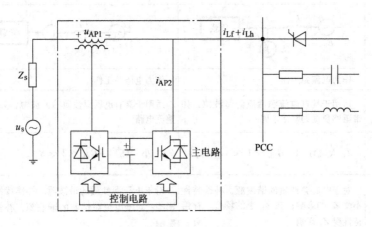

图 7-59　UPQC 系统结构

图 7-60 给出了整个 UPQC 系统的单相等效电路。图中，$\dot{U}_{AF}$ 和 $\dot{I}_{AF}$ 分别为 UP-QC 输出的补偿电压和补偿电流。

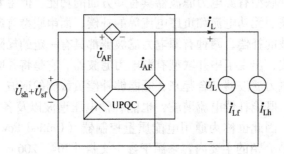

图 7-60　UPQC 系统的等效电路

当电源电压含有谐波 $\dot{U}_{sh}$ 或幅值不能满足负载的需要时，UPQC 的串联变流器对其进行补偿，使得负载侧电压 $\dot{U}_L$ 稳定且不含谐波分量，即

$$\dot{U}_{AF} = \dot{U}_{sh} + (\dot{U}_{sf} - \dot{U}_L) \tag{7-59}$$

当因负载的影响使电源电流含有谐波时，UPQC 的并联变流器部分对其进行补偿，使电源电流不含谐波，即

$$\dot{I}_{AF} = \dot{I}_{Lh} \qquad (7\text{-}60)$$

因此，UPQC 应满足的基本要求是：从电源电压中检测出谐波和与负载所需电压的偏差，控制串联变流器产生与之对应的电压；从负载电流中检测出谐波电流 $\dot{I}_{Lh}$，控制并联变流器产生与 $\dot{I}_{Lh}$ 大小相等、方向相反的谐波电流。

7.5.2 UPQC 的补偿电压和电流指令生成方法

根据上述基本要求，并参照前述有源电力滤波器中谐波电流等的检测方法，可得出一种 UPQC 的指令生成方法，如图 7-61 所示。

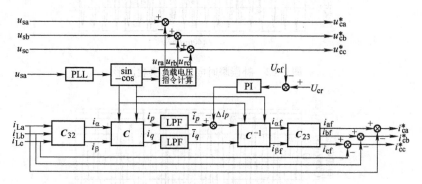

图 7-61 通用电能质量控制器指令信号的统一生成方法

图 7-61 中，上半部分为串联变流器补偿电压指令的计算，根据电源侧电压 u_{sa} 的相位和负载侧电压幅值的要求，经负载电压指令计算环节得出负载期望的电压 u_{ra}、u_{rb}、u_{rc}，与实际电源供给的电压相减即得出 UPQC 应当输出的补偿电压的指令。该指令同时反映了需要补偿的谐波和电压幅值差。图中下半部分为并联变流器补偿电流指令的形成。该部分还包括了对直流侧电压的闭环控制。

7.5.3 UPQC 的补偿结果

以下介绍 UPQC 对各种电源侧和负载侧谐波等电能质量问题进行补偿的一些实验结果，以说明 UPQC 的功能。

7.5.3.1 对来自电网侧电能质量问题的补偿

图 7-62 和图 7-63 所示分别为补偿电源电压瞬时跌落和突升的实验波形。补偿电源电压瞬时跌落的实验中，电源相电压设定值为 130V（有效值），其中有 200ms 的跌落（10 个工频周期），跌落幅度为 25V，经过串联变流器的补偿后，跌落的电压被完全补偿了，负载侧电压一直保持稳定。补偿电源电压突升实验中，电源电压设定值为 130V（有效值），其中有 200ms 的电压升高，升高幅度为 25V，经过串联变流器的补偿后，负载侧电压一直保持稳定。

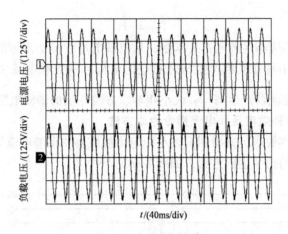

图 7-62　补偿瞬时电压跌落实验波形

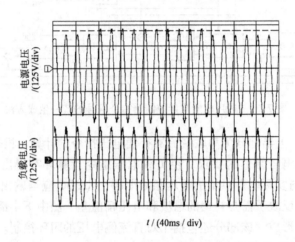

图 7-63　补偿电压突升实验波形

从实验结果可以看出，串联变流器具有良好的动态补偿性能，能够有效地抑制电网电压波动对负载的影响。

图 7-64 所示为补偿谐波电压的实验结果。实验中，在利用可编程交流电源在电源电压中人为地加入谐波，负载为电阻性负载。电源电压中 5 次谐波含有率为 9.80%，7 次谐波为 8.58%，*THD* 为 13.02%。经过 UPQC 补偿，负载电压中 5 次谐波含有率降为 1.91%，7 次谐波降为 1.83%，*THD* 降为 2.67%。

以上实验结果表明，UPQC 能较好地解决电网电压的谐波问题，并能对电网电压的波动加以抑制，从而使负载得到优质可靠的供电。

7.5.3.2　对来自负载侧电能质量问题的补偿

来自负载侧的电能质量问题一般包括电流谐波与无功电流等，这里主要介绍对

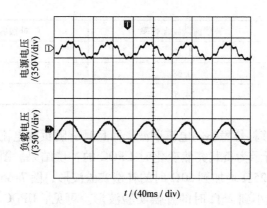

图 7-64　补偿电源谐波电压实验结果

电流谐波的补偿，包括稳态和暂态情况下的补偿。

图 7-65 所示为补偿负载电流谐波的实验结果。实验中，电源电压为标准正弦电压，负载为三相二极管整流桥带电阻性负载。补偿前和补偿后电源电流中主要谐波含有率及 *THD* 见表 7-12。实验结果表明，UPQC 对电流谐波起到了很好的抑制作用。

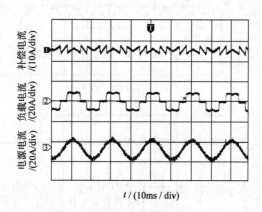

图 7-65　补偿负载谐波电流实验结果

表 7-12　补偿前和补偿后电源电流中主要谐波含有率及 *THD*（%）

谐波次数	补偿前谐波含有率	补偿后谐波含有率
5	22.33	0.59
7	9.16	0.36
11	4.35	0.13
13	2.12	0.17

谐波次数	补偿前谐波含有率	补偿后谐波含有率
17	1.19	0.13
19	0.68	0.05
THD	24.67	1.11

　　UPQC 不仅能够补偿稳态的电流谐波，而且具有随负载电流的变化而跟踪补偿的能力。图 7-66 所示为负载突然变化时 UPQC 的补偿结果。图 7-66a 所示为突减负载，负载电阻由 25Ω 增加到 50Ω 时的补偿实验波形，图 7-66b 所示为突加负载，负载电阻由 50Ω 减小到 25Ω 时的补偿实验波形。可见，UPQC 能够跟随负载电流进行补偿，具有较好的动态补偿性能。

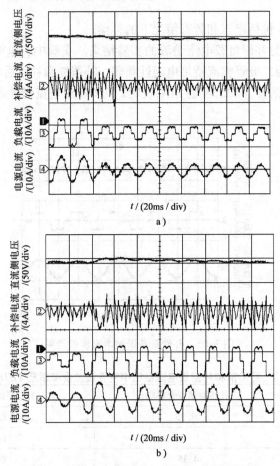

图 7-66　负载突变时对谐波电流的补偿实验结果

a）突减负载时的实验波形　b）突加负载时的实验波形

7.5.3.3　同时对多种电能质量问题的统一补偿

UPQC 的一个显著特点是，不仅能完成单一的补偿功能，而且可以同时解决来自电网侧与来自负载侧的电能质量问题。

1. 同时补偿电源电压谐波和负载电流谐波

图 7-67 所示为同时补偿谐波电压和谐波电流的实验波形。实验中，电源电压含有谐波，其 *THD* 为 13.02%，负载为三相桥式整流电路带电阻性负载，负载电流的 *THD* 为 24.54%。经 UPQC 补偿后，电源电压的 *THD* 降至 3.09%，而负载电流的 *THD* 降至 1.99%。UPQC 的补偿效果十分显著。

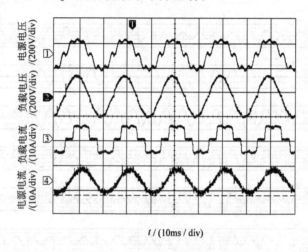

图 7-67　同时补偿电网谐波电压与负载谐波
电流实验结果

2. 同时补偿电源电压波动和负载电流谐波

图 7-68 所示为当电网侧电压发生波动，并且负载电流含有谐波分量时的仿真结果。当 $t = 0.08\mathrm{s}$ 时，电源电压发生跌落，$t = 0.16\mathrm{s}$ 时跌落结束，$t = 0.24\mathrm{s}$ 时电源电压升高，$t = 0.32\mathrm{s}$ 时电源电压恢复正常。电源电压设定值为峰值 311V，其跌落和升高的幅度都为峰值 150V。

当电源电压发生跌落时，UPQC 为补偿跌落部分的电压会造成直流侧电压的下降，为了保证直流侧电压的稳定，UPQC 会通过在补偿电流中加入基波有功分量而给直流侧电容充电，从而提供为补偿电压跌落需要输出的有功功率。同理当电源电压发生突升时，UPQC 为补偿升高部分的电压会造成直流侧电压的升高，为了保证直流侧电压的稳定，UPQC 会在补偿电流中加入基波分量给直流侧电容放电，控制直流侧电压稳定。其补偿过程中有功功率的流动可以从图中并联变流器输出的补偿电流 i_{ca} 的变化过程看出。

至此，在介绍有源电力滤波器基本原理、系统构成等的基础上，本章对几种典型的有源电力滤波器，包括单独使用的并联型、串联型有源电力滤波器等，进行了较为详细的介绍。

有源电力滤波器是 20 世纪 80 年代以来电力电子技术应用于供用电系统进行谐波抑制和无功补偿的一个研究热点，目前在国外已进入实用阶段。随着国内对谐波问题重视程度的提高，也逐渐在我国得到应用。作者利用国家自然科学基金重点项目等的资助，在有源电力滤波器的基础研究和产品化方面取得了较为丰富的成果，并已在通信系统、冶炼、石油钻机电源系统等多个领域积累了现场应用的成功经验。

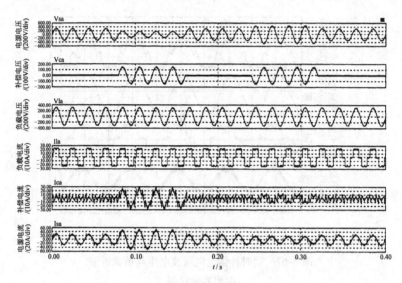

图 7-68　同时补偿电源电压波动与负载谐波电流仿真波形

第8章 混合型电力滤波器

无源电力滤波器被广泛用于滤除谐波源负载的谐波电流。它的优势在于低成本和高效率。然而，线路变化、支路增加、负载增加等引起的电力系统阻抗值的变化和无源电力滤波器件的偏差，都会影响到它的补偿效果。更为严重的是无源电力滤波器与电网阻抗还可能发生谐振。

有源电力滤波器（APF）已经在电力系统中备受关注。无论是串联拓扑结构还是并联拓扑结构，都已有过相当多的研究。可是如果单独使用 APF，则要求其装置具有较大的容量。因此，单独使用的 APF 可以在小容量非线性负载的场合提供有效的解决方案，但是在大容量场合就不是那么可行了。

混合型电力滤波器，可以很好地解决上述问题。谐波和无功功率可以主要由无源滤波器（Passive Filter，PF）补偿，而 APF 的作用是改善无源滤波器的滤波特性，克服无源滤波器易受电网阻抗的影响、易与电网阻抗发生谐振等缺点。因而 APF 能以相对较小的容量应用于大容量场合，提高了系统的性价比。

本章主要研究混合型电力滤波器的拓扑结构、工作原理、控制方式以及实际应用等相关问题。

8.1 混合型电力滤波器的系统构成

混合型电力滤波器按照 APF 与无源滤波器混合使用的方式不同，又可以分为两大类：一类是并联混合型电力滤波器；另一类是串联混合型电力滤波器。

8.1.1 并联混合型电力滤波器的系统构成

并联混合型电力滤波器又可分为两类：直流并联混合型电力滤波器和交流并联混合型电力滤波器。

8.1.1.1 直流并联混合型电力滤波器

对用于交流配电系统的 APF 已进行了多年的深入研究，但将 APF 用于直流系统（主要是高压直流输电）却起步很晚。直到 1988 年，C. Wong 和 N. Mohan 等才首次提出将 APF 用于高压直流输电系统的想法[211]（从整个滤波系统结构看，实际上它就是混合型电力滤波器，无源滤波器采用的是双调谐结构）。随着大容量、低损耗 PWM 变流器技术的日益成熟、DSP（数字信号处理器）技术的发展以及高压直流输电工程本身对降低谐波的要求日益紧迫，到 20 世纪 90 年代初，将直流并联混合型电力滤波器用于高压直流输电取得实质性进展。

第一台直流并联混合型电力滤波器样机于 1991 年 12 月在瑞典 – 丹麦的 250kV

直流输电 Konti-Skan2 工程中投入工业试运行，取得了满意的结果，其消除谐波的性能优越、造价低[212]。

直流并联混合型电力滤波器原理接线如图 8-1 所示。它是在原无源滤波器的底部增加一个有源部分，通过对直流线路的谐波电流采样，并根据该信号向直流线路注入一个相位相反的谐波量，使得线路上的谐波量得到极大的衰减。有源部分主要由光导谐波电流测量单元、采用数字信号处理器（DSP）的控制系统、脉宽调制（PWM）放大器、动态保护单元、高频耦合变压器和避雷器等组成。无源部分主要由双调谐 12/24 次无源滤波器组成。

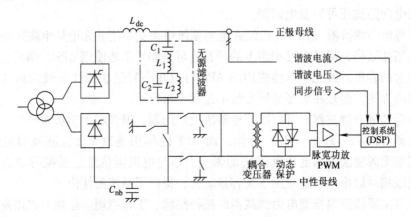

图 8-1　直流并联混合型电力滤波器的原理接线图

8.1.1.2　交流并联混合型电力滤波器

交流并联混合型电力滤波器又可分为并联型 APF 与 PF 并联的混合型、APF 与 PF 串联后与电网并联混合型、注入回路方式等三大类。

1. 并联型 APF 与 PF 并联的混合型电力滤波器[213,214]

图 8-2 所示是并联型 APF 与 LC 滤波器并联方式[26]的一种。APF 与 LC 滤波器均与谐波源并联接入电网，两者共同承担补偿谐波的任务，LC 滤波器主要补偿较高次的谐波，是一个高通滤波器。这里，高通滤波器一方面用于消除补偿电流中因主电路中器件通断引起的谐波，另一方面它可滤除补偿对象中次数较高的谐波，从而使得对 APF 主电路中器件的开关频率要求可以有所降低。这种方式中，由于 LC 滤波器只分担了少部分补偿谐波的任务，故对 APF 的容量起不到很明显的作用。但因对 APF 主电路中器件的开关频率要求不高，故实现大容量相对容易。

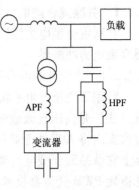

图 8-2　并联型有源电力滤波器与 LC 滤波器并联方式之一

1987年M. Takeda等人提出另一种并联型APF和PF并联相结合的混合型电力滤波器方案，如图8-3所示。在这种电路中，无源滤波器包括多组单调谐滤波器及高通滤波器，对于三相桥式整流电路这样的谐波源，无源滤波器典型的组成包括5次、7次及高通滤波器，有时还包括11次甚至13次滤波器。这样，绝大多数由谐波源产生的谐波已由无源滤波器滤除，APF可说是起拾遗补缺的作用，它只需

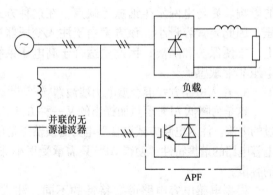

图8-3　并联型APF与PF并联的混合型电力滤波器框图

补偿LC滤波器未能补偿的谐波。这种混合型电力滤波器系统性能好于只使用无源滤波器，而APF只需提供很小的补偿电流，因而容量不需很大。与单独使用的并联型APF相比，两者有不少相似之处。但这种装置在使用时，电网与APF和APF与PF之间存在谐波通道，特别是APF与PF之间的谐波通道，可能使APF注入的谐波又流入PF及系统中。

　　2. APF与PF串联后与电网并联混合型电力滤波器[215－218]

　　1990年，H. Fujit等人提出将APF与PF相串联后与电网并联的混合型电力滤波器方案[215]，其示意图如图8-4所示。其中APF为电流控制电压源，产生与线路中谐波电流分量成比例的电压。在该方式中，谐波和无功功率主要由LC滤波器补偿，而APF的作用是改善无源滤波器的滤波特性，克服无源滤波器易受电网阻抗

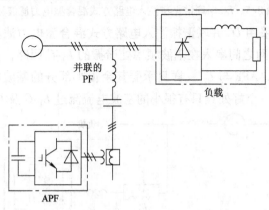

图8-4　APF与PF串联后与电网并联的混合型电力滤波器框图

的影响、易与电网发生谐振等缺点。在这种方式中，APF 不承受交流电源的基波电压，因此装置容量小。该方案由于注入变压器连接在丫联结的无源滤波器的中性点上，方便保护和隔离，因此更适合于高电压系统应用，但是该电路对电网中的谐波电压非常敏感[216]。

3. 注入电路方式混合型电力滤波器[26,189,190]

这是为降低 APF 容量而提出的又一种方式，APF 的容量取决于其承受的电压和流过的电流。注入电路方式混合型电力滤波器正是用电感和电容构成注入电路，利用电感电容电路的谐振特性，使得 APF 只需承受很小部分的基波电压，从而极大地减小 APF 的容量。

根据电感电容电路谐振特性的不同，注入电路方式混合型电力滤波器又分为 LC 串联谐振注入电路方式混合型电力滤波器和 LC 并联谐振注入电路方式混合型电力滤波器两种。图 8-5 所示为 LC 串联谐振注入电路方式的混合型电力滤波器系统构成原理图，其中 C_2-L 在电源电压的基波频率处发生串联谐振，基波电压绝大部分降落在电容 C_1 上。这样，APF 只需承受其余的很小部分基波电压。电容 C_1 还可起到无功补偿的作用。

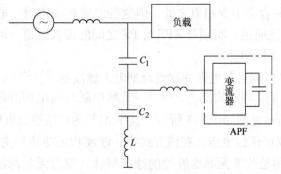

图 8-5 LC 串联谐振型注入电路方式混合型电力滤波器

图 8-6 所示是采用 LC 并联谐振注入电路方式混合型电力滤波器的系统构成原理图。在 APF 和电网之间串入在基波频率处谐振的 L_1-C 回路，基波电压绝大部分加在该谐振电路上，APF 与 L_2 一样只承受其余很小部分的基波电压。该方式混合型电力滤波器还有一个好处是只有很小的基波电流流过 L_1-C 及 L_2。

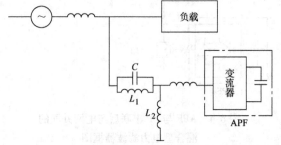

图 8-6 LC 并联谐振型注入电路方式混合型电力滤波器

在注入电路方式混合型电力滤波器中，为保证补偿电流流入电网与负载的连接处，需合理配置注入电路中几个电感、电容的参数。此外，APF 不能补偿基波无功功率。

8.1.2 串联混合型电力滤波器的系统构成[219-224]

1988 年 F. Z. Peng 等人首先提出串联 APF 加并联 PF 的串联混合型电力滤波器结构[27]，如图 8-7 所示。

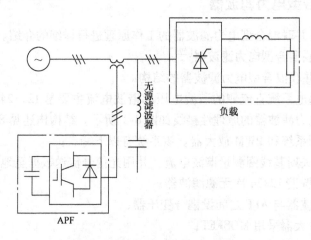

图 8-7　串联混合型电力滤波器

图 8-7 所示是这种方式串联混合型电力滤波器的原理图。这种方式是在并联的负载和 LC 滤波器与电源之间串入 APF。其特点与图 8-4 所示的方式混合型电力滤波器类似，谐波基本由 LC 滤波器补偿，而 APF 的作用是改善 LC 滤波器的滤波特性。可将 APF 看作一个可变阻抗，它对基波的阻抗为 0，对谐波却呈现高阻抗，阻止谐波电流流入电网，并且迫使谐波电流流入 LC 滤波器。换言之，APF 起到了谐波隔离器的作用。这样还可抑制电网阻抗对 LC 滤波器的影响，以及抑制电网与 LC 滤波器之间可能发生的谐振，从而极大地改善 LC 滤波器的性能。

系统中 APF 为一个电流控制电压源，由 PWM 控制产生与线路中谐波电流成正比的谐波电压。因此对谐波电流，串联 APF 可以等效为一个电阻，其阻值即为放大倍数，当 $R = K$（Ω）远远大于电网阻抗和无源滤波器等效阻抗时，串联 APF 强制将负载的谐波电流流入无源滤波器中，同时也阻止了电源的谐波电压串入负载侧，无源滤波器是负载谐波电流的唯一通道。对谐振频率处的谐波，无源滤波器呈极低阻抗。

这种结构的缺点是：

1）在低次谐波及其他频率（非无源滤波器调谐频率）处，要使 $R = K$（Ω）远远大于无源滤波器等效阻抗是很困难的，因此对电网中的闪变分量，用该方法不能实现隔绝；

2）由于 APF 串联在电路中，绝缘较困难，维修也不方便；

3）在正常工作时，耦合变压器流过所有负载电流。

当负载电流中存在无源滤波器不能滤除的谐波时，由于 APF 强制这部分谐波流入 PF，这将在负载输入端产生谐波电压。

8.2　并联混合型电力滤波器

本节对三类并联混合型电力滤波器的工作原理进行详细的介绍。

8.2.1　直流并联混合型电力滤波器[225]

8.2.1.1　直流并联混合型电力滤波器的结构

高压直流输电系统直流侧的谐波电压和谐波电流主要是 12、24、36 次等。直流并联混合型电力滤波器的原理性接线如图 8-1 所示。结构描述见 8.1.1.1 节。其关键部分是控制系统和 PWM 放大器。该系统有以下特点：

1）由罗柯夫斯基线圈测量谐波电流，并用光信号传送数据至地电位；

2）采用双调谐 12/24 次无源滤波器；

3）无源滤波器与 APF 之间设耦合变压器；

4）PWM 放大器采用 MOSFET；

5）采用快速 DSP 控制回路。

从 1991 年开始，ABB 公司已在 Konti-Skan 2 直流输电工程中试用直流并联混合型电力滤波器，并通过不断的改进，主要是 PWM 放大器和控制系统的改进，1993 年和 1994 年分别应用于丹麦—挪威的斯卡格拉克（Skagerrak）3 直流输电工程和德国—瑞典波罗的海（Baltic）直流输电工程，并已于 1999 年在（印度）Chandrapur-Padghe 直流输电工程中进行安装[84]。

与此同时，世界主要高压直流输电设备制造商之一——Siemens 公司也开发了直流并联混合型电力滤波器。其直流并联混合型电力滤波器组装在一个标准的金属箱内，提供的套管方便用于通过无源滤波器与电网连接，不需要特殊的基础。

8.2.1.2　直流并联混合型电力滤波器的控制方法

本节介绍检测线路谐波电流的直流并联混合型电力滤波器控制方法。该方法通过检测线路谐波电流来控制 APF 的输出，从而形成一种闭环控制，达到抑制线路谐波电流的目的。该控制方法简单，且容易实现。

采用直流并联混合型电力滤波器来抑制高压直流输电系统直流侧谐波的实用性原理框图如图 8-8 所示。图中，T 为耦合变压器，Q_1、Q_2 为使直流并联混合电力滤波器投入或退出运行而设置的开关。在这里 APF 主要起两个作用：一是使由 C_1、L_1、C_2、L_2 组成的双调谐滤波器在谐振点的阻抗进一步减小，改善其滤波效果；二是对无源滤波器不能滤除的其他一些谐波进行有源滤波。

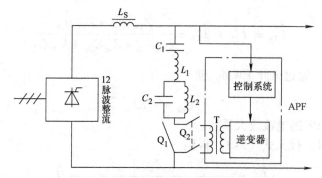

图 8-8　直流并联混合型电力滤波器系统框图

对于某次谐波，高压直流输电系统直流侧的等效电路如图8-9所示。图中，$\dot{U}_{sh}$ 为变流器中的谐波电压源（如 12 次或 24 次等）；Z_{sh} 为谐波电压源的内阻抗，包括平波电抗器的感抗及变流变压器的内阻抗（漏抗）；Z_{Lh} 为直流传输线及负载的阻抗，这里以集中参数表示；Z_{Dh} 为无源滤波器的

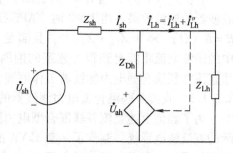

图 8-9　直流侧等效电路

阻抗，包括耦合变压器的漏抗；$\dot{U}_{ah}$ 为APF 注入系统的受控谐波电压源，该谐波电压源与传输线上的谐波电流有关（用检测线路谐波电流来控制 APF 的输出），为一受控电压源；$\dot{I}_{Lh}$ 为输电线路上的谐波电流，这里是需要被抑制的量。假定以上各阻抗参数为线性参数，则满足叠加原理。

当 $\dot{U}_{sh}$ 起作用、$\dot{U}_{ah}=0$ 时，传输线上的谐波电流为

$$\dot{I}'_{Lh}=\frac{\dot{U}_{sh}}{\dfrac{Z_{Dh}Z_{Lh}}{Z_{Dh}+Z_{Lh}}+Z_{sh}}\frac{Z_{Dh}}{Z_{Dh}+Z_{Lh}}=\frac{Z_{Dh}}{Z_{Dh}Z_{Lh}+Z_{sh}Z_{Dh}+Z_{sh}Z_{Lh}}\dot{U}_{sh} \qquad (8\text{-}1)$$

当 $\dot{U}_{ah}$ 起作用、$\dot{U}_{sh}=0$ 时，传输线上的谐波电流为

$$\dot{I}''_{Lh}=\frac{\dot{U}_{ah}}{\dfrac{Z_{sh}Z_{Lh}}{Z_{sh}+Z_{Lh}}+Z_{Dh}}\frac{Z_{sh}}{Z_{sh}+Z_{Lh}}=\frac{Z_{sh}}{Z_{Dh}Z_{Lh}+Z_{sh}Z_{Dh}+Z_{sh}Z_{Lh}}\dot{U}_{ah} \qquad (8\text{-}2)$$

由叠加原理，输电线路上的总谐波电流为

$$\dot{I}_{Lh} = \dot{I}'_{Lh} + \dot{I}''_{Lh} = \frac{Z_{Dh}\dot{U}_{sh} + Z_{sh}\dot{U}_{ah}}{Z_{Dh}Z_{Lh} + Z_{sh}Z_{Dh} + Z_{sh}Z_{Lh}} \tag{8-3}$$

检测 $\dot{I}_{Lh}$，通过 APF PWM，使

$$\dot{U}_{ah} = -K\dot{I}_{Lh} \tag{8-4}$$

式中 K——APF 的电流放大系数。

将式（8-4）代入式（8-3）得到

$$\dot{I}_{Lh} = \frac{Z_{Dh}}{Z_{Dh}Z_{Lh} + Z_{sh}(Z_{Lh} + Z_{Dh} + K)}\dot{U}_{sh} \tag{8-5}$$

分析式（8-5），当 $K=0$ 时，APF 不起作用，线路上的谐波电流仅取决于无源滤波器的滤波效果。当 $K>0$ 时，APF 投入工作，谐波电流得到进一步的抑制；当 $R=K(\Omega) \gg |Z_{Lh}+Z_{Dh}|$，且满足 $|KZ_{sh}| \gg |Z_{Dh}Z_{Lh}|$，则流入直流系统中的谐波电流将能得到很大程度的削弱。这就是检测线路谐波电流的 HVDC 输电用直流并联混合型电力滤波器工作原理。

8.2.1.3 直流并联混合型电力滤波器的实验研究

为了验证上述直流并联混合型电力滤波器原理的正确性及其滤波效果，依照实际的直流输电系统，制作了一套 5kVA 的高压直流输电模拟装置，其主电路的原理框图如图 8-8 所示。该装置主要由 12 脉波可控整流装置、双调谐 PF、APF 组成。该装置的主要参数为：整流器线电压 50Hz，100V；$L_s = 25.5\text{mH}$；$R_L = 12\Omega$；双调谐无源滤波器 $C_1 = 10.13\mu\text{F}$，$L_1 = 3.0\text{mH}$，$C_2 = 21.45\mu\text{F}$，$L_2 = 1.6\text{mH}$，其阻抗频率特性如图 8-10 所示。

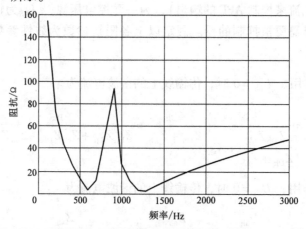

图 8-10 双调谐无源滤波器的阻抗特性

1. 实验采用的控制方法

APF 的主电路采用 IGBT 单相桥式逆变电路，PWM 采用定时瞬时比较方式，最

高开关频率设计为 20kHz。从直流负载侧检测的电流经过一个二阶低通滤波器（LPF）将谐波电流从直流电流中分离出来，该谐波电流信号作为产生 PWM 信号的给定信号，与 APF 器 PWM 变流器的输出电压信号 u_f（即反馈信号）相比较，得出一个偏差信号。该偏差信号经过 PWM 控制器得到主电路开关器件通断的 PWM 信号，经逆变器放大产生相应的谐波电流信号去抵消直流回路中的谐波电流，达到抑制直流回路谐波的目的。该控制方法属于检测负载线路谐波电流的控制方法，控制系统的框图如图 8-11 所示。APF 的逆变直流电源由单相桥式二极管整流电路获得。

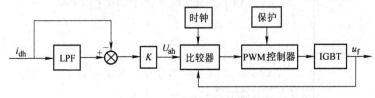

图 8-11　控制系统框图

2. 实验结果及分析

当整流器的直流回路输出电流为 7A，未投入混合型电力滤波器，仅投入无源滤波器、混合型电力滤波器（$K=8$，$K=24$）时直流回路电流波形及其频谱的记录如图 8-12 ~ 图 8-15 及表 8-1 所示。实验波形是采用美国 Tektronix 公司的 TD340 数字式示波器记录的。

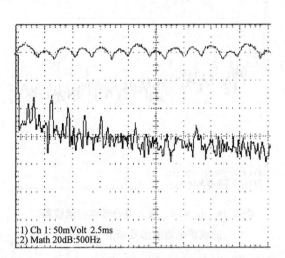

图 8-12　$I_d = 7A$，未加滤波器时的线路电流波形及频谱

注：图中上面一条为线路电流波形，下面一条为频谱（下同）

对比图 8-14 与图 8-15，可以看出放大系数 K 越大，APF 的滤波效果越好。进一步实验还可以发现，放大系数超过一定程度时，滤波效果反而变差，还可能导致控制系统振荡、不稳定。因此，选择合适的放大系数显得非常重要。

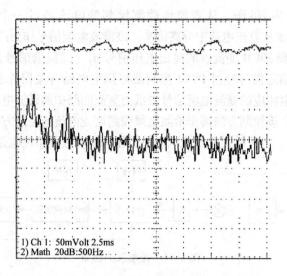

1) Ch 1: 50mVolt 2.5ms
2) Math 20dB:500Hz

图 8-13　$I_d = 7A$，仅投入无源滤波器时的线路
电流波形及频谱

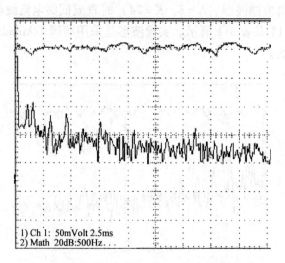

1) Ch 1: 50mVolt 2.5ms
2) Math 20dB:500Hz

图 8-14　$I_d = 7A$，投入混合型电力滤波器时
的线路电流波形及频谱（$K = 8$）

从表 8-1 中可以看出，在 600Hz 和 1200Hz 处无源滤波器的滤波效果最好，能滤去 54% 和 48% 的谐波电流，这恰好是双调谐无源滤波器的两个调谐点。在 600Hz 处，APF 的滤波能力最好，能进一步滤去 71% 的谐波电流。

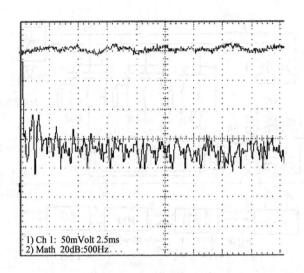

1) Ch 1:   50mVolt 2.5ms
2) Math 20dB:500Hz

图 8-15　$I_d = 7A$，投入混合型电力滤波器时的线路电流波形及频谱（$K = 24$）

表 8-1　直流并联混合型电力滤波器滤波效果的频谱分析值

（$I_d = 7A$，$K = 24$）

频率/Hz	100	300	600	1200	1600	1800	2400	3200
未加滤波器/mA	12.7	7.0	31.2	7.3	3.6	3.2	4.5	4.2
加无源滤波器/mA	12.7	7.8	14.2	3.7	4.2	2.9	4.2	4.4
加 APF/mA	16.7	3.8	4.1	2.4	2.7	2.3	2.8	2.8

以上理论和实验研究表明，直流并联混合型电力滤波器对高压直流输电直流侧谐波电流进行进一步抑制是可行的，能进一步提高高压直流输电系统直流侧的滤波性能。该方案不但可以降低对 APF 电压、电流、容量的要求，而且效果非常好。

8.2.2　APF 与 PF 串联后与电网并联的交流混合型电力滤波器

APF 与 LC 滤波器串联使用的混合型有源电力滤波器结构和工作原理都较为特殊，下面详细介绍这种混合型电力滤波器系统。

8.2.2.1　系统结构

图 8-16 所示为系统构成的原理图，点划线下方画出了控制电路框图。谐波源为三相桥式整流器，设置的 LC 滤波器包括 5 次、7 次及高通三个部分，其参数见表 8-2。

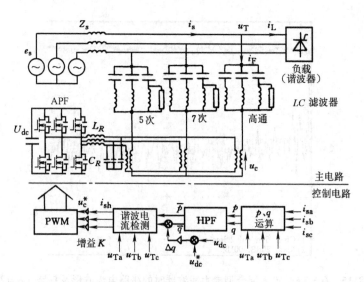

图 8-16 并联型 APF 与 LC 滤波器串联的混合型电力滤波器系统

表 8-2 LC 滤波器参数

5 次	$L = 1.2\text{mH}$	$C = 340\text{F}$	$Q = 14$
7 次	$L = 1.2\text{mH}$	$C = 170\text{F}$	$Q = 14$
高通	$L = 0.26\text{mH}$	$C = 300\text{F}$	$R = 3\Omega$

APF 的主电路是一个 0.5kVA 的电压型 PWM 变流器,其直流侧电容值为 1200F,由于容量小,故功率器件选用了电力 MOSFET。小容量 LC 滤波器($L_R = 10.0\text{mH}$,$C_R = 0.1\text{F}$)用于滤除 APF 的开关毛刺。三个电流互感器的电流比为 1:10,是为了有源部分的电压电流等级与无源部分相匹配。

8.2.2.2 控制电路

控制电路包括指令电流运算电路及 PWM 两部分。指令电流运算电路的核心仍然是检测谐波电流。APF 输出补偿电压的指令信号为

$$u_c^* = Ki_{sh} \tag{8-6}$$

即电源电流的谐波分量乘一个增益 K。

谐波电流的检测可采用 6.1.2 节中介绍的方法,在图 8-16 中画出的是 p、q 运算方式。

PWM 信号的产生是利用一个频率为 20kHz 的三角波作为载波对 u_c^* 进行调制而得到的。

APF 的直流侧电压可自动建立和调节,这一点与单独使用的并联型 APF 是一样的。但与单独使用的并联型 APF 不同的是,此时直流侧电压闭环中的控制量是

Δq 而不是 Δp。因为 LC 滤波器对基波呈容性，其电流 i_F 超前于供电点的电压 u_T，APF 只有输出一个与 i_F 同相位的基波电压，才能由此超前的电流电压产生有功功率对直流侧电容电压进行控制。因此通过计算 q 的通道构成控制直流电容电压的闭环。

8.2.2.3 补偿原理及补偿特性

图 8-17 所示为混合型电力滤波器系统的单相等效电路。这里假设 APF 是一个理想的受控电压源 u_c，谐波源被看作一个电流源 i_L。图中，Z_s 为电源阻抗；Z_F 为 LC 滤波器的总阻抗。

不接 APF 时，即 $K=0$，负载谐波电流 I_{Lh} 由 LC 滤波器补偿，其补偿特性取决于 Z_s 和 Z_F。由图 8-17a 有

$$I_{sh} = \frac{Z_F}{Z_s + Z_F} I_{Lh} \tag{8-7}$$

如果电源阻抗很小（$|Z_s| \approx 0$），或无源滤波器没有调谐到负载所产生的谐波频率（$|Z_F| \gg |Z_s|$），就达不到所要求的滤波特性。尤其是当 Z_s 与 Z_F 在特定频率处发生并联谐振（$|Z_F + Z_s| \approx 0$）时，将出现谐波放大现象，流入电源的谐波电流比负载中的谐波电流还要大。

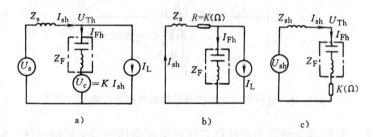

图 8-17　混合型电力滤波器系统的单相等效电路

a) 单相等效电路　b) 对 I_{sh} 的等效电路　c) 对 U_{sh} 的等效电路

接入 APF，并控制为一个电压源，即

$$u_c^* = K i_{sh} \tag{8-8}$$

此时，APF 将迫使负载中的谐波电流流入 LC 滤波器，使得电源电流中不含谐波。可见，APF 的功能是解决 LC 滤波器所固有的问题。由上式还看出，APF 不承受基波电压，这使得 APF 的容量大大减小。

只考虑对 I_{Lh} 的补偿特性时，假设电源电压 e_s 为正弦。电源电流的谐波分量 I_{sh}、连接点处谐波电压 U_{Th}、APF 的输出电压 U_c 由以下三式给出：

$$I_{sh} = \frac{Z_F}{Z_s + Z_F + K} I_{Lh} \tag{8-9}$$

$$U_{\mathrm{Th}} = U_{\mathrm{sh}} - Z_s I_{\mathrm{sh}} = -\frac{Z_F Z_s}{Z_s + Z_F + K} I_{\mathrm{Lh}} \tag{8-10}$$

$$U_c = K I_{\mathrm{sh}} = \frac{K Z_F}{Z_s + Z_F + K} I_{\mathrm{Lh}} \tag{8-11}$$

式 (8-9) 说明，对于 I_{sh} 而言，图 8-17a 和图 8-17b 所示是等效的，因而将单相等效电路化作图 8-17b 所示的形式，由图看出，这相当于给 Z_s 串接了一个纯电阻 $R = K(\Omega)$。如果 $R \gg | Z_F |$，则由负载产生的谐波电流将流入 LC 滤波器。如果 $R \gg | Z_s |$，则滤波特性由 K 决定。此外，K 还起到阻尼 Z_s 和 Z_F 并联谐振的作用。

图 8-18 给出了混合型电力滤波器系统的滤波特性。纵坐标为电源谐波电流与负载谐波电流的比值。当仅使用 LC 无源滤波器（$K = 0$）时，在 4 次谐波频率附近发生了并联谐振。投入有源电力滤波器 $[R = K(\Omega) = 2\Omega]$ 后，滤波特性得到了全面改善，且抑制住了并联谐振。

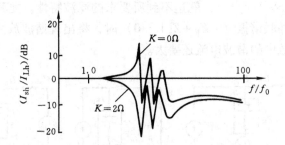

图 8-18　混合型电力滤波器系统对负载电流的滤波特性

接下来，分析混合型电力滤波器系统对电源电压谐波的滤波特性。假设不接负载（即 $I_{\mathrm{Lh}} = 0$），此时 APF 相当于纯电阻，如图 8-17c 所示。由该等效电路得出

$$I_{\mathrm{sh}} = \frac{E_{\mathrm{sh}}}{Z_s + Z_F + K} \tag{8-12}$$

$$U_{\mathrm{Th}} = \frac{K + Z_F}{Z_s + Z_F + K} E_{\mathrm{sh}} \tag{8-13}$$

$$U_c = \frac{K}{Z_s + Z_F + K} E_{\mathrm{sh}} \tag{8-14}$$

如果 $K \gg | Z_s + Z_F |$，则 E_{sh} 将加在 APF 上。这就防止了由 E_{sh} 产生的谐波电流流入 LC 滤波器。但是 E_{sh} 出现在端电压 U_{Th} 中。

图 8-19 所示是混合型电力滤波器系统对由电源电压波形畸变引起的电源谐波电流的滤波特性。不接入 APF 时，在 4 次谐波附近发生串联谐振。如果电源谐波电压为 1%，流入 LC PF 的 4 次谐波电流约为 20%。但是，投入 APF 后（$K = 2$

时），由于串联谐振受到抑制，流入无源滤波器的 4 次谐波电流仅为 1%。

当 K 为无穷大时，混合型电力滤波器系统可达到理想的滤波特性如下所示：

$$I_{sh} = 0 \qquad (8\text{-}15)$$

$$U_{Th} = E_{sh} \qquad (8\text{-}16)$$

$$U_c = Z_F I_{Lh} + E_{sh} \qquad (8\text{-}17)$$

由于来自电源的超前的基波电流和来自负载的谐波电流都流入 APF，因此 APF 所需容量为 $| Z_F I_{Lh} + E_{sh} | | I_{F0} - I_{Lh} |$，其中 I_{F0} 为无源滤波器的基波电流。

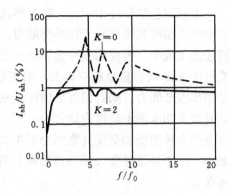

图 8-19　混合型电力滤波器系统对电源电压波形畸变的滤波特性

图 8-20 所示为新型并联混合型电力滤波器系统的补偿结果，由该结果看出，系统获得了良好的补偿性能。

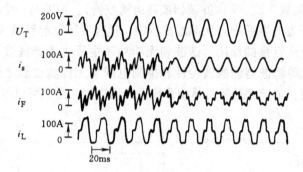

图 8-20　补偿结果

8.2.3　一种新型交流并联混合型电力滤波器[226-229]

如前面所述，交流并联混合型电力滤波器具有一系列优点，APF 的容量约占补偿对象（谐波源负载）容量的 2% ~ 5%，这与单独使用的并联型 APF 相比，APF 的容量已大为减小。然而，在前述的并联混合型电力滤波器中，通常需要一个高带宽的 PWM 变流器作为 APF，这又使得现有的混合型电力滤波器系统只适用于补偿对象在中等容量以下，一般是 500kW ~ 10MW。对容量大于 10MW 的非线性负载，制作相应的高带宽、大容量 APF 是困难的。因此，该型混合电力滤波器不能用于抑制大容量非线性负载所产生的谐波。在实际应用中，只能使用无源滤波器，无源滤波器所固有的问题依然存在。

如何降低并联混合型电力滤波器中有源部分的容量，使之应用于大容量场合，一直是混合型电力滤波器研究的重要内容。

考虑到在实际应用中，大容量非线性负载在要求滤除谐波的同时，往往要求混合型电力滤波系统具有无功补偿能力。由前面的分析可知，在传统并联混合型电力滤波器系统中，大量的基波无功电流流入并联混合型滤波器系统的 APF 中。因而，系统中 APF 的容量也相应较大。而在这种拓扑结构中，如不要求补偿系统具有无功功率调节能力，则有源部分的作用只是改善无源滤波器的性能和抑制振荡。如能使基波无功电流不流过有源部分，则 APF 的容量可减小很多。按照这个思路，本节介绍一种新型的交流并联混合型电力滤波器的拓扑结构，使得 APF 的容量大大减小，小于补偿对象（谐波源负载）容量的 1%，使之应用范围可扩展到大容量应用场合。

8.2.3.1 新型并联混合型电力滤波器的系统构成及工作原理[226－229]

新型并联混合型电力滤波器的拓扑结构如图 8-21 所示。系统仍然包括无源滤波器和 APF 两大部分。其中无源滤波器由多个单调谐支路（也可包括高通滤波器）组成。图 8-21 所示是以单相系统为例，图中设置了 3 次和 5 次两条纯调谐支路（如需要，还可配置 7 次、9 次滤波器或高通滤波器）。APF 与一个很小的附加电感 L_a 通过耦合变压器并联后串入无源滤波器中。耦合变压器起到隔离、匹配 PWM 变流器的电压与电流容量的作用。谐波和无功功率主要由无源滤波器补偿，而 APF 的作用是改善无源滤波器的滤波特性和抑制电网与无源滤波器之间可能发生的谐振。为分析方便，本节都是针对单相系统进行研究的，结论可以推广到三相系统。

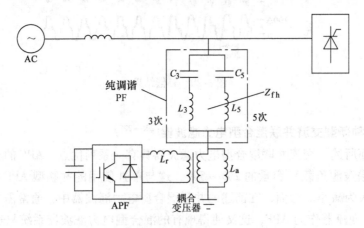

图 8-21　新型并联混合型电力滤波器单线示意

APF 被控制为一个谐波电流源。因此，基波无功电流被强迫流过附加电感 L_a，APF 中只流过谐波电流。由于无源滤波器被配置为纯调谐，APF 不承受谐波电压。又由于 L_a 与无源滤波器相比基波阻抗很小，因此 APF 承受电压很低。所以 APF 的容量可以做得很小。当 APF 过电流或故障时，借助于快速熔断器，APF 可以迅速脱离整个滤波系统，而零偏无源滤波器和附加电感 L_a 组成的滤波系统还可以正常工作，不至于对电网造成大的冲击。这一点在工程应用上是非常重要的。因此，这种新型混合型电力滤波器具有很强的实用性。

在讨论基本工作原理之前，我们先来分析 APF 未投入，即只有无源滤波器工作时的情况。图 8-22 所示就是这种情况下的等效电路。下面分析中，Z_{sh} 表示网侧的谐波等效阻抗；Z_{ah} 表示附加电感 L_a 的谐波等效阻抗；U_{sh} 代表电源电压 U_s 的谐波分量；I_{Lf} 和 I_{Lh} 分别是负载电流 I_L 的基波和谐波分量；I_{sf} 和 I_{sh} 分别为电源电流 I_s 的基波和谐波分量。

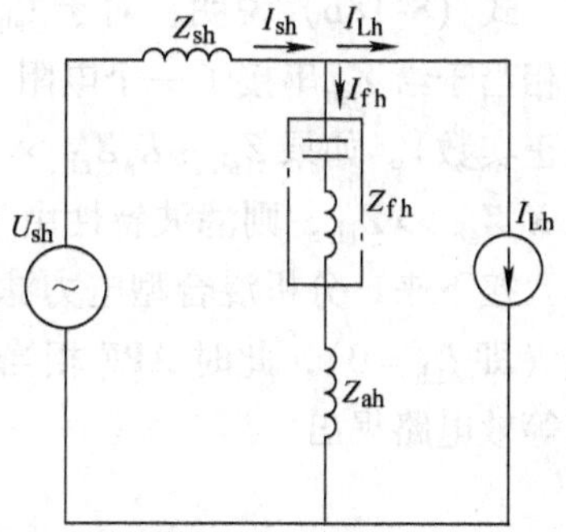

由图 8-22 所示的等效电路，可以得到

$$I_{sh} = \frac{1}{Z_{sh} + (Z_{fh} + Z_{ah})} U_{sh} + \frac{(Z_{fh} + Z_{ah})}{Z_{sh} + (Z_{fh} + Z_{ah})} I_{Lh}$$

$$(8\text{-}18\text{a})$$

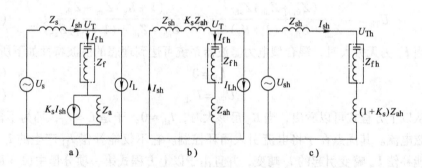

图 8-22　无源滤波器工作
时的等效电路

下面以最基本的检测网侧谐波电流的控制方式来介绍新型混合型电力滤波器的基本工作原理。

图 8-23 给出了采用检测网侧谐波电流控制方式的新型并联混合型电力滤波器等效电路。

图 8-23　检测电网谐波电流控制方式的新型并联混合型电力滤波器等效电路
a）等效电路　b）对 I_{sh} 的等效电路　c）对 U_{sh} 的等效电路

工作时，并联混合型电力滤波器相当于受控电流源，其产生的谐波电流 I_c 如下式所示：

$$I_c = K_s \cdot I_{sh}$$

只考虑对 I_{Lh} 的补偿特性时，假设电源电压 U_s 为正弦波。电源电流的谐波分量 I_{sh}、连接点处谐波电压 U_{Th} 由以下两式给出：

$$I_{\mathrm{sh}} = \frac{Z_{\mathrm{fh}} + Z_{\mathrm{ah}}}{Z_{\mathrm{sh}} + Z_{\mathrm{fh}} + (1 + K_{\mathrm{s}})Z_{\mathrm{ah}}} I_{\mathrm{Lh}} = \frac{(Z_{\mathrm{fh}} + Z_{\mathrm{ah}})}{(Z_{\mathrm{sh}} + K_{\mathrm{s}}Z_{\mathrm{ah}}) + (Z_{\mathrm{fh}} + Z_{\mathrm{ah}})} I_{\mathrm{Lh}} \tag{8-18b}$$

$$U_{\mathrm{Th}} = U_{\mathrm{sh}} - Z_{\mathrm{sh}}I_{\mathrm{sh}} = -\frac{(Z_{\mathrm{fh}} + Z_{\mathrm{ah}})Z_{\mathrm{sh}}}{Z_{\mathrm{sh}} + Z_{\mathrm{fh}} + (1 + K_{\mathrm{s}})Z_{\mathrm{ah}}} I_{\mathrm{Lh}} \tag{8-18c}$$

式（8-18b）说明，对于 I_{sh} 而言，图 8-23a 和图 8-23b 是等效的，由图看出，这相当于给 Z_{sh} 串接了一个电阻 $K_{\mathrm{s}}Z_{\mathrm{ah}}$（当 K_{s} 为负虚数）或一个电抗 $K_{\mathrm{s}}Z_{\mathrm{ah}}$（当 K_{s} 为正实数）。如果 $Z_{\mathrm{sh}} + K_{\mathrm{s}}Z_{\mathrm{ah}} \gg Z_{\mathrm{fh}} + Z_{\mathrm{ah}}$，则由负载产生的谐波电流将流入 PF。如果 $K_{\mathrm{s}}Z_{\mathrm{ah}} \gg Z_{\mathrm{sh}}$，则滤波特性由 K_{s} 决定。

接下来，分析混合型电力滤波器系统对电源电压谐波的滤波特性。假设不接负载（即 $I_{\mathrm{Lh}} = 0$），此时 APF 相当于纯电阻（或电抗）$K_{\mathrm{s}}Z_{\mathrm{ah}}$，如图 5-23c 所示。由该等效电路得出

$$I_{\mathrm{sh}} = \frac{1}{Z_{\mathrm{sh}} + Z_{\mathrm{fh}} + (1 + K_{\mathrm{s}})Z_{\mathrm{ah}}} U_{\mathrm{sh}} \tag{8-19}$$

$$U_{\mathrm{Th}} = \frac{(1 + K_{\mathrm{s}})Z_{\mathrm{ah}} + Z_{\mathrm{fh}}}{Z_{\mathrm{sh}} + Z_{\mathrm{fh}} + (1 + K_{\mathrm{s}})Z_{\mathrm{ah}}} U_{\mathrm{sh}} \tag{8-20}$$

综合上述两种情况，可得

$$I_{\mathrm{sh}} = \frac{1}{Z_{\mathrm{sh}} + Z_{\mathrm{fh}} + (1 + K_{\mathrm{s}})Z_{\mathrm{ah}}} U_{\mathrm{sh}} + \frac{Z_{\mathrm{fh}} + Z_{\mathrm{ah}}}{Z_{\mathrm{sh}} + Z_{\mathrm{fh}} + (1 + K_{\mathrm{s}})Z_{\mathrm{ah}}} I_{\mathrm{Lh}} \tag{8-21}$$

$$U_{\mathrm{Th}} = -\frac{(Z_{\mathrm{fh}} + Z_{\mathrm{ah}})Z_{\mathrm{sh}}}{Z_{\mathrm{sh}} + Z_{\mathrm{fh}} + (1 + K_{\mathrm{s}})Z_{\mathrm{ah}}} I_{\mathrm{Lh}} + \frac{(1 + K_{\mathrm{s}})Z_{\mathrm{ah}} + Z_{\mathrm{fh}}}{Z_{\mathrm{sh}} + Z_{\mathrm{fh}} + (1 + K_{\mathrm{s}})Z_{\mathrm{ah}}} U_{\mathrm{sh}} \tag{8-22}$$

当 K_{s} 为无穷大时，混合型电力滤波器系统可达到理想的滤波特性如下所示：

$$I_{\mathrm{sh}} = 0 \tag{8-23}$$

$$U_{\mathrm{Th}} = U_{\mathrm{sh}} \tag{8-24}$$

从以上方程式可以看出，当 K_{s} 足够大时，$I_{\mathrm{sh}} \approx 0$。于是 $I_{\mathrm{s}} = I_{\mathrm{sf}}$，即为不含谐波的正弦电流。其优点在于将电流引入闭环控制。它不仅能补偿 I_{Lh} 产生的 I_{s} 畸变，而且能补偿 U_{s} 畸变引起的 I_{s} 畸变，并且由于以上方程式第一项分母中 $(1 + K_{\mathrm{s}})Z_{\mathrm{ah}}$ 的作用，在 $|Z_{\mathrm{sh}} + Z_{\mathrm{fh}}| \approx 0$ 的情况下，APF 能有效抑制电网阻抗和无源滤波器之间可能发生的谐振。但是其补偿效果取决于 K_{s} 的大小，K_{s} 越大，补偿效果越好。对电网电流而言，该控制方式属于闭环控制。为了保证控制系统的稳定性，K_{s} 不能取得过大。这是该控制方式的不足之处。

8.2.3.2 新型并联混合型电力滤波器的控制方式

为了得到理想的补偿效果，必须选择适当的控制方法对并联混合型电力滤波器进行控制。针对新型拓扑结构，相应的有检测网侧谐波电流（反馈控制）、检测负载谐波电流（前馈控制）及两者结合的复合控制三种控制方式。

1. 检测电网侧谐波电流控制方式（反馈控制方式）

通过上一节的分析，可以总结出检测电网谐波电流的控制方法主要有以下一些特点：

1）其控制效果相当于在电网侧等效串入一个谐波电阻（或电抗），此电阻（或电抗）越大，滤波效果就越好，当其为无穷大时，可以滤除所有谐波；

2）这种控制方法不仅能抑制由负载产生的谐波电流，而且能抑制由于电网畸变所产生的谐波电流；

3）这种控制方法可以有效地抑制可能发生的串并联谐振，串入的等效谐波电阻越大，效果越好；

4）在实际系统中，K_s 不可能无穷大，因此它不可能滤除所有谐波。

2. 检测负载侧谐波电流控制方式（前馈控制方式）

在检测负载谐波电流的控制方法中，与检测电网谐波电流的控制方法所不同的就是指令运算电路的输入信号为负载电流。而有源电力滤波器则同样被控制成一个电流控制电流源来改善整个滤波回路的特性，下面对其进行详细分析。

与前面的分析类似，图 8-24 所示为系统的等效电路。在不接 APF（即 $K_L = 0$）时，同检测电网谐波电流的控制方法一样，负载谐波电流 I_{Lh} 由无源滤波器补偿，其补偿特性取决于 Z_{sh}、Z_{fh} 和 Z_{ah}。

接入有源滤波器，则有

$$I_c = K_L I_{Lh} \tag{8-25}$$

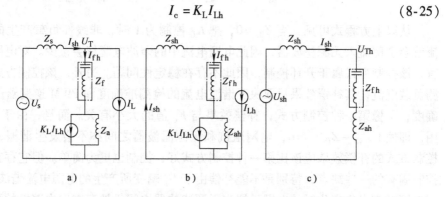

a)   b)   c)

图 8-24 检测负载谐波电流控制方法的等效电路
a) 等效电路 b) 对 I_{sh} 的等效电路 c) 对 U_{sh} 的等效电路

此时，只考虑对 I_{Lh} 的补偿特性时，假设电源电压 U_s 为正弦波。电源电流的谐波分量 I_{sh}、连接点处谐波电压 U_{Th} 由以下两式给出：

$$I_{sh} = \frac{Z_{fh} + (1 - K_L) Z_{ah}}{Z_{sh} + Z_{fh} + Z_{ah}} I_{Lh} \tag{8-26}$$

$$U_{\text{Th}} = U_{\text{sh}} - Z_{\text{sh}} I_{\text{sh}} = -\frac{Z_{\text{fh}} + (1 - K_{\text{L}}) Z_{\text{ah}}}{Z_{\text{sh}} + Z_{\text{fh}} + Z_{\text{ah}}} Z_{\text{sh}} I_{\text{Lh}} \tag{8-27}$$

此时如果能控制 $K_{\text{L}} = 1$，就可以使流入电网的谐波电流近似为零。

接下来，分析混合型电力滤波器系统对电源电压谐波的滤波特性。假设不接负载（即 $I_{\text{Lh}} = 0$），此时 APF 相当于短路，如图 8-24c 所示，由该等效电路得出

$$I_{\text{sh}} = \frac{1}{Z_{\text{sh}} + Z_{\text{fh}} + Z_{\text{ah}}} U_{\text{sh}} \tag{8-28}$$

$$U_{\text{Th}} = \frac{Z_{\text{fh}} + Z_{\text{ah}}}{Z_{\text{sh}} + Z_{\text{fh}} + Z_{\text{ah}}} U_{\text{sh}} \tag{8-29}$$

综合上述两种情况，可得

$$I_{\text{sh}} = \frac{1}{Z_{\text{sh}} + Z_{\text{fh}} + Z_{\text{ah}}} U_{\text{sh}} + \frac{Z_{\text{fh}} + (1 - K_{\text{L}}) Z_{\text{ah}}}{Z_{\text{sh}} + Z_{\text{fh}} + Z_{\text{ah}}} I_{\text{Lh}} \tag{8-30}$$

$$U_{\text{Th}} = -\frac{Z_{\text{fh}} + (1 - K_{\text{L}}) Z_{\text{ah}}}{Z_{\text{sh}} + Z_{\text{fh}} + Z_{\text{ah}}} Z_{\text{sh}} I_{\text{Lh}} + \frac{Z_{\text{fh}} + Z_{\text{ah}}}{Z_{\text{sh}} + Z_{\text{fh}} + Z_{\text{ah}}} U_{\text{sh}} \tag{8-31}$$

从以上方程式可见，当 $Z_{\text{fh}} \approx 0$，把 K_{L} 控制为 1 时，非线性负载产生的谐波电流就会全部流入无源滤波器，因此电网电流中的谐波电流将会很少。对电网电流而言，该控制方式属于开环控制，因此不存在稳定性问题。另外，该控制方式直接检测负载电流，其补偿效果只取决于谐波电流的检测准确度和 PWM 逆变器的控制准确度，不像第一种控制方式，补偿效果与 K_{s} 值的大小有关。而且，由于 Z_{ah} 的作用，即使 $|Z_{\text{sh}} + Z_{\text{fh}}| \approx 0$，电网阻抗和无源滤波器之间亦不会发生谐振，所以该控制方式的补偿效果应该比第一种控制方式好，控制也更为简单。但它存在着开环控制固有的一些缺点，特别是不能补偿由于 U_{s} 畸变所产生的电源电流谐波。而且，当电网频率发生变化时，电网阻抗和无源滤波器之间仍然存在发生谐振的可能。

通过以上分析，可以总结出检测负载谐波电流的控制方法相对于检测电网谐波电流的控制方法而言，主要有以下一些特点。

1）如果能控制 $K_{\text{Lh}} = 1$，就可以使对应的谐波电流近似为零；

2）这种控制方法，是开环控制系统，所以不存在稳定性问题；

3）在这种控制方法中，APF 不能抑制谐振，系统谐振的抑制完全依靠附加小电抗来实现；

4）采用前馈控制，不可以抑制由于电网电压畸变所产生的谐波电流。

3. 复合控制方式

图8-25所示为采用复合控制方式的并联混合型电力滤波器的单相等效电路。在这种方式下，同时检测电源谐波电流和负载谐波电流。APF被控制为

$$I_c = K_s I_{sh} + K_L I_{Lh} \tag{8-32}$$

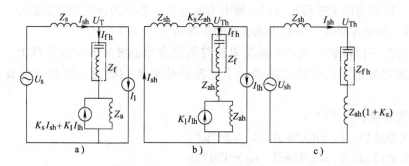

图8-25 采用复合控制方式的并联混合型电力滤波器等效电路

a）等效电路 b）对I_{sh}的等效电路 c）对U_{sh}的等效电路

只考虑对I_{Lh}的补偿特性时，假设电源电压U_s为正弦波。电源电流的谐波分量I_{sh}、连接点处谐波电压U_{Th}由以下两式给出：

$$I_{sh} = \frac{Z_{fh} + (1 - K_L)Z_{ah}}{Z_{sh} + Z_{fh} + (1 + K_s)Z_{ah}} I_{Lh} \tag{8-33}$$

$$U_{Th} = U_{sh} - Z_{sh}I_{sh} = -\frac{Z_{fh} + (1 - K_L)Z_{ah}}{Z_{sh} + Z_{fh} + (1 + K_s)Z_{ah}} Z_{sh}I_{Lh} \tag{8-34}$$

接下来，分析混合型电力滤波器对电源电压谐波的滤波特性。通过图8-25c可以看出，此时的滤波特性和检测电网电流控制方法的滤波特性是相同的。

综合上述两种情况，可得

$$I_{sh} = \frac{1}{Z_{sh} + Z_{fh} + (1 + K_s)Z_{ah}} U_{sh} + \frac{Z_{fh} + (1 - K_L)Z_{ah}}{Z_{sh} + Z_{fh} + (1 + K_s)Z_{ah}} I_{Lh} \tag{8-35}$$

$$U_{Th} = -\frac{Z_{fh} + (1 - K_L)Z_{ah}}{Z_{sh} + Z_{fh} + (1 + K_s)Z_{ah}} Z_{sh}I_{Lh} + \frac{Z_{fh} + (1 + K_s)Z_{ah}}{Z_{sh} + Z_{fh} + (1 + K_s)Z_{ah}} U_{sh} \tag{8-36}$$

复合控制方式中，同时检测负载谐波电流和电源谐波电流，但指令电流主要来自负载电流，在其作用下，可获得良好的谐波抑制效果。而检测电源谐波电流，则主要为了抑制PF可能和电网发生的谐振。因电源电流闭环并不承担补偿谐波电流的主要任务，所以K_s不必很大，这样可以使系统有较好的稳定性，克服了检测电

源谐波电流控制方式的缺点。

通过式（8-35）也可以看出，采用复合控制方式时，两个控制系数 K_s 和 K_L 是完全解耦的，因此可以根据需要对两个系数进行完全独立的控制，从而获得满意的控制效果。

综上所述，复合控制方式综合了前两种控制方式的优点，是一种较为理想的控制方式。将它应用于这种新型混合型电力滤波器，得到的补偿效果也最好。

8.2.3.3　新型并联混合型电力滤波器的实验研究

本节在一台容量为 30kVA 新型单相并联混合型滤波器的实验样机上，对带阻感性负载的单相桥式整流电路进行了谐波补偿的实验研究。实验系统具体参数如下：

负载容量：　　30kVA

3 次滤波器：$L_3 = 4.65\text{mH}$，$C_3 = 242\mu\text{F}$

5 次滤波器：$L_5 = 3.86\text{mH}$，$C_5 = 95\mu\text{F}$

$L_a = 0.32\text{mH}$

图 8-26～图 8-29 所示是混合型电力滤波器投入前以及分别采用前馈、反馈、复合控制方式时的实验结果。实验波形由 Agilent 示波器和 HIOKI3193 功率分析仪得到。

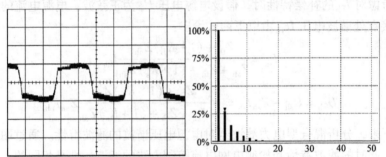

图 8-26　混合型电力滤波器投入之前的
电源电流波形（左图）和频谱（右图）

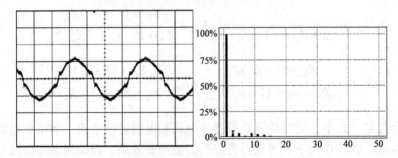

图 8-27　采用前馈控制方式的混合型电力滤波器
投入后电源电流波形（左图）和频谱（右图）

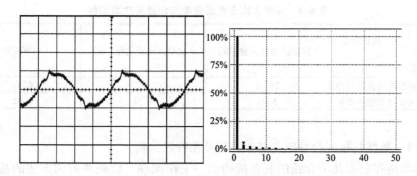

图 8-28　采用反馈控制方式的混合型电力滤波器
投入后电源电流波形（左图）和频谱（右图）

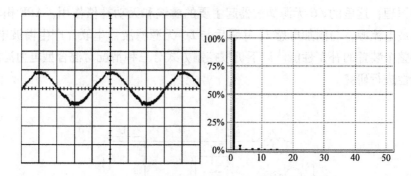

图 8-29　采用复合控制方式的混合型电力滤波器
投入后电源电流波形（左图）和频谱（右图）

图 8-26 所示为未采用新型并联混合型电力滤波器进行谐波补偿时电源电流波形及其频谱。图 8-27～图 8-29 所示为分别采用前馈、反馈和复合控制方式时电源电流的波形和频谱。从图中可以看出，新型并联混合型电力滤波器投入后电源电流中的谐波分量大大减少了。通过对比我们也可以看出，采用复合控制方式时补偿效果最好。

表 8-3 给出了采用复合控制方式的混合型电力滤波器投入前后电网电流的谐波含量和电网功率因数。从实验结果可以看出，投入新型混合型电力滤波器进行补偿后，电网电流中的 3 次、5 次谐波含量分别从 27.31%、14.73% 降为 1.95%、1.32%，取得了很好的滤波效果。而且，混合型电力滤波器中 APF 的容量仅仅占谐波源负载容量的 1% 左右，因此，这种新型单相混合电力滤波器具有很高的实用价值。

表 8-3　网侧 3 次 5 次谐波电流含量和功率因数

比较情况 ＼ 比较项目	3 次谐波电流含量（%）	5 次谐波电流含量（%）	功率因数
投入混合型电力滤波器前	27.31	14.73	0.58
投入混合型电力滤波器后	1.95	1.32	0.92

8.2.3.4　新型并联混合型电力滤波器的补偿特性分析

本节将在前面几节介绍的其系统构成、工作原理、检测和控制方法的基础上，对其补偿特性进行深入研究。通过分析，将获得稳态补偿特性曲线，探讨其控制放大倍数与补偿性能的关系。

图 8-30 所示为由瞬时值表示的新型并联混合型电力滤波器的等效电路。据前述工作原理，这里的 LC 无源滤波器起主要的滤波和无功补偿作用，APF 相当于受控的谐波电流源，与附加电感 L_a 并联后与 LC 无源滤波器串联，产生谐波电流 I_c，以改善整个装置的补偿性能。以下仍按控制方式分三种情况对混合型电力滤波器的补偿特性进行研究。

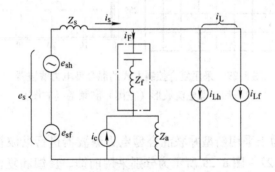

图 8-30　新型并联混合型电力滤波器等效电路

1. 检测网侧谐波电流控制方式的补偿特性

在这种控制方式下，APF 被控制为谐波电流源：

$$I_c = K_s I_{sh}$$

解析图 8-30 所示的电路，可得用拉普拉斯变换形式表示的流入电网的电流为

$$I_s(s) = \frac{Z_F(s) + Z_a(s)}{Z_s(s) + Z_F(s) + G_c(s)} I_L(s) + \frac{1}{Z_s(s) + Z_F(s) + G_c(s)} E_s(s) \quad (8\text{-}37)$$

式中

$$G_c(s) = \begin{cases} Z_a(s) & s = j\omega_s \\ (1 + K_s)Z_a(s) & s \neq j\omega_s \end{cases} \tag{8-38}$$

式中　ω_s——电源角频率。

可以看出，电源中的谐波电压和负载中的谐波电流均可以使电源电流中产生谐波。在式（8-37）中，分别令 $E_s(s)$ 和 $I_L(s)$ 等于零，可得

$$\frac{I_s(s)}{I_L(s)}\bigg|_{E_s(s)=0} = \frac{Z_F(s) + Z_a(s)}{Z_s(s) + Z_F(s) + G_c(s)} \tag{8-39}$$

$$\frac{I_s(s)}{E_s(s)}\bigg|_{I_L(s)=0} = \frac{1}{Z_s(s) + Z_F(s) + G_c(s)} \tag{8-40}$$

当不考虑基波而仅考虑谐波时，这两个公式反映了分别由 I_L 和 U_s 中的谐波作为谐波源时，经过整个滤波装置补偿之后，电源中的谐波电流相对于其谐波源的大小。因而其右边的表达式分别反映了滤波装置对各个频率谐波的补偿性能。显然，$K_s = 0$ 时反映的是仅装设无源滤波器时的补偿性能。

图 8-31a 和 8-31b 所示分别给出了 K_s 依次为 0、2、5、10 时，式（8-39）和式（8-40）的幅频特性，也就是该混合型电力滤波器对负载谐波电流和电源谐波电压的补偿特性。

从图 8-31 可以看出，仅投入无源滤波器时，只对固定频率的谐波有较大的抑制作用，而且对 i_L 和 e_s 中谐波有较大抑制效果的频率不同，如对 i_L 中的 3 次、5 次谐波有较大抑制作用，而对 e_s 中有较大抑制作用的则为 4 次及其 6 次以上谐波。投入 APF 后，所有频率段的幅频特性都被下压，因而对处于该频率段的谐波都有较大的抑制作用，而且随着控制放大倍数的增大，抑制作用也增大，补偿效果也就越好。所以，不论谐波源的谐波频率为多少，或者发生了怎样的变化，也不论其怎样分布，新型并联混合型电力滤波器都有良好的稳态补偿性能。电网阻抗变化时，仅投入无源滤波器的滤波效果会有较大变化，但投入 APF 后，只要 K_s 值足够大，就可以得到较好的补偿效果。

应当注意，增大 K_s 值以提高补偿性能并不是无限制的。K_s 值过大，将使系统不稳定。图 8-32 给出了整个系统的传递函数形式的结构框图，因不考虑基波而仅考虑谐波，故各变量都用下标"h"表示。其中 $G_c(s)$ 与 $1/[Z_s(s) + Z_F(s)]$ 构成一个闭环，此闭环的开环传递函数为

$$G_o(s) = \frac{G_c(s)}{Z_s(s) + Z_F(s)} \qquad (8\text{-}41)$$

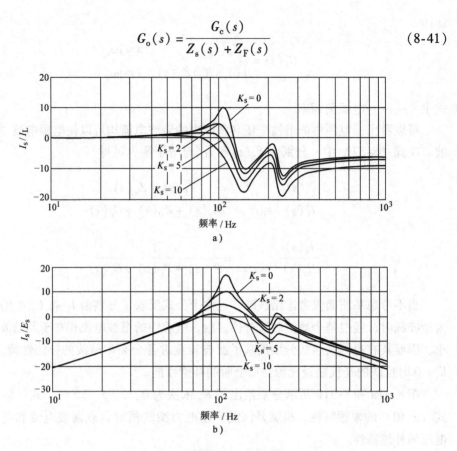

a) I_s/I_L 的幅频特性

b) I_s/E_s 的幅频特性

图 8-31　反馈控制时的补偿特性
a) I_s/I_L 的幅频特性　b) I_s/E_s 的幅频特性

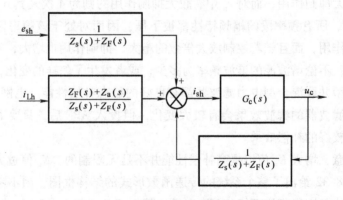

图 8-32　系统的闭环控制的结构框图

$G_c(s)$ 被视作纯比例环节，比例系数即为 $(1 + K_s)Z_a$。显然，根据反馈控制理论，K_s 值越大，则偏差 i_{sh} 越小。实际上，由于 APF 中检测与控制电路的延时以及输出处的感容滤波，传递函数 $G_c(s)$ 是有一定的延时和惯性的，只不过其时间常数很小，影响的是系统的高频段特性。K_s 值较小时，$G_o(s)$ 的增益较小，开环截止频率较低，$G_c(s)$ 的延时和惯性对系统的稳定性没有大的影响。但 K_s 值增大时，$G_o(s)$ 的增益增大，开环截止频率提高，向高频段靠近，$G_c(s)$ 的延时和惯性对稳定性的影响逐渐增大，其结果是使系统的稳定裕量逐渐减小，直至不稳定，在 APF 的 PWM 变流器开关频率谐波的激励下，就会产生相应频率的振荡。

2. 检测负载侧谐波电流控制方式的补偿特性

在这种控制方式下，APF 被控制谐波电流源，即

$$I_c = K_L I_{Lh} \tag{8-42}$$

解析图 8-30 所示的电路，可得用拉普拉斯变换形式表示的流入电网的电流为

$$I_s(s) = \frac{Z_F(s) + (1 - K_L)Z_a(s)}{Z_s(s) + Z_F(s) + Z_a(s)} I_L(s) +$$

$$\frac{1}{Z_s(s) + Z_F(s) + Z_a(s)} E_s(s) \tag{8-43}$$

在式（8-43）中，分别令 $E_s(s)$ 和 $I_L(s)$ 等于零，可得

$$\frac{I_s(s)}{I_L(s)}\bigg|_{E_s(s)=0} = \frac{Z_F(s) + (1 - K_L)Z_a(s)}{Z_s(s) + Z_F(s) + Z_a(s)} \tag{8-44}$$

$$\frac{I_s(s)}{E_s(s)}\bigg|_{I_L(s)=0} = \frac{1}{Z_s(s) + Z_F(s) + Z_a(s)} \tag{8-45}$$

当不考虑基波而仅考虑谐波时，这两个公式反映了分别由 i_L 和 e_s 中的谐波作为谐波源时，经过整个滤波装置补偿之后，电源中的谐波电流相对于其谐波源的大小。因而其右边的表达式分别反映了滤波装置对各个频率谐波的补偿性能。从中也可看出，APF 前馈控制时，混合型电力滤波器对电网电压谐波源的抑制还是无源滤波器在起作用，即与反馈控制时 $K_s = 0$ 的情况相同。

从图 8-33a 可以看出，投入 APF 后，3、5 次频率段的幅频特性都被下压，对负载谐波电流的补偿效果进一步得到改善。

3. 复合控制时的补偿特性

在这种控制方式下，APF 被控制为如下所示的谐波电流源：

$$I_c = K_s I_{sh} + K_L I_{Lh} \tag{8-46}$$

解析图 8-30 所示的电路，可得用拉普拉斯变换形式表示的流入电网的电流为

$$I_s(s) = \frac{Z_F(s) + (1 - K_L)Z_a(s)}{Z_s(s) + Z_F(s) + G_c(s)} I_L(s) +$$

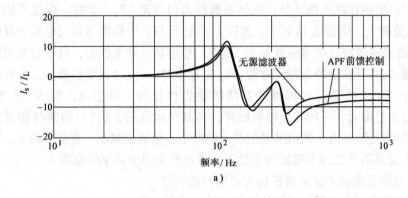

a)

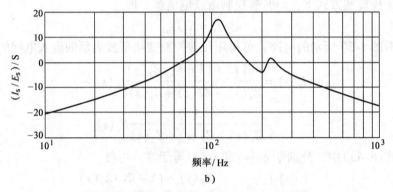

b)

图 8-33 前馈控制时的补偿特性

a) $\dfrac{I_s}{I_L}$ 的幅频特性 b) $\dfrac{I_s}{E_s}$ 的幅频特性

$$\frac{1}{Z_s(s) + Z_F(s) + G_c(s)} E_s(s) \tag{8-47}$$

令 $E_s(s)$ 和 $I_L(s)$ 等于零，可得

$$\frac{I_s(s)}{I_L(s)} \bigg|_{E_s(s)=0} = \frac{Z_F(s) + (1 - K_L) Z_a(s)}{Z_s(s) + Z_F(s) + G_c(s)} \tag{8-48}$$

$$\frac{I_s(s)}{E_s(s)} \bigg|_{I_L(s)=0} = \frac{1}{Z_s(s) + Z_F(s) + G_c(s)} \tag{8-49}$$

当不考虑基波而仅考虑谐波时，这两个公式反映了分别由 I_L 和 E_s 中的谐波作为谐波源时，经过整个滤波装置补偿之后，电源中的谐波电流相对于其谐波源的大小。因而其右边的表达式分别反映了滤波装置对各个频率谐波的补偿性能。其中对电源谐波电压的抑制和反馈控制时的情况相同。

从图 8-34 可以看出，投入 APF 后，所有频率段的幅频特性都被下压，混合型电力滤波器对谐波源的抑制作用明显，补偿效果最好。

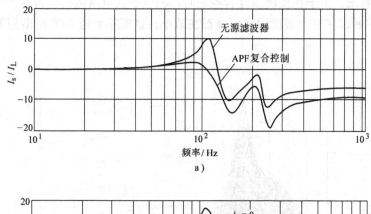

a)

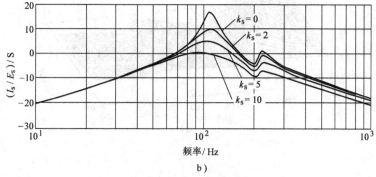

b)

图 8-34 复合控制时的补偿特性

a) $\dfrac{I_s}{I_L}$ 的幅频特性　b) $\dfrac{I_s}{E_s}$ 的幅频特性

8.2.3.5 新型并联混合型电力滤波器抑制谐振的性能分析

电网阻抗通常是变化的，这使得系统发生并联谐振的频率值也是变化的，有可能在电网阻抗变至某一值时，该谐振点正好落在负载谐波电流 i_L 所含的某次谐波频率上，这样负载电流中很小含量的该次谐波就能引起剧烈的谐振。前馈控制没有抑制振荡的能力，而复合控制对谐振的抑制原理和反馈控制时相同，这里只讨论反馈控制时的抑制谐振性能。图 8-35a 给出了 L_s 在 $0.05 \sim 1.2\text{mH}$ 之间变化时无源滤波器对负载谐波电流的补偿特性，很明显可以看出，随着 L_s 的增大，谐振峰逐渐向低频方向移动，而且越来越高，在 L_s 为 0.95mH 附近，该谐振峰正好位于 $2f_s$（100Hz）处，一旦谐波源中出现 2 次谐波，将引起严重后果。

图 8-35c 给出了无源滤波器对电源谐波电压的补偿特性三维图。谐振峰是 L_s 与无源滤波器中的元件串联谐振引起的。随着 L_s 的增大，其谐振峰也向低频移动，而且越来越高。投入 APF 后，补偿特性发生了很大变化，图 8-35b 和 d 所示分别为控制放大倍数 $K_s = 5$ 时的负载谐波电流补偿特性和电源谐波电压补偿特性三维

图。可以看出，由于在反馈或复合控制时，相当于在电网阻抗上再加上一个谐波电阻 $K_s Z_{ah}$，所以在整个频段的谐振峰都在减小，这实际上是 APF 对谐振阻尼起到的效果。

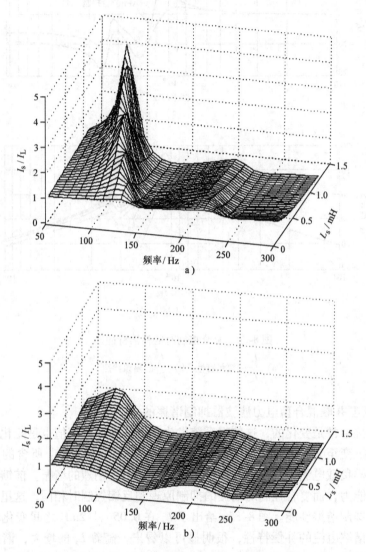

图 8-35　无源滤波器和 $K_s = 5$ 时并联混合型
电力滤波器的补偿特性三维图

a) 无源滤波器的 I_s / I_L 幅频特性　b) $K_s = 5$ 时并联混合型电力滤波器的 I_s / I_L 幅频特性

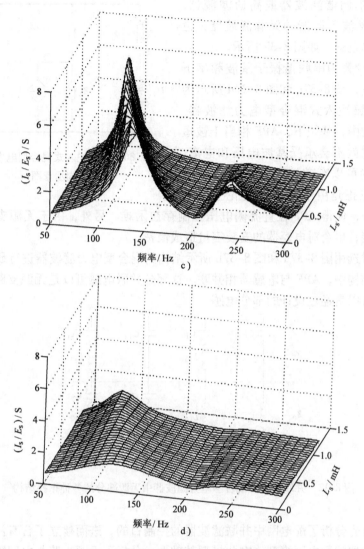

图 8-35　无源滤波器和 $K_s = 5$ 时并联混合型

电力滤波器的补偿特性三维图（续）

c）无源滤波器的 I_s / E_s 幅频特性　　d）$K_s = 5$ 时并联混合型电力滤波器的 I_s / E_s 幅频特性

注：图中 $I_s = 0.05 \sim 1.2mH$

8.2.4　并联注入式混合型电力滤波器[230]

并联注入式混合型电力滤波器结构示意图如图 8-36 所示。APF 的变流器与无源补偿网络中一部分无源元件相并联，构成注入电路。其中 Z_F 可以是电容，也可以是多组单调谐滤波器或高通滤波器，Z_A可以是基波下调谐的无源滤波器，也可以是简单电感，如图 8-37 所示。

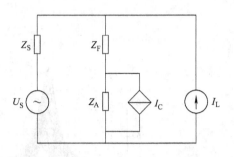

当 Z_A 设置为串联谐振于基波频率下的单调谐时，图 8-37c 和图 8-37d 所示为 LC 串联谐振注入式混合型电力滤波器。在这种结构中，基频下，APF 相当于被短路，因而它就不会承受基波电压和电流。这样的结构可以有效地减小 APF 部分的容量，但也正是由于 APF 在理论上不承

图 8-36 并联注入式混合型电力滤波器
结构示意图

受基波电压，使得 APF 在直流侧电压控制存在困难。另外，由于无源支路中电容器串联安装，也会对电容器的安装容量造成浪费。

本节对选用图 8-37a 和图 8-37b 所示结构的混合型电力滤波器进行研究。在这两种拓扑结构中，APF 与电感器相并联。这部分并联电感可以是无源支路中的全部电感，也可以是经过设计的部分电感。

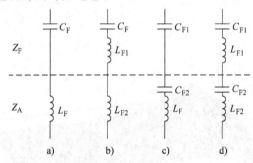

图 8-37 并联注入式混合型电力滤波器中无源部分的各种拓扑结构

本节首先分析了配电网中并联滤波器的控制目的，进而建立了含有注入式混合型电力滤波器的配电网模型。在此模型基础上，分析了无源支路与电网阻抗之间在电网电压激励和负载谐波电流激励下，电流、电压的分配关系，从而得到抑制串联谐振、抑制并联谐振以及滤除负载谐波电流三种滤波器谐波电流源控制方式。这三种控制方式通过检测高等级电压波形和负载电流波形，对于不同激励源在不同频率下进行分别控制，可以同时实现谐振抑制与谐波电流补偿的功能。最后，仿真与试验结果证明了这三种控制方法的有效性。

8.2.4.1　并联注入式混合型电力滤波器的控制目的

在实际工况中，安装于配电网里的无源滤波支路，有两个作用：第一，提供基波频率下容性无功能量，以补偿负载所产生的感性无功能量，从而提高网侧电流的

位移功率因数；第二，在某些频段上提供低阻抗支路，以分流非线性负载所产生的谐波电流分量，从而减小网侧电流的谐波含量。

但在实际工况中，无源支路中所流过的电流并非仅包含有预期的这两种成分。电网电压中所含有的谐波成分会在无源支路上产生谐波电流，这些电流成分增大了无源支路电流，引起电网电流畸变，严重时会引起电网阻抗与无源支路阻抗发生串联谐振。因此这部分由电网电压畸变所引起的电流应被抑制。

对于负载电流中的谐波分量，在某些频段下，无源支路可以提供低阻分流支路，而在另一些频段下，无源支路却有可能放大谐波电流，严重时会引发电网阻抗与无源支路之间的并联谐振。如单调谐滤波器就会对小于转折频率的谐波分量或间谐波、次谐波分量起到放大的作用。因此，在需要滤除的频段内，应尽量使全部负载谐波电流流入无源支路，而对于有可能放大或谐振的谐波成分，则应当使其不流入无源支路，直接流入电网。

因此，配电网中，并联滤波器应当满足如下三个控制目的：

1）使电网电压畸变分量不在滤波支路中产生电流；

2）使负载电流中需要滤除的部分流入无源滤波支路；

3）使负载电流中无须滤除的部分全部流入电网，以避免其在无源支路中放大。

8.2.4.2 注入式混合型电力滤波器的系统模型

1. 含有并联注入式混合型电力滤波器的配电网模型

注入式混合型电力滤波器的单相等效电路如图 8-38 所示。其中，阻抗 Z_F 和 Z_A 组成无源滤波支路。有源变流器与阻抗 Z_A 并联连接，被控制成谐波电流源 I_C。这里的 Z_S、Z_F、Z_A、U_S、I_L、I_C、I_A 为一般表示符号。当讨论单一频率时，这些符号表示相量关系。当讨论拉普拉斯变换电路时，这些符号表示相应电路元件的拉普拉斯变换表达式，并包含相应的初始值。

当仅考虑电网电压作为激励时的系统单相示意图如图 8-39 所示。

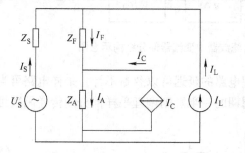 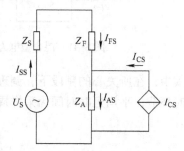

图 8-38　并联注入式混合型　　　　图 8-39　当仅考虑电网电压作为
电力滤波器的单相等效电路　　　　　　激励时的系统单相示意图

此时，补偿电流被控制为 I_{CS}，在电网电压 U_S 与有源滤波器输出电流 I_{CS} 共同作用下，电网电流 I_{SS} 与流入阻抗 Z_F 的电流 I_{FS} 可表示为

$$I_{SS} = I_{FS} = \frac{U_S - Z_A I_{CS}}{Z_S + Z_F + Z_A} \tag{8-50}$$

流过阻抗 Z_A 的电流 I_{AS} 可表示为

$$I_{AS} = \frac{U_S + (Z_S + Z_F) I_{CS}}{Z_S + Z_F + Z_A} \tag{8-51}$$

当仅考虑负载电流 I_L 作为激励时的系统单相示意图如图 8-40 所示。

此时，补偿电流被控制为 I_{CL}，在负载电流 I_L 与 APF 输出电流 I_{CL} 共同作用下，电网电流 I_{SL}、流入阻抗 Z_F 的电流 I_{FL} 及流过阻抗 Z_A 的电流 I_{AL} 可表示为

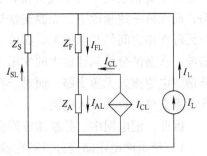

$$I_{SL} = -\frac{Z_A I_{CL} + (Z_F + Z_A) I_L}{Z_S + Z_F + Z_A} \tag{8-52}$$

$$I_{FL} = \frac{Z_S I_L - Z_A I_{CL}}{Z_S + Z_F + Z_A} \tag{8-53}$$

图 8-40　仅考虑负载电流作为激励时的系统单相示意图

$$I_{AL} = \frac{Z_S I_L + (Z_S + Z_F) I_{CL}}{Z_S + Z_F + Z_A} \tag{8-54}$$

2. 受控谐波电流源模型

混合型电力滤波器中，变流器部分结构示意图如图 8-41 所示。被检测信号 X 经过调理电路后由采样电路采样保持并送入数字运算电路，数字电路根据不同的控制目的，计算输出电流指令，最后，电流逆变单元根据指令生成输出电流 I_C。

图 8-41　混合型电力滤波器中变流器部分结构示意图

其中，在所关心的频段下，调理电路的延迟可以忽略不计，采样电路可当作一阶延时环节，平均延时时间为采样周期的一半。则调理采样部分的传递函数可以标志为：

$$SA(s) = \frac{1}{\frac{T_S}{2}s + 1} \tag{8-55}$$

式中　T_S——采样周期（s）。

数字滤波器用来从采样信号中分离出所关心的频率分量，为简化讨论的复杂性，这里用二阶带通滤波器表示。则数字滤波部分的传递函数可以表示为

$$DF(s) = \frac{k(s) \times 2\pi f_B s}{s^2 + 2\pi f_B s + (2\pi f_C)^2} \qquad (8\text{-}56)$$

式中　$k(s)$——增益系数；
　　　f_B——数字滤波器导通带宽（Hz）；
　　　f_C——数字滤波器中心频率（Hz）。

电流逆变环节中，输出电流采样与指令信号相比较后与三角载波比较，生成PWM信号驱动功率开关器件，实现输出电流对执行信号的追踪。为简化讨论，使用一阶延时环节等效输出电流逆变部分。延时时间为开关频率的一半，则电流逆变部分的传递函数可以表示为

$$VSI(s) = \frac{1}{\dfrac{T_W}{2}s + 1} \qquad (8\text{-}57)$$

式中　T_W——开关周期（s）。

这样，整个变流器部分输出电流 I_C 对输入检测信号 X 的传递函数可以表示为

$$\frac{I_C(s)}{X(s)} = HCS(s) = SA(s)DF(s)VSI(s) \qquad (8\text{-}58)$$

以变流器部分被控制输出检测信号 $X(s)$ 中全部谐波成分的等值电流为例，假设采样电路的采样频率为 25kHz，数字滤波器导频段为 5Hz，逆变器开关频率为 10kHz。此时，数字滤波器的中心频率为系统基波频率，检测 50Hz 的成分，增益系数 $k(s) = 1$。数字滤波器输出量即为负载电流基波分量，将负载电流检测信号中的基波分量剔除后，所得信号即为送往逆变器作为输出电流指令。

在这种控制方式下，包含各个环节的变流器传递函数 $HCSall(s)$ 可以表示为

$$HCSall(s) = [1 - SA(s)DF(s)]VSI(s) \qquad (8\text{-}59)$$

传递函数式（8-59）的增益及相位延迟与谐波次数之间的关系曲线如图 8-42 所示。

在全补偿的情况下，有源滤波部分在 19 次谐波频率上，幅值误差为 6%，相位误差为 –16.13°（即 –0.28rad）。在实际应用中，常采样输出电流信号，构成输出信号闭环的控制系统。这样可以有效减小输出信号的幅度衰减和相位延迟。由图8-42 可以看出，在谐波频率较低的情况下，开环控制下也可以满足要求。为了简化讨论，本节中的变流器部分都使用式（8-58）所示的开环模型。

8.2.4.3　并联注入式混合型电力滤波器的控制方法

1. 用于抑制串联谐振的控制方法

根据 8.2.4.1 节的讨论，结合 8.2.4.2 节的数学模型，可以得出并联注入式混

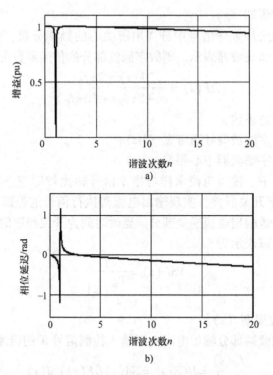

图 8-42　全补偿时被控制为谐波电流源的变流器传递函数特性

a) 增益与谐波次数之间的关系　b) 相位延迟与谐波次数之间的关系

合型电力滤波器在不同控制目的下的控制方法。

首先讨论电网电压畸变分量作为激励的情况。图 8-39 中，在电网电压与有源部分补偿电流共同作用下，电网电流与无源滤波器电流的表达式如式（8-50）所示。此时，如果需要使得电网或无源滤波支路的电路为零，则有源补偿电流与电网电压之间应满足以下关系：

$$I_{CS} = \frac{U_S}{Z_A} \tag{8-60}$$

在这种情况下，图 8-39 可以根据戴维南定理等效变化为图 8-43 的形式。由图 8-43 可以看出，当有源部分检测电网电压所有谐波分量，并控制其输出电流满足式（8-60）关系式时，电网电压中谐波含量将不会在无源支路中产生谐波电流。在实际应用中，由于 Z_A 是频率的函数，为了得到 Z_A 的具体数值，有源部分只对电网电压中含量较大的谐波分量，以及有可能发生串联谐振的频率分量进行分频控制。

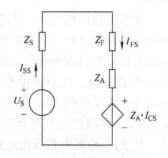

图 8-43　戴维南等效电路

图 8-44 所示为串联谐振抑制效果示意图。此图纵坐标表示以电网电压畸变分量为激励源时无源支路的电流放大倍数。此时，有源部分输出电流除含有基波外全部频率分量，从图 8-44 可以看到，由电网电压引起的无源支路谐波电流放大的现象得到了很好的改善。

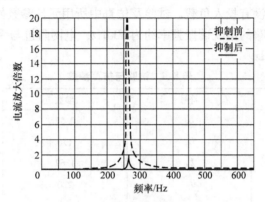

图 8-44　抑制串联谐振的控制效果示意图

使用 PSIM 软件搭建仿真平台，对前述所分析的控制策略进行了验证仿真，进而在实验室中进行了实验研究。仿真中所使用的参数和实验中的元件参数相同。仿真系统及实验系统结构示意图如图 8-45 所示。变流器与无源支路中全部电感相并联。

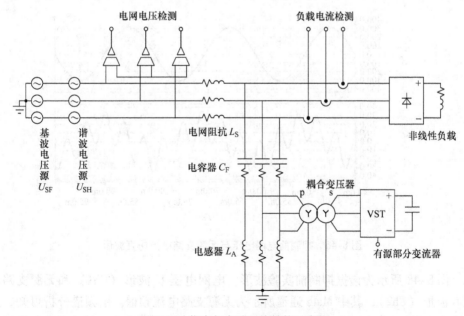

图 8-45　仿真与实验系统结构示意图

仿真中，在电网侧串联250Hz谐波电压源作为电网电压畸变分量。使用二极管整流桥带电阻器作为非线性负载，产生含有谐波分量的负载电流。在仿真抑制串联谐振的功能时，负载不接入系统。

在实验系统中，电网电压始终含有畸变分量，主要为5次和7次谐波分量。抑制串联谐振实验中没有投入负载。试验及仿真中所用元件参数如表8-4所示。可以计算得到，无源支路的串联谐振频率约为300Hz，电网阻抗与无源支路阻抗的串联谐振频率约为260Hz。

表8-4　试验与仿真参数

元件	符号	参数	单位
电网阻抗等效电感	L_S	0.52	mH
无源支路电容器	C_F	170	μF
无源支路电感器	L_A	1.67	mH
电网基波相电压	U_{SF}	220	V
负载电阻		24	Ω

变流器投入工作前电网电压与无源支路电流如图8-46所示。仿真中，电网电压仅含有0.707V的250Hz频率的畸变分量。由图8-46可以看到，在这种情况下，无源支路电流中含有大量的250Hz频率分量。变流器工作后的无源支路电流与变流器输出电流波形如图8-47所示。可以看到，此时无源支路电流中基本不含有谐波分量。无源支路中的谐波放大现象得到很好的抑制。

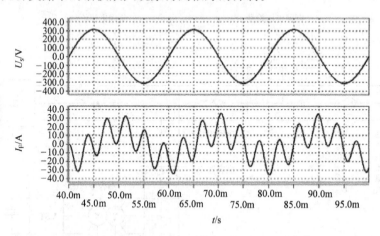

图8-46　抑制前电网电压与无源支路电流仿真波形

图8-48所示为谐振抑制前实验波形，电网电压U_s波形（Ch1）和无源支路电流I_F波形（Ch2），其中Math通道所示为无源支路电流频谱。由频谱分析可知，此时由于电网电压中250Hz频率分量被放大，无源支路电流中含有较大的5次谐波电

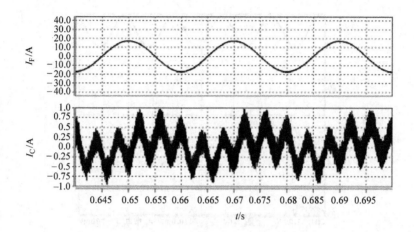

图 8-47　抑制后无源支路电流与变流器电流仿真波形

流分量和少量的 7 次谐波电流分量。

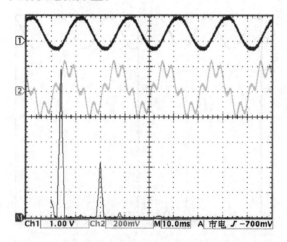

图 8-48　抑制前电网电压与无源支路电流实验波形

注：Ch1：U_S500V/div；Ch2：I_F20A/div；t：10ms/div。

图 8-49 所示为抑制串联谐振后电网电压与无源支路电流实验波形，由波形图可以看出，此时无源支路电流中 5 次和 7 次谐波分量得到很好的抑制，电网侧电流仅含有基波分量。

图 8-50 所示为抑制串联谐振控制方式下，电网电压（Ch1）与变流器输出电流（Ch2）的波形。

2. 用于抑制并联谐振的控制方法

当讨论负载电流作为激励的情况时，如图 8-40 所示，在负载电流与有源部分输出电流共同作用下，电网电流和无源滤波器电流的表达式分别如式（8-52）和

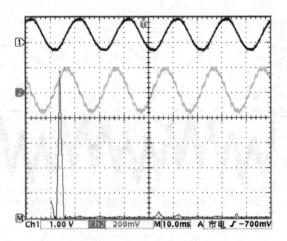

图 8-49　抑制后电网电压与无源支路电流实验波形

注：Ch1：U_S500V/div；Ch2：I_F 20A/div；t：10ms/div。

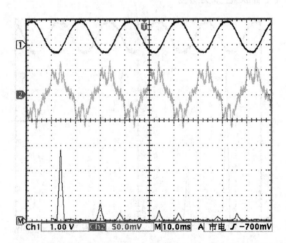

图 8-50　抑制串联谐振控制方式下电网电压与变流器输出电流波形

注：Ch1：U_S 500V/div；Ch2：I_C 5A/div；t：10ms/div。

式（8-53）所示。此时，如果需要使负载电流中某些频段下的电流分量不流入无源支路，而是全部流入电网中，则可令式（8-53）中无源电流 I_{FL} 为零，此时可得到有源补偿电流 I_C 与负载电流 I_L 之间应满足以下关系：

$$I_{CL} = \frac{Z_S}{Z_A}I_L \tag{8-61}$$

在这种情况下，图 8-40 可以根据戴维南定理等效变化为图 8-51 的形式。

由图 8-51 可以看出，当有源部分的输出电流满足式（8-61）关系时，等效电路中回路电压为零，因此不会有电流流入无源支路，从而避免了并联谐振发生的可能性。值得注意的是，在这种控制方式下，如果将电网阻抗 Z_S 和注入电路阻抗 Z_A 都当作纯电感结构，则在忽略寄生参数的情况下，Z_A 与 Z_S 的比值，将会是一个不随频率变化的常数。因此在实际应用中，有源部分可以控制除个别频率点之外的所有谐波分量都不会流入无源支路。这样就可以在一个较宽的频率范围内防止并联放大乃至谐振的发生。

图 8-52 所示为抑制并联谐振控制方式的效果示意图。此图纵坐标表示以负载电路为激励源时，无源支路的电流放大倍数。在这个图例中，在有源部分的作用下，存在于 260Hz 附近的并联谐振峰被有效地抑制。

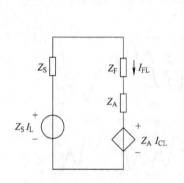
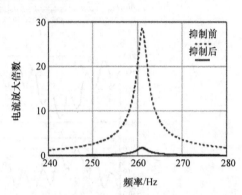

图 8-51　仅考虑电网电压激励时的等效电路　　图 8-52　抑制并联谐振控制效果示意图

为了验证并联谐振抑制功能，仿真中使用直流侧接有电阻器的三相二极管整流桥作为非线性负载。谐振抑制前，电网电压、负载电流波形如图 8-53a、b 所示，此时电网电流和无源支路电流波形如图 8-53c、d 所示。可以看出，此时无源支路电流中含后大量的谐波成分。

谐振抑制后，电网电流与无源支路电流波形如图 8-54a 所示，此时变流器端电压和变流器输出电流波形如图 8-54b 所示。在这个仿真中，随着变流器的工作，无源支路中不再流过谐波电流，负载所产生的全部谐波电流全部流入电网中。

图 8-55 中，Ch1 所示为负载电流波形，Ch2 所示为变流器工作前，无源支路中流过的电流，Math 所示为此时无源支路电流频谱。可以看出，在谐振抑制前，无源支路电流畸变严重，含有大量的谐波分量。

图 8-56 中，Ch2 所示为变流器工作前，电网中流过的电流。从测量数据中可以看出，在谐振抑制前，电网电流中所含的 5 次谐波分量大于负载电流中所含的 5 次谐波分量。在这个频点上，负载电流被放大了。

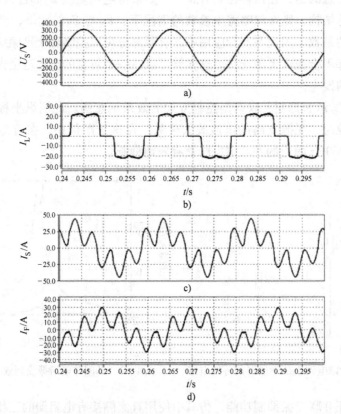

图 8-53　并联谐振抑制前电网电压、负载电流、电网电流和无源支路电流波形
a）电网电压波形　b）负载电流波形　c）电网电流波形　d）无源支路电流波形

图 8-57 所示为谐振抑制后，无源支路电流情况。在这个实验中，为了消除电网电压对实验结果的影响，变流器同时运行于抑制串联谐振和抑制并联谐振的工作模式下，对电网电压中的 5、7 次畸变分量和负载电流中 5、7 次谐波电流分量同时进行控制。变流器工作后，无源支路电流中 5、7 次谐波电流得到消除。

图 8-58 所示为谐振抑制后，电网支路分流情况。实验数据分析表明，变流器工作后，负载电流中的 5、7 次谐波分量几乎全部流入电网支路中。

图 8-59 所示为变流器输出电流情况。

由实验结果可以看出，变流器按照式（8-60）和式（8-61）控制输出电流后，无源支路中 5、7 次谐波电流明显较小，负载所产生的 5、7 次谐波电流几乎全部流入电网。负载电流中 5 次谐波在无源支路中放大的现象得到有效抑制。

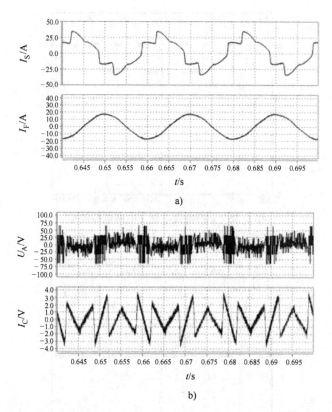

图 8-54　并联谐振抑制后电网电流、无源支路电流、变流器端电压和变流器输出电流波形
a）电网电流与无源支路电流波形　b）变流器端电压与变流器输出电流波形

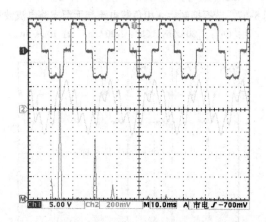

图 8-55　谐振抑制前 a 相负载电流与无源支路电流波形
注：Ch1：I_L20A/div；Ch2：I_F20A/div；t：10ms/div。

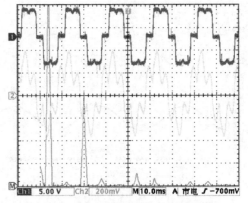

图 8-56　a 相负载电流与电网电流波形

注：Ch1：I_L 20A/div；Ch2：I_S 20A/div；t：10ms/div。

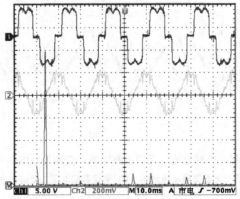

图 8-57　谐振抑制后 a 相负载电流与无源支路电流波形

注：Ch1：I_L 20A/div；Ch2：I_F 20A/div；t：10ms/div。

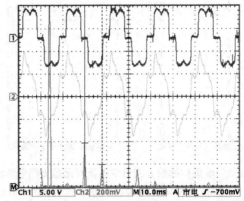

图 8-58　谐振抑制后 a 相负载电流与电网电流波形

注：Ch1：I_L 20A/div；Ch2：I_S 20A/div；t：10ms/div。

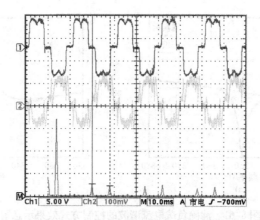

图 8-59　谐振抑制后 a 相负载电流与变流器输出电流波形

注：Ch1：I_L20A/div；Ch2：I_C10A/div；t：10ms/div。

3. 用于增强负载谐波电流滤除性能的控制方法

如果需要使得负载电流中某些特征频率上的谐波分量得到有效的滤除，也就是需要使这些电流分量不流入电网中，则可令此时电网电流 I_{SL} 为零，由式（8-52）可得到有源补偿电流 I_C 与负载电流 I_L 之间应满足以下关系：

$$I_{CL} = -\frac{Z_F + Z_A}{Z_A}I_L \tag{8-62}$$

在这种情况下，图 8-40 可以根据戴维南定理等效变化为图 8-60 的形式。

由图 8-60 可以看出，当有源部分的输出电流满足式（8-62）的关系时，无源支路的阻抗为零，此时全部的负载电流将流入无源支路，而不会对电网电流造成污染。在实际应用中，由于 Z_F 和 Z_A 都是频率的函数，因此有源部分也只对负载电流中含量较大、需要滤除的谐波分量进行处

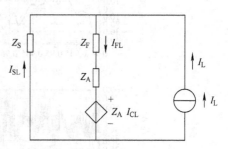

图 8-60　图 8-40 另一种等效电路

理。特别是，当 Z_F 被设计为单调谐结构时，则在调谐频点上，有源补偿电流 I_C 与负载电流 I_L 之间应满足

$$I_{CL} = -I_L \tag{8-63}$$

图 8-61a 和 b 所示为滤除负载电流谐波的控制效果示意图。此图纵坐标表示以负载电流为激励源时，电网和无源支路中的电流放大倍数。在这个例子中，在有源部分的作用下，350Hz 的负载电流分量全部流入滤波器支路，而不流入电网中，从而提高了无源支路的滤波效果。

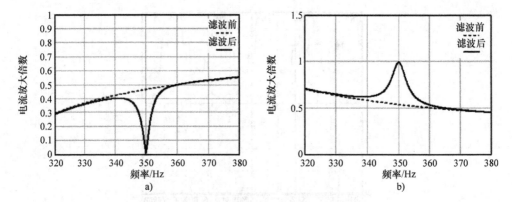

图 8-61　滤除负载电流谐波的控制方式效果示意图

a）电网电流放大倍数　b）无源支路电流放大倍数

谐波滤除前，无源支路与电网支路间电流分配情况与图 8-53 所示相同。变流

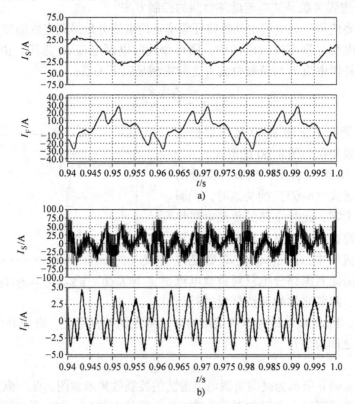

图 8-62　谐波滤除后电网电流、无源支路电流、变流器端电压和变流器输出电流波形

a）电网电流（上）与无源支路电流波形（下）　b）变流器端电压（上）与变流器输出电流波形（下）

器按照滤波工作方式运行后，电网电流与无源支路电流波形如图8-62a所示。此时变流器端口电压与变流器输出电流波形如图8-62b所示。可以看出，变流器工作后，负载电流中的谐波分量几乎全部流入无源支路，电网电流波形得到明显改善。

实验条件与上一实验完全相同。图8-63所示为变流器工作后无源支路电流情况。在本实验中，为了消除电网电压畸变分量对实验结果的影响，变流器同时运行于抑制串联谐振和负载谐波滤除的工作模式下，对电网电压中的5、7次畸变分量和负载电流中5、7次谐波电流分量同时进行控制。变流器工作后，负载电流中的5、7次分量基本全部流入无源支路中。

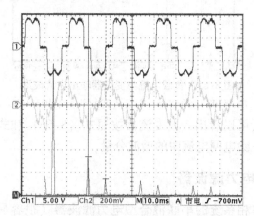

图8-63　谐波滤除后a相无源支路电流波形

注：Ch1：I_L20A/div；Ch2：I_F20A/div；t：10ms/div。

图8-64所示为谐波滤除后电网电流情况。由实验波形和频谱可以看出，负载谐波滤除后，电网电流中几乎不再含有5、7次谐波分量，电网电流波形得到明显改善。

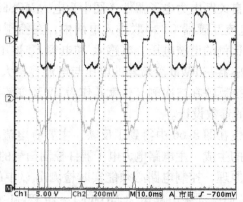

图8-64　谐波滤除后a相电网电流波形

注：Ch1：I_L20A/div；Ch2：I_S20A/div；t：10ms/div。

图 8-65 所示为同时处于串联谐振抑制和负载电流谐波滤除工作状态下的变流器输出电流波形和频谱分析。

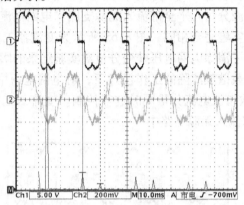

图 8-65　负载电流与变流器输出电流波形

注：Ch1：i_L20A/div；Ch2：i_C20A/div；t：10ms/div。

由实验数据分析可以看出，当变流器按照式（8-60）和式（8-62）控制输出电流时，可以有效滤除电网电流中的谐波分量。

8.3　串联混合型电力滤波器

本节介绍用于单相系统的串联混合型电力滤波器（很容易扩展到三相系统），内容主要来源于作者利用国家自然科学基金资助进行研究的成果[64]。

8.3.1　串联混合型电力滤波器的系统构成及工作原理

图 8-66 给出了单相串联混合型电力滤波器的系统构成[64, 207]。它由并联的无源滤波器和串联在无源滤波器与电源之间的 APF 组成。L_s 为电源内部等效电感。谐波源为带感性负载的单相桥式整流器。无源滤波器由 3 次、5 次和高通滤波器组成。APF 主电路是由自关断电力电子器件（图中为电力 MOSFET）构成的单相桥式 PWM 变流器，通过电流互感器 CT 串联进入电网中，在控制电路控制下，产生与流过它的谐波电流成比例的谐波电压。电感 L_r 和电容 C_r 被用来滤除 PWM 变流器的开关脉动。电流互感器使 PWM 变流器的电压与电流容量大小得以相互均衡，而且提高了一次回路阻抗反映在二次侧（也就是作为 PWM 变流器的负载）的等效阻抗，有利于 L_r 和 C_r 的参数设计。

控制电路的功能也在图 8-66 中得到了反映，主要有电流的检测与谐波电流的计算、补偿指令电压的生成、主电路电力电子器件控制信号的产生以及电力电子器件的驱动。根据上述原理，控制电路必须能实时检测出 i_s 中的谐波电流 i_{sh}，形成补偿指令电压 u_c^*，从而驱动主电路电力 MOSFET，使 PWM 变流器实时产生与 i_{sh} 成比例的谐波电压，才能达到对变化的谐波进行实时跟踪补偿的目的。

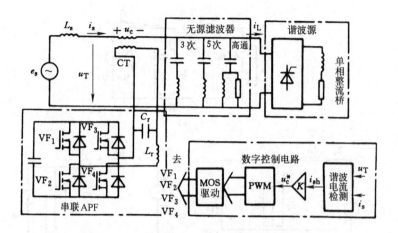

图 8-66   单相串联混合型电力滤波器的系统构成

图 8-67 给出了串联混合型电力滤波器的等效电路。串联混合型电力滤波器是在原有无源滤波器的基础上，在无源滤波器与电网之间再串联一个 APF。这里，无源滤波器仍起主要的滤波和无功补偿作用。串联型 APF 相当于一个受控的谐波电压源，产生与流过它的谐波电流成 K 倍比例的谐波电压，如图 8-67a 所示。这样，有源滤波器对基波来讲，阻抗为零，如图8-67b 所示，而对谐波来讲，相当于阻值为 $R = K$（Ω）的电阻，如图 8-67c 所示，因此，它对基波电流和电压无影响，而是增加电源支路对谐波的阻抗，迫使负载电流 i_L 中的谐波分量尽量流入无源滤波器中，从而改善无源滤波器的补偿效果，也可以阻尼可能在电网阻抗和无源滤波器之间发生的并联谐振。另外，这里的 APF 还可以抑制因电源电压中可能存在的谐波电压而产生的流向无源滤波器的谐波电流。

将受控电压源视为阻值为 $R = K$（Ω）的电阻，对图 8-67c 进行电路分析可知，电源电流 i_s 中的谐波分量是由负载谐波电流 i_{Lh} 和电源谐波电压 e_{sh} 产生的。根据图 8-67c 所示的谐波等效电路，单独由负载谐波电流产生的流入电网的谐波电流为

$$\dot{I}_{sh} = \frac{Z_F}{Z_s + Z_F + K} \dot{I}_{Lh} \tag{8-64}$$

单独由电源谐波电压产生的流入电网的谐波电流为

$$\dot{I}_{sh} = \frac{\dot{E}_{sh}}{Z_s + Z_F + K} \tag{8-65}$$

由叠加定理，可得流入电网的谐波电流表达式为

$$\dot{I}_{sh} = \frac{Z_F}{Z_s + Z_F + K} \dot{I}_{Lh} + \frac{\dot{E}_{sh}}{Z_s + Z_F + K} \tag{8-66}$$

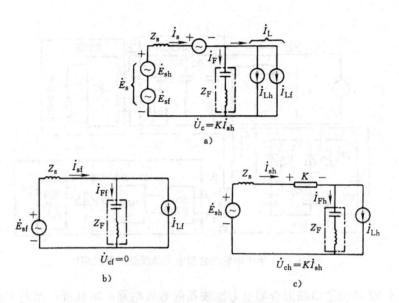

图 8-67　串联混合型电力滤波器基本原理和等效电路

a) 基本原理　b) 基波等效电路　c) 谐波等效电路

当 $K=0$ 时，相当于仅装设无源滤波器的情况，其滤波效果由无源滤波器与电源在该谐波频率处的阻抗比值决定。装设 APF 之后，只要使 $R=K$（Ω）$\gg Z_s$、Z_F，即可达到 $\dot{I}_{sh} \approx 0$。

串联混合型电力滤波器保持了一般 APF 的优点，它虽然不能像并联型 APF 那样同时对无功功率的补偿实现动态跟踪，但其有源装置仅承受谐波电压，因此容量很小，投资较少，运行效率高，对于大容量谐波源的补偿是较理想的方案。下面就对系统中有源部分的容量进行估算。

8.3.2　有源装置的容量估算[208,64]

有源装置的容量是决定混合型电力滤波器的成本和运行费用的关键因素。下面对串联混合型电力滤波器的有源装置容量作一分析，得到其与谐波源容量相比的比值表达式，以为实际设计其有源装置时提供理论指导。在分析过程中，下标为"N"的量表示电压或电流的额定值，以下不再一一说明。

在串联混合型电力滤波器中，有源装置是串联在电源和负载（包括谐波源和无源滤波器）之间的。有源装置容量是其产生的电压的有效值 U_c 和流过它的电源电流有效值 I_s 的乘积。在正常工作情况下，I_s 即为负载正常运行所需的额定电流 I_{sN}。而有源装置的电压是由各次谐波电压组成的，故

$$U_c = \sqrt{\sum_{n=2}^{\infty} U_{cn}^2} \qquad (8\text{-}67)$$

式中　n——谐波次数；

U_{cn}——n 次谐波电压的有效值。

设有源装置的容量为 S_c，则有

$$S_c = U_c I_{sN} = I_{sN} \sqrt{\sum_{n=2}^{\infty} U_{cn}^2} = \sqrt{\sum_{n=2}^{\infty} (U_{cn} I_{sN})^2}$$

$$= \sqrt{\sum_{n=2}^{\infty} S_{cn}^2} \tag{8-68}$$

式中　S_{cn}——n 次谐波电压形成的容量。

$$S_{cn} = U_{cn} I_{sN} \tag{8-69}$$

有源装置容量与谐波源容量 S_L 的比值为

$$\frac{S_c}{S_L} = \frac{\sqrt{\sum_{n=2}^{\infty} S_{cn}^2}}{S_L} = \sqrt{\sum_{n=2}^{\infty} \left(\frac{S_{cn}}{S_L}\right)^2} \tag{8-70}$$

可见，有源装置容量与谐波源容量的比值为其各次谐波电压形成的容量与谐波源容量比值的二次方和再取其平方根。

下面就来推导有源装置 n 次谐波电压形成的容量与谐波源容量的比值。已知谐波源容量为

$$S_L = U_{TN} I_{LN} \tag{8-71}$$

式中　U_{TN}——电源提供额定电流 I_{sN} 时的输出电压额定值。

再结合有源装置的工作原理，可得 S_{cn} 与 S_L 的比值为

$$\frac{S_{cn}}{S_L} = \frac{U_{cn} I_{sN}}{U_{TN} I_{LN}} = \frac{U_{cn}}{Z_N I_{LN}} = \frac{K I_{sn}}{Z_N I_{LN}} \tag{8-72}$$

式中　Z_N——电源提供额定电流时负载（包括谐波源和无源滤波器）的等效阻抗，
　　　　$Z_N = U_{TN}/I_{sN}$。

由式（8-66）可得

$$\dot{I}_{sn} = \frac{Z_{Fn}}{Z_{sn} + Z_{Fn} + K} \dot{I}_{Ln} + \frac{\dot{E}_{sn}}{Z_{sn} + Z_{Fn} + K} \tag{8-73}$$

考虑到一般由负载产生的谐波电流远大于电源中的谐波电压产生的谐波电流，式（8-73）中后一项可以略去，故得相量模之间的关系（即有效值之间的关系）为

$$I_{sn} = \frac{Z_{Fn} I_{Ln}}{\| Z_{sn} + Z_{Fn} + K \|} \tag{8-74}$$

将式（8-74）代入式（8-72）中，并考虑到 $K \gg Z_s$、Z_F，有

$$\frac{S_{cn}}{S_L} = \frac{I_{Ln}}{I_{LN}} \cdot \frac{Z_{Fn}}{Z_N} \cdot \frac{K}{\| Z_{sn} + Z_{Fn} + K \|}$$

$$\approx \frac{I_{Ln}}{I_{LN}} \cdot \frac{Z_{Fn}}{Z_N}$$

再引入电源在基波频率下的阻抗 Z_{sf} 与 Z_N 的关系，以及 Z_{sf} 与其谐波阻抗 Z_{sN} 的关系，得

$$\frac{S_{cn}}{S_L} = \frac{I_{Ln}}{I_{LN}} \cdot \frac{Z_{Fn}}{Z_{sf}} \cdot \frac{Z_{sf}}{Z_N} = \frac{I_{Ln}}{I_{LN}} \cdot \frac{Z_{sn}}{Z_{sf}} \cdot \frac{Z_{Fn}}{Z_{sn}} \cdot \frac{Z_{sf}}{Z_N}$$

$$= n \cdot \frac{I_{Ln}}{I_{LN}} \cdot \frac{Z_{Fn}}{Z_{sn}} \cdot \frac{Z_{sf}}{Z_N} \qquad (8\text{-}75)$$

可见，有源装置 n 次谐波电压形成的容量与谐波源容量的比值与其谐波次数 n、谐波源电流中该次谐波占总有效值的比值、该次谐波下无源滤波器阻抗与电源内部阻抗的比值，以及电源内部基波阻抗与外部等效阻抗的比值有关。

对最常见的近似于方波的谐波源电流，有

$$\frac{I_{Ln}}{I_{LN}} = \frac{2\sqrt{2}}{\pi n} \qquad (8\text{-}76)$$

将式（8-76）代入式（8-75），得

$$\frac{S_{cn}}{S_L} = \frac{2\sqrt{2}}{\pi} \cdot \frac{Z_{Fn}}{Z_{sn}} \cdot \frac{Z_{sf}}{Z_N} \qquad (8\text{-}77)$$

其中，电源内部基波阻抗与外部等效阻抗的比值具有类似于电压调整率的意义，一般不超过6%，这里不妨就取其最大值为6%。而无源滤波器阻抗与电源内部阻抗的比值与无源滤波器的设计有关，而且对7次以上谐波是无源滤波器中的高通滤波器起作用，此比值与谐波次数成反比，所以这里不妨先取一个较大的值，即20%，则

$$\frac{S_{cn}}{S_L} = 1.08\%$$

可以认为，3、5 和 7 次谐波电压形成的容量均为此值，而 7 次以上谐波的容量与 7 次谐波的容量按谐波次数成反比。前面已推得有源装置容量与谐波源容量的比值为其各次谐波电压形成的容量与谐波源容量比值的二次方和再取其平方根，按此关系进行估算，则 13 次以上谐波电压形成的容量可以忽略。故取 3、5、7、9、11 和 13 次共 6 个频率的谐波电压产生的容量，为计算简便，均按与谐波源容量的比值为1.08% 进行计算，则由式（8-70）可得

$$\frac{S_c}{S_L} = \sqrt{6} \times 1.08\% = 2.6\%$$

对其他波形的具有电流源性质的谐波源，可以按类似的方法，根据式（8-70）

和式（8-75）即可估算出有源装置的容量。

以上是将电源内部阻抗视为纯电感的情况，在实际应用中，应考虑电力系统中系统阻抗的具体情况，$Z_{sn}/Z_{sf} = n$ 仅在有限的范围内成立，一般有一最大值。仍以近似为方波的谐波电流源为例，在式（8-75）中，仍取 Z_{sf}/Z_{N} 为 6%，Z_{Fn}/Z_{sn} 为 20%，而 Z_{sn}/Z_{sf} 均取其最大值，这里考虑为5，则

$$\frac{S_{cn}}{S_{L}} = 0.06 \frac{I_{Ln}}{I_{LN}} \tag{8-78}$$

将式（8-78）代入式（8-70），并注意到方波中谐波电流有效值与总电流有效值的关系，可得

$$\frac{S_{c}}{S_{L}} = 2.5\%$$

8.3.3 串联混合型电力滤波器的控制方法

从串联混合型电力滤波器的工作原理可以看出，控制系统必须能从电源电流中瞬时检测出其中的谐波电流，并控制 PWM 变流器实时产生与之成一定比例的谐波电压，才能达到使 APF 对基波阻抗为零而对谐波呈现一定阻抗的目的，从而实现整个装置的正常工作。此外，为维持 PWM 变流器的工作，控制系统还应能控制其直流电压保持恒定。这是对控制系统的基本要求。

电流检测方法采用第 6 章中提出的单相电路谐波电流瞬时检测方法，需要进行较复杂的实时计算，再加上如上所述的较复杂的控制功能，若用模拟电路来实现则必然线路复杂、调试困难，并且由于模拟器件本身的原因也难以保证计算准确度。此外，计算中需要一个纯滞后延时环节，用模拟电路很难实现；而用数字电路则可保证较高的计算准确度，而且实现纯滞后延时环节比较容易。特别是采用微机控制时，调试和改变控制参数都非常方便，因此常采用由微机控制的数字电路的方案。然而，若用 MCS51、MCS96 等普通微处理器作为 CPU，对这样大量的运算和控制很难胜任，难以充分实现所采用的谐波电流检测方法的瞬时性。近年来使用很广泛的 DSP（数字信号处理器），使得由微机实现上述控制方法成为可能。在作者研制的装置中，采用了 DSP 来构成装置的控制系统[168]，限于篇幅，不再详细介绍。

根据对控制系统的要求，图 8-68 给出了控制方法示意图。其中谐波电流的瞬时检测方法在第 6 章中已有详细介绍。从主电路中获得 u_{T} 和 i_{s} 信号，计算出瞬时有功功率 p 和瞬时无功功率 q，经低通滤波器滤掉其中的交流分量，所得的直流分量 $\bar{p}$ 和 $\bar{q}$ 就是电压 u_{T} 分别与 i_{s} 中的基波有功分量和基波无功分量作用的结果，再由 $\bar{p}$ 和 $\bar{q}$ 以及 u_{T} 反向计算出电流，得到的就是 i_{s} 中的基波分量 i_{sf}，将其从 i_{s} 中减去，即得谐波电流 i_{sh}，再乘以增益 K，即生成了补偿指令电压 u_{c}^{*}。经过 PWM 信号的生成环节，至电力 MOSFET 的驱动电路，最终控制 4 个电力 MOSFET 的通断，

使变流器产生所期望的补偿电压 u_c。

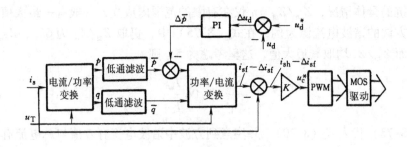

图 8-68　控制方法示意图

变流器工作时，其能量损耗会引起直流侧电容电压 u_d 的降低，但为了保证 PWM 变流器的正常工作，u_d 必须维持恒定。为此，在检测 u_T 和 i_s 信号之外，还必须检测 u_d，引入了直流电压的反馈控制，如图 8-66 和图 8-68 所示。

串联混合型电力滤波器中的 PWM 变流器是通过变压器串联在电源电流的通路上的，产生的是补偿电压，因而其有功功率和无功功率的概念不像并联型 APF 那样清晰。但是通过深入分析可知，只要使 PWM 变流器产生与电源基波电流同相位的基波电压，就可以使 PWM 变流器在基波的作用下每个瞬时都是吸收功率的，相当于并联型负载吸收有功功率的概念。相反，若使 PWM 变流器产生与电源基波电流反相位的基波电压，就可以使 PWM 变流器在基波的作用下每个瞬时都是发出功率的，相当于并联型负载发出有功功率的概念。同样，串联的 PWM 变流器中只有一个直流电容是贮能元件，其吸收或发出的功率必然导致直流电压的升或降。可见，可以通过在 PWM 变流器的补偿电压指令中附加一定的基波电压分量来控制其直流侧电压的升降。于是得到直流电压的控制方法，如图 8-68 所示。u_d 的给定值与反馈值比较之后的偏差，经 PI 调节器，与谐波电流检测中算出的 $\bar{p}$ 相减。这样，在算出的电流值中加上了额外的基波分量 Δi_{sf}，使指令电压中也含有额外的基波分量，最终使 PWM 变流器在生成所需的谐波电压的同时，生成一定的基波电压。这个基波电压与 i_s 中的基波分量相作用，控制变流器中的能量流动，以维持直流电压 u_d 的恒定。

8.3.4　串联混合型电力滤波器的补偿特性

串联混合型电力滤波器的优越的补偿性能是其优于传统无源滤波器的关键所在。下面就对串联混合型电力滤波器的稳态补偿特性及其对谐振的抑制作用进行分析。

1. 串联混合型电力滤波器的稳态补偿特性[210]

图 8-69 所示为由瞬时值表示的串联混合型单相电力滤波器的等效电路。这里的 *LC* 无源滤波器仍起主要的滤波和无功补偿作用，而串联型 APF 相当于受控的谐波电压源，产生与流过它的谐波电流成 K 倍比例（K 即为控制放大倍数）的谐波电压，以改善整个装置的补偿性能，但对基波无影响。

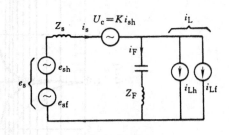

图 8-69　串联混合型电力滤波器的等效电路

解析图 8-69 所示的电路，可得用拉普拉斯变换形式表示的流入电网的电流为

$$I_s(s) = \frac{Z_F(s)}{Z_s(s) + Z_F(s) + G_c(s)} I_L(s) +$$

$$\frac{1}{Z_s(s) + Z_F(s) + G_c(s)} E_s(s) \tag{8-79}$$

式中　$G_c(s)$——串联型 APF 的等效阻抗，即其补偿电压与其电流的比值，因此有

$$G_c(s) = \begin{cases} 0 & s = j\omega_s \\ K & s \neq j\omega_s \end{cases} \tag{8-80}$$

式中　ω_s——电源角频率。

可以看出，电源中的谐波电压和负载中的谐波电流均可以使电源电流中产生谐波。在式（8-79）中分别令 $E_s(s)$ 和 $I_L(s)$ 等于零，可得

$$\frac{I_s(s)}{I_L(s)} \bigg|_{E_s(s)=0} = \frac{Z_F(s)}{Z_s(s) + Z_F(s) + G_c(s)} \tag{8-81}$$

$$\frac{I_s(s)}{E_s(s)} \bigg|_{I_L(s)=0} = \frac{1}{Z_s(s) + Z_F(s) + G_c(s)} \tag{8-82}$$

当不考虑基波而仅考虑谐波时，这两个公式反映了分别由 i_L 和 e_s 中的谐波作为谐波源时，经过整个滤波装置补偿之后，电源中残存的谐波电流与负载中谐波电流（或电网背景谐波电压）的比值。因而其右边的表达式分别反映了滤波装置对各个频率谐波的补偿性能。显然，$K=0$ 时反映的是仅装设无源滤波器时的补偿性能。

图 8-70a 和 b 分别给出了 APF 控制放大倍数依次为 0、1、2、5 时，式（8-81）和式（8-82）的幅频特性，也就是串联混合型单相电力滤波器对负载谐波电流和

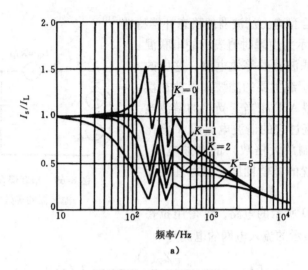

a)

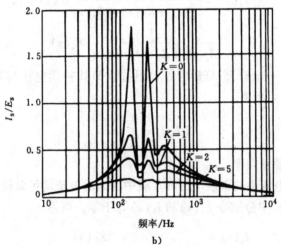

b)

图 8-70 串联单相混合型电力滤波器的

补偿特性（$L_s = 0.5$mH）

a) I_s/I_L 的幅频特性 b) I_s/E_s 的幅频特性

电源谐波电压的补偿特性。其中，电网内部阻抗被视为电感，即

$$Z_s(s) = L_s s$$

且取 $L_s = 0.5$mH；而无源滤波器阻抗为

$$Z_F(s) = \cfrac{1}{\cfrac{1}{sL_3 + \cfrac{1}{sC_3} + R_3} + \cfrac{1}{sL_5 + \cfrac{1}{sC_5} + R_5} + \cfrac{1}{\cfrac{1}{sC_h} + \cfrac{sR_hL_h}{sL_h + R_h}}} \tag{8-83}$$

其中，下标"3""5""h"分别表示 3 次、5 次和高通滤波器，元件参数见表 8-5。

表 8-5　无源滤波器参数（电源频率 $f_s = 50Hz$）

滤 波 器	3 次	5 次	高 通
电感/mH	5.53	3.96	1.02
电容/μF	204	102	203
电阻/Ω	0.8	0.8	2.5

从图 8-70 可以看出，仅投入无源滤波器时，只对固定频率的谐波有较大的抑制作用。而且对 i_L 和 e_s 中谐波有较大抑制效果的频率不同，如对 i_L 中的 3、5 和 7 次以上的谐波有较大抑制作用，而对 e_s 中有较大抑制作用的则为 4、6 和 8 次以上谐波。投入 APF 后，所有频率段的幅频特性都被下压，因而对所有频率的谐波都有较大的抑制作用，而且随着控制放大倍数的增大，抑制作用也增大，补偿效果更好。所以，不论谐波源的谐波频率为多少，或者发生了怎样的变化，也不论其怎样分布，串联单相混合型电力滤波器都有良好的稳态补偿性能。电网阻抗变化时，仅投无源滤波器时的滤波效果会有较大变化，但投入串联型 APF 后，只要 K 值足够大，就可得到较好的补偿效果。

应当注意，增大 K 值以提高补偿性能并不是无限制的。K 值过大将使系统不稳定。图 8-71 给出了整个系统的传递函数形式的结构图，因不考虑基波而仅考虑谐波，故各变量都用下标"h"表示。其中 $G_c(s)$ 与 $1/[Z_s(s) + Z_F(s)]$ 构成一个闭环，此闭环的开环传递函数为

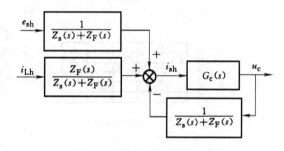

图 8-71　系统的闭环控制结构图

$$G_o(s) = \frac{G_c(s)}{Z_s(s) + Z_F(s)} \tag{8-84}$$

在前述的分析中，$G_c(s)$ 被视作纯比例环节，比例系数即为 K。显然，根据反馈控制理论，K 值越大，则偏差 i_{sh} 越小。实际上由于串联型 APF 中检测与控制电路的延时以及输出处的感容滤波，传递函数 $G_c(s)$ 是有一定的延时和惯性的，只不过其时间常数很小，影响的是系统的高频段特性。K 值较小时，$G_o(s)$ 的增益较小，开环截止频率较低，$G_c(s)$ 的延时和惯性对系统的稳定性没有大的影响。但 K 值增大时，$G_o(s)$ 的增益增大，开环截止频率提高，向高频段靠近，$G_c(s)$ 的延时和惯性对稳定性的影响逐渐增大，其结果是使系统的稳定裕量逐渐减小，直至不稳定，在 APF 的 PWM 变流器开关频率谐波的激励下就会产生相应频率的振荡。

图 8-72 给出了实验结果,该实验表明,串联型 APF 的投入大大改善了无源滤波器的补偿性能,且控制放大倍数越大,补偿效果越好,i_s 中 3、5 和 7 次谐波的含量可分别由仅投无源滤波器时的 12%、4% 和 4% 降至 4%、1% 和 1.5%。实验同样表明,在过高的控制放大倍数下,系统将发生振荡。

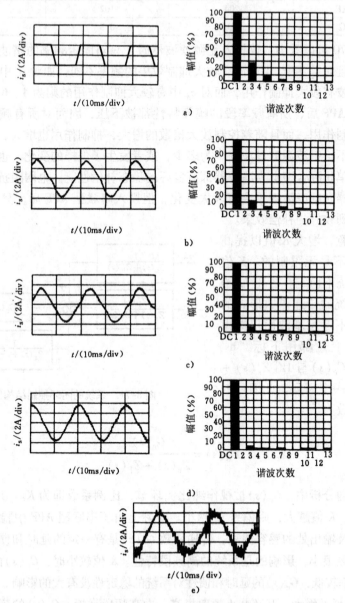

图 8-72 串联混合型电力滤波器的稳态补偿结果(波形及频谱)

a)未补偿 b)$K=0$(只投入无源滤波器) c)$K=1.5$ d)$K=4$ e)$K=5$

2. 串联混合型电力滤波器抑制谐振的性能[64]

与电网阻抗之间的谐振问题，是无源滤波器应用中常见的事故起因。由图8-66可知，交流侧主电路中共有七个贮能元件（包括电网电感），根据电路理论应有六个谐振点，故无源滤波器补偿特性中相应有六个极值点（未包括零频和无穷大频率处的极值点），而且极大值点与极小值点间隔分布，如图8-70中 $K=0$ 的曲线所示。受电路中电阻的影响，某些极值点可能被平滑掉了，但大体趋势符合上述分析结果。

以图8-70a为例，$K=0$ 的曲线上 $3f_s$（150Hz）处按3次滤波器设计原则应为极小值点，故在 $0\sim3f_s$ 之间有一极大值点，图中在130Hz处，它是 L_s 与3次滤波器中元件并联谐振引起的，使其附近频率的谐波被放大。若负载电流因某种原因出现2次谐波，则在电源电流中被放大为1.2倍。更为严重的是，电网阻抗通常是变化的，这使得此并联谐振的频率也是变化的，有可能在电网电感变至某一值时，该谐振点正好落在 i_L 所含某次谐波频率上，这样负载电流中很小含量的该次谐波就能引起剧烈的谐振。图8-73a给出了 L_s 在 $0.5\sim4.5$mH之间变化时无源滤波器对负载谐波电流的补偿特性，很明显可以看出，随着 L_s 的增大，谐振峰逐渐向低频方向移动，且越来越高，在 L_s 为3.7mH附近，该谐振峰正好位于 $2f_s$（100Hz）处，峰高达到8倍左右。一旦谐波源中出现2次谐波，将引起严重后果。

类似地，图8-70b中 $K=0$ 的曲线上第一个极大值点在140Hz处，它是由 L_s 与3次滤波器中的元件串联谐振引起的。随着 L_s 的增大，其谐振峰也向低频移动，如图8-73c所示的无源滤波器对电源谐波电压的补偿特性三维图所示。当 L_s 为3.7mH时，谐振峰到达 $2f_s$ 处，峰值达到 L_s 为0.5mH时的2.2倍。

投入串联型APF后，补偿特性发生了很大变化，图8-73b和图8-73d分别示出了控制放大倍数 $K=3$ 时的负载谐波电流补偿特性和电源谐波电压补偿特性三维图。可以看出，两者都变成了没有谐振峰的平坦曲面，而且高度分别降至 L_s 为0.5mH时峰值的60%和20%以下，补偿性能较好，无论 L_s 怎样变化，都不会引起与无源滤波器之间的谐振。这实际上是串联型APF的等效电阻作用对谐振的阻尼起到的效果。

图8-74给出了串联单相混合型电力滤波器抑制电网阻抗与无源滤波器之间并联谐振的实验波形。未投入滤波器时，负载电流中除奇次谐波外，因某种原因还含有少量的2次谐波，投入无源滤波器后，L_s 与3次滤波器发生并联谐振，i_s 中的2次谐波被放大至原来的近2.5倍。再投入串联型APF后，不但奇次谐波被很好地补偿掉，2次谐波也被补偿掉了，并联谐振被抑制。表8-6给出了2次谐波含量及总谐波畸变率的前后对比。总谐波畸变率由仅投无源滤波器时的13%降至4.1%。

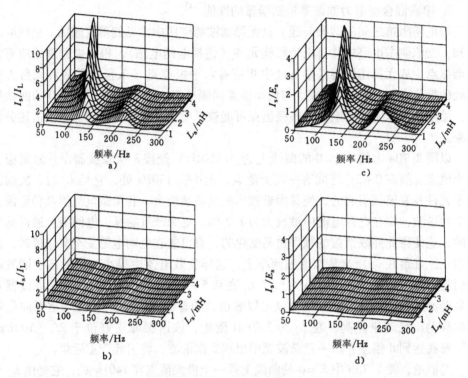

图 8-73　无源滤波器和 $K=3$ 时串联混合型电力滤波器的补偿特性三维图（ $L_s=0.5\sim4.5\text{mH}$ ）

a）无源滤波器的 I_s/I_L 幅频特性　b）$K=3$ 时串联混合型电力滤波器的 I_s/I_L 幅频特性

c）无源滤波器的 I_s/E_s 幅频特性　d）$K=3$ 时串联混合型电力滤波器的 I_s/E_s 幅频特性

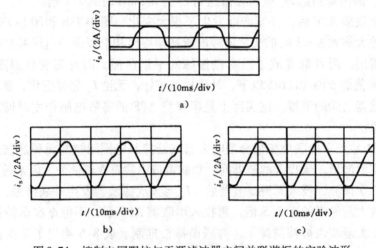

图 8-74　抑制电网阻抗与无源滤波器之间并联谐振的实验波形

a）未投入滤波器　b）仅投入无源滤波器　c）投入串联混合型电力滤波器

表 8-6　串联混合型电力滤波器抑制并联谐振的实验结果分析

滤波器情况	2 次谐波电流含量/A	总谐波畸变率(%)
未投入滤波器时	0.1	27
投入无源滤波器后	0.25	13
投入 APF 后	0.05	4.1

至此，本章对几种常见的混合型电力滤波器的拓扑结构、工作原理、控制方式进行了详细的介绍。目前，混合型电力滤波器是国际上谐波抑制领域的一个研究热点。在我国当前制造大容量单独使用的 APF 能力相对较弱的情况下，这种系统具有特别的意义。

第9章 基于多电平变流器的无功补偿和有源电力滤波装置

APF、SVG 经历了 10 多年的发展，虽然目前对有源电能质量调节设备的研究很多，但是由于现阶段电力电子器件耐压值较低、开关频率也较低，APF、SVG 等大多数只在工业领域低压供电系统中得到使用，在高压大容量领域的应用还不成熟。随着大容量电力电子负载日益增多，对中高压大容量有源电力滤波器的需求越来越迫切。我国已连续多年居世界第一钢铁生产大国，大量的钢铁轧制线电气传动设备将产生大量的电力谐波。电气化铁道的迅猛发展，已经对电网造成了严重的谐波污染。铝电解行业的迅速发展，也造成中高压电网电力谐波污染的进一步加剧。如何采用 APF 解决中高压大容量配电系统中的谐波污染，已成为电力电子领域的热门研究课题。在输电系统中，以 SVG 为关键的 FACT 技术，在增加系统阻尼、抑制电网低频振荡、提高电力系统暂态稳定性等方面具有重要作用，可以显著提高大型输电系统的安全水平。在中压配电网中，SVG 也具有广阔的应用前景。电力电子设备具有冲击性和不平衡性等特点，大量应用之后会严重影响配电网的工作，造成电压跌落、闪变、三相不平衡及其他供电电能质量差的问题。SVG 引入配电网之后，能够突破传统 SVC 对无功补偿的限制，调节速度快，输出的无功电流几乎可以瞬时达到额定值，提供动态的无功功率支撑，可以做到感性容性无功功率的连续调节，实时准确地补偿配电系统的无功电流，无功电流输出可在很大电压变化范围内恒定，在电压低时仍能提供较强的无功功率支撑。当 SVG 用于风电系统时，可以提供风力发电机励磁所需要的无功功率，风电系统与电网之间只发生有功功率的传输，有利于电网电压的稳定，也提高了风电系统的可靠性；当电网出现电压跌落故障时，SVG 向电力系统提供无功功率，支撑电网电压，避免风力发电机从电网上解列，满足风力发电系统低电压穿越的要求。由于中高压静止无功补偿器优越的性能，使其在输电、配电及风电系统中有迫切的应用需求，结合我国的国情和已有的技术，发展中高压 SVG 应是解决我国电压稳定问题的有效手段，因此充分研究中高压 SVG 并取得关键技术具有重大意义。

但是由于受目前电力电子器件耐压等级、载流能力、开关频率、价格及其串并联技术等的限制，装置电压等级高、容量大势必给电能质量调节设备带来大的损耗、大的电磁干扰以及制约电能质量调节设备的动态补偿特性等问题。在上述的中高压大容量领域中，人们一方面希望有源电能质量调节设备能够承受尽可能高的电压，具备尽可能大的功率处理能力；另一方面，为了更好地跟踪指令电流，又希望有源电能质量调节设备能够工作在高开关频率下，且尽量减少电磁干扰（EMI）。

但以现有电力电子器件的工艺水平，其功率处理能力和开关频率之间是矛盾的，往往容量越大，开关频率越低。为了实现尽量高频化和低 EMI 的大容量变换，在电力电子器件水平未有本质上突破的情况下，仅有的手段只能是从电路拓扑结构上找到解决问题的方案。最常想到的方案是通过变压器耦合连接到电网，直接进行开关器件的串并联和第 8 章介绍的混合型电力滤波器。近年来，多电平技术由于具有降低开关器件耐压值、功率容量大、等效开关频率高、响应速度快、损耗小、电磁兼容性好、改善输出波形质量等一系列优点，受到越来越多关注和研究[249-251]。如今，随着高压电力电子器件，如高压绝缘栅双极型晶体管（IGBT）、集成门极换流晶闸管（IGCT）的出现，多电平逆变器在高电压、大容量方面得到越来越广泛的应用，特别是在减小电网谐波和补偿电网无功功率方面有着非常良好的应用前景。为了提高 APF、SVG 主电路的容量和电压，可以采用二极管钳位型多电平逆变器或串联 H 桥多电平逆变器等多电平逆变器。对于串联 H 桥多电平逆变器，只要将每相串联的 H 桥功率单元的个数增加，就可以将有源电能质量调节设备的容量和电压成倍地增加。1996 年，美国田纳西大学的 F. Z. Peng 等人提出了串联 H 桥多电平逆变器电路结构用于无功补偿，由 N 个 H 桥功率模块在交流侧串联构成一相桥臂，直流侧相互独立。由三个桥臂通过星形（Y）或三角形（△）联结组成三相系统。这种电路结构已经应用于静止同步补偿器中，并大大提高了容量，达到了兆瓦级。如果将这种电路结构应用于有源电力滤波器中，同样也可以提高有源电力滤波器的容量和电压，以增大对高压大容量非线性负载的谐波补偿能力。用二极管钳位型多电平逆变器也可以达到这个效果。然而，由于存在二极管钳位型多电平逆变器的中点电压平衡问题和串联 H 桥多电平逆变器的直流电容相互独立、电容电压的平衡问题，成为多电平逆变器应用的两个最大障碍，这也是二极管钳位型和串联 H 桥有源电能质量调节设备控制的关键所在。

本章主要研究多电平无功补偿和有源电力滤波器的拓扑结构、工作原理和控制方法等相关问题。

9.1 多电平无功补偿和有源电力滤波器拓扑结构

1977 年德国学者 Holtz 首次提出了利用开关器件辅助中点钳位的三电平逆变器主电路。日本学者 A. Nabae 等人在 1980 年对其进行了发展[249]，用功率二极管代替主开关器件，该电路用两个串联的电容器将直流母线电压分为三个电平，每个桥臂用四个开关器件串联，用一对串联钳位二极管和内侧开关器件并联，其中心抽头和第三电平连接，实现中点钳位，形成所谓中点钳位（Neutral Point Clamped，NPC）变流器。在这种电路中，主开关器件关断时仅仅承受直流母线电压的一半，所以特别适合高压大容量应用场合。1983 年，Bhagwat 等人在此基础上，将三电平电路推广到任意 m 电平电路，对 NPC 变流器电路及其统一结构做了进一步的研究。

这些工作为高压大容量变流器的研究提供了一条崭新的思路。从 20 世纪 80 年代末以来，随着 GTO 晶闸管、IGBT 等大容量可控器件容量等级的不断提高，以及以数字信号处理器（DSP）为代表的控制芯片的迅速普及，关于多电平变流器的研究和应用才有了迅猛的发展，不仅在电路拓扑结构、PWM 方法和软开关技术等方面形成了许多分支，而且已经应用到电力系统有源滤波、无功补偿和大容量电动机传动等领域。

目前，多电平变流器技术已成为电力电子技术中，以高压大容量变流器为研究对象的一个新的研究领域。对于电平数为 m 的多电平变流器，它具有以下突出优点[250]：

1）每个功率器件仅承受 $1/(m-1)$ 的母线电压（m 为电平数），所以可以用低耐压的器件实现高压大容量输出，且无须动态均压电路；

2）在同等开关频率下，随着电平数的增加，可以获得更好的输出电流波形，显著减小滤波后系统电流的总谐波畸变率（THD），因而可以工作在较低开关频率下，开关损耗小，系统效率高；

3）由于电平数的增加，在相同的直流母线电压条件下，较之两电平变流器，开关器件所承受的 du/dt 应力大为减小，改善了装置抑制 EMI 的特性；

4）无须输出变压器，大大地减小了系统的体积和损耗。

多电平变流器在高电压、大容量方面得到越来越广泛的应用，特别是在减小电网谐波和补偿电网无功功率方面有着非常良好的应用前景。图 9-1 所示为采用串联 H 桥多电平变流器的 SVG 拓扑结构。该多电平结构是现在中压装置中应用得最多的，它的主电路每相由几个相同的电压型全桥逆变器串联而成，可以使用低压开关器件直接和中高压电力系统匹配，从而省掉升压变压器而减小了功率损耗；用较低的开关频率就能获得高的等效开关频率，从而更好地跟踪谐波指令信号；由于串联的各单元模块结构相同，易于实现模块化设计和组装。但是采用串联 H 桥多电平变流器的 SVG 应用的电压等级越高，串联的单元模块越多，成本越高，结构越复杂，因而限制了其应用。

将图 9-1 中串联 H 桥变流器换成混合型串联 H 桥变流器，串联不同直流侧电压等级的 H 桥单元，各个变流器采用不同功率等级的开关器件，比如 IGBT 和 IGCT，使耐压值较高的器件承受较高的电压但它们工作在较低频率，而使那些耐压值并不是很高的器件承受较低的电压，但它们工作在较高频率，从而充分发挥各种开关器件的优点，在相同开关器件数目情况下，可以实现更多的电平数，使 SVG 耐压更高、无功补偿效果更好[253-258]。另外，如图 9-2 所示，串联单元可以换成二极管钳位单相桥单元或飞跨电容单相桥单元等不同串联单元，以减少串联模块的数目。还有一类混合型多电平结构，指的是三相变流器串联不同的单相变流器单元结构，比如三相二极管钳位结构串联 H 桥单元。但是与这些拓扑结构对应的控

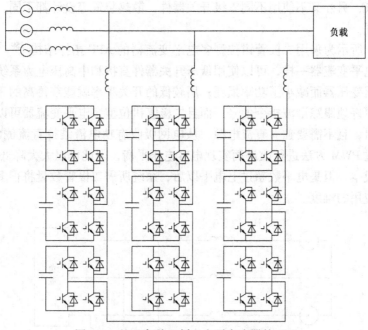

图9-1　基于串联 H 桥七电平变流器的 SVG

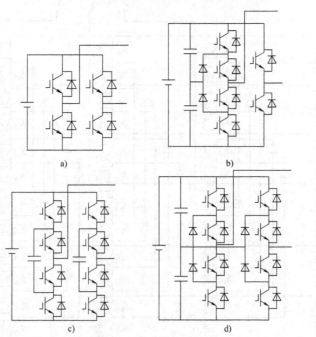

图9-2　不同串联单元

a）H 桥单元　b）不对称桥单元　c）飞跨电容单相桥　d）二极管钳位单相桥

制变得复杂，另外又不使用不同等级开关器件，散热装置等设计都不同，也使模块化不易实现。

图 9-3 所示为采用二极管钳位型多电平变流器的 APF 拓扑结构[259-263]。它和串联型多电平变流器一样，可以使用低压开关器件直接和中高压电力系统匹配，从而省掉升压变压器而减小了功率损耗；用较低的开关频率就能获得高的等效开关频率，从而更好地跟踪谐波指令信号，而且二极管钳位型多电平变流器可以节约高压电容的数目，且不需要独立直流电源，从电网吸收有功电流维持直流侧电压恒定。还可以通过 PWM 方法进行改进而实现电容电压平衡，因此可以大大降低该 APF 的设计制造成本。但是电平数超过七电平以后，系统所需二极管数量将很多，增加了实际工程应用的难度。

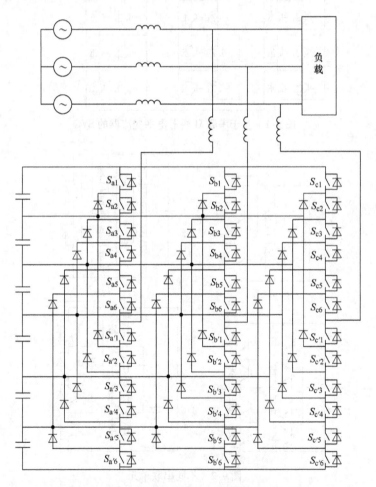

图 9-3　基于二极管钳位型七电平变流器的 APF

图 9-4 所示为采用二极管钳位型三电平变流器，然后采用多重化技术，组成三电平四重化结构的 SVG[254]。它采用三电平变流器，可以在一定程度上提高耐压等级，而且所用二极管数量很少，结构并不复杂，然后采用多绕组升压变压器和高压电力系统匹配。因为多电平和多重化技术都能获得高的等效开关频率，所以采用这种拓扑结构，可以使等效开关频率成倍地显著提高，从而可以选择开关频率低的大容量开关器件，更好地跟踪谐波指令信号。而且 4 个三电平变流器公用直流部分，不需要独立直流电源。直流环节只需要两个高压电容，一方面节省主电路元器件，另一方面由于 4 个变流器换相过程在时间上相互间隔、均匀分布，使直流纹波降低，并且可以通过对 PWM 方法改进实现电容电压平衡，大大降低 SVG 的设计制造成本。三电平四重化结构是在目前开关器件容量和开关频率条件下，将多电平和多重化技术结合起来的一种折中方案，但它仍存在多绕组变压器价格昂贵、设计难度大的缺点。在美国投运的世界上第一套统一潮流控制器就采用三电平四重化结构。

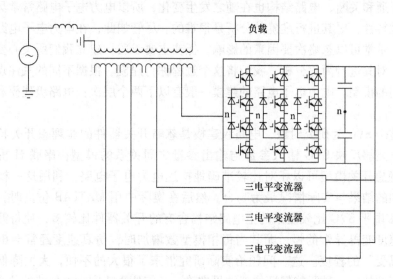

图 9-4　三电平四重化 SVG

此外，还有采用不对称五电平结构有源电力滤波器和无源电力滤波器混合型的拓扑结构，相同母线电压通过改变串联模块变压器电压比实现的混合型多电平 APF 拓扑结构，采用二极管钳位型多电平逆变器和 H 桥逆变器构成主从型多电平 SVG 拓扑结构，目前这些研究尚属初步探索阶段，大部分文献只是在理论方面进行探讨，实际系统应用较少。

9.2　串联 H 桥静止无功发生器

串联 H 桥 SVG 由三相独立的 H 桥逆变单元串联组成，三相 H 桥逆变单元如何连接，会影响系统的性能以及控制的难易，主流的联结方式有两种，即丫联结和△联结。当电网中存在不平衡负载时，需要 SVG 输出负序电流，采用丫联结串联 H 桥结构，SVG 需要中心点偏移。当负载严重不对称时，某相要产生较少指令电压，需要很少 H 桥逆变单元，某相要产生较多指令电压，需要串联很多 H 桥逆变单元。因此，丫联结串联 H 桥 SVG 不适合补偿严重不对称负载。而采用△联结，三相独立的 H 桥逆变单元可以进行单独的控制、投入和运行，相当于改变了不平衡负载的结构，将不平衡负载转变成了平衡负载，特别适合于分相控制，对平衡负载和不平衡负载都有很好的补偿效果，这是丫联结时无法做到的。但采用△联结，相同电压等级下，需要的 H 桥逆变单元数比丫联结时多，成本也要高很多。本节主要研究丫联结和△联结串联 H 桥 SVG 的工作原理、数学模型和控制方法等相关问题。

9.2.1 工作原理和数学模型

电力电子电路通常是由开关器件和无源元件构成的，在正常工作时，随着开关器件的开通和关断，电路结构也在随之发生变化，所以电力电子电路常常具有很强的非线性特性，对其进行准确的分析是很难的。尽管如此，在电力电子电路的实际分析中，常常可以忽略次要因素的影响，抓住主要矛盾，建立我们所关心变量之间的关系，对其进行简化分析，我们将这个过程称为建模。根据不同的关注点，可以建立不同的模型。电力电子电路的建模一般有以下两个层次：电路级建模和系统级建模。

以整个 SVG 为研究对象，电路级建模是忽略开关器件的非理想开关特性的影响，建立能够反映 SVG 输入参量与输出参量之间关系的模型；串联 H 桥多电平 SVG 的理想开关模型可以相对比较准确地描述电力电子电路，利用这一模型进行分析得到的结果与实际情况最为吻合。然后在实际中用 MATLAB 仿真时，由于串联 H 桥多电平 SVG 比较复杂的主电路结构含有的开关器件比较多，使得开关模型的仿真速度变得异常的慢，尤其当每相模型数增加时，仿真速度经常会出现"慢到难以忍受"的程度。这一问题给实际研究带来了很大的不便，大大降低了工作效率，因此找到一种既能保证仿真结果准确，又使仿真速度大大加快的仿真途径是很有工程实际意义的。本节用求得的平均模型代替开关模型进行仿真，结果证明在保持仿真结果一致的情况下，仿真速度有了很大的提高。

以 SVG 及其控制作为整体进行研究，系统级建模是建立能够反映加入控制后系统整体特性的模型。串联 H 桥多电平 SVG 的控制目标有两个：交流侧电流和直流侧电压。直流侧均压控制又分为：控制三相所有模块直流侧电压之和恒定、控制各相直流侧电压均衡以及控制每相各串联模块直流侧电压均衡等。由于要控制的变量较多，很难在一个模型中反映所有量之间的关系，所以这里采用分层建模的思想，即根据不同的研究对象，忽略次要因素，对模型进行相应的简化，分别建立适用于不同情况下的模型。具体而言，主要建立以下四个模型：首先是最里层模型，即每相各模块都独立开来，作为各不相同的个体存在，考虑各相各模块的差异，建立此时各模块直流侧相电压变化量，输入指令电流变化量与占空比之间关系，给逆变器的主电路性能提供了分析对象；其次是中间层模型，考虑三相之间直流侧电压有差异，建立反映各相直流侧电压变化量，输入指令电流变化量与占空比之间关系的模型，给逆变器的相间控制提供了分析对象；再次是最外层模型，在中间层的基础上进一步忽略各相串联模块之间的差异，将三相看作一个整体，建立反映总直流侧电压、交流侧电流与占空比之间关系的模型，此模型为逆变器的总电压控制和跟踪电流控制提供了分析对象。最后，分析每相各个串联模块之间的直流侧均压，建立反映每相各个串联模块直流侧电压变化量与占空比之间关系的模型，以指导各个模块直流侧均压调节器的设计。可以看出，不同层次的建模反映的关系是不一样的，在实际应用中，要根据不同的目的，合理地忽略次要因素，建立所对应的简化模型，给电路性能分析提供基础，从而为该 SVG 的调节器设计提供理论指导。

本节内容对串联 H 桥 SVG 的工作原理和数学模型做一简单的叙述。首先，从单个 H 桥模块开关器件的工作状态出发，介绍了单个 H 桥模块的工作原理和数学模型，再将其扩展到 N 个 H 桥模块串联时的情况。接着，为仿真分析和控制方法设计提供理论基础，又分别推导出了其在 abc 三相同步坐标系和 dq0 两相旋转坐标系下的数学模型。

9.2.1.1　H 桥数学模型

首先给出丫联结串联 H 桥 SVG 主电路基本结构如图 9-5 所示，三相独立，每相由 N 个完全相同的 H 桥模块串联组成 a、b、c 三相丫联结。其中，u_{sa}、u_{sb} 和 u_{sc} 分别为三相电网电压；i_{ca}、i_{cb} 和 i_{cc} 分别为串联 H 桥 SVG 三相输出电流；i_{la}、i_{lb} 和 i_{lc} 为检测到的三相负载电流；L 为串联 H 桥 SVG 与电网连接时的进线电感；u_{dc_ik}（$i = a, b, c; k = 1, 2, \cdots, N$）为 H 桥单相电路模块直流侧电压；$R_{dc\_ik}$（$i = a, b, c; k = 1, 2, \cdots, N$）为各个 H 桥模块等效损耗电阻，包含开关损耗及直流侧电容的等效损耗电阻等。假设串联 H 桥 SVG 每相由 N 个结构完全相同的 H 桥单相电路模块串联而成，则不同 H 桥模块直流侧电容取值相等，令 C_{dc} 为每个 H 桥模块直流侧电容值。

串联 H 桥 SVG 工作原理和第 5 章中所述的普通 SVG 相同，向电网输出无功和负序电流，对电网进行无功负序补偿和稳定电压。从串联 H 桥多电平 SVG 的结构可以看到，其基本组成单元为 H 桥。所以，在建立串联 H 桥多电平 SVG 的模型之前，首先应该建立单个 H 桥的相关模型。首先给出其等效电路如图 9-6 所示，其中，u_{dc} 为直流侧电容电压值；u 为单相 H 桥电路的输出电压。根据单相 H 桥电路的工作原理，同一臂对上、下两个开关器件，即 V_{11} 和 V_{12}、V_{21} 和 V_{22}，开通信号互补，但是在实际应用中，为了避免上下两个开关器件同时导通，造成直流侧电容 C_{dc} 短路，必须加一定的死区时间。假设用函数 S_1 来表示开关器件 V_{11} 和 V_{12} 的状

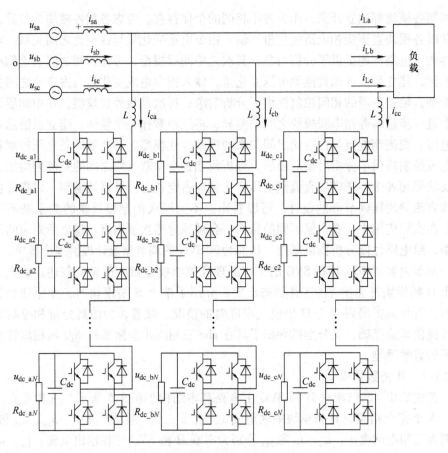

图 9-5 Y联结串联 H 桥 SVG 主电路基本结构

态，即当 V_{11} 开通、V_{12} 关断时，令 $S_1 = 1$，当 V_{11} 关断、V_{12} 开通时，令 $S_1 = 0$；用函数 S_2 来表示开关器件 V_{21} 和 V_{22} 的状态，即当 V_{21} 开通、V_{22} 关断时，令 $S_2 = 1$，当 V_{21} 关断、V_{22} 开通时，令 $S_2 = 0$。用函数 S 来表示 H 桥模块的状态，根据 H 桥模块等效电路，当 $S_1 = 1$、$S_2 = 1$ 时，令 H 桥电路函数 $S = 0$，H 桥电路端口电压 $u = 0$；当 $S_1 = 1$、$S_2 = 0$ 时，令 $S = 1$，$u = u_{dc}$；

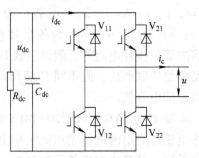

图 9-6 单个 H 桥模块等效电路

当 $S_1 = 0$、$S_2 = 1$ 时，令 $S = -1$，$u = -u_{dc}$；当 $S_1 = 0$、$S_2 = 0$ 时，令 $S = 0$，$u = 0$，见表 9-1。由此分析得

$$S = S_1 - S_2 \tag{9-1}$$

由表 9-1 中直流侧电容电压与单个 H 桥模块输出电压之间的关系式，可得

$$u = (S_1 - S_2)u_{dc} = Su_{dc} \tag{9-2}$$

由表 9-1 中直流侧电流与单个 H 桥模块输出电流之间的关系式，可得

$$i_{dc} = (S_1 - S_2)i_c = Si_c \tag{9-3}$$

根据式(9-1)~式(9-3)，可得到单个 H 桥模块等效开关模型，如图 9-7 所示。

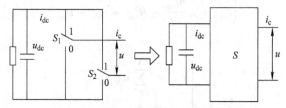

图 9-7　单个 H 桥模块等效开关模型

表 9-1　H 桥模块的输出电压和直流侧电流及开关器件状态

开关器件状态				开关变量	开关变量	开关变量	直流侧电流	输出电压 u
V_{11}	V_{21}	V_{12}	V_{22}	S_1	S_2	S	i_{dc}	
1	0	0	1	1	0	1	i_c	$u = u_{dc}$
1	1	0	0	1	1	0	0	$u = 0$
0	0	1	1	0	0	0	0	$u = 0$
0	1	1	0	0	1	-1	$-i_c$	$u = -u_{dc}$

9.2.1.2　串联 H 桥多电平 SVG 的数学模型

本节整个建模过程遵循以下思路：首先利用简单的电路定律，建立 SVG 的开关模型；然后建立其静止坐标系（abc 坐标系）下的平均模型；之后利用旋转变换，再将其变换为旋转坐标系（dq0 坐标系）下的平均模型，这一步将一个连续时变的模型转换为连续时不变模型，为直流侧电压间控制和每相各个模块均衡控制提供分析基础，同时为下一步的小信号分析奠定基础；最后，在 SVG 的某一稳态工作点处，对其进行小信号分析，建立 SVG 的小信号模型，通过此模型，便可以推导出与系统控制相关的传递函数，利用它们可以合理地设计控制系统的总直流侧电压和输出电流时的调节器。下面各节将详细给出每个模型建立的具体过程。

1. 串联 H 桥 SVG 在 abc 三相坐标系下的数学模型

（1）abc 坐标系下的丫联结系统开关模型　前面一节中，已经对串联 H 桥多电平 SVG 的结构和 H 桥数学模型做了详细的分析，并把 a、b、c 相中的各个 H 桥单相电路模块的开关函数等效表示为 S_{ik} （$i =$ a，b，c；$k = 1$，2，$\cdots$，N）。其中，i 表示第 i 相，k 表示该相中的第 k 个 H 桥模块，单个 H 桥中逆变器交直流侧的关系为

$$\begin{cases} u_{dc\_ij} = S_{ij}U_{dc\_ij} \\ i_{dc\_ij} = S_{ij}i_{ci} \end{cases} \tag{9-4}$$

由基尔霍夫电压定律（KVL）可得交流侧的关系如下：

$$\begin{cases} e_{\mathrm{sa}} = L\dfrac{\mathrm{d}i_{\mathrm{ca}}}{\mathrm{d}t} + Ri_{\mathrm{ca}} + u_{\mathrm{an}} + u_{\mathrm{no}} \\[2mm] e_{\mathrm{sb}} = L\dfrac{\mathrm{d}i_{\mathrm{cb}}}{\mathrm{d}t} + Ri_{\mathrm{cb}} + u_{\mathrm{bn}} + u_{\mathrm{no}} \\[2mm] e_{\mathrm{sc}} = L\dfrac{\mathrm{d}i_{\mathrm{cc}}}{\mathrm{d}t} + Ri_{\mathrm{cc}} + u_{\mathrm{cn}} + u_{\mathrm{no}} \end{cases} \tag{9-5}$$

式中

$$\begin{cases} u_{\mathrm{an}} = \displaystyle\sum_{j=1}^{N} u_{\mathrm{dc\_}aj} \\[2mm] u_{\mathrm{bn}} = \displaystyle\sum_{j=1}^{N} u_{\mathrm{dc\_}bj} \\[2mm] u_{\mathrm{cn}} = \displaystyle\sum_{j=1}^{N} u_{\mathrm{dc\_}cj} \end{cases} \tag{9-6}$$

同理，由 KCL 可得每个 H 桥直流侧满足关系：

$$C\frac{\mathrm{d}U_{\mathrm{dc\_}ij}}{\mathrm{d}t} = i_{\mathrm{dc\_}ij} - \frac{U_{\mathrm{dc\_}ij}}{R_{ij}} \quad (i = \mathrm{a,b,c}; \quad j = 1,2,\cdots,N) \tag{9-7}$$

同时，$i_{\mathrm{ca}} + i_{\mathrm{cb}} + i_{\mathrm{cc}} = 0$，因此将式（9-5）中的三个等式相加，化简后可得

$$u_{\mathrm{n0}} = -\frac{u_{\mathrm{an}} + u_{\mathrm{bn}} + u_{\mathrm{cn}}}{3} = -\frac{1}{3}\left(\sum_{j=1}^{N} S_{aj}U_{\mathrm{dc\_}aj} + \sum_{j=1}^{N} S_{bj}U_{\mathrm{dc\_}bj} + \sum_{j=1}^{N} S_{cj}U_{\mathrm{dc\_}cj}\right)$$
$$+ \frac{1}{3}(e_{\mathrm{sa}} + e_{\mathrm{sb}} + e_{\mathrm{sc}}) \tag{9-8}$$

将式（9-8）代入式（9-5）得平衡电压情况下的交流侧开关模型为

$$\begin{cases} e_{\mathrm{sa}} = L\dfrac{\mathrm{d}i_{\mathrm{ca}}}{\mathrm{d}t} + Ri_{\mathrm{ca}} + \displaystyle\sum_{j=1}^{N} S_{aj}U_{\mathrm{dc\_}aj} - \frac{1}{3}\left(\sum_{j=1}^{N} S_{aj}U_{\mathrm{dc\_}aj} + \sum_{j=1}^{N} S_{bj}U_{\mathrm{dc\_}bj} + \sum_{j=1}^{N} S_{cj}U_{\mathrm{dc\_}cj}\right) + \\[2mm] \qquad \dfrac{1}{3}(e_{\mathrm{sa}} + e_{\mathrm{sb}} + e_{\mathrm{sc}}) \\[3mm] e_{\mathrm{sb}} = L\dfrac{\mathrm{d}i_{\mathrm{cb}}}{\mathrm{d}t} + Ri_{\mathrm{cb}} + \displaystyle\sum_{j=1}^{N} S_{bj}U_{\mathrm{dc\_}bj} - \frac{1}{3}\left(\sum_{j=1}^{N} S_{aj}U_{\mathrm{dc\_}aj} + \sum_{j=1}^{N} S_{bj}U_{\mathrm{dc\_}bj} + \sum_{j=1}^{N} S_{cj}U_{\mathrm{dc\_}cj}\right) + \\[2mm] \qquad \dfrac{1}{3}(e_{\mathrm{sa}} + e_{\mathrm{sb}} + e_{\mathrm{sc}}) \\[3mm] e_{\mathrm{sc}} = L\dfrac{\mathrm{d}i_{\mathrm{cc}}}{\mathrm{d}t} + Ri_{\mathrm{cc}} + \displaystyle\sum_{j=1}^{N} S_{cj}U_{\mathrm{dc\_}cj} - \frac{1}{3}\left(\sum_{j=1}^{N} S_{aj}U_{\mathrm{dc\_}aj} + \sum_{j=1}^{N} S_{bj}U_{\mathrm{dc\_}bj} + \sum_{j=1}^{N} S_{cj}U_{\mathrm{dc\_}cj}\right) + \\[2mm] \qquad \dfrac{1}{3}(e_{\mathrm{sa}} + e_{\mathrm{sb}} + e_{\mathrm{sc}}) \end{cases}$$
$$\tag{9-9}$$

将式（9-4）代入式（9-7）中，可得的直流侧开关模型为

$$C \frac{\mathrm{d}U_{\mathrm{dc}\_\,ij}}{\mathrm{d}t} = S_{ij} i_{ci} - \frac{U_{\mathrm{dc}\_\,ij}}{R_{ij}} \tag{9-10}$$

（2）丫联结系统最里层平均模型 式（9-9）与式（9-10）就是串联 H 桥 SVG 的开关模型。理想开关模型可以相对比较准确地描述电力电子电路，它们分别反映了 H 桥交流侧输出电压与直流侧电压及直流侧电流与交流侧电流之间的关系，利用这一模型进行分析得到的结果与实际情况最为吻合。但由于它们的关系是由开关状态表示的，理想开关模型是时变的，所以开关模型是一个在时间上离散的模型，获得其解析解比较困难，因此通常用数值的方法来求解，无法获得对一类控制系统具有普遍意义的结果。这不利于对 SVG 进行分析，需要将其变换为连续模型。一般来说，将开关模型中的各个变量以该器件的实际开关周期为周期取滑动平均，便可以得到该逆变器最里层的平均模型，消除了时变性，容易得到解析解。本节在上述串联 H 桥多电平 SVG 开关模型的基础上求得了各层的平均模型，并在此基础上进行了仿真。

对于串联 H 桥多电平逆变器，改为取整体装置最后输出的等效开关周期对每个 H 桥的各个变量取滑动平均。如果假设实际开关器件的开关周期为 T，那么此时 N 个模块的等效开关周期 T_s 为 $T_s = T/(2N)$。将开关函数进行平均周期，得

$$\begin{cases} d_{ij} = \dfrac{1}{T_s} \displaystyle\int_{t-T_s}^{t} s_{ij}(\tau) \mathrm{d}\tau \\[3mm] d_{ij} \overline{U}_{ij} = \dfrac{1}{T_s} \displaystyle\int_{t-T_s}^{t} s_{ij}(\tau) U_{ij}(\tau) \mathrm{d}\tau \quad (i = \mathrm{a,b,c}) \\[3mm] d_{ij} \overline{i}_{ci} = \dfrac{1}{T_s} \displaystyle\int_{t-T_s}^{t} s_{ij} i_{ci} \mathrm{d}\tau \end{cases} \tag{9-11}$$

式中 d_{ij}——等效开关周期 T_s 内开关器件的占空比。

所以，将式（9-11）代入式（9-5）可得

$$\begin{cases} L \dfrac{\mathrm{d}\,\overline{i}_{ca}}{\mathrm{d}t} = \dfrac{2}{3}\overline{e}_{sa} - \dfrac{1}{3}\overline{e}_{sb} - \dfrac{1}{3}\overline{e}_{sc} - R\,\overline{i}_{ca} + \dfrac{1}{3}\left(-2 * \sum\limits_{j=1}^{N} d_{aj}\overline{U}_{\mathrm{dc}\_\,aj} + \sum\limits_{j=1}^{N} d_{bj}\overline{U}_{\mathrm{dc}\_\,bj} + \sum\limits_{j=1}^{N} d_{cj}\overline{U}_{\mathrm{dc}\_\,cj} \right) \\[3mm] L \dfrac{\mathrm{d}\,\overline{i}_{cb}}{\mathrm{d}t} = \dfrac{2}{3}\overline{e}_{sb} - \dfrac{1}{3}\overline{e}_{sc} - \dfrac{1}{3}\overline{e}_{sa} - R\,\overline{i}_{cb} + \dfrac{1}{3}\left(\sum\limits_{j=1}^{N} d_{aj}\overline{U}_{\mathrm{dc}\text{-}aj} - 2 * \sum\limits_{j=1}^{N} d_{bj}\overline{U}_{\mathrm{dc}\_\,bj} + \sum\limits_{j=1}^{N} d_{cj}\overline{U}_{\mathrm{dc}\_\,cj} \right) \\[3mm] L \dfrac{\mathrm{d}\,\overline{i}_{cc}}{\mathrm{d}t} = \dfrac{2}{3}\overline{e}_{sc} - \dfrac{1}{3}\overline{e}_{sa} - \dfrac{1}{3}\overline{e}_{sb} - R\,\overline{i}_{cc} + \dfrac{1}{3}\left(\sum\limits_{j=1}^{N} d_{aj}\overline{U}_{\mathrm{dc}\_\,aj} + \sum\limits_{j=1}^{N} d_{bj}\overline{U}_{\mathrm{dc}\_\,bj} - 2 * \sum\limits_{j=1}^{N} d_{cj}\overline{U}_{\mathrm{dc}\_\,cj} \right) \end{cases} \tag{9-12}$$

$$C \frac{\mathrm{d}\,\overline{U}_{\mathrm{dc}\_\,ij}}{\mathrm{d}t} = d_{ij}\,\overline{i}_{ci} - \frac{\overline{U}_{\mathrm{dc}-ij}}{R_{ij}}$$

式中所有变量如含有上标"—"表示该量的滑动平均量，如$\overline{i}_{ci}$、$\overline{U}_{dc\_ij}$。

式（9-12）表示了串联 H 桥多电平 SVG 最里层的模型，其建模准确度比较高，关注点放在系统中的各模块上。这个过程中，考虑了每个独立模块的差异，求出了各模块直流侧电压变化量，输入指令电流变化量与占空比之间的关系。根据求得的关系，可以分析出该层主电路的电路特性，因而可根据实际需要进行系统校正，使系统的性能满足要求。

（3）丫联结系统中间层平均模型　如果忽略串联 H 桥多电平 SVG 各相中不同模块的差异，即把同相中的各模块视为是理想且相同的，但考虑三相之间的差异性，则可以得到另一个模型，称之为中间层平均模型。在前面最里层平均模型的基础上，对系统有以下说明：

1）在忽略各个模块的差异后，N 个模块串联的单相装置就可以等效为一个开关频率为实际器件开关频率 N 倍的单个 H 桥模块。此时，该 H 桥模块的等效占空比计算公式为

$$d_{i1} = d_{i2} = \cdots = d_{iN} = d_i \quad (i = a、b、c，且 d_a \neq d_b \neq d_c) \tag{9-13}$$

2）每相各模块中的直流侧损耗都是相等的，即

$$R_{i1} = R_{i2} = \cdots = R_{iN} = R_i \quad (i = a、b、c，且 R_a \neq R_b \neq R_c) \tag{9-14}$$

3）各相串联的各模块直流侧电压都等于 $\overline{U}_{dc\_i}$，则每相电压之和都为 $\overline{U}_{pdc\_i}$，即

$$\begin{cases} \overline{U}_{dc\_i1} = \overline{U}_{dc\_i2} = \cdots = \overline{U}_{dc\_iN} = \overline{U}_{dc\_i} \\ \overline{U}_{dc\_i1} + \overline{U}_{dc\_i2} + \cdots + \overline{U}_{dc\_iN} = \overline{U}_{pdc\_i} \end{cases} \quad (i = a、b、c，且 \overline{U}_{dc\_a} \neq \overline{U}_{dc\_b} \neq \overline{U}_{dc\_c}) \tag{9-15}$$

通过上述说明，交直流侧电压关系如下式所示：

$$\begin{cases} \overline{U}_{an} = \sum_{j=1}^{N} d_{aj} \overline{U}_{dc-aj} = d_a \overline{U}_{pdc\_a} \\ \overline{U}_{bn} = \sum_{j=1}^{N} d_{bj} \overline{U}_{dc-bj} = d_b \overline{U}_{pdc\_b} \\ \overline{U}_{cn} = \sum_{j=1}^{N} d_{cj} \overline{U}_{dc-cj} = d_c \overline{U}_{pdc\_c} \end{cases} \tag{9-16}$$

$$\frac{1}{3}\left(\sum_{j=1}^{N} d_{aj} \overline{U}_{dc-aj} + \sum_{j=1}^{N} d_{bj} \overline{U}_{dc-bj} + \sum_{j=1}^{N} d_{cj} \overline{U}_{dc-cj} \right) =$$

$$\frac{1}{3}(d_a \overline{U}_{pdc\_a} + d_b \overline{U}_{pdc\_b} + d_c \overline{U}_{pdc\_c}) \tag{9-17}$$

将同一相中各模块直流侧关系式相加，得

$$C \frac{\mathrm{d}\,\overline{U}_{\mathrm{pdc\_}i}}{\mathrm{d}t} = Nd_i\,\overline{i}_i - \frac{\overline{U}_{\mathrm{pdc\_}i}}{R_i} \quad (i = \mathrm{a,b,c}) \tag{9-18}$$

将式 (9-16) 代入式 (9-5) 得交流侧中间层平均模型为

$$\begin{cases} L\dfrac{\mathrm{d}\,\overline{i}_{\mathrm{ca}}}{\mathrm{d}t} = \dfrac{1}{3}\,\overline{e}_{\mathrm{sa}} + \dfrac{1}{3}\,\overline{e}_{\mathrm{sb}} + \dfrac{1}{3}\,\overline{e}_{\mathrm{sc}} - R\,\overline{i}_{\mathrm{ca}} + \dfrac{1}{3}\left(-2d_{\mathrm{a}}\,\overline{U}_{\mathrm{pdc\_a}} + d_{\mathrm{b}}\,\overline{U}_{\mathrm{pdc\_b}} + d_{\mathrm{c}}\,\overline{U}_{\mathrm{pdc\_c}} \right) \\[3mm] L\dfrac{\mathrm{d}\,\overline{i}_{\mathrm{cb}}}{\mathrm{d}t} = \dfrac{2}{3}\,\overline{e}_{\mathrm{sb}} - \dfrac{1}{3}\,\overline{e}_{\mathrm{sc}} - \dfrac{1}{3}\,\overline{e}_{\mathrm{sa}} - R\,\overline{i}_{\mathrm{cb}} + \dfrac{1}{3}\left(d_{\mathrm{a}}\,\overline{U}_{\mathrm{pdc\_a}} - 2d_{\mathrm{b}}\,\overline{U}_{\mathrm{pdc\_b}} + d_{\mathrm{c}}\,\overline{U}_{\mathrm{pdc\_c}} \right) \\[3mm] L\dfrac{\mathrm{d}\,\overline{i}_{\mathrm{cc}}}{\mathrm{d}t} = \dfrac{2}{3}\,\overline{e}_{\mathrm{sc}} - \dfrac{1}{3}\,\overline{e}_{\mathrm{sb}} - \dfrac{1}{3}\,\overline{e}_{\mathrm{sb}} - R\,\overline{i}_{\mathrm{cc}} + \dfrac{1}{3}\left(d_{\mathrm{a}}\,\overline{U}_{\mathrm{pdc\_a}} + d_{\mathrm{b}}\,\overline{U}_{\mathrm{pdc\_b}} - 2d_{\mathrm{c}}\,\overline{U}_{\mathrm{pdc\_c}} \right) \end{cases}$$

$$\tag{9-19}$$

直流侧中间层平均模型为

$$\begin{cases} \dfrac{C}{N}\dfrac{\mathrm{d}\,\overline{U}_{\mathrm{pdc\_a}}}{\mathrm{d}t} = d_{\mathrm{a}}\,\overline{i}_{\mathrm{a}} - \dfrac{\overline{U}_{\mathrm{pdc\_a}}}{NR_{\mathrm{a}}} \\[3mm] \dfrac{C}{N}\dfrac{\mathrm{d}\,\overline{U}_{\mathrm{pdc\_b}}}{\mathrm{d}t} = d_{\mathrm{b}}\,\overline{i}_{\mathrm{b}} - \dfrac{\overline{U}_{\mathrm{pdc\_b}}}{NR_{\mathrm{b}}} \\[3mm] \dfrac{C}{N}\dfrac{\mathrm{d}\,\overline{U}_{\mathrm{pdc\_c}}}{\mathrm{d}t} = d_{\mathrm{c}}\,\overline{i}_{\mathrm{c}} - \dfrac{\overline{U}_{\mathrm{pdc\_c}}}{NR_{\mathrm{c}}} \end{cases} \tag{9-20}$$

将 d_{a} 和 $\overline{U}_{\mathrm{pdc\_a}}$ 作为变量, 由式 (9-19) 和式 (9-20) 可得 a 相等效 H 桥结构, 并可用图 9-8 所示的电路来表示。其电路结构可以简化为图 9-9 所示。

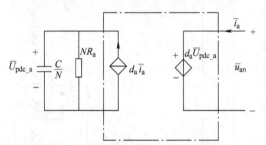

图 9-8　单相等效 H 桥简化平均模型

将上述串联 H 桥多电平 SVG 中间层平均模型写成矩阵形式为

$$L\frac{\mathrm{d}\,\overline{\boldsymbol{i}}_{\mathrm{cabc}}}{\mathrm{d}t} = \begin{bmatrix} \dfrac{2}{3} & -\dfrac{1}{3} & -\dfrac{1}{3} \\[2mm] -\dfrac{1}{3} & \dfrac{2}{3} & -\dfrac{1}{3} \\[2mm] -\dfrac{1}{3} & -\dfrac{1}{3} & \dfrac{2}{3} \end{bmatrix} \overline{\boldsymbol{e}}_{\mathrm{sabc}} - R\,\overline{\boldsymbol{i}}_{\mathrm{cabc}} + \frac{1}{3}\begin{bmatrix} -2\,\overline{U}_{\mathrm{pdc\_a}} & \overline{U}_{\mathrm{pdc\_b}} & \overline{U}_{\mathrm{pdc\_c}} \\[2mm] \overline{U}_{\mathrm{pdc\_a}} & -2\,\overline{U}_{\mathrm{pdc\_b}} & \overline{U}_{\mathrm{pdc\_c}} \\[2mm] \overline{U}_{\mathrm{pdc\_a}} & \overline{U}_{\mathrm{pdc\_b}} & -2\,\overline{U}_{\mathrm{pdc\_c}} \end{bmatrix} \boldsymbol{d}_{\mathrm{abc}}$$

$$\tag{9-21}$$

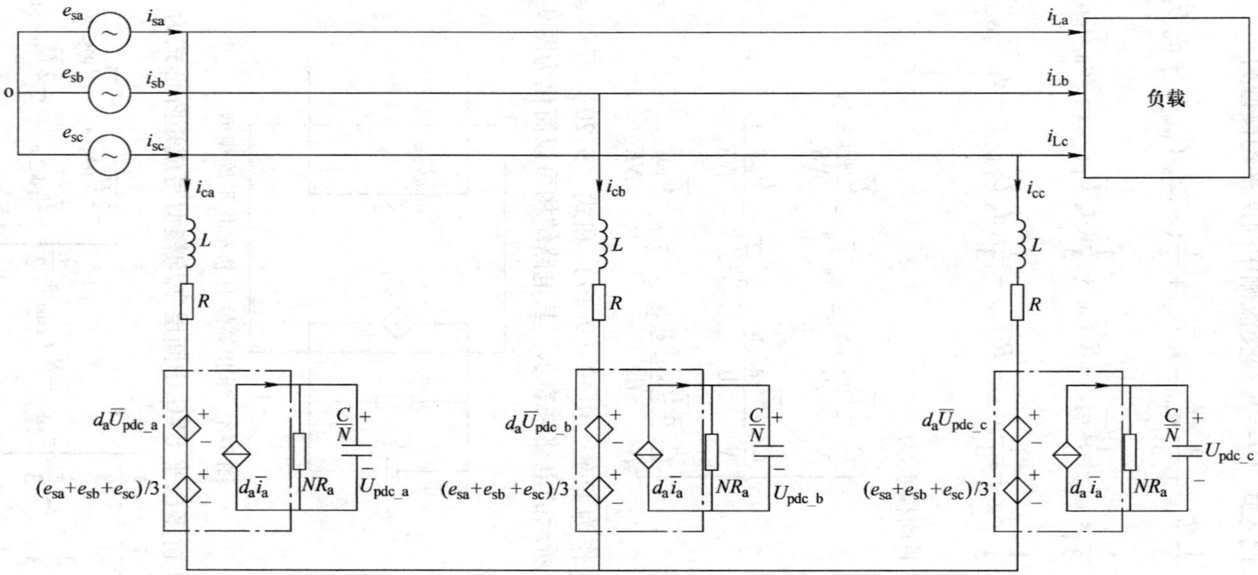

图 9-9 串联 H 桥多电平 SVG 相间层模型示意图

$$\frac{C}{N}\frac{\mathrm{d}\,\overline{U}_{\mathrm{pdc\_abc}}}{\mathrm{d}t} = \begin{bmatrix} d_a i_a \\ d_b i_b \\ d_c i_c \end{bmatrix} - \begin{bmatrix} \dfrac{\overline{U}_{\mathrm{pdc\_a}}}{NR_a} & 0 & 0 \\ 0 & \dfrac{\overline{U}_{\mathrm{pdc\_b}}}{NR_b} & 0 \\ 0 & 0 & \dfrac{\overline{U}_{\mathrm{pdc\_c}}}{NR_c} \end{bmatrix} \tag{9-22}$$

式中
$$\overline{\boldsymbol{i}}_{\mathrm{cabc}} = \begin{bmatrix} \overline{i}_{\mathrm{ca}} & \overline{i}_{\mathrm{cb}} & \overline{i}_{\mathrm{cc}} \end{bmatrix}^{\mathrm{T}}$$

$$\overline{\boldsymbol{e}}_{\mathrm{sabc}} = \begin{bmatrix} \overline{e}_{\mathrm{sa}} & \overline{e}_{\mathrm{sb}} & \overline{e}_{\mathrm{sc}} \end{bmatrix}^{\mathrm{T}}$$

$$\boldsymbol{d}_{\mathrm{abc}} = \begin{bmatrix} d_a & d_b & d_c \end{bmatrix}^{\mathrm{T}}$$

$$\overline{\boldsymbol{U}}_{\mathrm{pdc\_abc}} = \begin{bmatrix} \overline{U}_{\mathrm{pdc\_a}} & \overline{U}_{\mathrm{pdc\_b}} & \overline{U}_{\mathrm{pdc\_c}} \end{bmatrix}^{\mathrm{T}}$$

式（9-21）与式（9-22）表示了串联 H 桥多电平 SVG 中间层平均模型，它是最里层模型降低建模准确度后的结果。由式（9-22），基于中间层平均模型，丫联结串联 H 桥多电平 SVG 直流侧电压和交流侧占空比的关系为

$$\begin{cases} \dfrac{C}{N}\dfrac{\mathrm{d}U_{\mathrm{pdc\_a}}}{\mathrm{d}t} + \dfrac{U_{\mathrm{pdc\_a}}}{NR_a} = (d_{a+} + d_{a-} + d_{a0})(i_{\mathrm{ca}+} + i_{\mathrm{ca}-}) \\[2mm] \dfrac{C}{N}\dfrac{\mathrm{d}U_{\mathrm{pdc\_b}}}{\mathrm{d}t} + \dfrac{U_{\mathrm{pdc\_b}}}{NR_b} = (d_{b+} + d_{b-} + d_{b0})(i_{\mathrm{cb}+} + i_{\mathrm{cb}-}) \\[2mm] \dfrac{C}{N}\dfrac{\mathrm{d}U_{\mathrm{pdc\_c}}}{\mathrm{d}t} + \dfrac{U_{\mathrm{pdc\_c}}}{NR_c} = (d_{c+} + d_{c-} + d_{c0})(i_{\mathrm{cc}+} + i_{\mathrm{cc}-}) \end{cases} \tag{9-23a}$$

进一步得

$$\begin{cases} \dfrac{C}{2N}\dfrac{\mathrm{d}U_{\mathrm{pdc\_a}}^2}{\mathrm{d}t} + \dfrac{U_{\mathrm{pdc\_a}}^2}{NR_a} = U_{a+}i_{\mathrm{ca}+} + U_{a-}i_{\mathrm{ca}+} + U_{a0}i_{\mathrm{ca}+} + U_{a+}i_{\mathrm{ca}-} + U_{a-}i_{\mathrm{ca}-} + U_{a0}i_{\mathrm{ca}-} \\[2mm] \dfrac{C}{2N}\dfrac{\mathrm{d}U_{\mathrm{pdc\_b}}^2}{\mathrm{d}t} + \dfrac{U_{\mathrm{pdc\_b}}^2}{NR_b} = U_{b+}i_{\mathrm{cb}+} + U_{b-}i_{\mathrm{cb}+} + U_{b0}i_{\mathrm{cb}+} + U_{b+}i_{\mathrm{cb}-} + U_{b-}i_{\mathrm{cb}-} + U_{b0}i_{\mathrm{cb}-} \\[2mm] \dfrac{C}{2N}\dfrac{\mathrm{d}U_{\mathrm{pdc\_c}}^2}{\mathrm{d}t} + \dfrac{U_{\mathrm{pdc\_c}}^2}{NR_c} = U_{c+}i_{\mathrm{cc}+} + U_{c-}i_{\mathrm{cc}+} + U_{c0}i_{\mathrm{cc}+} + U_{c+}i_{\mathrm{cc}-} + U_{c-}i_{\mathrm{cc}-} + U_{c0}i_{\mathrm{cc}-} \end{cases}$$

$$\tag{9-23b}$$

其中，串联 H 桥多电平变流器指令电压 $U_{a+} = d_{a+}U_{\mathrm{pdc\_a}}$，$U_{a-} = d_{a-}U_{\mathrm{pdc\_a}}$，$U_{a0} = d_{a0}U_{\mathrm{pdc\_a}}$。由上式可知，在输出无功负序电流确定的情况下，正序指令电压和负序指令电压唯一确定，可以调节零序指令电压来调节直流侧电压。

中间层平均模型的研究是以各相为单位进行的，即在这个过程中建模的重点是每相装置而不是单个模块。该平均模型考虑三相之间直流侧电压的差异性，建立反

映直流侧相电压变化量和输入电流与占空比指令变化量之间的关系，为三相直流侧均压调节器的设计奠定理论基础。

（4）Y联结系统最外层平均模型　在上述中间层平均模型的基础上，如果进一步忽略三相之间的差异，即把各相各个模块都视为是理想且相同的，则可以得到最外层平均模型。此时对系统有以下说明：

1）三相各模块中的直流侧损耗都是相等的，即

$$R_{i1} = R_{i2} = \cdots R_{iN} = R_i \quad (i = a,b,c\ 且\ R_a = R_b = R_c = R) \quad (9\text{-}24)$$

2）三相各串联模块直流侧电压被控制到平均值 $\overline{U}_{dc}$，且每相电压之和都为 $\overline{U}_{pdc}$，即

$$\begin{cases} \overline{U}_{dc\_a1} = \overline{U}_{dc\_a2} = \cdots = \overline{U}_{dc\_bN} = \overline{U}_{dc\_cN} = \overline{U}_{dc} \\ \overline{U}_{pdc} = \overline{U}_{pdc\_i} = \overline{U}_{dc\_i1} + \overline{U}_{dc\_i2} + \cdots + \overline{U}_{dc\_iN} = N\overline{U}_{dc} \end{cases} \quad (i = a,b,c)$$
$$(9\text{-}25)$$

通过上述说明，可得下式所示的交直流侧电压关系：

$$\begin{cases} \overline{U}_{an} = \sum_{j=1}^{N} d_{aj}\overline{U}_{dc\_aj} = d_a\overline{U}_{pdc} \\ \overline{U}_{bn} = \sum_{j=1}^{N} d_{bj}\overline{U}_{dc\_bj} = d_b\overline{U}_{pdc} \\ \overline{U}_{cn} = \sum_{j=1}^{N} d_{cj}\overline{U}_{dc\_cj} = d_c\overline{U}_{pdc} \end{cases} \quad (9\text{-}26)$$

$$C\frac{d\overline{U}_{pdc}}{dt} = Nd_i\overline{i}_i - \frac{\overline{U}_{pdc}}{R} \quad (i = a,b,c) \quad (9\text{-}27)$$

故有

$$\frac{1}{3}\left(\sum_{j=1}^{N} d_{aj}\overline{U}_{dc\_aj} + \sum_{j=1}^{N} d_{bj}\overline{U}_{dc\_bj} + \sum_{j=1}^{N} d_{cj}\overline{U}_{dc\_cj}\right) = \frac{1}{3}(d_a + d_b + d_c)\overline{U}_{pdc}$$
$$(9\text{-}28)$$

将式（9-28）代入式（9-19）得交流侧最外层平均模型为

$$\begin{cases} L\dfrac{d\overline{i}_{ca}}{dt} = \overline{e}_{sa} - R\overline{i}_{ca} - d_a\overline{U}_{pdc} + \dfrac{1}{3}(d_a + d_b + d_c)\overline{U}_{pdc} - \dfrac{1}{3}(\overline{e}_{sa} + \overline{e}_{sb} + \overline{e}_{sc}) \\[2mm] L\dfrac{d\overline{i}_{cb}}{dt} = \overline{e}_{sb} - R\overline{i}_{cb} - d_b\overline{U}_{pdc} + \dfrac{1}{3}(d_a + d_b + d_c)\overline{U}_{pdc} - \dfrac{1}{3}(\overline{e}_{sa} + \overline{e}_{sb} + \overline{e}_{sc}) \\[2mm] L\dfrac{d\overline{i}_{cc}}{dt} = \overline{e}_{sc} - R\overline{i}_{cc} - d_c\overline{U}_{pdc} + \dfrac{1}{3}(d_a + d_b + d_c)\overline{U}_{pdc} - \dfrac{1}{3}(\overline{e}_{sa} + \overline{e}_{sb} + \overline{e}_{sc}) \end{cases}$$
$$(9\text{-}29)$$

直流侧最外层平均模型为

$$\begin{cases} C\dfrac{\mathrm{d}\,\overline{U}_{\mathrm{pdc}}}{\mathrm{d}t} = Nd_{\mathrm{a}}\,\overline{i}_{\mathrm{a}} - \dfrac{\overline{U}_{\mathrm{pdc}}}{R} \\[3mm] C\dfrac{\mathrm{d}\,\overline{U}_{\mathrm{pdc}}}{\mathrm{d}t} = Nd_{\mathrm{b}}\,\overline{i}_{\mathrm{b}} - \dfrac{\overline{U}_{\mathrm{pdc}}}{R} \\[3mm] C\dfrac{\mathrm{d}\,\overline{U}_{\mathrm{pdc}}}{\mathrm{d}t} = Nd_{\mathrm{c}}\,\overline{i}_{\mathrm{c}} - \dfrac{\overline{U}_{\mathrm{pdc}}}{R} \end{cases} \tag{9-30}$$

将式（9-30）中的各式相加，得

$$3C\frac{\mathrm{d}\,\overline{U}_{\mathrm{pdc}}}{\mathrm{d}t} = N(d_{\mathrm{a}}\,\overline{i}_{\mathrm{a}} + d_{\mathrm{b}}\,\overline{i}_{\mathrm{b}} + d_{\mathrm{c}}\,\overline{i}_{\mathrm{c}}) - \frac{3\,\overline{U}_{\mathrm{pdc}}}{R} \tag{9-31}$$

式（9-29）与式（9-31）表示了串联 H 桥多电平 SVG 最外层平均模型，也即建模准确度最小的平均模型。在此过程中，消去了电路内部的差异，即忽略了单个模块的不同，也忽略了三相之间的不同。该平均模型将三相看作一个整体，建立反映总直流侧电压、交流侧电流与占空比之间的关系。此时，串联 H 桥多电平 SVG 主电路最外层平均模型示意图如图 9-10 所示。

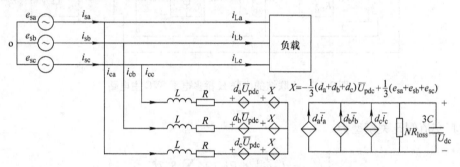

图 9-10　串联 H 桥多电平 SVG 最外层（平均）模型示意图

（5）abc 坐标系下的△联结系统最外层平均模型　图 9-11 所示的△联结的串联 H 桥多电平 SVG 主电路与前面图 9-5 所示的丫联结的主电路差别较小，在此直接给出三层主电路的三个平均模型结果，不再重复推导步骤。基本单元的交直流侧关系不变，仍如式（9-4）所示，但交流侧的电压关系变为

$$\begin{cases} e_{\mathrm{lab}} = L\dfrac{\mathrm{d}i_{\mathrm{ca}}}{\mathrm{d}t} + Ri_{\mathrm{ca}} + u_{\mathrm{a'b}} \\[3mm] e_{\mathrm{lbc}} = L\dfrac{\mathrm{d}i_{\mathrm{cb}}}{\mathrm{d}t} + Ri_{\mathrm{cb}} + u_{\mathrm{b'c}} \\[3mm] e_{\mathrm{lca}} = L\dfrac{\mathrm{d}i_{\mathrm{cc}}}{\mathrm{d}t} + Ri_{\mathrm{cc}} + u_{\mathrm{c'a}} \end{cases} \tag{9-32}$$

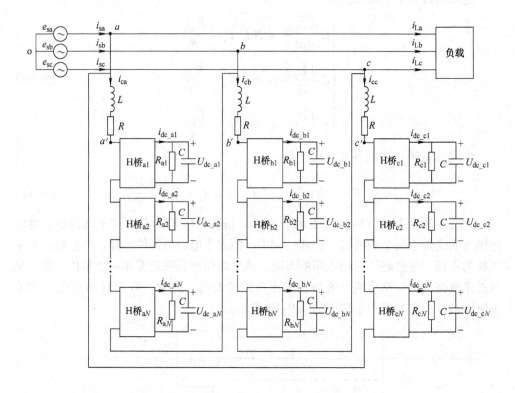

图 9-11 △联结的串联 H 桥多电平 SVG 主电路

故其交流侧开关模型为

$$\begin{cases} e_{\text{lab}} = L\dfrac{\mathrm{d}i_{\text{ca}}}{\mathrm{d}t} + Ri_{\text{ca}} + \displaystyle\sum_{j=1}^{N} S_{aj}U_{\text{dc}\_\,aj} \\[3mm] e_{\text{lbc}} = L\dfrac{\mathrm{d}i_{\text{cb}}}{\mathrm{d}t} + Ri_{\text{cb}} + \displaystyle\sum_{j=1}^{N} S_{bj}U_{\text{dc}\_\,bj} \\[3mm] e_{\text{lca}} = L\dfrac{\mathrm{d}i_{\text{cc}}}{\mathrm{d}t} + Ri_{\text{cc}} + \displaystyle\sum_{j=1}^{N} S_{cj}U_{\text{dc}\_\,cj} \end{cases} \qquad (9\text{-}33)$$

直流侧开关模型仍如式（9-10）所示。

同前面的推导步骤，下面直接给出△联结系统的三层平均模型。

1）最里层的平均模型

$$\begin{cases} L\dfrac{\mathrm{d}\,\overline{i}_{\mathrm{ca}}}{\mathrm{d}t} = \overline{e}_{\mathrm{lab}} - R\,\overline{i}_{\mathrm{ca}} - \displaystyle\sum_{j=1}^{N} d_{\mathrm{a}j}\,\overline{U}_{\mathrm{dc}\_\mathrm{a}j} \\[4mm] L\dfrac{\mathrm{d}\,\overline{i}_{\mathrm{cb}}}{\mathrm{d}t} = \overline{e}_{\mathrm{lbc}} - R\,\overline{i}_{\mathrm{cb}} - \displaystyle\sum_{j=1}^{N} d_{\mathrm{b}j}\,\overline{U}_{\mathrm{dc}\_\mathrm{b}j} \\[4mm] L\dfrac{\mathrm{d}\,\overline{i}_{\mathrm{cc}}}{\mathrm{d}t} = \overline{e}_{\mathrm{lca}} - R\,\overline{i}_{\mathrm{cc}} - \displaystyle\sum_{j=1}^{N} d_{\mathrm{c}j}\,\overline{U}_{\mathrm{dc}\_\mathrm{c}j} \end{cases} \tag{9-34}$$

$$C\dfrac{\mathrm{d}\,\overline{U}_{\mathrm{dc}\_ij}}{\mathrm{d}t} = d_{ij}\,\overline{i}_{\mathrm{c}i} - \dfrac{\overline{U}_{\mathrm{dc}\_ij}}{R_{ij}} \quad (i = \mathrm{a,b,c}; \quad j = 1,2,\cdots,N)$$

2）中间层的平均模型

交流侧中间层的平均模型：

$$\begin{cases} L\dfrac{\mathrm{d}\,\overline{i}_{\mathrm{ca}}}{\mathrm{d}t} = \overline{e}_{\mathrm{lab}} - R\,\overline{i}_{\mathrm{ca}} - d_{\mathrm{a}}\,\overline{U}_{\mathrm{pdc}\_\mathrm{a}} \\[4mm] L\dfrac{\mathrm{d}\,\overline{i}_{\mathrm{cb}}}{\mathrm{d}t} = \overline{e}_{\mathrm{lbc}} - R\,\overline{i}_{\mathrm{cb}} - d_{\mathrm{b}}\,\overline{U}_{\mathrm{pdc}\_\mathrm{b}} \\[4mm] L\dfrac{\mathrm{d}\,\overline{i}_{\mathrm{cc}}}{\mathrm{d}t} = \overline{e}_{\mathrm{lca}} - R\,\overline{i}_{\mathrm{cc}} - d_{\mathrm{c}}\,\overline{U}_{\mathrm{pdc}\_\mathrm{c}} \end{cases} \tag{9-35}$$

直流侧中间层的平均模型：

$$\begin{cases} \dfrac{C}{N}\dfrac{\mathrm{d}\,\overline{U}_{\mathrm{pdc}\_\mathrm{a}}}{\mathrm{d}t} = d_{\mathrm{a}}\,\overline{i}_{\mathrm{a}} - \dfrac{\overline{U}_{\mathrm{pdc}\_\mathrm{a}}}{NR_{\mathrm{a}}} \\[4mm] \dfrac{C}{N}\dfrac{\mathrm{d}\,\overline{U}_{\mathrm{pdc}\_\mathrm{b}}}{\mathrm{d}t} = d_{\mathrm{b}}\,\overline{i}_{\mathrm{b}} - \dfrac{\overline{U}_{\mathrm{pdc}\_\mathrm{b}}}{NR_{\mathrm{b}}} \\[4mm] \dfrac{C}{N}\dfrac{\mathrm{d}\,\overline{U}_{\mathrm{pdc}\_\mathrm{c}}}{\mathrm{d}t} = d_{\mathrm{c}}\,\overline{i}_{\mathrm{c}} - \dfrac{\overline{U}_{\mathrm{pdc}\_\mathrm{c}}}{NR_{\mathrm{c}}} \end{cases} \tag{9-36a}$$

由式（9-36a），对占空比进行分解，△联结串联 H 桥多电平 SVG 直流侧电压和交流侧占空比的关系为

$$\begin{cases} \dfrac{C}{N}\dfrac{\mathrm{d}U_{\mathrm{pdc\_a}}}{\mathrm{d}t} + \dfrac{U_{\mathrm{pdc\_a}}}{NR_{\mathrm{a}}} = (d_{\mathrm{a}+} + d_{\mathrm{a}-} + d_{\mathrm{a}0})(i_{\mathrm{ca}+} + i_{\mathrm{ca}-} + i_{\mathrm{ca}0}) \\[4mm] \dfrac{C}{N}\dfrac{\mathrm{d}U_{\mathrm{pdc\_b}}}{\mathrm{d}t} + \dfrac{U_{\mathrm{pdc\_b}}}{NR_{\mathrm{b}}} = (d_{\mathrm{b}+} + d_{\mathrm{b}-} + d_{\mathrm{b}0})(i_{\mathrm{cb}+} + i_{\mathrm{cb}-} + i_{\mathrm{cb}0}) \\[4mm] \dfrac{C}{N}\dfrac{\mathrm{d}U_{\mathrm{pdc\_c}}}{\mathrm{d}t} + \dfrac{U_{\mathrm{pdc\_c}}}{NR_{\mathrm{c}}} = (d_{\mathrm{c}+} + d_{\mathrm{c}-} + d_{\mathrm{c}0})(i_{\mathrm{cc}+} + i_{\mathrm{cc}-} + i_{\mathrm{cc}0}) \end{cases} \tag{9-36b}$$

进一步可得

$$
\begin{cases}
\dfrac{C}{2N}\dfrac{\mathrm{d}U_{\mathrm{pdc\_a}}^2}{\mathrm{d}t} + \dfrac{U_{\mathrm{pdc\_a}}^2}{NR_{\mathrm{a}}} = U_{\mathrm{a+}}i_{\mathrm{ca+}} + U_{\mathrm{a-}}i_{\mathrm{ca+}} + U_{\mathrm{a0}}i_{\mathrm{ca+}} + U_{\mathrm{a+}}i_{\mathrm{ca-}} + U_{\mathrm{a-}}i_{\mathrm{ca-}} + U_{\mathrm{a0}}i_{\mathrm{ca-}} + \\
\qquad U_{\mathrm{a+}}i_{\mathrm{ca0}} + U_{\mathrm{a-}}i_{\mathrm{ca0}} + U_{\mathrm{a0}}i_{\mathrm{ca0}} \\[2mm]
\dfrac{C}{2N}\dfrac{\mathrm{d}U_{\mathrm{pdc\_b}}^2}{\mathrm{d}t} + \dfrac{U_{\mathrm{pdc\_b}}^2}{NR_{\mathrm{b}}} = U_{\mathrm{b+}}i_{\mathrm{cb+}} + U_{\mathrm{b-}}i_{\mathrm{cb+}} + U_{\mathrm{b0}}i_{\mathrm{cb+}} + U_{\mathrm{b+}}i_{\mathrm{cb-}} + U_{\mathrm{b-}}i_{\mathrm{cb-}} + U_{\mathrm{b0}}i_{\mathrm{cb-}} + \\
\qquad U_{\mathrm{b+}}i_{\mathrm{cb0}} + U_{\mathrm{b-}}i_{\mathrm{cb0}} + U_{\mathrm{b0}}i_{\mathrm{cb0}} \\[2mm]
\dfrac{C}{2N}\dfrac{\mathrm{d}U_{\mathrm{pdc\_c}}^2}{\mathrm{d}t} + \dfrac{U_{\mathrm{pdc\_c}}^2}{NR_{\mathrm{c}}} = U_{\mathrm{c+}}i_{\mathrm{cc+}} + U_{\mathrm{c-}}i_{\mathrm{cc+}} + U_{\mathrm{c0}}i_{\mathrm{cc+}} + U_{\mathrm{c+}}i_{\mathrm{cc-}} + U_{\mathrm{c-}}i_{\mathrm{cc-}} + U_{\mathrm{c0}}i_{\mathrm{cc-}} + \\
\qquad U_{\mathrm{c+}}i_{\mathrm{cc0}} + U_{\mathrm{c-}}i_{\mathrm{cc0}} + U_{\mathrm{c0}}i_{\mathrm{cc0}}
\end{cases}
\tag{9-36c}
$$

式中，串联 H 桥多电平变流器指令电压 $U_{\mathrm{a+}} = d_{\mathrm{a+}}U_{\mathrm{pdc\_a}}$，$U_{\mathrm{a-}} = d_{\mathrm{a-}}U_{\mathrm{pdc\_a}}$，$U_{\mathrm{a0}} = d_{\mathrm{a0}}U_{\mathrm{pdc\_a}}$。由式 (9-36c) 可知，在输出无功负序电流确定的情况下，正序指令电压和负序指令电压被唯一确定，可以调节零序指令电压产生零序电流来调节直流侧电压。

3）最外层的平均模型

交流侧最外层的平均模型：

$$
\begin{cases}
L\dfrac{\mathrm{d}\,\overline{i}_{\mathrm{ca}}}{\mathrm{d}t} = \overline{e}_{\mathrm{lab}} - R\,\overline{i}_{\mathrm{ca}} - d_{\mathrm{a}}\overline{U}_{\mathrm{pdc}} \\[2mm]
L\dfrac{\mathrm{d}\,\overline{i}_{\mathrm{cb}}}{\mathrm{d}t} = \overline{e}_{\mathrm{lbc}} - R\,\overline{i}_{\mathrm{cb}} - d_{\mathrm{b}}\overline{U}_{\mathrm{pdc}} \\[2mm]
L\dfrac{\mathrm{d}\,\overline{i}_{\mathrm{cc}}}{\mathrm{d}t} = \overline{e}_{\mathrm{lca}} - R\,\overline{i}_{\mathrm{cc}} - d_{\mathrm{c}}\overline{U}_{\mathrm{pdc}}
\end{cases}
\tag{9-37}
$$

直流侧最外层的平均模型为

$$
\frac{3C}{N}\frac{\mathrm{d}\,\overline{U}_{\mathrm{pdc}}}{\mathrm{d}t} = (d_{\mathrm{a}}\,\overline{i}_{\mathrm{a}} + d_{\mathrm{b}}\,\overline{i}_{\mathrm{b}} + d_{\mathrm{c}}\,\overline{i}_{\mathrm{c}}) - \frac{3\,\overline{U}_{\mathrm{pdc}}}{NR}
\tag{9-38}
$$

（6）平均模型仿真　由于在 MATLAB/Simulink 中仿真三相 10 模块的串联 H 桥多电平 SVG 通常仿真速度非常缓慢，在计算机中产生的数据量也会非常大，所以用本节所提及的平均模型对丫联结串联 H 桥多电平 SVG 进行仿真，可以明显地提高仿真速度。仿真时，平均模型是用 MATLAB 中提供的 s 函数来实现的，其控制方法参见 9.2.2 节。表 9-2 为对应的三相丫联结 SVG 的仿真系统参数。

表9-2　仿真系统参数

仿真参数	说明
10kV	电网相电压幅值
50Hz	电网电压频率

仿真参数	说明
6mH	连接电感值
0.5Ω	连接电感等效电阻值
1000V	H桥模块直流侧电压值
10	每相H桥模块个数

图9-12所示为仿真三相平衡阻感负载下，对电网无功功率进行补偿的三相电网电压、补偿后三相电网电流、负载电流以及三相装置输出电流波形，而图9-13所示为此时的直流侧电容电压波形。

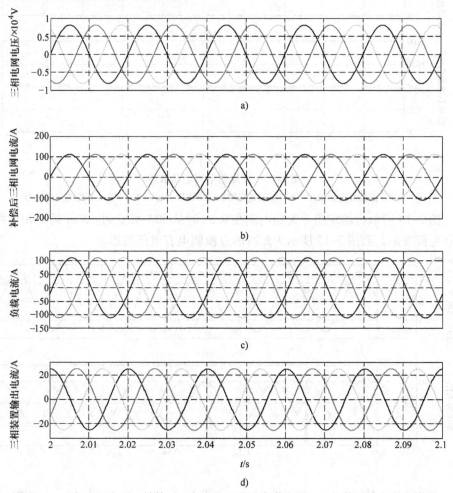

图9-12 三相电网电压、补偿后三相电网电流、负载电流，三相装置输出电流波形
a）三相电网电压波形 b）补偿后三相电网电流波形 c）负载电流波形 d）三相装置输出电流波形

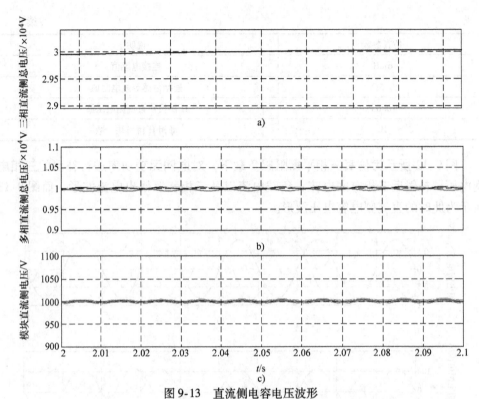

a)

b)

c)

图 9-13   直流侧电容电压波形

a) 三相直流侧总电压波形   b) 每相直流侧总电压波形   c) a 相 10 模块直流侧电压波形

图 9-14 所示为给定指令无功电流在 0.5s 时从 50A 突变到 −50A 的三相电网电压和电流波形，而图 9-15 所示为此时的直流侧电容电压波形。

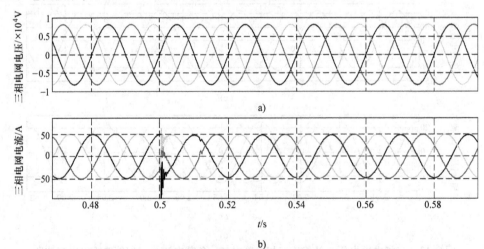

a)

b)

图 9-14   给定指令无功电流突变时三相电网电压和电流波形

a) 三相电网电压波形   b) 三相电网电流波形

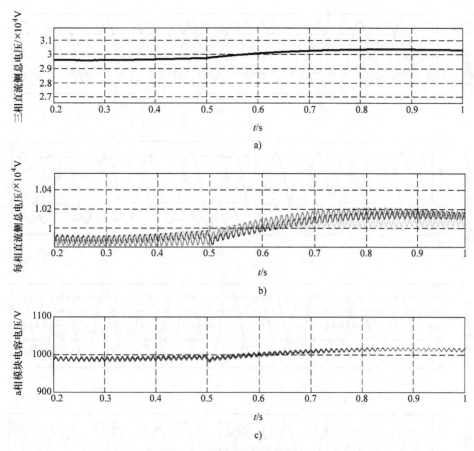

图 9-15　直流侧电容电压波形

a）三相直流侧总电压波形　b）每相直流侧总电压波形　c）a 相 10 模块电容电压波形

图 9-16 所示为 0.5s 时负载突变不平衡的情况下，三相电网电压和补偿后电网电流、负载和电流 SVG 输出电流的波形。

图 9-17 所示为上述负载突变不平衡情况下，直流侧电容电压波形。

通过仿真的过程与仿真结果可知，平均模型仿真可以得到比开关模型快得多的仿真速度；同时和开关模型相比，也有很好的仿真准确度。

2. 串联 H 桥 SVG 在 dq0 坐标系下的数学模型

由上述串联 H 桥多电平 SVG 最外层、中间层和最里层在 abc 坐标系下的数学模型，本节求得上述串联 H 桥多电平 SVG 各层在 dq0 坐标系下的平均模型，并基于该平均模型分析了各控制量的影响，重点分析了零序控制量的影响，得出串联 H 桥多电平 SVG 三层控制体系。其中，第一层为三相总直流侧电压控制和电流跟踪控制，这层控制决定了系统和外界交换多少有功功率来弥补系统损耗功率，即决定了总共需要在电流环中加入多少有功能量，以及对指令无功负序电流的跟踪控制；

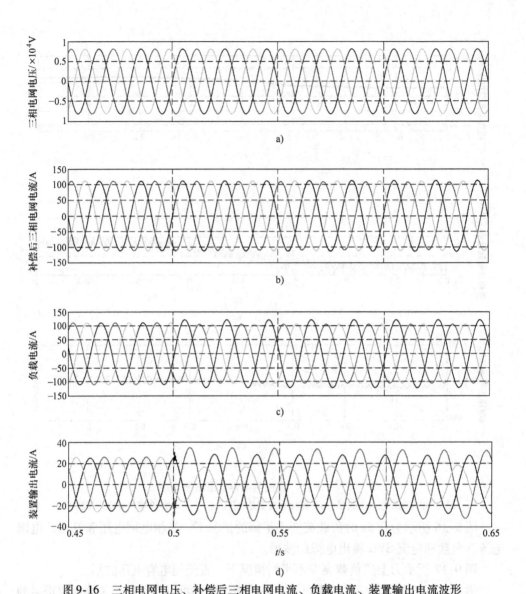

图 9-16 三相电网电压、补偿后三相电网电流、负载电流、装置输出电流波形

a）三相电网电压波形 b）补偿后三相电网电流波形 c）负载电流波形 d）装置输出电流波形

第二层为三相之间直流母线电压均衡控制，这一层不再从外界吸收能量，而负责将在第一层吸收进来的有功功率在三相之间进行分配；第三层为每相各模块直流侧电压均衡控制，该层负责每相吸收进来的有功功率在模块之间进行分配。为了本书结构的合理安排，串联 H 桥多电平 SVG 的三层电压控制体系在 9.2.2 节中进行详细阐述。

（1）dq0 坐标系下的总电压层平均模型 令 d 轴表示有功分量，初始位置与 a 轴重合；q 轴表示无功分量，超前 d 轴 90°。dq0 坐标变换矩阵及其逆矩阵为

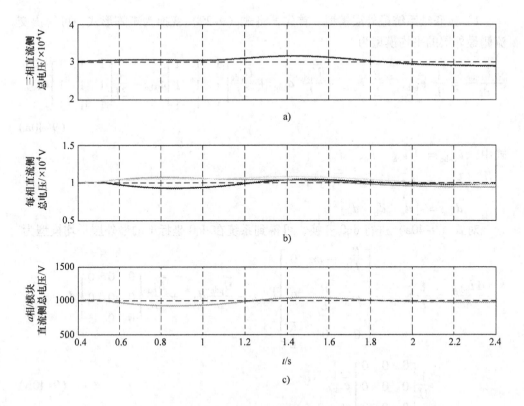

图 9-17　直流侧电容电压波形

a）三相直流侧总电压　b）每相直流侧总电压　c）a相10模块直流侧电压

$$T_{3s/2r} = \sqrt{\frac{2}{3}} \begin{bmatrix} \cos\omega t & \cos\left(\omega t - \dfrac{2\pi}{3}\right) & \cos\left(\omega t + \dfrac{2\pi}{3}\right) \\ -\sin\omega t & -\sin\left(\omega t - \dfrac{2\pi}{3}\right) & -\sin\left(\omega t + \dfrac{2\pi}{3}\right) \\ \dfrac{1}{\sqrt{2}} & \dfrac{1}{\sqrt{2}} & \dfrac{1}{\sqrt{2}} \end{bmatrix}$$

$$T_{3s/2r}^{-1} = \sqrt{\frac{2}{3}} \begin{bmatrix} \cos\omega t & -\sin\omega t & \dfrac{1}{\sqrt{2}} \\ \cos\left(\omega t - \dfrac{2\pi}{3}\right) & -\sin\left(\omega t - \dfrac{2\pi}{3}\right) & \dfrac{1}{\sqrt{2}} \\ \cos\left(\omega t + \dfrac{2\pi}{3}\right) & -\sin\left(\omega t + \dfrac{2\pi}{3}\right) & \dfrac{1}{\sqrt{2}} \end{bmatrix} \tag{9-39}$$

且 $X_{abc} = T_{3s/2r}^{-1} X_{dq0}$

式中　ω——旋转角频率，$\omega = 2\pi f$。

1）丫联结系统最外层模型　首先，将式（9-29）变换为矩阵形式，可得出交流侧最外层的平均模型为

$$\frac{\mathrm{d}\,\overline{\boldsymbol{i}}_{\mathrm{cabc}}}{\mathrm{d}t} = \frac{1}{L}\,\overline{\boldsymbol{e}}_{\mathrm{sabc}} - \frac{R}{L}\,\overline{\boldsymbol{i}}_{\mathrm{cabc}} - \frac{\overline{U}_{\mathrm{pdc}}}{L}\,\overline{\boldsymbol{d}}_{\mathrm{abc}} + \frac{\overline{U}_{\mathrm{pdc}}}{3L}\begin{bmatrix}1 & 1 & 1\\ 1 & 1 & 1\\ 1 & 1 & 1\end{bmatrix}\overline{\boldsymbol{d}}_{\mathrm{abc}} - \frac{1}{3L}\begin{bmatrix}1 & 1 & 1\\ 1 & 1 & 1\\ 1 & 1 & 1\end{bmatrix}\overline{\boldsymbol{e}}_{\mathrm{sabc}}$$

$$(9\text{-}40\mathrm{a})$$

式中　$\overline{\boldsymbol{i}}_{\mathrm{cabc}} = [\,\overline{i}_{\mathrm{ca}} \quad \overline{i}_{\mathrm{cb}} \quad \overline{i}_{\mathrm{cc}}\,]^{\mathrm{T}}$；

$\overline{\boldsymbol{e}}_{\mathrm{sabc}} = [\,\overline{e}_{\mathrm{sa}} \quad \overline{e}_{\mathrm{sb}} \quad \overline{e}_{\mathrm{sc}}\,]^{\mathrm{T}}$；

$\overline{\boldsymbol{d}}_{\mathrm{abc}} = [\,d_{\mathrm{a}} \quad d_{\mathrm{b}} \quad d_{\mathrm{c}}\,]^{\mathrm{T}}$。

对式（9-40a）进行 dq0 变换，可得到系统在 dq0 坐标下的最外层平均模型为

$$\frac{\mathrm{d}\,\overline{\boldsymbol{i}}_{\mathrm{cdq0}}}{\mathrm{d}t} = \frac{1}{L}\,\overline{\boldsymbol{e}}_{\mathrm{sdq0}} - \begin{bmatrix}\dfrac{R}{L} & -\omega & 0\\[6pt] \omega & \dfrac{R}{L} & 0\\[6pt] 0 & 0 & \dfrac{R}{L}\end{bmatrix}\overline{\boldsymbol{i}}_{\mathrm{cdq0}} - \frac{\overline{U}_{\mathrm{pdc}}}{L}\,\boldsymbol{d}_{\mathrm{dq0}} + \frac{\overline{U}_{\mathrm{pdc}}}{3L}\begin{bmatrix}0 & 0 & 0\\ 0 & 0 & 0\\ 0 & 0 & 3\end{bmatrix}\boldsymbol{d}_{\mathrm{dq0}} -$$

$$\frac{1}{3L}\begin{bmatrix}0 & 0 & 0\\ 0 & 0 & 0\\ 0 & 0 & 3\end{bmatrix}\overline{\boldsymbol{e}}_{\mathrm{sdq0}} \qquad\qquad (9\text{-}40\mathrm{b})$$

式中　$\overline{\boldsymbol{i}}_{\mathrm{cdq0}} = [\,\overline{i}_{\mathrm{cd}} \quad \overline{i}_{\mathrm{cq}} \quad \overline{i}_{\mathrm{c0}}\,]^{\mathrm{T}}$；

$\overline{\boldsymbol{e}}_{\mathrm{sdq0}} = [\,\overline{e}_{\mathrm{sd}} \quad \overline{e}_{\mathrm{sq}} \quad \overline{e}_{\mathrm{s0}}\,]^{\mathrm{T}}$；

$\boldsymbol{d}_{\mathrm{dq0}} = [\,d_{\mathrm{d}} \quad d_{\mathrm{q}} \quad d_{0}\,]^{\mathrm{T}}$。

为了方便讨论分析，将式（9-40b）从矩阵形式变为方程式组形式进行研究，得交流侧最外层平均模型为

$$\begin{cases}\dfrac{\mathrm{d}\,\overline{i}_{\mathrm{cd}}}{\mathrm{d}t} = \dfrac{1}{L}\,\overline{e}_{\mathrm{sd}} - \dfrac{R}{L}\,\overline{i}_{\mathrm{cd}} + \omega\,\overline{i}_{\mathrm{cq}} - \dfrac{\overline{U}_{\mathrm{pdc}}}{L}d_{\mathrm{cd}}\\[10pt] \dfrac{\mathrm{d}\,\overline{i}_{\mathrm{cq}}}{\mathrm{d}t} = \dfrac{1}{L}\,\overline{e}_{\mathrm{sq}} - \omega\,\overline{i}_{\mathrm{cd}} - \dfrac{R}{L}\,\overline{i}_{\mathrm{cq}} - \dfrac{\overline{U}_{\mathrm{pdc}}}{L}d_{\mathrm{cq}}\\[10pt] \dfrac{\mathrm{d}\,\overline{i}_{\mathrm{c0}}}{\mathrm{d}t} = -\dfrac{R}{L}\,\overline{i}_{\mathrm{c0}}\end{cases} \qquad (9\text{-}41)$$

直流侧最外层平均模型为

$$\frac{\mathrm{d}\,\overline{U}_{\mathrm{pdc}}}{\mathrm{d}t} = \frac{N}{3C}(d_{\mathrm{d}}\,\overline{i}_{\mathrm{cd}} + d_{\mathrm{q}}\,\overline{i}_{\mathrm{cq}} + d_{0}\,\overline{i}_{\mathrm{c0}}) - \frac{\overline{U}_{\mathrm{pdc}}}{CR}$$

$$= \frac{N}{3C}(d_{\mathrm{d}}\,\overline{i}_{\mathrm{cd}} + d_{\mathrm{q}}\,\overline{i}_{\mathrm{cq}}) - \frac{\overline{U}_{\mathrm{pdc}}}{CR} \tag{9-42}$$

则 dq0 坐标系下的丫联结串联 H 桥多电平 SVG 等效模型如图 9-18 所示。

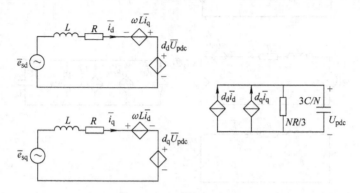

图 9-18　dq0 坐标系下的丫联结串联 H 桥多电平 SVG 等效模型

从化简的过程中可以知道，对于零序分量来说，电网电压产生的零序电压 $\overline{e}_{s0}$ 和装置输出的共模电压中和电网电压的相关项可以相互抵消。同时，由于丫联结的逆变器并不能对外输出零序电流，因此 $\overline{i}_{c0}$ 为 0，所以最后化简结果中零序分量应该为 0。观察并分析 d 轴、q 轴公式可知，有功电流和无功电流是耦合在一起的，它们相互影响。需要采用相应解耦控制方法，对输出电流进行控制。由直流侧最外层平均模型，无功电流为指令值，可以微调有功电流，对总电压进行控制。由直流侧最外层平均模型，控制零序占空比 d_0 对总的直流侧电压是没有影响的。

2）△联结系统的最外层模型　对于△联结系统，对式（9-37）进行 dq0 变换得交流侧最外层平均模型为

$$\begin{cases} \dfrac{\mathrm{d}\,\overline{i}_{\mathrm{d}}}{\mathrm{d}t} = \dfrac{1}{L}\,\overline{e}_{\mathrm{d}}^{l} - \dfrac{R}{L}\,\overline{i}_{\mathrm{d}} + \omega\,\overline{i}_{\mathrm{q}} - \dfrac{\overline{U}_{\mathrm{pdc}}}{L}d_{\mathrm{d}} \\[2mm] \dfrac{\mathrm{d}\,\overline{i}_{\mathrm{q}}}{\mathrm{d}t} = \dfrac{1}{L}\,\overline{e}_{\mathrm{q}}^{l} - \omega\,\overline{i}_{\mathrm{d}} - \dfrac{R}{L}\,\overline{i}_{\mathrm{q}} - \dfrac{\overline{U}_{\mathrm{pdc}}}{L}d_{\mathrm{q}} \\[2mm] \dfrac{\mathrm{d}\,\overline{i}_{0}}{\mathrm{d}t} = - \dfrac{R}{L}\,\overline{i}_{0} - \dfrac{\overline{U}_{\mathrm{pdc}}}{L}d_{0} \end{cases} \tag{9-43}$$

直流侧最外层平均模型为

$$\frac{\mathrm{d}\,\overline{U}_{\mathrm{pdc}}}{\mathrm{d}t} = \frac{N}{3C}(d_{\mathrm{d}}\,\overline{i}_{\mathrm{d}} + d_{\mathrm{q}}\,\overline{i}_{\mathrm{q}} + d_{0}\,\overline{i}_{0}) - \frac{\overline{U}_{\mathrm{pdc}}}{CR} \tag{9-44}$$

则 dq0 坐标系下的△联结串联 H 桥多电平 SVG 等效模型如图 9-19 所示。

从式（9-43）可以看出，与丫联结系统相同，△联结系统无功电流和有功电

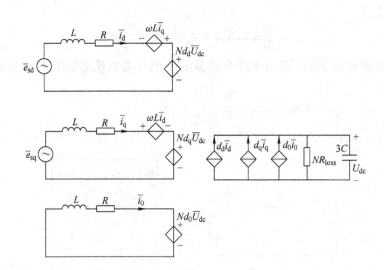

图 9-19　dq0 坐标系下的△联结串联 H 桥多电平 SVG 等效模型

流是耦合在一起的，它们会相互影响。从式（9-44）可以看出，△联结系统和丫联结系统不同，引入零序占空比分量会产生零序电流，但电感等效电阻很小，产生的有功功率较小，零序电流不会导致系统直流侧总电压改变。

（2）dq0 坐标系下的中间层平均模型

1）丫联结系统　将式（9-21）进行 dq0 变换有

$$L\frac{\mathrm{d}(\boldsymbol{T}_{3\mathrm{s}/2\mathrm{r}}^{-1}\overline{\boldsymbol{i}}_{\mathrm{dq0}})}{\mathrm{d}t} = \boldsymbol{T}_{3\mathrm{s}/2\mathrm{r}}^{-1}\overline{\boldsymbol{e}}_{\mathrm{sdq0}} - R\boldsymbol{T}_{3\mathrm{s}/2\mathrm{r}}^{-1}\overline{\boldsymbol{i}}_{\mathrm{dq0}} +$$

$$\frac{1}{3}\begin{bmatrix} -2\,\overline{U}_{\mathrm{pdc\_a}} & \overline{U}_{\mathrm{pdc\_b}} & \overline{U}_{\mathrm{pdc\_c}} \\ \overline{U}_{\mathrm{pdc\_a}} & -2\,\overline{U}_{\mathrm{pdc\_b}} & \overline{U}_{\mathrm{pdc\_c}} \\ \overline{U}_{\mathrm{pdc\_a}} & \overline{U}_{\mathrm{pdc\_b}} & -2\,\overline{U}_{\mathrm{pdc\_c}} \end{bmatrix}\boldsymbol{T}_{3\mathrm{s}/2\mathrm{r}}^{-1}\boldsymbol{d}_{\mathrm{dq0}} \tag{9-45}$$

对式（9-44）两边同时乘以 $\boldsymbol{T}_{3\mathrm{s}/2\mathrm{r}}$，因为主要目标是讨论零序控制量 d_0 对直流侧相电压的影响，所以对该式只进行半 dq0 变换，即分别用 dq0 坐标系下的 d_{a}、d_{q}、d_0、$\overline{i}_{\mathrm{d}}$、$\overline{i}_{\mathrm{q}}$、$\overline{i}_0$ 表示 abc 坐标系下的 d_{a}、d_{b}、d_{c}、$\overline{i}_{\mathrm{a}}$、$\overline{i}_{\mathrm{b}}$、$\overline{i}_{\mathrm{c}}$，以此来观察交流侧电流的有功、无功或零序分量对三相直流侧电压的影响。

因为

$$\boldsymbol{T}_{3\mathrm{s}/2\mathrm{r}}\frac{\mathrm{d}\boldsymbol{T}_{3\mathrm{s}/2\mathrm{r}}^{-1}}{\mathrm{d}t} = \begin{bmatrix} 0 & -\omega & 0 \\ \omega & 0 & 0 \\ 0 & 0 & 0 \end{bmatrix} \tag{9-46}$$

整理得第二层的 dq0 变换结果交流侧中间层平均模型为

356

$$\begin{cases} \dfrac{\mathrm{d}\,\overline{\boldsymbol{i}}_{dq0}}{\mathrm{d}t} = \dfrac{1}{L}\,\overline{\boldsymbol{e}}_{sdq0} - \begin{bmatrix} \dfrac{R}{L} & -\omega & 0 \\[2mm] \omega & \dfrac{R}{L} & 0 \\[2mm] 0 & 0 & \dfrac{R}{L} \end{bmatrix}\overline{\boldsymbol{i}}_{dq0} + \dfrac{2}{3}\dfrac{1}{L}\begin{bmatrix} a_{11} & a_{12} & a_{13} \\ a_{21} & a_{22} & a_{23} \\ a_{31} & a_{32} & a_{33} \end{bmatrix}\boldsymbol{d}_{dq0} \\[12mm] \dfrac{C}{N}\dfrac{\mathrm{d}\,\overline{\boldsymbol{U}}_{pdc\_abc}}{\mathrm{d}t} = \begin{bmatrix} x_1 \\ x_2 \\ x_3 \end{bmatrix} - \dfrac{1}{N}\begin{bmatrix} \dfrac{\overline{U}_{pdc\_a}}{R_a} & 0 & 0 \\[3mm] 0 & \dfrac{\overline{U}_{pdc\_b}}{R_b} & 0 \\[3mm] 0 & 0 & \dfrac{\overline{U}_{pdc\_c}}{R_c} \end{bmatrix} \end{cases}$$

$$(9\text{-}47)$$

式中　$\overline{\boldsymbol{i}}_{dq0} = \begin{bmatrix} \overline{i}_d & \overline{i}_q & \overline{i}_0 \end{bmatrix}^{\mathrm{T}}$

　　　$\overline{\boldsymbol{e}}_{sdq0} = \begin{bmatrix} \overline{e}_{sd} & \overline{e}_{sq} & \overline{e}_{s0} \end{bmatrix}^{\mathrm{T}}$

　　　$\boldsymbol{d}_{dq0} = \begin{bmatrix} d_d & d_q & d_0 \end{bmatrix}^{\mathrm{T}}$

　　　$\overline{\boldsymbol{U}}_{pdc\_adc} = \begin{bmatrix} \overline{U}_{pdc\_a} & \overline{U}_{pdc\_b} & \overline{U}_{pdc\_c} \end{bmatrix}^{\mathrm{T}}$

下面分别讨论交流侧中间层平均模型关系式中含参数 a 的矩阵和直流侧中间层平均模型关系式中含参数 x 的矩阵。

对交流侧中间层平均模型进行分析，参数 a 的矩阵中的各元素计算结果如下：

$$\begin{cases} a_{11} = -\left[\cos^2\omega t\,\overline{U}_{pdc\_a} + \cos^2\left(\omega t - \dfrac{2\pi}{3}\right)\overline{U}_{pdc\_b} + \cos^2\left(\omega t + \dfrac{2\pi}{3}\right)\overline{U}_{pdc\_c}\right] \\[4mm] a_{12} = \dfrac{1}{2}\sin(2\omega)\,\overline{U}_{pdc\_a} + \dfrac{1}{2}\sin\left(2\omega t + \dfrac{2\pi}{3}\right)\overline{U}_{pdc\_b} + \dfrac{1}{2}\sin\left(2\omega t - \dfrac{2\pi}{3}\right)\overline{U}_{pdc\_c} \\[4mm] a_{13} = -\dfrac{1}{\sqrt{2}}\left[\cos\omega t\,\overline{U}_{pdc\_a} + \cos\left(\omega t - \dfrac{2\pi}{3}\right)\overline{U}_{pdc\_b} + \cos\left(\omega t + \dfrac{2\pi}{3}\right)\overline{U}_{pdc\_c}\right] \\[4mm] a_{21} = \dfrac{1}{2}\sin(2\omega t)\,\overline{U}_{pdc\_a} + \dfrac{1}{2}\sin\left(2\omega t + \dfrac{2\pi}{3}\right)\overline{U}_{pdc\_b} + \dfrac{1}{2}\sin\left(2\omega t - \dfrac{2\pi}{3}\right)\overline{U}_{pdc\_c} \\[4mm] a_{22} = -\left[\sin^2\omega t\,\overline{U}_{pdc\_a} + \sin^2\left(\omega t - \dfrac{2\pi}{3}\right)\overline{U}_{pdc\_b} + \sin^2\left(\omega t + \dfrac{2\pi}{3}\right)\overline{U}_{pdc\_c}\right] \\[4mm] a_{23} = -\dfrac{1}{\sqrt{2}}\left[\sin\omega t\,\overline{U}_{pdc\_a} + \sin\left(\omega t - \dfrac{2\pi}{3}\right)\overline{U}_{pdc\_b} + \sin\left(\omega t + \dfrac{2\pi}{3}\right)\overline{U}_{pdc\_c}\right] \\[4mm] a_{31} = 0 \\[2mm] a_{32} = 0 \\[2mm] a_{33} = 0 \end{cases}$$

$$(9\text{-}48)$$

观察上面各式有以下结论:

① 当三相各模块直流侧电压之和相等时,即 $\overline{U}_{\text{pdc\_a}} = \overline{U}_{\text{pdc\_b}} = \overline{U}_{\text{pdc\_c}} = \overline{U}_{\text{pdc}}$ 时,则

$$\begin{bmatrix} a_{11} & a_{12} & a_{13} \\ a_{21} & a_{22} & a_{23} \\ a_{31} & a_{32} & a_{33} \end{bmatrix} = -\frac{3}{2}\begin{bmatrix} 1 & 0 & 0 \\ 0 & 1 & 0 \\ 0 & 0 & 0 \end{bmatrix}\overline{U}_{\text{pdc}} \tag{9-49}$$

此时交流侧 dq0 坐标系下的中间层平均模型如下:

$$\begin{cases} \dfrac{\mathrm{d}\,\overline{i}_{\text{d}}}{\mathrm{d}t} = \dfrac{1}{L}\,\overline{e}_{\text{sd}} - \dfrac{R}{L}\,\overline{i}_{\text{d}} + \omega\,\overline{i}_{\text{q}} - \dfrac{\overline{U}_{\text{pdc}}}{L}d_{\text{d}} \\[2mm] \dfrac{\mathrm{d}\,\overline{i}_{\text{q}}}{\mathrm{d}t} = \dfrac{1}{L}\,\overline{e}_{\text{sq}} - \omega\,\overline{i}_{\text{d}} - \dfrac{R}{L}\,\overline{i}_{\text{q}} - \dfrac{\overline{U}_{\text{pdc}}}{L}d_{\text{q}} \\[2mm] \dfrac{\mathrm{d}\,\overline{i}_{0}}{\mathrm{d}t} = -\dfrac{R}{L}\,\overline{i}_{0} \end{cases} \tag{9-50}$$

在丫联结系统中,零序电压不为零,但零序电流为零,即 $e_{\text{s}0} \neq 0$、$i_0 = 0$,零序电压被共模电压抵消,这与前面 dq0 坐标系下的总电压层平均模型表达式相同,即对于电流环有功电流和无功电流是耦合的,它们相互影响。

② 当三相各模块直流侧电压之和不相等时,即 $\overline{U}_{\text{pdc\_a}} \neq \overline{U}_{\text{pdc\_b}} \neq \overline{U}_{\text{pdc\_c}}$ 时,则式(9-47)中各量不能再化简。此时说明当三相各直流侧电压之和不相等时,电流的控制很复杂地耦合在一起;如 i_{d} 会受 d_{d}、d_{q}、d_0 影响,i_{q} 也会受 d_{d}、d_{q}、d_0 影响,此时零序分量 d_0 对有功、无功电流 i_{d}、i_{q} 均有影响。也就是说,当各相电压之和不等时,控制量 d_{d}、d_{q}、d_0 会同时作用来影响电流。

对直流侧平均模型进行分析,参数 x 矩阵中各元素的计算结果如下:

$$\begin{cases} x_1 = \dfrac{2}{3}\Big[(\cos\omega t)^2 d_{\text{d}}i_{\text{d}} + \sin\omega t^2 d_{\text{q}}i_{\text{q}} - \sin\omega t\cos\omega t(d_{\text{d}}i_{\text{q}} + d_{\text{q}}i_{\text{d}}) + \\[1mm] \qquad \dfrac{1}{\sqrt{2}}\cos\omega t(d_{\text{d}}i_0 + d_0i_{\text{d}}) - \dfrac{1}{\sqrt{2}}\sin\omega t(d_{\text{q}}i_0 + d_0i_{\text{q}}) + \dfrac{1}{2}d_0i_0\Big] \\[2mm] x_2 = \dfrac{2}{3}\Big[\cos^2\Big(\omega t - \dfrac{2\pi}{3}\Big)d_{\text{d}}i_{\text{d}} + \sin^2\Big(\omega t - \dfrac{2\pi}{3}\Big)d_{\text{q}}i_{\text{q}} - \sin\Big(\omega t - \dfrac{2\pi}{3}\Big)\cos\Big(\omega t - \dfrac{2\pi}{3}\Big)(d_{\text{d}}i_{\text{q}} + d_{\text{q}}i_{\text{d}}) + \\[1mm] \qquad \dfrac{1}{\sqrt{2}}\cos\Big(\omega t - \dfrac{2\pi}{3}\Big)(d_{\text{d}}i_0 + d_0i_{\text{d}}) - \dfrac{1}{\sqrt{2}}\sin\Big(\omega t - \dfrac{2\pi}{3}\Big)(d_{\text{q}}i_0 + d_0i_{\text{q}}) + \dfrac{1}{2}d_0i_0\Big] \\[2mm] x_3 = \dfrac{2}{3}\Big[\cos^2\Big(\omega t + \dfrac{2\pi}{3}\Big)d_{\text{d}}i_{\text{d}} + \sin^2\Big(\omega t + \dfrac{2\pi}{3}\Big)d_{\text{q}}i_{\text{q}} - \sin\Big(\omega t + \dfrac{2\pi}{3}\Big)\cos\Big(\omega t + \dfrac{2\pi}{3}\Big) + (d_{\text{d}}i_{\text{q}} + d_{\text{q}}i_{\text{d}}) + \\[1mm] \qquad \dfrac{1}{\sqrt{2}}\cos\Big(\omega t + \dfrac{2\pi}{3}\Big)(d_{\text{d}}i_0 + d_0i_{\text{d}}) - \dfrac{1}{\sqrt{2}}\sin\Big(\omega t + \dfrac{2\pi}{3}\Big)(d_{\text{q}}i_0 + d_0i_{\text{q}}) + \dfrac{1}{2}d_0i_0\Big] \end{cases}$$

$$\tag{9-51}$$

在丫联结系统中没有零序电流存在，因此有 $i_0 = 0$，则式（9-51）可以简化为

$$
\begin{cases}
x_1 = \dfrac{2}{3}\Big[(\cos\omega t)^2 d_{\mathrm{d}} i_{\mathrm{d}} + (\sin\omega t)^2 d_{\mathrm{q}} i_{\mathrm{q}} - \sin\omega t\cos\omega t(d_{\mathrm{d}} i_{\mathrm{q}} + d_{\mathrm{q}} i_{\mathrm{d}}) + \\
\qquad \dfrac{1}{\sqrt{2}}\cos\omega t(d_0 i_{\mathrm{d}}) - \dfrac{1}{\sqrt{2}}\sin\omega t(d_0 i_{\mathrm{q}})\Big] \\[2mm]
x_2 = \dfrac{2}{3}\Big[\cos^2\!\left(\omega t - \dfrac{2\pi}{3}\right) d_{\mathrm{d}} i_{\mathrm{d}} + \sin^2\!\left(\omega t - \dfrac{2\pi}{3}\right) d_{\mathrm{q}} i_{\mathrm{q}} - \sin\!\left(\omega t - \dfrac{2\pi}{3}\right)\cos\!\left(\omega t - \dfrac{2\pi}{3}\right) + (d_{\mathrm{d}} i_{\mathrm{q}} + d_{\mathrm{q}} i_{\mathrm{d}}) + \\
\qquad \dfrac{1}{\sqrt{2}}\cos\!\left(\omega t - \dfrac{2\pi}{3}\right)(d_0 i_{\mathrm{d}}) - \dfrac{1}{\sqrt{2}}\sin\!\left(\omega t - \dfrac{2\pi}{3}\right)(d_0 i_{\mathrm{q}})\Big] \\[2mm]
x_3 = \dfrac{2}{3}\Big[\cos^2\!\left(\omega t + \dfrac{2\pi}{3}\right) d_{\mathrm{d}} i_{\mathrm{d}} + \sin^2\!\left(\omega t + \dfrac{2\pi}{3}\right) d_{\mathrm{q}} i_{\mathrm{q}} - \sin\!\left(\omega t + \dfrac{2\pi}{3}\right)\cos\!\left(\omega t + \dfrac{2\pi}{3}\right)(d_{\mathrm{d}} i_{\mathrm{q}} + d_{\mathrm{q}} i_{\mathrm{d}}) + \\
\qquad \dfrac{1}{\sqrt{2}}\cos\!\left(\omega t + \dfrac{2\pi}{3}\right)(d_0 i_{\mathrm{d}}) - \dfrac{1}{\sqrt{2}}\sin\!\left(\omega t + \dfrac{2\pi}{3}\right)(d_0 i_{\mathrm{q}})\Big]
\end{cases}
$$

$$(9\text{-}52)$$

观察式（9-52）发现，首先，显然零序控制量 d_0 都会影响式（9-52）中三个式子的结果，也即说明改变控制量中的零序分量会影响各相的直流侧电压，且这个影响是三相不平衡的，这也就是说注入零序控制量 d_0 可以不相等地改变各相的直流侧电压。这也是零序控制量 d_0 可以平衡三相直流侧电压的理论依据。其次，式（9-51）中三个式子均含有 $2\omega t$ 和 ωt 的项，含 $2\omega t$ 的项说明了直流侧电压受二倍频的影响，含 $2\omega t$ 项的幅值不为零是直流侧电压呈两倍周期波动的根本原因。含 ωt 的项均与零序控制量 d_0 有关，有功控制量 d_{d} 和无功控制量 d_{q} 由系统的性能要求所决定，而零序控制量 d_0 与系统需要实现的要求无关，所以可以用来对直流侧电压的波动进行控制。分析上面各式可知，可以以获得最小电压波动为目标来控制 d_0，使得含 ωt 项的幅值可以抵消一定程度的含 $2\omega t$ 项的幅值，故而达到减少系统直流侧电压的波动的目的。

2）△联结系统最外层平均模型　对交流侧最外层平均模型进行分析，可得△联结时的交流侧最外层平均模型为

$$
\frac{\mathrm{d}(\overline{\boldsymbol{i}}_{\mathrm{dq0}})}{\mathrm{d}t} = \frac{1}{L}\,\overline{\boldsymbol{e}}_{\mathrm{ldq0}} -
\begin{bmatrix}
\dfrac{R}{L} & -\omega & 0 \\[2mm]
\omega & \dfrac{R}{L} & 0 \\[2mm]
0 & 0 & \dfrac{R}{L}
\end{bmatrix}
\overline{\boldsymbol{i}}_{\mathrm{dq0}} + \frac{2}{3L}
\begin{bmatrix}
b_{11} & b_{12} & b_{13} \\
b_{21} & b_{22} & b_{23} \\
b_{31} & b_{32} & b_{33}
\end{bmatrix}
\boldsymbol{d}_{\mathrm{dq0}} \quad (9\text{-}53)
$$

式中　$\overline{\boldsymbol{i}}_{\mathrm{dq0}} = \begin{bmatrix} \overline{i}_{\mathrm{d}} & \overline{i}_{\mathrm{q}} & \overline{i}_0 \end{bmatrix}^{\mathrm{T}}$

$\overline{\boldsymbol{e}}_{\mathrm{ldq0}} = \begin{bmatrix} \overline{e}_{\mathrm{ld}} & \overline{e}_{\mathrm{lq}} & \overline{e}_{\mathrm{l0}} \end{bmatrix}^{\mathrm{T}}$

$$\boldsymbol{d}_{dq0} = \begin{bmatrix} d_d & d_q & d_0 \end{bmatrix}^T$$

其中，b 矩阵中的各元素计算结果如下：

$$
\begin{cases}
b_{11} = \cos^2\omega t\, \overline{U}_{pdc\_a} + \cos^2\left(\omega t - \dfrac{2\pi}{3}\right)\overline{U}_{pdc\_b} + \cos^2\left(\omega t + \dfrac{2\pi}{3}\right)\overline{U}_{pdc\_c} \\[2mm]
b_{12} = -\Big[\cos\omega t\sin\omega t\, \overline{U}_{pdc\_a} + \cos\left(\omega t - \dfrac{2\pi}{3}\right)\sin\left(\omega t - \dfrac{2\pi}{3}\right)\overline{U}_{pdc\_b} + \\[2mm]
\qquad\quad \cos\left(\omega t + \dfrac{2\pi}{3}\right)\sin\left(\omega t + \dfrac{2\pi}{3}\right)\overline{U}_{pdc\_c}\Big] \\[2mm]
b_{13} = \dfrac{1}{\sqrt{2}}\Big[\cos\omega t\, \overline{U}_{pdc\_a} + \cos\left(\omega t - \dfrac{2\pi}{3}\right)\overline{U}_{pdc\_b} + \cos\left(\omega t + \dfrac{2\pi}{3}\right)\overline{U}_{dc\_c}\Big] \\[2mm]
b_{21} = -\Big[\cos\omega t\sin\omega t\, \overline{U}_{pdc\_a} + \cos\left(\omega t - \dfrac{2\pi}{3}\right)\sin\left(\omega t - \dfrac{2\pi}{3}\right)\overline{U}_{pdc\_b} + \\[2mm]
\qquad\quad \cos\left(\omega t + \dfrac{2\pi}{3}\right)\sin\left(\omega t + \dfrac{2\pi}{3}\right)\overline{U}_{pdc\_c}\Big] \\[2mm]
b_{22} = -\Big[\sin^2\omega t\, \overline{U}_{pdc\_a} + \sin^2\left(\omega t - \dfrac{2\pi}{3}\right)\overline{U}_{pdc\_b} + \sin^2\left(\omega t + \dfrac{2\pi}{3}\right)\overline{U}_{pdc\_c}\Big] \\[2mm]
b_{23} = -\dfrac{1}{\sqrt{2}}\Big[\sin^2\omega t\, \overline{U}_{pdc\_a} + \sin\left(\omega t - \dfrac{2\pi}{3}\right)\overline{U}_{pdc\_b} + \sin\left(\omega t + \dfrac{2\pi}{3}\right)\overline{U}_{pdc\_c}\Big] \\[2mm]
b_{31} = \dfrac{1}{\sqrt{2}}\Big[\cos\omega t\, \overline{U}_{pdc\_a} + \cos\left(\omega t - \dfrac{2\pi}{3}\right)\overline{U}_{pdc\_b} + \cos\left(\omega t + \dfrac{2\pi}{3}\right)\overline{U}_{pdc\_c}\Big] \\[2mm]
b_{32} = -\dfrac{1}{\sqrt{2}}\Big[\sin\omega t\, \overline{U}_{pdc\_a} + \sin\left(\omega t - \dfrac{2\pi}{3}\right)\overline{U}_{pdc\_b} + \sin\left(\omega t + \dfrac{2\pi}{3}\right)\overline{U}_{pdc\_c}\Big] \\[2mm]
b_{32} = \dfrac{1}{2}\,\overline{U}_{pdc\_a} + \dfrac{1}{2}\,\overline{U}_{pdc\_b} + \dfrac{1}{2}\,\overline{U}_{pdc\_c}
\end{cases}
\tag{9-54}
$$

对各式有以下结论：

① 当三相各模块直流侧电压之和相等时，即 $\overline{U}_{pdc\_a} = \overline{U}_{pdc\_b} = \overline{U}_{pdc\_c} = \overline{U}_{pdc}$ 时，则

$$
\begin{bmatrix} b_{11} & b_{12} & b_{13} \\ b_{21} & b_{22} & b_{23} \\ b_{31} & b_{32} & b_{33} \end{bmatrix} = \frac{3}{2}\begin{bmatrix} 1 & 0 & 0 \\ 0 & 1 & 0 \\ 0 & 0 & 1 \end{bmatrix}\overline{U}_{pdc}
\tag{9-55}
$$

此时，交流侧 dq 平均模型如下：

$$\begin{cases} \dfrac{\mathrm{d}\,\overline{i}_{\mathrm{d}}}{\mathrm{d}t} = \dfrac{1}{L}\,\overline{e}_{\mathrm{ld}} - \dfrac{R}{L}\,\overline{i}_{\mathrm{d}} + \omega\,\overline{i}_{\mathrm{q}} + \dfrac{\overline{U}_{\mathrm{pdc}}}{L}d_{\mathrm{d}} \\[3mm] \dfrac{\mathrm{d}\,\overline{i}_{\mathrm{q}}}{\mathrm{d}t} = \dfrac{1}{L}\,\overline{e}_{\mathrm{lq}} - \omega\,\overline{i}_{\mathrm{d}} - \dfrac{R}{L}\,\overline{i}_{\mathrm{q}} + \dfrac{\overline{U}_{\mathrm{pdc}}}{L}d_{\mathrm{q}} \\[3mm] \dfrac{\mathrm{d}\,\overline{i}_{0}}{\mathrm{d}t} = \dfrac{1}{L}\,\overline{e}_{\mathrm{l0}} - \dfrac{R}{L}\,\overline{i}_{0} + \dfrac{\overline{U}_{\mathrm{pdc}}}{L}d_{0} \end{cases} \qquad (9\text{-}56)$$

在△联结系统中，电网线电压零序电压为零，但零序电流不零，即 $e_{\mathrm{l0}}=0$、$i_0 \neq 0$。观察式（9-55）可知，有功电流和无功电流是耦合的，它们相互影响。但零序控制量 d_0 不与有功电流与无功电流耦合，只影响零序电流。

② 当三相各模块直流侧电压之和不相等时，即 $\overline{U}_{\mathrm{pdc\_a}} \neq \overline{U}_{\mathrm{pdc\_b}} \neq \overline{U}_{\mathrm{pdc\_c}}$ 时，则式（9-56）中各量不能再化简。与丫联结时情况类似，说明当各相电压之和不等时，控制量 d_{d}、d_{q}、d_0 会同时作用影响电流。

对直流侧平均模型进行分析：在△联结系统中，直流侧的关系表达式与丫联结时是相同的，所以也可以直接利用式（9-56）进行分析，但此时零序电流不为零，即 $i_0 \neq 0$：

$$\begin{cases} x_1 = \dfrac{2}{3}\Big[(\cos\omega t)^2 d_{\mathrm{d}}i_{\mathrm{d}} + (\sin\omega t)^2 d_{\mathrm{q}}i_{\mathrm{q}} - \sin\omega t\cos\omega t(d_{\mathrm{d}}i_{\mathrm{q}} + d_{\mathrm{q}}i_{\mathrm{d}}) + \\[3mm] \qquad \dfrac{1}{\sqrt{2}}\cos\omega t(d_{\mathrm{d}}i_0 + d_0 i_{\mathrm{d}}) - \dfrac{1}{\sqrt{2}}\sin\omega t(d_{\mathrm{q}}i_0 + d_0 i_{\mathrm{q}}) + \dfrac{1}{2}d_0 i_0 \Big] \\[3mm] x_2 = \dfrac{2}{3}\Big[\Big(\cos\omega t - \dfrac{2\pi}{3}\Big)^2 d_{\mathrm{d}}i_{\mathrm{d}} + \Big(\sin\omega t - \dfrac{2\pi}{3}\Big)^2 d_{\mathrm{q}}i_{\mathrm{q}} - \Big(\sin\omega t - \dfrac{2\pi}{3}\Big)\Big(\cos\omega t - \dfrac{2\pi}{3}\Big) \\[3mm] \qquad (d_{\mathrm{d}}i_{\mathrm{q}} + d_{\mathrm{q}}i_{\mathrm{d}}) + \dfrac{1}{\sqrt{2}}\Big(\cos\omega t - \dfrac{2\pi}{3}\Big)(d_{\mathrm{d}}i_0 + d_0 i_{\mathrm{d}}) - \dfrac{1}{\sqrt{2}}\Big(\sin\omega t - \dfrac{2\pi}{3}\Big)(d_{\mathrm{q}}i_0 + d_0 i_{\mathrm{q}}) + \dfrac{1}{2}d_0 i_0 \Big] \\[3mm] x_3 = \dfrac{2}{3}\Big[\Big(\cos\omega t + \dfrac{2\pi}{3}\Big)^2 d_{\mathrm{d}}i_{\mathrm{d}} + \Big(\sin\omega t + \dfrac{2\pi}{3}\Big)^2 d_{\mathrm{q}}i_{\mathrm{q}} - \Big(\sin\omega t + \dfrac{2\pi}{3}\Big)\Big(\cos\omega t + \dfrac{2\pi}{3}\Big) \\[3mm] \qquad (d_{\mathrm{d}}i_{\mathrm{q}} + d_{\mathrm{q}}i_{\mathrm{d}}) + \dfrac{1}{\sqrt{2}}\Big(\cos\omega t + \dfrac{2\pi}{3}\Big)(d_{\mathrm{d}}i_0 + d_0 i_{\mathrm{d}}) - \dfrac{1}{\sqrt{2}}\Big(\sin\omega t + \dfrac{2\pi}{3}\Big)(d_{\mathrm{q}}i_0 + d_0 i_{\mathrm{q}}) + \dfrac{1}{2}d_0 i_0 \Big] \end{cases}$$

$$(9\text{-}57)$$

从分析式（9-57）可知，与丫联结时仅有的区别在于式中与零序控制量 d_0 有关的项更多，其余在前面丫联结表达式中得到的结论均可以在这里得到应用，故此处不再重复阐述。

9.2.1.3 串联 H 桥多电平 SVG 用于模块之间均衡控制的平均模型

无论是主电路是以何种方式连接，模块之间均衡控制的原理都是一样的。设每相都有 j 个模块，且 $i =$ a、b、c，根据式（9-12）所表示的电压关系展开，即有

$$\begin{cases} C\dfrac{\mathrm{d}\,\overline{U}_{\mathrm{dc\_}i1}}{\mathrm{d}t} = d_{i1}\,\overline{i}_{ci} - \dfrac{\overline{U}_{\mathrm{dc\_}i1}}{R_{i1}} \\[3mm] C\dfrac{\mathrm{d}\,\overline{U}_{\mathrm{dc\_}i2}}{\mathrm{d}t} = d_{i2}\,\overline{i}_{ci} - \dfrac{\overline{U}_{\mathrm{dc\_}i2}}{R_{i2}} \\[3mm] \qquad\qquad \vdots \\[3mm] C\dfrac{\mathrm{d}\,\overline{U}_{\mathrm{dc\_}ij}}{\mathrm{d}t} = d_{ij}\,\overline{i}_{ci} - \dfrac{\overline{U}_{\mathrm{dc\_}ij}}{R_{ij}} \end{cases} \tag{9-58a}$$

将式（9-58a）化到 s 域求出关系：

$$\begin{cases} \dfrac{\overline{U}_{\mathrm{dc\_}i1}}{d_{i1}} = \dfrac{\overline{i}_{ci}}{\left(Cs + \dfrac{1}{R_{i1}}\right)} \\[5mm] \dfrac{\overline{U}_{\mathrm{dc\_}i2}}{d_{i2}} = \dfrac{\overline{i}_{ci}}{\left(Cs + \dfrac{1}{R_{i2}}\right)} \\[5mm] \qquad\qquad \vdots \\[5mm] \dfrac{\overline{U}_{\mathrm{dc\_}ij}}{d_{ij}} = \dfrac{\overline{i}_{ci}}{\left(Cs + \dfrac{1}{R_{ij}}\right)} \end{cases} \tag{9-58b}$$

结论：从式（9-58b）可明显看出，通过微调 d_{ij} 能影响到 $\overline{U}_{\mathrm{dc\_}ij}$，故可以保持每相总的占空比不变，通过改变给各模块的占空比来微调其直流侧电压，这也是每相模块之间电压控制的理论依据。

9.2.1.4　串联 H 桥多电平 SVG 用于控制系统设计的 dq0 坐标系下的小信号模型

对图 9-14 所示的丫联结串联 H 桥多电平 SVG，在 dq0 坐标系下的简化平均模型中的以下变量分别加入一个小扰动，可得

$$\begin{cases} \overline{i}_{\mathrm{d}} = I_{\mathrm{d}} + \tilde{i}_{\mathrm{d}} \\ \overline{i}_{\mathrm{q}} = I_{\mathrm{q}} + \tilde{i}_{\mathrm{q}} \end{cases} \quad \begin{cases} \overline{u}_{\mathrm{sd}} = U_{\mathrm{sd}} + \tilde{u}_{\mathrm{sd}} \\ \overline{u}_{\mathrm{sq}} = U_{\mathrm{sq}} + \tilde{u}_{\mathrm{sq}} \end{cases} \quad \begin{cases} d_{\mathrm{d}} = D_{\mathrm{d}} + \tilde{d}_{\mathrm{d}} \\ d_{\mathrm{q}} = D_{\mathrm{q}} + \tilde{d}_{\mathrm{q}} \end{cases} \quad \overline{U}_{\mathrm{dc}} = U_{\mathrm{dc}} + \tilde{U}_{\mathrm{dc}}$$

将上面的关系式代入式（9-41）和式（9-42）中，整理得其小信号模型为

$$\begin{cases} \dfrac{\mathrm{d}\,\tilde{\boldsymbol{i}}_{\mathrm{dq}}}{\mathrm{d}t} = \dfrac{1}{L}\,\tilde{\boldsymbol{u}}_{\mathrm{sdq}} - \begin{bmatrix} \dfrac{R}{L} & -\overline{\omega} \\[3mm] \omega & \dfrac{R}{L} \end{bmatrix} \tilde{\boldsymbol{i}}_{\mathrm{dq}} - \dfrac{\overline{U}_{\mathrm{dc}}}{L}\,\tilde{\boldsymbol{d}}_{\mathrm{dq}} \\[7mm] \dfrac{\mathrm{d}\,\tilde{U}_{\mathrm{dc}}}{\mathrm{d}t} = \dfrac{N}{3C_{\mathrm{dc}}}\,\tilde{\boldsymbol{d}}_{\mathrm{dq}}^{\mathrm{T}}\,\boldsymbol{I}_{\mathrm{dq}} + \dfrac{N}{3C_{\mathrm{dc}}}\,\boldsymbol{D}_{\mathrm{dq}}^{\mathrm{T}}\,\tilde{\boldsymbol{i}}_{\mathrm{dq}} - \dfrac{\tilde{U}_{\mathrm{dc}}}{3R_{\mathrm{loss}}C_{\mathrm{dc}}} \end{cases} \tag{9-59}$$

式中 $\tilde{\boldsymbol{i}}_{\mathrm{dq}} = \begin{bmatrix} \tilde{i}_{\mathrm{d}} \\ \tilde{i}_{\mathrm{q}} \end{bmatrix}$

$\tilde{\boldsymbol{u}}_{\mathrm{sdq}} = \begin{bmatrix} \tilde{u}_{\mathrm{sd}} \\ \tilde{u}_{\mathrm{sq}} \end{bmatrix}$

$\tilde{\boldsymbol{d}}_{\mathrm{dq}} = \begin{bmatrix} \tilde{d}_{\mathrm{d}} \\ \tilde{d}_{\mathrm{q}} \end{bmatrix}$

$\boldsymbol{I}_{\mathrm{dq}} = \begin{bmatrix} I_{\mathrm{d}} \\ I_{\mathrm{q}} \end{bmatrix}$

$\boldsymbol{D}_{\mathrm{dq}} = \begin{bmatrix} D_{\mathrm{d}} \\ D_{\mathrm{q}} \end{bmatrix}$。

由式（9-59）可得串联 H 桥多电平 SVG 小信号模型的等效模型，如图 9-20 所示。

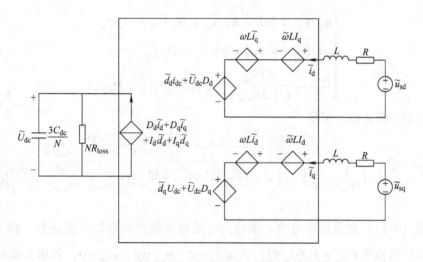

图 9-20　串联 H 桥多电平 SVG 小信号的等效模型

由上面推导得到的小信号模型，可以得到系统开环控制结构框图如图 9-21 所示。图中，d 轴和 q 轴占空比为输入量，直流侧电压、d 轴和 q 轴输出电流为输出量，输入和输出之间相互关联，有六组关系需要确定，下面将分别推导它们之间的关系式。

1. 控制到输出电流的传递函数

控制到输出电流的传递函数包括 $G_{\mathrm{idd}} = \tilde{i}_{\mathrm{d}} / \tilde{d}_{\mathrm{d}}$ 和 $G_{\mathrm{iqq}} = \tilde{i}_{\mathrm{q}} / \tilde{d}_{\mathrm{q}}$。首先推导 $G_{\mathrm{idd}} =$

$\tilde{i}_d / \tilde{d}_d$，将其他扰动认为是零，即 $\tilde{d}_q = 0$、$\tilde{u}_{sd} = 0$、$\tilde{u}_{sq} = 0$。

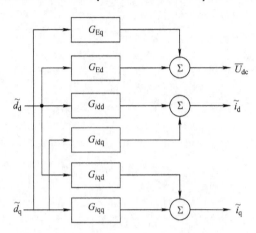

图 9-21　系统开环控制结构框图

利用上面得到的小信号模型，可以得到如下关系式：

$$\begin{cases} \omega L\, \tilde{i}_q = (sL + R)\, \tilde{i}_d + D_d\, \tilde{U}_{dc} + \tilde{d}_d U_{dc} \\ \omega L\, \tilde{i}_q = -(sL + R)\, \tilde{i}_q - D_q\, \tilde{U}_{dc} \\ \tilde{U}_{dc} = \dfrac{NR_{loss}}{1 + 3R_{loss}Cs}(I_d\, \tilde{d}_d + D_d\, \tilde{i}_d + D_q\, \tilde{i}_q) \end{cases} \tag{9-60}$$

求解方程式组，可得

$$\frac{\tilde{i}_d(s)}{\tilde{d}_d(s)} = -\frac{U_{dc}}{L} \cdot \frac{s^2 + \left(\dfrac{ND_d I_d}{3U_{dc}C} + \dfrac{1}{3R_{loss}C} + \dfrac{R}{L}\right)s + \dfrac{ND_d^2}{3LC} + \dfrac{ND_q I_d \omega}{3U_{dc}C} + \dfrac{ND_d I_d R}{3U_{dc}LC} + \dfrac{R}{3R_{loss}LC}}{s^3 + \left(\dfrac{1}{3R_{loss}C} + \dfrac{2R}{L}\right)s^2 + \left[\omega^2 + \dfrac{N(D_d^2 + D_q^2)}{3LC} + \dfrac{R^2}{L^2} + \dfrac{2R}{3R_{loss}LC}\right]s + \dfrac{\omega^2}{3R_{loss}C} + \dfrac{R^2}{3R_{loss}L^2C} + \dfrac{NR(D_d^2 + D_q^2)}{3L^2C}}$$

$$\tag{9-61}$$

式（9-61）就是所求得的 d 轴输出电流对 d 轴控制量的传递函数。利用相同的思路，当推导 $G_{iqq} = \tilde{i}_q / \tilde{d}_q$ 时，认为 $\tilde{d}_d = 0$、$\tilde{u}_{sd} = 0$、$\tilde{u}_{sq} = 0$，利用上面的小信号模型，得到一组方程式，解方程式组，可得如下传递函数：

$$\frac{\tilde{i}_q(s)}{\tilde{d}_q(s)} = -\frac{U_{dc}}{L} \cdot \frac{s^2 + \left(\dfrac{ND_q I_q}{3U_{dc}C} + \dfrac{1}{3R_{loss}C} + \dfrac{R}{L}\right)s + \dfrac{ND_q^2}{3LC} + \dfrac{ND_q I_q \omega}{3U_{dc}C} + \dfrac{ND_q I_d R}{3U_{dc}LC} + \dfrac{R}{3R_{loss}LC}}{s^3 + \left(\dfrac{1}{3R_{loss}C} + \dfrac{2R}{L}\right)s^2 + \left[\omega^2 + \dfrac{N(D_d^2 + D_q^2)}{3LC} + \dfrac{R^2}{L^2} + \dfrac{2R}{3R_{loss}LC}\right]s + \dfrac{\omega^2}{3R_{loss}C} + \dfrac{R^2}{3R_{loss}L^2C} + \dfrac{NR(D_d^2 + D_q^2)}{3L^2C}}$$

$$\tag{9-62}$$

2. 控制到耦合输出电流的传递函数

包括传递函数 $G_{idq} = \tilde{i}_d / \tilde{d}_q$ 和 $G_{iqd} = \tilde{i}_q / \tilde{d}_d$，这两个传递函数反映了控制量与

耦合输出电流之间的关系。求解思路与 1. 中相同，当求 G_{idq} 时，令 $\tilde{d}_d = 0$，$\tilde{u}_{sd} = 0$，$\tilde{u}_{sq} = 0$，利用小信号模型，可以得到一个方程式组，解方程式组可得

$$\frac{\tilde{i}_d(s)}{\tilde{d}_q(s)} = \frac{U_{dc}}{L} \frac{\left(\omega - \frac{ND_d I_q}{3U_{dc}C}\right)s + \frac{\omega}{3R_{loss}C} + \frac{ND_d D_q}{3LC} - \frac{ND_q I_q \omega}{3U_{dc}C} - \frac{ND_d I_q R}{3U_{dc}LC}}{s^3 + \left(\frac{1}{3R_{loss}C} + \frac{2R}{L}\right)s^2 + \left[\omega^2 + \frac{N(D_d^2 + D_q^2)}{3LC} + \frac{R^2}{L^2} + \frac{2R}{3R_{loss}LC}\right]s + \frac{\omega^2}{3R_{loss}C} + \frac{R^2}{3R_{loss}L^2C} + \frac{NR(D_d^2 + D_q^2)}{3L^2C}}$$

$$(9\text{-}63)$$

求 G_{iqd} 时，令 $\tilde{d}_q = 0$、$\tilde{u}_{sd} = 0$、$\tilde{u}_{sq} = 0$，利用小信号模型，列方程式组，解得

$$\frac{\tilde{i}_q(s)}{\tilde{d}_d(s)} = \frac{U_{dc}}{L} \frac{\left(\omega - \frac{ND_q I_d}{3U_{dc}C}\right)s + \frac{\omega}{3R_{loss}C} + \frac{ND_d D_q}{3LC} + \frac{ND_d I_d \omega}{3U_{dc}C} - \frac{ND_q I_d R}{3U_{dc}LC}}{s^3 + \left(\frac{1}{3R_{loss}C} + \frac{2R}{L}\right)s^2 + \left[\omega^2 + \frac{N(D_d^2 + D_q^2)}{3LC} + \frac{R^2}{L^2} + \frac{2R}{3R_{loss}LC}\right]s + \frac{\omega^2}{3R_{loss}C} + \frac{R^2}{3R_{loss}L^2C} + \frac{NR(D_d^2 + D_q^2)}{3L^2C}}$$

$$(9\text{-}64)$$

3. 控制到输出电压的传递函数

控制到输出电压的传递函数包括 $G_{U_{dc}d} = \tilde{U}_{dc}/\tilde{d}_d$ 和 $G_{U_{dc}q} = \tilde{U}_{dc}/\tilde{d}_q$。推导 $G_{U_{dc}d}$ 时，令 $\tilde{d}_q = 0$、$\tilde{u}_{sd} = 0$、$\tilde{u}_{sq} = 0$，利用小信号模型，可以推导出以下传递函数：

$$\frac{\tilde{U}_{dc}(s)}{\tilde{d}_d(s)} = \frac{NI_d}{3C} \frac{s^2 + \left(\frac{2R}{L} - \frac{U_{dc}D_d}{LI_d}\right)s + \omega^2 + \frac{U_{dc}D_q \omega}{LI_d} + \frac{R^2}{L^2} - \frac{U_{dc}D_d R}{L^2 I_d}}{s^3 + \left(\frac{1}{3R_{loss}C} + \frac{2R}{L}\right)s^2 + \left[\omega^2 + \frac{N(D_d^2 + D_q^2)}{3LC} + \frac{R^2}{L^2} + \frac{2R}{3R_{loss}LC}\right]s + \frac{\omega^2}{3R_{loss}C} + \frac{R^2}{3R_{loss}L^2C} + \frac{NR(D_d^2 + D_q^2)}{3L^2C}}$$

$$(9\text{-}65)$$

同理，推导 $G_{U_{dc}q}$ 时，令 $\tilde{d}_d = 0$、$\tilde{u}_{sd} = 0$、$\tilde{u}_{sq} = 0$，利用小信号模型，可以推导出

$$\frac{\tilde{U}_{dc}(s)}{\tilde{d}_q(s)} = \frac{NI_q}{3C} \frac{s^2 + \left(\frac{2R}{L} - \frac{U_{dc}D_q}{LI_q}\right)s + \omega^2 - \frac{U_{dc}D_d \omega}{LI_q} + \frac{R^2}{L^2} - \frac{U_{dc}D_q R}{L^2 I_q}}{s^3 + \left(\frac{1}{3R_{loss}C} + \frac{2R}{L}\right)s^2 + \left[\omega^2 + \frac{N(D_d^2 + D_q^2)}{3LC} + \frac{R^2}{L^2} + \frac{2R}{3R_{loss}LC}\right]s + \frac{\omega^2}{3R_{loss}C} + \frac{R^2}{3R_{loss}L^2C} + \frac{NR(D_d^2 + D_q^2)}{3L^2C}}$$

$$(9\text{-}66)$$

为了验证推导出的系统传递函数的正确性和实用性，在 PSIM 电力电子仿真软件中搭建了图 9-22 所示的仿真模型，仿真参数见表 9-3。控制时，首先让系统工作于整流状态，使直流侧电压达到期望值，然后找到稳态工作点，即找到 D_d 和 D_q 的值，之后，利用 PSIM 的交流分析功能，在稳态工作点处加入不同频率的交流扰动，分别得到控制到输出电流、控制到耦合输出电流和控制到直流侧电压的伯德图。

同时，为了进一步验证本建模方法的正确性，在现有电力电子平台上做了实验验证，具体控制方法与仿真时的一样，在达到稳态时，三相直流侧电压和输出电流

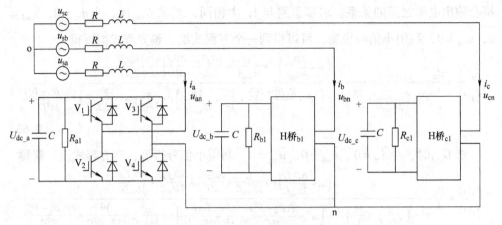

图 9-22　仿真主电路结构

表 9-3　仿真参数

符号	仿真参数	说　明
U_s	50V	电网相电压有效值
f_s	50Hz	电网电压频率
L_s	0.4mH	连接电感值
R_s	1Ω	连接电感等效电阻值
N	1	每相串联模块个数
$R_{a1,b1,c1}$	80Ω	三相直流侧并联电阻值
C	3.4mF	直流侧电容值
U_{ref}	100V	直流侧电压值期望值
f	5kHz	各模块开关频率

波形如图 9-23 所示。从图 9-23 中可以看到，三相直流侧电压基本稳定在 100V，这说明系统已经达到了稳态。然后利用 4395A 型 Agilent 阻抗分析仪的网络分析功能测量了在该稳态工作点附近的系统伯德图。

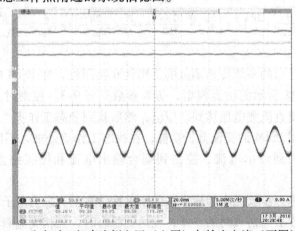

图 9-23　稳态时三相直流侧电压（上图）与输出电流（下图）波形

为方便对比，用 MATLAB 的数据处理功能将理论分析、仿真及实验结果放在一起，得到的控制到输出电流、控制到耦合输出电流和控制到直流侧电压的伯德图，分别如图 9-24 ~ 图 9-26 所示。

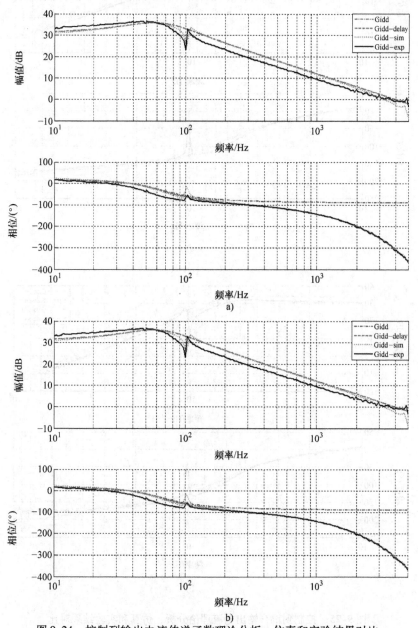

图 9-24　控制到输出电流传递函数理论分析、仿真和实验结果对比

a) $\tilde{i}_d/\tilde{d}_d$ 理论分析、仿真及实验结果对比　　b) $\tilde{i}_q/\tilde{d}_q$ 理论分析、仿真及实验结果对比

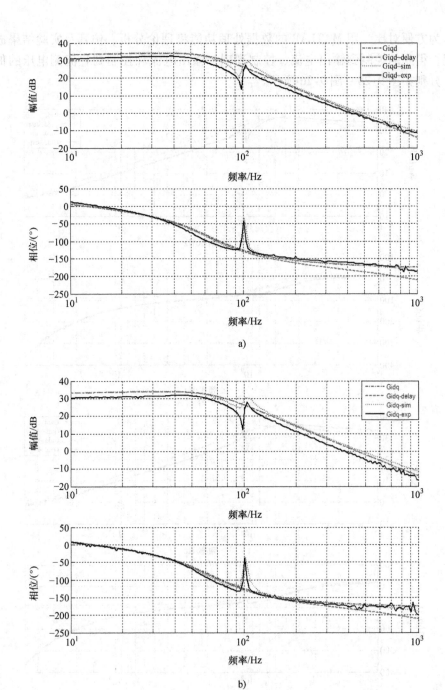

图 9-25   控制到耦合输出电流理论分析、仿真和实验结果对比

a) $\tilde{i}_q/\tilde{d}_d$ 理论分析、仿真及实验结果对比   b) $\tilde{i}_d/\tilde{d}_q$ 理论分析、仿真及实验结果对比

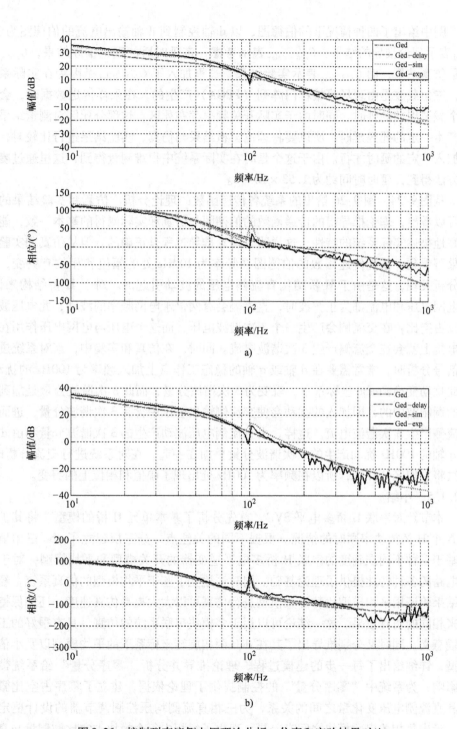

图 9-26 控制到直流侧电压理论分析、仿真和实验结果对比

a) $\tilde{U}_{dc}/\tilde{d}_d$ 理论分析、仿真及实验结果对比 b) $\tilde{U}_{dc}/\tilde{d}_q$ 理论分析、仿真及实验结果对比

图中给出了四种情况下的伯德图，以 d 轴控制到 d 轴输出电流的伯德图为例，G_{idd} 表示理论推导的结果，$G_{idd-delay}$ 表示考虑一定延时后的理论推导结果，$G_{idd-sim}$ 表示仿真结果，而 $G_{idd-exp}$ 表示实验结果。这里加入了 $G_{idd-delay}$ 是因为在实际系统中，三角载波是由现场可编程门阵列（FPGA）产生的，在采样传送数据时，会有半个载波周期的延时，同时由于实际开关频率存在死区，这部分死区对测量结果也会产生一定的死区延时，所以要将理论分析结果与仿真、实验结果进行比较时，需要加入一定的延时才行。由于这个延时在实际系统中很难测量得到，这里通过凑试的方法得到，延时时间约为 1.53×10^{-4} s。

从图 9-24 ~ 图 9-26 给出的系统各传递函数的理论分析、仿真和实验结果的对比可以看出，理论推导出的传递函数的伯德图与仿真和实际测得的基本一致，能够很好地描述实际系统的特性，这说明了理论推导过程是正确的。但从仿真和实验的结果可看到，系统传递函数的伯德图在频率为 100Hz 处的幅值和相位有突变，通过分析发现，这是由于 H 桥结构直流侧电压的波动引起的。对于 H 桥结构来说，当电网电压和电流都为正弦波时，直流侧会有两倍于电网频率的波动，此电压波动乘以占空比，在交流侧会产生一个 3 次谐波电压，而这个电压与电网电压作用在输出电抗上就会在交流侧产生 3 次谐波电流。同时，在仿真和实验中，当对系统进行小信号分析时，常常需要在 d 轴或 q 轴的稳态工作点上加入频率为 100Hz 的扰动，将此扰动变换到 abc 坐标系下，就变为 3 次谐波分量，而此 3 次谐波分量是加到每相的调制波中的，即加入的扰动会使交流侧输出电压中含有 3 次谐波分量，进而在交流侧产生 3 次谐波电流。这样，由直流侧电压波动产生的 3 次谐波分量和由 d 轴或 q 轴的 100Hz 扰动产生的 3 次谐波分量叠加在一起，在对系统进行交流分析时，无法将它们区分开来，所以在频率为 100Hz 处出现了幅值和相位上的突变。

9.2.1.5 小结

本节针对串联 H 桥多电平 SVG，首先分析了基本单元 H 桥的模型，将其扩展到 N 个 H 桥模块串联时的情况。根据不同的关注点，分三层建立了 abc 三相坐标系基于三种不同准确度的串联 H 桥多电平逆变器的开关模型和平均模型，对于分析电路的各种特性提供了理论基础。同时，建立了基于平均模型的仿真系统，经仿真结果验证用平均模型代替开关模型进行仿真可以大大提高仿真速度，还能保持与原来相同的仿真效果。这一结论可以用于多模块串联系统的仿真，具有很好的工程实践意义。同时又分别推导出了其在 dq0 两相旋转坐标系下的平均模型以及小信号模型，详细给出了每一步的建模过程，理论推导并分析"零序分量"给系统带来的影响，为系统中"零序分量"的控制提供了理论依据，建立了零序占空比微调量和直流侧电压变化量之间的关系，为三相直流侧均压控制调节器的设计奠定基础。考虑每相各串联模块之间有差异，建立了每相中每个模块占空比微调量与直流侧电压变化量之间的关系，为每相不同模块直流侧电压均衡控制调节器的设计提供理论基础。推导了控制到输出电流、控制到耦合输出电流以及控制到直流侧电压的传递函数，为直流侧电压控制调节器和电流调节器的设计提供理论支撑。通过仿真和实验的方法，对推导得到的系统传递函数进行了验证，并对仿真和实验结果与理论分析结果在 100Hz 处的幅值和相位的差别进行了解释，证明了理论推导的正确性。

9.2.2　直流侧电压控制方法

与其他拓扑结构相比，串联 H 桥多电平 SVG 最大的特点就是各串联 H 桥模块具有独立电容，由于不同 H 桥模块开关损耗、触发脉冲的差异性等，若不附加另外措施对其控制，不同 H 桥模块直流侧电压会产生不平衡现象，影响到装置的安全、可靠运行。为了保证串联 H 桥多电平 SVG 有良好的补偿电流跟随性能，必须将变流器直流侧电容的电压值控制为一个适当的值。传统的控制方法为给直流侧电容再提供一个单独的直流电源，一般是通过二极管整流电路来实现的。但是这种控制方法需要另外一套独立的电路，不仅增加了整个装置的复杂性，而且增大了系统的成本和损耗。尤其是当装置需要输出谐波和无功功率时，仅需要从电网吸收很少的有功能量用于补偿损耗，完全没有必要采用这种方法。本节建立了一种串联 H 桥多电平 SVG 直流母线电压控制的三层体系：三相总直流侧电压控制、三相之间直流母线电压均衡控制，每相各模块直流侧电压均衡控制。三相总直流侧电压控制根据三相 H 桥模块总的直流侧电压与指令值的差值，决定从电力系统获取（或发出）有功功率的多少，与电网交换的有功功率由三相电网平均承担，与电网交换的有功电流只有正序有功分量，因此不会对电网造成任何电能质量问题。三相之间直流母线电压均衡控制作为第二层控制，可以保证三相直流母线电压的均衡，而不额外向电网注入负序电流和零序电流。实现方法是，当主电路三相变流器呈△联结时，附加零序环流使三相直流母线电压达到均衡，当主电路三相变流器呈丫联结时，附加零序电压使三相直流母线电压达到均衡。每相各模块直流侧电压均衡控制作为第三层控制，通过控制将从电网吸收的总的有功功率根据不同 H 桥模块各自所需重新分配进而保证 a、b、c 三相所有 H 桥模块直流侧电容电压值相等，且等于指令值。最后，对这种控制方法进行了实验验证，包括稳态过程和暂态过程，进一步证明本节提出的控制方法的合理、可靠性。

9.2.2.1　直流侧电压控制系统

首先，根据上述内容用到的主电路拓扑结构，给出系统总控制框图，如图 9-27 所示。整个控制系统由三个部分组成，分别为指令电流检测、运算系统，指令电流跟踪控制系统和直流侧电压控制系统。从图 9-27 可以看出，其中直流侧电压控制系统包含三个环节：三相总直流侧电压控制、三相之间直流母线电压均衡控制、每相各模块直流侧电压均衡控制。其中，i_{ca}、i_{cb}、i_{cc} 分别为串联 H 桥 SVG 输出的三相补偿电流；i_{la}、i_{lb}、i_{lc} 分别为检测到的三相负载电流；L 为串联 H 桥多电平 SVG 与三相电网连接时的连接电抗值。

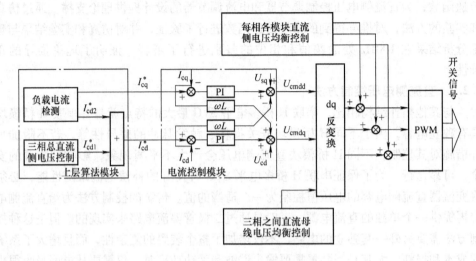

图 9-27　系统总的控制框图

9.2.2.2　三相总直流侧电压控制

1. 传统控制方法

根据串联 H 桥 SVG 直流侧电压控制的原理，直流侧电压的变化由串联 H 桥 SVG 和电网之间的能量流动决定。如果希望直流侧电压 u_{dc} 升高，只需控制串联 H 桥 SVG 输入一定的基波有功电流，使得串联 H 桥 SVG 从电网吸收能量，再将这些能量从变流器的交流侧传递到它的直流侧，直流侧的电容因为得到了能量，将导致其电压值 u_{dc} 上升；反之，如果控制串联 H 桥 SVG 输入相应负的基波有功电流，也即向电网发出相应的基波有功电流，变流器直流侧的能量将经交流侧流入电网，导致直流侧电容因损失了能量而使电压值 u_{dc} 下降。

综上所述，若想实现直流侧电压控制的目的，只需另外附加单独的直流侧电压控制环，控制串联 H 桥 SVG 补偿电流中的基波正序有功分量，即可使得整个系统具有直流侧电压自动维持的能力。这种方法既简单、明了，且易于实现。其中有功电流的选取可以通过图 9-28 所示的方法得到。图中，u_{ref} 表示单个 H 桥电路模块直流侧电压给定值；u_{dc_ai}、u_{dc_bi}、u_{dc_ci} 分别表示实际检测到的 a、b、c 三相中第 i 个 H 桥模块直流侧电压值；N 表示每相中由 N 个 H 桥模块串联而成。图 9-28 给出了串联 H 桥 SVG 直流侧电压控制环中三相总直流侧电压控制框图。根据该控制框图，可得总的有功电流控制工作原理如下所述：首先，检测串联 H 桥 SVG 的 a 相所有 H 桥单元模块直流侧电压值 u_{dc_ai}（$i=1, 2, \cdots, N$）并求和，与总的电压给定指令值进行求差后经过比例积分（PI）调节器，然后将调节器的输出值与 a 相电网电压锁相得到的标准基波正序值的正弦量 $\sin\omega t$ 相乘，得到串联 H 桥 SVG 的 a 相中用于总的直流侧电压调节的基波有功指令电流 i_{ap}，由于三相完全对称，可沿用同样思路求得 b、c 两相的基波有功指令电流 i_{bp}、i_{cp}，最后，再把得到的 i_{ap}、i_{bp}、i_{cp} 值经过 dq 变换，求出 dq 状态下的有功指令电流。

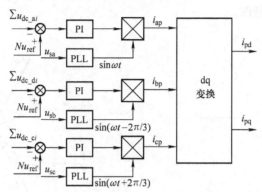

图 9-28　三相总直流侧电压控制框图

只需把求出的有功指令电流与谐波及无功指令电流运算电路计算得到的指令电流相加即可求得总的指令电流。这样，指令电流中将包含一定的基波有功电流，补偿电流发生电路根据指令电流产生补偿电流时，能使串联 H 桥 SVG 补偿电流中包含一定的基波有功电流分量，从而使串联 H 桥 SVG 的直流侧与交流侧交换能量，把各相直流侧电压之和调节到直流电压给定值的 N 倍。

当 $\sum\limits_{i=1}^{N} u_{dc\_ai}$ 的值小于 Nu_{ref} 时，指令电流中将含有正的有功电流分量，串联 H 桥 SVG 主电路在输出补偿电流的同时，将从电网吸收相应的有功功率，使得变流器直流侧电压之和上升到目标值。反之，当 $\sum\limits_{i=1}^{N} u_{dc\_ai}$ 的值大于 Nu_{ref} 时，指令电流中将含有负的有功电流分量，串联 H 桥 SVG 主电路在输出补偿电流的同时，向电网释放相应的有功功率，使得变流器直流侧电压之和下降到希望值。

当串联 H 桥 SVG 主电路拓扑结构中 a、b、c 三相用到的串联 H 桥模块各方面参数差别不明显时，各相损耗近似相等，为了维持每相直流侧电容电压之和等于希望值，各相需要从电网吸收或发出的基波有功电流大小相等，方向互差 120°。采用图 9-28 所示的控制方法可以很好地控制各相 H 桥模块直流侧电容电压之和而达到预期效果。但是，如果 a、b、c 三相中的 H 桥串联模块自身参数差别较大，例如 b 相中用的串联模块损耗较大，需要从电网吸收或发出较多的有功功率才能补偿模块串联后的损耗，进而保证补偿后的直流侧电容电压之和等于希望值，而 a 相模块损耗相对 b 相来说较小，为了维持直流侧电容电压值仅需吸收较少的有功电流，如图 9-29 所示。

图 9-28 中，i_{ap}、i_{bp}、i_{cp} 表示为了维持 H 桥模块直流侧电压之和等于希望值，

a、b、c 三相分别需要从电网吸收的基波有功电流。图 9-29 给出了 a、b、c 三相分别需要从电网吸收的基波有功电流的矢量图。从图中可以看出，由于三相损耗互异，其需要吸收的有功电流的幅值也各不相同，因此，三相基波有功电流构成了一个三相不对称的矢量图。

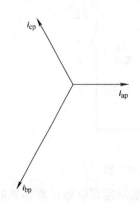

图 9-29　各相从电网吸收有功电流矢量图

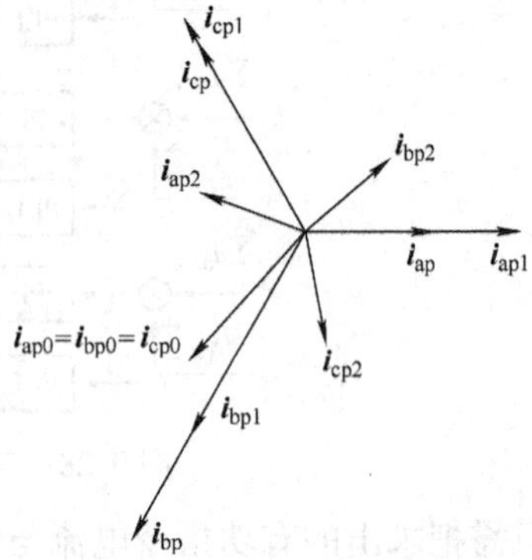

图 9-30　分解后基波有功电流矢量图

　　根据三相不对称矢量可以分解成对称矢量的条件，i_{ap}、i_{bp}、i_{cp} 可以分别分解为正序、负序和零序电流之和，如图 9-30 所示。图中，i_{ap1}、i_{ap2}、i_{ap0} 分别表示 a 相基波有功电流的正序、负序和零序分量；i_{bp1}、i_{bp2}、i_{bp0} 分别表示 b 相基波有功电流的正序、负序和零序分量；i_{cp1}、i_{cp2}、i_{cp0} 分别表示 c 相基波有功电流的正序、负序和零序分量。但在丫联结结构中，没有零序电流流过，所以每相只有正序和负序电流。

　　图 9-30 给出了分解后的基波有功电流矢量图，再根据图 9-27 所示的系统总的控制框图，如果把求得的基波有功电流值与谐波和无功指令电流相加，得到最终的指令电流，则指令电流中不仅包含基波正序有功电流，还包含基波负序有功电流分量，使得串联 H 桥 SVG 最终输出的补偿电流中，除了包含需要的基波正序有功电流外，还包含了一定数量的基波负序有功电流分量，当三相不平衡度加大时，产生的基波负序有功电流分量的值还可能很大，如果这部分基波负序有功电流分量流入电网，将会对电网造成严重的污染。

　　2. 改进后的三相总直流侧电压控制方法

　　总是希望补偿后三相电网电流能够是对称的标准正弦波，如果采用图 9-28 所示的控制方法，虽然能够保证补偿后直流侧电压之和等于希望值，但是引进了负序电流，总不是所希望见到的现象，因此，为了改善这一情况，需要对三相总电压控制环进行改进，改进后的三相总电压控制框图如图 9-31 所示。

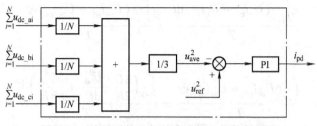

图 9-31　改进后的三相总直流侧电压控制框图

根据图 9-31 所示的改进后的三相总直流侧电压控制框图，可得改进后的三相总直流侧电压控制原理为：检测串联 H 桥 SVG 中 a、b、c 三相所有 H 桥单相电路模块直流侧电压值 $u_{\mathrm{dc\_}ai}$、$u_{\mathrm{dc\_}bi}$、$u_{\mathrm{dc\_}ci}$（$i = 1,\ 2,\ \cdots,\ N$），并对其求平均值，得 H 桥模块直流侧电压的平均值 u_{ave}；将求得的平均值 u_{ave} 的二次方与串联 H 桥 SVG 中 H 桥单相电路模块直流侧电压给定值 u_{ref} 的二次方相比较，输出经过 PI 调节器调节，作为串联 H 桥 SVG 中直流侧与交流侧能量交换指令，也即基波正序有功指令电流。根据图 9-27 所示的系统总的控制框图，把基波正序有功指令电流与之前求得的谐波和无功指令电流相加，得最终的指令电流。当 u_{ave} 值小于 u_{ref} 时，指令电流中将含有正的基波正序有功分量，串联 H 桥 SVG 将从电网吸收相应的有功功率，使得 u_{ave} 上升到给定值。反之，当 u_{ave} 的值大于 u_{ref} 时，指令电流中将含有负的基波正序有功分量，串联 H 桥 SVG 主电路向电网释放相应的有功功率，使得串联 H 桥 SVG 中 H 桥模块直流侧电压平均值 u_{ave} 下降到给定值。

因为电流内环的响应速度要比电压外环快得多，所以在实际工程中，可先设计电流内环，后设计电压外环。在设计电压外环时，可以将设计合适的电流内环用简单比例环节或时间常数较小的一阶惯性环节等效替代。这样，便可以大大简化电压外环的设计。直流侧电压三相总电压调节器设计，主要从串联 H 桥多电平 SVG 的功率平衡关系入手。此时只要系统总的直流侧电压恒定，即达到控制目标，也就是交流侧和直流侧要达到总的功率平衡。由式（9-42），基于最外层平均模型，丫联结串联 H 桥多电平 SVG 直流侧电压和交流侧指令电压的关系为

$$\frac{1}{2}\frac{\mathrm{d}U_{\mathrm{pdc}}^2}{\mathrm{d}t} = \frac{N}{3C}(d_{\mathrm{d}}U_{\mathrm{pdc}}i_{\mathrm{cd}} + d_{\mathrm{q}}U_{\mathrm{pdc}}i_{\mathrm{cq}}) - \frac{U_{\mathrm{pdc}}^2}{CR}$$

$$= \frac{N}{3C}(U_{\mathrm{d}}i_{\mathrm{cd}} + U_{\mathrm{q}}i_{\mathrm{cq}}) - \frac{U_{\mathrm{pdc}}^2}{CR} \tag{9-67}$$

其中，串联 H 桥多电平变流器指令电压 $U_{\mathrm{d}} = d_{\mathrm{d}}U_{\mathrm{pdc}}$、$U_{\mathrm{q}} = d_{\mathrm{q}}U_{\mathrm{pdc}}$。考虑电压外环响应速度较慢，有功指令电流 i_{cd} 在一个基波周期内仅调节几次，i_{cd} 在一个基波周期内变化不大。以基波周期为单位考虑功率变化，忽略连接电感等效电阻，则连接电感在一个基波周期内吸收的功率为零，电网在一个基波周期内提供的有功功率等于串联 H 桥多电平变流器吸收的有功功率，即

$$\frac{\int_{t-T}^{t}(U_{d}i_{cd}+U_{q}i_{cq})\mathrm{d}t}{T}=\frac{\int_{t-T}^{t}(U_{sd}i_{cd}+U_{sq}i_{cq})\mathrm{d}t}{T} \tag{9-68a}$$

所以

$$\frac{\int_{t-T}^{t}(U_{sd}i_{cd}+U_{sq}i_{cq})\mathrm{d}t}{T}=\frac{\int_{t-T}^{t}\left(\frac{3C}{2N}\frac{\mathrm{d}U_{pdc}^{2}}{\mathrm{d}t}+\frac{3U_{pdc}^{2}}{NR}\right)\mathrm{d}t}{T} \tag{9-68b}$$

电网电压锁相在 d 轴上，则 $\overline{U}_{sq}=0$，即

$$\overline{U}_{sd}\overline{i}_{cd}=\frac{3C}{2N}\frac{\mathrm{d}\,\overline{U}_{pdc}^{2}}{\mathrm{d}t}+\frac{3\overline{U}_{pdc}^{2}}{NR} \tag{9-69}$$

将式（9-69）两边进行拉普拉斯变换，得

$$\frac{U_{pdc}^{2}(s)}{I_{cd}(s)}=\frac{U_{sd}}{\dfrac{Cs}{2}+\dfrac{1}{R}}=\frac{2RU_{sd}}{Cs+2} \tag{9-70}$$

由式（9-44），△联结串联 H 桥多电平 SVG 直流侧电压和交流侧指令电压的关系为

$$\frac{1}{2}\frac{\mathrm{d}\,\overline{U}_{pdc}^{2}}{\mathrm{d}t}=\frac{N}{3C}(\overline{U}_{d}\overline{i}_{cd}+\overline{U}_{q}\overline{i}_{cq}+\overline{U}_{0}\overline{i}_{c0})-\frac{\overline{U}_{pdc}^{2}}{CR} \tag{9-71}$$

其中，串联 H 桥多电平变流器指令电压 $\overline{U}_{d}=d_{d}\overline{U}_{pdc}$、$\overline{U}_{q}=d_{q}\overline{U}_{pdc}$、$\overline{U}_{0}=d_{0}\overline{U}_{pdc}$。同理得

$$\frac{\int_{t-T}^{t}(\overline{U}_{d}\overline{i}_{cd}+\overline{U}_{q}\overline{i}_{cq}+\overline{U}_{0}\overline{i}_{c0})\mathrm{d}t}{T}=\frac{\int_{t-T}^{t}(\overline{U}_{sd}\overline{i}_{cd}+\overline{U}_{sq}\overline{i}_{cq})\mathrm{d}t}{T}=\frac{\int_{t-T}^{t}\left(\frac{3C}{2N}\frac{\mathrm{d}U_{pdc}^{2}}{\mathrm{d}t}+\frac{3U_{dpc}^{2}}{NR}\right)\mathrm{d}t}{T}$$

$$\tag{9-72}$$

可以求得有功指令电流 i_{cd} 和直流侧电压的关系式同式（9-72）。采用 PI 调节器，调节器按式（9-72）进行参数设计，电流内环简化成比值为 1 的比例环节，其参数设计框图如图 9-32 所示。

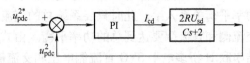

图 9-32　三相总电压 PI 调节器参数设计框图

9.2.2.3　三相之间直流母线电压均衡控制

上面提出的方法可以不向电网引进负序电流。但由于三相之间的损耗存在差异性，当三相不平衡度加大时，各相直流母线电压也会存在较大的差异，如果不加以控制，直流电压偏高那一相的模块会超额工作，并且开关器件存在过电压损坏的危险，而直流电压较低的那一相的模块又常常会欠额工作，模块的效用不能充分的发挥。为了解决直流母线电压不均衡问题，充分发挥串联 H 桥 SVG 对电能质量的提

升作用，本节提出一种三相之间直流母线电压均衡控制方法。三相之间直流母线电压的均衡控制实现方法是：当主电路三相变流器呈△联结时，附加零序环流使三相直流母线电压达到均衡，当主电路三相变流器呈Y联结时，附加零序电压使三相直流母线电压达到均衡。

1. Y联结时情况

如图9-33所示，串联H桥SVG主电路三相呈Y联结，电网电压不对称时包含负序分量，不妨设电网电压为

$$\begin{cases} u_{sa} = \sqrt{2}U_a\sin(\omega t + \varphi_1) = \sqrt{2}U_p\sin(\omega t) + \sqrt{2}U_n\sin(\omega t + \varphi) \\ u_{sb} = \sqrt{2}U_b\sin(\omega t + \varphi_2) = \sqrt{2}U_p\sin(\omega t - 120°) + \sqrt{2}U_n\sin(\omega t + \varphi + 120°) \\ u_{sc} = \sqrt{2}U_c\sin(\omega t + \varphi_3) = \sqrt{2}U_p\sin(\omega t + 120°) + \sqrt{2}U_n\sin(\omega t + \varphi - 120°) \end{cases}$$

$$(9\text{-}73)$$

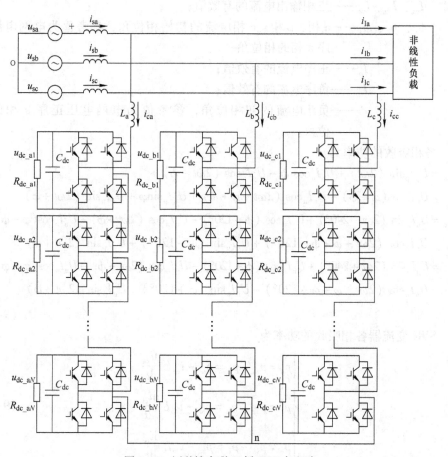

图9-33 Y联结串联H桥SVG主电路

式中 　φ_1、φ_2、φ_3——a相、b相、c相电压的初始相位角，参考值为电网电压正序a相的相位角；

$\quad\quad U_a$、U_b、U_c——三相电压的有效值；

$\quad\quad\quad\quad U_p$——相电压正序分量的有效值；

$\quad\quad\quad\quad U_n$——相电压负序分量的有效值；

$\quad\quad\quad\quad \varphi$——相电压负序分量的初始相位角。

SVG在补偿电网无功和负序电流的稳态工作时的输出电流（忽略补偿装置的有功电流）为

$$\begin{cases} i_{ca}=\sqrt{2}I_{ca}\sin\ (\omega t+\phi_1)=\sqrt{2}I_p\cos\ (\omega t)+\sqrt{2}I_n\sin\ (\omega t+\phi) \\ i_{cb}=\sqrt{2}I_{cb}\sin\ (\omega t+\phi_2)=\sqrt{2}I_p\cos\ (\omega t-120°)+\sqrt{2}I_n\sin\ (\omega t+120°+\phi) \\ i_{cc}=\sqrt{2}I_{cc}\sin\ (\omega t+\phi_3)=\sqrt{2}I_p\cos\ (\omega t+120°)+\sqrt{2}I_n\sin\ (\omega t-120°+\phi) \end{cases} \quad (9\text{-}74)$$

式中 　I_{ca}、I_{cb}、I_{cc}——三相输出电流的有效值；

$\quad\quad \phi_1$、ϕ_2、ϕ_3——a相、b相、c相电流的初始相位角，参考值为电网电压正序a相的相位角；

$\quad\quad\quad\quad I_p$——正序电流的有效值；

$\quad\quad\quad\quad I_n$——负序电流的有效值；

$\quad\quad\quad\quad \phi$——负序电流的初相位角，参考值为电网电压正序a相的相位角。

各相吸收的功率为

$$\begin{cases} p_{sa}=U_pI_p\sin\ (2\omega t)+U_pI_n\cos\phi-U_pI_n\cos\ (2\omega t+\phi)+ \\ \quad U_nI_n\cos(\varphi-\phi)-U_nI_n\cos\ (2\omega t+\varphi+\phi)+U_nI_p\sin\varphi+U_nI_p\sin\ (2\omega t+\varphi) \\ p_{sb}=U_pI_p\sin\ (2\omega t-240°)+U_pI_n\cos\ (\phi-120°)-U_pI_n\cos\ (2\omega t+\phi)+U_nI_n\cos(\varphi-\phi)- \\ \quad U_nI_n\cos\ (2\omega t+\varphi+\phi-120°)+U_nI_p\sin\ (\phi-120°)+U_nI_p\sin\ (2\omega t+\varphi) \\ p_{sc}=U_pI_p\sin\ (2\omega t+240°)+U_pI_n\cos\ (\phi+120°)-U_pI_n\cos\ (2\omega t+\phi)+U_nI_n\cos(\varphi-\phi)- \\ \quad U_nI_n\cos\ (2\omega t+\varphi+\phi+120°)+U_nI_p\sin\ (\varphi+120°)+U_nI_p\sin\ (2\omega t+\varphi) \end{cases}$$

$$(9\text{-}75)$$

SVG变流器各相吸收的功率为

$$\begin{cases} p_a=p_{sa}-p_L=p_{sa}-i_{ca}L\dfrac{di_{ca}}{dt} \\ \\ p_b=p_{sb}-p_L=p_{sb}-i_{cb}L\dfrac{di_{cb}}{dt} \\ \\ p_c=p_{sc}-p_L=p_{sc}-i_{cc}L\dfrac{di_{cc}}{dt} \end{cases} \quad (9\text{-}76)$$

SVG变流器各相在每个电网周期内吸收的平均功率为

$$\begin{cases} \overline{p_a} = \overline{p_{sa}} - \overline{p_L} = \overline{p_{sa}} = U_p I_n \cos\phi + U_n I_n \cos(\varphi - \phi) + U_n I_p \cos\varphi \\ \overline{p_b} = \overline{p_{sb}} - \overline{p_L} = \overline{p_{sb}} = U_p I_n \cos(\phi - 120°) + U_n I_n \cos(\varphi - \phi) + U_n I_p \cos(\varphi + 120°) \\ \overline{p_c} = \overline{p_{sc}} - \overline{p_L} = \overline{p_{sc}} = U_p I_n \cos(\phi + 120°) + U_n I_n \cos(\varphi - \phi) + U_n I_p \cos(\varphi - 120°) \end{cases} \quad (9\text{-}77)$$

每相吸收功率相对于三相吸收功率平均值的偏差量为

$$\overline{\Delta P_a} = U_p I_n \cos(\phi) + U_n I_p \cos(\varphi)$$

$$\overline{\Delta P_b} = U_p I_n \cos(\phi - 120°) + U_n I_p \cos(\varphi + 120°) \quad (9\text{-}78a)$$

$$\overline{\Delta P_c} = U_p I_n \cos(\phi + 120°) + U_n I_p \cos(\varphi - 120°)$$

将式（9-77）中的三个式子相加得

$$\overline{p_a} + \overline{p_b} + \overline{p_c} = \overline{p_{sa}} + \overline{p_{sb}} + \overline{p_{sc}} = 3U_n I_n \cos(\varphi - \phi) \quad (9\text{-}78b)$$

式（9-77）和式（9-78）说明电网正序电压和负序补偿电流、电网负序电压和正序补偿电流作用都会引起 SVG 三相之间有功功率的转移，但并不改变串联 H 桥 SVG 从电网吸收的有功功率会引起相间直流侧总电压的不均衡，但对 SVG 所有 H 桥模块的总直流侧电压不影响；电网正序电压和正序无功补偿电流作用不会从电网吸收有功功率，也不会引起 SVG 三相之间有功功率的转移；电网负序电压和负序补偿电流作用会引起 SVG 从电网吸收有功功率，也会引起所有 H 桥模块的直流侧总电压发生变化，但不会引起 SVG 三相之间有功功率的转移。

当三相变流器损耗不一样时，可以采用负序电流改变三相吸收的功率的方法进行控制。但这样会向电网注入额外的负序电流，造成电网的二次污染。下面分析一下在变流器中注入零序电压是否会对三相功率产生影响。假设零序电压为

$$u_0 = \sqrt{2} U_0 \sin(\omega t + \theta) \quad (9\text{-}79)$$

式中　θ——零序电压的初始相位角，参考值为电网电压正序 a 相的相位角；

U_0——零序电压的有效值；

$U_{0\cos} = U_0 \cos\theta$；

$U_{0\sin} = U_0 \sin\theta$。

零序电压引起的三相功率变化为

$$\begin{cases} \Delta p_a^0 = U_0 I_{ca} \cos(\phi_1 - \theta) - U_0 I_{ca} \cos(2\omega t + \phi_1 + \theta) \\ \quad = U_0 I_p \sin(\theta) - U_0 I_p \cos(2\omega t + 90° + \theta) + U_0 I_n \cos(\phi - \theta) - U_0 I_n \cos(2\omega t + \phi + \theta) \\ \Delta p_b^0 = U_0 I_{cb} \cos(\phi_2 - \theta) - U_0 I_{cb} \cos(2\omega t + \phi_2 + \theta) \\ \quad = U_0 I_p \sin(\theta + 120°) - U_0 I_p \cos(2\omega t - 30° + \theta) + U_0 I_n \cos(\phi - \theta + 120°) \\ \quad\quad - U_0 I_n \cos(2\omega t + 120° + \phi + \theta) \\ \Delta p_c^0 = U_0 I_{cc} \cos(\phi_3 - \theta) - U_0 I_{cc} \cos(2\omega t + \phi_3 + \theta) \\ \quad = U_0 I_p \sin(\theta - 120°) - U_0 I_p \cos(2\omega t + 210° + \theta) + U_0 I_n \cos(\phi - \theta - 120°) \\ \quad\quad - U_0 I_n \cos(2\omega t - 120° + \phi + \theta) \end{cases}$$

$$(9\text{-}80)$$

式（9-80）中的三个式子的和为零，说明零序电压不影响三相变流器的总功率，但会引起三相之间功率的重新分配。因此，可以采用零序电压对三相功率进行再分配，校正因为装置损耗和输出负序电流时引起的三相相间直流侧总电压的不均衡。对（9-74）求周期平均值得

$$\begin{cases} \Delta \overline{p}_a^0 = U_0 I_{ca} \cos(\phi_1 - \theta) = U_0 I_p \sin(\theta) + U_0 I_n \cos(\phi - \theta) \\ \Delta \overline{p}_b^0 = U_0 I_{cb} \cos(\phi_2 - \theta) = U_0 I_p \sin(\theta + 120°) + U_0 I_n \cos(\phi - \theta + 120°) \quad (9-81) \\ \Delta \overline{p}_c^0 = U_0 I_{cc} \cos(\phi_3 - \theta) = U_0 I_p \sin(\theta - 120°) + U_0 I_n \cos(\phi - \theta - 120°) \end{cases}$$

式（9-84）中的三个式子的和也为零，说明这三个式子线性相关。对第一个和第二个式子进行求解，得

$$u_0 = \frac{3\sqrt{2}\Delta \overline{p}_a^0 I_n \cos\phi - 2\sqrt{6}\Delta \overline{p}_b^0 I_p - \sqrt{6}\Delta \overline{p}_a^0 I_p - 2\sqrt{6}\Delta \overline{p}_b^0 I_n \sin\phi - \sqrt{6}\Delta \overline{p}_a^0 I_n \sin\phi}{3(I_n + I_p)(I_n - I_p)} \sin\omega t +$$

$$\frac{2\sqrt{6}\Delta \overline{p}_b^0 I_n \cos\phi + \sqrt{6}\Delta \overline{p}_a^0 I_n \cos\phi + 3\sqrt{2}\Delta \overline{p}_a^0 I_n \sin\phi - 3\sqrt{2}\Delta \overline{p}_a^0 I_p}{3(I_n + I_p)(I_n - I_p)} \cos\omega t \quad (9-82)$$

由此，根据均衡三相直流侧电压所需要的功率偏差量，由式（9-82）计算出零序电压指令值。其中，I_p、I_n、$\sin\phi$、$\cos\phi$ 可以通过无功负序检测环节对负载电流进行检测，由检出的无功和负序指令电流得到；$\sin\omega t$ 和 $\cos\omega t$ 由锁相环得出。控制框图如图9-34所示。根据式（9-78a）计算出 a、b、c 每相应调节的功率。然后求出 abc 每相 H 桥模块直流侧电压值的平均值，将求得的平均值的二次方与给定值相比较，输出经过 PI 调节器调整，求出考虑模块损耗的功率偏差调节量。将式（9-78a）计算的每相调节功率和 PI 调节器输出的功率偏差量相加，作为均衡三相直流侧电压所需要的功率调节量，由公式（9-82）计算出需要的零序电压指令值。其中，U_p 可以通过将电网电压经过 dq 交换，采用低通滤波器求出其直流分量得到；U_n、$\sin\varphi$、$\cos\varphi$ 可以通过将电网电压经过反向 dq 变换采用低通滤波器求出其直流分量求得。该控制方法在变流器需要补偿负序电流和装置损耗间不均衡时，通过在指令电压中叠加零序电压，变流器达到自身三相之间直流母线电压平衡而不会向电网注入额外负序电流。

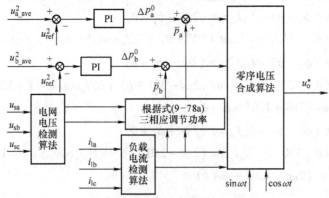

图9-34　三相之间直流母线电压均衡控制框图

由式（9-23b），考虑电压外环响应速度较慢，以基波周期为单位考虑直流侧电压变化，有

$$\frac{\int_{t-T}^{t} U_{\text{pdc\_a}} d_{a} i_{ca} dt}{T} = \frac{\int_{t-T}^{t}\left(\frac{C}{2N}\frac{dU_{\text{pdc\_a}}^{2}}{dt} + \frac{U_{\text{pdc\_a}}^{2}}{NR_{a}}\right)dt}{T} \tag{9-83}$$

所以

$$\left(\overline{U}_{a+}\overline{i}_{ca+} + \overline{U}_{a-}\overline{i}_{ca+} + \overline{U}_{a0}\overline{i}_{ca+} + \overline{U}_{a+}\overline{i}_{ca-} + \overline{U}_{a-}\overline{i}_{ca-} + \overline{U}_{a0}\overline{i}_{ca-}\right) = \frac{C}{2N}s\overline{U}_{\text{pdc\_a}}^{2} + \frac{\overline{U}_{\text{pdc\_a}}^{2}}{NR_{a}} \tag{9-84}$$

因此由串联 H 桥多电平变流器输出零序电压引起的 a 相吸收功率变化量与直流侧电压变化量关系为

$$\Delta \overline{p}_{a}^{0} = \frac{C}{2N}s\Delta \overline{U}_{\text{pdc\_a}}^{2} + \frac{\Delta \overline{U}_{\text{pdc\_a}}^{2}}{NR_{a}} \tag{9-85}$$

将式（9-85）两边进行拉普拉斯变换，得

$$\frac{\Delta U_{\text{pdc\_a}}^{2}(s)}{\Delta p_{a}^{0}(s)} = \frac{2NR_{a}}{R_{a}Cs+2} \tag{9-86}$$

调节器采用 PI 调节器，并采用式（9-86）进行 PI 调节器参数设计，三相之间直流母线电压 PI 调节器参数设计框图如图 9-35 所示。

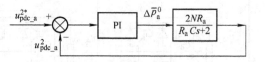

图 9-35　三相之间直流母线电压
PI 调节器参数设计框图

2. △联结时情况

如图 9-36 所示，串联 H 桥 SVG 主电路的三相呈 △ 联结，电网电压不对称时包含负序分量，不妨设电网电压为

$$\begin{cases} u_{sab} = \sqrt{2}U_{ab}\sin\left(\omega t + \varphi_{1}\right) = \sqrt{2}U_{p}\sin\left(\omega t\right) + \sqrt{2}U_{n}\sin\left(\omega t + \varphi\right) \\ u_{sbc} = \sqrt{2}U_{bc}\sin\left(\omega t + \varphi_{2}\right) = \sqrt{2}U_{p}\sin\left(\omega t - 120°\right) + \sqrt{2}U_{n}\sin\left(\omega t + \varphi + 120°\right) \\ u_{sca} = \sqrt{2}U_{ca}\sin\left(\omega t + \varphi_{3}\right) = \sqrt{2}U_{p}\sin\left(\omega t + 120°\right) + \sqrt{2}U_{n}\sin\left(\omega t + \varphi - 120°\right) \end{cases} \tag{9-87}$$

式中　φ_{1}、φ_{2}、φ_{3}——ab 相、bc 相、ca 相的初始相位角，参考值为电网电压正序 ab 相的相位角；

U_{ab}、U_{bc}、U_{ca}——三个线电压的有效值；

U_{p}——线电压正序分量的有效值；

U_{n}——线电压负序分量的有效值；

φ——线电压负序分量的初始相位角。

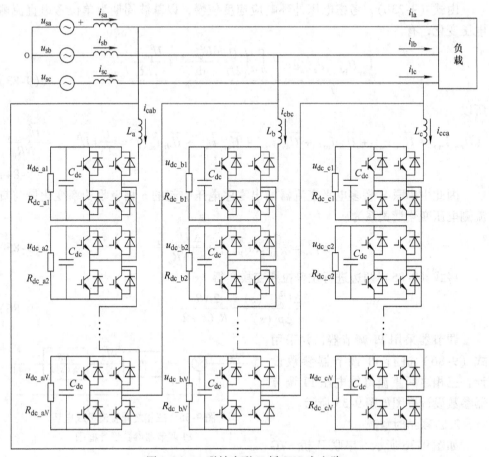

图 9-36 △联结串联 H 桥 SVG 主电路

SVG 在补偿电网无功和负序电流的稳态工作时的输出电流（忽略补偿装置的有功电流）为

$$\begin{cases} i_{cab} = \sqrt{2}I_{cab}\sin\ (\omega t + \phi_1) = \sqrt{2}I_p\cos\ (\omega t) + \sqrt{2}I_n\sin\ (\omega t + \phi) \\ i_{cbc} = \sqrt{2}I_{cbc}\sin\ (\omega t + \phi_2) = \sqrt{2}I_p\cos\ (\omega t - 120°) + \sqrt{2}I_n\sin\ (\omega t + 120° + \phi) \\ i_{cca} = \sqrt{2}I_{cca}\sin\ (\omega t + \phi_3) = \sqrt{2}I_p\cos\ (\omega t + 120°) + \sqrt{2}I_n\sin\ (\omega t - 120° + \phi) \end{cases}$$

$$(9\text{-}88)$$

式中　I_{cab}、I_{cbc}、I_{cca}——三相输出电流的有效值；

ϕ_1，ϕ_2，ϕ_3——ab 相、bc 相、ca 相电流的初始相位角，参考值为电网电压正序 ab 相的相位角；

I_p——正序电流的有效值；

I_n——负序电流的有效值；

ϕ——负序电流的初相位角，参考值为电网电压正序 ab 相的相位角。

各相吸收的功率为

$$
\begin{cases}
p_{\text{sab}} = U_{\text{p}}I_{\text{p}}\sin(2\omega t) + U_{\text{p}}I_{\text{n}}\cos(\phi) - U_{\text{p}}I_{\text{n}}\cos(2\omega t + \phi) + \\
\qquad U_{\text{n}}I_{\text{n}}\cos(\varphi - \phi) - U_{\text{n}}I_{\text{n}}\cos(2\omega t + \varphi + \phi) + U_{\text{n}}I_{\text{p}}\sin(\varphi) + U_{\text{n}}I_{\text{p}}\sin(2\omega t + \varphi) \\
p_{\text{sbc}} = U_{\text{p}}I_{\text{p}}\sin(2\omega t - 240°) + U_{\text{p}}I_{\text{n}}\cos(\phi - 120°) - U_{\text{p}}I_{\text{n}}\cos(2\omega t + \phi) + U_{\text{n}}I_{\text{n}}\cos(\varphi - \phi) - \\
\qquad U_{\text{n}}I_{\text{n}}\cos(2\omega t + \varphi + \phi - 120°) + U_{\text{n}}I_{\text{p}}\sin(\varphi - 120°) + U_{\text{n}}I_{\text{p}}\sin(2\omega t + \varphi) \\
p_{\text{sca}} = U_{\text{p}}I_{\text{p}}\sin(2\omega t + 240°) + U_{\text{p}}I_{\text{n}}\cos(\phi + 120°) - U_{\text{p}}I_{\text{n}}\cos(2\omega t + \phi) + U_{\text{n}}I_{\text{n}}\cos(\varphi - \phi) - \\
\qquad U_{\text{n}}I_{\text{n}}\cos(2\omega t + \varphi + \phi + 120°) + U_{\text{n}}I_{\text{p}}\sin(\varphi + 120°) + U_{\text{n}}I_{\text{p}}\sin(2\omega t + \varphi)
\end{cases}
$$

$$(9\text{-}89)$$

SVG 变流器各相吸收的功率为

$$
\begin{cases}
p_{\text{ab}} = p_{\text{sab}} - p_{\text{L}} = p_{\text{sab}} - i_{\text{cab}}L\dfrac{\mathrm{d}i_{\text{cab}}}{\mathrm{d}t} \\[2mm]
p_{\text{bc}} = p_{\text{sbc}} - p_{\text{L}} = p_{\text{sbc}} - i_{\text{cbc}}L\dfrac{\mathrm{d}i_{\text{cbc}}}{\mathrm{d}t} \\[2mm]
p_{\text{ca}} = p_{\text{sca}} - p_{\text{L}} = p_{\text{sca}} - i_{\text{cca}}L\dfrac{\mathrm{d}i_{\text{cca}}}{\mathrm{d}t}
\end{cases}
$$

$$(9\text{-}90)$$

SVG 变流器各相在每个电网周期内吸收的平均功率为

$$
\begin{cases}
\overline{p}_{\text{ab}} = \overline{p}_{\text{sab}} - \overline{p}_{\text{L}} = \overline{p}_{\text{sab}} = U_{\text{p}}I_{\text{n}}\cos(\phi) + U_{\text{n}}I_{\text{n}}\cos(\varphi - \phi) + U_{\text{n}}I_{\text{p}}\cos(\varphi) \\
\overline{p}_{\text{bc}} = \overline{p}_{\text{sbc}} - \overline{p}_{\text{L}} = \overline{p}_{\text{sbc}} = U_{\text{p}}I_{\text{n}}\cos(\phi - 120°) + U_{\text{n}}I_{\text{n}}\cos(\varphi - \phi) + U_{\text{n}}I_{\text{p}}\cos(\varphi + 120°) \\
\overline{p}_{\text{ca}} = \overline{p}_{\text{sca}} - \overline{p}_{\text{L}} = \overline{p}_{\text{sca}} = U_{\text{p}}I_{\text{n}}\cos(\phi + 120°) + U_{\text{n}}I_{\text{n}}\cos(\varphi - \phi) + U_{\text{n}}I_{\text{p}}\cos(\varphi - 120°)
\end{cases}
$$

$$(9\text{-}91)$$

将式 (9-91) 中三个式子相加得

$$\overline{p}_{\text{ab}} + \overline{p}_{\text{bc}} + \overline{p}_{\text{ca}} = \overline{p}_{\text{sab}} + \overline{p}_{\text{sbc}} + \overline{p}_{\text{sca}} = 3U_{\text{n}}I_{\text{n}}\cos(\varphi - \phi) \tag{9-92a}$$

每相吸收功率相对于三相吸收功率平均值的偏差量为

$$
\begin{aligned}
\overline{\Delta p_{\text{ab}}} &= U_{\text{p}}I_{\text{n}}\cos(\phi) + U_{\text{n}}I_{\text{p}}\cos(\varphi) \\
\overline{\Delta p_{\text{bc}}} &= U_{\text{p}}I_{\text{n}}\cos(\phi - 120°) + U_{\text{n}}I_{\text{p}}\cos(\varphi + 120°) \\
\overline{\Delta p_{\text{ca}}} &= U_{\text{p}}I_{\text{n}}\cos(\phi + 120°) + U_{\text{n}}I_{\text{p}}\cos(\varphi - 120°)
\end{aligned}
\tag{9-92b}
$$

式 (9-91) 和式 (9-92) 说明，电网正序电压和负序补偿电流、电网负序电压和正序补偿电流作用都会引起 SVG 三相之间有功功率的转移，但并不改变串联 H 桥 SVG 从电网吸收的有功功率，而会引起相间直流侧总电压的不均衡，但对 SVG 所有 H 桥模块的总直流侧电压不会受到影响；电网正序电压和正序无功补偿电流作用不会从电网吸收有功功率，也不会引起 SVG 三相之间有功功率的转移；电网负序电压和负序补偿电流作用会引起 SVG 从电网吸收有功功率，并引起所有 H 桥模块的直流侧总电压发生变化，而不会引起 SVG 三相之间有功功率的转移。

当三相变流器损耗不一样时，可以利用负序电流改变三相吸收的功率进行控制。但这样会向电网注入额外的负序电流，造成电网的二次污染。下面分析一下在变流器中注入零序电压，产生零序电流，是否会对三相功率产生影响。设△联结串联 H 桥 SVG 变流器中注入的零序电流表达式为

$$i_0 = \sqrt{2}I_0\sin(\omega t + \theta) \tag{9-93}$$

式中　θ——零序电流的初始相位角，参考值为电网电压正序 ab 相的相位角；

　　I_0——零序电流的有效值；

　　$I_{0\cos} = I_0\cos\theta$；

　　$I_{0\sin} = I_0\sin\theta$。

零序电流引起的三相功率变化为

$$\begin{cases}
\Delta p_{ab}^0 = I_0 U_{ab}\cos(\varphi_1 - \theta) - I_0 U_{ab}\cos(2\omega t + \varphi_1 + \theta) \\
\quad = I_0 U_p\cos\theta - I_0 U_p\cos(2\omega t + \theta) + I_0 U_n\cos(\varphi - \theta) - I_0 U_n\cos(2\omega t + \varphi + \theta) \\
\Delta p_{bc}^0 = I_0 U_{bc}\cos(\varphi_2 - \theta) - I_0 U_{bc}\cos(2\omega t + \varphi_2 + \theta) \\
\quad = I_0 U_p\cos(\theta + 120°) - I_0 U_p\cos(2\omega t - 120° + \theta) + I_0 U_n\cos(\phi - \theta + 120°) - \\
\quad\quad I_0 U_n\cos(2\omega t + 120° + \phi + \theta) \\
\Delta p_{ca}^0 = I_0 U_{ca}\cos(\varphi_3 - \theta) - I_0 U_{ca}\cos(2\omega t + \varphi_3 + \theta) \\
\quad = I_0 U_p\cos(\theta - 120°) - I_0 U_p\cos(2\omega t + 120° + \theta) + I_0 U_n\cos(\varphi - \theta - 120°) - \\
\quad\quad I_0 U_n\cos(2\omega t - 120° + \varphi + \theta)
\end{cases}$$

$$\tag{9-94}$$

式（9-94）中三个式子的和为零，说明零序电流不影响三相变流器的总功率，但会引起三相之间功率的重新分配。因此，可以采用零序电流对三相功率进行再分配，校正因为装置损耗和输出负序电流时，三相间直流侧总电压的不均衡。对式（9-94）求周期平均值，得

$$\begin{cases}
\Delta \overline{p}_{ab}^0 = I_0 U_{ab}\cos(\varphi_1 - \theta) = I_0 U_p\cos(\theta) + I_0 U_n\cos(\varphi - \theta) \\
\Delta \overline{p}_{bc}^0 = I_0 U_{bc}\cos(\phi_2 - \theta) = I_0 U_p\cos(\theta + 120°) + I_0 U_n\cos(\varphi - \theta + 120°) \\
\Delta \overline{p}_{ca}^0 = I_0 U_{ca}\cos(\phi_3 - \theta) = I_0 U_p\cos(\theta - 120°) + I_0 U_n\cos(\varphi - \theta - 120°)
\end{cases} \tag{9-95}$$

式（9-95）中三个式子的和也为零，说明三个式子线性相关。根据第一个和第二个式子进行求解，得

$$i_0 = \frac{2\sqrt{6}\Delta \overline{p}_{bc}^0 U_n\sin\varphi - 3\sqrt{2}\Delta \overline{p}_{ab}^0 U_n\cos\varphi + 3\sqrt{2}\Delta \overline{p}_{ab}^0 U_p + \sqrt{6}\Delta \overline{p}_{ab}^0 U_n\sin\varphi}{3(U_p^2 - U_n^2)}\sin\omega t +$$

$$\frac{-\sqrt{6}\Delta \overline{p}_{ab}^0 U_p - \sqrt{6}\Delta \overline{p}_{ab}^0 U_n\cos\varphi - 3\sqrt{2}\Delta \overline{p}_{ab}^0 U_n\sin\varphi - 2\sqrt{6}\Delta \overline{p}_{bc}^0 U_p - 2\sqrt{6}\Delta \overline{p}_{bc}^0 U_n\cos\varphi}{3(U_p^2 - U_n^2)}\cos\omega t$$

$$\tag{9-96}$$

由此，根据均衡三相直流侧电压所需要的功率调节量，由式（9-96）计算出零序电流指令值。其中，U_p 可以通过将电网电压经过 dq 变换，采用低通滤波器求出其直流分量得到；U_n、$\sin\varphi$、$\cos\varphi$ 可以通过将电网电压经过反向 dq 变换并采用低通滤波器求出其直流分量来得到；$\sin\omega t$ 和 $\cos\omega t$ 由锁相环得出。

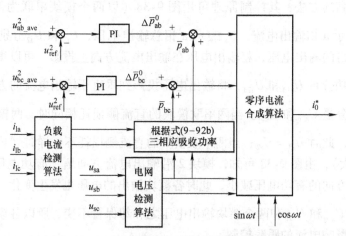

图 9-37　三相之间直流母线电压均衡控制框图

控制框图如图 9-37 所示，根据式（9-92a）计算出 ab、bc、ca 每相应平衡的功率。然后求出每相 H 桥模块直流侧电压值的平均值，将求得平均值的二次方与给定值二次方相比较，输出经过 PI 调节器调整，求出考虑模块损耗的功率偏差调节量。将式（9-92b）计算的每相应平衡的功率和 PI 调节器输出的功率偏差量相加，作为均衡三相之间直流侧电压所需要的功率调节量，由式（9-96）计算出需要的零序电流指令值。其中，I_p、I_n、ϕ 可以通过基于瞬时无功功率理论的无功负序检测环节得到。该控制方法在变流器需要补偿负序电流和装置损耗相间不均衡时，通过在指令电压中叠加零序电压而产生零序电流，变流器达到自身三相之间直流母线电压平衡而不会向电网注入额外负序电流。

9.2.2.4　每相各模块直流侧电压均衡控制

在电网吸收的总有功功率已经得到控制和三相之间直流母线电压已经实现均衡控制的前提下，每相变流器输出端口电压与电网电压之间的夹角是确定的。由于每相中的两个 H 桥模块是串联关系，且两个 H 桥模块直流侧电压期望值相同，两个模块的输出功率相同。若不加直流侧电压均衡控制，从电网吸收的总的有功电流将在两个不同 H 桥模块间平均分配。由于两个 H 桥模块自身损耗肯定会有或多或少的差异，为了补偿自身损耗，需要从电网吸收的有功功率大小肯定会不相同，平均分配有功功率的后果很可能就是损耗小的模块由于吸收了过多的有功功率，直流侧电压值高于期望值，损耗大的模块由于实际分配的有功功率不足以补偿自身损耗，直流侧电压值小于期望值。

那么如何保证两个 H 桥模块直流侧电压相同呢？根据上述内容，就是要保证每相变流器输出电压不变的同时微调每个模块输出电压，使各个模块从电网吸收的有功功率正好补偿自身损耗。可以想到，每个模块沿着变流器输出电流的方向微调输出电压，可以最快速地调节从电网吸收的有功功率，这是最简单且能保证直流母线利用率最高的方法，其控制原理可用图 9-38（以两个模块串联为例）来说明。

图中，$\dot{I}_a$ 表示 a 相输出电流，$\dot{U}_a$ 表示 a 相总输出电压，$\dot{U}_{a1}$ 和 $\dot{U}_{a2}$ 分别表示 a 相两串联模块各自的输出电压，将输出电压在输出电流方向上投影，可以得到各模块输出电压的有功分量 $\dot{U}_{a1d}$ 和 $\dot{U}_{a2d}$，将输出电压投影到垂直于输出电流的方向得到输出电压的无功分量 $\dot{U}_{a1q}$ 和 $\dot{U}_{a2q}$。当两串联模块的直流侧损耗相同时，两模块的输出电压是相同的，此时 $\dot{U}_{a1} = \dot{U}_{a2}$；当两串联模块的直流侧损耗不一样时（这里假设模块 2 的损耗较大），由图 9-38 可知，模块 2 沿输出电流方向增加有功电压，而模块 1 沿输出电流方向的有功电压减小，此时各模块输出的电压也发生变化，但输出电压的无功分量 $\dot{U}_{a1q}$ 和 $\dot{U}_{a2q}$ 和两个模块输出电压之和却保持不变，所以各模块直流侧均压控制不会影响电流的跟踪控制。

每相各模块直流侧电压均衡控制框图如图 9-39 所示。用 a 相各串联模块直流侧电压之和平均值的二次方作为指令，用各模块直流侧实际电压值的二次方作为反馈，通过 PI 调节器调节，再乘以 a 相的输出电流，便得到了 a 相相应模块调制波的微调量，将此值加到原调制波中，调节各模块吸收有功能量的多少，进而达到控制各模块直流侧电压均衡的目的。依次类推，分别求出 b 相、c 相中 H 桥单相电路模块 PWM 的调制波的微调量，以此类推，得到 b 相 H 桥单相电路模块最终指令电压和 c 相 H 桥单相电路模块最终指令电压。

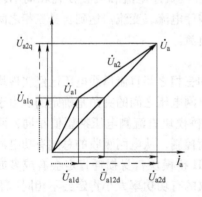

图 9-38　每相各模块直流
侧电压均衡控制原理图

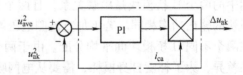

图 9-39　每相各模块直流侧电压均衡控制框图

根据式（9-12）所表示的电压关系，有

$$C\frac{\mathrm{d}\overline{U}_{\mathrm{dc\_i1}}}{\mathrm{d}t} = d_{i1}\overline{i}_{ci} - \frac{\overline{U}_{\mathrm{dc\_i1}}}{R_{i1}}\tag{9-97a}$$

于是可得

$$\frac{C}{2}\frac{\mathrm{d}U_{\mathrm{dc\_a1}}^2}{\mathrm{d}t} + \frac{U_{\mathrm{dc\_a1}}^2}{R_a} = P_{a1} = U_{a1}i_{ca}\tag{9-97b}$$

其中，模块交流侧指令电压为 $U_{a1} = d_{a1}U_{\mathrm{pdc\_a1}}$，由控制系统框图得 a 相 H 桥模块吸收的功率变化量与直流侧电压的变化量关系为

$$\frac{C}{2}\frac{\mathrm{d}\Delta U_{\mathrm{dc\_a1}}^2}{\mathrm{d}t} + \frac{\Delta U_{\mathrm{dc\_a1}}^2}{R_a} = \Delta P_{a1}(s) = i_{ca}^2\Delta E_{a1}\tag{9-97c}$$

从控制系统框图可以看出，经过调节器输出的偏移量 ΔE_{a1}，需要乘以电流输出 i_{ca} 得到一个正弦的功率偏移量，这样整个系统就没有一个稳态的静态工作点，因此也就无法使用传统的调节器设计方法。但是，根据装置实际的工作模式可以知道，一般的系统中都将电容取得较大，考虑电压外环响应速度较慢，以基波周期为单位考虑直流侧电压变化，将电流 i_{ca} 的有效值 I_{ca} 代替 i_{ca}。

$$\frac{\int_{t-T}^{t}i_{ca}^2\Delta E_{a1}\mathrm{d}t}{T} \approx \frac{\int_{t-T}^{t}\left(\frac{C}{2}\frac{\mathrm{d}U_{\mathrm{pdc\_a1}}^2}{\mathrm{d}t} + \frac{U_{\mathrm{pdc\_a1}}^2}{R_{a1}}\right)\mathrm{d}t}{T}\tag{9-98}$$

分析得

$$I_{ca}^2\Delta E_{a1} = \frac{C}{2}\frac{\mathrm{d}\Delta \overline{U}_{\mathrm{pdc\_a1}}^2}{\mathrm{d}t} + \frac{\Delta \overline{U}_{\mathrm{pdc\_a1}}^2}{R_{a1}}\tag{9-99}$$

式中　I_{ca}——输出电流有效值。

将式（9-99）两边进行拉普拉斯变换，得

$$\frac{\Delta U_{\mathrm{pdc\_a1}}^2(s)}{\Delta E_{a1}(s)} = \frac{2R_a I_{ca}^2}{R_a Cs + 2}\tag{9-100}$$

可以求得 H 桥变流器吸收功率和直流侧电压关系式同式（9-100）。采用 PI 调节器，且调节器按式（9-100）进行参数设计，如图 9-40 所示。

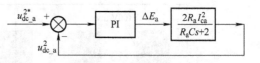

图 9-40　每相各模块直流侧电压 PI 调节器参数设计框图

9.2.3　实验结果及分析

1. 丫联结串联 H 桥多电平 SVG 直流母线电压控制实验结果及分析

如上所述，建立丫联结串联 H 桥多电平 SVG 三层直流母线电压控制体系，给出整个控制系统的控制框图，如图 9-27 所示。整个控制系统由三个部分组成，分别为指令电流检测、运算系统；指令电流跟踪控制系统和直流侧电压控制系统。从图 9-27 可以看出，其中直流侧电压控制系统包含三个环节：三相总直流侧电压控

制、三相之间直流母线电压均衡控制，每相各模块直流侧电压均衡控制。改进后三相总直流侧电压控制框图如图 9-31 所示；三相之间直流母线电压均衡控制框图，如图 9-34 所示；每相各模块直流侧电压均衡控制框图如图 9-39 所示。为验证该控制算法的正确性和稳定性，搭建了以 $N=2$，即每相 2 个 H 桥模块串联的丫联结 SVG 实验平台，主控制器由 DSP 和 FPGA 共同实现。DSP 选择的是 TI 公司的 TMS320F28335，主要实现整个系统控制；FPGA 选择 Altera 公司 Cyclone Ⅱ 系列的 EP2C35F484C8，主要产生 PWM 驱动信号。系统实验参数见表 9-4。

表 9-4　系统实验参数

符号	实验参数	说明
U_s	50V	电网相电压幅值
f_s	50Hz	电网电压频率
L_s	6mH	连接电感值
R_s	0.5Ω	连接电感等效电阻值
U_{dc}	60V	H 桥模块直流侧电压值
N	2	每相 H 桥模块个数

图 9-41 所示为 a 相上下两个模块输出的三电平电压信号及通过相移 SVPWM 叠加而成的 a 相输出的五电平电压信号波形。图 9-42 所示为 a 相电网电压和 a 相

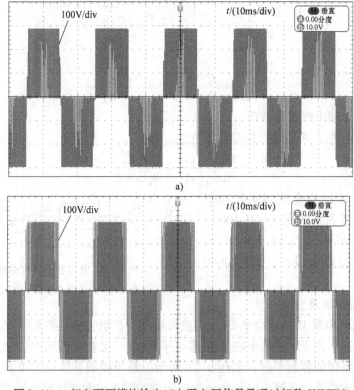

图 9-41　a 相上下两模块输出三电平电压信号及通过相移 SVPWM
叠加而成的 a 相输出的五电平电压信号波形
a）a 相上模块输出三电平电压信号波形　b）a 相下模块输出三电平电压信号波形

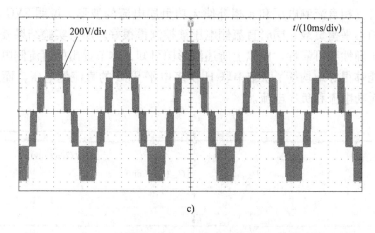

c)

图 9-41   a 相上下两模块输出三电平电压信号及通过相移 SVPWM
叠加而成的 a 相输出的五电平电压信号波形（续）
c）a 相输出的五电平电压信号波形

SVG 补偿的无功电流波形，指令无功电流为 10A，从图 9-42 中可以看出串联 H 桥
SVG 输出超前电网电压 90°、幅值为 10A 的无功电流准确跟踪指令电流。

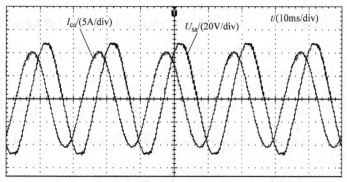

图 9-42   a 相电网电压和 a 相 SVG 补偿的无功电流波形

图 9-43 所示为三相直流侧总电压、a 相 H 桥模块直流侧总电压及 a 相每个模
块的直流侧电压波形。图 9-43 中直流侧总电压波形经过第一层控制稳定于给定值
360V，a 相总电压波形经过第二层控制后均稳定于 120V，a 相每个模块电压波形经
过三层总体控制后均稳定于 60V。通过三层控制系统对直流侧电压的控制，各模块
电压稳定在参考值附近。

图 9-44 所示为指令电流从 10A 跳到 −10A 时 b 相电网电压、b 相 SVG 动态补
偿的无功电流和 b 相两个模块直流侧电压波形。可以看出，SVG 能够准确快速地
进行动态跟踪，直流侧电压被控制得很好。图 9-45 所示为负载发生不平衡突变时
三相 SVG 补偿三相无功负序电流及 a 相电网电压波形，图 9-46 所示为负载发生不

平衡突变时三相直流侧电压和 a 相补偿无功负序电流的波形，说明 SVG 能够很好地补偿三相不平衡负载，同时直流侧电压被控制得很好。所有实验结果表明，该控制方法的正确性和可靠性。由以上所述波形图可知，本节提出的直流侧电压三层控制方法，能够很好地均衡丫联结串联 H 桥多电平 SVG 的直流侧电压，而且能够很好地补偿无功电流和负序电流。

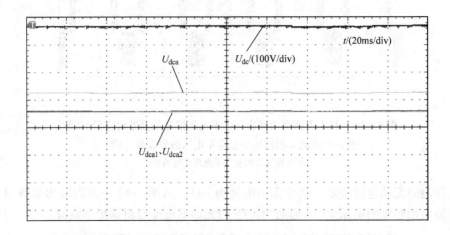

图 9-43　三相直流侧总电压、a 相 H 桥模块直流侧总电压及 a 相每个模块的直流侧电压波形

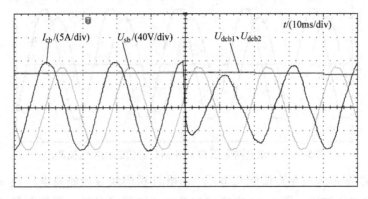

图 9-44　指令电流从 10A 跳到 –10A 时 b 相电网电压、
b 相 SVG 动态补偿的无功电流和 b 相两个模块直流侧电压波形

2. △联结串联 H 桥多电平 SVG 直流母线电压控制实验结果及分析

如上所述，建立△联结串联 H 桥多电平 SVG 三层直流母线电压控制体系，给出整个控制系统的控制框图如图 9-27 所示。从图 9-27 可以看出，其中直流侧电压控制系统包含三个环节：三相总直流侧电压控制，三相之间直流母线电压均衡控制，每相各模块直流侧电压均衡控制。改进后的三相总直流侧电压控制框图如图

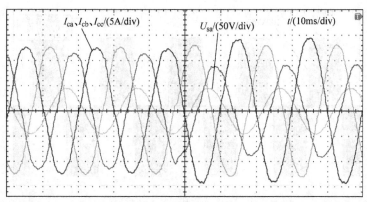

图 9-45　负载发生不平衡突变时三相 SVG 补偿三相无功负序电流及 a 相电网电压波形

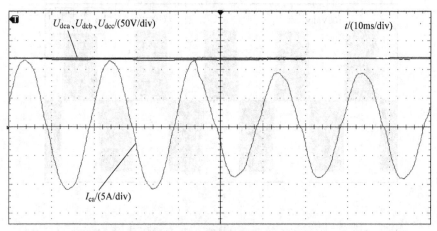

图 9-46　负载发生不平衡突变时三相直流侧电压及 a 相补偿无功负序电流波形

9-31 所示；三相之间直流母线电压均衡控制框图如图 9-37 所示；每相各模块直流侧电压均衡控制框图如图 9-39 所示。为验证该控制算法的正确性和稳定性，搭建了以 $N=2$，即每相 2 个 H 桥模块串联的△联结 SVG 实验平台，主控制器由 DSP 和 FPGA 共同实现。DSP 选择的是 TI 公司的 TMS320F28335，主要实现了整个系统控制；FPGA 选择 Altera 公司 Cyclone Ⅱ 系列的 EP2C35F484C8，主要产生 PWM 驱动信号。系统实验参数见表 9-4。

　　下面给出在实验室搭建的实验样机上采用本控制方法的实验波形。图 9-47 所示为 ab 相上下两模块输出的三电平电压信号和通过相移载波调制叠加而成 ab 相输出五电平电压信号波形。图 9-48 所示为 SVG 输出 ab 相电网电压和 ab 相 SVG 补偿的无功电流波形，指令无功电流为 10A，从图中可以看出，串联 H 桥 SVG 输出超前电网电压 90°，10A 无功电流精确跟踪指令电流。

　　图 9-49 所示为直流侧总电压、ab 相 H 桥模块直流侧总电压和 ab 相每个模块

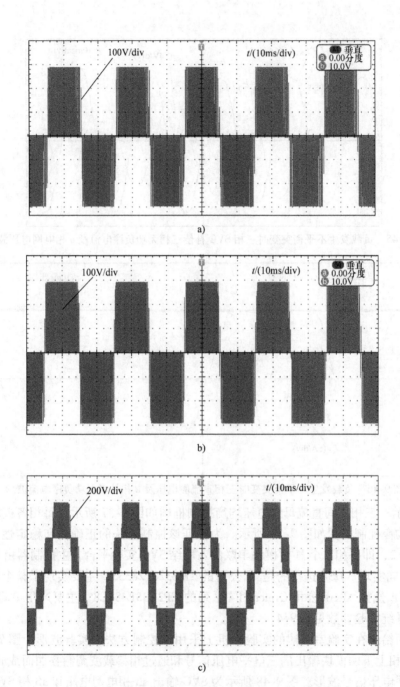

图 9-47 ab 相上下两模块输出三电平电压信号和通过相移
载波调制叠加而成 ab 相输出五电平电压信号波形
a）ab 相上模块输出三电平电压信号波形 b）ab 相下模块输出三电平电压信号波形
c）ab 相输出五电平电压信号波形

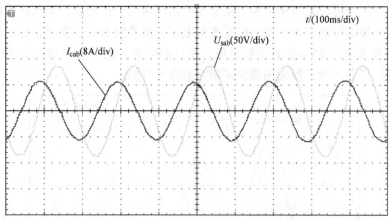

图 9-48　SVG 输出 ab 相电网电压和 ab 相 SVG 补偿的无功电流波形

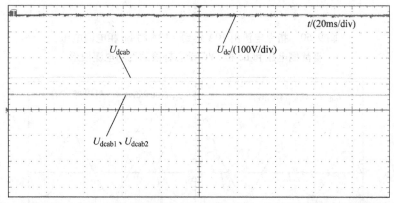

图 9-49　直流侧总电压、ab 相 H 桥模块直流侧总电压和 ab 相每个模块的直流侧电压波形

的直流侧电压波形，图中直流侧总电压波形经过第一层控制稳定于给定值 360V，ab 相总电压波形经过第二层控制后均稳定于 120V，ab 相每个模块电压波形经过三层总体控制后均稳定于 60V。通过三层控制系统对直流侧电压的控制，各模块电压稳定在参考值附近。

　　图 9-50 所示为当指令电流从 10A 跳到 −10A 时 bc 相电网电压、直流侧电压和 bc 相 SVG 动态补偿的无功电流波形。从中可以看出，SVG 能够准确快速地进行动态跟踪，直流侧电压被控制得很好，补偿的实时性很好。图 9-51 所示为当补偿不平衡负载时 ab 相电网电压和 SVG 输出的三相无功电流波形。图 9-52 所示为补偿不平衡负载时 SVG 输出 ab 相的负序无功电流及三相直流侧电压波形，由此说明 SVG 直流母线相间均压控制方法在变流器需要补偿负序无功电流时可以使三相之间直流母线电压保持平衡，直流侧电压值稳定在参考值附近。从实验波形中可以看出，该控制方法能够在变流器需要补偿负序无功电流时，变流器达到自身相间直流母线电压平衡不会向电网注入额外负序电流，即可以不通过牺牲电能质量为代价来

达到三相之间直流母线电压平衡。所有实验结果表明，该控制方法的正确性和可靠性。由以上波形可知，本节提出的直流侧电压三层控制方法，能够很好地均衡△联结串联 H 桥多电平 SVG 的直流侧电压，而且能够很好地补偿无功和负序电流。该方法正确、可靠，为工程应用提供了很好的参考价值。

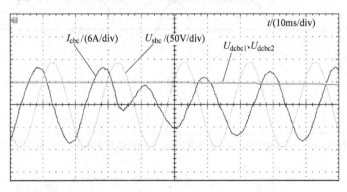

图 9-50　指令电流由 10A 跳到 - 10A 时 bc 相电网电压、
直流侧电压和 bc 相 SVG 动态补偿的无功电流波形

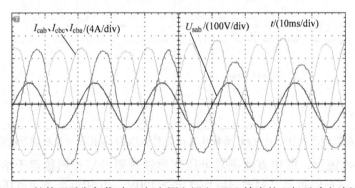

图 9-51　补偿不平衡负载时 ab 相电网电压和 SVG 输出的三相无功电流波形

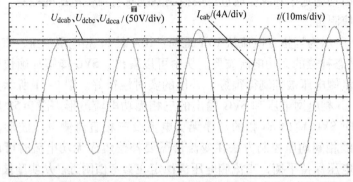

图 9-52　补偿不平衡负载时 SVG 输出 ab 相的负序无功电流及三相直流侧电压波形

9.3　混合型串联 H 桥多电平有源电力滤波器

在选择开关器件时，能否在同一多电平电路拓扑结构中采用不同功率等级的开关器件，使耐压值较高的器件承受较高的电压，且使它们的开关工作在较低频率，而使那些耐压值并不是很高的器件承受较低的电压，但工作在较高频率，从而使系统结构更加优化呢？20 世纪 90 年代末，印度学者 Madhav 首次提出了混合型多电平的概念，并研究发现这种技术将突破传统多电平思想的束缚，在同一个电路拓扑结构中，采用不同功率的开关器件，使耐压值高的器件承受较高电压而工作在较低频率下，那些耐压值并不是很高的器件承受较低电压而工作在较高频率下，使它们在一起协同工作，从而扬长避短充分发挥各种器件的自身特点，使系统达到优化。目前，国内外专家认为混合型多电平技术是多电平技术的未来发展趋势，是高压大容量应用领域中一个非常有价值的研究领域。

混合型串联 H 桥多电平 APF 的谐波检测和电流跟踪控制，与其他拓扑结构相同。与其他拓扑结构相比，混合型串联 H 桥多电平 APF 最大的特点就是各混合型串联 H 桥模块具有独立电容，直流侧电压和开关频率不同。在混合型串联 H 桥多电平 APF 中，电压等级不同的 H 桥模块串联后经连接电抗器接入电网，电压等级高的模块中的开关器件低频开断，承受高的电压应力，电压等级低的模块中的开关器件高频开断，保证输出并网电流波形。由于不同 H 桥模块开关频率、直流侧电压的差异性，若不采取另外措施对其控制，不同 H 桥模块直流侧电压不能稳定在其额定电压附近，将影响装置的安全可靠运行。因此，如何控制各个 H 桥模块吸收的功率，使各自直流侧电压等于参考值，是其一个难点问题。需要一种合理的混合型多电平调制策略对各个电压等级不同 H 桥模块分配合理的指令电压，如此保持各个 H 桥模块功率平衡。如果混合型多电平调制策略选取不合适，以及由于高低压模块损耗存在差异性，各个高低压模块直流母线电压会严重偏离参考值。如果不加以控制，直流电压偏离值高的模块超额工作，开关器件存在过电压损坏的危险，而直流电压偏离值低的模块又欠额工作，此时整个混合型多电平并网逆变器不能输出准确的指令电压，进而影响输出电流的准确性和装置的安全可靠运行。

本节提出了一种混合型串联 H 桥多电平 APF 直流母线电压控制方法，其也分为三层控制体系：三相总直流侧电压控制、三相之间直流母线电压均衡控制，这和前述的串联 H 桥多电平 SVG 的相同。在每相各个模块直流侧电压均衡控制（本节称之为每相高低压模块直流侧电压均衡控制）中，分析了每相混合型串联 H 桥模块直流侧电压的比值，利用混合型多电平调制方法实现串联不同高低压模块间的指令电压分配来达到充分利用不同性能电力电子器件和保证高低压模块直流母线电压平衡的目的，实现了高低压模块直流侧电压的均衡控制，并通过实验验证了所提控制方法的正确性。

9.3.1 高低压模块直流侧电压及门槛电压选取原则

Y联结混合型串联 H 桥多电平 APF 主电路如图 9-53 所示。在该混合型串联 H 桥多电平 APF 中，电压等级不同的 H 桥模块串联后经连接电抗器接入电网，电压等级高的模块中的开关器件为基波周期开断，以承受高的电压应力，电压等级低的模块中的开关器件为高频开断，以保证输出并网电流波形。针对混合型串联 H 桥多电平的特点，人们提出了混合型调制策略。混合型调制可以使高压模块和低压模块分别工作于低频开关和高频开关，并保证它们输出的波形谐波特性较好。参考文献［265］给出一种混合型调制策略的具体实现框图（以一个高频模块为例），如图 9-54 所示。图 9-54 中，给出的混合型调制策略可简述如下：首先确定直流侧电压最高的模块的输出电压，将参考波电压与某一固定电压比较值 φ_{n-1} 比较，当参考波电压大于固定电压比较值时，第 n 个模块输出正的直流侧电压，而当参考波电压比较小于固定电压比较值时，输出为负的直流侧电压，其他情况下输出为零，这样就确定了第 n 个模块的输出电压 U_n，然后用参考波电压减去第 n 个模块的输出电压就得到了直流侧电压次高的第 $n-1$ 个模块的参考波电压，再遵循相同的方法，

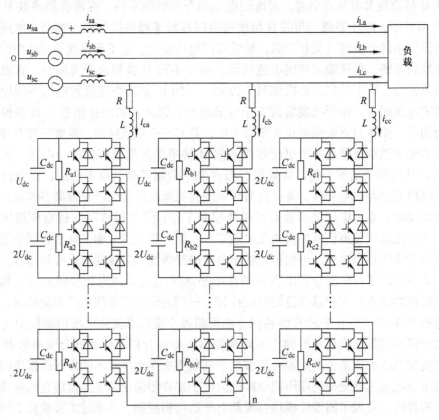

图 9-53　Y联结混合型串联 H 桥多电平 APF 主电路

将其与固定电压比较值 φ_{n-2} 比较，得到第 $n-1$ 个模块的输出电压 U_{n-1}，依次类推，可以得到其他高压模块的输出，直到最后一个低压模块，此时将得到的参考波电压与三角波电压比较，来确定低压模块的输出电压，使得输出电压波形实现高频调制。

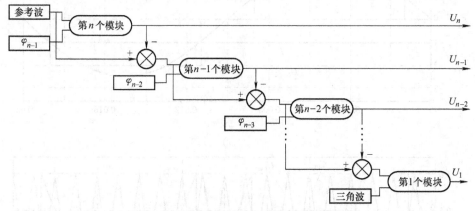

图 9-54　混合型调制策略的具体实现框图

为了更清晰地说明整个调制过程，现以直流侧电压比为 1:2 的两个 H 桥串联构成的混合型串联 H 桥多电平逆变器为例来说明。参考波电压取为 $2.5\sin(100\pi t)$，让直流侧电压为 2 的高压模块工作于低频，固定电压比较值取为 1，让直流侧电压为 1 的低压模块工作于高频，三角波频率取为 500Hz，调制过程及输出波形如图 9-55 所示。图 9-55a 给出了参考正弦波电压与固定电压比较值 1 和 -1 比较产生高压模块输出方波电压波形，将参考波电压与输出方波电压相减得到低压模块的调制波电压，如中间图所示，将低压模块的调制波电压与三角波电压比较，得到低压模块的输出电压，最后将高压模块输出电压与低压模块输出电压叠加，便得到总的输出电压，如图 9-55 所示的五电平输出电压。

从上面所述的混合型串联 H 桥多电平 APF 的混合型调制过程可以看出，在确定高压模块输出时，需要将参考波电压与某一固定电压比较值比较，不同的固定电压比较值会导致不同的高低压模块的输出电压，从而使总的输出电压谐波特性不一样，所以合理选取固定电压比较值在混合型串联 H 桥多电平 APF 的混合型调制中是很重要的一个环节。参考文献 [266] 给出了只有一个高频模块且由 H 桥串联构成的混合型串联 H 桥多电平 APF 高压模块固定电压比较值取值应满足的关系，即

$$\begin{cases} U_{\mathrm{cmp}j} \geqslant 0 \\ U_{\mathrm{de}j} - \sum_{k=1}^{j-1} U_{\mathrm{dc}k} \leqslant U_{\mathrm{cmp}j} \leqslant \sum_{k=1}^{j-1} U_{\mathrm{dc}k} \end{cases} \qquad (j = 2,\ 3,\ \cdots,\ n) \qquad (9\text{-}101)$$

式中　$U_{\mathrm{cmp}j}$——第 j 个模块的固定电压比较值；

$U_{\mathrm{de}j}$——第 j 个模块直流侧电压相对于基本模块直流侧电压的归一化值。

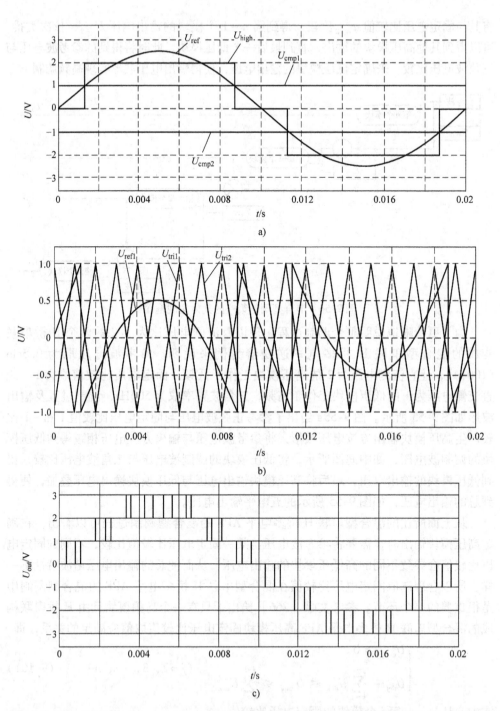

图 9-55　直流侧电压比为 1∶2 的混合型串联 H 桥多电平逆变器混合型调制过程及输出电压波形
a）参考正弦波和高压模块输出方波电压波形　b）低压模块调制波与两个三角载波波形　c）总的输出电压波形

式（9-101）确定固定电压比较值取值范围的原则是：为保证输出波形有好的谐波特性，要求所有模块都不存在过调制的情形，所以第 j 个模块固定电压比较值的确定要保证剩下的 $j-1$ 个模块不会出现过调制，即第 j 个模块的调制波电压减去第 j 个模块的输出电压得到的调制波电压，其幅值不超过剩下 $j-1$ 个模块直流侧电压值之和。

对混合型串联 H 桥多电平 APF 来说，各模块直流侧电压的取值也是一个非常重要的问题，这主要是因为直流侧电压取值会对输出波形的电平数和输出波形的谐波特性产生很大影响。本节分析各串联 H 桥模块直流侧电压取整数倍关系的情形。为了使输出波形有好的谐波特性，输出电平不仅应该是连续的，而且应在每个电平处实现高频调制。对于混合型串联 H 桥多电平 APF，高压模块工作在低频开断状态，低压模块工作在高频开断状态，所以总的输出电压波形可以认为是在高压模块低频输出电压的基础上进行的高频调制，即在高压模块输出电压阶梯波的基础上，利用低压模块的高频输出电压对每个电平进行调制便是最终的输出电压。从这个角度出发，很容易得到既保证输出电平连续，又保证每个电平都能高频调制时的各模块直流侧电压应满足的关系。以两个 H 桥串联为例进行分析，直流侧电压比分别取为 1:2 和 1:3，每个 H 桥可以输出三个电平，所以当直流电压比为 1:2 时，高压模块输出电平为 2、0 和 -2，低压模块的输出为 1、0 和 -1，总的输出就是在高压模块输出电平基础上通过低压模块输出进行高频调制，图 9-56a 给出了其输出电平的示意图。同理，直流侧电压比为 1:3 时，输出电平的示意图如图 9-56b 所示。

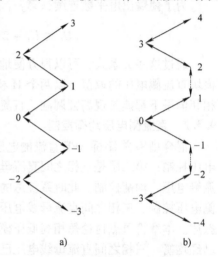

图 9-56　直流侧电压为 1:2
和 1:3 时输出电平示意图
a）直流侧电压为 1:2 时的输出电平
b）直流侧电压为 1:3 时的输出电平

从图 9-56 可以看到，当构成混合型串联 H 桥多电平 APF 的直流侧电压取为 1:2 时，输出电平是连续的，且任何相邻电平之间都可以实现高频调制，而当直流侧电压取为 1:3 时，输出电平虽然在 2 和 1 之间以及 -1 和 -2 之间可以切换，但这需要高压模块和低压模块的状态同时切换才可以实现，这在实际应用中是不合理的，一方面要做到高压模块和低压模块同时跳变是很困难的；另一方面，这样做就使耐压高的器件工作于高频开关，所以当直流侧电压取为 1:3 时，输出电平连续但在某些电平处很难实现高频调制。同理，可以分析直流侧电压取 1:4 或其他比值时输出电平的情况，可以看出，当直流侧电压比值大于 1:3 时，输出电平连续但不可高频调制。鉴于以上分析，可以得到，当高压模块的跳变步长减去低压模块的直流侧电压小于等于低压模块的直流侧电压时，输出波形的电平就是连续且高频调制的，当高压模块的跳变步长减去低压模块的直流侧电压小于等于基本模块（跳变步长最小的模块，其他模块的跳变步长都是其整数倍）的跳变步长加上低压模块的直流侧电压时，输出波形的电平是连续的。记混合型串联多电平 APF 第 j 个 H 桥模块的直流侧电压为 U_j，且满足

$$U_1 \leqslant U_2 \leqslant \cdots \leqslant U_{n-1} \leqslant U_n \tag{9-102}$$

为了使输出电平连续，且实现高频调制，第 j 个模块的直流侧电压应满足

$$U_j \leqslant 2 \sum_{k=1}^{j-1} U_k \tag{9-103}$$

为了使输出电平数连续，第 j 个模块的电平跳变值应满足

$$U_j \leqslant U_1 + 2 \sum_{k=1}^{j-1} U_k = U_1 + 2 \sum_{k=1}^{j-1} U_k \tag{9-104}$$

通过这些关系式，可以很方便地根据对输出电平的要求来确定每个串联 H 桥模块直流侧电压的取值。以两个 H 桥串联为例，输出电平既是连续又保证在任何相邻电平下都能实现高频调制，直流侧电压比最大取值为 1:2。

9.3.2　直流侧电压均衡控制

混合型串联 H 桥 APF 直流侧电压控制分成三层控制：第一层是三相总直流侧电压控制；第二层是三相之间直流母线电压均衡控制；第三层是每相高低压模块直流侧电压、均衡控制。此时系统总的控制框图如图 9-57 所示。其中，三相总直流侧电压控制、三相之间直流母线电压均衡控制和前面所述的相同，这里就不再详细叙述。本章将重点讨论每相高低压模块直流侧电压均衡控制。在三相总直流侧电压已经均衡、三相之间直流母线电压已经均衡的基础上，只要保证每相各高压模块直流侧电压均衡，那么低压模块自然就均衡了。本节提出一种微调指令电压的高低压模块均压控制方法。

1. 机理分析

本节所讨论的混合型串联 H 桥 APF，每相由两个 H 桥模块组成：一个是高压模块，工作在基频开关状态；另一个是低压模块，工作在高频开关状态。如图 9-58 所示，高压模块输出端口电压为矩形波，当指令电压 u_a 大于门槛电压 U_{cmp} 时，高压模块输出正方波，当指令电压 u_a 小于门槛电压 $-U_{cmp}$ 时，高压模块输出负方波，当指令电压 u_a 介于门槛电压 $-U_{cmp}$ 和 U_{cmp} 之间时，高压模块输出零电平。指令电压 u_a 减去高压模块的方波输出电压，就是低压模块指令电压。由式（9-101），高低压模块的直流侧电压 U_{dc_H}、U_{dc_L} 及门槛电压 U_{cmp} 的选取应满足如下关系：

$$\begin{cases} U_{dc\_H} < U_a < U_{dc\_H} + U_{dc\_L} \\ U_{x1} = U_{dc\_H} - U_{cmp} < U_{dc\_L} \\ U_{x2} = U_{cmp} < U_{dc\_L} \end{cases} \tag{9-105}$$

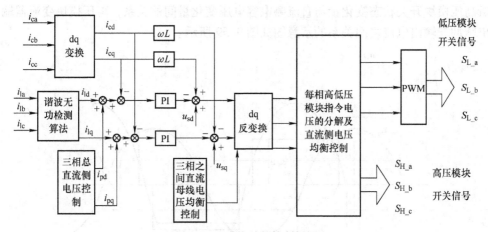

图 9-57　系统总的控制框图

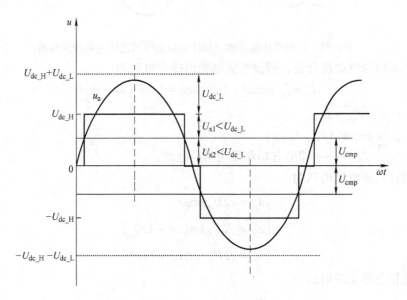

图 9-58　高低压模块直流侧电压选取原则

根据式（9-10），即有

$$C\frac{\mathrm{d}U_{\mathrm{dc\_}ij}}{\mathrm{d}t} = S_{ij}i_{ci} - \frac{U_{\mathrm{dc\_}ij}}{R_{ij}} \tag{9-106}$$

从式（9-106）可以很容易地看出，影响直流侧电容电压的参数分别为 H 桥模块直流侧电容值 C、H 桥模块等效损耗电阻 R_{ij}、H 桥模块交流侧输出电流 i_c 和 H 桥模块开关状态 S_{ij}。其中，直流侧电容值 C、H 桥模块等效损耗电阻 R_{ij} 和 H 桥模块交流侧输出电流 i_c 不可控，H 桥模块开关状态 S_{ij} 是可调节量。因此，要想控制直流母线电压，只能从 S_{ij} 出发。下面从直流侧电容吸收或发出功率出发，详细分析高压模块开关状态变化量与直流侧电容电压变化量间的关系，高压模块变流器输出脉冲与输出电流之间关系的示意图如图9-59所示。

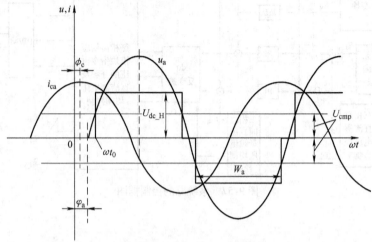

图9-59　H桥高压模块输出脉冲与输出电流之间关系的示意图

以 a 相为例进行分析，假设变流器输出指令电流为

$$i_{ca} = I_{Pref}\sin\omega t + I_{Qref}\cos\omega t = I_c\cos(\omega t - \phi_c) \tag{9-107}$$

式中　$I_c = \sqrt{I_{Pref}^2 + I_{Qref}^2}$ ；

　　　$\phi_c = \arctan(I_{Pref}/I_{Qref})$ ；

　　　I_{Pref}、I_{Qref}——a 相的有功和无功指令电流。

假设三相电网电压为

$$\begin{cases} u_{sa} = \sqrt{2}U_{sa}\sin\omega t \\ u_{sb} = \sqrt{2}U_{sb}\sin(\omega t - 120°) \\ u_{sc} = \sqrt{2}U_{sc}\sin(\omega t + 120°) \end{cases} \tag{9-108}$$

那么连接电感上的电压为

$$u_L = L\frac{di_{ca}}{dt} = L\omega(I_{Pref}\cos\omega t - I_{Qref}\sin\omega t) \tag{9-109}$$

电阻上的电压为

$$u_R = (I_{Pref}\sin\omega t + I_{Qref}\cos\omega t)R \tag{9-110}$$

那么此时变流器输出指令电压为

$$\begin{aligned} u_a &= u_{sa} - u_L - u_R \\ &= (\sqrt{2}U_{sa} + L\omega I_{Qref} - RI_{Pref})\sin\omega t - (L\omega I_{Pref} + RI_{Qref})\cos\omega t \\ &= \sqrt{(\sqrt{2}U_{sa} + L\omega I_{Qref} - RI_{Pref})^2 + (L\omega I_{Pref} + RI_{Qref})^2}\sin(\omega t - \varphi_a) \\ &= U_a\sin(\omega t - \varphi_a) \end{aligned} \tag{9-111}$$

式中
$$\sin\varphi_a = \frac{L\omega I_{Pref} + RI_{Qref}}{\sqrt{(\sqrt{2}U_{sa} + L\omega I_{Qref} - RI_{Pref})^2 + (L\omega I_{Pref} + RI_{Qref})^2}}$$

$$\cos\varphi_a = \frac{\sqrt{2}U_{sa} + L\omega I_{Qref} - RI_{Pref}}{\sqrt{(\sqrt{2}U_{sa} + L\omega I_{Qref} - RI_{Pref})^2 + (L\omega I_{Pref} + RI_{Qref})^2}}$$

$$U_a = \sqrt{(\sqrt{2}U_{sa} + L\omega I_{Qref} - RI_{Pref})^2 + (L\omega I_{Pref} + RI_{Qref})^2}$$

将指令电压 u_a 和门槛电压 U_{cmp} 比较，得到高压模块变流器输出脉冲。对高压模块输出的矩形波做傅里叶分解，得到高压模块的端口电压为

$$u_{a\_H} = u_{a\_H1}\sin(\omega t - \varphi_{a1}) + \sum_{n=3,5,7,9\cdots}^{\infty} u_{a\_Hn}\sin(n\omega t + \varphi_{an}) \qquad (9\text{-}112)$$

图 9-59 中，U_{dc_H} 为高压模块直流侧电压，W_a 为输出脉冲的宽度。在一个基波周期内，该模块吸收或发出的总的有功功率 P_{a_H} 为

$$\overline{p_{a\_H}} = \overline{u}_{a\_H}\overline{i}_{ca}$$

$$= 2\int_{\pi/2+\varphi_a+\phi_c-W_a/2}^{\pi/2+\varphi_a+\phi_c+W_a/2} U_{dc\_H}I_c\cos(\omega t - \phi_c)\,\mathrm{d}\omega t$$

$$= 4U_{dc\_H}I_c\sin(\phi_c - \varphi_a)\sin\frac{W_a}{2} \qquad (9\text{-}113)$$

H 桥模块从电网吸收的有功功率越多，直流侧电压越高；反之，H 桥模块吸收的有功功率越少，直流侧电压越低。从式（9-113）可知，若想改变 H 桥模块从电网吸收或发出的有功功率，可以改变输出脉冲相位角 φ_a、改变输出脉冲宽度 W_a 或者同时调节输出脉冲的宽度和相位角。进一步研究发现，改变 H 桥模块从电网吸收的有功功率，还可以分别改变正半周和负半周期 H 桥模块输出脉冲的宽度和相位角，如图 9-60 所示。

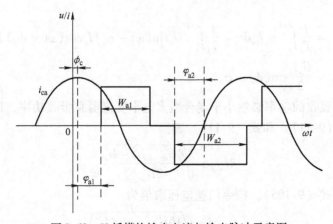

图 9-60 H 桥模块输出电流与输出脉冲示意图

由式（9-113），在一个基波周期内，该模块吸收或发出的总的有功功率 P_{a_H} 为

$$\overline{p_{a\_H}} = \int_{\phi_c+\varphi_{a1}}^{\phi_c+\varphi_{a1}+W_{a1}} U_{dc\_H} I_c \cos(\omega t - \phi_c) d\omega t + \int_{3\pi/2+\phi_c-\varphi_{a2}}^{3\pi/2+\phi_c-\varphi_{a2}+W_{a2}} U_{dc\_H} I_c \cos(\omega t - \phi_c) d\omega t$$

$$= 2U_{dc\_H} I_c \sin\left(\varphi_{a1} + \frac{W_{a1}}{2}\right) \sin\frac{W_{a1}}{2} + 2U_{dc\_H} I_c \sin\left(\frac{\pi}{2} - \varphi_{a2} + \frac{W_{a2}}{2}\right) \sin\frac{W_{a2}}{2}$$

$$(9\text{-}114)$$

所以分别改变 H 桥模块正半周和负半周输出脉冲的宽度和相位角，也可以改变从电网吸收的有功功率，但此时输出电压正负不对称，会包含直流分量，H 桥模块开关器件的损耗会不均衡。

通过改变高压模块变流器的指令电压和门槛值，改变高压模块变流器的开关状态，可以改变直流侧电容的充放电情况。由图 9-59 可得到下列等式：

$$\begin{cases} U_a \sin(\omega t_0 - \varphi_a) = U_{cmp} \\ \dfrac{\pi}{2} + \varphi_a - \omega t_0 = \dfrac{W_a}{2} \end{cases} \qquad (9\text{-}115)$$

解得

$$\sin\left(\frac{W_a}{2}\right) = \frac{\sqrt{U_a^2 - U_{cmp}^2}}{U_a} \qquad (9\text{-}116)$$

所以由式（9-113），得

$$\overline{p_{a\_H}} = 4U_{dc\_H} I_c \sin(\phi_c - \varphi_a) \frac{\sqrt{U_a^2 - U_{cmp}^2}}{U_a} \qquad (9\text{-}117)$$

若已知变流器指令电压、高压模块直流侧电压和低压模块直流侧电压，则变流器的指令门槛电压必须在一定范围内选择。a 相混合多电平变流器整个吸收的总功率为

$$p_a = \frac{1}{T_s}\int_t^{t+T_s} u_a i_{ca} dt = \frac{1}{T_s}\int_t^{t+T_s} U_a \sin(\omega t - \varphi_a) I_c \cos(\omega t - \phi_c) dt$$

$$= \frac{U_a I_c}{2} \sin(\phi_c - \varphi_a) \qquad (9\text{-}118)$$

高压模块吸收的功率必然小于混合型多电平变流器总吸收功率，即 $p_a > p_{a\_H} > 0$，因此由式（9-117）和式（9-118）解得

$$U_{cmp} > \sqrt{\frac{8U_{dc\_H}^2 U_a^2 - U_a^4}{8U_{dc\_H}^2}} \qquad (9\text{-}119)$$

结合不等式（9-105），指令门槛电压取值为

$$\max\left(U_{dc\_H} - U_{dc\_L}, \frac{U_a \sqrt{16U_{dc\_H}^2 - \pi^2 U_a^2}}{4U_{dc\_H}}\right) < U_{cmp} < U_{dc\_L} \qquad (9\text{-}120)$$

2. 控制方法

为了控制高低压模块的直流侧电压，必须对高低压模块吸收的功率进行再分配。沿输出电流方向微调高压模块指令电压，该指令电压微调量与指令电流方向相同，从而可以产生最快的有功功率变化量，实现高低压模块直流侧电压均衡控制，如图9-61所示。微调以后，此时高压模块的指令电压为

$$
\begin{aligned}
u'_a &= U_a\sin(\omega t - \varphi_a) + \Delta U_a i_{ca}\\
&= U_a\sin(\omega t - \varphi_a) + \Delta U_a I_c\cos(\omega t - \phi_c)\\
&= U_a\sin(\omega t - \varphi_a) + \Delta U_a I_c\cos(\omega t - \varphi_a + \varphi_a - \phi_c)\\
&= U_a\sin(\omega t - \varphi_a) + \Delta U_a I_c[\cos(\omega t - \varphi_a)\cos(\varphi_a - \phi_c) - \sin(\omega t - \varphi_a)\sin(\varphi_a - \phi_c)]\\
&= U'_a\sin(\omega t - \varphi_a - \Delta\varphi_a)
\end{aligned}
\tag{9-121}
$$

式中　$U'_a = \sqrt{[U_a - \Delta U_a I_c\sin(\varphi_a - \phi_c)]^2 + [\Delta U_a I_c\cos(\varphi_a - \phi_c)]^2}$

$$
\Delta\varphi_a = \arctan\left(\frac{-\Delta U_a I_c\cos(\varphi_a - \phi_c)}{U_a - \Delta U_a I_c\sin(\varphi_a - \phi_c)}\right)
$$

其中　ΔU_a——沿着电流方向的微调指令电压幅值。

此时 a 相高压模块对应指令电压吸收的功率为

$$
\begin{aligned}
p'_a &= \frac{1}{T_s}\int_t^{t+T_s} U_a\sin(\omega t - \varphi_a - \Delta\varphi_a)I_c\cos(\omega t - \phi_c)\,\mathrm{d}t\\
&= \frac{U_a I_c}{2}\sin(\phi_c - \varphi_a - \Delta\varphi_a)
\end{aligned}
\tag{9-122}
$$

a 相高压模块对应指令电压吸收功率变化量为

$$
\Delta p_a = p'_a - p_a = 0.5\Delta U_a I_c^2
\tag{9-123}
$$

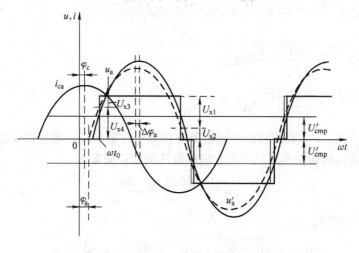

图9-61　沿电流方向微调指令电压均压机理

由式（9-123），a 相高压模块对应指令电压吸收功率变化量与高压模块微调指令电压成线性关系。此时高压模块吸收的有功功率变化量为

$$p'_{\text{a\_H}} = 4U_{\text{dc\_H}}I_{\text{c}}\sin\left(\phi_{\text{c}} - \varphi_{\text{a}} - \Delta\varphi_{\text{a}}\right)\frac{\sqrt{U_{\text{a}}'^2 - U_{\text{cmp}}^2}}{U_{\text{a}}'} \tag{9-124}$$

a 相高压模块吸收功率变化量为

$$\Delta p_{\text{a\_H}} = p'_{\text{a\_H}} - p_{\text{a\_H}} = 4U_{\text{dc\_H}}I_{\text{c}}\sin(\phi_{\text{c}} - \varphi_{\text{a}} - \Delta\varphi_{\text{a}})\frac{\sqrt{U_{\text{a}}'^2 - U_{\text{cmp}}^2}}{U_{\text{a}}'} -$$

$$4U_{\text{dc\_H}}I_{\text{c}}\sin(\phi_{\text{c}} - \varphi_{\text{a}})\frac{\sqrt{U_{\text{a}}^2 - U_{\text{cmp}}^2}}{U_{\text{a}}} \tag{9-125}$$

可以发现，高压模块吸收的有功功率变化量与高压模块微调指令电压不成线性关系。这给后面调节器参数设计带来困难。经推导发现

$$p_{\text{a\_H}} = U_{\text{a}}I_{\text{c}}\sin(\phi_{\text{c}} - \varphi_{\text{a}})\frac{4U_{\text{dc\_H}}\sqrt{U_{\text{a}}^2 - U_{\text{cmp}}^2}}{U_{\text{a}}^2}$$

$$= 2p_{\text{a}}\frac{4U_{\text{dc\_H}}\sqrt{U_{\text{a}}^2 - U_{\text{cmp}}^2}}{U_{\text{a}}^2} \tag{9-126}$$

如果指令电压变化，对门槛值进行微调，保持 $4U_{\text{dc\_H}}\sqrt{U_{\text{a}}^2 - U_{\text{cmp}}^2}/U_{\text{a}}^2$ 不变，则 a 相高压模块变流器吸收功率变化量将和 a 相高压模块对应指令电压吸收功率成比例，也就是说

$$\Delta p_{\text{a\_H}} = p'_{\text{a\_H}} - p_{\text{a\_H}}$$

$$= 2p_{\text{a}}\frac{4U_{\text{dc\_H}}\sqrt{U_{\text{a}}^2 - U_{\text{cmp}}^2}}{U_{\text{a}}^2} - 2p'_{\text{a}}\frac{4U_{\text{dc\_H}}\sqrt{U_{\text{a}}'^2 - U'^2_{\text{cmp}}}}{U_{\text{a}}'^2}$$

$$= 2\frac{4U_{\text{dc\_H}}\sqrt{U_{\text{a}}^2 - U_{\text{cmp}}^2}}{U_{\text{a}}^2}\Delta p_{\text{a}}$$

$$= \frac{4U_{\text{dc\_H}}\sqrt{U_{\text{a}}^2 - U_{\text{cmp}}^2}}{U_{\text{a}}^2}\Delta U_{\text{a}}I_{\text{c}}^2 \tag{9-127}$$

采用此方式，a 相高压模块变流器吸收功率变化量与高压模块微调指令电压成线性关系。高压模块交换的功率与直流侧电压的变化关系为

$$\Delta\bar{p}_{\text{a\_H}} = \frac{C}{2}\cdot\frac{\mathrm{d}\Delta u_{\text{dc\_H}}^2}{\mathrm{d}t} + \frac{\Delta u_{\text{dc\_H}}^2}{R} \tag{9-128}$$

由式（9-127），得

$$\frac{4U_{\text{dc\_H}}\sqrt{U_{\text{a}}^2 - U_{\text{cmp}}^2}}{U_{\text{a}}^2}\Delta U_{\text{a}}I_{\text{c}}^2 = \frac{C}{2}\frac{\mathrm{d}\Delta u_{\text{dc\_H}}^2}{\mathrm{d}t} + \frac{\Delta u_{\text{dc\_H}}^2}{R} \tag{9-129}$$

于是可得微调指令电压幅度 ΔU_{a} 与高压模块直流电压变化量 $u_{\text{dc\_H}}^2$ 的关系为

$$\frac{\Delta u_{\text{dc\_H}}^2(s)}{\Delta U_a(s)} = \frac{8RU_{\text{dc\_H}}\sqrt{U_a^2 - U_{\text{cmp}}^2}\, I_c^2}{U_a^2(CRs+2)} \tag{9-130}$$

采用 PI 调节器，调节器按式（9-130）进行参数设计，如图 9-62 所示。

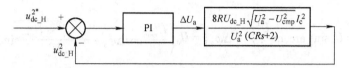

图 9-62　每相高低压模块之间直流侧电压均衡控制 PI 调节器参数设计框图

　　沿电流方向微调指令电压的均压控制框图如图 9-63 所示。将 a 相高压 H 桥模块直流侧电压的二次方与指令直流侧电压的二次方求差，之后经过 PI 调节器调节，其输出作为 a 相高压 H 桥模块偏差指令电压 ΔU_a。利用变流器输出电流，与 a 相高压 H 桥模块偏差指令电压 ΔU_a 相乘，作为高压 H 桥模块的微调指令电压。根据控制框图，最后把 a 相高压 H 桥模块的微调指令电压与 a 相指令电压相加，作为 a 相高压 H 桥模块最终指令电压。a 相高压 H 桥模块最终指令电压和微调后的门槛电压比较，得到 a 相高压 H 桥模块的输出。a 相指令电压 u_a 减去高压模块的方波输出电压，就是低压模块指令电压。低压模块指令电压经过三角波调制，得到最终的输出。b 相和 c 相与 a 相相同。

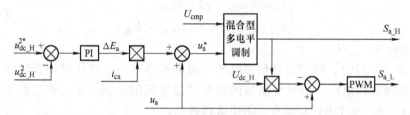

图 9-63　混合型多电平变流器每相高低压模块直流侧电压均衡控制框图

3. 直流侧电压取值分析

　　由前面分析可知，要保证混合型串联 H 桥 APF 输出电平连续且在每个电平都能实现高频调制，那么直流侧电压比的取值最大为 1:2，然而实际中，往往因为要控制各 H 桥模块的直流侧电压值恒定，所以高低压模块的取值都不能取到最大值，那么本节就来讨论此时高低压模块的最大取值。如图 9-61 所示，调节后的指令电压 u_a' 与微调后的门槛值比较得

$$U_a'\sin(\omega t_0 - \varphi_a - \Delta\varphi_a) = U_{\text{cmp}}' \tag{9-131}$$

通过式（9-131）计算得

$$\omega t_0 = \arcsin\frac{U_{\text{cmp}}'}{U_a'} + \varphi_a + \Delta\varphi_a \tag{9-132}$$

将式（9-132）代入式（9-111）中，可得出调节后指令电压 u_a' 与门槛电压

U'_{cmp} 比较点在 u_{a} 中所对应的值为

$$U_{x4} = U_{\mathrm{a}}\sin\left(\arcsin\frac{U'_{\mathrm{cmp}}}{U'_{\mathrm{a}}} + \Delta\varphi_{\mathrm{a}}\right) = U_{\mathrm{a}}\left(\frac{U'_{\mathrm{cmp}}}{U'_{\mathrm{a}}}\cos\Delta\varphi_{\mathrm{a}} + \frac{\sqrt{U'^2_{\mathrm{a}} - U'^2_{\mathrm{cmp}}}}{U'_{\mathrm{a}}}\sin\Delta\varphi_{\mathrm{a}}\right)$$

$$(9\text{-}133)$$

$$U_{x2} = U_{\mathrm{a}}\sin\left(\arcsin\frac{U'_{\mathrm{cmp}}}{U'_{\mathrm{a}}} - \Delta\varphi_{\mathrm{a}}\right) = U_{\mathrm{a}}\left(\frac{U'_{\mathrm{cmp}}}{U'_{\mathrm{a}}}\cos\Delta\varphi_{\mathrm{a}} - \frac{\sqrt{U'^2_{\mathrm{a}} - U'^2_{\mathrm{cmp}}}}{U'_{\mathrm{a}}}\sin\Delta\varphi_{\mathrm{a}}\right)$$

$$(9\text{-}134)$$

如图 9-61 所示，假定相移 $\Delta\varphi_{\mathrm{a}}$ 为正，通过分析可知，为保证低压模块不过调制，$U_{x2} < U_{\mathrm{dc\_L}}$ 和 $U_{x3} < U_{\mathrm{dc\_L}}$ 在相移 $\Delta\varphi_{\mathrm{a}}$ 后仍然是满足选取原则的，所以确定高低压模块的比值由 $U_{x1} = U_{\mathrm{dc\_H}} - U_{x2} < U_{\mathrm{dc\_L}}$ 和 $U_{x4} = U_{\mathrm{dc\_H}} - U_{x3} < U_{\mathrm{dc\_L}}$ 来确定，于是可得以下关系式：

$$\begin{cases} U_{x4} = \dfrac{U_{\mathrm{a}}U'_{\mathrm{cmp}}}{U'_{\mathrm{a}}}\cos\Delta\varphi_{\mathrm{a}} + \dfrac{U_{\mathrm{a}}\sqrt{U'^2_{\mathrm{a}} - U'^2_{\mathrm{cmp}}}}{U'_{\mathrm{a}}}\sin\Delta\varphi_{\mathrm{a}} < U_{\mathrm{dc\_L}} \\[2mm] U_{x1} = U_{\mathrm{dc\_H}} - \dfrac{U_{\mathrm{a}}U'_{\mathrm{cmp}}}{U'_{\mathrm{a}}}\cos\Delta\varphi_{\mathrm{a}} + \dfrac{U_{\mathrm{a}}\sqrt{U'^2_{\mathrm{a}} - U'^2_{\mathrm{cmp}}}}{U'_{\mathrm{a}}}\sin\Delta\varphi_{\mathrm{a}} < U_{\mathrm{dc\_L}} \end{cases} \quad (9\text{-}135)$$

求解式（9-135）得

$$\begin{cases} U_{\mathrm{a}}\sin(\Delta\varphi_{\mathrm{a}} + \gamma) < U_{\mathrm{dc\_L}} \\ U_{\mathrm{dc\_H}} - U_{\mathrm{a}}\sin(\gamma - \Delta\varphi_{\mathrm{a}}) < U_{\mathrm{dc\_L}} \end{cases} \quad (9\text{-}136)$$

式中　$\sin\gamma = U'_{\mathrm{cmp}}/U'_{\mathrm{a}}$

由式（9-136），得到混合型多电平变流器指令电压、高压模块直流侧电压和低压模块直流侧电压，以及变流器的指令门槛电压的比例关系。在选取中，和式（9-105）、式（9-120）相结合，折中进行选择。

4. 谐波补偿应用分析

上述给出混合型串联 H 桥多电平变流器均压控制方法，当变流器应用于 SVG时，指令电流和指令电压均为正弦波，该方法可以把高低压 H 桥模块控制得很好，实现很好的均压效果。但是当混合型串联 H 桥多电平变流器用来补偿谐波时，由于指令电压中含有谐波，所以指令电压不再是标准的正弦波，因此高压模块指令电压与门槛电压比较时，一个周期内可能会出现多次跳变，这样就不能保证让高压模块工作在 50Hz 基波开断模式下，如图 9-64 所示。一般高压模块选用耐压值较高的器件，如 IGCT，但其开关速度具有局限性，所以如果不能保证高压模块工作在低频开断模式下，而让其频繁地开断，很有可能损坏器件。经过研究分析，发现当混合型多电平 APF 在中高压电网应用时，电网电压占混合型多电平变流器指令电压的很大比重。所以可以用电网电压代替指令电压作为高压模块的调制波与门槛电压进行比较，得到高压模块的输出电压。然后用总指令电压减去高压模块的输出电压得到低压模块的指令电压进行 PWM。在图 9-63 中，将指令电压改为电网电压作为高压模块指令电压。但是为了均衡高低压模块，需要对指令电压进行微调，在微调时用到了指令电流。指令电流为谐波电流，此时又会使微调后的指令电压含有谐波分量，与门槛电压比较，从而使高压模块一个周期内出现多次跳变。

这里考虑根据高压模块直流侧电压偏差的情况，将电网电压的相位进行微调，微调相位后的电网电压作为指令电压与门槛电压比较进行调制。改进后的混合型多电平变流器均压控制框图如图 9-65 所示。将 a 高压 H 桥模块直流侧电压的二次方与指令直流侧电压的二次方求差，之后经过 PI 调节器调整，其输出作为 a 相电网电压的微调偏差相位角。微调相位后的 a 相电网电压作为高压 H 桥模块的指令电压。根据控制框图，a 相高压 H 桥模块指令电压和门槛电压比较，得到 a 相高压 H 桥模块的输出。a 相指令电压 u_a 减去高压模块的方波输出电压，就是低压模块指令电压。低压模块指令电压经过三角波调制，得到最终的输出电压。b 相和 c 相与 a 相相同。这样就能保证系统在补偿谐波时，混合型串联 H 桥 APF 高压模块始终工作在基频开断模式下。

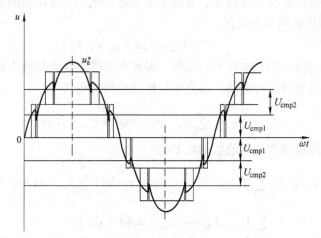

图 9-64 谐波指令电压与门槛电压比较示意图

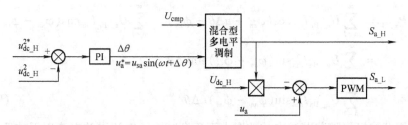

图 9-65 电网电压作为高压模块指令电压的每相内高低压模块直流侧电压均衡控制框图

以 a 相为例进行分析，调节相位后的 a 相电网电压作为高压 H 桥模块的指令电

压，有

$$u_a^* = U_{sa}\sin\ (\omega t + \varphi_a) \tag{9-137}$$

当指令电压和门槛电压 U_{cmp} 比较，得到高压模块变流器输出脉冲。对高压模块输出的矩形波做傅里叶分解，得到高压模块的端口电压为

$$u_{a\_H} = \sum_{n=1} U_{a\_Hn}\sin(n\omega t + \varphi_{an}) \tag{9-138}$$

假设变流器输出指令电流为

$$i_{ca} = \sum_{n=1}^{\infty} I_{can}\sin(n\omega t + \phi_{an}) \tag{9-139}$$

高压模块变流器吸收的功率为

$$\begin{aligned} P_{a\_H} &= \sum_{n=1}^{\infty} U_{a\_Hn}\sin(n\omega t + \varphi_{an}) \sum_{n=1}^{\infty} I_{can}\sin(n\omega t + \phi_{an}) \\ &= \sum_{n=1}^{\infty} U_{a\_Hn}I_{can}\cos(\varphi_{an} - \phi_{an}) \end{aligned} \tag{9-140}$$

考虑高低压模块均压控制，对指令电压进行微调。微调后的 a 相电网电压作为高压 H 桥模块新的指令电压，有

$$u_a^* = U_{sa}\sin(\omega t + \varphi_a + \Delta\theta) \tag{9-141}$$

当指令电压和门槛电压 U_{cmp} 比较，得到高压模块变流器输出脉冲。对高压模块输出的矩形波做傅里叶分解，得到高压模块的端口电压为

$$u_{a\_H} = \sum_{n=1}^{\infty} U_{a\_Hn}\sin(n\omega t + \varphi_{an} + n\Delta\theta) \tag{9-142}$$

此时高压模块变流器吸收的功率为

$$\begin{aligned} P_{a\_H} &= \sum_{n=1}^{\infty} U_{a\_Hn}\sin(n\omega t + \varphi_{an} + n\Delta\theta) \sum_{n=1}^{\infty} I_{can}\sin(n\omega t + \phi_{an}) \\ &= \sum_{n=1}^{\infty} U_{a\_Hn}I_{can}\cos(\varphi_{an} + n\Delta\theta - \phi_{an}) \end{aligned} \tag{9-143}$$

高压模块变流器吸收功率的变化量为

$$\begin{aligned} \Delta P_{a\_H} &= \sum_{n=1}^{\infty} U_{a\_Hn}I_{can}\cos(\varphi_{an} + n\Delta\theta - \phi_{an}) - \sum_{n=1}^{\infty} U_{a\_Hn}I_{can}\cos(\varphi_{an} - \phi_{an}) \\ &= \sum_{n=1}^{\infty} U_{a\_Hn}I_{can}\sin(\varphi_{an} - \phi_{an})\sin n\Delta\theta \\ &= \sum_{n=1}^{\infty} U_{a\_Hn}I_{can}\sin(\varphi_{an} - \phi_{an})n\Delta\theta \end{aligned} \tag{9-144}$$

电流谐波幅值随着谐波次数的增大而逐渐减小，电流谐波电流以无功低次谐波为主体，认为微调量比较小，$\cos n\Delta\theta \approx 1$，$\sin n\Delta\theta \approx n\Delta\theta$。所以近似认为高压模块交流侧功率变化量和微调角度变化量成线性变化关系，即

$$\Delta P_{a\_H} = K\Delta\theta \tag{9-145}$$

采用此方式，a 相高压模块变流器吸收功率变化量与高压模块微调相位成线性关系。由式（9-128）得

$$K\Delta\theta = \frac{C}{2}\frac{\mathrm{d}\Delta u_{dc\_H}^2}{\mathrm{d}t} + \frac{\Delta u_{dc\_H}^2}{R} \tag{9-146}$$

可得从微调相位到高压模块直流电压变化量 $u_{dc\_H}^2$ 的关系为

$$\frac{\Delta u_{dc\_H}^2}{\Delta\theta} = \frac{2KR}{CSR + 2} \tag{9-147}$$

采用 PI 调节器，调节器按式（9-147）进行参数设计，如图 9-66 所示。

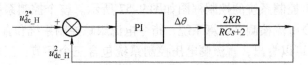

图 9-66　均压控制 PI 调节器参数设计框图

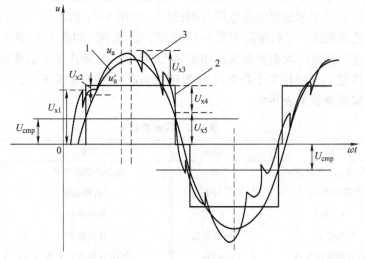

图 9-67　指令电压关系图

由以上分析，得指令电压关系图，如图 9-67 所示。波形 1 为偏移相位后的电网电压波形，波形 2 为高压模块输出波形，波形 3 为混合 H 桥多电平 APF 指令电压波形。从图 9-67 可以发现，式（9-105）的高压模块直流侧电压、低压模块直流侧电压和变流器的指令门槛电压的比例关系此时不成立。此时变流器的指令门槛电压必须根据高压模块直流侧电压、低压模块直流侧电压和变流器指令电压波形，折中进行选择。根据式（9-105）和图 9-67，得高低压模块的直流侧电压，门槛电压和变流器指令电压的选取应满足如下关系：

$$\begin{cases} U_{dc\_H} < U_a < U_{dc\_H} + U_{dc\_L} \\ U_{x1},\ U_{x2},\ U_{x3},\ U_{x4},\ U_{x5} \leqslant U_{dc\_L} \end{cases} \tag{9-148}$$

选择指令门槛电压、高低压模块的直流侧电压，必须使高压模块在输出高电平和零电平时，低压模块都能对变流器输出指令电压进行很好的调制，折中进行选择。这里以丫联结混合型串联 H 桥多电平 APF 的高低压模块均压控制为例进行介绍，该高低压模块均压控制方法和变流器三相联结方式无关，同样适用于△联结混合型串联 H 桥多电平 APF。

9.3.3 实验结果及分析

由上所述，建立丫/△联结混合型串联 H 桥多电平 APF 三层直流母线电压控制体系，给出整个控制系统的控制框图如图 9-57 所示。整个控制系统由三个部分组成，分别为指令电流检测、运算系统，指令电流跟踪控制系统和直流侧电压控制系统。从图 9-57 可以看出，直流侧电压控制系统包含三个环节：三相总直流侧电压控制，三相之间直流母线电压均衡控制、每相高低压模块直流侧电压均衡控制。三相总的直流侧电压控制和三相之间直流母线电压均衡控制和串联 H 桥多电平 SVG 时相同。改进后三相总直流侧电压控制框图，如图 9-31 所示；三相之间直流母线电压均衡控制框图，丫联结时如图 9-34 所示，△联结时如图 9-37 所示；每相内高低压模块直流侧电压均衡控制框图如图 9-65 所示。为验证该控制算法的正确性和稳定性，搭建了以每相 2 个高低压 H 桥模块串联的 APF 实验平台，与 9.2 节中相同，系统实验参数见表 9-5。

表 9-5　实验参数

参数	说明	参数	说明
电网相电压有效值	60V	变流器联结方式	星形（三角形）
并网电感 L_S	6mH	直流侧电容	8000μF
L_S 等效电阻	0.1Ω	采样频率	10kHz
负载类型	谐波负载	开关频率	10kHz
总的 H 桥模块个数	6 个	每相 H 桥模块个数	2 个
丫联结低压模块直流侧额定电压	50V	丫联结高压模块直流侧额定电压	80V
△联结低压模块直流侧额定电压	80V	△联结高压模块直流侧额定电压	120V

丫联结时实验结果如下：

图 9-68 所示为变流器丫联结、补偿谐波时的 a 相电网电压、电网电流、负载电流、逆变器输出电流波形；图 9-69 所示为 a 相电网电压、电网电流、高压模块输出端口电压、总的端口电压波形；图 9-70 所示为三相每相总的直流侧电压波形，图 9-71 所示为三相每相低压模块直流侧电压波形，图 9-72 所示为三相每相高压模块直流侧电压波形。

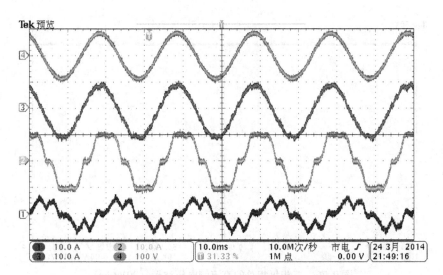

图 9-68　变流器丫联结、补偿谐波时的 a 相电网电压、

电网电流、负载电流、逆变器输出电流波形

注：Ch4 为 a 相电网电压波形（100V/div）；Ch3 为 a 相电网电流波形（10A/div）；

Ch2 为 a 相负载电流波形（10A/div）；Ch1 为 a 相逆变器输出电流波形（10A/div）。

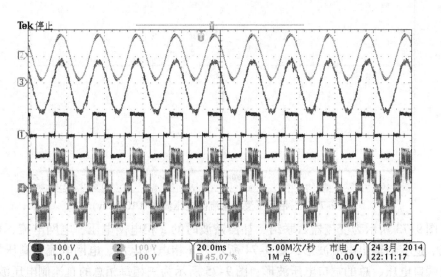

图 9-69　a 相电网电压、电网电流、高压模块输出端口电压、总的端口电压波形

注：Ch2 为 a 相电网电压波形（100V/div）；Ch3 为 a 相电网电流波形（10A/div）；

Ch1 为高压模块输出端口电压波形（100V/div）；Ch4 为总的端口电压波形（100V/div）。

△联结时实验结果如下：

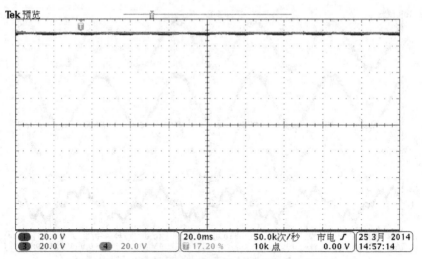

| ① | 20.0 V | | | 20.0ms | 50.0k次/秒 | 市电 ∫ | 25 3月 2014 |
| ③ | 20.0 V | ④ | 20.0 V | ⊞ 17.20 % | 10k 点 | 0.00 V | 14:57:14 |

图 9-70 三相每相总的直流侧电压波形（20V/div）

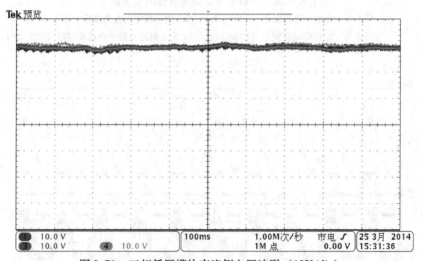

| ① | 10.0 V | | | 100ms | 1.00M次/秒 | 市电 ∫ | 25 3月 2014 |
| ③ | 10.0 V | ④ | 10.0 V | | 1M 点 | 0.00 V | 15:31:36 |

图 9-71 三相低压模块直流侧电压波形（10V/div）

  图 9-73 所示为变流器 △ 联结、补偿谐波时的 a 相电网电压、电网电流、负载电流、逆变器输出电流波形；图 9-74 所示为 a 相电网电压、电网电流、高压模块输出端口电压、总的端口电压波形；图 9-75 所示为三相每相总的直流侧电压波形；图 9-76 所示为三相每相低压模块直流侧电压波形，图 9-77 所示为三相每相高压模块直流侧电压波形。

  从图 9-68 ~ 图 9-77 所示的实验结果可以看出，不管是丫联结还是 △ 联结混合型串联 H 桥多电平 APF，采用该控制方法可以保证高压模块工作在基波开断的模

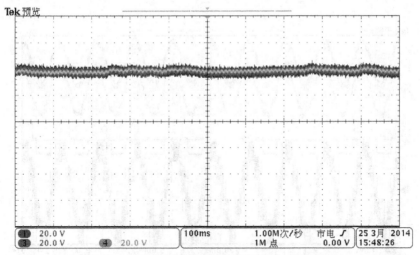

图 9-72　三相高压模块直流侧电压波形（20V/div）

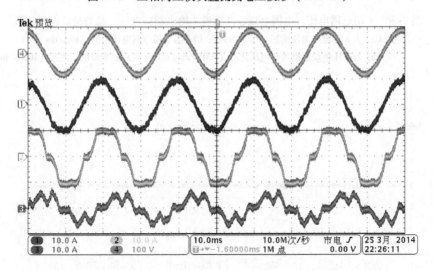

图 9-73　a 相电网电压、电网电流、负载电流、逆变器输出电流波形

注：Ch4 为 a 相电网电压波形（100V/div）；Ch1 为 a 相电网电流波形（10A/div）；

Ch2 为 a 相负载电流波形（10A/div）；Ch3 为 a 相逆变器输出电流波形（10A/div）。

式下，并且不会影响补偿效果。还可以看出，不管是Ｙ联结还是△联结混合型串联 H 桥多电平 APF 各模块的直流侧电压都能控制得很好，这很好地说明了本节所提控制方法的正确性。

本节针对混合型串联 H 桥多电平 APF 直流侧电压控制方法的研究，给出微调指令电压均衡高压模块直流侧电压控制方法，并进行了实验验证，实验结果说明，控制方法能很好地补偿系统的谐波电流，并且保证了高压模块能在基波开断模式下

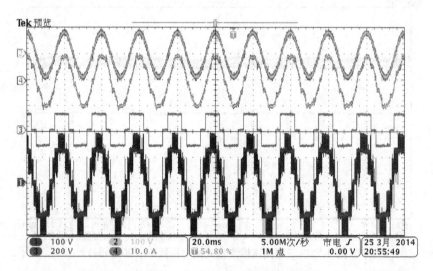

图 9-74　a 相电网电压、电网电流、高压模块输出端口电压、总的端口电压波形

注：Ch2 为 a 相电网电压波形（100V/div）；Ch4 为 a 相电网电流波形（10A/div）；

Ch3 为高压模块输出端口电压波形（200V/div）；Ch1 为总的端口电压波形（100V/div）。

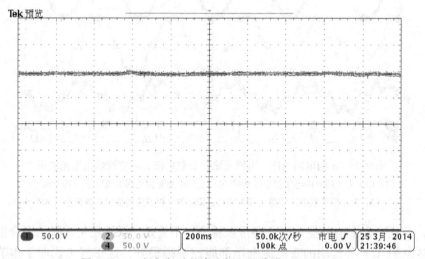

图 9-75　三相每相总的直流侧电压波形（50V/div）

工作。

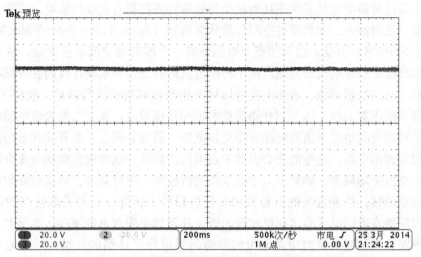

图 9-76　三相每相低压模块直流侧电压波形（20V/div）

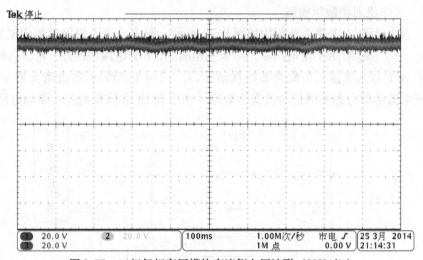

图 9-77　三相每相高压模块直流侧电压波形（20V/div）

9.4　中点钳位型三电平有源电力滤波器

在所有的多电平变流器拓扑结构中，二极管钳位型多电平变流器可以节约高压电容数量，且不需要独立直流电源，因此在高电压、大容量领域中应用广泛。三电平变流器是二极管钳位型多电平变流器的基本拓扑结构，也是当前应用和研究最多的多电平变流器拓扑结构。本节以三电平 APF 为研究重点，介绍其工作原理、数学模型、空间矢量 PWM 方法和母线电压控制方法。

三电平 APF 的谐波检测和谐波电流跟踪控制和其他拓扑结构相同。其 PWM 技术是三电平 APF 研究中的一个关键技术，它不仅决定三电平 APF 的电流输出波形质量，而且对整个滤波系统损耗的减少与效率的提高都有直接的影响。本节介绍了在三电平变流器中，如何通过空间矢量脉宽调制（Space Vector Pulse Width Modu-lation，SVPWM）方法，由三相指令电压合成一个旋转的空间电压矢量，从而获得三相输出谐波指令电流的问题。由于补偿电流的时变性和系统存在的各种损耗，如不采取适当的控制措施，直流电容电压将产生衰减或有很大的波动，致使SVPWM变流器不能正常工作，达不到补偿器所要求的补偿效果，而且二极管钳位型多电平拓扑结构固有的中点平衡使问题变得更加复杂。研究表明，一些开关状态会使电流流入或者流出中点。这些电流会引起中点电位的波动，这种电位波动会使有源滤波器输出电流更加畸变。如果不对中点电位进行控制，更有甚者，可能会导致中点电位的完全偏移，损坏直流侧电容及功率开关器件。因此，必须采取恰当的控制方案，以保持直流侧电压稳定在给定值附近，并且抑止中点电位波动。本节对三电平APF跟踪各次谐波电流时中点电位的平衡问题进行了详细的分析，对三电平APF直流侧电压控制方法进行深入研究，给出一种直流侧电压控制方案。

9.4.1　工作原理和数学模型

三电平APF主电路基本结构如图9-78所示。图中，交流侧仍然和两电平的相同，u_{sa}、u_{sb}、u_{sc}表示交流电网a、b、c三相电压，o为电网中性点，i_{ca}、i_{cb}和i_{cc}为三电平APF输入电流，负载为非线性谐波源。三电平APF系统由两大部分组成，即谐波电流检测电路和补偿电流发生电路（由电流跟踪控制电路、驱动电路和主

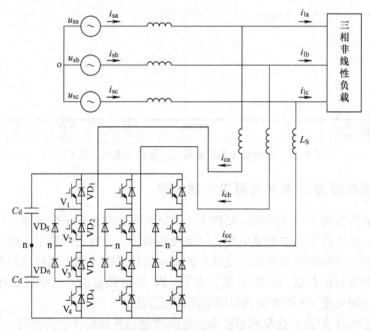

图9-78　三电平APF主电路

电路三个部分构成）。以 a 相为例，说明变流器每相桥臂的结构。从图 9-78 可以看出，a 相桥臂有 4 个功率开关器件 V_1、V_2、V_3、V_4，4 个续流二极管 VD_1、VD_2、VD_3、VD_4 和 2 个钳位二极管 VD_5、VD_6。每相桥臂的最上和最下的两个开关器件相当于两电平电路中的上下开关器件，而桥臂中间的两个开关器件和两个钳位二极管构成中点钳位电路，因此三电平主电路又称为中点钳位电路。变流器直流侧由两个电容 C_d 相连，直流侧电压为 u_{dc}，n 点为均压电容中点，它与每个桥臂的钳位二极管相连，故中点电位受每相输出电流的影响而浮动。当两个电容上的电压相等，即 $u_{dc1} = u_{dc2} = u_{dc}/2$ 时，主开关器件承受 $u_{dc}/2$ 电压。

建立 APF 的数学模型，是分析三电平 APF 的基础。为了便于推导三电平 APF 的开关模型，下面先对 APF 装置做如下假设：

1）将 APF 装置中的所有损耗（包括滤波电感等效串联电阻、死区效应、开关器件通态电阻、线路阻抗等）用等效电阻 R_s 表示，忽略开关器件的换相过程和缓冲电路损耗等问题。

2）平波电抗器的电感及线路电感用等效电感 L_s 表示，不考虑电感饱和。

3）系统为三相平衡系统，实际上对于三相不平衡系统，同样可以采用对称分量法把它分解为几个三相平衡系统的正序、负序和零序来分别进行分析，因此在这里仅对三相平衡正序系统进行分析。

根据三电平 PWM 变流器的开关函数，可以将每相桥臂等效为一个单刀三掷开关，得出三电平 PWM 变流器的简化系统等效电路，如图 9-79 所示。与三相两电平变流器一样，三相三电平变流器也可以用开关变量 S_a、S_b、S_c 分别表示各桥臂的开关状态，不同的是，这时 a、b、c 桥臂各有三种开关状态，S_a、S_b、S_c 是三态开关变量。以 a 相为例，当 V_1、V_2 关断，V_3、V_4 导通时，定义这种状态为 0 态，$S_a = 0$；当 V_1、V_4 关断，V_2、V_3 导通时，定义这种状态为 1 态，$S_a = 1$；当 V_3、V_4 关断，V_1、V_2 导通，定义这种状态为 2 态，$S_a = 2$。

$$S_a = \begin{cases} 2 & \text{（开关器件 1、2 导通，3、4 关断）} \\ 1 & \text{（开关器件 2、3 导通，1、4 关断）} \\ 0 & \text{（开关器件 3、4 导通，1、2 关断）} \end{cases}$$

b 相和 c 相开关函数 S_b、S_c 的定义与此类似。

为了便于推导出系统数学模型，可将开关函数进一步分解：当 $S_a = 2$ 时，定义 $S_{1a} = 1$、$S_{2a} = 0$、$S_{3a} = 0$；当 $S_a = 1$ 时，定义 $S_{1a} = 0$、$S_{2a} = 0$、$S_{3a} = 1$；当 $S_a = 0$ 时，定义 $S_{1a} = 0$、$S_{2a} = 1$、$S_{3a} = 0$。b 相 c 相的开关函数也做如上分解。考虑系统是三相无中性线系统，且假定三相电网电压平衡，省略繁琐的公式推导，得到在 abc 坐标系下三电平 APF 数学模型为

$$Z \dot{X} = AX + Be \tag{9-149}$$

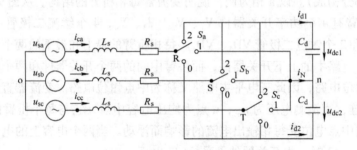

图 9-79　三电平有源滤波器等效电路

式中　$\boldsymbol{Z} = \mathrm{diag}\begin{bmatrix} L_s & L_s & L_s & C_d & C_d \end{bmatrix}$

　　　$\boldsymbol{X} = \begin{bmatrix} i_{ca} & i_{cb} & i_{cc} & u_{dc1} & u_{dc2} \end{bmatrix}^{T}$

$$\boldsymbol{A} = \begin{bmatrix} -R_s & 0 & 0 & -S_{1a} + \dfrac{S_{1a}+S_{1b}+S_{1c}}{3} & S_{2a} - \dfrac{S_{2a}+S_{2b}+S_{2c}}{3} \\[3mm] 0 & -R_s & 0 & -S_{1b} + \dfrac{S_{1a}+S_{1b}+S_{1c}}{3} & S_{2b} - \dfrac{S_{2a}+S_{2b}+S_{2c}}{3} \\[3mm] 0 & 0 & -R_s & -S_{1c} + \dfrac{S_{1a}+S_{1b}+S_{1c}}{3} & S_{2c} - \dfrac{S_{2a}+S_{2b}+S_{2c}}{3} \\[3mm] S_{1a} & S_{1b} & S_{1c} & 0 & 0 \\[2mm] -S_{2a} & -S_{2b} & -S_{2c} & 0 & 0 \end{bmatrix}$$

　　　$\boldsymbol{B} = \mathrm{diag}\begin{bmatrix} 1 & 1 & 1 & 0 & 0 \end{bmatrix}$

　　　$\boldsymbol{e} = \begin{bmatrix} u_{sa} & u_{sb} & u_{sc} & 0 & 0 \end{bmatrix}^{T}$

9.4.2　SVPWM 工作原理[261,262]

　　三电平 SVPWM 源于两电平 SVPWM，随着多电平技术的发展，现在已被广泛地应用于电压型三电平变流器的控制中。用 SVPWM 控制三电平变流器，与 SPWM 控制相比，其直流电压利用率要高一些，并且通过合理地选择开关状态的转换顺序，可以减少变流器状态转换时开关状态转换的次数，因此在获得相同的输出电流波形质量的情况下，开关器件的工作频率也可以低一些。如图9-80 所示，三相电压 u_a、u_b、u_c 分别定义在空间互差 120° 的 a、b、c 坐标轴上，形成三个矢量 $\boldsymbol{U}_a$、$\boldsymbol{U}_b$、$\boldsymbol{U}_c$，其方向在各自轴线上，其幅值随时间变化，也即

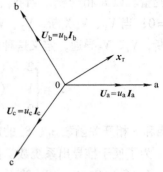

图 9-80　空间矢量的定义

$$\begin{cases} \boldsymbol{U}_a = u_a\boldsymbol{I}_a \\ \boldsymbol{U}_b = u_b\boldsymbol{I}_b = u_b\alpha\boldsymbol{I}_a \\ \boldsymbol{U}_c = u_c\boldsymbol{I}_c = u_c\alpha^2\boldsymbol{I}_a \end{cases} \tag{9-150}$$

式中 $\alpha = e^{j\frac{2}{3}\pi}$；

$\boldsymbol{I}_a$、$\boldsymbol{I}_b$ 和 $\boldsymbol{I}_c$——a、b、c 轴线的方向矢量。

若以 a 轴为参考轴，即 $\boldsymbol{I}_a = 1$，则矢量 $\boldsymbol{U}_a$、$\boldsymbol{U}_b$、$\boldsymbol{U}_c$ 的合成矢量为

$$\boldsymbol{U} = \boldsymbol{U}_a + \boldsymbol{U}_b + \boldsymbol{U}_c = u_a + u_b\alpha + u_c\alpha^2 \tag{9-151}$$

对于以下所示标准三相正弦电压：

$$\begin{cases} u_a = U_m\sin(\omega t) \\ u_b = U_m\sin\left(\omega t - \dfrac{2}{3}\pi\right) \\ u_c = U_m\sin\left(\omega t + \dfrac{2}{3}\pi\right) \end{cases} \tag{9-152}$$

利用式（9-151），可得其合成电压矢量为

$$\boldsymbol{U}_r = \frac{3}{2}U_m e^{j\left(\omega t - \frac{\pi}{2}\right)} \tag{9-153}$$

矢量 $\boldsymbol{U}_r$ 在空间的轨迹如图 9-81 虚线所示。$\omega t = 0$ 时，合成矢量从 $-90°$ 处开始，以三相电压基波角频率 ω 和相电压峰值的 3/2 倍的幅值等幅地旋转。因此，三相对称正弦电压 u_a、u_b、u_c 在时间上的相位关系可由合成矢量在空间上的位置关系来表征。

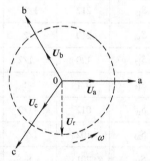

图 9-81　标准正弦合成空间矢量轨

三相三电平变流器中，每相的开关函数有三种状态，这就决定了三相三电平变流器共有 $3^3 = 27$ 种开关状态，定义三相三电平变流器的开关状态为 $(S_a S_b S_c)$，见表 9-6，这些开关状态在数学上可以用 2、1、0 的排列组合来表示。三电平变流器一共有 27 个开关状态，分别对应着 19 个特定的空间电压矢量。图 9-82 所示为将整个矢量空间分为 24 个扇区（$D_1 \sim D_{24}$，用虚线分隔开），其中每四个扇区组成一个区间，共有 6 个区间（Ⅰ ~ Ⅵ，用粗线分隔开）。根据电压空间矢量幅值的大小，可以将电压矢量分为四类：零电压矢量（U_0）、小电压矢量（$U_1 \sim U_6$）、中电压矢量（$U_7 \sim U_{12}$）和大电压矢量（$U_{13} \sim U_{18}$）。其中，零矢量有三个冗余开关状态，小矢量有两个冗余开关状态。

表 9-6 开关状态与变流器输出线电压、相电压、电压矢量对应关系

开关状态	$S_aS_bS_c$	$U_{RS}/2u_{dc}$	$U_{ST}/2u_{dc}$	$U_{TR}/2u_{dc}$	$U_{RN}/2u_{dc}$	$U_{SN}/2u_{dc}$	$U_{TN}/2u_{dc}$	电压矢量
S_1	000	0	0	0	0	0	0	U_0
S_2	111	0	0	0	0	0	0	U_0
S_3	222	0	0	0	0	0	0	U_0
S_4	100	1/2	0	−1/2	1/3	−1/6	−1/6	U_1
S_5	110	0	1/2	−1/2	1/6	1/6	−1/3	U_2
S_6	010	−1/2	1/2	0	−1/6	1/3	−1/6	U_3
S_7	011	−1/2	0	1/2	−1/3	1/6	1/6	U_4
S_8	001	0	−1/2	1/2	−1/6	−1/6	1/3	U_5
S_9	101	1/2	−1/2	0	1/6	−1/3	1/6	U_6
S_{10}	211	1/2	0	−1/2	1/3	−1/6	−1/6	U_1
S_{11}	221	0	1/2	−1/2	1/6	1/6	−1/3	U_2
S_{12}	121	−1/2	1/2	0	−1/6	1/3	−1/6	U_3
S_{13}	122	−1/2	0	1/2	−1/3	1/6	1/6	U_4
S_{14}	112	0	−1/2	1/2	−1/6	−1/6	1/3	U_5
S_{15}	212	1/2	−1/2	0	1/6	−1/3	1/6	U_6
S_{16}	210	1/2	1/2	−1	1/2	0	−1/2	U_7
S_{17}	120	−1/2	1	−1/2	0	1/2	−1/2	U_8
S_{18}	021	−1	1/2	1/2	−1/2	1/2	0	U_9
S_{19}	012	−1/2	−1/2	1	−1/2	0	1/2	U_{10}
S_{20}	102	1/2	−1	1/2	0	−1/2	1/2	U_{11}
S_{21}	201	1	−1/2	−1/2	1/2	−1/2	0	U_{12}
S_{22}	200	1	0	−1	2/3	−1/3	−1/3	U_{13}
S_{23}	220	0	1	−1	1/3	1/3	−2/3	U_{14}
S_{24}	020	−1	1	0	−1/3	2/3	−1/3	U_{15}
S_{25}	022	−1	0	1	−2/3	1/3	1/3	U_{16}
S_{26}	002	0	−1	1	−1/3	−1/3	2/3	U_{17}
S_{27}	202	1	−1	0	1/3	−2/3	1/3	U_{18}

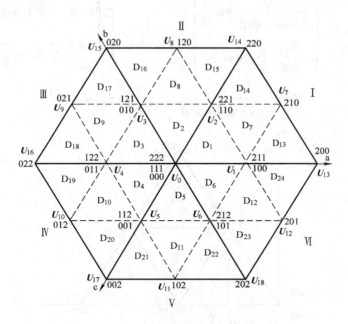

图 9-82　三电平变流器电压空间矢量图

SVPWM 算法通过选择与指令电压矢量最近的三个电压矢量来合成指令电压矢量。首先，定义三电平变流器电压空间矢量的调制比为

$$m = \frac{|\boldsymbol{U}^*|}{2u_{dc}/3} = \frac{3|\boldsymbol{U}^*|}{2u_{dc}} \tag{9-154}$$

式中　$|\boldsymbol{U}^*|$——三电平变流器的输出合成电压矢量 $\boldsymbol{U}^*$ 的模长，其旋转的角速度 $\omega = 2\pi f$；

　　　$2u_{dc}/3$——大电压矢量的模长。

旋转电压矢量 $\boldsymbol{U}^*$ 是由所在扇区的三个电压矢量 $\boldsymbol{U}_x$，$\boldsymbol{U}_y$ 和 $\boldsymbol{U}_z$ 合成的，它们的作用时间分别为 T_x、T_y 和 T_z，且 $T_x + T_y + T_z = T_s$，T_s 为开关周期。现定义

$$X = \frac{T_x}{T_s} \qquad Y = \frac{T_y}{T_s} \qquad Z = \frac{T_z}{T_s} \tag{9-155}$$

现在以第一个区间 I（$0 < \theta < 60°$）为例，计算旋转电压矢量 $\boldsymbol{U}^*$ 处在扇区 D_1、D_7、D_{13}、D_{14} 时，$\boldsymbol{U}_x$，$\boldsymbol{U}_y$，$\boldsymbol{U}_z$ 所对应的 X、Y、Z 值。为了方便计算，定义调制比 m 的边界条件分别为 Mark1、Mark2、Mark3，如图 9-83 所示。通过将 m 与边界条件进行比较，可以确定旋转电压矢量 $\boldsymbol{U}^*$ 的具体所在的扇区。计算可得

$$\text{Mark1} = \frac{\sqrt{3}/2}{\sqrt{3}\cos\theta + \sin\theta} \qquad \frac{1}{\text{Mark1}} = 2\left(\cos\theta + \frac{\sin\theta}{\sqrt{3}}\right) \tag{9-156}$$

$$\text{Mark2} = \left\{ \begin{array}{l} \dfrac{\sqrt{3}/2}{\sqrt{3}\cos\theta - \sin\theta}, \theta \leqslant \dfrac{\pi}{6} \\[3mm] \dfrac{\sqrt{3}/4}{\sin\theta}, \dfrac{\pi}{6} < \theta \leqslant \dfrac{\pi}{3} \end{array} \right\} \qquad \dfrac{1}{\text{Mark2}} = \left\{ \begin{array}{l} 2\left(\cos\theta - \dfrac{\sin\theta}{\sqrt{3}}\right), \theta \leqslant \dfrac{\pi}{6} \\[3mm] \dfrac{4\sin\theta}{\sqrt{3}}, \dfrac{\pi}{6} \leqslant \theta \leqslant \dfrac{\pi}{3} \end{array} \right\} \quad (9\text{-}157)$$

$$\text{Mark3} = \dfrac{\sqrt{3}}{\sqrt{3}\cos\theta + \sin\theta} \qquad \dfrac{1}{\text{Mark3}} = \cos\theta + \dfrac{\sin\theta}{\sqrt{3}} \qquad (9\text{-}158)$$

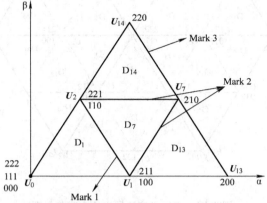

图 9-83　旋转矢量 U^* 在区间 I 时边界条件的划分

当调制比 $m < \text{Mark1}$，即旋转矢量 U^* 处于扇区 D_1 时，U^* 是由 U_0、U_1 和 U_2 三个电压矢量合成的，如图 9-84 所示。此时，U_1、U_2 和 U_0 可分别定义为 U_x、U_y 和 U_z，它们的作用时间分别为 T_x、T_y 和 T_z，且 $T_x + T_y + T_z = T_s$，T_s 为开关周期。又根据式（9-155）的定义可知，$X + Y + Z = 1$。

根据矢量合成原理，将 U_0、U_1、U_2 和旋转电压矢量进行正交分解，可以列出如下方程式：

$$\left\{ \begin{array}{l} \dfrac{1}{2}X + \dfrac{1}{2}\cos\left(\dfrac{\pi}{3}\right)Y = m\cos\theta \\[3mm] \dfrac{1}{2}\sin\left(\dfrac{\pi}{3}\right)Y = m\sin\theta \\[3mm] X + Y + Z = 1 \end{array} \right. \qquad (9\text{-}159)$$

式中　θ——旋转矢量与 a（α）轴的夹角。

解方程式（9-159），得

$$\left\{ \begin{array}{l} X = 2m\left(\cos\theta - \dfrac{\sin\theta}{\sqrt{3}}\right) \\[3mm] Y = m\dfrac{4\sin\theta}{\sqrt{3}} \\[3mm] Z = 1 - 2m\left(\cos\theta + \dfrac{\sin\theta}{\sqrt{3}}\right) \end{array} \right. \qquad (9\text{-}160)$$

已知 X、Y、Z 的值，按式（9-155）就可以求出 U_x、U_y、U_z 的作用时间 T_x、T_y、T_z：

$$\begin{cases} T_x = \left[2m\left(\cos\theta - \dfrac{\sin\theta}{\sqrt{3}}\right)\right]T_s \\[2mm] T_y = \left(m\,\dfrac{4\sin\theta}{\sqrt{3}}\right)T_s \\[2mm] T_z = \left[1 - 2m\left(\cos\theta + \dfrac{\sin\theta}{\sqrt{3}}\right)\right]T_s \end{cases} \tag{9-161}$$

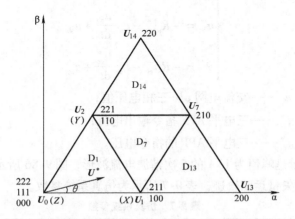

图 9-84　旋转矢量 U^* 在扇区 D_1 的矢量图

同理，旋转矢量 U^* 处于扇区 D_7、D_{13} 和 D_{14} 时，使用同样的方法，计算出 T_x、T_y、T_z。在计算其他五个区间的 T_x、T_y、T_z 时，只要将上面所述的 θ 值分别用 $\theta - 60°$、$\theta - 120°$、$\theta - 180°$、$\theta - 240°$、$\theta - 300°$ 来代替，即可得到计算结果。

在多电平变流器中，由于开关状态的增加，使得一个电压矢量对应于两个或三个冗余开关状态，因此可以运用一定的算法来减少开关动作次数，从而减少开关损耗，而且每个开关周期只引起一相电压两个互补开关器件的触发信号发生变化，从而减少 du/dt。三电平 SVPWM 的基本原则归纳如下：

1）为优化开关频率，开关状态应选择每次开关状态变化时，只有一个开关函数变动，而且变动值是循环的；

2）在一个开关周期 T_s 中，开关状态的选择是对称的；

3）第 I 区间与第 III 区间、第 V 区间的开关矢量分配规律相同，第 II 区间与第 IV 区间、第 VI 区间的规律相同。根据以上调制基本原则，可以得到每个扇区里的具体调制方法，见参考文献［261，262］。

9.4.3　中点电位分析

研究表明，一些开关状态会使电流流入或者流出中点。这些电流会引起中点电位的波动，这种电位波动会使 APF 输出电流更加畸变。如果不对中点电位进行控制，更有甚者，可能会导致中点电位的完全偏移，损坏直流侧电容及功率开关器件。三电平 APF 输出的开关状态由 SVPWM 过程决定，而由前面所述可知，SVPWM过程由指令电压的矢量轨迹决定，所以首先应分析三电平 APF 的指令电压。因为三电平 APF 跟踪的信号为谐波电流，所以它输出的指令电压和逆变器有很大的不同。三电平 APF 的指令电压如下式所示：

$$
\begin{cases}
u_a^* = -R_s i_{ca}^* - L_s \dfrac{\mathrm{d}i_{ca}^*}{\mathrm{d}t} + u_{sa} \\[2mm]
u_b^* = -R_s i_{cb}^* - L_s \dfrac{\mathrm{d}i_{cb}^*}{\mathrm{d}t} + u_{sb} \\[2mm]
u_c^* = -R_s i_{cc}^* - L_s \dfrac{\mathrm{d}i_{cc}^*}{\mathrm{d}t} + u_{sc}
\end{cases}
\tag{9-162}
$$

式中　　u_{sa}、u_{sb}、u_{sc}——交流电网 abc 三相电压值；

i_{ca}^*、i_{cb}^*、i_{cc}^*——三电平 APF 指令输出电流；

u_a^*、u_b^*、u_c^*——三电平 APF 的指令电压。

图 9-85 所示是峰值为 15A 的 5 次谐波电流波形，图 9-86 所示为跟踪 5 次谐波电流的指令电压矢量运动轨迹，表 9-7 所示为仿真系统参数。

表 9-7　仿真系统参数

符号	仿真参数	说明
U_s	110V	三相交流电源相电压有效值
f	50Hz	电网频率
L_s	2mH	APF 输出电感
R_s	0.5Ω	APF 输出交流电抗等效电阻
C_d	4700μF	APF 直流侧电容
U_{dc}	360V	APF 直流侧电压
I_c	15A	APF 输出电流峰值
f_5	250Hz	APF 输出电流频率

如图 9-86 所示，粗实线为指令电压的运动轨迹，圆圈为电网电压的运动轨迹，虚线为三电平变流器的矢量图。对比跟踪相同峰值不同频率谐波电流的情况，图 9-87 所示是峰值为 15A 的 43 次谐波电流波形，图 9-88 所示为跟踪 43 次谐波电流的指令电压矢量运动轨迹。当频率升高时，输出电抗器的等效压降增大，由式（9-162）得出的相应指令电压也会增大，所有为了对指令电压进行很好的调制，使整个装置有比较合理的调制比，直流侧电压从 360V 升到 1000V。

由式（9-162）可知，指令电压可以分为基波电压分量 u_s 和谐波电压分量

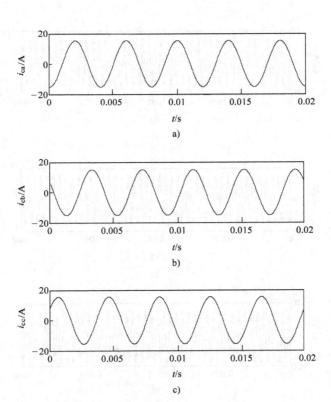

图 9-85　5 次谐波电流波形

a) i_{ca} 波形　b) i_{cb} 波形　c) i_{cc} 波形

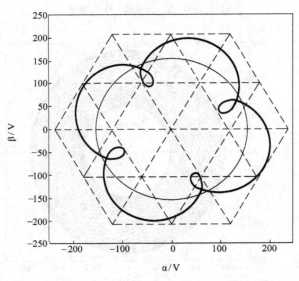

图 9-86　跟踪 5 次谐波电流的指令电压矢量运动轨迹

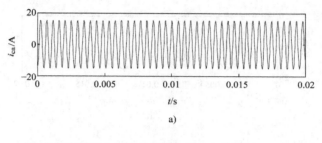

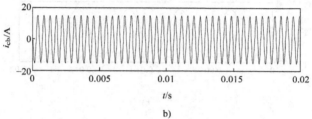

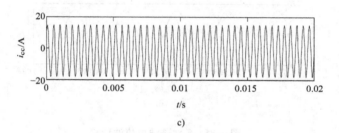

图 9-87　43 次谐波电流波形

a）i_{ca} 波形　b）i_{cb} 波形　c）i_{cc} 波形

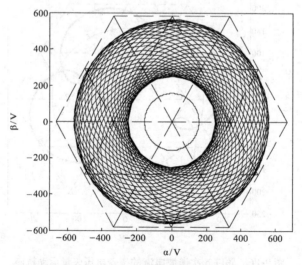

图 9-88　跟踪 43 次谐波电流的指令电压矢量运动轨迹

$-R_s i_{ca}^* - L_s di_{ca}^*/dt$ 两部分。显然，随着频率的增大，谐波电压分量逐渐增大，所以跟踪 43 次谐波电流的指令电压比跟踪 5 次谐波电流的指令电压高。随着频率的增大，谐波电压分量在指令电压中的比重逐渐增大，而且谐波电压分量的频率也高，所以指令电压将变化得更加迅速。图 9-87 和图 9-88 也证明跟踪谐波电流时，参考矢量比逆变器滑过更多的扇区，所以对于三电平 APF，中点电位平衡问题是更加复杂的。

三电平变流器共有 27 种开关状态，分别对应着 19 个特定的电压矢量。为了分析开关状态对中点电位的影响，假设直流侧母线电压控制得很好而恒定不变，可以将每相桥臂等效为一个单刀三掷开关，建立三电平变流器的等效电路，如图 9-89 所示。从图 9-89 可以看出，电容中点电位波动是由中点电流 i_{NP} 和直流滤波电容 C_d 的大小所决定的，中点电压的波动 u_{NP} 可以表示为

$$u_{NP} = u_{dc1} - u_{dc2} = \int_0^{+\infty} \frac{i_{NP}}{C_d} dt \qquad (9\text{-}163)$$

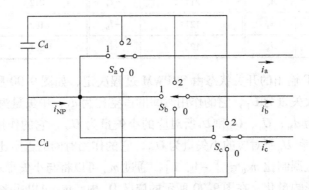

图 9-89　三电平变流器等效电路

直流滤波电容 C_d 的大小由设计决定，所以控制中点电位稳定，就必须分析三电平变流器各开关状态和中点电流 i_{NP} 的关系。对各开关状态进行分析可以发现，不同的开关状态对中点电流的影响也是不相同的。例如，大电压矢量开关状态（220）作用时，此时的中点电流 $i_{NP}=0$，小电压矢量开关状态（100）作用时，此时的中点电流 $i_{NP}=i_a$。对于其他开关状态，可以用同样的方法进行分析，于是可得到以下结论：

1）零矢量和大矢量的开关状态对中点电流 i_{NP} 无影响。

2）小矢量的两种冗余开关状态对中点电流 i_{NP} 的影响是相反的，它对于中点电流是可控量。

3）中矢量的开关状态对中点电流 i_{NP} 有影响，但没有冗余开关状态，对于中点电流是不控量。

如表9-8所示，归纳出小矢量和中矢量开关状态产生的中点电流，并对与小矢量对应的开关状态做了进一步的划分，定义了正开关状态和负开关状态。中矢量不存在冗余开关状态，它对中点电位的影响是不可控的，一般把它当作扰动量来处理；而小矢量存在着冗余开关状态，冗余开关状态能得到相同的输出电压，但对中点电位的影响是截然相反的。因此，可以对正负小矢量选择处理来补偿由中矢量引起的中点电位波动。

表9-8 与各个开关状态对应的中点电流

小矢量（正开关状态）	i_{NP}	小矢量（负开关状态）	i_{NP}	中矢量	i_{NP}
100	i_a	110	$-i_c$	210	i_b
010	i_b	011	$-i_a$	120	i_a
001	i_c	101	$-i_b$	021	i_c
221	i_c	211	$-i_a$	012	i_b
122	i_a	121	$-i_b$	102	i_a
212	i_b	122	$-i_c$	201	i_c

三电平 APF 输出的开关状态由 SVPWM 过程决定，如图 9-90 所示。为了计算的方便，定义大矢量为 U_L，它的作用时间的占空比为 d_L；中矢量为 U_M，它的作用时间的占空比为 d_M；U_1、U_3 和 U_5 所对应的小矢量为 U_{S0}，它的作用时间的占空比为 d_{S0}；U_2、U_4 和 U_6 所对应的小矢量为 U_{S1}，它的作用时间的占空比为 d_{S1}。再定义小矢量中点电流调制比 $m_{S0} \in [-1, 1]$，通过 m_{S0} 可以将与小矢量对应的开关状态对中点电流的影响量化。在图 9-90 所示的扇区 D_{13} 内，m_{S0} 可以用来表示 U_{S0} 所对应

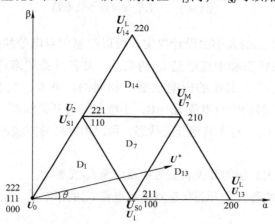

图9-90 旋转矢量 U^* 在扇区 D_{13} 的矢量图

的正开关状态（100）和负开关状态（211）的作用时间。其中，正开关状态（100）作用时间的占空比为

$$d_{S0\_pos} = (1 + m_{S0})d_{S0}/2 \tag{9-164}$$

而负开关状态（211）作用时间的占空比则为

$$d_{S0\_neg} = (1 - m_{S0})d_{S0}/2 \tag{9-165}$$

那么，对于图 9-90 所示的、当旋转矢量 U^* 落入扇区 D_{13} 时，中点电流为

$$i_{NP} = d_M i_b + d_{S0\_pos} i_a - d_{S0\_neg} i_a \tag{9-166}$$
$$= d_M i_b + m_{S0} d_{S0} i_a$$

同理，当旋转矢量 U^* 落入扇区 D_7 时，引入小矢量中点电流调制比 m_{S1}，则此时的中点电流为

$$i_{NP} = d_M i_b + (m_{S0} d_{S0} i_a + m_{S1} d_{S1} i_c) \tag{9-167}$$

当旋转矢量 U^* 落入扇区 D_{14} 时的中点电流为

$$i_{NP} = d_M i_b + m_{S1} d_{S1} i_c \tag{9-168}$$

当旋转矢量 U^* 落入扇区 D_1 时的中点电流为

$$i_{NP} = m_{S0} d_{S0} i_a + m_{S1} d_{S1} i_c \tag{9-169}$$

显然，当旋转矢量 U^* 落入扇区 D_1 时，中点电流是受与两个小矢量对应的开关状态的影响，此时的中点电流控制效果是最好的。

通过前面对 SVPWM 算法的介绍可以得知，当系统稳定时，旋转矢量 U^* 在空间旋转，这样在一个基波周期（$0° \le \theta < 360°$）内，d_{S0}、d_{S1}、d_M 和 d_L 都是随时间变化的周期函数。它们的波形受需跟踪谐波电流的次数和幅值影响，图 9-92 给出跟踪 5 次谐波电流时、输出基波周期内的 d_{S0}、d_{S1}、d_M 和 d_L 波形，图 9-92 给出跟踪 43 次谐波电流时、输出基波周期内的 d_{S0}、d_{S1}、d_M 和 d_L 波形，参数和上面所述一致。从图 9-91 和图 9-92 可以看出，当频率升高时，d_{S0}、d_{S1}、d_M 和 d_L 变化的频率明显变快。图 9-91 和图 9-92 中的波形在不同的区间所对应的开关状态也不同。比如，当 $0° \le \theta < 60°$ 时，d_M 对应的是电压矢量 U_7（210）的作用时间占空比，此时的中点电流为 $d_M i_b$；而当 $60° \le \theta < 120°$ 时，d_M 对应的是电压矢量 U_8（120）的作用时间占空比，此时的中点电流为 $d_M i_a$。因此，为了准确地表示出一个基波周期内，中矢量对中点电流的影响，有必要引入中矢量的电流开关函数 M_a、M_b 和 M_c，见表 9-9。

中矢量引入的中点电流与中矢量作用时间占空比 d_M，电流开关函数 M_a、M_b 和 M_c 和三相桥臂输出电流 i_a、i_b 和 i_c 有关，用它们组合将中矢量引入的中点电流表示出来，即为

$$i_{NP\_mediu\_vector} = d_M \begin{bmatrix} M_a & M_b & M_c \end{bmatrix} \begin{bmatrix} i_a \\ i_b \\ i_c \end{bmatrix} \tag{9-170}$$

表 9-9　中矢量的电流开关函数

角度 $\theta/(°)$	开关状态	电流开关函数			i_{NP}
		M_a	M_b	M_c	
$0 \sim 60$	210	0	1	0	i_b
$60 \sim 120$	120	1	0	0	i_a
$120 \sim 180$	021	0	0	1	i_c
$180 \sim 240$	012	0	1	0	i_b
$240 \sim 300$	102	1	0	0	i_a
$300 \sim 360$	201	0	0	1	i_c

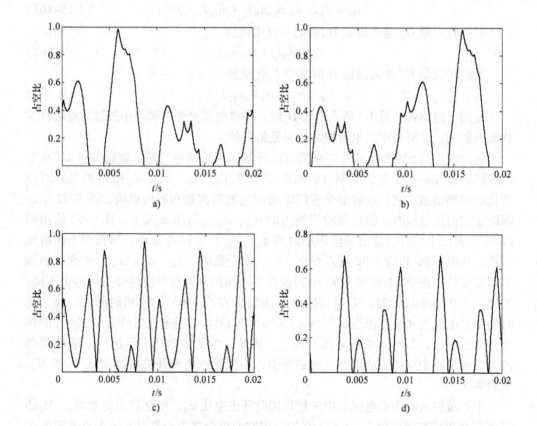

图 9-91　跟踪 5 次谐波时、输出基波周期内的 d_{S0}、d_{S1}、d_M 和 d_L 波形

a) d_{S0} 波形　b) d_{S1} 波形　c) d_M 波形　d) d_L 波形

同样地，可以得到小矢量对应的各开关状态的电流开关函数，见表 9-10、表 9-11。

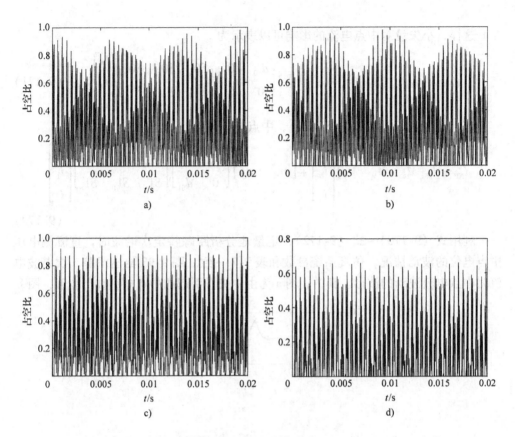

图 9-92 跟踪 43 次谐波时、输出基波周期内的 d_{S0}、d_{S1}、d_M 和 d_L 波形

a) d_{S0} 波形　b) d_{S1} 波形　c) d_M 波形　d) d_L 波形

表 9-10　S0 系列小矢量的电流开关函数

角度 $\theta/(°)$	开关状态	电流开关函数			i_{NP}
		$S0_a$	$S0_b$	$S0_c$	
300 ~ 60	100/211	1	0	0	$\pm i_a$
60 ~ 180	010/121	0	1	0	$\pm i_b$
180 ~ 300	001/112	0	0	1	$\pm i_c$

表 9-11　S1 系列小矢量的电流开关函数

角度 $\theta/(°)$	开关状态	电流开关函数			i_{NP}
		$S1_a$	$S1_b$	$S1_c$	
0 ~ 120	221/110	1	0	0	$\pm i_c$
120 ~ 240	122/011	0	1	0	$\pm i_a$
240 ~ 360	212/101	0	0	1	$\pm i_b$

这样，小矢量对中点电流的影响可以表示为

$$i_{NP\_small\_vector} = \begin{bmatrix} m_{S0} & m_{S1} \end{bmatrix} \begin{bmatrix} d_{S0} & 0 \\ 0 & d_{S1} \end{bmatrix} \begin{bmatrix} S0_a & S0_b & S0_c \\ S1_a & S1_b & S1_c \end{bmatrix} \begin{bmatrix} i_a \\ i_b \\ i_c \end{bmatrix} \quad (9\text{-}171)$$

综合式（9-170）和式（9-171），中点电流可以表示为

$$i_{NP} = d_M \begin{bmatrix} M_a & M_b & M_c \end{bmatrix} \begin{bmatrix} i_a \\ i_b \\ i_c \end{bmatrix} + \begin{bmatrix} m_{S0} & m_{S1} \end{bmatrix} \begin{bmatrix} d_{S0} & 0 \\ 0 & d_{S1} \end{bmatrix} \begin{bmatrix} S0_a & S0_b & S0_c \\ S1_a & S1_b & S1_c \end{bmatrix} \begin{bmatrix} i_a \\ i_b \\ i_c \end{bmatrix}$$

$$(9\text{-}172)$$

利用式（9-170）~式（9-172），定量地分析跟踪特定次谐波时，直流侧电压中点电位的波动情况，仿真系统参数和表9-7一致。图9-93给出跟踪5次谐波电流时中点电流波动的波形。其中，图a为由中矢量引起的中点电流波动波形，图b

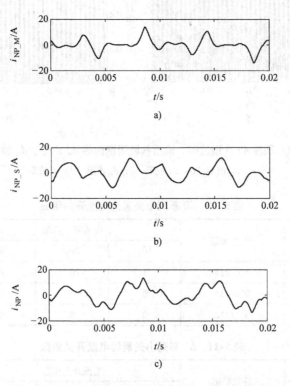

图9-93　跟踪5次谐波电流时的中点电流波动波形
a）由中矢量引起的中点电流波动波形　b）由小矢量引起的中点电流波动波形
c）整个中点电流波动波形

为由小矢量引起的中点电流波动波形，图 c 为整个中点电流波动波形。图 9-94 给出跟踪 43 次谐波电流时中点电流波动波形。其中，图 a 为由中矢量引起的中点电流波动波形，图 b 为由小矢量引起的中点电流波动波形，图 c 为整个中点电流波动波形。相应小矢量取一种极限情况，即只选取正开关状态，此时 $m_{s0} = m_{s1} = 1$；若全部选取负开关状态，即 $m_{s0} = m_{s1} = -1$，此时小矢量引起的中点电流波形全部与图 9-91 和图 9-94 相反。求出中点电流后，由式（9-163）可以计算出中点电位的波动情况。图 9-95 给出跟踪 5 次谐波电流时中点电压的波动波形。其中，图 a 为由中矢量引起的中点电压波动波形，图 b 为由小矢量引起的中点电压波动波形，图 c 为整个中点电压波动波形。图 9-96 给出跟踪 43 次谐波电流时中点电压波动波形。其中，图 a 为由中矢量引起的中点电压波动波形，图 b 为小矢量引起的中点电压波动波形，图 c 为整个中点电压波动波形。

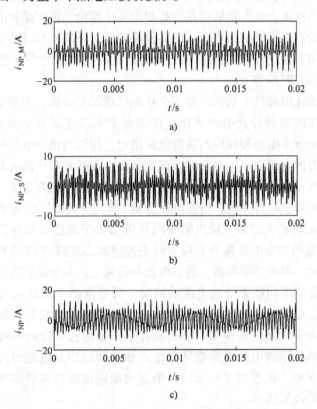

图 9-94　跟踪 43 次谐波电流时的中点电流波动波形

a）由中矢量引起的中点电流波动波形　b）由小矢量引起的中点电流波动波形
c）整个中点电流波动波形

从图 9-93 ~ 图 9-96 可以看出，小矢量若全部选取正开关状态或负开关状态，小矢量引起的中点电流在一个基波周期内平均值为零，只引起中点的低频波动，不会导致中点电位偏移。若在各开关周期内交替使用小矢量的正负开关状态，则小矢量引入的中点电流为零，中点电流只由中矢量决定，同时，中矢量引起的中点电流也在一个基波周期内平均值为零，它也只会引起中点的低频波动，不会导致中点偏移。

中矢量和小矢量引起的中点电流由中矢量和小矢量的时间占空比和相应的谐波电流决定。从图 9-91 和图 9-92 可以看出，当跟踪的谐波电流频率越高时，指令电压变化越迅速，中矢量和小矢量的时间占空比 d_M、d_{S0} 和 d_{S1} 变化频率越快，电流开关函数变化越迅速，而且相应谐波电流的频率也越高，所以从图 9-93、图 9-94 可以看出，跟踪 43 次谐波电流时的中点电流比跟踪 5 次谐波电流时的中点电流波动频率高。根据式（9-163），从图 9-95、图 9-96 可以看出，在跟踪的谐波电流为相同幅值时，跟踪 43 次谐波电流时的中点电压波动比跟踪 5 次谐波电流时的中点电压波动明显地小得多。从大量的仿真分析得出一个结论，当跟踪相同幅值谐波电流时，跟踪高次谐波电流时的中点电位波动比跟踪低次谐波电流时的中点电位波动幅值小。相应地随着指令谐波电流频率的升高，直流侧电压的中点电位波动幅值越小，中点电位的控制越容易。

为了更清晰地解释这个结论，拿两个极端的情况来分析。当指令谐波电流非常小时，指令电压的谐波分量也非常小，所以指令电压近似等于基波电压分量 u_s。因为中点电流由指令电压和相应的谐波电流决定，所以当指令电压相同时，中点电流就由相应的谐波电流决定。明显地，高次谐波电流的频率比低次谐波电流的频率高，所以中点电流波动的频率也高，直流侧中点电压波动的幅值小。

当指令电流幅值非常大时，谐波电压分量 $-R_s i_{ca}^* - L_s di_{ca}^*/dt$ 也非常大，相对于基波电压分量 u_s 明显大得多，所以指令电压近似等于谐波电压分量。近似地，跟踪 N 次谐波电流的指令电压参考矢量的轨迹是绕圆心旋转 N 圈的圆。当跟踪谐波电流幅值相同时，电流频率越高，谐波电压分量越大，相应地应选择更高的母线电压。为了对比跟踪不同频率谐波电流的情况，可根据指令电压的大小选取母线电压，使变流器有近似相同的调制比。明显地，跟踪 N 次谐波电流的指令电压绕圆心旋转 N 圈，在一个基波周期中，中矢量和小矢量的占空比和电流开关函数重复变化 N 次，而指令谐波电流也是重复变化 N 次，所以中点电流的波动频率也至少是基波频率的 N 倍。根据式（9-163），明显地跟踪谐波电流的频率越高，直流侧中点电压波动的幅值越小。

相似地，小矢量若全部选取负开关状态，可以得到和上面相同的结论。若在各开关周期内交替使用小矢量的正负开关状态，则小矢量引入的中点电流为零，中点电流只由中矢量决定。从图 9-93 ~ 图 9-96 可以看出，随着指令谐波电流频率越高，中矢量引起的中点电流的波动频率也越高，直流侧电压的中点电压波动幅值越小，和前面分析一致。另外也可以看出，如果正负开关状态的小矢量选取得不合适，中点电流在一个周期内平均值不为零，它引入的中点电位在一个周期内不能自动平衡，如果不对其加以控制，经过若干个基波周期累积后，可能会导致中点电位严重偏移，但是如果合适地选择小矢量的正负开关状态，使小矢量引入合适的中点电流而抵消由中矢量引起的中点电流，就可以抑制中点电位波动。

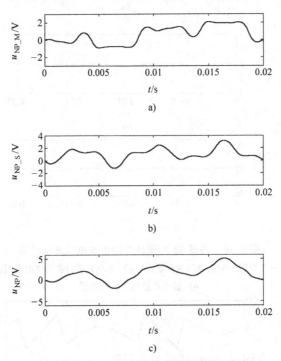

图 9-95　跟踪 5 次谐波电流时的中点电压波动波形

a) 由中矢量引起的中点电压波形　b) 由小矢量引起的中点电压波形　c) 整个中点电压波动波形

　　实际的负载谐波电流是由很多不同频率的谐波电流叠加而成的，用典型的整流桥带阻感性负载来分析，负载谐波电流如图 9-97 所示。图 9-98 所示为跟踪典型负载谐波电流的指令电压矢量运动轨迹。图 9-99 给出跟踪典型负载谐波电流时中点电流的波形。其中，图 a 为由中矢量引起的中点电流波动波形，图 b 为由小矢量引起的中点电流波动波形，图 c 为整个中点电流的波动波形。图 9-100 给出跟踪典型负载谐波电流时中点电压的波动波形。其中，图 a 为由中矢量引起的中点电压波动波形，图 b 为由小矢量引起的中点电压波动波形，图 c 为整个中点电压波动波形。

　　如图 9-97 所示，负载谐波电流以低次谐波电流为主，在整流桥二极管换相时存在突变，所以跟踪该电流的指令电压也存在突变。图 9-99 和图 9-100 所示为中点电流和中点电压的波动波形。显然，因为负载谐波电流以低次谐波电流为主，所以它们的波动相对比较大。由前面分析可知，可以根据中点电位的偏移情况，适当地选择小矢量的正负开关状态可以抑制中点电压波动。

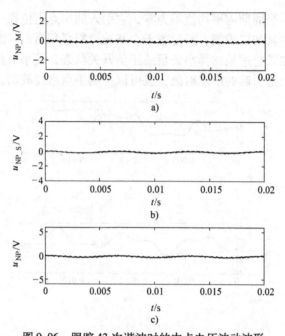

图 9-96 跟踪 43 次谐波时的中点电压波动波形

a）由中矢量引起的中点电压波动波形　b）由小矢量引起的中点电压波动波形

c）整个中点电压波动波形

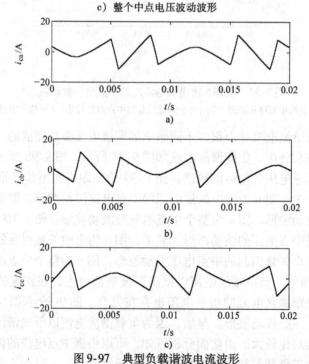

图 9-97 典型负载谐波电流波形

a）a 相负载谐波电流波形　b）b 相负载谐波电流波形　c）c 相负载谐波电流波形

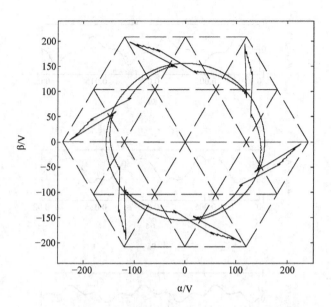

图 9-98　跟踪典型负载谐波电流的指令电压矢量运动轨迹

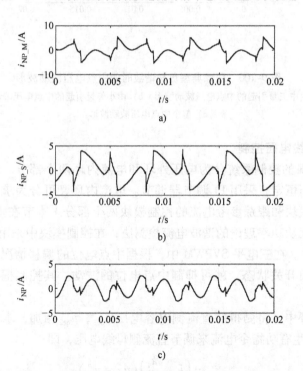

图 9-99　跟踪典型负载谐波时的中点电流波动波形

a）由中矢量引起的中点电流波动波形　b）由小矢量引起的中点电流波动波形

c）整个中点电流的波动波形

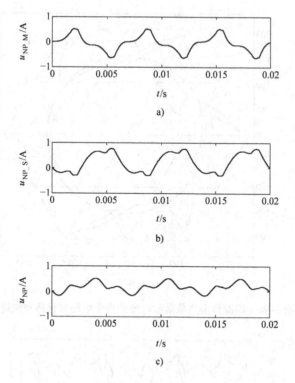

图 9-100 跟踪典型负载谐波时的中点电压波动波形

a）由中矢量引起的中点电压波动波形 b）由小矢量引起的中点电压波动波形

c）整个中点电压波动波形

9.4.4 直流母线电压控制

三电平 APF 的控制系统分为电压外环和电流内环两个部分。电压外环维持变流器直流侧电压恒定，采用 PI 调节器调节。电流内环又可分为求取补偿电流参考值的上层算法模块和跟踪参考电流的控制模块两个部分。本节在上层算法模块中，采用基于瞬时无功功率理论的谐波电流检测法；在控制模块中采用重复控制加三电平 SVPWM 方法。在三电平 SVPWM 中，根据中点电位的偏移情况，适当地选择小空间矢量的正负开关状态，就可抑制中点电位的波动。其控制框图如图 9-101 所示。

在电压外环中，将测得的直流侧电容电压 u_{dc1}、u_{dc2} 相加，求出母线电压，采用 PI 调节器产生有功指令电流来调节直流侧母线电压，即

$$i_{dc} = \left(k_p + \frac{k_I}{s} \right)(u_{dc} - u_{dc}^*) \tag{9-173}$$

在谐波电流 d 轴分量上，加上补偿系统损耗的有功调节量 i_{dc}，得出输出指令电流 d 轴分量，从电网吸收有功功率来维持直流侧电压恒定。但是 PI 调节器只能

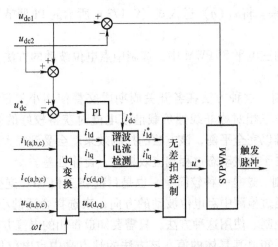

图 9-101　三电平 APF 控制系统框图

保证对直流量的无差调节，而 APF 输出电流为谐波电流，受其影响使直流侧电压也含有谐波分量。PI 调节器带宽有限，对其跟踪准确度较差，而且实际上直流侧电容的平均电压才是要调节的指令电压，因此必须将直流侧电容的平均电压检测出来。

用自适应滤波器提取电容电压平均值，其结构如图 9-102 所示。其中，滤波器输入信号 $u_{dc}(n)$ 表示直流侧电压的采样值，参考输入信号为直流量 1，ω 代表参考输入信号的权值，$y(n)$ 为自适应滤波器输出的直流分量 $\bar{u}_{dc}(n)$，$e(n)$ 为自适应滤波器的误差反馈信号。显然有

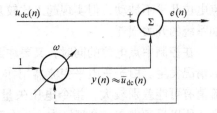

图 9-102　自适应滤波器原理结构

$$y(n) = \omega(n) \cdot 1 \tag{9-174}$$
$$e(n) = u_{dc}(n) - y(n) = u_{dc}(n) - \omega(n) \tag{9-175}$$

根据最小方均（LMS）误差准则，最佳的滤波器权值系数 ω^* 应使滤波器的方均误差最小，即有目标函数：$\min E[e^2(n)]$。用瞬时输出误差功率的梯度 $\nabla_\omega e^2(n)$ 来近似 $\nabla_\omega E[e^2(n)]$，以得到权值 ω 的迭代公式：

$$\nabla_\omega e^2(n) = -2e(n) \tag{9-176}$$
$$\omega(n+1) = \omega(n) + \mu e(n) \tag{9-177}$$

式中　μ——设定步长因子。

在自适应滤波器中，将 $u_{dc}(n)$ 中直流分量视为期望信号，所有谐波的总和视为输入干扰信号。误差反馈信号 $e(n)$ 控制权值 ω 的迭代过程，权值 ω 跟踪最佳权系数 ω^* 的变化，此时输出信号 $y(n)$ 也就跟踪直流分量的变化。如此则将直流分

量 $\bar{u}_{\mathrm{dc}}(n)$ 检测出来。将 $\bar{u}_{\mathrm{dc}}(n)$ 送入式（9-173）所示的 PI 调节器中，就会输出指令电流。

在电流内环的三电平 SVPWM 中，抑制中点电位波动的方法，一般而言，主要有以下三种：

（1）消极控制 这种方法在各开关周期内交替使用小矢量的正负开关状态。该方法只能在补偿三相对称非线性负载谐波电流时获得较好的效果。而实际应用中，一般负载都难以完全平衡，该方法的控制效果就会受到很大的影响。该方法还有一个缺点就是对于负载动态过程响应效果差，鲁棒性差。

（2）滞后控制 这是一种较简单，也是目前在三相 NPC 逆变器中应用最广泛的方法。该方法通过检测中点电位波动的方向，来选择合适的小矢量的开关状态，对中点电位加以控制。使用这种方法，只需要知道每相的电流方向和中点电位波动的方向，而不需要知道其具体的值。该方法的缺点是中点电位仍会在小范围内波动，而且中点电位的波形中会含有高频分量，但它实现简单、鲁棒性强。本节采用这种方法，对三电平 APF 直流侧中点电位进行控制。

（3）精确控制 该方法通过控制正开关状态和负开关状态的作用时间和小矢量中点电流调制比，使中点电位准确平衡。但这种方法需要测量各桥臂输出电流和中点电位波动的大小和方向。该方法的优点在于能准确地控制中点电位平衡，使中点电位几乎不波动，但实现起来比较复杂，而且可能会因为舍去某些开关状态而增加系统的开关损耗。

在控制中点电位的同时，又要注意避免由于舍去某些开关状态而增加开关损耗的情况发生。由于三电平变流器用作 APF 跟踪谐波电流时，相邻开关周期指令电流值有可能差别较大，指令电压矢量 $\boldsymbol{U}^*$ 可能在相邻扇区间频繁转换，无规律可循。所以只考虑在一个扇区内、一个开关周期中，选择开关状态减少开关损耗，不考虑不同扇区间开关状态的平滑转换。

图 9-193 所示的空间矢量落入第一区间，下面举在扇区 D_7 的情况说明本节中所使用的中点电位控制方法。扇区 D_7 中空间矢量是由小矢量 $\boldsymbol{U}_1$、$\boldsymbol{U}_2$ 和中矢量 $\boldsymbol{U}_7$ 来合成的，$\boldsymbol{U}_1$ 的开关状态 S_4（100）引入中点电流为 i_a，S_{10}（211）引入的中点电流为 $-i_\mathrm{a}$，$\boldsymbol{U}_2$ 的开关状态 S_5（110）引入的中点电流为 $-i_\mathrm{c}$，S_{11}（221）引入的中点电流为 i_c，$\boldsymbol{U}_7$ 的开关状态（210）引入的中点电流为 i_b。空间矢量调制顺序为

$S_{11}(221){\rightarrow}S_{10}(211){\rightarrow}S_{16}(210){\rightarrow}S_5(110){\rightarrow}S_4(100){\rightarrow}S_4(100){\rightarrow}S_5(110){\rightarrow}S_{16}$ $(210){\rightarrow}S_{10}(211){\rightarrow}S_{11}(221)$。

当 $\Delta U_{\mathrm{NP}} \geqslant 0$ 时，分四种情况讨论：

1）当 $i_\mathrm{c} \geqslant 0$、$i_\mathrm{a} \geqslant 0$ 时，S_{11}（221）引入的电流 i_c 和 S_4（100）引入的电流 i_a 都从中点抽取能量，使中点电位降低，减小中点误差；S_{10}（211）引入的电流 $-i_\mathrm{a}$ 和 S_5（110）引入的电流 $-i_\mathrm{c}$ 都向中点提供能量，会加剧中点电位偏移，但舍去这两

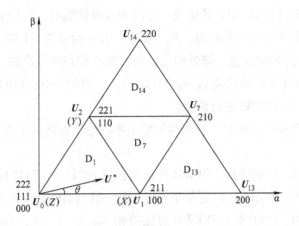

图 9-103　空间矢量图

个开关状态，会使开关状态转换不平滑，增加开关损耗。因此，不舍去任何一个开关状态，SVPWM 算法仍按 $S_{11}(221) \rightarrow S_{10}(211) \rightarrow S_{16}(210) \rightarrow S_5(110) \rightarrow S_4(100) \rightarrow S_4(100) \rightarrow S_5(110) \rightarrow S_{16}(210) \rightarrow S_{10}(211) \rightarrow S_{11}(221)$ 的顺序进行调制。

2）当 $i_c \geqslant 0$、$i_a < 0$ 时，S_{11}（221）引入的电流 i_c 是从中点抽取能量，降低中点电位，减小中点误差，因此调制算法中要保留该开关状态；而由于此时的桥臂输出电流 i_a 为负值，S_4（100）引入的电流 i_a 是向中点提供能量，它的使用会加剧中点电位偏移，因此要舍去该开关状态；S_{10}（211）引入的电流 $-i_a$ 是从中点抽取能量，降低中点电位，减小中点误差，因此调制算法中要保留该开关状态；S_5（110）引入的电流 $-i_c$ 都向中点提供能量，会加剧中点电位偏移，因此要舍去该开关状态。在这种情况下，SVPWM 将按 $S_{11}(221) \rightarrow S_{10}(211) \rightarrow S_{16}(210) \rightarrow S_{16}(210) \rightarrow S_{10}(211) \rightarrow S_{11}(221)$ 的顺序进行调制。显然，使用这种调制方法时，开关状态每次变化也只引起一相开关状态变化，不会增加开关损耗。

3）当 $i_c < 0$、$i_a \geqslant 0$ 时，S_4（100）引入的电流 i_a 是从中点抽取能量，降低中点电位，减小中点电位误差，因此调制算法中要保留该开关状态；而由于此时的桥臂输出电流 i_c 为负值，S_{11}（221）引入的电流 i_c 是向中点提供能量，它的使用会加剧中点电位偏移，因此要舍去该开关状态；S_{10}（211）引入的电流 $-i_a$ 向中点提供能量，会加剧中点电位偏移，但舍去该开关状态会使和其他开关周期转换时不平滑，增加开关损耗，所以保留该开关状态；S_5（110）引入的电流 $-i_c$ 都从中点抽取能量，降低中点电位，减小中点电位误差，因此保留该开关状态。此时，SVPWM 算法将按 $S_{10}(211) \rightarrow S_{16}(210) \rightarrow S_5(110) \rightarrow S_4(100) \rightarrow S_4(100) \rightarrow S_5(110) \rightarrow S_{16}(210) \rightarrow S_{10}(211)$ 的顺序进行调制。

4）当 $i_c < 0$、$i_a < 0$ 时，由于此时桥臂输出电流 i_a 和 i_c 均为负值，S_{11}（221）引

入的电流 i_c 和 S_4（100）引入的电流 i_a 都向中点提供能量，它们会加剧中点电位偏移，因此要舍去这两个开关状态；S_{10}（211）引入的电流 $-i_a$ 和 S_5（110）引入的电流 $-i_c$ 都从中点抽取能量，降低中点电位，减小中点电位误差，因此保留该开关状态。此时，SVPWM 算法将按 S_{10}（211）$\rightarrow S_{16}$（210）$\rightarrow S_5$（110）$\rightarrow S_5$（110）$\rightarrow S_{16}$（210）$\rightarrow S_{10}$（211）的顺序进行调制。

同样地，当 $\Delta U_{pn} < 0$ 时，也分四种情况来讨论。省略具体的分析过程，其分析结果如下：

1）当 $i_c \geqslant 0$、$i_a \geqslant 0$ 时，SVPWM 算法将按 S_{10}（211）$\rightarrow S_{16}$（210）$\rightarrow S_5$（110）$\rightarrow S_5$（110）$\rightarrow S_{16}$（210）$\rightarrow S_{10}$（211）的顺序进行调制。这与 $\Delta U_{NP} \geqslant 0$ 时的情况 4）相同。

2）当 $i_c \geqslant 0$、$i_a < 0$ 时，SVPWM 算法将按 S_{10}（211）$\rightarrow S_{16}$（210）$\rightarrow S_5$（110）$\rightarrow S_4$（100）$\rightarrow S_4$（100）$\rightarrow S_5$（110）$\rightarrow S_{16}$（210）$\rightarrow S_{10}$（211）的顺序进行调制。这与 $\Delta U_{NP} \geqslant 0$ 时的情况 3）相同。

3）当 $i_c < 0$、$i_a \geqslant 0$ 时，SVPWM 将按 S_{11}（221）$\rightarrow S_{10}$（211）$\rightarrow S_{16}$（210）$\rightarrow S_{16}$（210）$\rightarrow S_{10}$（211）$\rightarrow S_{11}$（221）的顺序进行调制。这与 $\Delta U_{NP} \geqslant 0$ 时的情况 2）相同。

4）当 $i_c < 0$、$i_a < 0$ 时，SVPWM 算法仍将按 S_{11}（221）$\rightarrow S_{10}$（211）$\rightarrow S_{16}$（210）$\rightarrow S_5$（110）$\rightarrow S_4$（100）$\rightarrow S_4$（100）$\rightarrow S_5$（110）$\rightarrow S_{16}$（210）$\rightarrow S_{10}$（211）$\rightarrow S_{11}$（221）的顺序进行调制。这与 $\Delta U_{NP} \geqslant 0$ 时的情况 1）相同。

上面是以扇区 D_7 为例，对中点电位控制算法进行分析。依此原理，可以得出整个矢量空间 24 个扇区的调制顺序，见表 9-12 ~ 表 9-14[261,262]。

表 9-12　在内部 6 个扇区中中点电位控制算法的调制方法

扇区	中点电位	电流关系	调制方法	标志位
D_1	$\Delta U_{NP} \geqslant 0$	$i_a - i_c \geqslant 0$	$S_2 \rightarrow S_5 \rightarrow S_4 \rightarrow S_1 \rightarrow S_1 \rightarrow S_4 \rightarrow S_5 \rightarrow S_2$	0
		$i_a - i_c < 0$	$S_2 \rightarrow S_{10} \rightarrow S_{11} \rightarrow S_3 \rightarrow S_3 \rightarrow S_{11} \rightarrow S_{10} \rightarrow S_2$	1
	$\Delta U_{NP} < 0$	$i_a - i_c \geqslant 0$	$S_2 \rightarrow S_{10} \rightarrow S_{11} \rightarrow S_3 \rightarrow S_3 \rightarrow S_{11} \rightarrow S_{10} \rightarrow S_2$	1
		$i_a - i_c < 0$	$S_2 \rightarrow S_5 \rightarrow S_4 \rightarrow S_1 \rightarrow S_1 \rightarrow S_4 \rightarrow S_5 \rightarrow S_2$	0
D_2	$\Delta U_{NP} \geqslant 0$	$i_b - i_c \geqslant 0$	$S_2 \rightarrow S_5 \rightarrow S_6 \rightarrow S_1 \rightarrow S_1 \rightarrow S_6 \rightarrow S_5 \rightarrow S_2$	1
		$i_b - i_c < 0$	$S_2 \rightarrow S_{12} \rightarrow S_{11} \rightarrow S_3 \rightarrow S_3 \rightarrow S_{11} \rightarrow S_{12} \rightarrow S_2$	0
	$\Delta U_{NP} < 0$	$i_b - i_c \geqslant 0$	$S_2 \rightarrow S_{12} \rightarrow S_{11} \rightarrow S_3 \rightarrow S_3 \rightarrow S_{11} \rightarrow S_{12} \rightarrow S_2$	0
		$i_b - i_c < 0$	$S_2 \rightarrow S_5 \rightarrow S_6 \rightarrow S_1 \rightarrow S_1 \rightarrow S_6 \rightarrow S_5 \rightarrow S_2$	1
D_3	$\Delta U_{NP} \geqslant 0$	$i_b - i_a \geqslant 0$	$S_2 \rightarrow S_7 \rightarrow S_6 \rightarrow S_1 \rightarrow S_1 \rightarrow S_6 \rightarrow S_7 \rightarrow S_2$	0
		$i_b - i_a < 0$	$S_2 \rightarrow S_{12} \rightarrow S_{13} \rightarrow S_3 \rightarrow S_3 \rightarrow S_{13} \rightarrow S_{12} \rightarrow S_2$	1
	$\Delta U_{NP} < 0$	$i_b - i_a \geqslant 0$	$S_2 \rightarrow S_{12} \rightarrow S_{13} \rightarrow S_3 \rightarrow S_3 \rightarrow S_{13} \rightarrow S_{12} \rightarrow S_2$	1
		$i_b - i_a < 0$	$S_2 \rightarrow S_7 \rightarrow S_6 \rightarrow S_1 \rightarrow S_1 \rightarrow S_6 \rightarrow S_7 \rightarrow S_2$	0

扇区	中点电位	电流关系	调制方法	标志位
D_4	$\Delta U_{NP} \geq 0$	$i_c - i_a \geq 0$	$S_2 \to S_7 \to S_8 \to S_1 \to S_1 \to S_8 \to S_7 \to S_2$	1
		$i_c - i_a < 0$	$S_2 \to S_{14} \to S_{13} \to S_3 \to S_3 \to S_{13} \to S_{14} \to S_2$	0
	$\Delta U_{NP} < 0$	$i_c - i_a \geq 0$	$S_2 \to S_{14} \to S_{13} \to S_3 \to S_3 \to S_{13} \to S_{14} \to S_2$	0
		$i_c - i_a < 0$	$S_2 \to S_7 \to S_8 \to S_1 \to S_1 \to S_8 \to S_7 \to S_2$	1
D_5	$\Delta U_{NP} \geq 0$	$i_c - i_b \geq 0$	$S_2 \to S_9 \to S_8 \to S_1 \to S_1 \to S_8 \to S_9 \to S_2$	0
		$i_c - i_b < 0$	$S_2 \to S_{14} \to S_{15} \to S_3 \to S_3 \to S_{15} \to S_{14} \to S_2$	1
	$\Delta U_{NP} < 0$	$i_c - i_b \geq 0$	$S_2 \to S_{14} \to S_{15} \to S_3 \to S_3 \to S_{15} \to S_{14} \to S_2$	1
		$i_c - i_b < 0$	$S_2 \to S_9 \to S_8 \to S_1 \to S_1 \to S_8 \to S_9 \to S_2$	0
D_6	$\Delta U_{NP} \geq 0$	$i_a - i_b \geq 0$	$S_2 \to S_9 \to S_4 \to S_1 \to S_1 \to S_4 \to S_9 \to S_2$	1
		$i_a - i_b < 0$	$S_2 \to S_{10} \to S_{15} \to S_3 \to S_3 \to S_{15} \to S_{10} \to S_2$	0
	$\Delta U_{NP} < 0$	$i_a - i_b \geq 0$	$S_2 \to S_{10} \to S_{15} \to S_3 \to S_3 \to S_{15} \to S_{10} \to S_2$	0
		$i_a - i_b < 0$	$S_2 \to S_9 \to S_4 \to S_1 \to S_1 \to S_4 \to S_9 \to S_2$	1

表 9-13　在中间 6 个扇区中中点电位控制算法的调制方法

扇区	中点电位	电流关系	调制方法	标志位
D_7	$\Delta U_{NP} \geq 0$	$i_c \geq 0,\ i_a \geq 0$	$S_{11} \to S_{10} \to S_{16} \to S_5 \to S_4 \to S_4 \to S_5 \to S_{16} \to S_{10} \to S_{11}$	0
		$i_c \geq 0,\ i_a < 0$	$S_{11} \to S_{10} \to S_{16} \to S_{16} \to S_{10} \to S_{11}$	1
		$i_c < 0,\ i_a \geq 0$	$S_{10} \to S_{16} \to S_5 \to S_4 \to S_4 \to S_5 \to S_{16} \to S_{10}$	2
		$i_c < 0,\ i_a < 0$	$S_{10} \to S_{16} \to S_5 \to S_5 \to S_{16} \to S_{10}$	3
	$\Delta U_{NP} < 0$	$i_c \geq 0,\ i_a \geq 0$	$S_{10} \to S_{16} \to S_5 \to S_5 \to S_{16} \to S_{10}$	0
		$i_c \geq 0,\ i_a < 0$	$S_{10} \to S_{16} \to S_5 \to S_4 \to S_4 \to S_5 \to S_{16} \to S_{10}$	1
		$i_c < 0,\ i_a \geq 0$	$S_{11} \to S_{10} \to S_{16} \to S_{16} \to S_{10} \to S_{11}$	2
		$i_c < 0,\ i_a < 0$	$S_{11} \to S_{10} \to S_{16} \to S_5 \to S_4 \to S_4 \to S_5 \to S_{16} \to S_{10} \to S_{11}$	3
D_8	$\Delta U_{NP} \geq 0$	$i_b \geq 0,\ i_c \geq 0$	$S_6 \to S_5 \to S_{17} \to S_{12} \to S_{11} \to S_{11} \to S_{12} \to S_{17} \to S_5 \to S_6$	0
		$i_b \geq 0,\ i_c < 0$	$S_6 \to S_5 \to S_{17} \to S_{17} \to S_5 \to S_6$	1
		$i_b < 0,\ i_c \geq 0$	$S_5 \to S_{17} \to S_{12} \to S_{11} \to S_{11} \to S_{12} \to S_{17} \to S_5$	2
		$i_b < 0,\ i_c < 0$	$S_5 \to S_{17} \to S_{12} \to S_{12} \to S_{17} \to S_5$	3
	$\Delta U_{NP} < 0$	$i_b \geq 0,\ i_c \geq 0$	$S_5 \to S_{17} \to S_{12} \to S_{12} \to S_{17} \to S_5$	0
		$i_b \geq 0,\ i_c < 0$	$S_5 \to S_{17} \to S_{12} \to S_{11} \to S_{11} \to S_{12} \to S_{17} \to S_5$	1
		$i_b < 0,\ i_c \geq 0$	$S_6 \to S_5 \to S_{17} \to S_{17} \to S_5 \to S_6$	2
		$i_b < 0,\ i_c < 0$	$S_6 \to S_5 \to S_{17} \to S_{12} \to S_{11} \to S_{11} \to S_{12} \to S_{17} \to S_5 \to S_6$	3

扇区	中点电位	电流关系	调制方法	标志位
D_9	$\Delta U_{NP} \geq 0$	$i_a \geq 0,\ i_b \geq 0$	$S_{13} \to S_{12} \to S_{18} \to S_7 \to S_6 \to S_6 \to S_7 \to S_{18} \to S_{12} \to S_{13}$	0
		$i_a \geq 0,\ i_b < 0$	$S_{13} \to S_{12} \to S_{18} \to S_{18} \to S_{12} \to S_{13}$	1
		$i_a < 0,\ i_b \geq 0$	$S_{12} \to S_{18} \to S_7 \to S_6 \to S_6 \to S_7 \to S_{18} \to S_{12}$	2
		$i_a < 0,\ i_b < 0$	$S_{12} \to S_{18} \to S_7 \to S_7 \to S_{18} \to S_{12}$	3
	$\Delta U_{NP} < 0$	$i_a \geq 0,\ i_b \geq 0$	$S_{12} \to S_{18} \to S_7 \to S_7 \to S_{18} \to S_{12}$	0
		$i_a \geq 0,\ i_b < 0$	$S_{12} \to S_{18} \to S_7 \to S_6 \to S_6 \to S_7 \to S_{18} \to S_{12}$	1
		$i_a < 0,\ i_b \geq 0$	$S_{13} \to S_{12} \to S_{18} \to S_{18} \to S_{12} \to S_{13}$	2
		$i_a < 0,\ i_b < 0$	$S_{13} \to S_{12} \to S_{18} \to S_7 \to S_6 \to S_6 \to S_7 \to S_{18} \to S_{12} \to S_{13}$	3
D_{10}	$\Delta U_{NP} \geq 0$	$i_c \geq 0,\ i_a \geq 0$	$S_8 \to S_7 \to S_{19} \to S_{14} \to S_{13} \to S_{13} \to S_{14} \to S_{19} \to S_7 \to S_8$	0
		$i_c \geq 0,\ i_a < 0$	$S_8 \to S_7 \to S_{19} \to S_{19} \to S_7 \to S_8$	1
		$i_c < 0,\ i_a \geq 0$	$S_7 \to S_{19} \to S_{14} \to S_{13} \to S_{13} \to S_{14} \to S_{19} \to S_7$	2
		$i_c < 0,\ i_a < 0$	$S_7 \to S_{19} \to S_{14} \to S_{14} \to S_{19} \to S_7$	3
	$\Delta U_{NP} < 0$	$i_c \geq 0,\ i_a \geq 0$	$S_7 \to S_{19} \to S_{14} \to S_{14} \to S_{19} \to S_7$	0
		$i_c \geq 0,\ i_a < 0$	$S_7 \to S_{19} \to S_{14} \to S_{13} \to S_{13} \to S_{14} \to S_{19} \to S_7$	1
		$i_c < 0,\ i_a \geq 0$	$S_8 \to S_7 \to S_{19} \to S_{19} \to S_7 \to S_8$	2
		$i_c < 0,\ i_a < 0$	$S_8 \to S_7 \to S_{19} \to S_{14} \to S_{13} \to S_{13} \to S_{14} \to S_{19} \to S_7 \to S_8$	3
D_{11}	$\Delta U_{NP} \geq 0$	$i_b \geq 0,\ i_c \geq 0$	$S_{15} \to S_{14} \to S_{20} \to S_9 \to S_8 \to S_8 \to S_9 \to S_{20} \to S_{14} \to S_{15}$	0
		$i_b \geq 0,\ i_c < 0$	$S_{15} \to S_{14} \to S_{20} \to S_{20} \to S_{14} \to S_{15}$	1
		$i_b < 0,\ i_c \geq 0$	$S_{14} \to S_{20} \to S_9 \to S_8 \to S_8 \to S_9 \to S_{20} \to S_{14}$	2
		$i_b < 0,\ i_c < 0$	$S_{14} \to S_{20} \to S_9 \to S_9 \to S_{20} \to S_{14}$	3
	$\Delta U_{NP} < 0$	$i_b \geq 0,\ i_c \geq 0$	$S_{14} \to S_{20} \to S_9 \to S_9 \to S_{20} \to S_{14}$	0
		$i_b \geq 0,\ i_c < 0$	$S_{14} \to S_{20} \to S_9 \to S_8 \to S_8 \to S_9 \to S_{20} \to S_{14}$	1
		$i_b < 0,\ i_c \geq 0$	$S_{15} \to S_{14} \to S_{20} \to S_{20} \to S_{14} \to S_{15}$	2
		$i_b < 0,\ i_c < 0$	$S_{15} \to S_{14} \to S_{20} \to S_9 \to S_8 \to S_8 \to S_9 \to S_{20} \to S_{14} \to S_{15}$	3
D_{12}	$\Delta U_{NP} \geq 0$	$i_a \geq 0,\ i_b \geq 0$	$S_4 \to S_9 \to S_{21} \to S_{10} \to S_{15} \to S_{15} \to S_{10} \to S_{21} \to S_9 \to S_4$	0
		$i_a \geq 0,\ i_b < 0$	$S_4 \to S_9 \to S_{21} \to S_{21} \to S_9 \to S_4$	1
		$i_a < 0,\ i_b \geq 0$	$S_9 \to S_{21} \to S_{10} \to S_{15} \to S_{15} \to S_{10} \to S_{21} \to S_9$	2
		$i_a < 0,\ i_b < 0$	$S_9 \to S_{21} \to S_{10} \to S_{10} \to S_{21} \to S_9$	3
	$\Delta U_{NP} < 0$	$i_a \geq 0,\ i_b \geq 0$	$S_9 \to S_{21} \to S_{10} \to S_{10} \to S_{21} \to S_9$	0
		$i_a \geq 0,\ i_b < 0$	$S_9 \to S_{21} \to S_{10} \to S_{15} \to S_{15} \to S_{10} \to S_{21} \to S_9$	1
		$i_a < 0,\ i_b \geq 0$	$S_4 \to S_9 \to S_{21} \to S_{21} \to S_9 \to S_4$	2
		$i_a < 0,\ i_b < 0$	$S_4 \to S_9 \to S_{21} \to S_{10} \to S_{15} \to S_{15} \to S_{10} \to S_{21} \to S_9 \to S_4$	3

表 9-14　在外部 12 个扇区中中点电位控制算法的调制方法

扇区	中点电压	电流关系	调制方法	标志位
D_{13}	$\Delta U_{NP} \geq 0$	$i_a \geq 0$	$S_4 \to S_{22} \to S_{16} \to S_{16} \to S_{22} \to S_4$	0
		$i_a < 0$	$S_{22} \to S_{16} \to S_{10} \to S_{10} \to S_{16} \to S_{22}$	1
	$\Delta U_{NP} < 0$	$i_a \geq 0$	$S_{22} \to S_{16} \to S_{10} \to S_{10} \to S_{16} \to S_{22}$	1
		$i_a < 0$	$S_4 \to S_{22} \to S_{16} \to S_{16} \to S_{22} \to S_4$	0
D_{14}	$\Delta U_{NP} \geq 0$	$i_c \geq 0$	$S_{11} \to S_{23} \to S_{16} \to S_{16} \to S_{23} \to S_{11}$	0
		$i_c < 0$	$S_{22} \to S_{16} \to S_5 \to S_5 \to S_{16} \to S_{22}$	1
	$\Delta U_{NP} < 0$	$i_c \geq 0$	$S_{22} \to S_{16} \to S_5 \to S_5 \to S_{16} \to S_{22}$	1
		$i_c < 0$	$S_{11} \to S_{23} \to S_{16} \to S_{16} \to S_{23} \to S_{11}$	0
D_{15}	$\Delta U_{NP} \geq 0$	$i_c \geq 0$	$S_{11} \to S_{23} \to S_{17} \to S_{17} \to S_{23} \to S_{11}$	0
		$i_c < 0$	$S_{23} \to S_{17} \to S_5 \to S_5 \to S_{17} \to S_{23}$	1
	$\Delta U_{NP} < 0$	$i_c \geq 0$	$S_{23} \to S_{17} \to S_5 \to S_5 \to S_{17} \to S_{23}$	1
		$i_c < 0$	$S_{11} \to S_{23} \to S_{17} \to S_{17} \to S_{23} \to S_{11}$	0
D_{16}	$\Delta U_{NP} \geq 0$	$i_b \geq 0$	$S_6 \to S_{24} \to S_{17} \to S_{17} \to S_{24} \to S_6$	0
		$i_b < 0$	$S_{24} \to S_{17} \to S_{12} \to S_{12} \to S_{17} \to S_{24}$	1
	$\Delta U_{NP} < 0$	$i_b \geq 0$	$S_{24} \to S_{17} \to S_{12} \to S_{12} \to S_{17} \to S_{24}$	1
		$i_b < 0$	$S_6 \to S_{24} \to S_{17} \to S_{17} \to S_{24} \to S_6$	0
D_{17}	$\Delta U_{NP} \geq 0$	$i_b \geq 0$	$S_6 \to S_{24} \to S_{18} \to S_{18} \to S_{24} \to S_6$	0
		$i_b < 0$	$S_{24} \to S_{18} \to S_{12} \to S_{12} \to S_{18} \to S_{24}$	1
	$\Delta U_{NP} < 0$	$i_b \geq 0$	$S_{24} \to S_{18} \to S_{12} \to S_{12} \to S_{18} \to S_{24}$	1
		$i_b < 0$	$S_6 \to S_{24} \to S_{18} \to S_{18} \to S_{24} \to S_6$	0
D_{18}	$\Delta U_{NP} \geq 0$	$i_a \geq 0$	$S_{13} \to S_{25} \to S_{18} \to S_{18} \to S_{25} \to S_{13}$	0
		$i_a < 0$	$S_{25} \to S_{18} \to S_7 \to S_7 \to S_{18} \to S_{25}$	1
	$\Delta U_{NP} < 0$	$i_a \geq 0$	$S_{25} \to S_{18} \to S_7 \to S_7 \to S_{18} \to S_{25}$	1
		$i_a < 0$	$S_{13} \to S_{25} \to S_{18} \to S_{18} \to S_{25} \to S_{13}$	0
D_{19}	$\Delta U_{NP} \geq 0$	$i_a \geq 0$	$S_{13} \to S_{25} \to S_{19} \to S_{19} \to S_{25} \to S_{13}$	0
		$i_a < 0$	$S_{25} \to S_{19} \to S_7 \to S_7 \to S_{19} \to S_{25}$	1
	$\Delta U_{NP} < 0$	$i_a \geq 0$	$S_{25} \to S_{19} \to S_7 \to S_7 \to S_{19} \to S_{25}$	1
		$i_a < 0$	$S_{13} \to S_{25} \to S_{19} \to S_{19} \to S_{25} \to S_{13}$	0
D_{20}	$\Delta U_{NP} \geq 0$	$i_c \geq 0$	$S_8 \to S_{26} \to S_{19} \to S_{19} \to S_{26} \to S_8$	0
		$i_c < 0$	$S_{26} \to S_{19} \to S_{14} \to S_{14} \to S_{19} \to S_{26}$	1
	$\Delta U_{NP} < 0$	$i_c \geq 0$	$S_{26} \to S_{19} \to S_{14} \to S_{14} \to S_{19} \to S_{26}$	1
		$i_c < 0$	$S_8 \to S_{26} \to S_{19} \to S_{19} \to S_{26} \to S_8$	0

扇区	中点电压	电流关系	调制方法	标志位
D_{21}	$\Delta U_{NP} \geqslant 0$	$i_c \geqslant 0$	$S_8 \rightarrow S_{26} \rightarrow S_{20} \rightarrow S_{20} \rightarrow S_{26} \rightarrow S_8$	0
		$i_c < 0$	$S_{26} \rightarrow S_{20} \rightarrow S_{14} \rightarrow S_{14} \rightarrow S_{20} \rightarrow S_{26}$	1
	$\Delta U_{NP} < 0$	$i_c \geqslant 0$	$S_{26} \rightarrow S_{20} \rightarrow S_{14} \rightarrow S_{14} \rightarrow S_{20} \rightarrow S_{26}$	1
		$i_c < 0$	$S_8 \rightarrow S_{26} \rightarrow S_{20} \rightarrow S_{20} \rightarrow S_{26} \rightarrow S_8$	0
D_{22}	$\Delta U_{NP} \geqslant 0$	$i_b \geqslant 0$	$S_{15} \rightarrow S_{27} \rightarrow S_{20} \rightarrow S_{20} \rightarrow S_{27} \rightarrow S_{15}$	0
		$i_b < 0$	$S_{27} \rightarrow S_{20} \rightarrow S_9 \rightarrow S_9 \rightarrow S_{20} \rightarrow S_{27}$	1
	$\Delta U_{NP} < 0$	$i_b \geqslant 0$	$S_{27} \rightarrow S_{20} \rightarrow S_9 \rightarrow S_9 \rightarrow S_{20} \rightarrow S_{27}$	1
		$i_b < 0$	$S_{15} \rightarrow S_{27} \rightarrow S_{20} \rightarrow S_{20} \rightarrow S_{27} \rightarrow S_{15}$	0
D_{23}	$\Delta U_{NP} \geqslant 0$	$i_b \geqslant 0$	$S_{15} \rightarrow S_{27} \rightarrow S_{21} \rightarrow S_{21} \rightarrow S_{27} \rightarrow S_{15}$	0
		$i_b < 0$	$S_{27} \rightarrow S_{21} \rightarrow S_9 \rightarrow S_9 \rightarrow S_{21} \rightarrow S_{27}$	1
	$\Delta U_{NP} < 0$	$i_b \geqslant 0$	$S_{27} \rightarrow S_{21} \rightarrow S_9 \rightarrow S_9 \rightarrow S_{21} \rightarrow S_{27}$	1
		$i_b < 0$	$S_{15} \rightarrow S_{27} \rightarrow S_{21} \rightarrow S_{21} \rightarrow S_{27} \rightarrow S_{15}$	0
D_{24}	$\Delta U_{NP} \geqslant 0$	$i_a \geqslant 0$	$S_4 \rightarrow S_{22} \rightarrow S_{21} \rightarrow S_{21} \rightarrow S_{22} \rightarrow S_4$	0
		$i_a < 0$	$S_{22} \rightarrow S_{21} \rightarrow S_{10} \rightarrow S_{10} \rightarrow S_{21} \rightarrow S_{22}$	1
	$\Delta U_{NP} < 0$	$i_a \geqslant 0$	$S_{22} \rightarrow S_{21} \rightarrow S_{10} \rightarrow S_{10} \rightarrow S_{21} \rightarrow S_{22}$	1
		$i_a < 0$	$S_4 \rightarrow S_{22} \rightarrow S_{21} \rightarrow S_{21} \rightarrow S_{22} \rightarrow S_4$	0

9.4.5 实验结果及分析

构建数字化控制系统，验证前面所述的理论分析，实验电路如图9-78所示，实验电路和控制系统参数见表9-15。电网电压为110V，内阻抗为1mH，非线性负载为三相桥整流电路带阻感负载。其中，电感为120mH，电阻为8Ω。以下所研究的实验结果，所有的实验波形都是采用Tektronix公司生产的TDS1012B型数字示波器测量得到的；所有的电流波形都是通过FLUKE公司生产的i1000s型钳形电流表（习称电流钳）检测，再通过示波器测量得到的；所有的谐波畸变率和相应的谐波频谱是由TDS1012B型数字示波器配套的WaveStar for Oscilloscopes波形分析软件计算得到的。实验结果如下：

表9-15 实验系统参数

U_s	f	L_s	R_s	C_d
110V	50Hz	2mH	0.5Ω	4700μF
U_{dc}	f_s	k_p		k_1
360V	9.6kHz	1.6		64

直流母线电容充电过程分成两个步骤：首先两个直流母线电容各串一个限流电阻，变流器的开关器件处于关闭状态，利用与开关器件反并联的二极管实现三相桥式整流，从电网中吸收一定的有功功率，对直流母线电容充电，电压进入稳态后将

限流电阻短接，直流母线电容充电到 270V；然后变流器的开关器件开始动作，从线路吸收有功功率，利用三相高频 PWM 整流将直流母线电压升到 360V，并对直流母线中点电压 $u_{dc1} - u_{dc2}$ 进行控制，实验波形如图 9-104 所示。图 9-104 中，图 a 为直流母线电容充电过程变化波形，图 b 为直流母线中点电压 $u_{dc1} - u_{dc2}$ 变化波形。从图中可以看出，母线电压从二极管整流充电到 270V 被很平稳地再充电到 360V；不控整流时，母线中点电压 $u_{dc1} - u_{dc2}$ 有 6V 的偏差，进入高频整流后，被控制在较小的范围内波动。

图 9-105 中，图 a 为负载电流波形，其 *THD* 为 22.32%。图 b 为补偿后系统电源电流波形，其 *THD* 为 2.98%。可见，该滤波系统有很好的滤波效果。图 9-106 中，图 a 所示为电容电压 u_{dc1} 变化波形，图 b 所示为电容电压 u_{dc2} 变化波形；图 c 所示为母线电压变化波形，图 d 所示为母线中点电压 $u_{dc1} - u_{dc2}$ 波动变化波形，从图中可以看出，母线电压被稳在 360V，母线中点电压 $u_{dc1} - u_{dc2}$ 被控制在较小的范围内波动。实验结果表明，采用 PI 调节器调节母线电压，可以将母线电压很好地稳定在指定电压上。采用中点平衡电位控制方法不但能抑制中点电位偏移，而且能较好地限制中点电位波动。图 9-107 中，图 a 和图 b 分别为突加负载时母线电压变化波形和 APF 输出电流变化波形。从图中可以看出，母线电压在负载突加时稍微有点跌落，但很快稳定在指令电压，该母线电压控制方法具有良好的动态性能。图 9-108 中，图 a 和图 b 分别给出三电平变流器桥臂输出电压对电容中点（n）电压 u_{an} 波形和变流器桥臂输出线电压 u_{ab} 波形。可以明显看出 u_{an} 输出波形是三电平，u_{ab}

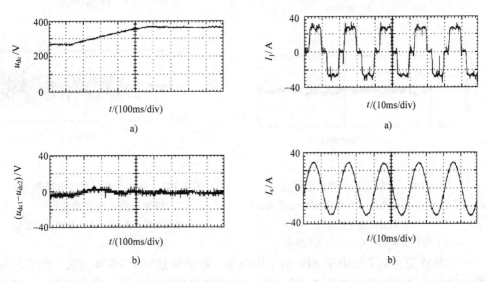

图 9-104　直流母线电容充电和中点电压变化波形
　　a）直流母线电容充电过程变化波形
　　b）直流母线中点电压 $u_{dc1} - u_{dc2}$ 变化波形

图 9-105　负载和系统电源电流稳态实验波形
　　a）负载电流波形　b）补偿后系统电源电流波形

输出波形是五电平，该拓扑结构中，开关器件开断时仅承受直流母线电压值的一半，比两电平变流器更适于高压大容量应用场合。

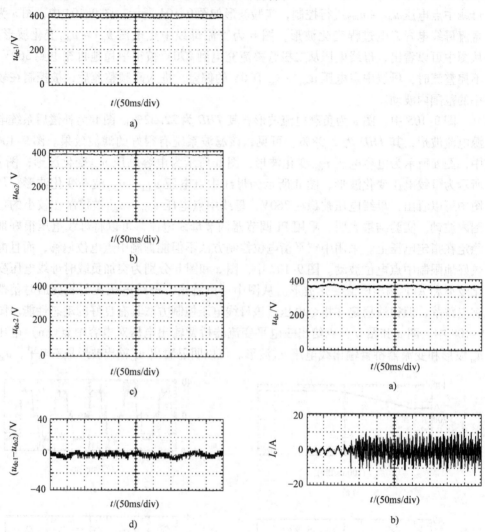

图 9-106　母线电压稳态实验波形

a）电容电压 u_{dc1} 变化波形　b）电容电压 u_{dc2} 变化波形

c）母线电压变化波形

d）母线中点电压 $u_{dc1} - u_{dc2}$ 变化波形

图 9-107　突加负载时母线电压和 APF
输出电流动态实验波形

a）母线电压波形　b）APF 输出电流波形

　　本章首先介绍了三电平 APF 的工作原理、数学模型和 SVPWM 方法，然后对跟踪各次谐波电流时指令电压参考矢量的空间运动轨迹进行分析，给出了在一个基波周期内相应于大矢量、中矢量和小矢量的占空比变化波形。通过电流功能函数建立中点电流和中矢量与小矢量占空比、指令谐波电流的关系。给出了跟踪各次谐波电

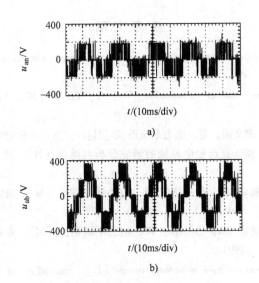

图 9-108　三电平变流器桥臂输出电压对电容中点电压 u_{an} 和
变流器桥臂输出线电压 u_{ab} 实验波形

a）u_{an} 波形　b）u_{ab} 波形

流时中点电流和直流侧中点电位的变化波形，并对其随谐波电流频率变化时的变化规律进行分析研究。本节提出一种母线电压闭环控制策略，在电压外环中采用 PI 调节器维持直流侧电压恒定，在电流内环中，检测各相电流和中点电位波动的方向，对小矢量进行取舍，以实现中点电位平衡控制。同时，并没有增加系统的开关损耗和输出电压的 du/dt。实验结果证明了这种控制策略的正确性。

参 考 文 献

［1］ Read J C. The calculation of rectifier and converter performance characteristics ［J］. Journal IEE, 1945, 92, pt. Ⅱ: 495 – 590.

［2］ Kimbark E W. Direct current transmission. Vol. Ⅰ, Ch. 8 ［M］. New York: John Wiley & Sons, 1971.

［3］ 吴竞昌, 孙树勤, 宋文南, 等. 电力系统谐波 ［M］. 北京: 水利电力出版社, 1988.

［4］ 夏道止, 沈赞埙. 高压直流输电系统的谐波分析与滤波 ［M］. 北京: 水利电力出版社, 1994.

［5］ 阿里拉加 J, 布莱德勒 DA, 伯德格尔 PS. 电力系统谐波 ［M］. 唐统一, 等译. 徐州: 中国矿业大学出版社, 1991.

［6］ 阿里拉加 J, 布莱德勒 DA, 伯德格尔 PS. 电力系统谐波 ［M］. 容建纲, 等译. 武汉: 华中理工大学出版社, 1994.

［7］ Bose B K. Power electronics-a technology review ［C］. Proceedings of IEEE, 1992, 80 (8): 1303 – 1334.

［8］ Harashima F. Power electronics and motion control-a future perspective ［C］. Proceedings of IEEE, 1994, 82 (8) 1107 – 1111.

［9］ Akagi H. New trends in active filters ［C］. In: Proceedings of EPE'95, Sevilla, 1995. 17 – 26.

［10］ Xia D, Heydt G T. Harmonic power flow studies Part Ⅰ: Formulation and Solution ［J］. IEEE Trans on Power App. & Syst., 1982, 101 (6): 1257 – 1265.

［11］ Xia D, Heydt G T. Harmonic power flow studies, Part Ⅱ: Implementation and practical application ［J］. IEEE Trans. on Power App & Syst., 1982, 101 (6): 1266 – 1270.

［12］ Arrillaga J, Medina A, Lisboa M L V et al. The harmonic domain: a frame of reference for power System harmonic analysis ［J］. IEEE Trans. on Power Syst, 1995, 10 (1): 433 – 440.

［13］ Semlyen A, Medina A. Computation of the periodic steady state in systems with nonlinear components using a hybrid time and frequency domain methodology ［J］. IEEE Trans on Power Syst., 1995, 10 (3): 1498 – 1504.

［14］ IEEE Working Group on Power System Harmonics. Power system harmonics: an overview ［J］. IEEE Trans. on Power App. & Syst., 1983, 102 (8): 2455 – 2460.

［15］ Task Force on Harmonics Modeling and Simulation. Modeling and simulation of the propagation of harmonics in electric power networks, Part Ⅰ: Concepts, models, and simulation techniques ［J］. IEEE Trans. on Power Delivery, 1996, 11 (1): 452 – 465.

［16］ IEEE Task Force on Harmonic Impacts. Effects of harmonics on equipment ［J］. IEEE Trans. on Power Delivery, 1993, 8 (2): 672 – 680.

［17］ IEEE Working Group on Nonsinusoidal Situations. Practical definitions for powers in systems with nonsinusoidal waveforms and unbalanced loads: a discussion ［J］. IEEE Trans. on Power Delivery, 1996, 11 (1): 79 – 101.

［18］ IEEE Working Group on Nonsinusoidal Situations. A survey of north american eletric utility concerns regarding nonsinusoidal waveforms ［J］. IEEE Trans. on Power Delivery, 1996, 11 (1)：73 – 78.

［19］ Key T S, Lai J-S. Comparison of standards and power supply design options for limiting harmonic distortion in power systems ［J］. IEEE Trans. on Ind. Appl. , 1993, 29 (4)：688 – 695.

［20］ Xu W, Mansour Y, Siggers C et al. Developing utility harmonic regulations based on IEEE std 519—B. C. Hydro′s approach ［J］. IEEE Trans. on Power Delivery, 1995, 10 (3)：1423 – 1431.

［21］ Emanuel A E. On the assessment of harmonic pollution ［J］. IEEE Trans. on Power Delivery, 1995, 10 (3)：1693 – 1698.

［22］ 水利电力部. SD126-84 电力系统谐波管理暂行规定 ［S］. 北京：水利电力出版社，1984.

［23］ 全国电压和电流等级和频率标准化技术委员会 GB/T 14549—1993 电能质量 公用电网谐波 ［S］. 北京：中国标准出版社，1994.

［24］ IEC 61000 – 3 – 2 – 2009 Electromagnetic compatibility（EMC） – Part3 – 2：Limits – Limits for harmonic current emissions（equipment input current≤16 A per phase）［S］. 2009.

［25］ Akagi H. Trends in active power line conditioners ［J］. IEEE Trans. on Power Electron, 1994, 9 (3)：263 – 268.

［26］ 许强. 有源滤波器的工程应用现状、存在的问题及改进方法 ［C］. 首届全国电能质量学术会议，北京：2009.

［27］ Akagi H. Trends in active power line conditioners ［J］. IEEE Trans. on Power Electron, 1994, 9 (3)：263 – 268.

［28］ Bird B M, Marsh J F, McLellan P R. Harmonic reduction in multiple converters by triple-frequency current injection ［J］. Proc. of IEE, 1969, 116 (10)：1730 – 1734.

［29］ Sasaki H, Machida T. A new method to eliminate ac harmonic currents by magnetic compensation consideration on basic design ［J］. IEEE Trans. on Power App. & Syst. , 1971, 90 (5)：2009 – 2019.

［30］ Gyugyi L, Strycula E C. Active ac power filters ［C］. Proc of IEEE/IAS Annual Meeting, 1976：529 – 535.

［31］ 赤木泰文，金澤喜平，藤田光悦等. 瞬時無効電力の一般化理論とその應用 ［J］. 日本電気学会論文志 B 分册，1983, 103 (7)：483 – 490.

［32］ Akagi H, Kanazawa Y, Nabae A. Generalized theory of the instantaneous reactive power in three-phase circuits ［C］. IEEE & JIEE. Proceedings IPEC. Tokyo：IEEE, 1983：1375 – 1386.

［33］ Akagi H, Kanazawa Y, Nabae A. Instantaneous reactive power compensators comprising switching devices without energy storage components ［J］. IEEE Trans. Ind. Appl. , 1984, 20 (3)：625 – 630.

［34］ パワーエレクトロニクス研究会. 高調波対策の新技術 ［R］. 日本パワーエレクトロニクス研究会，1993.

[35] Wernekinck E, Kawamura A, Hoft R. A high frequency AC/DC converter with unity power factor and minimum harmonic distortion [J]. IEEE Trans. on Power Electron, 1991, 6 (3): 364 – 370.

[36] Wang X, Ooi B T. Unity PF current-source rectifier based on dynamic trilogic PWM [J]. IEEE Trans. on Power Eletron, 1993, 8 (3): 288 – 294.

[37] Rossetto L, Spiazzi G, Tenti P et al. Fast-response high-quality rectifier with sliding mode control [J]. IEEE Trans. on Power Electron, 1994, 9 (2): 146 – 152.

[38] 西田保幸. 3 相升降圧形高力率スイッチンクコンバータ. 日本電気学会論文志 D 分冊 [J], 1995, 115 (4): 410 – 419.

[39] Budeanu C I. Puissances reactives et ficitives. Bucharest [C], Roman ia: Inst. Romain de l' Energie, 1927.

[40] Fryze S. Active, reactive and apparent power in circuits with nonsinusoidal voltage and current [J]. (in Polish) Przegl. Elektrotech, 1931 (7): 193 – 203; ibid., 1931 (8): 225 – 234; ibid., 1932 (22): 673 – 676.

[41] Curtis H L, Silsbee F B. Definitions of power and related quantities [J]. AIEE Trans., 1935, 54: 394 – 404.

[42] Shepherd W, Zakikhani P. Suggested definition of reactive power for nonsinusoidal systems [J]. Proc. of IEE 1972, 119 (9): 1361 – 1362.

[43] Sharon D. Reactive power definition and power factor improvement in nonlinear systems [J]. Proc. of IEE, 1973, 120 (6): 704 – 706.

[44] Emanuel A E. Energetical factors in power systems with nonlinear loads [J]. Archiv fur Electrotechnik, 1977, 59: 183 – 189.

[45] Depenbrock M. The FBD method, a generally applicable tool for analyzing power relations [J]. IEEE Trans. on Power Syst., 1993, 8 (2): 381 – 387.

[46] Depenbrock M. Some remarks to active and ficticious power in polyphase and single-phase systems [J]. European Trans. on Electrical Power Engineering, 1993, 3 (1): 15 – 19.

[47] Czarnecki L S. An orthogonal decomposition of current of nonsinusoidal voltage source applied to nonlinear loads [J]. J. of Circuit Theory Appl., 1983, 11: 235 – 239.

[48] Czarnecki L S. Considerations on the reactive power in nonsinusoidal situations [J]. IEEE Trans. on Instrum. Meas., 1985, 34 (3): 399 – 404.

[49] Richards G G, Tan O T, Czarnecki L S. Comments on Considerations on the reactive power in nonsinusoidal situations [J]. IEEE Trans. on Instrum. Meas., 1986, 35: 365 – 366.

[50] Czarnecki L S. Minimization of reactive power under nonsinusoidal conditions [J]. IEEE Trans. on Instrum. Meas., 1987, 36 (1): 18 – 22.

[51] Czarnecki L S. What is wrong with the Budeanu concept of reactive and distortion power and why it should be abandoned [J]. IEEE Trans. on Instrum. Meas., 1987, 36: 828 – 837.

[52] Tan O T, Hartana R K, Czarnecki L S. Comments on Minimization of reactive power under nonsinusoidal conditions [J]. IEEE Trans. on Instrum. Meas., 1988, 37: 328 – 330.

[53] Czarnecki L S, Lasicz A. Active, reactive, and scattered current in circuits with nonperiodic voltage and finite energy [J]. IEEE Trans. on Instrum. Meas., 1988, 37: 398 – 402.

[54] Czarnecki L S. Comments on Measurement and compensation of ficticious power under nonsinusoidal voltage and current considerations [J]. IEEE Trans. on Instrum. Meas, 1989, 38: 839 – 841.

[55] Czarnecki L S. Orthogonal decomposition of the currents in a 3-phase nonlinear asymmetrical current with a nonsinusoidal voltage source [J]. IEEE Trans. on Instrum. Meas., 1988, 37 (1): 30 – 34.

[56] Czarnecki L S. Reactive and unbalanced currents compensation in threephase asymmetrical circuits under nonsinusoidal conditions [J]. IEEE Trans. on Instrum Meas., 1989, 38: 754 – 759.

[57] Czarnecki L S. Physical reasons on current RMS value increase in power systems with nonsinusoidal voltages [J]. IEEE Trans. on Power Delivery, 1993, 8 (1): 437 – 447.

[58] Czarnecki L S, Swietlicki T. Powers in nonsinusoidal networks: their interpretation, analysis, and measurement [J]. IEEE Trans. on Instrum Meas, 1990, 39 (2): 340 – 346.

[59] Czarnecki L S. Scattered and reactive current, voltage, and power in circuits with nonsinusoidal waveforms and their compensation [J]. IEEE Trans on Instrum Meas, 1991, 40 (3): 563 – 567.

[60] Czarnecki L S. Distortion power in systems with nonsinusoidal voltage [J]. Proc. of IEE pt. B, 1992, 139 (3): 276 – 280.

[61] Czarnecki L S. Minimization of unbalanced and reactive currents in threephase asymmetrical circuits with nonsinusoidal voltage [J]. Proc., of IEE pt. B, 1992, 139 (4): 347 – 354.

[62] Proceedings of International Workshop on Power Definitions and Measurements under nonsinusoidal conditions. Como [C], Italy, Sept, 1991: 10-12.

[63] Proceedings of Second International Workshop on Power Definitions and Measurements under nonsinusoidal conditions. Stressa [C], Italy, Sept 8, 1993.

[64] 刘进军. 瞬时无功功率理论与串联混合型单相电力有源滤波器的研究 [D]. 西安: 西安交通大学, 1997.

[65] Emanuel A E. Apparent and reactive powers in three-phase systems: in search of a physical meaning and a better resolution [J]. European Trans. on Electrical Power Engineering, 1993, 3 (1): 7 – 14.

[66] Emanuel A E, Ferrero A, Superti-Furga G et al. The need for a simple and practical resolution of apparent power [J]. European Trans. on Electrical Power Engineering, 1993, 3 (1): 103 – 106.

[67] Andria G, Salvatore M, Savino M et al. Measurements of power and current components in unbalanced and distorted three-phase systems [J]. European Trans. on Electrical Power Engineering, 1993, 3 (1): 75 – 83.

[68] Bertocco M, Offelli C, Petri D. Numerical algorithms for power measurements [J]. European Trans. on Electrical Power Engineering, 1993, 3 (1): 91 – 99.

[69] Chen M T, Chu H Y, Huang C L et al. Power-component definitions and measurements for a harmonic-polluted power circuit [J]. Proc. of IEE pt. B, 1991, 138 (4): 299 – 306.

[70] 日本電気協同研究会. 配電系統の高調波障害防止対策 [J]. 電気協同研究, 1981, 37 (3).

[71] 日本電気協同研究会. 電力系統にぉけゐ高調波とその対策 [J]. 電気協同研究, 1990, 46 (2).

[72] Klingshirn E A, Jordan H E, Polyphase induction motor performance and losses on nonsinusoidal voltage source [J]. IEEE PAS-87, 1966 (3).

[73] Coleman D, Watts F, and Shipley RB. Digital calculation of overhead transmission line constants [J]. Trans. AIEE, 1958 77: 1266 – 1268.

[74] Carson J R. Wave propagation in overhead wires with ground return [J]. Bell Systems Tech J., 1926 5: 539 – 554.

[75] Schaefer J. Rectifier circuits: theory and design [M]. New York: John Wiley & Sons, 1965.

[76] Tylavsky D J, Trutt F C. Terminal behaviour of the uncontrolled R-L fed 3-phase bridge rectifier [J]. Proc. of IEE, pt. B, 1982, 129 (6): 337 – 343.

[77] Arrillaga J, Eggleton J F, Watson N R. Analysis of the ac voltage distortion produced by converter-fed dc drives [J]. IEEE Trans. on Ind Appl, 1985, 21 (6): 1409 – 1417.

[78] Grötzbach M, Frenkenberg W. Injected currents of AC/DC converters for harmonic analysis in industrial power plants [J]. IEEE Trans. on Power Delivery, 1993, 8 (2): 511 – 517.

[79] Dobinson L G. Closer accord on harmonics [J]. IEE Electron Power, 1975 (5): 567.

[80] Graham A D, Schonholzer E T. Line harmonics of converters with DC motor loads [J]. IEEE Trans. on Ind. Appl., 1983, 19 (1): 84 – 92.

[81] Rice D E. A detailed analysis of six-pulse converter harmonic currents [J]. IEEE Trans. on Ind. Appl., 1994, 30 (2): 294 – 304.

[82] Cavallini A, Loggini M, Montanari G C. Comparison of approximate methods for estimate harmonic currents injected by AC/DC converters [J]. IEEE Trans. on Ind. Electron, 1994, 41 (2): 256 – 262.

[83] Subbarao T, Reeve J. Harmonics caused by unbalanced transformer impedances and imperfect twelve-pulse operation in HVDC conversion [J]. IEEE Trans. on Power App. & Syst., 1976, 95 (5).

[84] Ainsworth J D. Harmonic instabilities [C]. Proc. of 1st International Conference on Harmonics in Power Systems, UMIST (Manchester), 1981.

[85] 浙江大学发电教研组直流输电科研组. 直流输电 [M]. 北京: 水利电力出版社, 1982.

[86] Sakui M, Fujita H, Shioya M. A method for calculating harmonic currents of three-phase bridge uncontrolled rectifier with DC filter [J]. IEEE Trans. on Ind. Eletron, 1989, 36 (3): 434 – 440.

[87] Sakui M, Fujita H. Harmonic analysis of a capacitor-filtered three-phase diode-bridge rectifier with complex source impedance [J]. IEEE Trans. on Ind. Eletron, 1992, 39 (1): 80 – 81.

[88] Sakui M, Fujita H. Calculation of uncharacteristic Harmonics generated by three-phase diode-bridge rectifier with DC filter capacitor [J]. Trans. IEE Japan, 1993, 113-D (5): 587 – 593.

[89] Sakui M, Fujita H. An analytical method for calculating harmonic currents of a three-phase diode-bridge rectifier with DC filter [J]. IEEE Trans. on Power-Electron, 1994, 9 (6): 631 – 637.

[90] Mansoor A, Grady W M, Chowdhury A H et al. An investigation of harmonics attenuation and diversity among distributed single-phase power electronic loads [J]. IEEE Trans. on Power Delivery, 1995, 10 (1): 467 – 473.

[91] 刘进军, 卓放, 王兆安. 电容滤波型整流电路网侧谐波分析 [J]. 电力电子技术, 1995 (4): 14 – 19.

[92] 刘进军, 王兆安. LC 滤波的单相桥式整流电路网侧谐波分析 [J]. 电力电子技术, 1996 (2): 5 – 9.

[93] 刘进军, 王兆安. 单相电源供电的电压型变频器网侧谐波分析 [C] //第四届中国交流电机调速传动学术会议论文集. 大连, 1995.

[94] Dewan S B. Optimum input and output filters for single-phase rectifier power supply [J]. IEEE Trans. on Ind. Appl. , 1981, 17 (3): 282 – 288.

[95] 王兆安, 张明勋. 电力电子设备设计和应用手册 [M]. 3 版. 北京: 机械工业出版社, 2009.

[96] 天津电气传动设计研究所. 电气传动自动化技术手册 [M]. 3 版. 北京: 机械工业出版社, 2011.

[97] 黄俊, 王兆安. 电力电子变流技术 [M]. 3 版. 北京: 机械工业出版社, 1994.

[98] Shepherd W. Thyristor control of ac circuits [M]. London: Bradford University, 1975.

[99] Pelly B R. Thyristor phase-controlled converters and cycloconverters: operation, control and performance [M]. New York: John Wiley & Sons, 1971.

[100] 裴云庆, 王兆安, 马小亮. 交-交变频装置输入电流的仿真与分析 [C] //第五届中国交流电机调速传动学术会议论文集, 三亚, 1997.

[101] 日本电气学会电力半导体变流方式调研专门委员会. 电力半导体变流电路 [M]. 王兆安, 等译. 北京: 机械工业出版社, 1993.

[102] 作井正昭, 藤田宏. コンデンサ入力形三相整流回路の高調波解析 [J]. 日本電気学会論文志 D 分册, 1994, 114 (2): 144 – 150.

[103] T J E 米勒. 电力系统无功功率控制 [M]. 胡国根, 译. 北京: 水利电力出版社, 1990.

[104] 韩桢祥, 电力系统自动控制 [M]. 杭州: 浙江大学出版社, 1993.

[105] 韩桢祥, 吴国炎, 等. 电力系统分析 [M]. 北京: 水利电力出版社, 1994.

[106] 刘从爱, 徐中立. 电力工程 [M]. 北京: 机械工业出版社, 1992.

[107] 陆廷信. 供电系统中的谐波分析测量与抑制 [M]. 北京: 机械工业出版社, 1990.

[108] 加拿大电工协会工程与运行分会静止补偿器委员会. 静止补偿器用于电力系统无功控制 [M]. 刘取, 等译. 北京: 水利电力出版社, 1989.

[109] 尹克宁. 电力工程 [M]. 北京: 水利电力出版社, 1987.

[110] Czech P, Hung S Y M, Huynh N H, et al. TNA study of static compensator performance on the 1982-1983 James Bay System: results and analysis [C] //Hydro-Quebec/EPRI International Symposium of Controlled Reacive Compensation, 1979.

[111] Hauth R L, Moran R J. The performance of thyristor controlled static var systems in HVDC applications [R]. IEEE Tutorial Course Text 78EH0135-4-PWR, 1978: 56 – 64.

[112] Gyugyi L, Taylor E R. Operating and performance characteristics of static thyristor-controlled shunt compensators [C] //International Symposium on Controlled Reacive Compensation, 1979: 175.

[113] 数野. サイリスタブリッジによゐ力率調整 [J]. 日本電気学会論文志 B 分册, 1972, 92 (7): 389.

[114] Gyugyi L. Reactive power generation and control by thyristor circuits. [C] //Proc of IEEE Power Electronics Specialists Conference, 1976.

[115] Sumi Y, Harumoto Y, Hasegawa T et al. New static ver control using force-commutated inverters [J]. IEEE Trans. on Power Apparatus and Systems, 1981, 100 (9): 4216 – 4224.

[116] Edwards C W, Nannery P R. Advanced static var generator employing GTO thyristors [J]. IEEE Trans. on Power Delivery, 1988, 3 (4): 1622 – 1627.

[117] Mori S, Matsuno K, Takeda M et al. Development of a large static var generator using self-commutated inverters for improving power system stability [J]. IEEE Trans. on Power Systems, 1993, 8 (1): 371 – 377.

[118] Schauder C, Gernhardt M, Stacey E, et al. Development of a ± 100Mvar static condensor for voltage control of transmission systems [J]. IEEE Trans. on Power Delivery, 1995, 10 (3): 1486 – 1496.

[119] Hingorani N G. Flexible ac transmission [J]. IEEE Spectrum, 1993 (4): 40 – 45.

[120] Cho G C, Jung G H, Choi N S, et al. Analysis and controller design of static var compensator using three-level GTO inverter [J]. IEEE Trans. on Power Electronics, 1996, 11 (1): 57 – 65.

[121] Park R H. Definition of an ideal synchronous machine and formula for the armature flux linkages [J]. General Electric Review, 1928, 31.

[122] Lyon W V. Transient analysis of alternating current machinery [M]. New York: John Wiley & Sons, 1954.

[123] Schauder C, Mehta H. Vector analysis and control of advanced static var compensators [J]. Proc. of IEE pt. C, 1993, 140 (4): 299 – 306.

[124] 孙元章, 刘建政, 杨志平. ASVG 动态建模与暂态仿真研究 [J]. 电力系统自动化, 1996 (1): 5 – 10.

[125] Moran L, Ziogas P D, Joos G. A solid-state high-performance reactivepower compensator [J]. IEEE Trans. on Ind. Appl., 1993, 29 (5): 969 – 978.

[126] Zargari N R, Joos G. Performance investigation of a current-controlled voltage-regulated PWM rectifier in rotating and stationary frames [J]. IEEE Trans. on Industrial Electonics, 1995, 42

(4): 396 – 401.

[127] Liu Wenhua, Liang Xu, Lin Feng, Luo Chenglian, Gao Hang. Development of 20MVA Static Synchronous Compensator Employing GTO Inverters [C] //Proceedings of 2000 IEEE Power Engineering Society Winter Meeting, 2000, 4: 2648 – 2653, 23 – 27.

[128] Li Chun, Jiang Qirong, Liu Wenhua, et al. Field test of a DSP-based control system for ± 20Mvar STATCOM [C] //Proceedings of 2000 IEEE Industrial Electronics Society Conference, 2000, 2: 1347 – 1352, 22 – 28.

[129] Xiaorong Wie, Wenhua Liu, Hua Qian, et al. Real-Time Supervision for STATCOM Installations. [C] //Proceedings of 2000 IEEE Computer Applications in Power Conference, 2000, 13: 43 – 47.

[130] Xie xiaorong, Liu Wenhua, Liu Qianjing, et al. The Operation Monitoring and Fault Diagnosis System For a ±20Mvar STATCOM Installation [C] //Proceedings of 1998 Power System Technology Conference, 1998, 1: 86 – 90, 18 – 21.

[131] Nakajima T. Operating Experiences of STATCOMs and a Three-Terminal HVDC System Using Voltage Sourced Converters in Japan [C] //Proceedings of 2002 IEEE Transmission and Distribution Conference and Exhibition, 2002, 2: 1387 – 1392, 6 – 10.

[132] Sato T, Mori Y, Matsushita Y, et al. Study on the System Analysis Method of STATCOM based on Ten-Years' Field Experience [C] //Proceedings of 2002 IEEE Transmission and Distribution Conference and Exhibition, 2002, 1: 336 – 341, 6 – 10.

[133] Ichikawa F, Suzuki K, Nakajima T, et al. Development of Self-Commutated SVC for Power System [C]. Proceedings of 1993 Power Conversion Conference, Yokohama, 1993: 609 – 614, 19 – 21.

[134] Schauder C, Gernhardt M, Stacey E, et al. Operation of ± 100MVar TVA STATCON [J]. IEEE Trans. on Power Delivery, 1997, 12 (4): 1805 – 1811.

[135] Sobrink K H, Renz K W, Tyll H. Operational experience and field tests of the SVG at Rejsby Hede [C] //Proceedings of 1998 Power Syatem Technology Conference, 1998, 1: 318 – 322, 18 – 21.

[136] Renz B A, Keri A, Mehraban A S, et al. AEP unified power flow controller performance [J]. IEEE Transactions on Power Delivery, 1999, 14 (4): 1374 – 1381.

[137] Schauder C, Stacey E, Lund M, et al. AEP UPFC project: installation, commissioning and operation of the ± 160 MVA STATCOM (phase I) [J]. IEEE Transactions on Power Delivery, 1998, 13 (4): 1530 – 1535.

[138] Mehraban A S, Edris A, Schauder C D, et al. Installation, commissioning, and operation of the world's first UPFC on the AEP system[C]//Proceedings of 1998 Power System Technology Conference, 1998, 1: 323 – 327, 18 – 21.

[139] Mehraban B, Kovalsky L. Unified power flow controller on the AEP system: commissioning and operation [C] //Proceedings of 1999 IEEE Power Engineering Society Winter Meeting, 1999, 2 (4): 1287 – 1292, 31.

[140] Grunbaum R. SVC Light: a powerful means for dynamic voltage and power quality control in industry and distribution [C] //Proceedings of 2000 IEE Power Electronics and Variable Speed Drives Conference, 2000: 404 - 409, 18 - 19.

[141] Hanson D J, Horwill C, Gemmell B D, et al. A STATCOM-Based Relocatable SVC Project in the UK for National Grid [C] //Proceedings of 2002 IEEE Power Engineering Society Winter Meeting, 2002, 1: 532 - 537, 127 - 31.

[142] An T, Powell M T, Thanawala H L, et al. Assessment of two different STATCOM configurations for FACTS application in power systems [C] //Proceedings of 1998 Power System Technology Conference, 1998, 1: 307 - 312, 18 - 21.

[143] Horwill C, Totterdel A J, Hanson D J, et al. Commissioning of a 225 Mvar SVC incorporating A ± 75 Mvar STATCOM at NGC's 400 kV East Claydon substation [C] //Proceedings of 2001 AC-DC Power Transmission Conference, 2001, 1: 232 - 237, 28 - 30.

[144] Larsson T, Grunbaum R, Ratering-Schnitzler B. SVC Light: a utility's aid to restructuring its grid [C] //Proceedings of 2000 IEEE Power Engineering Society Winter Meeting, 2000, 4: 2577 - 2581, 23 - 27.

[145] Paulsson L, Ekehov B, Halen S, et al. High-frequency impacts in a converter-based back-to-back tie: the Eagle Pass installation [J]. IEEE Trans. on Power Delivery, 2003, 18 (4): 1410 - 1415.

[146] Kidd D, Mehraban B, Ekehov B, et al. Eagle pass back to back VSC installation and operation [C] //Proceedings of 2003 IEEE Power Engineering Society General Meeting, 2003, 3: 1829 - 1833, 13 - 17.

[147] Reed G F, Greaf J E, Matsumoto T, et al. Application of a 5 MVA, 4. 16 kV D-STATCOM system for voltage flicker compensation at Seattle Iron and Metals [C] //Proceedings of 2000 IEEE Power Engineering Society Summer Meeting, 2000, 3: 1605 - 1611, 16 - 20.

[148] Grunbaum R, Gustafsson T, Hasler J P, et al. STATCOM, a prerequisite for a melt shop expansion-performance experiences [C] //Proceedings of 2003 IEEE Power Tech Conference, Bologna, 2003, 2: 23 - 26.

[149] Arabi S, Hamadanizadeh H, Fardanesh B B. Convertible Static Compensator Performance Studies on the NY State Transmission System [J]. IEEE Trans. on Power Systems, 2002, 17 (3): 701 - 706.

[150] Uzunovic E, Fardanesh B, Hopkins L, et al. NYPA Convertible Static Compensator (CSC) Application Phase I: STATCOM [C] //Proceedings of 2001 IEEE Transmission and Distribution Conference and Exposition, 2001, 28: 1139 - 1143.

[151] Reed G F, Croasdaile T R, Paserba J J, et al. Applications of Voltage Source Inverter (VSI) Based Technology for FACTS and Custom Power Installations [C] //Proceedings of 2000 Power System Technology Conference, 2000, 1: 381 - 386, 4 - 7.

[152] Reed G, Paserba J, Croasdaile T, et al. The VELCO STATCOM-Based Transmission System Project [C] //Proceedings of 2001 Power Engineering Society Winter Meeting, 2001, 3:

1109 – 1114.

[153] Reed G, Paserba J, Croasdaile T, et al. STATCOM Application at VELCO Essex Substation [C] //Proceedings of 2001 Transmission and Distribution Conference and Exposition, 2001, 2: 1133 ~ 1138.

[154] Choo J B, Yoon J S, Chang B H, et al. Development of FACTS operation technology to the KEPCO power network-detailed EMTDC model of 80 MVA UPFC [C] //Proceedings of 2002 IEEE Transmission and Distribution Conference and Exhibition, 2002, 1: 354 – 358, 6 – 10.

[155] Chang B H, Choo J B, Kim J M, et al. De-velopment of FACTS operation technology to the KEPCO power network-development of education program for 80 MVA UPFC operator [C] // Proceedings of 2002 IEEE Transmission and Distribution Conference and Exhibition, 2002, 3: 2014 – 2018, 6 – 10.

[156] Choo J B, Chang B H, Lee H S, et al. Development of FACTS operation technology to the KEPCO power network-installation and operation [C] //Proceedings of 2002 IEEE Transmission and Distribution Conference and Exhibition, 2002, 3: 2008 – 2013, 6 – 10.

[157] Reed G, Paserba J, Croasdaile T, et al. SDG&E Talega STATCOM project-system analysis, design, and configuration [C] //Proceedings of 2002 IEEE Transmission and Distribution Conference and Exhibition, 2002, 2: 1393 – 1398, 6 – 10.

[158] Allen W S, Brent K B, James P D L J, et al. A ± 150Mvar STATCOM for Northeast Utilities, Glenbrook Substation [C] //Proceedings of 2003 Power Engineering Society General Meeting, 2003, 3: 1834 – 1839, 13 – 17.

[159] Scarfone A W, Hanson D J, Horwill C, et al. Dynamic performance studies for a ± 150 Mvar STATCOM for northeast utilities [C] //Proceedings of 2003 IEEE Transmission and Distribution Conference and Exposition, 2003, 3: 1121 – 1125, 7 – 12.

[160] 魏伟, 饶宏, 许树楷, 等. 大容量静止同步补偿器在南方电网的应用 [J]. 南方电网技术, 2013, 7 (6): 7 – 12.

[161] 黄剑. 南方电网 ± 200Mvar 静止同步补偿装置工程实践 [J]. 南方电网技术, 2012, 6 (2): 14 – 20.

[162] 熊超英, 覃琴, 王轩, 等. 移动式百兆乏级 STATCOM 在上海电网的应用研究 [J]. 华东电力, 2012, 40 (6): 0919 – 0923.

[163] 王轩, 赵国亮, 周飞, 等. STATCOM 在输电系统中的应用 [J]. 电力设备, 2008, 9 (10): 14 – 18.

[164] 傅坚, 王轩, 王柯, 等. 百兆乏级移动式静止同步补偿器系列标准介绍 [J]. 华东电力, 2012, 40 (6): 0915 – 0918.

[165] Skiles J J, Kustom R L, Ko K P, et al. Performance of a power conversion system for superconducting magnetic energy storge(SMES) [J]. IEEE Trans. on Power Systems, 1996, 11(4): 1718 – 1723.

[166] 深尾, 松井, 山下. サイクロコンバータを用いた無効電力補償装置の無効電力平衡に着目レに動作解析と補償限界 [J]. 日本電気学会論文志 B 分冊, 1984, 104 (12):

833.

[167] Jin H Goos G, Lopes L. An efficient switched-reactor-based static var compensator [J]. IEEE Trans. on Ind. Appl, 1994, 30 (4): 998 – 1005.

[168] Gyugyi L, Schauder C D, Williams S L, et al. The unified power flow controller: a new approach to power transmission control [J]. IEEE Trans. on Power Delivery, 1995, 10 (2): 1085 – 1093.

[169] Hingorani N G. Introducing custom power [J]. IEEE Spectrum, 1995, 32 (6): 41 – 48.

[170] 王兆安, 李民, 卓放. 三相电路瞬时无功功率理论的研究 [J]. 电工技术学报, 1992 (3).

[171] 王兆安, 李民, 卓放. 瞬时无功功率理论和功率有源滤波器 [C] //. 90 年代电工科技进步与发展学术年会论文集, 北京: 1991.

[172] 杨君. 谐波和无功电流检测方法及并联型电力有源滤波器的研究 [D]. 西安: 西安交通大学, 1996.

[173] Nakajima A, et al. Development of Active Filter with Series Resonant Circuit [C]. IEEE/PESC. 1988: 1168.

[174] 李民, 王兆安, 卓放. 基于瞬时无功功率理论的高次谐波和无功功率检测 [J]. 电力电子技术, 1992 (2).

[175] Alexander E Emanuel, John A Orr, David Cyganski, et al. A survey of harmonic voltages and currents at distribution substations [J]. IEEE Trans. on Power Delivery, 1991, 6 (4).

[176] Alexander E Emanuel, John A Orr, David Cyganski, et al. A survey of harmonic voltages and currents at the customers bus [J]. IEEE Trans. on Power Delivery, 1993, 8 (1).

[177] Yang Jun, Wang Zhaoan, Qiu Guanyuan. A comparison of two harmonic current detecting methods used in active power filter [C]. IPEMC'94 Beijing, China, 1994: 27 – 30.

[178] 杨君, 王兆安. 三相电路谐波电流两种检测方法的对比研究 [J]. 电工技术学报, 1995 2: 43 – 48.

[179] 杨君, 王兆安, 邱关源. 不对称三相电路谐波及基波负序电流实时检测方法研究 [J]. 西安交通大学学报, 1996 (3).

[180] 杨君, 王兆安, 邱关源. 一种单相电路谐波及无功电流检测新方法 [J]. 电工技术学报, 1996 (3).

[181] Liu Jinjun, Zhuo Fang, Wang Zhaoan A novel method for signal detecting in SVC based on instantaneous reactive power theory [C]. IPEMC'94 Beijing, China, 1994, 27 – 30.

[182] 卓放, 刘进军, 王兆安. 基于瞬时无功功率理论的 SVC 信号检测新方法 [J]. 西安交通大学学报, 1996 (3).

[183] 李红雨. 独立小电网用有源电力滤波器的研究 [D], 西安: 西安交通大学, 2005.

[184] 雷万钧, 李红雨, 卓放, 等. 基于 DFT 谐波检测方法的大容量并联型有源电力滤波器的研制 [J]. 电工电能新技术, 2004, 23 (2).

[185] 王群, 谢品芳, 吴宁, 等. 模拟电路实现的神经元自适应谐波电流检测方法 [J]. 中国电机工程学报, 1999, 19 (6).

［186］彭方正，木幡雅一，赤木泰文. 並列形アクテイブワイルタと直列形アクテイブフイルタの補償特性の検討［J］. 日本電気学会論文志 D 分册，1993，113（1）.

［187］颜晓庆，王兆安. 并联混合型电力有源滤波器的数学模型与稳定性分析［J］. 电力电子技术，1998（4）.

［188］Hideaki Fujita, Hirofumi Akagi. A practical approach to harmonic compensation in power systems——series connection of passive and active filters［J］. IEEE Trans. on Ind. Appl, 1991, 27（6）.

［189］中島，等. 注入回路を用いたアクテイブフイルタの補償特性について［G］. 日本電学電力研資，PE-86-153，1986.

［190］荻原义也，等. 高調波分流回路にて構成された共振現象抑制用アクテイブフイルタ［J］. 日本電気学会論文志 D 分册，1993，113（3）.

［191］高橋，等. 回転機二次勵磁方式を用いた萬能障害補償装置［J］. 日本電気学会論文志 D 分册，1987，107（2）.

［192］彭方正，等. 直列形アクテイブフイルタコンデンサ入力形整流器への适用—［C］//日本電気学会全国大会論文集. 1991.

［193］Fang Zheng Peng, Hirofumi Akagi, Akira Nabae. A new approach to harmonic compensation in power Systems-a combined system of shunt passive and series active filters［J］. IEEE Trans. on Ind. Appl. , 1990, 26（6）.

［194］Yoichi Hayashi, Noriaki Sato, Kinzo Takahashi. A novel control of a current-source active filter for ac power system harmonic compensation［J］. IEEE Trans. on Ind. Appl, 1991, 27（2）.

［195］遠藤貴義，福田昭治. 電流形アクテイブフイルタシステムの制御法と補償特性［J］. 日本電気学会論文志 D 分册，1993，113（7）.

［196］Luigi Malesani, Leopoldo Rossetto, Paolo Tenti. Active power filter with hybrid energy storage［J］. IEEE Trans. on Power Electronics, 1991, 6（3）.

［197］Hirofumi Akagi, Yushifumi Tsukamoto, Akira Nabae. Analysis and design of an active power filter using quad-series voltage source PWM converters［J］. IEEE Trans. on Ind. Appl, 1990, 26（1）.

［198］富永真志，等. 直列多重電圧形 PAM にバータを用いた Advanced SVC の過渡解析［J］. 日本電気学会論文志 D 分册，1995，115（5）.

［199］王兆安，等. 超電導電力貯藏用能動形アクテイブフイルタの高調波補償特性と動特性［J］. 日本電気学会論文志 D 分册. 1988, 108（2）.

［200］杨君，王兆安，邱关源. 并联型电力有源滤波器直流侧电压的控制［J］. 电力电子技术，1996（4）.

［201］杨君，王兆安. 并联型电力有源滤波器控制方式的研究［J］. 西安交通大学学报，1995（3）.

［202］颜晓庆，杨君，王兆安. 并联型电力有源滤波器的数学模型和稳定性分析［J］. 电工技术学报，1998（1）.

［203］姚为正. 三相串联型有源电力滤波器控制方式及其补偿特性的研究［D］. 西安：西安交

通大学，1999.

[204] 黄立明. 通用电能质量控制器的控制方法和实验研究 [D]. 西安：西安交通大学，2005.

[205] 何益宏. 通用电能质量控制器检测和控制方法的研究 [D]. 西安：西安交通大学，2003.

[206] 叶英华. 双变流器结构通用电能质量控制器的研究 [D]. 西安：西安交通大学，2003.

[207] 刘进军，刘波，王兆安. 基于瞬时无功功率理论的串联混合型单相电力有源滤波器 [J]. 中国电机工程学报，1997 (1).

[208] Jinjun Liu, Zhaoan Wang. Converter analysis and filtering characteristics of hybrid type series active filter used in single-phase circuits[C] //Proceedings of 2nd International Power Electronics and Motion Control Conference, Hangzhou, P. R. China, 1997.

[209] 刘进军，刘波，王兆安. 基于 DSP 芯片的单相电力有源滤波器数字式控制系统 [J]. 电气传动，1998 (1).

[210] 刘进军，王兆安. 串联混合型单相电力有源滤波器稳态特性的研究 [J]. 中国电机工程学报，1997 (4).

[211] Chenksun Wong, Ned Mohan, Selwyn E Wright, et al. Feasibility Study of AC-and DC-side Active Filters for HVDC Converter Terminals [J]. IEEE Transactions on Power Delivery, 1989, 4 (4): 2067 – 2075.

[212] Wenyan Z, Gunnar A, Anders A, et al. Active DC filter for HVDC system—A test installation in the Konti-Skan DC link at Lindome converter station [J]. IEEE Transaction on Power Delivery, 1993, 8 (3): 1599 – 1606.

[213] 荻原义也，等. 高调波分流回路にて构成された共振现象抑制用アクテイブフイルタ [J]. 日本电气学会论文志 D 分册，1993，113 (3).

[214] Malcom M Cameron. Trands in power factor correction with harmonic filtering [J]. IEEE Trans. on Ind. Appl., 1993, 29 (1): 23 – 28.

[215] Fujita H, et al. A practical approach to harmonic compensation in power systems [C] //. IEEE—IAS Annual Meeting, Conference Record, 1995: 1107 – 1112.

[216] 周训伟. 串联型有源电力滤波器研究 [D]. 杭州：浙江大学，1995.

[217] Fujita H, Akagi H. A practical approach to harmonic compensation in power systems-series connection of passive and active filters [J]. IEEE Trans. on Ind. Appl, 1991, 27 (6): 1020 – 1025.

[218] Balbo N, Penzo R, Sella D, et al. Simplified hybrid active filters for harmonic compensation in low voltage industrial applications [C] //Proceedings of the 1991 IEEE/PEC International Conference on Harmonics in Power Systems, 1994: 263 – 269.

[219] Peng F Z, et al. A new approach to harmonic compensation in power system [C] //IEEE—IAS Conference Record, 1988: 874 – 880.

[220] Peng F Z, Akagi H, Nabae A. A new approach to harmonic compensation in power systems—a combined system of shunt passive and series active filters [J]. IEEE Trans. on Ind Appl,

1990, 26 (6): 337 – 345.

[221] Malcom M Cameron. Trends in power factor correction with harmonic filtering [J]. IEEE Trans. on Ind. Appl, 1993, 29 (1): 567 – 575.

[222] Peng F Z, Akagi H, Nabae A. Compensation characterristics of the combined system of shunt passive and series active filters [J]. IEEE Trans. on Ind. Appl, 1993, 29 (1): 144 – 152.

[223] Fujita H, Akagi H. A practical approach to harnonic compensation in power system-series connection of passive and active filters [J]. IEEE Trans. on Ind. Appl, 1991, 27 (6): 1020 – 1025.

[224] Bhattacharya S, Divan D. Design and implementation of a hybrid series active filter system [C] //Proceedings of PESC'95, 1995: 189 – 195.

[225] 肖国春. 直流有源电力滤波器的理论及应用研究 [D]. 西安: 西安交通大学, 2002.

[226] 王跃. 并联混合型有源电力滤波器及其应用研究 [D]. 西安: 西安交通大学, 2003.

[227] 王跃, 王兆安. 复合控制的新型并联 HAPF 的稳态特性研究 [J]. 电力电子技术, 2004 (12).

[228] 段勇, 王跃, 符志平, 等. 新型单相并联混合电力滤波器的研究 [J]. 电工电能新技术, 2004, 23 (1).

[229] Yue Wang, Zhaoan Wang, Jun Yang, et al. A New Hybrid Parallel Active Filter [C] //Proceeding of IEEE PESC2003 34th Power Electronics Specialists Conference, Acapulco, Mexico, 2003. 15 – 19.

[230] 雷万钧. 并联注入混合电力滤波器控制方法研究 [D]. 西安: 西安交通大学, 2008.

[231] 李达义, 陈乔夫, 贾正春. 一种实用的基于基波磁通补偿的串联混合型有源电力滤波器 [J]. 电工技术学报, 2003 (2).

[232] パワーェレクトロニクス研究会. 高調波対策の新技術 [G]. 日本パワーェレクトロニクス研究会, 1993.

[233] 胡纲衡, 唐瑞球. 完美无谐波中、高压变频器的原理和实现 [C] //第7届中国电气自动化和电控系统学术年会论文集, 1996.

[234] 詹长江. 大功率 PWM 高频整流系统波形控制技术研究 [D]. 武汉: 华中理工大学, 1997.

[235] Mario Marchesoni. High-performance current control techniques for applications to multilevel high-power voltage source inverters [J]. IEEE Trans. on PE'92, 7 (2).

[236] Giuseppe Carrara. A new multilevel PWM method: a theoretical analysis [J]. IEEE Trans. on PE'92, 7 (1).

[237] 董晓鹏, 王兆安. 三相电压型单位功率因数 PWM 整流器的研究 [J]. 电力电子技术, 1997 (4).

[238] Hengchun Mao, Lee F C, Yimin Jiang, et al. Review of power factor correction techniques [C]. IPEMC, Hangzhou, China, 1997.

[239] 陈道炼, 严仰光. 有源功率因数校正技术及其应用 [J]. 电工技术杂志, 1997 (1).

[240] 沈锡越. 功率因数校正电路工作原理 [C] //第12届全国电源技术年会论文集. 扬州,

1997.

[241] 黄晓林，余世春. 一种功率因数校正的电源变换器 [J]. 电工技术杂志，1997 (3).

[242] 师宇杰. PFC 芯片 ML4821 的工作原理及其应用 [J]. 电力电子技术，1997 (5).

[243] 姚为正，杨旭，王兆安. 1.5kW 单相 PFC 整流电源的研制 [C] //第 12 届全国电源技术年会论文集，扬州，1997.

[244] 赵良炳. 三相（有源）功率因数校正技术 [C] //中国电源学会第十二届学术年会专题报告. 扬州，1997.

[245] Richard Zhang, Lee F C. Optimum PWM pattern for a three-phase boost DCM PFC rectifer [C]. VPEC'96.

[246] Huber L Borojevic. Space vector modulator for forced commutated cycloconverters [C] // Conf. Rec. Annu. Meet. IEEE IAS, 1989.

[247] 庄心复. 交-交型矩阵变换器的控制原理与试验研究 [J]. 电力电子技术，1994 (2).

[248] 王汝文，张杭. 电力电子技术应用. 西安交通大学讲义，1997.

[249] Akira N, Takahashi I, Akagi H. A new neutral-point-clamped PWM inverter [J]. IEEE Trans on Industry Applications, 1981, 17 (3): 518 – 523.

[250] 何湘宁，陈阿莲. 多电平变换器的理论和应用技术 [M]. 北京：机械工业出版社，2006.

[251] Iqbal A., Moinuddin S., Comprehensive relationship between carrier based PWM and SVPWM in a five – phase VSI [J]. IEEE Trans. on Power Electron., 2009, 24 (10): 2379 – 2390.

[252] 张长征. 高压大容量交流有源电力滤波器的研究 [D]. 武汉：华中科技大学，2006.

[253] 刘鹏. 串联多电平电能质量控制器的主电路设计与建模方法研究 [D]. 西安：西安交通大学，2010.

[254] 邱燕慧. 串联多电平电能质量控制器直流侧电压控制方法研究 [D]. 西安：西安交通大学，2010.

[255] 杜思行. 串联 H 桥结构中压电能质量控制器的研制 [D]. 西安：西安交通大学，2011.

[256] 付亚彬. 面向复杂电网综合补偿的串联 H 桥电能质量控制方法和 H 桥模块通讯研究 [D]. 西安：西安交通大学，2012.

[257] 陈娟. 多电平并网逆变器建模与 PWM 调制方法的研究 [D]. 西安：西安交通大学，2013.

[258] 冶善伟. 串联 H 桥电能质量控制器动态特性及其控制方法研究 [D]. 西安：西安交通大学，2014.

[259] 何英杰. 多电平变流器在电能质量控制中的应用研究 [D]. 西安：西安交通大学，2009.

[260] 何英杰. 二极管钳位型三电平 APF 控制与谐波检测方法研究 [D]. 武汉：华中科技大学，2007.

[261] 张贤. 二极管钳位型三电平逆变器研究 [D]. 武汉：华中科技大学，2002.

[262] 林磊. 三电平逆变器控制系统研究 [D]. 武汉：华中科技大学，2004.

[263] Celanovic N, Boroyevich D. A comprehensive study of neutral-point voltage balancing problem in three-level neutral-point-clamped voltage source PWM inverters [J]. IEEE Trans on Power Electronics, 2000, 15 (2): 242 – 249.

［264］丁凯. 混合多电平逆变器拓扑及其调制方法研究 ［D］. 武汉：华中科技大学，2004.

［265］Manjrekar M, Lipo T. Hybrid Topology for Multilevel Power Conversion：USA, 6005788 ［P］. 1999 – 12 – 21.

［266］Rech C, Pinheiro J. Impact of hybrid multilevel modulation strategies on input and output harmonic performances ［J］. IEEE Transactions on Power Electronics, 2007, 22 （3）：967 – 977.

《电气自动化新技术丛书》

已出版书目

- 大功率交-交变频调速及矢量控制技术（第3版） 马小亮著
- 可编程序控制器及其应用 宣练中、王燕生等编
- 电气传动的脉宽调制控制技术（第2版） 吴守箴、臧英杰等著
- 智能控制系统及其应用（第2版） 王顺晃、舒迪前编著
- 异步电动机直接转矩控制 李夙编
- 模糊控制原理与应用（第2版） 诸静等著
- 开关磁阻电动机调速控制技术（第2版） 王宏华著
- 滑模变结构控制 王丰尧编著
- 系统最优化及控制 符曦编著
- 通用变频器及其应用（第3版） 第1版满永奎、韩安荣、吴成东编著，第2版韩安荣主编，第3版满永奎、韩安荣主编
- 计算机辅助设计技术及应用 杨竞衡主编
- 电力电子场控器件及其应用 张立、黄两一等编著
- 直流无刷电动机原理及应用 （第2版）张琛编著
- 预测控制系统及其应用 舒迪前编著
- 现代计算机数控系统 冯勇等编著
- 同步电动机调速系统 李志民 张遇杰编著
- 现代矿井提升机电控系统 王清灵、龚幼民编著
- 电力电子器件及其应用 李序葆、赵永健编著
- 交流步进传动系统 孙鹤旭著
- 无速度传感器矢量控制原理与实践（第2版） 冯垛生、曾岳南编著
- 机器人控制技术 孙迪生、王炎编著
- 带钢热连轧计算机控制 刘玠、孙一康主编
- 执行电动机 王季秩、曲家骐编著
- MATLAB语言与自动控制系统（第2版） 第1版魏克新、王云亮、陈志敏编著，第2版魏克新、王云亮、陈志敏、高强编著
- 电机控制专用集成电路 谭建成主编
- 电控及自动化设备可靠性工程技术 徐平、李全灿编著
- 神经元网络控制 王永骥、涂健编著
- SPWM变频调速应用技术（第4版） 张燕宾编著
- 控制系统的故障诊断和容错控制 闻新、张洪钺、周露编著
- 交流调速系统（第3版） 陈伯时、陈敏逊编著
- 伺服控制系统中的传感器 曲家骐、王季秩编著

- 工业计算机网络与多媒体技术　张浩编著
- 交直流传动系统的自适应控制　夏超英著
- 电力牵引交流传动与控制技术　黄济荣编著
- 谐波抑制和无功功率补偿（第3版）　王兆安、杨君、刘进军等编著
- 新型PID控制及其应用（第2版）　第1版陶永华、尹怡欣、葛芦生编著，第2版陶永华主编
- 交流电机数字控制系统（第3版）　李永东主编
- 可编程序控制器技术与应用系统设计　陈在平、赵相宾主编
- PWM整流器及其控制（第2版）　张兴、张崇巍编著
- 开关电源技术　杨旭、裴云庆、王兆安编著
- 信息社会中的自动化新技术　王志良主编
- 现场总线技术及其应用（第2版）　第1版甘永梅、李庆丰、刘晓娟、王兆安编著，第2版甘永梅、刘晓娟、晁武杰、王兆安编著
- 非线性系统的鲁棒控制及应用　吴忠强著
- 新编电机控制专用集成电路与应用　谭建成编著
- Interbus现场总线与工业以太网技术　张浩、马玉敏、杜品圣等编著
- 高压大功率交流变频调速技术　张皓、续明进、杨梅编著
- 汽车电子控制装置与应用　王旭东主编
- 交流传动神经网络逆控制　戴先中、刘国海、张兴华编著
- 电力电子与交流传动系统仿真　谢卫编著
- 大容量异步电动机双馈调速系统　解仑、杜沧、董冀媛、祝长生编著
- 智能建筑设备自动化系统　齐维贵、王艳敏、李战赠、李喆编著
- 高性能变频调速及其典型控制系统　马小亮编著
- 变频调速SVPWM技术的原理、算法与应用　曾允文编
- 智能交通系统中的车辆协作控制　郭戈、岳伟著
- 工业预测控制　丁宝苍著

以上图书由全国各地新华书店经销。也可由科技金书网（www. golden – book. com）订购，联系电话：010 – 68993821　010 – 88379639　010 – 88379641

同类书推介

书　名	作者	定价
工业预测控制	丁宝苍	79
智能交通系统中的车辆协作控制	郭戈 岳伟	59
交流调速系统（第3版）	陈伯时	35
交流电机数字控制系统（第2版）	李永东	39.9
谐波抑制和无功功率补偿（第3版）	刘进军	59.8
开关磁阻电动机调速控制技术（第2版）	王宏华	49
通用变频器及其应用 第3版	满永奎 等	68
SPWM 变频调速应用技术（第4版）	张燕宾	58
高性能变频调速及其典型控制系统	马小亮	49
光伏发电系统的优化——建模、仿真和控制	Rekioua	59.8
船舶电力系统	Mukund R. Patel，U. S. Merchant Marine Ac	79
电力电子变换器：PWM 策略与电流控制技术	Eric Monmasson	99
电力电子学的 SPICE 仿真（原书第3版）	Muhammad H. Rashid	99.8
电机及其传动系统——原理、控制、建模和仿真	Shaahin Filizadeh	59.8
光伏系统的 PSpice 建模	Luis Castaner & Santiago Silvestre	88
现代电力电子学中的瞬态分析	Hua Bai，Chris Mi	65
电力系统储能（原书第2版）	Andre Ter – Gazarian	68
现代电气传动（原书第2版）	Ion Boldea，Syed A. Nasar	88
电磁兼容原理与应用（原书第2版）	David A. Weston	198
中大功率开关变换器（原书第2版）	Dorin O. Neacsu	139
永磁电动机机理、设计及应用	苏绍禹	69.8
风力发电机组理论与设计	姚兴佳	69.9
风力发电机组原理与应用 第3版	姚兴佳	56
永磁发电机机理、设计及应用 第2版	苏绍禹	49.8
风力发电机组设计、制造及风电场设计、施工	苏绍禹	59.8
永磁无刷直流电机技术	谭建成	59.8
永磁同步电动机变频调速系统及其控制	袁登科 徐延东 李秀涛等	79
低压电器技术手册	尹天文	320
电力电子、电机控制系统的建模和仿真	洪乃刚	33
电磁兼容设计与测试实用技术	王守三	89.9